L'ÉLEVAGE DU PUR SANG

EN FRANCE

GUIDE PRATIQUE DE L'ÉLEVEUR

La première Année (1893)

de

L'ÉLEVAGE DU PUR SANG EN FRANCE

a été tirée à 550 Exemplaires

tous numérotés à la Presse

———

N°

Exemplaire non destiné à la Vente

OFFERT

à..

S.-F. TOUCHSTONE

L'ÉLEVAGE DU PUR SANG

EN FRANCE

GUIDE PRATIQUE DE L'ÉLEVEUR

DONNANT

LES PERFORMANCES, LES PEDIGREES ET LES PRIX DE SAILLIE

DES ÉTALONS

APPARTENANT A L'ÉTAT ET AUX PARTICULIERS

AVEC QUATRE PLANCHES

PARIS

J. ROTHSCHILD, ÉDITEUR

13, RUE DES SAINTS-PÈRES, 13

1893

Droits réservés

A

Monsieur P. PLAZEN

Directeur de l'Administration des Haras

Hommage respectueux

S.-F. TOUCHSTONE

TABLE GÉNÉRALE

	Pages.
Dédicace.	1
Table générale des Matières.	3
Placement des 4 Planches, imprimées hors Texte.	4
Avant-propos.	5
Abréviations dont il est fait usage dans le texte.	8
Introduction. — Étude sur les origines du cheval pur sang.	9
Principaux chefs de famille (1748 à 1861).	17
Principaux étalons faisant la monte en France en 1893.	51
Étalons faisant la monte en France en 1893, non compris dans la partie précédente.	233
État rectificatif des étalons appartenant à l'Administration des Haras, décrits dans ce volume.	234
Classification par grandes familles des 90 étalons décrits.	235
Liste des grands établissements d'élevage de pur sang en France et à l'Étranger	239
Table alphabétique des principaux chefs de famille (1749 à 1861).	243
Table alphabétique des principaux étalons faisant la monte en France en 1893 avec leur station pendant la saison.	245
Table générale et alphabétique des étalons et poulinières de pur sang dont les origines sont données dans l'ouvrage.	247

PLACEMENT DES QUATRE PLANCHES

IMPRIMÉES HORS TEXTE

Saxifrage............................... En face du Titre
The Bard............................... «   « Page 17
Bruce.................................. «   «   —   74
Révérend.............................. «   «   — 192

AVANT-PROPOS

uand, en 1888, M. Joseph Osborne, l'un des écrivains spéciaux les plus estimés et les plus compétents qu'il y ait en Angleterre, annonçait la publication d'une nouvelle édition de son Horse-Breeder's Handbook, tous les grands éleveurs, les ducs de Beaufort, de Westminster et de Portland entre autres, lui envoyaient leur adhésion avec un empressement qui témoignait de l'intérêt qu'ils attachaient à son travail. Le succès qu'il obtenait dès son apparition ne tardait pas à en établir, d'une manière péremptoire, la très grande utilité.

En matière d'élevage, d'élevage de pur-sang en particulier, l'exemple de l'Angleterre a toujours été bon à suivre et c'est en adoptant les principes qu'elle avait établis longtemps avant l'organisation de nos réunions de courses, qu'il nous a été possible de donner à notre production de pur-sang le développement et la prospérité qu'elle a atteints en un laps de temps relativement très court.

Il nous a semblé, par suite, qu'un ouvrage semblable en tous points à celui dont tous les éleveurs anglais s'accordaient à reconnaître le caractère essentiellement pratique, devait recevoir en France, dans le monde de l'élevage, un accueil analogue.

C'est avec cet espoir que nous avons entrepris le travail dont nous publions aujourd'hui la première année.

Moins heureux que M. Joseph Osborne, dont nous sommes d'ailleurs loin de posséder l'autorité et la très grande expérience, nous avons éprouvé trop souvent une certaine difficulté à obtenir les renseignements qui nous étaient nécessaires ; — parfois même nous n'avons pu y réussir, sans doute, parce que notre but était imparfaitement connu ou mal défini. Nous nous plaisons à espérer qu'il n'en sera pas de même dans la suite, et que les adhésions que notre confrère anglais avait obtenues avant de commencer son travail nous seront accordées après la publication du nôtre.

Il importe, en effet, à tous ceux qui s'occupent de l'élevage du pur-sang, de pouvoir trouver d'une manière certaine, précise et rapide, tous les renseignements dont ils ont besoin sur les étalons qui font la monte publique en France, ou, tout au moins, sur les principaux d'entre eux.

La publicité faite dans les journaux spéciaux est absolument insuffisante, tout en étant indispensable. L'éleveur intelligent, qui désire envoyer ses juments à des étalons qui aient des chances de bien rencontrer avec elles, a besoin de renseignements plus détaillés et plus complets ; il lui faut, pour bien se rendre compte des courants qui prédominent chez un étalon donné, en posséder le pédigree entier, et, faute d'une référence qui n'existait pas jusqu'ici, il est obligé de faire dans les stud-books des recherches longues et fastidieuses. C'est pour lui éviter ce travail que nous avons donné, dans ce premier volume, d'une manière aussi complète qu'il peut le désirer, le pedigree détaillé des quatre-vingt-dix étalons qui y sont mentionnés. Nous avons non seulement relevé les dates des naissances pour les cinq premières générations, nous avons aussi recherché les robes, indication qui permettra de reconnaître quel est, à ce point de vue tout spécial, du mâle ou de la femelle, celui dont l'influence aura été la plus grande, et ce sera, le plus souvent, celui dont l'influx vital aura prédominé.

Enfin, nous avons fait ressortir à l'aide de caractères plus gros et faciles à distinguer les chefs de famille dont le nom se retrouvait le plus souvent dans le pedigree, en choisissant ceux qui ont exercé l'influence la plus marquée. Un examen rapide permettra ainsi, sans la moindre peine, de se rendre compte de tout ce qu'il importe de connaître dans l'ascendance de l'étalon dont on s'occupe.

En second lieu, l'éleveur a besoin de connaître d'une manière précise les performances de ces étalons, dont l'origine ne saurait suffire à établir la valeur réelle ; ces performances sont rappelées dans la notice qui accompagne chaque pedigree, et il nous a paru utile d'y ajouter les noms des meilleurs produits donnés par la mère, avant ou après la naissance du cheval qui en est l'objet. De même, on trouvera à la fin de chaque notice la liste de ses produits qui ont couru avec un certain succès, avant 1893.

Enfin, pour compléter ce qu'on nous permettra d'appeler l'état-civil de chacun de ces étalons, nous avons placé en tête de chaque notice une note faisant connaître, avec sa station pendant la saison courante, son prix de saillie, le nombre des juments étrangères qui lui seront données, et la personne à laquelle on doit s'adresser pour obtenir les inscriptions.

Ces renseignements nous ont, à quelques exceptions près, été envoyés sur notre demande par les propriétaires des étalons, qui, pour la plupart, ont bien voulu prendre la peine de nous répondre ; plusieurs, toutefois, se sont abstenus, et nous avons dû adopter les conditions qu'ils avaient fixées pour les années précédentes.

Nous ne saurions donc accepter la responsabilité des erreurs qui ont pu être commises de ce chef ; nous avons, d'ailleurs, pris soin d'indiquer par un signe facile à reconnaître (une croix placée à la suite de la notice) les renseignements sujets à réserves.

En ce qui concerne les étalons appartenant à l'Administration des

Haras, qui s'est mise à notre disposition avec une bienveillance et un empressement dont nous nous faisons un devoir de lui témoigner ici toute notre reconnaissance, les exigences de l'impression et du tirage ne nous ont pas permis d'attendre que la répartition ait été terminée dans les dépôts, et que tous les prix de saillies aient été fixés pour 1893. Les indications données en tête des notices ont donc été répétées, et rectifiées quand il y a eu lieu, dans un tableau placé à la fin du volume.

La première partie est consacrée aux seize étalons qui, dans le passé, ont joué au haras un rôle prépondérant; est-il besoin d'ajouter qu'à trois exceptions près tous sont nés en Angleterre? Nous les avons choisis parmi les chefs de famille qui ont exercé le plus d'influence sur l'élevage français; il sera ainsi permis de reconstituer d'une manière complète, et jusqu'aux origines les plus reculées, l'ascendance de tous les étalons mentionnés dans notre travail.

Nous avons, enfin, ajouté à ces quatre-vingt-dix notices une liste sommaire des étalons, qui n'avaient pu être compris, faute de place disponible, dans cette première année de notre publication, et qui n'en font pas moins la monte publique en 1893. Un certain nombre ont leur place marquée dans l'édition suivante, qui paraîtra dans les premières semaines de 1894, mais il nous a paru utile de mentionner au moins leurs noms, de manière à donner, dès à présent, la liste, aussi complète que possible, de tous nos reproducteurs de pur sang.

Les éleveurs auxquels ce travail permettra de comparer, avec une facilité qui ne leur a pas été donnée jusqu'ici, la valeur des divers étalons dont ils peuvent rechercher les services, auront le moyen d'exercer leur choix, en complète connaissance de cause; ils pourront, en outre, à défaut d'un étalon dont la liste sera close ou le prix de saillie trop élevé, rechercher celui dont l'origine se rapproche le plus de la sienne et que ses performances recommandent à son attention. A ce titre encore, ce travail leur donnera toutes les indications qu'ils peuvent désirer.

L'élevage du pur-sang est, pour tous ceux qui s'y consacrent d'une manière raisonnée, — la seule qui puisse permettre de réussir, une science d'autant plus délicate à acquérir qu'elle ne saurait être établie avec précision. Nous ne pouvons donc, en aucune façon, résoudre ici un problème presque impossible, nous cherchons seulement à faciliter l'étude d'une question d'un intérêt primordial et passionnant pour tous ceux qui l'examinent de près, et l'exemple de M. J. Osborne nous permet d'espérer que nous y réussirons, en partie tout au moins.

Février 1893.

ABRÉVIATIONS

A. — Arabian.
B. — Barb.
T. — Turk.
* — Pedigree adopté en cas de paternité douteuse.
f. de — fille de...
m. de — mère de...
s. de — sœur de...
† — renseignements douteux.

Al. ou Alez. — Alezan.—
Bbr. — Bai-brun.
B. — Bai.
Fr. de — Frère de.
p. — par, et le nom qui suit le p. est toujours celui du père.
Tout nom seul entre ( ) est celui de l'ascendant mâle.

INTRODUCTION

ÉTUDE SUR LES ORIGINES DU PUR SANG

A recherche des origines du cheval pur-sang est, de toute évidence, intimement liée à l'histoire de son élevage ; les deux questions sont connexes et offrent un égal intérêt, mais il faudrait, pour les exposer d'une manière à peu près complète, une place beaucoup plus grande que celle dont nous disposons ici. Nous nous contenterons donc, au début d'un travail écrit spécialement pour les éleveurs, d'examiner quels ont été, dans leur ensemble, les éléments auxquels on s'est adressé pour obtenir cette race privilégiée, dont le pur-sang anglais est et restera toujours le seul représentant.

L'étalon arabe, ou plus exactement l'étalon d'origine orientale, a, tout le monde le sait, joué un rôle d'importance primordiale, dans la création de la race pure anglaise, mais ce n'est pas à lui seul qu'on doit en reporter tout l'honneur, et l'influence des races indigènes a même été de beaucoup plus grande qu'on ne le croit généralement. Il n'est pas, en effet, de contrées en Europe où les invasions des Maures et des Sarrasins ou les agressions répétées des Turcs n'aient eu pour conséquence l'importation d'étalons d'origine orientale ; on peut, aujourd'hui encore, en constater la trace en Russie, dans les provinces hongroises, ainsi qu'en Silésie, en Poméranie et en Espagne, sans parler de la plaine de Tarbes et du Limousin ; seule, peut-être, de tous les grands empires européens, l'Angleterre a été épargnée par les Arabes. Partout, à la suite de leurs invasions, on a fait des croisements entre les chevaux qu'ils avaient amenés avec eux et ceux des races indigènes ; les résultats ont été très satisfaisants, mais en aucun pays on n'est parvenu à obtenir un type se rapprochant de celui qui nous occupe. Sous les influences climatériques, le cheval oriental s'est modifié ; on a pu lui donner de la taille, mais on n'y est arrivé qu'au détriment de son harmonie, de son équilibre et de sa substance.

Il est vrai qu'à la suite des croisades un certain nombre d'étalons arabes avaient été importés en Angleterre, où ils ont, sans aucun doute, contribué, dans une certaine mesure, à améliorer les races indigènes, mais le nombre en était forcément très limité; malgré l'intérêt constant que portaient le Souverain et ses puissants barons à toutes les questions d'élevage, malgré les soins incessants qu'ils prenaient pour conserver à leurs races de chevaux les qualités qui les faisaient rechercher dans toute l'Europe, la guerre de Cent ans, puis les guerres civiles ne leur laissaient pas les loisirs suffisants pour leur consacrer toute l'attention qu'elles réclamaient. Ce fut seulement vers la fin du règne d'Élisabeth qu'on commença à étudier d'une manière suivie les croisements qu'il convenait d'adopter pour reconstituer les races indigènes, épuisées et appauvries par les exigences incessantes auxquelles elles avaient dû satisfaire; on trouva les premiers éléments dans les haras d'Henry VIII, auxquels plusieurs souverains, le marquis de Mantoue entre autres, avaient envoyé des étalons orientaux qui furent sans doute les premiers hôtes du haras royal de Hampton Court. Le cardinal Wolsey, qui partageait la passion de son maître pour les chevaux, avait également reçu de très beaux étalons arabes dont il avait fort bien su utiliser les services. Quelques réunions de courses furent données sous le règne d'Élisabeth; puis vinrent les Stuarts, qui firent acheter un grand nombre d'étalons en Orient et donnèrent aux luttes du turf une impulsion que rien ne devait plus arrêter. Ils leur donnaient en même temps le caractère auquel sont dus la majeure partie de leurs succès et les résultats qu'elles ont permis d'obtenir. Enfin, après sa restauration, Charles II complétait l'œuvre de son père, en faisant acheter en Orient les fameuses Royal mares, qui tiennent une si grande place dans les origines de nos pur-sang.

Ce court exposé doit suffire pour faire connaître quelle était la situation au moment où sont nés les premiers pur sang dont fait mention le Stud-Book; l'examen détaillé des pedigrees d'Éclipse, d'Hérod et de Matchem, les véritables chefs de toutes nos familles actuelles, permettra d'établir, d'une manière à peu près certaine, la part qui revient à chacun dans la création de la race pure. De ces trois étalons, Éclipse est, sans aucun doute, celui dont l'influence a été prépondérante; c'est lui, par suite, que nous placerons en première ligne.

En examinant le pedigree d'Éclipse, tel qu'il est donné plus loin (page 23), nous étudierons l'une après l'autre les seize sections où sont inscrits, dans la quatrième colonne verticale, ses ascendants au cinquième degré. Le Darley Arabian et Betty Leedes, qu'on trouve en première ligne, comme père et mère de Bartletts' Childers, sont tous deux d'origine orientale absolument pure. Snake et Grey Wilkes, qui viennent ensuite, et dont l'union a donné la sœur de Old Country Wench, n'ont pas, il s'en faut de beaucoup, une naissance aussi régulière. Snake est bien, par son père, The Lister Turk, très nettement tracé, mais sa mère, une fille de Hautboy, dont l'ascendance est régulièrement établie, le père et la mère de cet étalon ayant été importés d'Orient, est issue d'une jument inconnue; cette dernière aurait,

INTRODUCTION

selon toute vraisemblance, été enregistrée si elle avait été importée ; il est donc permis de conclure de cette mention, « mère inconnue, » qu'elle était née en Angleterre et de race indigène. Grey Wilkes, qui vient en quatrième ligne, est fille de Hautboy, comme la mère de Snake, mais si, du côté paternel, aucun doute n'est permis, on voit que son aïeul maternel, le père de Miss d'Arcy's Pet mare, est, lui aussi, non tracé ; il est donc, pour la même raison, à peu près établi qu'il est également d'origine anglaise. Huttons' Bay Barb, père de Blacklegs, qu'on trouve ensuite, a été importé, mais la mère de Blacklegs est fille de Coneyskins, dont la mère est inconnue ; et il en est de même pour l'Old Clubfoot mare, qui est née chez un éleveur, M. Croft, très jaloux de tenir un registre exact des juments de son haras dont l'origine était établie ; elle aussi avait donc pour mère une jument indigène. Nous arrivons à Bay Bolton, dont le pedigree présente les mêmes lacunes ; du côté paternel, sa grand'mère est inconnue. Enfin, dans la huitième section, qui appartient à l'une des arrière-grand'mères de Marske, nous retrouvons les noms de Coneyskins et de Miss d'Arcys' Pet mare. C'est dire que, chez elle encore, il y a deux courants très rapprochés de sang indigène. En résumé, sur les huits ascendans d'Éclipse au cinquième degré, du côté paternel, trois seulement sont d'origine absolument pure ; on trouve, chez les cinq autres, autant de courants non tracés, et, en raison du soin que l'on prenait, dès cette époque, de noter toutes les importations de pur sang achetés en Orient, on peut, en toute certitude, nous le répétons, regarder ces auteurs inconnus comme appartenant à la race anglaise proprement dite.

Spiletta, mère d'Éclipse, a un pedigree plus régulier que Marske ; il est vrai que sur les huit sections correspondant à la cinquième génération, deux sont occupées par le Godolphin Arabian. Bald Galloway, qui vient ensuite, est également d'origine orientale absolument pure bien qu'il soit né en Angleterre : il n'en est pas de même pour la sœur de Old Country Wench, qui se trouve également dans le pedigree de Marske, dont elle est la grand'mère du côté paternel ; deux de ses ascendants sont inconnus. L'origine de Snake serait complètement établie, s'il n'avait Miss d'Arcys' Pet mare, dont le père est inconnu, pour aïeule maternelle ; c'est, en outre, avec une jument dont il n'a pu être retrouvé aucune trace qu'il a eu le père de Mother Western, mère de Spiletta. La grand'mère de Woodcock, qui occupe la septième section, n'est pas connue davantage ; la fille de Hautboy, qui vient en dernier lieu, a, par contre, une origine absolument régulière. Un doute existe toutefois à l'égard de Brimmer qu'on suppose né de l'union du d'Arcys'Yellow Turk et d'une Royal mare. Il y a donc encore six courants non tracés dans le pedigree de Spiletta.

Les treize auteurs inconnus dont nous venons de constater la présence dans le pedigree d'Éclipse ont exercé leur influence sur onze des seize ascendants (au cinquième degré) du célèbre étalon. Chez lui le sang oriental domine sans aucun doute, mais il n'en possède pas moins de nombreux courants de sang anglais pur. L'influence des croisements a évidemment été très grande; il n'en est pas moins vrai qu'il est permis d'attribuer aux éléments indigènes, auxquels on a eu recours, une bonne part des résultats obtenus. L'Arabe a apporté son sang, sa virtualité à une race appauvrie par l'abus qui en avait été fait, et par Arabe, nous comprenons tous les reproducteurs importés d'Orient, parmi lesquels se trouvent un grand nombre de Barbes et de Turcs; il a régénéré, amélioré, mais il n'a pas créé, et, seul, jamais il n'aurait permis d'obtenir la race qui est partout reconnue aujourd'hui comme offrant le type idéal du reproducteur.

L'analyse des pedigrees de Matchem et d'Herod permettrait d'arriver aux mêmes conclusions. Chez le premier, petit-fils du Godolphin Arabian par son père, Cade, le célèbre étalon importé par M. Coke joue un rôle prépondérant; il est à noter, en outre, que, du côté paternel, tous les ascendants arabes sont des Orientaux absolument purs; mais une des grand'mères du Bald Galloway est inconnue et il en est de même pour la sœur de Chanter, mère de Roxana. Chez la mère de Matchem, les quatre mâles dont nous nous occupons sont encore d'origine orientale pure, étant donné qu'on accepte celle de Brimmer comme régulièrement établie. Il en est de même pour une de ses arrière-grand'mères; mais chez les trois autres il y a au moins une jument inconnue, on ne possède aucune indication sur la mère de Makeless. Matchem était un des étalons les plus populaires de son temps; il est donc indiscutable que les éleveurs qui faisaient alors venir à grands frais des étalons orientaux, auraient apporté un soin extrême à faire rectifier tout ce qui était irrégulier dans son origine, s'il leur avait été possible de fournir les éléments nécessaires pour cette rectification. Donc Matchem est, pour deux cinquièmes environ, anglais d'origine.

Si maintenant nous examinons le pedigree d'Herod, en prenant toujours pour base le cinquième degré, nous trouvons, après le Byerly Turk, la mère de Jigg, qui n'est pas tracée du côté maternel. Après le Curwen Bay Barb, nouvelle irrégularité dans la fille de Spot, la mère de cet étalon étant également inconnue. Des quatre autres ascendants de Tartar, deux, Clumsy et Bay Peg, sont des arabes purs, élevés en Angleterre; Snail et, en particulier, Shields Galloway, figurent avec la mention père et mère inconnus, d'où on doit conclure que Tartar est anglais pur pour un quart; il possède en outre, à un degré plus éloigné, deux courants indigènes.

Le Darley Arabian et Betty Leedes, dont on trouve d'abord les noms dans le pedigree de Cypron, mère d'Herod, sont des orientaux absolument purs; mais Grey Grantham et la fille du Rutland Bay Barb, qui viennent ensuite, sont tous deux de mère inconnue. Les deux sections suivantes appartiennent au Bethells'Arabian; enfin la grand'mère de Champion n'est pas tracée et il en est de même pour la fille du Darley Arabian, qui vient en dernier. Il y a donc encore, chez Cypron, à des degrés très rapprochés, quatre courants indigènes, qui, ajoutés aux six de même nature constatés chez Tartar, donnent pour Herod dix courants directs de sang anglais. La preuve est donc acquise d'une manière presque mathématique.

Ce premier point établi, il en est un autre de même nature qu'il importe de rectifier. Il est un usage que l'habitude a presque consacré et qui est en quelque sorte accepté comme une règle, c'est de regarder, à l'exclusion de tous les autres, les trois célèbres étalons orientaux, le Darley Arabian, le Byerley Turk et le Godolphin Arabian, comme les seuls dont l'influence se soit fait réellement sentir dans la constitution de la race pur-sang. L'erreur est ici absolue. Certes, ils ont, dans bien des cas, joué un rôle prédominant, mais ils sont loin d'être les seuls auxquels on a eu recours, et l'étude des origines permet de constater à côté d'eux la présence d'un grand nombre de reproducteurs orientaux qui eux aussi ont droit à une large part dans les résultats obtenus. La plupart, il est vrai, figurent dans le pedigree à un degré moins rapproché, et c'est sans doute pour cette raison que leurs noms sont cités moins souvent. Mais dans l'ascendance d'Éclipse, par exemple, en dehors du Darley Arabian et du Godolphin, on trouve les noms du d'Arcys' White Turk, du d'Arcys' Yellow Turk, du Lister Turk, du Leedes Arabian, du Huttons' Bay Barb et enfin de l'Akaster Turk, dont les descendants sont deux fois plus nombreux, dans le pedigree, que ceux de leurs deux célèbres émules. Plusieurs courants éloignés ont-ils la même influence, ou une influence plus grande qu'un seul courant rapproché sur l'organisme et le tempérament d'un produit? La question est trop délicate pour que nous puissions essayer de la résoudre, mais il est un fait indéniable, c'est que ces divers étalons ont exercé une action certaine sur les différents éléments qu'on trouve dans l'ascendance d'Éclipse et qu'il serait par suite injuste et peu exact de ne pas en tenir compte.

En voici d'ailleurs la preuve. Le Darley Arabian est l'arrière-grand-père de Marske, père d'Éclipse; mais le père de Marske, Squirt, était de son côté arrière-petit-fils du Lister Turk, dont le nom se retrouve deux fois encore dans l'ascendance de la mère de Marske; puis, Spiletta, mère d'Éclipse, possède, elle aussi, deux courants très rapprochés du même Lister Turk. Il y a donc dans le pedigree d'Éclipse cinq courants du Lister Turk, au sixième ou au septième degré, tandis que le Darley Arabian n'y figure qu'une seule fois, mais à un degré plus rapproché. Quel est des deux étalons celui dont l'influence a été prépondérante? Le doute est permis, mais des réserves s'imposent pour trancher cette question presque impossible à résoudre.

Il y a toutefois, à cette théorie, une objection fort acceptable, en apparence tout au moins, et les auteurs qui l'ont discutée ont pu trouver, s'ils tenaient à suivre la tradition généralement acceptée, des arguments faciles. Dans presque tous les pedigrees, on rencontre le nom du Byerly Turk et ceux des deux autres célèbres étalons orientaux, tandis que le Lister Turk et ses contemporains y sont très rarement mentionnés. L'objection est spécieuse, mais il est facile d'y répondre. Le Lister Turk, par exemple, était né vingt ou trente ans avant le Byerly

Turk, puisqu'il avait été importé en Angleterre vers 1680 ; il est donc tout simple qu'il n'ait pu figurer dans l'ascendance d'Éclipse ou d'Hérod au même degré que les trois grands étalons qu'on lui oppose ; mais il est le père de Snake et de Coneyskins, dont les noms se retrouvent dans presque tous les anciens pedigrees, celui de Bob Booty, entre autres, l'un des plus remarquables étalons des vingt premières années du xixe siècle. Il importe, en outre, de remarquer, comme le fait avec beaucoup d'à-propos M. Joseph Osborne, que, sans le Lister Turk, Éclipse ne serait pas Éclipse, car il n'est permis à personne de dire ce qu'aurait été le plus remarquable chef de famille qui ait existé si les cinq courants du Lister-Turk, qui figurent dans son pedigree, avaient été remplacés par d'autres. Blacklock, dont l'influence est si considérable depuis plusieurs années, possède quatre courants d'Éclipse, c'est-à-dire à un degré plus éloigné, vingt courants du Lister Turk. Est-il judicieux, dès lors, de chercher à nier l'influence de ce dernier étalon, et n'est-il pas plus censé d'attribuer à un concours de circonstances — ou d'unions fortuites, si l'on veut — absolument exceptionnel et inespéré la naissance de l'un des plus merveilleux reproducteurs qui aient jamais existé ? En tous cas, si les étalons orientaux lui ont donné, ainsi que cela n'est pas contestable, une partie des qualités exceptionnelles dont il était doué, les reproducteurs indigènes ont également le droit de le réclamer comme un des leurs, et cela, avec d'autant plus de raison qu'il est évident que, sous l'influence du climat anglais et de l'hygiène, les étalons importés avaient subi dans leur tempérament des modifications, dont, sans le moindre doute, leurs produits ont profité.

Il est, en outre, utile d'ajouter qu'au moment où les trois sires orientaux ont si brillamment marqué leur séjour au haras, il n'avait pas été importé moins de deux cent quinze reproducteurs mâles, arabes, turcs ou barbes, dont les noms ont été inscrits au premier volume du *Stud-Book*, depuis l'avènement de Jacques Ier (1603) jusqu'à la mort de la reine Anne (1714). Sous le règne de cette dernière, les importations avaient été de vingt-six seulement. Il est donc difficile d'admettre que trois de ces étalons, et plus exactement deux d'entre eux, puisque le Godolphin n'a été importé qu'une vingtaine d'années plus tard, aient pu exercer sur l'ensemble de la race une influence plus grande que celle de tous les autres réunis. Il est, d'un autre côté, non moins certain, que, parmi toutes ces juments non tracées au *Stud-Book* et qui par suite devaient appartenir à la race indigène, une partie tout au moins avaient déjà du sang oriental dans les veines ; la sélection dont elles avaient dû être l'objet avant d'être envoyées aux étalons les plus recherchés de leur temps ne permet guère d'en douter.

Pour ces diverses raisons, il est à peu près, nous ne voulons pas dire tout à fait, impossible de déterminer exactement les origines de la race pur sang anglaise ; on connaît les éléments qui ont servi de base pour l'obtenir, mais on ignore la part qui revient à chacun d'eux dans l'œuvre commune. En ce qui touche les étalons orientaux, on ne sait même pas si c'est à l'arabe, au barbe, ou au ture qu'appartient le rôle principal, et c'est cependant un point qu'il serait d'un intérêt évident de pouvoir établir ; le moment ne paraît pas éloigné, en effet, où il sera nécessaire de recourir à une infusion de sang nouveau pour rendre à la race l'endurance qu'elle tend de plus en plus à perdre et que le système actuellement en vigueur des courses à courtes distances n'est guère fait pour lui rendre. On devra, par suite, tâtonner encore, à peu près au hasard ; heureusement que le hasard seul a donné jadis de si remarquables résultats qu'il est bien permis d'espérer qu'il en serait encore de même, si, de nouveau, on s'en rapportait à lui. Nous parlons ici, est-il besoin de le dire, de croisements possibles entre les reproducteurs orientaux et les pur-sang anglais actuels ; dans les unions entre pur-sang, rien n'est, au contraire, plus dangereux que d'agir à l'aventure : une fois sur vingt, on peut réussir, et encore doit-on s'estimer heureux si l'on y parvient.

Quels que soient les doutes qui subsistent sur les origines du pur sang anglais, il est, à juste titre, regardé aujourd'hui, dans le monde entier, comme l'agent le plus susceptible de régénérer et d'améliorer les autres races ; on peut, partout où on l'emploie, lui donner ses lettres de grande naturalisation, il n'en reste pas moins, à l'exemple de ceux qui l'ont créé, anglais sous tous les rapports et sous toutes les latitudes, et l'influence qu'exercent sur son tempérament les différences de climat ne saurait lui enlever son caractère ; elles lui font perdre de sa qualité, mais ne l'augmentent jamais. En raison de la similitude des climats, dans les provinces du Nord, grâce aussi à de très grands sacrifices et à la manière judicieuse dont l'élevage était dirigé et encouragé, on a pu obtenir en France une race nationale de pur-sang, mais elle n'en est pas moins une branche détachée de la grande famille anglaise à laquelle elle ne cessera jamais d'appartenir, tout en possédant en propre des ressources suffisantes pour proclamer hautement son indépendance. Par une coïncidence singulière, trois étalons ont joué, dans les origines de cette lignée française, un rôle analogue à celui qu'ont rempli au début les trois principaux auteurs de la race pur-sang ; il convient donc, après avoir analysé l'origine d'Eclipse, d'Herod et de Matchem, d'étudier celle des chefs de nos trois grandes familles : nous avons nommé Monarque, Dollar et enfin Vermout.

Ainsi que nous l'avons expliqué plus loin, il nous paraît établi que, des trois étalons qui se disputent la paternité de Monarque, Sting est bien celui auquel revient la gloire de l'avoir produit. Ce point accepté, on voit que Monarque est le résultat d'une union en dedans très rapprochée, par rapport à Royal Oak, grand-père de Sting, et père de Poetess ; le fils de Catton possédait deux courants directs d'Eclipse par Gohanna et par Beningbro', un de Matchem, mais l'influence d'Herod domine dans son pedigree, où il n'est pas représenté moins de trois fois, à un degré très rapproché, par les deux plus illustres de ses fils, Highflyer et Woodpecker. Highflyer se retrouve encore à deux reprises dans l'ascendance de Slane, père de

Sting, du côté maternel, mais Orville y figure à un degré plus rapproché, tandis qu'Epsom Lass, une de ses grand'mères, est petite-fille de King Fergus. Puis, Echo, mère de Sting, est petite-fille d'Orville et possède, par Emilius, un autre courant direct d'Éclipse; enfin, la mère d'Écho tient à Éclipse par Beningbro' et par Coriander, de beaucoup plus près qu'aux deux autres. Du côté paternel, Monarque procède donc avant tout d'Éclipse; il n'en est pas tout à fait de même pour les ascendants de sa mère, Poetess. Nous avons dit que Royal Oak appartenait plutôt à la famille d'Herod. Ada, mère de Poetess, ne possède qu'un courant direct d'Éclipse, par son arrière-grand-père, Pot8os, tandis qu'un autre de ses arrière-grands-pères, Drone, et que deux de ses arrière-grand'mères, Maria et Prunella, ont Herod pour père ou pour aïeul. Enfin, par Trumpator, père de Penelope, Ada tient directement, mais de plus loin, à Matchem. En résumé, sur les trois grands auteurs de la race pur-sang, Éclipse et Herod exercent une influence à peu près égale dans le pedigree de Monarque, avec toutefois un léger avantage en faveur du second; par ses trois courants rapprochés, Matchem a joué également un rôle important. On voit donc que l'un des étalons français qui ont le plus contribué à la création de la race pur-sang en France représente d'une manière directe les trois principaux chefs de la race entière.

L'examen du pedigree de Dollar établit que l'influence d'Éclipse domine très sensiblement chez le fils du Flying Dutchman, tandis qu'Herod intervient d'une manière à peu près égale dans celui de Vermout. Chez tous deux, Orville, Gohanna, Waxy, Sir Peter, Highflyer, Woodpecker, Selim et Buzzard se retrouvent à plusieurs reprises; nous avons cité les noms des meilleurs étalons de la seconde période, et il nous paraît inutile de pousser plus loin une analyse dont nous croyons avoir suffisamment indiqué les bases.

On a pu, d'ailleurs, s'assurer par ce qui précède que les éléments employés à l'origine en France ont été de tout premier ordre; l'examen des pedigrees qui sont donnés dans ce volume ne saurait que confirmer cette impression; elle doit être d'autant meilleure que l'on pourra s'assurer que nous avons su précieusement les conserver, tandis que nos voisins commencent à regretter la disparition de ces animaux endurants, au tempérament à toute épreuve, dont ils se sont trop peu inquiétés depuis une quinzaine d'années. Un jour, peut-être, ils seront obligés de venir les rechercher chez nous, où jadis, on ne doit pas l'oublier, ils ont trouvé le Godolphin Arabian, sans parler du Thoulouze Barb et de bien d'autres, qui ont contribué à la création de la race, dont, avec une légitime fierté, et à bon droit, ils se proclament les auteurs.

PRINCIPAUX

CHEFS DE FAMILLE
1748-1861

MATCHEM

(APPARTENAIT A M. WM. FENWICK, BYWELL, NORTHUMBERLAND)

Matchem, cheval bai par Cade, est né en 1748 chez M. John Holme de Carlisle ; sa mère, une fille de Partner, dont il était le troisième produit, et qui a donné Changeling avec Cade, et Miss Roundhead avec Roundhead, avait été élevée dans le Yorkshire chez M. Crofts, de Barforth. Acheté par M. William Fenwick, aïeul de M. Noël Fenwick, il fit ses débuts à York en 1753 dans le Great Subscription Purse de 100 guinées pour chevaux de cinq ans qu'il gagna sur Barforth Billy par Forester, à M Shafto, et Bold par Cade à M. Watson ; il battit ensuite Blameless, à M. Shafto, dans un plate de 50 l. à Morpeth. Il courut trois fois l'année suivante, et gagna ses trois courses. Le Ladies Plate de 126 guinées à York (6.400 m. en partie liée) où par deux fois il sortit victorieux de sa belle lutte avec Sedbury ; le Ladies Plate à Lincoln, en partie liée également, sur Martin au duc d'Ancaster et Skim à M. Smith ; enfin un plate de 50 l. à Morpeth, où il fit un walk-over. En 1755, il battit, sur le Beacon Course, Trajan, par Regulus, à M. Bowles, dans un Plate de 50 l. à poids pour âge ; il fit les 6.700 mètres du parcours en 7 min. 20 sec., portant 54 kilos. Le propriétaire de Trajan ayant attribué la défaite de son cheval à un manque de condition, une nouvelle rencontre fut convenue pour l'année suivante. Le 11 avril 1756, les deux chevaux se mesurèrent sur la même distance dans une poule de 200 guinées, plus le Whip, portant chacun 63 kilos 1/2. Trajan, qui avait surtout de la vitesse, prit tout d'abord une telle avance qu'on payait 5/1 en sa faveur. Mais Matchem, dont la tenue était la principale qualité, se rapprochait peu à peu et l'emportait finalement avec une grande facilité. La même année, Matchem, après avoir été battu par Spectator dans le Jockey-Club Plate, gagnait à Newcastle un plate de 50 l. En 1758, il courait pour la seconde fois le Jockey-Club Plate, et était battu par une fille du Godolphin, Mirza ; il prenait la seconde place devant Jason, Feather et Forester. Il courut enfin pour la dernière fois à Scarborough dans un plate de 50 l. qu'il gagna sur Foxhunter et Sweetlips. Il ne fut toutefois envoyé au haras qu'en 1763 et il devint bientôt l'étalon fashionable de tout le Yorkshire. Son prix de saillie, primitivement fixé à 5 guinées, fut porté à 10 guinées en 1770 et à 50 guinées à partir de 1775. Il couvrit, pendant cette année, vingt-deux juments en dehors de celles de son propriétaire, et il était tellement recherché qu'on évalua à 425.000 francs les bénéfices réalisés par M. Fenwick pour le prix de ses montes, pendant son séjour au haras. Ses produits, qui ont paru sur le turf pendant vingt-trois ans, ont gagné 3.777.425 francs. C'est à lui principalement qu'est due la transmission aux générations actuelles du sang de son grand-père, le Godolphin Arabian, le plus célèbre de tous les étalons orientaux. Matchem est mort à Bywell, Northumberland, le 21 février 1781, à l'âge de 33 ans. Son prix de saillie était resté jusqu'à la fin fixé à 50 guinées.

PEDIGREE DE MATCHEM

MATCHEM (Bai — 1748)			
CADE (Bai — 1734)	Godolphin Arabian.		Le Godolphin, dont l'origine est encore discutée, les uns le croyant originaire d'Arabie, les autres, en plus grand nombre, prétendant qu'il était barbe, a été trouvé, traînant dans les rues de Paris un tonneau d'arrosage, par M. Coke, de Norfolk, qui l'emmena à Londres où il le donna à R. Williams, propriétaire du célèbre café de Saint-James. Ce dernier en fit hommage au comte de Godolphin, qui l'envoya à son haras, où il mourut en 1753, à l'âge de vingt-neuf ans environ. Il était bai-brun avec une petite balzane à la jambe postérieure hors montoire. Sa taille était de 1m51 environ.
	Roxana (—1718). Bald Galloway.	St-Victors' Barb	Cet étalon fut importé en France par M. de Saint-Victor, et fut ensuite acheté par le capitaine Fider, pour son haras de Whittlebury Forest, dans le Northamptonshire.
		Fille de	Why Not p. the Fenwick Barb. — Mère inconnue. Royal mare.
	Sœur de Chanter.	Akaster Turk	On ignore quel fut l'importateur de cet étalon, dont le sang se retrouve dans la descendance de Cade, Molly Long Legs, Squirrel et Thwates Dun mare.
		Fille de	Leedes Arabian, importé par M. Leedes de North Milford, Yorks, le plus grand éleveur de son temps après lord d'Arcy. Mère de Spanker, origine inconnue.
FILLE DE (Baie—1733)	Partner (—1718). Jigg.	Byerly Turk	Importé en Angleterre par le capitaine Byerly, auquel il servit de cheval d'armes avant d'être envoyé au haras.
		Fille de	Spanker p. d'Arcys' Yellow Turk — f. de lord Fairfax's Morocco Barb. — Old Bald Peg, par un étalon arabe et une jument barbe. Mère inconnue.
	Sœur de Mixbury.	Curwens' Bay Barb	Importé en Angleterre par M. Curwen, de Workington, Cumberland ; il a sailli très peu de juments en dehors de celles de son propriétaire et de celles de M. Pelham.
		Fille de	Spot p. the Selaby Turk. (Spot a été élevé chez M. Curwen ; sa mère est inconnue.) F. de the White Legged Lowther Barb — Old Vintner Mare (origine inconnue).
	Fille de (—). Makeless.	Oglethorpe Arabian	Importé en Angleterre p. Sir Thomas Oglethorpe. A donné, en dehors de Makeless, Bald Frampton et le fameux Galloway écossais, qui battit à Newmarket Dimple, au duc de Devonshire.
		(—)	On n'a pu établir l'origine de ce célèbre étalon du côté maternel.
	Fille de Brimmer.	Brimmer	D'Arcy's Yellow Turk / Royal mare. { Brimmer a été élevé dans le Yorkshire par la famille d'Arcy, et on trouve son nom dans le pedigree des meilleurs chevaux de la première moitié du XVIIIe siècle.
		Fille de	Place's White Turk, étalon célèbre, importé en Angleterre par un Français, M. Place, directeur des haras d'Olivier Cromwell pendant son protectorat. Dodsworth (jument barbe née en Angleterre) — the Layton Barb mare.

HEROD

(APPARTENAIT A SIR JOHN MOORE, BART)

HEROD, cheval bai par Tartar, est né en 1758 chez le duc de Cumberland; sa mère, Cypron, dont il était le quatrième produit, a donné également Dapper et Holyhock avec Y. Cade, et Protector avec Matchem; elle avait été élevée par Sir William Saint-Quentin. Herod (appelé d'abord King Herod) fit ses débuts à cinq ans, en 1763, sous les couleurs du duc de Cumberland, à la réunion d'automne de Newmarket, dans un match de 500 guinées sur le Beacon Course (6.700 mètres), où il battit Roman, par Blank, au duc d'Ancaster, tous deux portant 54 kilos. Au mois d'août suivant, il remporta sur ce même parcours une nouvelle victoire dans une poule de 7.500 francs où il battit entre autres son demi-frère Tartar, par Tartar, à Sir John Moore. Il battait ensuite à Ascot, dans un match de 1.000 guinées, sur 6.400 mètres et en lui rendant six livres, Tom Tinker, à lord Rockingham; puis à la réunion d'automne de Newmarket, toujours sur le Beacon Course, il rendait facilement trois livres à Antonius, au duc de Grafton, dans un match de 500 guinées. Le duc, n'admettant pas l'exactitude de la défaite de son cheval, proposa un nouveau match de 1.000 guinées à courir au mois de mai suivant. Cette offre fut acceptée par le propriétaire d'Herod, qui l'emporta avec la même facilité que la première fois. Cette dernière victoire marquait le terme de cette brillante série de succès. Au mois d'octobre 1765, Herod portant 57 kil. subissait sa première défaite dans un match de 1.000 guinées sur le Beacon Course, avec Ascham, à Sir James Lowther, auquel il rendait un stone (14 l.) pour une année. A la mort du duc de Cumberland, qui survint peu après, Herod fut acheté par Sir John Moore, qui accepta immédiatement un match de 1.000 guinées avec Turf, à lord Bolingbroke, à courir à Newmarket au printemps suivant, sur le Beacon Course naturellement, Herod rendant six livres à son cadet, qui avait cinq ans seulement. Il fut, pour la seconde fois, battu facilement. A York, la rupture d'un vaisseau sanguin l'empêchait de figurer à l'arrivée du Great Subscription Purse, où il était battu par Bay Malton, Beauffremont et plusieurs autres chevaux. En 1767, à neuf ans et par conséquent, il finissait second derrière Bay Malton dans une poule de 500 guinées courue sur le Beacon Course ; mais il y prenait sa revanche sur Turf et sur Ascham, qu'il rencontrait cette fois à poids égal. Cette course avait attiré à Newmarket un nombre inusité d'amateurs appartenant à toutes les classes de la société, venus de tous les points du royaume pour y assister; tous les Yorkshiremen, entre autres, s'y trouvaient et, selon l'expression d'un chroniqueur du temps, la victoire de Bay Malton leur rapporta des tonnes d'argent. Turf était favori au départ à 6/4, Bay Malton fut pris à 7/4, Ascham à 4/1, Herod à 5/1; rarement le marché avait eu autant d'animation et des sommes énormes furent gagnées — et perdues — sur cette course mémorable. Un pari original mérite d'être rappelé, celui de lord Rockingham, qui avait parié de désigner l'ordre d'arrivée des chevaux et eut la chance d'y réussir, gagnant ainsi à 25/1 une fort jolie somme. Herod faisait sa dernière apparition sur le turf au mois de mai 1768, sur le Beacon Course où il battit, dans un match de 1.000 guinées, Ascham dont il recevait six livres. Il était resté six ans à l'entraînement, avait couru dix fois et remporté six victoires. Il commença en 1770 sa carrière d'étalon, son prix de saillie étant fixé à 25 guinées, et obtint dès ses premières saisons des succès éclatants; pendant les dix-neuf années que ses produits ont couru, ils ont gagné 5.037.525 fr., et un certain nombre de Coupes. Parmi les meilleurs, on retrouve les noms d'une partie des ascendants des pur sang actuels. Tels sont : Anvil, Bagot, Bordeaux, Drone, Evergreen, Florizel, Fortitude, Highflyer, Justice, Phenomenon, Telemachus, Woodpecker, Rover, etc., et parmi ses filles, Calash (mère de Whisky), Maria (mère de Waxy), et les mères de Gohanna, Scota, Gustavus, Beningbro, Calomel, Contessina, Coriander, Dungannon, Imperator, Overton, Precipitate, Rosamond et Worthy. Herod est mort au mois de mai 1780, dans sa vingt-deuxième année.

PEDIGREE DE HEROD

HEROD (Bai — 1758).

TARTAR (Bai—1743)

Partner (1718) — Jigg.

S. de Mixbury (—)

Byerly Turk	Importé en Angleterre par le capitaine Byerly, auquel il servit de cheval d'armes.
Fille de	Spanker par d'Arcys' Yellow Turk — Old Morocco mare p. Lord Fairfax's Morocco Barb — Old Bald Peg p. étalon arabe et jument barbe. Mère inconnue.
Curwens' Bay Barb	Importé en Angleterre par M. Curwen, qui l'acheta avec le Thoulouse Barb, au comte de Toulouse. Tous deux ont sailli presque exclusivement les juments de leur propriétaire.
Fille de	Sport p. the Selaby Turk, importé en Angleterre par M. Marshall, frère du Stud Groom du roi Guillaume. — La mère de Sport n'est pas tracée au Stud Book. Fille de White Legged Lowther Barb.

Meliora (—1729). — Fox (—1714).

Clumsy (—)	Hautboy p. d'Arcys' White Turk — Royal mare. Miss d'Arcy's Pet mare (dont la mère était une Sedbury Royal mare).
Bay Peg	The Leedes Arabian, importé en Angleterre par M. Leedes, de North Milford, Yorkshire, grand éleveur de l'époque. Y. Bald Peg p. the Leedes Arabian — m. de Spanker p. Fairfax's Morocco Barb — Old Bald Peg p. étalon arabe et jument barbe.

Milkmaid

Snail	Étalon élevé p. Sir E. Blackett, qui le vendit au duc de Wharton. — Origine inconnue.
Shields' Galloway	Jument élevée par M. Curwen, de Workington, Cumberland. — Origine inconnue.

CYPRON (Baie—1750)

Blaze (—1733). — Flying Childers

Darley Arabian	Importé en Angleterre par M Darley, qui le donna à son frère, M. John Brewster Darley, de Buttercrambe. Il n'a guère sailli que les juments de son propriétaire.
Betty Leedes	Careless p. Spanker (d'Arcys' Yellow Turk) — Jument barbe. S. de Leedes p. the Leedes Arabian — f. de Spanker (d'Arcys' Yellow Turk) — Old Morocco mare.

Confederate filly

Grey Grantham (Gris—1714)	Brownlow Turk, importé en Angleterre par lord Brownlow, vers 1700. Mère inconnue.
Fille de	The Rutland Black Barb, importé en Angleterre par le duc de Rutland. Brights' Roan, jument élevée par M. Leedes, de North Mitford, Yorkshire, non tracée au Stud book.

Selima (—1733). — Bethell's Arabian

	Importé en Angleterre par M. Bethell, de Rise, Holdernesse (East Riding, Yorkshire), grand centre d'élevage. M. Bethell possédait un haras très important où il a élevé, entre autres, Castaway, Ruffler et Woodcock.

Fille de

Champion (—1707)	The Harpur Arabian, importé en Angleterre par sir J. Harpur, du Yorkshire. Fille de Hautboy — Mère d'Almanzor et de Terror (non tracée au Stud Book).
Fille de	The Darley Arabian. Merlin (Bustler p. the Helmsley Turk) — Mère inconnue.

ÉCLIPSE

(APPARTENAIT AU COLONEL O'KELLY, CANNONS, SURREY)

Éclipse, cheval alezan par Marske, est né en 1764 chez le duc de Cumberland; sa mère, Spiletta, qui avait été également élevée par le duc et dont il était le second produit, a donné, entre autres, Proserpine et Garrick avec Marske, et Bryseis avec Chrysolite. On sait qu'au moment de sa naissance avait lieu la grande éclipse, à laquelle il a dû son nom; son caractère difficile le fit comprendre dans la liste des chevaux de réforme de son écurie et à trois ans il était acheté 100 guinées par un marchand de bestiaux, Wildman, qui l'envoya à Epsom pour être entraîné. Il avait cinq ans lorsqu'il fit ses débuts en public, à Epsom (le 3 mai 1769), dans un plate de 50 livres pour chevaux de cinq ans et au-dessus; il gagna facilement, battant Gower, par Sweepstakes (5 ans), Chance par Y. Cade (6 ans), Trial par Blank (5 ans), et Plume par Feather (5 ans). Il avait montré, dans cette première course, une surprenante docilité, grâce au dressage qui lui avait été donné par un très expert spécialiste, Sullivan; ce dernier était au service du capitaine Denis O'Kelly, l'un des plus gros joueurs du temps, qui, avant la seconde manche, — les courses étaient presque toujours en partie liée, — avait parié qu'il placerait les chevaux dans l'ordre de leur arrivée et avait ainsi exprimé son opinion : « Éclipse premier, les autres nulle part, » conclusion devenue célèbre dans les annales du turf. Éclipse justifia si bien cette opinion flatteuse qu'il faillit, tant il tirait fort, envoyer son jockey, John Oakley, par-dessus ses oreilles; les autres ne figurèrent pas. Il gagna ensuite, la même année, des Kings'Plates à Winchester, Salisbury, Canterbury, Lewes et Lichfield, un Plate de 50 livres à Ascot, un autre de même valeur à Winchester, et le City Bowl à Salisbury. Avant sa course à Winchester, M. Wildman, selon les conventions arrêtées lors de son dressage par Sullivan, vendit pour 650 guinées la moitié de la propriété de son cheval au capitaine O'Kelly, qui, dans la suite, acheta l'autre moitié pour 1.100 guinées; jamais un cheval n'a été acquis à meilleur compte. En 1870, Éclipse poursuivit sa brillante carrière, en battant à poids égal Bucephalus sur le Beacon Course. Il battait ensuite, dans les deux manches du Kings'Plate couru sur le Round Course, Pensioner, Diana et Chigger. On payait ce jour-là 1/10 en sa faveur, et quand il eut gagné la première manche, comme il était devenu impossible de trouver un donneur, on eut l'idée bizarre de parier qu'il gagnerait d'une distance (200 mètres environ); on ne put trouver à plus de 7/4 ce dernier pari qui fut gagné très facilement. Il remporta la même année une nouvelle série de succès dans des Kings'Plates à Guilford, Nottingham, York, Lincoln et Newmarket, et deux Subscriptions Stakes de 50 et 100 livres, à York et Newmarket. Ce fut sur le heath classique qu'il fit sa dernière apparition; son écrasante supériorité avait créé un courant hostile tellement violent que le capitaine O'Kelly craignit avec raison qu'on empoisonnât son cheval, et il connaissait trop bien son époque pour n'être pas persuadé que les menaces seraient mises à exécution. Il décida, en conséquence, qu'Éclipse serait retiré de l'entraînement, et il l'envoya à son haras de Clay Hill, près Epsom, où il fixa à 50 guinées son prix de saillie. Pendant les vingt et une années qu'ils ont couru, ses produits ont gagné 3.951.175 francs. Parmi ceux qui se sont distingués le plus, tant sur le turf qu'au haras, on doit citer Alexander, Boudrow, Don Quixote, Dungannon, Everlasting, Frenzy, Hermes, Javelin, Joe Andrews, Jupiter, King Fergus, Mercury, Meteor, Pot8os, Saltram, Volunteer, Zodiac; parmi ses filles, Horatia, Harmonia, Miss Hervey, Queen Mab et les mères de Bobtail, Chanticleer, Haphazard, John Bull, Master Bagot, Oberon, Phenomenon, Scotilla, Skyscraper, Stamford, etc. Émigrant, à M. Bullock, le premier de ses produits qui ait paru sur un hippodrome, gagna une poule de 100 guinées au Craven meeting de Newmarket de 1776. Éclipse est mort le 26 février 1788, à l'âge de vingt-cinq ans, à Cannons, Surrey; le prix de sa monte était alors de 30 guinées seulement.

PEDIGREE DE ÉCLIPSE

ÉCLIPSE (Alezan—1764).	MARSKE (Bai-Brun—1750)	Squirt (Alezan—1732)	Bartletts Childers	Darley Arabian	Importé en Angleterre par un commerçant anglais établi à Smyrne, M. Darley, qui le donna à son frère M. John Brewster Darley de Buttercrambe (Yorkshire.)
				Betty Leedes	Careless p. Spanker (d'Arcys'Yellow Turk et Old Morocco mare.) — f. de Old Bald peg p. un étal. arabe et une jument barbe. — Jument barbe. Sr de Leedes par the Leedes Arabian — f. de Spanker (d'Arcys' Yellow Turk) — f. de the Morocco Barb mare — m. de Spanker.
			Sr de Old Country Wench	Snake	The **Lister Turk**, importé en Angleterre sous le règne de Jacques II ; acheté par M. Lister qui l'envoya à son haras du Lincolnshire. Fille de Hautboy (d'Arcys'White Turk et Royal mare) — Mère inconnue.
				Grey Wilkes	Hautboy p. d'Arcys' White Turk — Royal mare. Miss d'Arcys' Pet mare — fille d'une Sedbury Royal mare (le père de miss d'Arcys' Pet mare est inconnu).
		Fille de (—)	Blackleggs (—1725)	Huttons' Bay Barb	Importé en Angleterre vers 1720 par M. Hutton de Marske, près de Richmond (Yorkshire).
				Fille de	Coneyskins (p. the Lister Turk), cheval gris né en 1712 chez le duc de Rutland ; sa mère est inconnue. The Old Clubfoot mare (p. Hautboy), jument élevée par M. Crofts ; non tracée au Stud Book.
			Fille de (—)	Bay Bolton (Bai — 1705)	Grey Hautboy p. Hautboy — Mère inconnue. Fille de Makeless (Oglethorp? Arabian) — f. de Brimmer (d'Arcys' Yellow Turk et Royal mare) — f. de Diamond — s. de la mère de Merlin.
				Fille de	Fox Cub p. Clumsy (Hautboy et Miss d'Arcys' Pet mare) — f. de the Leedes Arabian. Fille de Coneyskins (**Lister Turk**) — f. de Huttons' Grey Barb — f. de Huttons' Royal Colt (Helmsley Turk et Royal mare) — f. de Byerly Turk.
	SPILETTA (Baie—1749)	Regulus (1739)	Godolphin		Importé en Angleterre en 1728 p. M. Coke (de Norfolk), qui l'avait trouvé dans les rues de Paris attelé à un tonneau d'arrosage et le donna à R. Williams, propriétaire du St-James coffee house ; ce dernier l'offrit au comte de Godolphin.
			Grey Robinson	Bald Galloway (—)	St-Victor Barb, étalon importé en Angleterre par M. de Saint-Victor, qui le vendit au capitaine Rider de Whittlebury Forest (Northamptonshire). Fille de Why Not (fils de Fenwick Barb) — Royal mare.
				Sœur de Old Country Wench	Snake p. the **Lister Turk** — f. de Hautboy (d'Arcys' White Turk et Royal mare) — Mère inconnue. Grey Wilkes p. Hautboy (d'Arcys' White Turk et Royal mare) — Miss d'Arcys' Pet mare — f. d'une Sedbury Royal mare.
		Mother Western (—)	Smith'son of	Snake	The **Lister Turk**, étalon importé en Angleterre par le duc de Berwick, qui le vendit à M. Lister. Fille de Hautboy (d'Arcys' White Turk et Royal mare) — Miss d'Arcys' Pet mare — f. d'une Sedbury Royal mare, etc.
				(—)	La mère de Smiths' Son of Snake n'est pas tracée au Stud Book.
			Old Montague mare	Woodcock (— 1715)	Merlin p. Bustler (Helmsley Turk) — Mère inconnue. Sœur de Ruffler p. fils de Brimmer (d'Arcys'Yellow Turk et Royal mare) — f. de Chesterfield Arabian — f. de Huttons'Grey Barb — f. de Why Not (Fenwick Barb) — Wilkinsons Turk mare.
				Fille de (—)	Hautboy p. d'Arcys' White Turk — Royal mare. (Le haras de lord d'Arcy était situé à Sedbury, Yorkshire.) Fille de Brimmer (d'Arcy Yellow Turk et Royal mare) — Brimmer était un des étalons du haras de Sedbury.

TRUMPATOR

(APPARTENAIT A LORD CLARMONT, CLARMONT PARK, LOUTH CO., IRLANDE)

Trumpator, par Conductor, est né en 1782 chez lord Clarmont : il était le troisième produit de Brunette, par Squirrel, née chez lord Farnham, qui donna également Cantator, avec Conductor, Harpator, Jubilator et Pipator, avec Imperator; tous ces poulains, sauf le dernier, étaient noirs comme Trumpator. Comme son père Conductor, Trumpator gagna quatorze courses, dont deux Kings Plates ; tandis qu'à Newmarket il gagnait huit courses sur les douze qu'il disputait, son frère Cantator faisait triompher treize fois, — sur trente-six courses, — les couleurs de leur commun propriétaire, lord Clarmont. En même temps, ses demi-frères Harpator, Jubilator et Pipator, dont le père Imperator était, comme lui, fils de Conductor, établissaient la haute qualité de cette famille de racers. Harpator gagnait en effet douze courses ; les July Stakes de Newmarket étaient une des trois victoires de Jubilator ; enfin, Pipator, le seul bai de la famille, gagnait cinq courses. Parmi les principales victoires de Trumpator, on doit citer les Claret Stakes de 200 livres chaque, courus sur le Beacon Course, une des épreuves les plus importantes de l'époque, pour chevaux de six ans ; les Princes Stakes, de 100 l. chaque, où il battit un poulain par Highflyer, à lord Egremont, Spartacus au duc de Grafton, Clarinet au capitaine O'Kelly et deux autres chevaux ; un match de 500 guinées avec Alexander à lord Grosvenor, qu'il battit sans peine sur le Beacon Course. Au haras, Trumpator eut une carrière non moins brillante ; il fut le père de deux cent sept vainqueurs ; les prix gagnés par eux furent toutefois de peu d'importance, le total atteignant à peine 1.650.000 francs, en dehors des Cups. Il est peu d'étalons, parmi ceux de cette époque, qui aient transmis à leur descendance plus d'endurance et de tempérament. Il convient de rappeler ici que Pipator, son demi-frère, a donné, en dehors de Remembrancer, vainqueur du Saint-Léger de 1803, trente-cinq produits gagnants, au nombre desquels se trouvait Vicissitude, mère de Gibside Fairy, qui rendit de si grands services à M. Bowes, au haras de Streathlam. En dehors de ses produits mâles, Trumpator est surtout connu comme père de la célèbre Penelope, mère de Whalebone, Web, Woeful, Wire et Whisker.

PEDIGREE DE TRUMPATOR

TRUMPATOR (Noir—1782)	CONDUCTOR (Alezan—1767), frère d'Alfred (Bai—1770)	Fille de (—1762)	Snip (Bb.—1756) S. de Miss Partner(—1735) Matchem (Bai—1748) Cade (B—1734)	Godolphin Arabian	Importé en Angleterre par M. Coke en 1728.
				Roxana (—1718)	Bald Galloway (1705) p. St Victors' Barb — f. de Why Not p. the Fenwick Barb — Royal mare. S. de Chanter p. Akaster Turk — f. de Leedes A. — f. de Spanker (d'Arcys' Yellow Turk et fille du Morocco Barb) — Bald Peg, p. ét. arabe.
				Partner (—1718)	Jigg p. **Byerly Turk** — f. de Spanker — f. du Morocco Barb — Bald Peg p. étalon arabe — Jument barbe. S. de Mixbury p. Curwens' Bay Barb — f. de Spot (Selaby Turk) — f. de White Legged Lowther Barb — Vintner Mare.
				Brown Farewell	Makeless p. the **Oglethorpe Arabian**. F. de Brimmer (d'Arcys' Yellow Turk et Royal mare) — f. de Places' White Turk — f. de Dodsworth (barbe né en Angleterre) — Layton Barb mare.
				Snip Bbr.—1736	Flying Childers (1715) p. Darley Arabian — Betty Leedes p. Careless (Spanker et Barb mare) — s. de Leedes p. Leedes A. — f. de Spanker, etc. S. de Sorcheels p. Basto (**Byerly T** et Bay Peg p. Leedes A.) — s. de Mixbury p. Curwens' Bay Barb — f. de Spot (Selaby Turk).
				Sœur de Sliphy (—)	Fox (1714) p. Clumsy (Hautboy et Miss d'Arcys' Pet mare) — Bay Peg p. Leedes A. — Y. Bald Peg p. Leedes A. — Morocco mare. Bay Bolton (Grey Hautboy p. Hautboy et f. de Makeless) — f. de Newcastle Turk — f. de **Byerly Turk**.
				Cullen Arabian	Importé en Angleterre par M. Mosco ; père de Matron et de la mère de Bay Richmond.
				Grisewoods Lady Thigh (Alez.—1731)	Partner (1718) p. Jigg (**Byerly T** et f. de Spanker) — s. de Mixbury, p. Curwens' Bay Barb — f. de Spot (Selaby Turk), etc. Fille (1719) de Greyhound (barbe né en Angleterre) — m. de Sophonisba p. Curwens'Bay Barb — f. de d'Arcys' Chesnut Arabian.
	BRUNETTE (Bai-Brune—1771)	Squirrel (Bai—1751)	Traveller (1735) Gr. Bloody Buttocks (1733) Matchless (B.—1734)	Partner (—1718)	Jigg p. **Byerly T.** et f. de Spanker (d'Arcy's Yellow Turk) — f. de Morocco Barb — Bald Peg p. un arabe — Morocco mare. S. de Mixbury p. Curwens' Bay Barb — f. de Spot (Selaby Turk) — F. de White Legged Lowther Barb — Vintner mare.
				Fille de (—)	Almanzor (1713) p. Darley Arabian — f. de Hautboy (V. plus haut). Fille de Grey Hautboy (Hautboy) — f. de Makeless (**Oglethorpe A.**) — f. de Brimmer.
				Bloody Buttocks (—)	Étalon arabe gris avec tache baie sur la hanche, importé en Angleterre, p. M. Crofts, de Barforth, Yorkshire.
				Fille de (—)	Greyhound p. King Williams' White Barb Chillaby — Slugey, jument barbe importée. Fille de Makeless (Oglethorpe A.) — f. de Brimmer (d'Arcys' White T.) — f. de Places' White T. — f. de Dodsworth (jument barbe).
		Dove (Baie—1746)	Fille de (—)	Godolphin Arabian	Importé en Angleterre en 1728 (V. plus haut).
				Fille de (—)	Sorcheels p. Basto (**Byerly T.** et Bald Peg p. Leedes A.) — s. de Mixbury, p. Curwens' Bay Barb — f. de Spot (Selaby Turk), etc. Mère de Hartleys' blind horse p. Makeless (**Oglethorpe Arabian**) — Christopher d'Arcys' Royal mare.
				Ancaster Starling (gris—1738)	Starling (1727) p. Bay Bolton — f. du fils de Brownlow Turk — Old Lady p. Pulleine A. — f. de Rockwood — f. de Bustler. Ringbone (1732) p. Partner (Jigg p Byerly T.) — f. de Crofts' Bay Barb — f. de Makeless (O**g**lethorpe **A**) — f. de Brimmer, etc.
				Fille de (—)	Grasshopper (1731) p. Crab (Alcock A.) — s. de Sorcheels p. Basto (**Byerly Turk**) — f. d'Astridge Ball, etc. Fille du Newton Bay A. — f. de Pert (Ely T.) — f. de St-Martin (Spanker et Burtons' Natural Barb mare) — f. de Hales's Turk.

SIR PETER

(APPARTENAIT AU COMTE DE DERBY, KNOWSLEY, LANCASHIRE)

Sir Peter, un des plus remarquables racers du siècle dernier, a été élevé à Knowsley chez le comte de Derby, celui-là même qui avait été le parrain de la célèbre course d'Epsom ; il est né en 1784, de l'union d'Highflyer avec Papillon, par Snap, mère de Sincerity, par Matchem, de lady Teazle, par Highflyer, et de The Wren par Woodpecker. Sir Peter était bai-brun, et, à l'exception d'une étoile en tête, il était complètement zain. Autant qu'il est permis d'en juger par les portraits qui existent de lui, il devait avoir environ 1m63, une belle épaule, la poitrine bien descendue, la tête un peu forte avec une encolure trop courte, et de superbes quartiers ; il était un peu enlevé, levretté, et avait les jarrets trop éloignés du sol et tournés en dehors. Il débuta dans le Derby de 1887, qu'il gagna, battant Gunpowder, par Éclipse, au capitaine O'Kelly, Bustler, par Florizel, à M. R. Vernon, et quatre autres, parmi lesquels se trouvait Mentor, par Justice, à lord Grosvenor. Il gagnait ensuite un Sweepstakes de 400 l. à Ascot, et il consacrait sa réputation en enlevant facilement le Subscription Purse de 1.400 guinées au meeting d'automne de Newmarket, battant Poker, au duc de Grafton. Ce brillant succès était suivi d'une victoire facile dans les Prince of Wales' Stakes, et il terminait sa carrière de three year old, après avoir gagné sur Bullfinch, à lord Clermont, un match de 500 guinées, en battant Letitia et Isabella, sur le Ditch-in-Course (5.700m). En 1788, Sir Peter commençait sa carrière de four year old en gagnant les Jockey-Club Stakes, au premier meeting du printemps à Newmarket ; il enlevait ensuite les Claret Stakes de 1.200 guinées où il battait don Quixote, et enlevait facilement les Grosvenor Stakes au July meeting. On n'observait plus à cette époque les principes qui avaient permis à Herod et à Éclipse de rester de longues années à l'entraînement ; sa défaite par Dash, au duc de Queensbury, est, par suite, d'autant moins surprenante qu'il rendait trente-cinq livres à un adversaire de bon ordre. La défaite qu'il infligea peu après à Maria, au duc de Bedford, en lui rendant une stone, prouve d'ailleurs qu'il n'avait pas perdu sa très grande qualité ; plusieurs prix lui avaient du reste été abandonnés, tous ses adversaires s'étant refusés à une lutte inégale. Au printemps de l'année suivante, il battait Meteor, Pegasus et Gunpowder dans une poule, à Newmarket ; mais il commençait à décliner ; il était, peu après, obligé de déclarer forfait dans le grand match de 1.000 guinées, à courir sur six milles (9 600m) ; il tombait broken down à Newmarket, au mois d'octobre suivant, dans un Purse gagné par Cardock. Au haras, Sir Peter a donné 350 produits gagnants, dont les victoires ont rapporté près de trois millions et demi à leurs propriétaires. Dans le nombre se trouvent quatre vainqueurs du Derby : Sir Harry, à M. Cookson, en 1798, Archduke, à Sir F. Standish, l'année suivante ; Ditto, à Sir H. Williamson, en 1803, et Paris, à lord Foley, en 1806. Ses fils, Saint-Paul, Haphazard, Stamford, Walton et Williamsons' Ditto, se sont tous fait remarquer par leur vitesse ; ces deux derniers avaient pour mères des filles d'Éclipse. Sir Peter est mort à Knowsley, le 10 août 1811, à l'âge de 28 ans.

PEDIGREE DE SIR PETER

SIR PETER (Bai-Brun — 1784).	HIGHFLYER (Bai — 1774).	Herod (Bai — 1758). Rachel (— 1763).	Tartar (B.—1748) Cypron (B.—1750) Blank (B.—1740) Fille de (—1751)
	PAPILLON (Bai-Brun—1769).	Snap (Bai-Brun—1750). Miss Cleveland (—1758).	Snip (Rb—1736) S. de Sliphy (—) Regulus (1739) Midge (—)

Partner (—1718)		Jigg p. the **Byerly Turk** (importé en Angleterre p. le capitaine Byerly, auquel il servit de cheval d'armes) — f. de Spanker, etc. S. de Mixbury p. Curwens' Bay Barb (importé de France en Angleterre p. M. Curwen, avec le Thoulouse Barb) — f. de Spot p. Selaby T.
Meliora (—1729)		Fox p. Clumsy (Hautboy p. d'Arcy's White Turk et Royal mare) — Miss d'Arcys' Pet mare — Bay Peg p. Leedes Arabian. Milkmaid p. Snail (élevé p. Sir R. Blackett, pedigree non conservé) — Shields Galloway (la plus célèbre Galloway de son époque), etc
Blaze (Bbr—1733)		Flying Childers p. **Darley Arabian** — Betty Leedes p. Careless (Spanker et jument barbe) — s. de Leedes p. Leedes A. — f. de Spanker. Confederates' filly p. Grey Grantham (Bronwlow Turk) — f. de Rutland — Black Barb — Brights roan (très remarquable jument).
Selima (—1733)		Bethell's Arabian (importé p. M. Bethell, de Rise, Holdernesse, éleveur de Ruffler, Castaway et Woodcock). F. de Champion Harpur A. et f. de Hautboy, mère d'Almanzor et de Terror) — f. de Darley Arabian.
Godolphin Arabian (Bai—)		Importé en Angleterre vers 1728, p. M. Coke, qui l'avait trouvé à Paris, où il était employé au service de la voirie. M. R. Williams, propriétaire du Saint-James coffee room, auquel il fut donné, l'offrit à lord Godolphin, qui l'envoya à son haras, où il resta jusqu'à sa mort.
Little Hartley Mare (—)		Bartletts' Childers (étalon élevé p. M. Childers ; propre frère de Flying Childers p. **Darley Arabian**). Flying Whig p. William's Woodcock Arabian — f. de St-Victors' Barb — f. de Why Not p. the Fenwick Barb, etc.
Regulus (—1730)		The Godolphin Arabian (V. plus haut). Grey Robinson p. the **Bald Galloway** (St-Victors Barb et f. de Why Not) — s. de Old Country Wench p. Snake (Lister Turk) — Grey Wilkes p. Hautboy — Miss d'Arcys' Pet mare f. de Sedbury Royal mare).
Fille de (—)		Soreheels p. Basto (**Byerly Turk** et Bay Peg p. Leedes Arabian) — f. de Curwens' Bay Barb — s. de Mixbury, p. Curwens' Bay Barb. — f. de Spot — White Legged Lowther Barb — Old Vintner mare, etc. F. de Makeless (**Oglethorpe Arabian**) — d'Arcys' Royal mare.
Flying Childers (Bai—1715)		**Darley Arabian.** Betty Leedes p. Careless (Spanker p. d'Arcys' Yellow Turk et jument barbe) — s. de Leedes, p. Leedes Arabian — f. de Spanker — jument barbe.
S. de Soreheels (—)		Basto p. **Byerly Turk** — Bay Peg p. Leedes Arabian — f. de Spanker (d'Arcys' Y. Turk et jument barbe) — Bald Peg p. Gen. Fairfaxs' Morocco B. S. du Mixbury Galloway p. Curwens' Bay Barb — f. de White Legged Lowther Barb — Old Vintner mare.
Fox (1714)		Clumsy p. Hautboy (d'Arcys' White Turk) — Miss d'Arcys' Pet mare. Bay Peg p. Leedes Arabian — Y. Bald Peg p. Leedes Arabian — Old Morocco mare (f. de Spanker p. Gen. Fairfax's Morocco Barb et Old Bald Peg p. un étalon arabe et une jument barbe).
Gipsy (N.—1725)		Bay Bolton p. Grey Hautboy (Hautboy p. d'Arcys White Turk) — f. de Makeless (**Oglethorpe A.**) — f. de Brimmer — s. de Merlins' dam. F. de The Dukes' of Newcastle Turk — f. du **Byerly Turk** — f. de The Taffolet Barb — f. de Places' White Turk — jument barbe.
Godolphin Arabian (Bbr.—)		Voir plus haut.
Grey Robinson (—)		**Bald Galloway** p. St-Victors' Barb — f. de Why Not — Royal mare. S. de Old Country Wench p. Snake (Lister Turk) — Grey Wilkes p. Hautboy. — Miss d'Arcys' Pet mare, fille d'une Sedbury Royal mare.
Fils de (Bai—1705)		Bay Bolton (1705) p Grey Hautboy (Hautboy p. d'Arcys' White Turk) — f. de Makeless (**Oglethorpe A.**) — f. de Brimmer — f de Diamond — s. de la mère de Merlin (fils de Bustler p. The Helmsley Turk). Mère inconnue.
Sœur de la m de Squirrel		Bartletts Childers p. **Darley Arabian** — Betty Leedes p. Careless — s. de Leedes (Leedes A.) — f. de Spanker — jument barbe. Fille de Honeywood Arabian — sa mère a donné également les deux True Blue (élevés par M. Bowes) p. **Byerly Turk**, etc.

ORVILLE

(APPARTENAIT A S. A. R. LE PRINCE DE GALLES)

Orville, par Beningbro', est né en 1799 chez lord Fitzwilliam ; il était le second produit d'Evelina (mère d'Orvillina par Beningbro, de Cervantes par don Quixote, et de Paulowitz par Sir Paul) par Highflyer, née chez lord Fitzwilliam également. Orville était bai, avec quelques taches noires, et une petite étoile en tête. Il avait 1m65 environ, et était très harmonieux, avec l'arrière-main très puissante qu'on retrouve chez la plupart de ses descendants. Très courageux, il était en même temps très froid et il fallait un homme vigoureux pour le monter. Edwards, l'un des bons jokeys du temps, qui le pilota à diverses reprises, estimait que, si Selim avait plus de vitesse, Orville n'en était pas moins le meilleur cheval sur toutes les distances qu'il eût jamais monté. En 1801, à York, il finissait dernier dans un Sweepstakes gagné par l'Orient (par the Star), à lord Darlington. Ce début était malheureux, mais il prenait bientôt sa revanche à Doncaster, en battant Strathspey, par Pipator, à lord Strathmore, dans un Sweepstakes de 30 livres. A trois ans (1802), monté par John Singleton, il gagnait le Saint-Léger sur Pipylin par Sir Peter, Sparrowhawck, par Buzzard, et quatre autres, faisant tout le jeu pour l'emporter facilement. Le lendemain, dans le Gold Cup, où il n'avait, malgré sa victoire, à porter que 38 kilos, il était battu par Alonzo (par Pegasus, 47 kilos) à M. Brandling, mais cette défaite était absolument irrégulière et due à la tactique employée par ses deux adversaires, dont les jockeys l'avaient roué de coups de cravache pendant les deux tiers du parcours ; rarement une course a été menée aussi vite, les 6.000 mètres ayant été fournis en 7 min. 8 sec. En 1803 et 1804, Orville courut huit fois et gagna trois courses ; lors de sa dernière exhibition, il fut, sous les couleurs du prince de Galles, battu par la célèbre Eleanor, qui lui rendait 6 livres. Pendant les trois années suivantes, il courut à maintes reprises pour son auguste propriétaire, presque toujours avec succès, battant, entre autres, Canopus, Cerberus, Enterprise, Parasol, Quiz, Sancho (gagnant du Saint-Léger de 1804), Staveley (gagnant du Saint-Léger de 1805), Walton, Houghton Lass, Pelisse, etc. Les succès d'Orville au haras sont attestés par les noms de ses fils, Andrew, Edmund, Emilius, Master Henry et Muley, et ceux de ses petits-fils, Morisco, Plenipotentiary et Priam, qui tous se retrouvent dans les pedigrees des racers actuels ; parmi ses filles, on trouve les mères de Jerry, de Mulatto, et de Slane. La mère d'Orville, Evelina, avait gagné trois courses en 1794 ; son fils, en y comprenant le Saint-Léger, a remporté vingt-sept victoires. Orville fut abattu d'un coup de pistolet au mois de novembre 1826 ; il était âgé de vingt-sept ans.

PEDIGREE DE ORVILLE

ORVILLE (Bai — 1799)	BENINGBRO (Bai — 1791)	King Fergus (Alezan—1775) / Fille de (Baie—1780)	Marske (Bai—1750)	Squirt p. Bartlett Childers (**Darley Arabian** et Betty Leedes p. Careless) — s. de Old Country Wench (Snake p. Lister Turk et Grey Wilkes). Fille de Blacklegs (Huttons' Bay Barb et f. de Coneyskins p. Lister Turk) — f. de Bay Bolton (Grey Hautboy) — f. de Fox Cub, etc.
			Spiletta (Baie — 1749)	Regulus p. Godolphin Arabian — Grey Robinson p. Bald Galloway (St Victors' Barb) — s. de Old Country Wench p. Snake — Grey Wilkes. Mother Western p. Smiths' Son of Snake (Lister Turk) — Old Montagu mare p Woodcock (Merlin) — f. de Hautboy (d'Arcys White Turk), etc.
		Creeping Folly (Al.—1756) / Eclipse (Al.—1764)	Black and All Black (Noir—1743)	Crab p. Alcock A. — s. de Sorehccls p Basto (Byerly T). — s. de Mixbury Galloway p. Curwens' Bay Barb — Spot White legged Lowther Barb. Miss Slamerkin p. True Blue Williams' Turk et Byerly Turk mare) — f. de lord Orfords' Dun Arabian — d'Arcys' Black legged Royal mare.
			Fanny (—1751)	Tartar p. Partner (Jigg et s de Mixbury p. Curwens' Bay Barb) — Meliora p. Fox (Clumsy p. Hautboy et Bay Peg p. Leedes A.), etc. Fille de Starling (Bay Bolton) — f. de Flying Childers (**Darley Arabian**) — f. de Grantham (Brownlow Turk) — f. de Wilkinsons' Barb.
		Herod (B—1758) / Pyrrha (B.—1771)	Tartar (Bai—1743)	Partner p. Jigg (Byerly Turk et f. de Spanker) — s. de Mixbury p Curwens' Bay Barb — f. de Spot (Selaby Turk), etc. Meliora p. Fox (Clumsy p. Hautboy et Bay Peg p. Leedes Arabian) — Milkmaid p. Snail — Shields Galloway (née chez M. Curwen).
			Cypron (Baie—1750)	Blaze p. Flying Childers (**Darley Arabian** et Betty Leedes p. Careless) — Confederates' filly p. Grey Grantham (Brownlow Turk), etc. Selima p. Bethell's Arabian — f. de Champion (Harpur Arab. et f. de Hautboy) — f. de Darley Ar — f. de Merlin (Bustler p. Helmsley T.)
			Matchem (Bai—1748)	Cade p. Godolphin Arabian—Roxana p. Bald Galloway (St Victors' Barb et f. de Why Not)—s. de Chanter p. Ancaster Turk.—f. de Leedes A., etc. Sr de Miss Partner p Partner v. pl. haut) — Brown Farewell p. Makeless (Oglethorpe Arabian)—f. de Brummer (d'Arcys' Yellow Turk), etc.
			Duchess (Baie — 1748)	Whitenose, p. Hall Arab.—m. de Jigg p. Spanker (d'Arcy's Yellow Turk et f. de Morocco Barb) — La grand'mère de Jigg est inconnue. Miss Slamerkin p. Y. True Blue (Williams' Turk et f. de Byerly Turk) — f. de lord Orfords' Dun Arabian—d'Arcys' Black Legged Royal mare.
	EVELINA (Bai-Brune—1791)	Highflyer (Bai 1774) / Rachel (Baie—1763)	Tartar (Bai—1743)	Partner p. Jigg (Byerly T. et f. de Spanker) — s. de Mixbury p. Curwens Bay B.—f. de Spot (Selaby T.)—f. de Whitte Legged Lowther Barb). Meliora p. Fox (Clumsy p. Hautboy et Bay Peg p. Leedes Arabian) — Milkmaid p. Snail — Shields Galloway.
			Cypron (Baie—1750)	Blaze p. Flying Childers (**Darlay A.** et Betty Leedes p. Careless)—Confederate filly p. Grey Grantham (Brownlow T.)—f. de Rutland Black B. Selima p. Bethell's Arabian — f. de Champion (Harpurs' Arabian et f. de Hautboy)—f. de **Darley A** —f. de Merlin (Bustler p. Helmsley T.).
			Blank (Bai—1740)	**Godolphin Arabian**. Little Hartley mare p. Bartletts' Childers (**Darley A.**) — Flying Whig p. Woodstock Arabian — f. de St Victor's Barb — f. de Why Not p. Fenwinck Barb.
		Herod (B—1758) / Rachel (Baie—1763)	Fille de (—)	Regulus p. **Godolphin Arabian** — Grey Robinson p. Bald Galloway (St Victors' Barb)—s. de Old Country Wench p Snake (Lister Turk), etc. F. de Sorehccls (Basto p. Byerly Turk et s. de Mixbury p. Curwens' Bay B.)—f. de Makeless (Oglethorpe Arabian)—d'Arcy's Royal mare.
		Tantrum (1780)	Cripple (—1750)	**Godolphin Arabian**. S. de Blossom p. Crab (Alcock Arabian et s. de Sorehccls p. Basto) — f. de Flying Childers (**Darley Arabian**)—Miss Belvoir p. Grey Grantham (Brownlow T.)—Paget T.—Betty Percival p. Leedes Arabian, etc.
			Fille de (—)	Hampton Court Childers p. Flying Childers (**Darley Arabian**) — Duchess p. the Newcastle Turk — f. de d'Arcy's White Turk. Fille de Whitefoot (Bay Bolton et f. de **Darley Arabian**) — f. de the Stanyan Arabian — Moonah Barb mare.
		Termagant (—) / Cantatrice (—)	Sampson (—1745)	Blaze p. Flying Childers (**Darley Arabian**) — Confederate filly p. Grey Grantham (Brownlow Turk) — f. de the Rutland Black Barb. Fille de Hip (Curwens' Bay Barb et s. de Brocklesby Bettys' dam p. Lister Turk) — f. de Spark (Honeycumb Punch). — f. de Snake, etc.
			Fille de (Bbr.—1757)	Regulus p. **Godolphin Arabian** — Grey Robinson p. Bald Galloway (St Victors Barb) — s. de Old Country Wench p. Snake (Lister Turk). M. de Marske p. Blacklegs (Hutton's Bay B. et f. de Coneyskins) — f. de Bay Bolton—f. de Fox Cub—Coneyskins —Huttons' Grey B., etc.

SÉLIM

(APPARTENAIT A S. A. R. LE PRINCE DE GALLES)

Sélim, cheval alezan par Buzzard, est né en 1802, chez le prince de Galles, et fit ses débuts, sous ses couleurs, à l'âge de quatre ans, dans un match de 50 guinées, à Brighton, où, sur 1.600 mètres, il battit Wormwood, à M. Ladbroke. A l'automne suivant, sous les couleurs de M. Delmé Radcliffe, il battit facilement, à Newmarket, Captain Absolute et Lydia, dans la première série des October Oatlands, performance sans grande signification d'ailleurs. En 1807, ses visées étant devenues plus hautes, il battit dans les Craven Stakes du Houghton meeting Walton, Jerboa, Curry Comb, Stripling, Thalestris et cinq autres, mais il était, le surlendemain, battu par Lydia dans un Subscription Plate qui avait réuni un champ assez nombreux et où il devait se contenter de la seconde place. Au Second October meeting, il gagnait l'October Oatlands sur Gaudy, Captain Absolute et deux autres. En 1808, il battait, au Craven meeting, sa vieille adversaire Lydia dans un match de 200 guinées couru sur 1.100 mètres ; au second meeting du printemps, à Newmarket, il était moins heureux dans un match de 200 guinées avec Tim, par Whisky, sur l'Abingdon mile, mais il portait 71 kilos, tandis que son adversaire avait un poids de plume. Ce fut sa dernière course ; l'ensemble de ses performances dénotait un cheval vite, d'une classe assez modeste et ne permettait guère de prévoir les succès qu'il devait remporter au haras. Sélim a donné 152 produits gagnants, dont les victoires se sont élevées à un total de 1.381.325 francs, sans compter le Whip et neuf Cups ; il était infirme et incapable de faire la monte quand il fut abattu au mois d'avril 1825.

Son frère aîné, Castrel, né en 1801 chez le général Sparrow, était le troisième produit d'une fille d'Alexander qui devait donner encore, trois ans après Sélim, son second frère Rubens. Le premier appartenait au général Sparrow et est mort en 1827 après avoir produit un certain nombre de chevaux d'assez bon ordre. Le second, acheté au prince de Galles par lord Darlington, gagna sept courses, mais, pas plus que ses deux frères aînés, il ne réussit à enlever une épreuve importante. Il n'en devint pas moins l'un des étalons les plus populaires de son temps : il donna 231 produits gagnants, bien qu'il soit mort très jeune, en 1820. Les sommes gagnées par eux s'élevèrent à près de deux millions. Il est à noter que la fille d'Alexander, qui a produit ces trois étalons, n'a jamais couru ; parmi ses treize autres produits, on doit citer Bronze, mère de Sister to Busto.

PEDIGREE DE SELIM

SELIM (Alezan—1802)	BUZZARD (Alezan—1787)	Woodpecker (Alez.—1773) Miss Ramsden (—1760) Herod (B.—1758)	**Tartar** (Bai—1743) — Partner (1718) p. Jigg (**Byerly Turk** et f. de Spanker) — s. de Mixbury p. Curwens' Bay Barb — s. de Spot (Selaby Turk), etc. Meliora (1729) p. Fox (Clumsy p. Hautboy et Bay Peg p. Leedes A. et Y. Bald Peg p. Leedes A. également) — Milkmaid p. Snail, etc.
			Cypron (—1750) — Blaze (1733) p. Flying Childers (**Darley Arabian** et Betty Leedes p. Careless, fils de Spanker) — Confederate Filly p. Grey Grantham, etc. Selima (1733) p. Bethells' A. — f. de Champion (Harpur A. et f. de Hautboy) — f. de **Darley** A. — f. de Merlin (Bustler p. Helmsley T.).
			Cade (Bai—1734) — Godolphin Arabian Roxana p. Bald Galloway (St-Victors' Barb et f. de Why Not p. Fenwick Barb) — s. de Chanter p. Akaster Turk — f. de Leedes Arabian — f. de Spanker (d'Arcys' Yellow Turk).
			Fille de (Baie—1753) — Lord Lonsdales' Bay Arabian. S. de Bonny Lass p. Bay Bolton (Grey Hautboy et f. de Brimmer) — f. de **Darley Arabian** — f. de **Byerly Turk** — f. de Places' White Turk — f. de Taffolet Barb — jument barbe.
	Misfortune (Bbr.—1775) Curiosity (Bb.—1761) Dux (B.—1761)		**Matchem** (Bai—1748) — Cade (1734) p. Godolphin A. — Roxana p. Bald Galloway — s. de Chanter p. Akaster Turk — f. de Leedes A. — f. de Spanker, etc. Fille de Partner (Jigg p. **Byerly** T.) — f. de Makeless (Oglethorpe A. et mère inconnue) — f. de Brimmer (d'Arcys' Yellow T.) — Royal mare, etc.
			Duchess (—1748) — Whitenose 1722 p. Hall A. — Heneage Jiggs' Dam p. **Byerly Turk** — f. de Spanker — mère inconnue. Miss Slamerkin (1720) p. Y. True Blue (Williams' T. et f. de **Byerly T.**) — f. de Lord Orfords' Dun A. — d'Arcys' Black Legged Royal mare.
			Snap (Bb.—1750) — Snip (1736) p. Flying Childers (**Darley A.**) — s. de Sorcheels p. Basto (Byerly T. et Bay Peg p. Leedes A.) — s. de Mixbury Galloway, etc. S. de Slip p. Fox (Clumsy) — Gipsy p. Bay Bolton — f. de Duke, of Newcastles' Turk — **Byerly Turk.** — Taffolet Barb.
			Fille de (—1749) — Regulus (1739) p. **Godolphin A.** — Grey Robinson p. Bald Galloway — f. de Snake (Lister Turk) — Old Wilkes, p. Hautboy, etc. Fille de Bartletts' Childers (**Darley Arabian**) — f. de Honeywood Arabian. — m. des deux True Blue p. **Byerly Turk.**
	Alexander (Alezan—1782) Grecian Princess (—1770) Eclipse (A.—1764) Highflyer (B.—1774)		**Marske** (Bb.—1750) — Squirt (1732) p. Bartletts' Childers (Darley Arabian). — Old Country Wench p. Snake (Lister Turk et f. de Hautboy) — Grey Wilkes p Hautboy, etc. Fille de Blacklegs (Huttons' Bay Barb et f. de Coneyskins p. Snake) — f. de Bay Bolton — Fox Cub — Coneyskins — Huttons' Grey B., etc.
			Spiletta (Baie—1749) — Regulus (1739) p. **Godolphin A.** — Grey Robinson p. Bald Galloway — f. de Snake (Lister Turk) — Old Wilkes p. Hautboy, etc. Mother Western p. Smiths' Son of Snake — Old Montagu mare p. Woodcock — f. de Hautboy (d'Arcys' White T. et Royal mare).
			Forester Alez —.1750 — Forester (1736) p. Hartleys Blind Horse (Holderness T. et f. de Makeless et d'Arcys' Royal mare) — Bay Brocklesby p. Partner (Jigg), etc. Fille de Looby (Bay Bolton et Golden Locks p. Grasshopper) — Margery p. Partner (Jigg p Byerly T.) — Woodock — Makeless — Brimmer, etc.
			Fille de (—) — Coalition Colt p. **Godolphin A.** — Mère inconnue. F. de Bustard (Crab) — Miss Slamerkin p. Y. True Blue — Charming Molly p. Second (Flying Childers p. Darley A.) — s. de Sorcheels, etc.
			Herod (Bai—1758) — Tartar (1743) p. Partner (Jigg p. **Byerly Turk** et s. de Mixbury p. Curwens' Bay Barb) — Meliora p. Fox (Clumsy p. Hautboy), etc. Cypron (1750) p. Blaze (Flying Childers p. **Darley A.** et the Confederate filly p. Grey Grantham) — Selima p. Bethells' A. — f. de Champion, etc.
			Rachel (—1763) — Blank (1740) p. **Godolphin A.** — Little Hartley mare p. Bartletts' Childers — Large Hartley mare p. His Blood Horse, etc. F. de Regulus (Godolphin A.) — f. de Sorcheels (Basto p. **Byerly T.** et f. de Curwens' Bay Barb) — f. de Makeless (Oglethorpe A.), etc.
			Alfred (Bai—1770) — (Frère de Conductor) p. Matchem p. **Cade (Godolphin A.)** — f. de Partner (Jigg p. **Byerly T.**) — f. de Makeless — f. de Brimmer, etc. Fille de Snap — f. de Cullen Arabian — Grisewoods' Lady Thigh p. Partner (Jigg p. **Byerly T.**) — Greyhound — m. de Sophonisba.
			Fille de (Alez.—1771) — Engineer (1756) p. Sampson (Blaze p. Flying Childers p. **Darley A.** et f. de Rip p. Curwens' Bay B.) — f. de Y. Greyhound. Mère de Bay Malton (1756) p. **Cade (Godolphin A.)** — Lass of the Mill p. Traveller (Partner p. Jigg et f. de Byerly T.) — Miss Makeless.

WHALEBONE

(APPARTENAIT AU DUC DE GRAFTON, EUSTON HALL)

Whalebone, par Waxy, né en 1807, chez le duc de Grafton, est le second produit de Penelope, qui donna, avec Waxy également, Web, Woful, Wilful, Wire et Whisker; avec Walton, Waterloo, et avec Rubens, Whizgig. Cette célèbre poulinière avait été élevée par le même duc de Grafton. Whalebone avait une robe bai-brune parsemée de poils blancs, avec une balzane à la jambe postérieure hors-montoire; sa taille était de 1m54 environ. C'était, selon l'expression du stud groom de Petworth, le cheval le plus long, le plus près de terre, le plus solidement jointé qu'on pût voir; ses jambes étaient d'une solidité à toute épreuve; sa tête, petite et élégante, était bien placée sur son encolure, son dessus était superbe, les épaules très longues, son rein solidement attaché, sa croupe en dôme. Whalebone a couru vingt fois; il s'est fait surtout remarquer par sa tenue, bien que sa vitesse fût également très appréciable. Il commença par gagner à trois ans les Newmarket Stakes de 1.150l., où il battit Eccleston, Treasurer et trois autres; cette victoire n'était que le prélude d'un succès plus éclatant à Epsom, dans le Derby, où, monté par W. Clift, il fit preuve à la fois de vitesse et d'endurance, prenant en tête au départ et n'étant jamais approché jusqu'à l'arrivée; il laissait derrière lui The Dandy, Eccleston, Evelina, Revoke, Interloper et Pledge. Peu après, il battait successivement Sir Marinel et Thorn, dans deux matches de 200 guinées. En 1811, il faisait une de ses meilleures courses dans le Kings' Plate de Newmarket, où il avait facilement raison de Burleigh. L'année suivante, il gagnait de nouveau le Kings' Plate du printemps à Newmarket où il battait Mr. Teazle : au July meeting, il remportait une nouvelle victoire sur Fandango. Il était alors vendu à M. R. Ladbroke; il gagnait pour son nouveau propriétaire le Gold Cup (5.600m) à Northampton, battant très facilement Magic par Sorcerer, et trois autres. Puis il rendait sans difficulté quatre stones (28 kilos), à Turner, au duc d'York, dans un match de 200 guinées; il battait enfin, sur le Beacon Course, Pan, le gagnant du Derby de 1808. En 1813, il gagnait le Kings' Plate à Guilford, un autre Royal Plate à Lewes, battant le lendemain, dans le Ladies Plate (6.400 mètres), Offas' Dyke, auquel il rendait 47 livres. Ce fut sa dernière apparition sur le turf; en dehors des victoires qui viennent d'être rappelées, il avait reçu les forfaits d'un grand nombre de chevaux qui n'avaient pas osé se mesurer à lui dans des matches. Il n'en avait pas moins été battu à plusieurs reprises, mais toujours honorablement. Craignant toutefois qu'il ne réussît pas au haras, M. Ladbroke le vendit pour 510 guinées à lord Egremont, qui essaya de le conserver à l'entraînement, mais dut bientôt y renoncer; son caractère était devenu très difficile et on ne pouvait le monter qu'avec les plus grandes précautions. On sait les succès qu'il obtint au haras, où il donna entre autres : Camel, Caroline, Defence, Lapdog, Spaniel, qui tous deux ont gagné le Derby, Myrrha, Stays, Moses, gagnant du Derby, Caroline, gagnante du Oaks, Waverley et enfin Sir Hercules, le dernier et peut-être le meilleur de ses produits. Whalebone est mort au mois de février 1831, des suites de la rupture d'un vaisseau pendant une saillie.

PEDIGREE DE WHALEBONE

WHALEBONE (Bai-Brun—1807)	WAXY (Bai—1790)	Pot8os (Alezan—1773)	Marske (Bbr.—1750)		Squirt p. Bartlett's Childers (Darley A. et Betty Leedes p. Careless) — s. de Old Country Wench p. Snake — Grey Wilkes p. Hautboy. Fille de Blacklegs (Huttons'Bay Barb et f. de Coneyskins) — f. de Bay Bolton — f de Fox Cub — f. de Coneyskins (Lister Turk), etc.
			Spiletta (Baie—1749)		Regulus p. Godolphin — Grey Robinson p. Bald Galloway — f. de Old Country Wench p. Snake — Grey Wilkes p. Hautboy, etc. Mother Western p. Smiths'Son of Snake — f. de Montague — f. de Hautboy (d'Arcys'White Turk et Royal mare) — f. de Brimmer, etc.
		Sportsmistress (—1765) Eclipse (Al.—1764)	Sportsman (Bai—1753)		Cade p. Godolphin — Roxana p. Bald Galloway (St Victors'Barb et f. de Why Not p. Fenwick Barb) — s. de Chanter p. Akaster Turk. Silvertail p. Whitenose — f. de Rattle — f. de Darley A. — Old Child mare p. Gresleys'Bay Arabian — Vixen p. Helmsley Turk.
			Goldenlocks (—)		Oroonoko p. Crab (Alcocks'Arabian et s. de Sorcheels p. Basto) — Miss Slamerkin p. Young True Blue — f. de lord Orfords'Dun Arabian. F. de Crab (v. pl. haut) — f. de Partner (Jigg et Meliora p. Fox) — Thwaits'Dun mare p. Acaster Turk.
	Maria (Baie —1777) Herod (B.—1758)	Tartar (Bai—1743)			Partner p. Jigg (Byerly T et f. de Spanker) — s. de Mixbury p. Curwens' Bay B. — f. de Spot (Selaby Turk) — f. de Whithe Legged Lowther Barb. Meliora p. Fox (Clumsy et Bald Peg p. Leedes Arabian) — Milkmaid p. Snail (élevé par Sir E. Blackett; non tracé).
			Cypron (Baie—1750)		Blaze p Flying Childers (Darley A. et Betty Leedes p. Careless) — Confederate filly p. Grey Grantham — f. de Rutland Black B. Brights'Roan. Selima p. Bethell's A — f. de Champion (Harpur A. et f. de Hautboy) — f. de Darley Arabian — f. de Merlin (Bustler p. Helmsley Turk).
		Lisette (B.—1772)	Snap (Bbr.—1750)		Snip p. Childers (Darley A. et Betty Leedes p. Careless) — f. de Basto — s de Mixbury Galloway p. Curwen Bay B. — f. de Curwen's Spot. Sr de Sliphy, f. de Fox (Clumsy p. Hautboy et Miss d'Arcy's Pet mare) — Gipsy p. Bay Bolton — f. de D. of Newcastle T. — f. de Byerly T.
			Miss Windsor (—1754)		The Godolphin Arabian. S. de Volunteer p. Y. Belgrade (Belgrade Turk et f. de Bay Bolton — f. de Bartlett's Childers (Darley A. et Betty Leedes) — f. de Devonshire A. — s. de Westbury p. Curwens Bay B. — Old Spot — Woodcock.
	PENELOPE (Baie—1798)	Trumpator (Noir—1782) Conductor (Al.—1767)	Matchem (Bai—1748)		Cade p Godolphin — Roxana p. Bald Galloway (St-Victors'Barb) — s. de Chanter (Akaster Turk) — f. de Leedes A — f. de Spanker, etc. Fille de Partner (v. plus haut) — f. de Makeless (Oglethorpe A.) — f. de Brimmer — f. de Places'White T. — f. de Dodsworth. — Layton Bay mare.
			Fille de (—1762)		Snap p. Snip (Childers) — f. de Fox (Clumsy) — Gipsy p. Bay Bolton (Grey Hautboy) — f. de D. of Newcastle Turk — f. de Byerly Turk. Fille de Cullen A. — Grisewoods'Lady Thigh p. Partner — f. de Greyhound — m. de Sophonisba p. The Curwen Bay B — f. de L. d'Arcys' Ch. A.
		Brunette (Bb —1771) Highflyer (B —1774)	Squirrel (Bai—1754)		Traveller p Partner (Jigg et s. de Mixbury) — f. d'Almanzor (Darley A et f. de Old Hautboy) — f. de Grey Hautboy — f de Makeless. Grey Bloody Buttocks p. Bloody Buttocks — f. de Greyhound — f. de Makeless — f. de Brimmer — f. de Places'White Turk. — f. de Dodsworth.
			Dove (Baie—1764)		Matchless p Godolphin — f. de Sorcheels (Basto) — f. de Makeless (Hartleys'Blind horse dam) — d'Arcys Royal mare. F. d'Ancaster Starling — f de Grasshopper — Sir M. Newtons'Bay A. — f. de Peri — f de St-Martin's — f. de Sir E. Hales'Turk.
	Prunella (Baie—1788)		Herod (Bai—1758)		Tartar p. Partner (Jigg et s. de Mixbury) — Meliora p. Fox (Clumsy et Bay Peg) — Milkmaid p. Snail — Shields'Galloway. Cypron p. Blaze Flying Childers et Confederate filly) — Selima p. Bethell's A. — f. de Champion (Harpur A.) — f. de Darley A. — f. de Merlin.
		Promise (Bb —1768)	Rachel (Baie—1763)		Blank p. Godolphin — Little Hartley mare p. Bartlett's Childers (v plus haut) — Flying Whig p. Woodstock A. — f. de St Victor's Barb. F. de Regulus (Godolphin) — f. de Sorcheels (Basto et f. de Curwens' Bay B.) — s. de Mixbury — f. de Makeless — d'Arcys'Royal mare.
			Snap (Bbr.—1750)		Snip p. Childers (Darley A.) — f. de Basto (Byerly Turk — s. de Mixbury Galloway p. Curwens' Bay Barb — f. de Spot (Selaby T.) S. de Sliphy f. de Fox (Clumsy et Bald Peg) — Gipsy p. Bay Bolton — f. de Duke of Newcastles'Turk — f. de Byerly Turk.
			Julia (Baie—1756)		Blank p. Godolphin — Little Hartley mare, p. Bartlett's Childers (Darley A. et Betty Leedes par Careless) — Flying Whig p. Woodstock A. Fille de Partner et m. de Spectator — Bonny Lass p. Bay Bolton — f. de Darley Arabian — f. de Byerly Turk — f. de Taffolet Barb.

BLACKLOCK

(APPARTENAIT A M. R. WATT, BISHOP BARTON, YORKSHIRE)

Blacklock, par Whitelock, est né en 1814, chez M. F. Moss (Yorkshire) ; sa mère, une fille de Coriander, avait été achetée en 1810, par cet éleveur, moyennant 75 francs. C'était un cheval bai, avec des taches noires, de grande taille, très symétrique, mais déparé par une tête en forme de violon et une encolure trop lourde. Au commencement de sa deuxième année, Blacklock fut envoyé à Norton, près de Malton, pour y être entraîné par Thomas Sykes, qui avait alors la direction des chevaux de M. Watt ; il débuta au mois d'août suivant, à la réunion d'York où, monté par J. Garbutt, il enleva facilement une poule de 20 l. ; il gagnait ensuite une autre poule à Pontefract. M. Watt, sur l'avis de son entraîneur, l'achetait alors 400 guinées. Réservé pour le Saint-Léger de 1817, Blacklock, très favori au départ, paraissait maître de la partie quand, au dernier tournant, son jockey, J. Jackson, se laissait enfermer, et se dégageait trop tard pour empêcher Ebor, par Orville, à M. Peirse, de gagner d'une courte encolure ; Restless, par Remembrancer, au duc de Hamilton, était mauvais troisième. Sa seule autre course à trois ans fut une victoire facile sur Saint-Helena, dans les Gascoigne Stakes. Au printemps de 1818, le premier jour de la réunion d'York, Blacklock était battu dans une poule de 20 l. par la même Saint-Helena, mais, le surlendemain, il enlevait brillamment les Constitution Stakes sur Rasping, par Brown Bread, au duc de Leeds, et deux autres. Au mois d'août, sur le même hippodrome, il gagnait les deux Courses de 1.000 guinées, et une autre de 300 guinées. Dans la première course, sur 6.400 mètres, il fit tout le jeu et battit d'une distance Agatha, Saint-Helena et une autre. Le lendemain, il commençait par battre, sur 6.400 mètres, Silenus dans le second Purse, et cela si facilement que son propriétaire, connaissant son endurance, le faisait courir immédiatement après dans le Small Subscription Purse (3.200 mètres), où il battait dans un canter Saint-Helena et Rasping. Quinze jours après, à Doncaster, il enlevait successivement, avec une facilité égale, les Doncaster Stakes (6.400m), les All Aged Stakes et les Doncaster Club Stakes ; il faisait enfin un walk-over dans une poule de 50 guinées. L'année suivante, au meeting d'été de York, il enlevait le troisième Great Subscription Purse de 1.000 guinées (6.400m) sur the Duchess, par Cardinal York et Saint-Helena, par Stripling, ses deux vieux adversaires. Ce fut la course la plus sévère de toute sa carrière, car la distance fut parcourue en 7 min. 47 sec. Le lendemain, Saint-Helena, qui n'avait pas persisté dans la première épreuve, tant elle se voyait battue aux deux tiers du parcours, prenait sa revanche dans le Small Purse ; Blacklock, qu'on mettait vraiment à de trop dures épreuves, y fit sa dernière course. Envoyé au haras il ne tarda pas à y acquérir la même réputation que sur le turf ; Belshazzar, Brutandorf, Buzzard, Laurel, Malek, Olympus, Warlaby, Velocipede, Voltaire et Young Blacklock sont les plus connus de ses produits et on sait quelle influence ils ont exercée et exercent encore sur l'ensemble de la race. On trouve dans le pedigree de Blacklock dix-huit courants du Godolphin Arabian, seize du Darley Arabian et autant du Byerly Turk, et par Eclipse, vingt courants du Lister Turk.

PEDIGREE DE BLACKLOCK

BLACKLOCK (Bai—1814).	WHITELOCK (Bai—1803).	Eclipse (Alez.—1764)	Marske p. Squirt (Bartletts Childers p. Darley A. et s. de Old Country Wench p. Snake) — f. de Blacklegs (Huttons' Bay Barb), etc. Spiletta p. Regulus (Godolphin Arabian et Grey Robinson p. Bald Galloway) — Mother Western (Smiths' Son of Snake et Old Montague mare).
		Creeping Polly (Alez.—1756)	Black and All Black (appele aussi Othello) p. Crab (Ancaster Turk et s. de Soreheels p. Basto) — Miss Slamerkin p. True Blue, etc. Fanny p. Tartar (Partner, p. Jigg et Meliora p. Fox, fils de Clumsy) — f. de Starling (Bay Bolton p. Grey Hautboy et f. de Brownlow T.)
		Highflyer (Bai—1774)	Herod p. Tartar (v. pl. haut) — Cypron p. Blaze (Childers et f. de Grey Grantham p. Brownlow Turk) — Selima p. Bothells' Arabian. Rachel p. Blank (Godolphin c. Little Hartley mare p. Bartlett's Childers — f. de Regulus (Godolphin) — f. de Soreheels.
		Monimia (Grise—1771)	Matchem p. Cade (Godolphin et Roxana p. Bald Galloway fils de St Victors' Barb) — f. de Partner (v. pl. haut) — f. de Matchless. F. d'Alcides (Babraham p. Godolphin et Large Hartley mare) — f. de Crab (v. pl. haut) — m. de Snap p. Fox — Gipsy p. Bay Bolton, etc.
		Herod (Bai—1758)	Tartar p. Partner — Meliora p. Fox (Clumsy p. Hautboy et Miss d'Arcys' Pet mare) — Milkmaid p. Sir W. Blacket's Snail, etc. Cypron p. Blaze (Childers et Confederate filly p. Grey Grantham) — Selima p. Bethell's Arabian — f. de Champion (Harpur Arabian).
		Frenzy (Alez—1774)	Eclipse p. Marske — Spiletta p. Regulus (Godolphin Arabian) — Mother Western — Old Montague mare — f. de Hautboy, etc. Fille d'Engineer (Sampson p. Blaze et f. de Greyhound) — Lass of the Mill p. Traveller (Partner et f. d'Almanzor p. Darley Arabian).
		Matchem (Bai—1748)	Cade p. Godolphin — Roxana p. Bald Galloway (St Victors' Barb) — f. de Why Not p. Fenwick Barb — s. de Chanter p. Acaster Turk. F. de Partner (Jigg et s. de Mixbury p. Curwens' Bay Barb fille de Spot) — f. de Makeless (Oglethorpe Arabian) — f. de Brimmer.
		Lass of the Mill (—1756)	Oroonoko p. Crab — Miss Slamerkin p. Y. True Blue — f. de Lord Orfords' Dun Arabian — d'Arcys' Black Legged Royal mare. Lass of the Mill p. Traveller — Miss Makeless — Miss Docs dam p. Woodcock (Merlin et f. de Brimmer) — Croft's Bay Barb.
	FILLE DE (Alezane—1799).	Eclipse (Alez.—1764)	Marske p. Squirt (Bartlett's Childers p. Darley Arabian) — f. de Blacklegs (Huttons' Bay Barb et f. de Coneyskins fils de Lister Turk). Spiletta p. Regulus (Godolphin) — Mother Western p. Smiths' Son of Snake (Lister Turk) — Old Montague mare — f. de Hautboy.
		Sportsmistress (—1765)	Sportsman p. Cade (Godolphin et Roxana) — Silvertail p. Whitenose (Hall Arabian et f. de Heneages' Jigg) — f. de Rattle, etc. Goldenlocks p. Oroonoko — f. de Crab — f. de Partner — Thwaits' Dun mare p. Acaster Turk — Royal mare.
		Herod (Bai—1758)	Tartar p. Partner — Meliora p. Fox — Milkmaid p. Snail — Shields Galloway (origine inconnue). Cypron p. Blaze — Selima p. Bethell's Arabian — f. de Champion (Harpur Arabian et f. de Hautboy) — f. de Darley Arabian.
		Fille de (—1765)	Snap p. Snip (Childers et f. de Basto, s. de Soreheels) — s. de Snip p. Fox Clumsy et Bay Peg p. Leedes Arabian) — Gipsy p. Bay Bolton. Miss Roan (m. de Sweet William) p. Cade — Madam p. Bloody Buttocks (arabe gris) — La suite du pedigree n'a pu être retrouvée.
		Herod (Bai—1758)	Tartar p. Partner — Meliora p. Fox — Milkmaid p. Snail — Shields Galloway (origine inconnue). Cypron p. Blaze — Selima p. Bethell's Arabian — f. de Champion (Harpur Arabian et f. de Hautboy) — f. de Darley Arabian.
		Rachel (—1763)	Blank p Godolphin Arabian — Little Hartley mare, p. Bartlett's Childers (Darley Arabian) — Flying Whig p. Williams' Woodstock Arab. Fille de Regulus (Godolphin) — f. de Soreheels (Basto et f. de Curwens Bay Barb, s. de Mixbury) — f. de Makeless (Oglethorpe Arabian).
		Pot8os (Alez.—1773)	Eclipse p. Marske (Squirt p. Bartlett's Childers) — Spiletta p. Regulus — Lonsdale Bay Arabian — Bonny Lass p. Bay Bolton. Sportsmistress p. Sportsman (Cade) — Silvertail p. Whitenose — Goldenlocks p. Oroonoko — f. de Crab — f. de Partner.
		Manilla (Bbr.—1777)	Goldfinder p. Snap — f. de Black — f. de Regulus — Lonsdale Bay Arabian — Bonny Lass p. Bay Bolton. F. de Old England (Godolphin et Little Hartley mare p. Bartlett's Childers) — f. de the Cullen Arabian — f. de Cade.

TOUCHSTONE

(APPARTENAIT AU MARQUIS DE WESTMINSTER, EATON, CHESTER)

Touchstone, par Camel, est né en 1831 au haras d'Eaton, chez le marquis de Westminster ; il était le premier produit de Banter qui donna ensuite Launcelot et Pasquinade, avec Camel, et Jocose, avec Pantaloon ; elle était elle-même née à Eaton en 1826. Touchstone était bai-brun avec une longue lisse en tête, et une petite balzane à la jambe postérieure hors montoire, il avait environ 1^m 58. Le garrot très sorti, l'épaule bien inclinée mais un peu lourde, défaut qu'atténuaient l'élégance et la beauté de la tête et de l'encolure ; beaucoup de longueur de la hanche au jarret les quartiers très développés, les jarrets tournés en dehors, le devant très droit, telles étaient ses principales caractéristiques ; son action était très relevée et, malgré la direction défectueuse de son avant-main, il galopait indifféremment sur presque tous les terrains. Très impressionnable, il ne pouvait supporter ni l'éperon ni la cravache, mais il ne s'en livrait pas moins très courageusement quand son jockey savait avec à-propos faire appel à son courage. Sa première course fut un walk-over, à Lichfield, dans une poule de 50 l. pour two year olds, mais il fut peu après battu par Queen Bess dans les Champagne Stakes, à Holywell. Il prit sa revanche au printemps suivant (1834), battant, à Chester, Queen Bess dans les Dee Stakes ; moins heureux dans le Saint-Léger de Liverpool, il devait se contenter de la seconde place, derrière General Chassé, mais il battait encore Queen Bess, et aussi Inheritor. Malgré ses performances très honorables, il partait délaissé à 40 dans le Saint-Léger en raison d'une interruption dans son travail ; en revenant de Liverpool, il avait échappé au lad qui le montait, et avait erré pendant plusieurs jours sur les dunes du Lincolnshire. Sans sa merveilleuse constitution, jamais il ne lui aurait été possible de reparaître sur le turf. Quoi qu'il en soit, dans l'épreuve classique de Doncaster, le vainqueur du Derby, Plenipotentiary, parti très favori, n'exista pas derrière lui, mais il est certain qu'un motif facile à deviner, il ne courut pas sa vraie forme ce jour-là. Touchstone y battit, en outre, Shillelagh, le second du Derby, General Chassé, dont il n'avait pu approcher à Liverpool, Warlaby, Baylock, Bran et cinq autres ; il était ce jour-là monté par Calloway. A l'étonnement général, après cette victoire impressionnante, il ne se présentait pas dans le Cup le lendemain et il courut indifféremment pendant le reste de la saison, les jockeys auxquels il avait été confié n'ayant sans doute pas su s'entendre avec lui. Il battait de nouveau, en 1835, ses adversaires du Saint-Léger dans le Doncaster Cup puis, monté par le comte de Walton, il gagnait facilement un Gold Cup à Heaton Park ; il avait au préalable été battu une seconde fois par General Chassé à Liverpool, dont le parcours ne lui convenait pas. Il ne pouvait enfin rendre quatorze livres à Usury dans les Mostyn Stakes, à Holywell ; mais sa tentative de dérobade au moment critique avait été la seule cause de sa défaite. En 1836, il enlevait d'abord l'Ascot Cup avec une extrême facilité, puis le Doncaster Cup, où il battait Venison, General Chassé, Beeswing et Carew, qui venait de gagner le Goodwood Cup ; il terminait enfin sa carrière de courses l'année suivante (1837) en gagnant pour la seconde fois l'Ascot Cup où il battait de six longueurs Slane et Royal George. Cette dernière course ne l'en avait pas moins très fortement éprouvé, et le marquis de Westminster, ne voulant pas qu'il se retirât du turf sur une défaite ou tombât broken down, l'envoya très judicieusement au repos puis au haras. Malgré sa brillante série de victoires, Touchstone devait établir sa véritable réputation dans sa nouvelle carrière où il a rencontré bien peu d'égaux et où il s'est affirmé comme l'un des plus remarquables étalons qui aient jamais existé. Trois de ses fils, Cotherstone, Orlando et Surplice, ont gagné le Derby ; Blue Bonnet, Surplice et Newminster ont gagné le Saint-Léger ; Mendiant a triomphé dans les Oaks et les Mille Guinées ; Cotherstone, Flatcatcher Nunnykirk, et Lord of the Isles ont gagné les deux mille Guinées, et parmi ses autres produits, on doit citer Ambrose, Annandale, Assault, Claret, Glee, Ithuriel, Jennala, Mountain Deer, Mowerina, Phryne, Prairie Bird, Testatrix, Vindex, etc. Touchstone, qui n'avait jamais été malade, est mort de vieillesse le 29 janvier 1861 à Eaton, où ses sabots, sa crinière et sa queue ont été soigneusement conservés comme trophées.

PEDIGREE DE TOUCHSTONE

TOUCHSTONE (Bai-Brun—1831)	CAMEL Noir—1822.	Whalebone (Bbr.—1807).	Waxy (B.—1790)	Pot8os (Alez.—1773)	Eclipse p. Marske (Squirt) — Spiletta p. Regulus — Mother Western p. Smiths'Son of Snake (Lister T.) — f. de Montague — f. de Hautboy. Sportsmistress p. Sportsman (Cade et Silvertail) — Goldenlocks p. Oroonoko — Valiants'dam p. Crab — f. de Partner.
				Maria (Baie—1777)	Herod p. Tartar (Partner) — Cypron p. Blaze (Flying Childers) — Selima p. Bethell's Arabian — f. de Champion — f. de Darley Arabian. Lisette p. Snap — Miss Windsor (ex Sylvia) p. Godolphin — s. de Volunteer p. Y. Belgrade — f. de Bartletts' Childers, etc.
		Penelope (B.—1798)	Trumpator (Noir—1782)	Conductor p. Matchem (Cade et f. de Partner) — f. de Snap (Snip et s. de Sliphy) — f. de the Cullen A. — Lady Thigh p. Partner (Jigg). Brunette p. Squirrel (Traveller et Grey Bloody Buttocks) — Dove p. Matchless (Godolphin) — f. d'Ancaster Starling (Old Starling), etc.
			Prunella (Baie—1788)	Highflyer p. Herod (Tartar et Cypron p. Blaze) — Rachel p. Blank (Godolphin) — f. de Regulus (Godolphin) — f. de Sorcheels. Promise p. Snap (Snip et s. de Sliphy) — Julia p. Blank (Godolphin et Little Hartley mare) — m. de Spectator p. Partner (Jigg et s. de Mixbury.
		Fille de (Baie—1812)	Selim (Al.—1802)	Buzzard (Alez.—1787)	Woodpecker p. Herod (Tartar et Cypron p. Blaze) — Miss Ramsden p. Cade — f. de Bay Bolton — f. de Darley A. — f. de Byerly Turk. Misfortune p. Dux (Matchem et Duchess) — Curiosity, p. Snap (Snip) — f. de Regulus — f. de Bartletts'Childers — f. de Honeywoods'A.
				Fille de (Baie—1790)	Alexander p. Eclipse (Marske) — Grecian Princess p. Forester — f. de the Coalition Colt — f. de Bustard — Charming Molly p. Second. F. d'Highflyer (Herod et Rachel) — f. d'Alfred (frère de Conductor p. Matchem) — f. d'Engineer (Sampson) — m. de Bay Malton.
			Maiden (bbr.—1801)	Sir Peter (Bbr.—1784)	Highflyer p. Herod (Tartar et Cypron p Blaze) — Rachel p. Blank (Godolphin) — f. de Regulus (Godolphin) — f. de Sorcheels, etc. Papillon p. Snap — Miss Cleveland p. Regulus — Midge p. Son of Bay Bolton — m. de Squirrel p Bartlett's Childers. — f. de Honeywood A.
				Fille de (Baie—1788)	Phenomenon p. Herod (Tartar) — Frenzy p. Eclipse — f. d'Engineer (Sampson) — m. de Twilight p. Blank — Lass of the Mill p. Traveller. Matron p. Florizel (Herod et f. de Cygnet) — Maiden p. Matchem — f. de Squirt — m. de Lot p. Mogul — Camilla p. Bay Bolton.
	BANTER (Bai Brune—1826)	Master Henry (Bai—1815).	Orville (B.—1799)	Beningbro' (Bai—1791)	King Fergus p. Eclipse. — Polly p. Black and All Black — Fanny, p. Tartar — f. de Old Starling — f. de Childers — f. de Grantham. Fille d'Herod — Pyrrha p. Matchem — Duchess p. Whitenose — Miss Slamerkin p. Young True Blue — Lord Orfords'Dun Arabian.
				Evelina (Baie—1791)	Highflyer p. Herod (Tartar et Cypron p. Blaze) — Rachel p. Blank (Godolphin) — f. de Regulus (Godolphin) — f. de Sorcheels, etc. Termagant p. Tantrum (Cripple) — Cantatrice p. Sampson — f. de Regulus (Godolphin) — m. de Marske p. Blacklegs — f. de Bay Bolton.
			Miss Sophia (B.—1805)	Stamford (Bai—1794)	Sir Peter p. Highflyer (Herod) — Papillon p. Snap (Snip) — Miss Cleveland p. Regulus (Godolphin) — f. de Sorcheels — f. de Makeless. Horatia p. Eclipse (Marske) — m. de Delpini p. Blank (Godolphin) — Rib p. Crab — Governor — Grasshopper — s. de Gentlemans'dam.
				Sophia (Baie—1798)	Buzzard p Woodpecker (Herod — Misfortune p. Dux (Matchem) — Curiosity p. Snap — f. de Regulus — f. de Bartletts'Childers. Huncamunca p. Highflyer (Herod) — Cypher p. Squirrel (Traveller) — Miss Brampton (m. de Fribble) p. Castaway (Merlin) — f. de Brimmer.
		Boadicea (Baie—1807).	Alexander (Al.—1782)	Eclipse (Alez.—1764)	Marske p. Squirt (Bartletts'Childers) — f de Blacklegs — f. de Bay Bolton (Grey Hautboy) — f. de Fox Cub (Clumsy) — f. de Coneyskins. Spiletta p. Regulus — Mother Western p. Smiths'Son of Snake — The Old Montagu mare p. Woodcock — f. de Hautboy — Brimmer.
				Grecian Princess (—1770)	Forester p. Forester (Hartleys'Blind Horse) — f. de Looby — Margery p. Partner — f. de Woodcock — f. de Makeles — f. de Brimmer. Fille de the Coalition Colt (Godolphin) — f. de Bustard (Crab et Miss Slamerkin) — Charming Molly p Second (Childers et f. de Basto).
			Brunette (Br.—1771)	Amaranthus (Bai—1766)	Old England (1741) p. Godolphin A. — Little Hartley mare p. Bartlett's Childers — Flying Whig p. The Woodstock A. S. de Leedes p. Second (Flying Childers) — f. de Starling — s. de Vanes' Little Partner p. Partner — s. de Guy p. Greyhound — Brown Farewell.
				Mayfly (Baie—1771)	Matchem p. Cade (Godolphin) — f. de Partner Jigg) — f. de Makeless Oglethorpe A) — f. de Brimmer — f. de Places' White Turk. F. d'Ancaster Starling (Starling) — f. de Grasshopper (Crab) — Newton Arabian — Peri (Ely T.) — St-Martin — Hales A. — The Oldfield mare.

GLADIATOR

(APPARTENAIT A L'ADMINISTRATION DES HARAS)

GLADIATOR, par Partisan, est né en 1833 chez M. G. Walker, dans le Yorkshire ; il était le second produit de Pauline, qui n'a, en dehors de lui, rien donné de bien remarquable. Alezan brûlé avec une étoile en tête, Gladiator était de taille moyenne, comme la plupart des descendants d'Herod ; très élégant, fort harmonieux et très vigoureux en même temps, il avait une très forte charpente, une bonne longueur, et d'excellents aplombs. Il représentait bien l'idéal du cheval de course. Acheté yearling par lord Wilton, il ne parut qu'une seule fois en public dans le Derby de 1836, où il prit là seconde place derrière Bay Middleton, laissant loin derrière lui son demi-frère, Venison ; favori dans le Saint-Léger, il tomba boiteux quelques semaines avant la course et il dut être retiré de l'entraînement. Envoyé au haras de Malton, et ensuite à Althorp, il fit la monte en Angleterre de 1839 à 1845 et produisit un grand nombre d'animaux utiles, Napier et Harriett entre autres. En 1846, M. de Place, en mission pour l'Administration des Haras, et désireux d'introduire en France un descendant direct d'Highflyer et de Sir Peter, offrit, sur le refus de M. Kirby, de lui céder Lanercost pour 75.000 francs, 50.000 francs au colonel Anson, qui était alors propriétaire de Gladiator. Le marché conclu, — un des meilleurs peut-être qui aient jamais été faits, — Gladiator fut importé en France ; dans le convoi qui l'amenait se trouvait, soit dit en passant, Sting et Prince Warden. Peu d'étalons venus d'Angleterre ont exercé sur notre production une influence comparable à celle de Gladiator ; il n'est guère de chevaux à l'entraînement qui ne possèdent pas au moins quelques gouttes de son sang. Parmi ses produits, nous citerons Aquila, Fitz Gladiator, Constance et Miss Gladiator, la mère de Gladiateur. Gladiator était dans un état de complet épuisement lorsqu'il fut abattu au haras du Pin, en 1857.

GUIDE PRATIQUE DE L'ÉLEVEUR

PEDIGREE DE GLADIATOR

GLADIATOR (Alezan—1833)	PARTISAN (Bai—1811)	Parasol (Baie—1800)	Wallon (Bai—1799)	Highflyer (Bai—1774)	Herod p. Tartar (Partner et Meliora p. Fox) — Cypron p. Blaze (Flying Childers) — Selima p. Bethell's Arabian — f. de Champion. Rachel p. Blank (Godolphin A. et Little Hartley mare) — f. de Regulus (Godolphin A.) — s. de Sorcheels p. Basto (Byerly T.)
			Sir Peter (Bb.—1784)	Papillon (Bbr.—1769)	Snap p. Snip (Flying Childers et s. de Sorcheels) — s. de Sliphy p. Fox — Gipsy p. Bay Bolton — f. de (he Dukes' of Newcastle Turk. Miss Cleveland p. Regulus (Godolphin A. et Grey Robinson p. Bald Galloway) — Midge p. fils de Bay Bolton (Grey Hautboy) — f. de Bartletts'Childers.
		Prunella (Baie—1788)	Arethusa (B. — 1782)	Dungannon (Bai—1780)	Eclipse p. Marske (Squirt et f. de Blacklegs) — Spiletta p. Regulus (Godolphin A.) — Mother Western p. Smiths' Son of Snake. Aspasia p. Herod (Tartar et Cypron p. Blaze) — Doris p. Blank — Helen p. Spectator — Daphne p. Godolphin A — f. de Fox — f. de Childers.
				Fille de (Baie—1777)	Prophet p. Regulus (Godolphin A.). — Jenny Spinner p. Partner (Jigg) — f. de Greyhound Barb — m. de Sophonisba p. Curwens'Bay Barb. Virago m. de Saltram p. Snap (Snip et s. de Sliphy p. Clumsy) — f. de Regulus — s. de Black anc all Black p. Crab — Miss Slamerkin, etc.
		Pot8os (Al.—1773)		Eclipse (Alez.—1764)	Marske p. Squirt (Bartletts' Childers) — f. de Blacklegs (Huttons' Bay Barb et f. de Coneyskins) — f. de Bay Bolton (Grey Hautboy). Spiletta p. Regulus (Godolphin A.). — Mother Western p. Smiths' Son of Snake (Lister Turk) — Old Montague mare p. Woodcock, etc.
				Sportsmistress (—1765)	Sportsman p. Cade (Godolphin A. et Roxana p. Bald Galloway) — Silvertail p. Whitenose (Had Arabian) — f. de Rattle (Harpur Arab). Goldenlocks p. Oroonoko (Crab et Miss Slamerkin p. Y. True Blue) — m. de Valiant p. Crab (Alcock A. et s. de Sorcheels p. Basto).
				Highflyer (Bai—1774)	Herod p. Tartar (Partner et Meliora p. Fox) — Cypron p. Blaze (Flying Childers) — Selima p. Bethells' A. — f. de Champion (Harpur A.) Rachel p. Blank (Godolphin et Little Hartley mare) — f. de Regulus (Godolphin) — f. de Sorchee's (Basto) — f. de Makeless.
				Promise (Bbr.—1768)	Snap p. Snip (Childers et f. de Basto) — s. de Sliphy f. de Fox (Clumsy) — Gipsy p. Bay Bolton — . de Dukes' of Newcastle Turk. Julia p. Blank (Godolphin) — f. de Partner — Bonny Lass p. Bay Bolton — f. de Darley A. — f. de Byerly Turk — f. de Taffolet Barb.
	PAULINE (Baie—1826)	Moses (Alezan—1819)	Seymour (B.—1807)	Delpini (Gris—1781)	Highflyer p. Herod (Tartar et Cypron p. Blaze) — Rachel p. Blank (Godolphin A.) — f. de Rezulus (Godolphin A.) — f. de Sorcheels. Countess p. Blank (Godolphin A. et Little Hartley mare p. Bartlett's Childers) — f. de Rib — f. de Wynn Arabian — f. de Governess.
				Bay Javelin (Baie—1793)	Javelin p. Eclipse — Miss Rose p. Spectator (Crab et f. de Partner) — f. de Blank — Diana p. Second (frère de Snip) — f. de Stanian Arabian. Y. Flora p. Highflyer (Herod) — Flora p. Squirrel (Traveller) — Angelica p. Snap (Snip et s. de Sliphy p. Fox) — s. de Miss Belsea p. Regulus.
			Fille de (Grise—1803)	Gohanna (Bai—1790)	Mercury p. Eclipse — f. de Tartar (Partner) — f. de Mogul (Godolphin A.) — f. de Sweepstakes — s. de Sloven p. Bay Bolton. F. d'Herod (Tartar) — Maiden p. Matchem — f. de Squirt (Bartletts' Childers) — f. de Mogul p. Godolphin A. — Camilla p. Bay Bolton.
				Grey Skim (Grise—1790)	Woodpecker p. Herod — Miss Ramsden p. Cade (Godolphin Arabian et Roxana p. Bald Galloway — f. de Lonsdales' Bay Arabian. Mère de Silver p. Herod — Young Hag p. Skim (Starling et Miss Mages p. Bartletts'Childers)—Hag p.Crab—Ebony p.Childers—Old Ebony p.Basto.
		Quadrille (Baie—1815)	Selim (Al.—1802)	Buzzard (Alez.—1797)	Woodpecker p. Herod (Tartar) — Miss Ramsden p. Cade (Godolphin A.) — f. de Lonsdales' Bay Arabian — f. de Bay Bolton (1705). Misfortune p. Dux (Matchem et Duchess p. Whitenose fils de Godolphin A.) — Curiosity p. Snap. — S. de Miss Belsea p. Regulus.
				Fille de (—)	Alexander p. Eclipse — Grecian Princess p. Forester (1736) et f. de Looby p. Bay Bolton — f. de Coalition Colt Godolphin A. F. d'Highflyer (Herod) — f. d'Alfred (Matchem et f. de Snap, — f. d'Engineer (1756) — m. de Bay Malton p. Cade (Godolphin A.).
			Canary Bird (B.—1806)	Sorcerer (Noir—1796)	Trumpator p. Conductor (Matchem) — Brunette p. Squirrel (Traveller) — Dove p. Matchless (Godolphin A.) — f. d'Ancaster Starling, etc. Young Giantess p. Diomed — Giantess p. Matchem — Molly Long Legs p. Babraham — f. de Foxhunter — f. de Partner — s. de Roxana, etc.
				Canary (Baie—1797)	Coriander p. Pot8os (Eclipse) — Lavender p. Herod — f. de Snap — Miss Roan p. Cade — Madam p. Bloody Buttocks (arabe) — Mère inconnue. Miss Green p. Highflyer — Harriet p. Matchem — Flora p. Regulus (Godolphin A.) — f. de Bartlett's Childers — f. de Bay Bolton. — Belgrade T. mare.

MELBOURNE

(APPARTENAIT A M. JOHN KIRBY, YORKSHIRE)

Melbourne, par Humphrey Clinker, est né en 1834, chez M. H. Robinson ; sa mère, une fille de Cervantès, dont il était le premier produit, avait été élevée à Sledmere, chez Sir Tatton Sykes et a donné ensuite Grey Momus et Grey Milton, avec Comus. Melbourne avait environ 1m64 ; bai brun zain, sauf une lisse en tête, il avait des épaules et des quartiers magnifiques, une tête élégante, l'encolure un peu courte, une très grande longueur de la pointe de l'épaule à la hanche, le dos un peu long, mais le rein bien attaché ; sa poitrine manquait de profondeur et il avait de si mauvais genoux que M. Sidney Herbert, auquel il avait été offert à dix-huit mois, refusa de l'acheter 250 guinées, en même temps que deux autres produits de Humphrey Clinker élevés au même haras. M. Robinson, qui avait confiance en son avenir, prit le parti de l'entraîner pour son compte ; la difficulté de sa préparation ne permit pas de le faire courir à deux ans, et il ne fit à trois ans qu'une seule apparition dans le Gold-Cup de Beverly, où il prit la seconde place derrière Righton. Il commençait sa quatrième année par une victoire ; il était ensuite battu dans les Cups de Liverpool et de Doncaster et il terminait la saison en enlevant à miss Elisa le Lincoln Cup (4.800m). Il gagnait encore plusieurs Cups l'année suivante à Nottingham, notamment, mais il était, à six livres, battu par Beeswing dans le Queens' Plate d'York. En 1840, il courait au printemps le Chester Cup, où il prenait la seconde place derrière Dey of Algiers auquel il rendait vingt-deux livres, battant entre autres Lanercost, King Cole et Bellona. Il était alors retiré du turf par son nouveau propriétaire, M. Kirby, qui l'envoyait au haras, où il était le seul représentant vivant encore de la famille de Trumpator ; aucun étalon de son époque ne possédait autant de courants directs du Godolphin Arabian, en dehors d'Harkaway. Cette dernière considération lui valut d'être très recherché par les éleveurs. Melbourne a produit les gagnants d'un grand nombre d'épreuves classiques : West Australian, qui le premier gagna les trois grandes courses de son année, les deux mille Guinées, le Derby et le St Léger ; Blink Bonny, gagnante du Derby et des Oaks ; Canezou et Mentmore Lass, gagnantes des mille Guinées. Marchioness et Cymba, gagnantes des Oaks. On sait qu'en 1860 West Australian fut acheté 80.000 francs et importé en France par le duc de Morny. Melbourne est mort, à York, le 5 mai 1859, dans sa vingt-cinquième année.

PEDIGREE DE MELBOURNE

MELBOURNE (Bai-Brun—1834)	HUMPHREY CLINKER (Bai—1822)	Comus (Alezan—1809) Sorcerer (N.—1796)	**Trumpator** (Noir—1782)	Conductor p. Matchem (Cade p. **Godolphin** et f. de Partner) — f. de Snap — f. de the Cullen A. — Lady Thigh p. Partner. — s. de Mixbury. Brunette p. Squirrel — Dove p. Matchless (**Godolphin**) — f. de the Ancaster Starling — f. de Grasshopper — f. de Newtons' Bay A.
			Y. Giantess (Baie—1790)	Diomed p. Florizel (Herod et f. de Cygnet p. **Godolphin**) — s. de Juno p. Spectator — s. de Horatius p. Blank (**Godolphin**) — f. de Childers. Giantess p. Matchem (**Godolphin**) — Molly Long Legs p. Babraham (**Godolphin**) — f. de Coles Foxhunter — s. de Cato p. Partner (Jigg).
		Houghton Lass (B.—1801)	Sir Peter (Bbr.—1784)	Highflyer p. Herod (Tartar et Cypron p. Blaze) — Rachel p. Blank (**Godolphin**, — f. de Regulus (**Godolphin** et Grey Robinson). Papillon p. Snap et Miss Cleveland p. Regulus (**Godolphin**) — Midge p. Son of Bay Bolton — m. de Squirrel p. Bartletts' Childers, etc.
			Alexina (Alez. 1788)	King Fergus p. Eclipse (Marske) — Polly p. Black and All Black — Fanny p. Tartar — f. de Old Starling — f. de Childers, etc. Lardella p. Y. Marske (Squirt et f. de Blacklegs) — f. de Cade (**Godolphin**) — m. de Beaufremont — f. du frère de Fearnought, etc.
	Clinkerina (Bai-Brune—1812)	Clinker (Bbr—1805)	Sir Peter (Bbr.—1784)	Highflyer p. Herod (Tartar et Cypron p. Blaze) — Rachel p. Blank (**Godolphin**) — f. de Regulus (**Godolphin**) — f. de Sorcheels, etc. Papillon p. Snap — Miss Cleveland p. Regulus (**Godolphin**) — Midge p. Son of Bay Bolton — m. de Squirrel p. Bartletts' Childers, etc.
			Hyale (Alez.—1797)	Phenomenon p. Herod — Frenzy p. Eclipse — f. d'Engineer — Lass of the Mill p. Traveller — Miss Makeless, etc. Rally p. **Trumpator** — Fanny p. Florizel — sœur de Juno p. Spectator — f. de Blank (**Godolphin**) — Flying Childers, etc.
		Pewet (B.—1786)	Tandem (Bai—1773)	Syphon p. Squirt — f. de Patriot — f. de Crab (Alcock A.) — Bay Bolton — Curwen Bay Barb — Spot — White Legged Lowther B. — Vintner mare. Fille de Regulus (**Godolphin**) — f. de Snip — f. de Cottingham Hartleys' Blind Horse et f. de Smiths' Son of Snake — Warlock Galloway.
			Termagant (—1777)	Tantrum p. Cripple (**Godolphin** et s. de Blossom p. Crab) — f. de Hampton Court Childers — f. de Whitefoot — f. de Stanyan A. Cantatrice p. Sampson — f. de Regulus (**Godolphin** Arabian) — m. de Marske p. Blacklegs (Huttons' Bay Barb) — f. de Bay Bolton.
FILLE DE (Baie—1825)	Cervantes (Bai—1806)	Don Quixote (Al.—1784)	Eclipse (Alez 1764)	Marske p. Squirt — f. de Blacklegs — f. de Bay Bolton (Grey Hautboy) — f. de Fox Cub (Clumsy) — f. de Coneyskins (Lister Turk). Spiletta p. Regulus (**Godolphin**) — Mother Western p. Smiths' Son of Snake — f. de Montague — f. de Hautboy — Brimmer, etc.
			Grecian Princess (—1770)	Forester (Hartleys' Blind Horse et Bay Brocklesby) — f. de Looby (Partner et Grey Brocklesby) — Margery p. Partner, etc. Fille de the Coalition Colt (**Godolphin**) — f. de Bustard (Crab et Miss Slamerkin) — Charming Molly p Second (Childers et f. de Basto).
		Evelina (Bb.—1791)	Highflyer (Bai—1774)	Herod p. Tartar (Partner et Meliora) — Cypron p. Blaze — Selima p. Bethell A. — f. de Champion — f. de Darley A. — f. de Merlin, etc. Rachel p. Blank (**Godolphin**) — f. de Whitefoot — f. de Blank (**Godolphin**) — f. de Sorcheels — f. de Makeless (Oglethorpe Arabian).
			Termagant (—1777)	Tantrum p. Cripple **Godolphin** et s. de Blossom p. Cade — f. de Hampton Court Childers — f. de Whitefoot — f. de Stanyan A., etc. Cantatrice p. Sampson — f. de Regulus (**Godolphin**) — m. de Marske p. Blacklegs — Bay Bolton — Fox Cub — Coneyskins — Huttons' Grey B.
	Fille de (Baie—1818)	Golumpus (B.—1802)	Gohanna (Bai—1790)	Mercury p. Eclipse (Marske et Spiletta p. Regulus fils de **Godolphin**) — Old Tartar mare p. Tartar — f. de Mogul (**Godolphin**), etc. S. de Challenger p. Herod — Maiden p. Matchem (**Godolphin**) — f. de Squirt — m. de Lot p. Mogul — Camilla p. Bay Bolton — Old Lady.
			Catherine (Baie—1795)	Woodpecker p. Herod — Miss Ramsden p. Lord Lonsdales Bay A. — f. de Bay Bolton — f. de Darley Arabian — f. de Byerly Turk. Camilla p. Trentham (Sweepstakes fils du Gower Stallion (**Godolphin** et miss South) — Coquette p. the Compton B. — s. de Regulus (**Godolphin**).
		Fille de (Bb.—1810)	Paynator (Bai.—1791)	**Trumpator** p. Conductor (**Godolphin**) — Brunette p. Squirrel (Traveller) — Dove p. Matchless (**Godolphin**) — f. d'Ancaster Starling. F. de Marc Antony (Spectator p. Crab, et Rachel p. Blank, fils de **Godolphin** — Signora p. Snap (Snip et Miss Windsor p. **Godolphin**).
			S. de Zodiac (Baie—1802)	St George p Highflyer (Herod) — s. de Soldier p. Eclipse (Marske) — Miss Spindleshanks p. Omar (**Godolphin** et f. de Lath p. **Godolphin**. Abigail p. Woodpecker (Herod) — Firetail p. Eclipse — s. de Contest p. Blank (**Godolphin**) — Naylor p. Cade — m. de Spectator, etc.

STOCKWELL

(APPARTENAIT AU MARQUIS D'EXETER, BURGHLEY, STAMFORD)

Stockwell, par the Baron (gagnant du Saint-Léger et du Cesarewitch de 1845) est né en 1849 chez M. Theobald ; il était le cinquième produit de Pocahontas, mère de Rataplan par the Baron, de King Tom par Harkaway, de Knight of Kars par Nutwith, et de Knight of Saint-Patrick par Saint-George, qui avait été élevée par M. Forth. Stockwell était alezan avec une lisse en tête et des balzanes aux deux jambes de derrière ; sa taille était de 1m63 environ. A première vue, l'impression était plutôt défavorable ; la tête était lourde, les épaules trop droites ; mais un examen plus attentif faisait ressortir la remarquable profondeur de sa poitrine, son magnifique dessus, son rein large et solide à « porter une maison », ses quartiers un peu massifs mais bien faits et ses cuisses bien descendues ; toute l'arrière-main dénotait une force et une puissance extraordinaires ; le squelette avait une charpente exceptionnelle. Il y avait, en un mot, exagération de force, impression qu'accentuait la pesanteur de son action, due surtout à la mauvaise direction de ses épaules. Lord Exeter, sans écouter les critiques dont il était l'objet, l'acheta poulain de lait, 4.500 francs à la mort de son éleveur, s'engageant à majorer le prix de 12.500 francs s'il gagnait le Derby. D'un entraînement difficile, surtout à son époque, où l'on était peu habitué à rencontrer des chevaux de son importance, Stockwell fut battu dans les deux courses où il se présenta comme two year old, les Prendergast et les Criterion Stakes. Malgré sa défaite par Alcoran, au commencement de sa troisième année, dans une poule au Craven meeting de Newmarket, il partait assez soutenu dans les deux mille Guinées qu'il gagnait facilement sur Homebrewed, Filius, Daniel O'Rourke, Maidstone, Ambrose et trois autres. Il enlevait le surlendemain les Newmarket Stakes sur Maidstone et Father Thames. Il était hors de forme à Epsom, lors du Derby, gagné par Daniel O'Rourke, mais il se retrouvait lui-même à Goodwood, où il enlevait une poule de 400 livres et les Racing Stakes. Sa victoire à York, dans les Great Yorkshire Stakes, était un heureux prélude à son succès éclatant dans le Saint-Léger qu'il gagnait de dix longueurs sur Harbinger, Daniel O'Rourke, son vainqueur d'Epsom, Songstress, gagnante des Oaks, etc., résultat qui ne permettait plus de douter que, s'il eût été lui-même, jamais il n'aurait été battu dans le Derby. Il terminait la campagne (1852) en gagnant à Newmarket les Grand Duke Michael Stakes et le Saint-Léger, battant Muscovite, Filius et Frantic. En 1853, il était battu d'une tête par Teddington, dans l'Emperors' Plate ; ce fut la seule course de sa quatrième année. A cinq ans il battait Kingston, qui tombait broken down pendant la course, dans le Whip, à Newmarket, et quittait le turf sur cette victoire. Il n'est pas possible de rappeler ici les succès incomparables qu'a obtenus au haras « l'Emperor of Stallions ». Ses produits ont gagné quatre fois les deux mille Guinées, trois fois les mille Guinées, trois fois le Derby, une fois les Oaks, et six fois le Saint-Léger, preuve évidente qu'il leur a bien transmis son extraordinaire tempérament ; parmi ses filles, neuf ont donné des gagnants des grandes épreuves classiques. Stockwell, au moment de son entrée au haras, appartenait à lord Londesborough qui était en même temps propriétaire de West Australian ; il fut, à la liquidation de son haras du Yorkshire, acheté 144.000 francs par M. R.-C. Naylor, chez lequel il mourut, au haras de Hooton Hall, Cheshire, à l'âge de 21 ans, le 5 mai 1870.

GUIDE PRATIQUE DE L'ÉLEVEUR 43

PEDIGREE DE STOCKWELL

STOCKWELL (Alezan—1849)	POCAHONTAS (Baie—1837)	Marpessa (Baie—1830)	Clare (B.—1824)		
				Whalebone (Bbr.—1807)	**Waxy** p. Pot8os (Eclipse et Sportmistress, p. Sportsman) — Maria p. Herod (Tartar et Cypron) — Lisette p. Snap (Snip p. Childers). Penelope p. **Trumpator** (Conductor et Brunette p. Squirrel) — Prunella p. Highflyer (Herod et Rachel) — Promise p. Snap — Julia p. Blank.
				Peri (Baie—1822)	Wanderer p. **Gohanna** (Mercury et s. de Challenger). — Catherine (s de Colibri) p. **Woodpecker** (Herod et Miss Ramsden) — Camilla, etc. Thalestris p. Alexander (Eclipse et Grecian Princess). — Rival p. Sir Peter (Highflyer) — Hornet 'p. Drone (Herod) — Manilla p. Goldfinder.
		THE BARON (Alezan—1842)	Birdcatcher (Alezan—1833)	Bob Booty (Alez.—1804)	Chanticleer p. **Woodpecker** (Herod et Miss Ramsden) — f. d'Eclipse (Marske). — Rosebud p. Snap (Snip) — Miss Belsea p. Regulus. Ierne p. Bagot (Herod et Marcite p. Matchem) — f. de Gamahoe (Bustard p. Crab et f. de Regulus) — Patty p. Tim. (Squirt) — Miss Patch.
				Flight (Alez.—1808)	Irish Escape p. Commodore (Tug p. Herod et Smallhopes) — f. de **Highflyer** (Herod et Rachel). — Shift p. Sweetbriar (Syphon) — Black Suzan. Y. Heroine p. Bagot. — Heroine p. Hero (Cade) — s. de Regulus p. Godolphin — Grey Robinson p. the Bald Galloway.
			Guiccioli (Al.—1826)	Whisker (Bai—1812)	**Waxy** p. Pot8os (Eclipse et Sportmistress p. Sportsman) — Maria p. Herod (Tartar et Cypron) — Lisette p. Snap (Snip p. Childers). Penelope p. **Trumpator** (Conductor et Brunette p. Squirrel). — Prunella p. Highflyer (Herod et Rachel) — Promise p. Snap — Julia p. Blank.
				Floranthe (Baie—1818)	Octavian p. Stripling (Phenomenon et Laura p. Eclipse) — f. d'Oberon (Highflyer et Queen Mab p. Eclipse) — s. de Sharper p. Ranthos. Caprice p. Anvil (Herod et f. de Feather et Crazy p. Lath). — Madcap p. Eclipse — f. de Blank (Godolphin) — f. de Blaze.
	Echidna (Bai-Brune—1838)	Sir Hercules (N.—1826)	Economist (B.—1825)	Blacklock (Bai—1817)	Whitelock p. Hambletonian (King Fergus p. Eclipse et Polly) — Rosalind p. Phenomenon (Heroc. et Frenzy) — Atalanta p. Matchem. F. de Coriander (Pot8os et Lavender p. Herod) — Wild Goose p. Highflyer (Herod et Rachel) — Coheiress p. Pot8os — Manilla.
				Gadabout (Bbr.—18)	**Orville** p. Beningbro' (King Fergus et f. d'Herod). — Evelina p. Highflyer (Herod et Rachel p. Blank). — Termagant p. Tantrum (Cripple). Minstrel p. Sir Peter (**Highflyer** et Papillon p. Snap). — Matron p. Florizel (Herod) — Maiden p. Matchem (Cade) — f. de Squirt (Syphon).
			Miss Pratt (B.—1825)	Selim (Alez.—1802)	Buzzard p. **Woodpecker** (Herod et Miss Ramsden.) — Misfortune p. **Dux** (Matchem et Duchess) — Curiosity p. Snap (Snip) — f. de Regulus. Fille d'Alexander (Eclipse et Grecian Princess) — f. d'**Highflyer** (Herod et Rachel p. Blank) — f. d'Alfred (frère de Conductor p. Matchem).
				Bacchante Baie—1809)	Williamsons' Ditto p. Sir Peter (**Highflyer** et Papillon). — Arethusa p. Dungannon (Eclipse et Aspasia) — f. de Prophet (Regulus). etc. S. de Calomel p. Mercury (Eclipse et Old Tartar mare) — f. d'Herod — Folly p. Marske (Squirt et f. de Blacklegs). — Vixen p. Regulus.
	Glencoe (Alezan—1833)	Sultan (B.—1816)	Trampoline (B.—1825)	Tramp (Bai—1810)	Dick Andrews p. Joe Andrews (Eclipse et Amaranda) — f. d'**Highflyer** (Herod et Rachel) — f. de Cardinal Puff — f. de Tatler — f. de Snip. Fille de **Gohanna** (Mercury et s. de Challenger p. Herod) — Fraxinella p. Trentham (Sweepstakes) — f. de Woopecker — Everlasting.
				Web (Baie—1808)	**Waxy** p. Pot8os (Eclipse et Sportsmistress, p. Sportsman). — Maria p. Herod (Tartar et Cypron) — Lisette p. Snap (Snip) — Miss Windsor. Penelope par **Trumpator** (Conductor et Brunette) — Prunella p. **Highflyer** (Herod et Rachel). — Promise p. Snap — Julia p. Blank.
			Muley (B.—1810)	Orville (Bai—1799)	Beningbro' p. King Fergus (Eclipse et Polly) — f. d'Herod (Tartar et Cypron) — Pyrrha p. Matchem (Cade et f. de Partner) — Duchess. Evelina p. **Highflyer** (Herod et Rachel p. Blank). — Termagant p. Tantrum (Cripple p. Godolphin) — f. de Regulus (Godolphin).
				Eleanor (Baie—1798)	Whisky p. Saltram (Eclipse et Virago p. Regulus). — Calash p. Herod (Tartar et Cypron). — Teresa p. Matchem (Cade et f. de Partner). Y. Giantess (m. de Sorcerer) p. Diomed (Florizel et f. de Spectator). — Giantess p. Matchem (Cade et f. de Partner) — Molly Long Legs.
				Marmion (Bai—1806)	Whisky p. Saltram (Eclipse et Virago). — Calash p. Herod (Tartar et Cypron). — Teresa p. Matchem (Cade et f. de Partner), etc. Y. Noisette p. Diomed (Florizel et f. de Spectator). — Noisette p. Squirrel (Traveller et Grey Bloody Buttocks). — Carina p. Marske (Squirt).
				Harpalice (Baie—1814)	**Gohanna** p. Mercury (Eclipse et Old Tartar mare) — s. de Challenger p. Herod (Tartar et Cypron) — Maiden p. Matchem (Cade), etc. Amazon p. Driver (Trentham et Coquette) — Fractions p. Mercury (Eclipse) — f. de **Woodpecker** (Herod). — Everlasting p. Eclipse — Hyœna.

MONARQUE

(APPARTENAIT AU COMTE FRÉDÉRIC DE LAGRANGE, DANGU, EURE)

Monarque est né en 1852, au haras de Victot, chez M. Alexandre Aumont; trois étalons se disputent l'honneur de sa paternité ; sa mère Poetess, dont il fut le quatrième et dernier produit (elle avait donné en 1848 Nanine avec Master Wags et avait été achetée par M. Aumont, à lord Seymour, après sa victoire dans le prix du Jockey Club de 1841), avait, en effet, été saillie, en 1851, par trois étalons, The Baron, Sting et The Emperor. Si on s'en rapporte à sa structure et à ses points, Sting est celui des trois dont il se rapproche le plus ; il y a chez eux la même élégance et la même distinction dans la silhouette, la même sortie d'encolure un peu haute, la même saillie de la pointe de l'épaule, la croupe un peu droite, les mêmes jarrets (un jardon à la jambe montoire). Monarque avait plus de longueur dessous, et sa robe était d'un bai moins foncé. Il paraît donc évident que la paternité de Sting doit être adoptée. Monarque ne courut pas à deux ans ; en 1855, il gagna les huit courses qu'il disputa au nombre desquelles se trouvaient la Poule d'Essai, la Poule des Produits, le prix du Jockey Club et le grand Saint-Léger de France. En 1856, il remporta ses principales victoires dans le prix du Cadran, le prix du Pavillon et le prix Impérial à Paris. A la liquidation de l'écurie Aumont, en 1857, il fut acheté par le comte de Lagrange ; sous ces nouvelles couleurs il remporta en France sept courses sur huit, le prix du Pavillon, le prix Impérial et le grand prix Impérial (prix Rainbow actuel), entre autres ; en Angleterre, il battit Fisherman dans le Goodwood Cup. En 1858, il enleva le Newmarket handicap, et tomba broken down dans le Grand Métropolitain d'Epsom, où il portait un poids écrasant. Il était alors retiré de l'entraînement et envoyé au haras. Son nom marque le début de la seconde période de l'élevage français, période pendant laquelle les étalons nés en France commencèrent à rivaliser avec les pur sang importés d'Angleterre ; au haras de Dangu, où il fut envoyé, Monarque acquit bientôt une renommée égale à celle qu'il s'était assurée sur le turf ; les plus connus de ses produits furent : Hospodar, Young Monarque, Gedeon, Fidélité, Le Mandarin, Longchamps, Auguste, Trocadéro, Henry, Patricien et Consul, qui tous deux gagnèrent le prix du Jockey Club, et enfin Gladiateur, le « cheval du siècle » en France certainement et peut-être même en Angleterre. Monarque est mort en 1873 au haras de Dangu.

PEDIGREE DE MONARQUE

MONARQUE (Bai—1852)	POETESS (Baie—1838)	The Baron, The Emperor ou STING (Bbr.—1843)	Echo Baie—1818	Slane (Bai—1833)

Catton (Bai—1809)	Golumpus p. Gohanna (Mercury et f. d'Herod) — Catherine p. Woodpecker (Herod). — Camilla p. Trentham. — Coquette par the Compton B. Lucy Grey p. Timothy (Delpini et Cora p. Matchem) — Lucy p. Florizel (Herod) — Frenzy p. Eclipse — f. d'Engineer — f. de Blank.
Fille de (Baie—1818)	Smolensko p. Sorcerer (Trumpator et Y. Giantess p. Diomed) — Wowski p. Mentor (Justice). — m. de Waxy p. Herod — Lisette p. Snap. Lady Mary p. Beningbro' (King Fergus et f. d'Herod) — f. d'Highflyer (Herod) — f. de Marske (Squirt et f. de Huttons' Blacklegs)
Orville (Bai—1799)	Beningbro' p. King Fergus (Eclipse et Creeping Polly p. Black and All Black) — f. d'Herod — Pyrrha p. Matchem — Duchess p. Whitenose. Evelina p. Highflyer (Herod et Rachel p. Blank) — Termagant p. Tantrum (Cripple) — Cantatrice p. Sampson Blaze) — f. de Begulus
Epsom Lass Ex Orange Girl (Bbr.—1803)	Sir Peter p. Highflyer. — Papillon p. Snap (Snip et s. de Sliphy) — Miss Cleveland p. Regulus (Godolphin A.) — Midge p. fils de Bay Bolton. Alexina p. King Fergus, — Lardella p. Y. Marske (Squirt et f. de Blacklegs) — f. de Cade (Godolphin A.) — m. de Beaufremont, etc.
Orville (Bai—1799)	Beningbro' p. King Fergus — f d'Herod — Pyrrha p. Matchem (Cade) — Duchess p. Whitenose. — Miss Slamerkin p. Y. True Blue. Evelina p. Highflyer — Termagant p. Tantrum — Cantatrice p. Sampson — f. de Regulus (Godolphin A.) — m. de Marske.
Emily (Alez.—1810)	Stamford p. Sir Peter (Highflyer et Papillon) — Horatia p. Eclipse. — Countess p. Blank — f. de Rib — f. de Wym A. — f. de Governor. Fille de Whisky (Saltram p. Eclipse et Calash) — Grey Dorimant p. Dorimant — Dizzy p. Blank — Dizzy p. Driver — f. de Smiling Tom.
Scud (Baie—1804)	Beningbro' p. King Fergus (Eclipse et Creeping Polly p. Black and All Black) — f. d'Herod, — Pyrrha p. Matchem — Duchess p. Whitenose. Eliza p. Highflyer (Herod et Rachel p. Blank) — Augusta p. Eclipse — f. d'Herod — f. de Bajazet — grand-mère de Godolphin, etc.
Canary Bird (Baie—1806)	Sorcerer p. Trumpator (Conductor) — Y. Giantess p. Diomed (Florizel — Giantess p. Matchem (Cade) — Molly Long Legs. Canary p. Coriander (Pot8os p. Eclipse) — Miss Green p. Highflyer. — Harriet p. Matchem — Flora p. Regulus — f. de Bartletts' Childers.
Golumpus (Bai—1802)	Gohanna p. Mercury (Eclipse et Old Tartar mare) — s. de Challenger p. Herod — Maiden p. Matchem — f. de Squirt. — m. de Lot. Catherine p. Woodpecker (Herod et Miss Ramsden p. Lord Lonsdale Bay A) — Camilla p. Trentham (Sweepstakes, fils du Gower Stallion).
Lucy Grey (Baie—1804)	Timothy p. Delpini (Highflyer et Countess p. Blank). — Cora p. Matchem (Cade, — f. de Turk (Regulus) — f. de Crab — f. de Childers. Lucy p. Florizel (Herod et f. de Cygnet p. Godolphin) — Frenzy, p. Eclipse — f. d'Engineer (Sampson) — m. de Twilight p. Blank.
Smolensko (Noir—1810)	Sorcerer p. Trumpator (Conductor et Brunette p. Squirrel — Y. Giantess p. Diomed ,Florizel — Giantess p Matchem — Molly Long Legs Wowski p. Mentor (Justice et f. de Shakespeare) — m. de Waxy p. Herod (Tartar et Cypron) — Lisette p. Snap (Snip fils de Childers).
Lady Mary (Baie—1800)	Beningbro' p. King Fergus (Eclipse et Creeping Polly) — f d'Herod — Pyrrha p. Matchem (Cade) — Duchess p. Whitenose. — Miss Slamerkin. Fille d'Highflyer (Herod et Rachel p. Blank — f. de Marske (Squirt et f. de Blacklegs, Huttons' Bay Barb et f. de Bay Bolton), etc.
Waxy Bai—1790	Pot8os p. Eclipse (Marske et Spiletta p. Regulus). — Sportsmistress p. Sportsman (Cade — Goldenlocks p Oroonoko Cade). Maria p. Herod (Tartar et Cypron p. Blaze) — Snap (Suip) — Miss Windsor p. Godolphin A. — s. de Volunteer p. Y. Belgrade.
Penelope (Bai—1798)	Trumpator p. Conductor (Matchem et f. de Snap). — Brunette p. Squirrel (Traveller) — Dove p. Matchless (Godolphin A.) — f. d'Ancaster Starling. Prunella p. Highflyer (Herod) — Promise p. Snap — Julia p. Blank (Godolphin A.) — m. de Spectator p. Partner (Jigg) — Ronny Lass, etc.
Shuttle (Bai—1793)	Young Marske (Squirt et f. de Huttons' Blacklegs) — f. de Blank — Bay Starling p. Starling — Meynell (s. de Lady Thigh), etc. Vauxhall Snap mare p. Snap (Snip et s. de Sliphy, f. de Fox) — f. de Cade (Godolphin Arabian et Roxana p. Bald Galloway, etc.
Fille de (Baie—1797)	Drone p. Herod — Lily p. Blank (Godolphin A.) — Peggy p Cade (Godolphin et Roxana p. Bald Galloway) — s. de Widdrington mare. Contessina p Young Marske (v. plus haut). — Tuberose p. Herod — Grey Starling p. Starling — Coughing Polly, s. de Miss Mayes p. B. Childers.

DOLLAR

(APPARTENAIT A M. A. LUPIN, HARAS DE VIROFLAY, PRÈS VERSAILLES)

Dollar, par the Flying Dutchman, est né en 1860, au haras de Viroflay, chez M. Auguste Lupin ; il était le septième produit de Payment (mère de Florin par Surplice et de Maravédis par the Flying Dutchman) qui avait été importée d'Angleterre en 1853 par M. Lupin. De taille moyenne, 1m58 environ, il avait, proportionnellement à sa taille, une remarquable longueur dans ses lignes horizontales et une très grande puissance d'arrière-main ; l'épaule était superbe, les aplombs parfaits ; très résistant et en même temps d'une rare élégance, il a imprimé à ses produits le cachet qui lui était propre. Son action était facile mais un peu relevée, la substance lui faisait défaut sans que la puissance de sa foulée en fût diminuée. Ses deux courses comme two year old furent peu brillantes ; il ne fut placé ni dans le premier Critérium, gagné par son demi-frère Pas-Perdus, ni dans le grand Critérium. A trois ans, il gagnait le prix de l'Empereur contre Charles-Martel et Villafranca, finissait second derrière la Touques, dans le prix du Jockey-Club, puis battait Charles-Martel, au baron de Schickler, dans le prix de la Société d'Encouragement ; après une victoire dans le prix Principal, il n'était pas placé dans le prix de Saint-Cloud derrière Nobility et Villafranca, et subissait deux défaites à Bade, où il était battu notamment par la Touques dans le Grand Prix ; il était alors complètement hors de forme. Envoyé en Angleterre pendant l'hiver, il enleva brillamment les Northamptonshire Stakes, portant 48 kilos 1/2 et rendant deux stones à Lord Zetland ; puis, rentré en France, il battait Stradella dans le Grand Prix de l'Impératrice et gagnait ensuite le Prix de l'Empereur. Sa victoire dans le Goodwood Cup, sur the Ranger (gagnant du premier Grand Prix de Paris), Stradella et lord Zetland, marquait l'apogée de sa carrière ; il était moins heureux à Bade et dans le Grand Prix de l'Empereur. Il était retiré de l'entraînement à la fin de la saison et envoyé au haras de Viroflay, où il s'affirma comme un des plus remarquables chefs de famille qui aient encore existé ; il serait trop long de donner ici les noms de ses produits vainqueurs dans des courses importantes : Salvator, gagnant du prix du Jockey-Club et du Grand Prix de Paris, Vertebonne, gagnante du prix de Diane, Fontainebleau, Patriarche, Martin-Pêcheur II, Perla, Tartane, Upas, Dauphin, the Condor, Acheron, Bocage et tant d'autres. En dix-huit ans, ses produits ont gagné près de 4.000.000 de francs Dollar est mort au haras de Viroflay, au mois de décembre 1886.

PEDIGREE DE DOLLAR

DOLLAR (Bai—1860)	THE FLYING DUTCHMAN (B.-Brun—1846)	Barbelle (Baie—1836)	Bay Middleton (Bai—1833)	Selim (Alez.—1802)	Buzzard p. Woodpecker (Herod et Miss Ramsden) — Misfortune p. Dux (Matchem et Duchess) — Curiosity p. Snap (Snip) — f. de Regulus. f. d'Alexander (Eclipse et Grecian Princess) — f. d'Highflyer (Herod et Rachel p. Blank) — f. d'Alfred frère de Conductor p. Matchem.
			Sultan (B.—1816)	Bacchante (Baie—1809)	Williamsons'Ditto p. Sir Peter (Highflyer et Papillon) — Arethusa p. Dungannon (Eclipse et Aspasia) — f. de Prophet p. Regulus, etc. Sœur de Calomel p. Mercury (Eclipse et Old Tartar mare) — f. d'Herod — Folly p. Marske (Squirt et f. de Blacklegs) — Vixen p. Regulus.
			Cobweb (B.—1821)	Phantom (Bai—1808)	Walton p. Sir Peter (Highflyer et Papillon) — Arethusa p. Dungannon (Eclipse) — f. de Prophet (Regulus p. Godolphin A.) — Jenny Spinner. Julia p. Whisky (Saltram et Calash) — Y. Giantess p. Diomed (Florizel) — Giantess p. Matchem (Cade) — Molly Long Legs p. Babraham
				Filagree (Alez.—1815)	Soothsayer p. Sorcerer (Trumpator et Y. Giantess p. Diomed) — Goldenlocks p. Delpini (Highflyer) — Violet p. Shark (Marske) — f. de Twilight, etc. Web p. Waxy (Pot8os et Maria p. Herod — Penelope p. Trumpator (Conductor) — Prunella p. Highflye· — Promise p. Snap.
		Sandbeck (B.—1818)		Catton (Bai—1809)	Golumpus p. Gohanna (Mercury et f. d'Herod) — Catherine p. Woodpecker (Herod) — Camilla p. Trentham (Sweepstakes) — Coquette p. The Compton B. Lucy Grey p. Timothy (Delpini et Cora p. Matchem) — Lucy p. Florizel (Herod) — Frenzy p. Eclipse — f. d'Engineer. — m. de Twilight, etc.
				Orvillina (Baie—1804)	Beningbro' p. King Fergus (Eclipse et Polly) — f. d'Herod (Tartar et Cypron) — Pyrrha p. Matchem (Cade) — Duchess p. Whitenose. Evelina p. Highflyer (Herod) — Termagant p. Tantrum — Cantatrice p. Sampson — f. de Regulus — f. de Blacklegs — f. de Bay Bolton.
		Brioletta (Bb.—1821)		Amadis (Bbr.—1807)	Don Quixote p. Eclipse — Grecian Princess p. Forester — f. de The Coalition Colt (Godolphin A.) — f. de Bustard (Crab) — Charming Molly p. Second. Fanny p. Sir Peter (Highflyer et Papillon p. Snap) — f. de Diomed — Desdemona p. Marske — Y. Hag p. Skim — Hag p. Crab — Ebony p. Childers.
				Selima (Baie—1810)	Selim p. Buzzard (Woodpecker et Misfortune p. Dux) — f. d'Alexander (Eclipse) — f. d'Highflyer (Herod) — f. d'Alfred (Matchem). F. de Pot8os (Eclipse et Sportsmistress p. Sportsman) — Editha p. Herod — Elfrida p. Snap — Miss Belsea p. Regulus — f. de Bartlett's Childers.
	PAYMENT (Alezan—1848)	Slane (Bai—1833)	Royal Oak (Bb.—1823)	Catton (Bai—1809)	Gohanna p. Gohanna (Mercury et f. d'Herod) — Catherine p. Woodpecker (Herod) — Camilla p. Trentham — Coquette p. the Compton Barb. Lucy Grey p. Timothy (Delpini et. Cora p. Matchem) — Lucy p. Florizel (Herod) — Frenzy p. Eclipse — f. d'Engineer — f. de Blank
				Fille de (Baie—1818)	Smolensko p. Sorcerer (Trumpator et Y. Giantess p. Diomed) — Wowski p. Mentor (Justice) — m. de Waxy p. Herod. Lady Mary p. Beningbro' (King Fergus et f. d'Herod) — f. d'Highflier (Herod) — f. de Marske (Squirt et f. de Huttons Blacklegs).
			Fille de (B.—1819)	Orville (Bai—1799)	Beningbro' p. King Fergus (Eclipse et Creeping Polly p. Black and All Black) — f. d'Herod — Pyrrha p. Matchem. — Duchess p. Whitenose. Evelina p. Highflyer (Herod et Rachel p. Blank) — Termagant p. Tantrum (Cripple, — Cantatrice p. Sampson Blaze) — f. de Regulus — m. de Marske.
				Epsom Lass ex Orange Girl (Bbr.—1803)	Sir Peter p. Highflyer — Papillon p. Snap (Snip et s. de Sliphy) — Miss Cleveland p. Regulus (Godolphin A.) — Midge p. fils de Bay Bolton. Alexina p. King Fergus — Lardella p. Y. Marske (Squirt et f. de Blacklegs) — f. de Cade (Godolphin A.) — m. de Beaufremont, etc.
		Receipt (Alezan—1836)	Rowton (Al.—1826)	Oiseau (Alez.—1809)	Camillus p. Hambletonian (King Fergus et f. d'Highflyer) — Faith p. Pacolet (Blank) — Atalanta p. Matchem (Cade) — Lass the Mill p. Oroonoko. Fille de Ruler (Y. Marske et Flora p. Lofty) — Treecreeper p. Woodpecker (Herod) — f. de Trentham — Coquette p. the Compton B.
				Katherina ex Perspective (Baie—1817)	Woful p. Waxy (Pot8os et Maria p. Herod) — Penelope p. Trumpator (Conductor) — Prunella p. Highflyer — Promise p. Snap — Julia p. Blank. Landscape p. Rubens (Buzzard et f. d'Alexander) — Iris p. Brush (Eclipse) — f. d'Herod (Tartar et Cypron p. Blaze), etc.
			Fille de (Al.—1826)	Sam (Alez.—1815)	Scud p. Beningbro' (King Fergus) — Eliza p. Highflyer (Herod) — Augusta p. Eclipse — f. d'Herod — f. de Bajazet — g. mère de Goldfinder. Hyale p. Phenomenon (Herod) — Rally p. Trumpator (Conductor) — Fany s. de Diomed p. Florizel — s. de Juno p Spectator — Horatia p. Blank.
				Morel (Alez.—1805)	Sorcerer p. Trumpator (Conductor et Brunette p. Squirrel) — Y. Giantess p. Diomed — Giantess p. Matchem (Cade) — Molly Long Legs. Hornby Lass p. Buzzard (Woodpecker et Misfortune p. Dux) — Puzzle p. Matchem (Cade) — Princess p. Herod — Julia p. Blank.

VERMOUT

(APPARTENAIT A M. HENRI DELAMARRE)

Vermout, par the Nabob, est né en 1861 au haras de Bois-Roussel (Orne) chez M. le comte Rœderer, associé de M. Henri Delamarre ; il était le troisième produit de Vermeille (ex Merveille), qui a donné Vertugadin avec Fitz Gladiator et Verdure, avec West Australian, et était née chez M. J. Verry. Vermout était bai avec trois balzanes ; son devant était magnifique, ses aplombs excellents, son action longue et bien équilibrée ; il était, par contre, un peu faible dans ses canons, un peu serré dans ses jarrets et trop plat dans ses quartiers. La tenue était sa qualité principale, et il lui fallait un certain temps pour entrer dans sa longue foulée. Il préluda par un succès facile dans le prix du Printemps à sa victoire retentissante dans le Grand Prix de Paris de 1864, dont le champ, un des plus remarquables qu'on ait vus, comprenait le vainqueur du Derby, Blair Athol, Fille-de-l'Air, gagnante du prix de Diane et des Oaks, Bois-Roussel, gagnant du prix du Jockey Club, et Barouello, gagnant de la poule d'Essai. Il portait les secondes couleurs de son écurie, et était chargé de faire le jeu de Bois-Roussel qui tombait broken-down pendant la course. Dès que le champion anglais eut réglé Fille-de-l'Air, Vermout, que Kitchener avait repris, survenait à son tour et, après une lutte passionnante, il prenait le meilleur pour gagner de deux longueurs. Fille-de-l'Air devait avoir sa revanche à Bade dans le Saint-Léger Continental, et a l'automne dans le Grand Prix du Prince Impérial, sur une distance analogue à celle du Grand Prix de Paris ; peut-être si son jockey n'avait pas, dans cette dernière épreuve, un peu abusé d'elle, le résultat n'aurait-il pas été le même ; il est certain, dans tous les cas, que tous deux étaient d'un excellent ordre. Le prix de Chantilly, où il battit Orphelin, la poule des Produits et le Grand Prix de Bade, ont été les autres victoires de Vermout, qui n'avait pas couru à deux ans, et dut être retiré de l'entraînement au commencement de sa quatrième année. Malgré sa brillante carrière, il lui a été donné, au haras de Bois-Roussel, où il fut envoyé, peu de juments étrangères, et cependant, dès 1873, Campêche gagnait le prix de Diane, et la même année, Boïard réussissait le triple event du prix du Jockey Club, du Grand Prix de Paris et du prix Royal Oak ; enfin, en 1877, La Jonchère gagnait le prix de Diane. Perplexe, Vigilant, Apollon, Vizir, Campêche, Mademoiselle de Juvigny, Friandise sont les plus connus des autres produits de Vermout, qui ont gagné plus de deux millions en seize années. Vermout est mort en 1888, au haras de Bois-Roussel.

GUIDE PRATIQUE DE L'ÉLEVEUR 49

PEDIGREE DE VERMOUT

VERMOUT (Bai—1861).	THE NABOB (Bai—18/9).	Hester (Bai-Brune—1832).	Partisan (Bai—1811)	Walton p. Sir Peter (Highflyer et Papillon p. Snap) — Arethusa p. Dungannon (Eclipse) — f. de Prophet (Regulus) — Virago p. Snap — f. de Regulus. Parasol p. Pot8os (Eclipse et Sportsmistress) — Prunella p. **Highflyer** (Herod) — Promise p. Snap — Julia p. Blank — m. de Spectator.
			Nanine (Alez.—1823)	Selim p. **Buzzard** (Woodpecker et Misfortune p. Dux) — f. d'Alexander (Eclipse) — f. d'**Highflyer** (Herod) — f. d'Alfred (Matchem) — f. d'Engineer. Bizarre p. Peruvian (Sir Peter et f. de Boudrow) — Violante p. John Bull — s. de Skyscraper p. Highflyer — Everlasting p. Eclipse, etc.
			Emilius (Bai—1820)	Orville p. Beningbro' (King Fergus et f. d'Herod) — Evelina p. **Highflyer** — Termagant p. Tantrum — Cantatrice p. Sampson — f. de Regulus. Emily p. Stamford (Sir Peter et Horatia p. Eclipse) — f. de Whisky (Saltram) — Grey Dorimant p. Dorimant — Dizzy p. Blank.
			Whizgig (Alez.—1819)	Rubens p. **Buzzard** (Woodpecker et Misfortune p. Dux) — f. d'Alexander (Eclipse) — f. d'Highflyer (Herod) — f. d'Alfred (Matchem). Penelope p. Trumpator (Conductor et Brunette p. Squirrel) — Prunella p. Highflyer — Promise p. Snap — Julia p. Blank. — m. de Spectator.
		Octave (Bb.—1830)	Whalebone (Bbr.—1807)	Waxy p. Pot8os Eclipse et Sportsmistress) — Maria p. Herod — Lisette p. Snap — Miss Windsor p. Godolphin A. — s. de Volunteer p. Y. Belgrade. Penelope p. Trumpator — Prunella p. **Highflyer** — Promise p. Snap (Snip) — Julia p. Blank — m. de Spectator p. Partner.
			Fille de (Baie—1812)	Selim p. **Buzzard** — f. d'Alexander (Eclipse) — f. d'**Highflyer** — f. d'Alfred (Matchem) — f. d'Engineer (Sampson) — m de Bay Malton. Maiden p. **Sir Peter (Highflyer)** — f. de Phenomenon — Matron p. Florizel (Herod) — Maiden, f. Matchem — f. de Squirt — f. de Mogul.
	The Nob (Bai—1838).	Camel (Noir—1821)	Muley (Bai—1810)	Orville p. Beningbro' (King Fergus) — Evelina p. **Highflyer** (Herod). Termagant p. Tantrum — Cantatrice p. Sampson — f. de Regulus. Eleanor p. Whisky (Saltram et Calash p. Herod) — Y. Giantess p. Diomed (Florizel) — Giantess p. Matchem (Cade) — Molly Long Legs p. Babraham.
			Sœur de Petworth (Alez.—1796)	Precipitate p. Mercury (Eclipse et fille de Tartar) — f d'Herod — Maiden p. Matchem — f. de Squirt (Bartletts'Childers) — f. de Mogul (Godolphin A.) F. de Woodpecker (Herod et Miss Ramsden) — s. de Juniper p. Snap — m de Y. Marske p. Blank — Bay Starling p. Bolton Starling.
		Glaucus (Bai—1830)	Sir Hercules (Noir—1826)	**Whalebone** p **Waxy** (Pot8os et Maria) — Penelope p. Trumpator — Prunella p. **Highflyer** — Promise p. Snap (Snip) — Julia p. Blank. Peri p. Wanderer (Gohanna et Catherine p. Woodpecker) — Thalestris p. Alexander (Eclipse) — Rival p. Sir Peter — Hornet p. Drone.
			Guiccioli (Alez.—1826)	Bob Booty p. Chanticleer (Woodpecker et f. d'Eclipse) — Ierne p. Bagot (Herod et Marotte, p. Matchem — f. de Gamahoe (Bustard) — Patty p. Tim. Flight p. Irish Escape (Commodore et f. d'Highflyer) — Y. Heroine p. Bagot — Heroine p. Herod (Cade) — s de Regulus p Godolphin.
VERMEILLE ex MERVEILLE (Alez.—1853).	The Baron (Alezan—1842).	Echidna (Bbr.—1838, Birdcatcher (Al.—1833)	Economist (Bai—1826)	Whisker p. **Waxy** (Pot8os) — Penelope p. Trumpator — Prunella p. Highflyer — Promise p. Snap — Julia p. Blank — m. de Spectator. Floranthe p. Octavian (Stripling et f. d'Oberon) — Caprice p. Anvil (Herod et f. de Feather) — Madcap p. Eclipse — f. de Blank — f. de Blaze.
			Miss Pratt (Baie—1826)	Blacklock p. Whitelock (Hambletonian et Rosalind p. Phenomenon) — f. de Coriander (Pot8os) — Wild Goose p. Highflyer — Coheiress p. Pot8os. Gadabout p. **Orville** (Beningbro' et Evelina p Highflyer) — Minstrel p. Sir Peter (Highflyer) — Matron p. Florizel — Maiden p. Matchem — f. de Squirt.
	Fair Helen (Baie—1837).	Priam (B.—1827)	Emilius (Bai—1820)	Orville p. Beningbro' — Evelina p. **Highflyer** — Termagant p. Tantrum — Cantatrice p. Sampson — f. de Regulus — f. de Blacklegs — f. de Bay Bolton. Emily p. Stamford **(Sir Peter)** — f. de Whisky — Grey Dorimant p. Dorimant — Dizzy p. Blank — Dizzy par Driver — f. de Smiling Tom.
			Cressida (Baie—1807)	Whisky p. Saltram (Eclipse e. Virago p. Snap) — Calash p Herod. — Teresa p. Matchem — Brown Regulus p. Regulus — s. d'Ancaster Starling. Young Giantess p. Diomed (Florizel p. Herod et s. de Juno p Spectator) — Giantess p. Matchem — Molly Long Legs p. Babraham.
		Dircé (B.—1829)	Partisan (Bai—1811)	Walton p. **Sir Peter** — Arethusa p. Dungannon — f. de Prophet (Regulus) — Virago p. Snap — f. de Regulus — s. de Black and All Black. Parasol p. **Pot8os** (Eclipse) — Prunella p. **Highflyer** — Promise p. Snap (Snip) — Julia p. Blank — m. de Spectator p. Partner (Jigg).
			Antiope (Baie—1817)	**Whalebone** p. **Waxy** (Pot8os et Maria p. Herod. — Penelope p Trumpator (Conductor) — Prunella p. Highflyer — Promise p. Snap. Amazon p. Driver (Trentham et Coquette p. the Compton Barb) — Fractions p. Mercury (Eclipse) — f. de Woodpecker (Herod) — Everlasting, etc

1893 — I   4

PRINCIPAUX ÉTALONS

FAISANT

LA MONTE EN FRANCE EN 1893

ACHILLE

(APPARTIENT A M. LE DUC DE FELTRE, CH. DE LA ROCHE-GOYON, COTES-DU-NORD)

Pendant la saison de monte de 1893, Achille sera en station au haras de Fercoq, près Lamballe (Côtes du-Nord), où il sera réservé aux juments de son propriétaire ; aucun prix n'a par suite été fixé pour ses saillies.

ACHILLE, par Tristan, est né en 1886 chez le duc de Feltre ; il est le neuvième produit d'Aurore, née en 1871, chez le duc de Fitz-James et avec laquelle son propriétaire actuel a essayé le croisement en dedans très rapproché avec Plutus qui a donné Young Plutus en 1891. C'est un fort joli cheval alezan, très symétrique, bien équilibré, bien établi sur d'excellents membres, puissamment charpenté ; de petite taille, 1m56, il ressemble à un poney bien doublé. Il courut pour la première fois à deux ans, dans le prix de Saint-Firmin, où il n'était pas placé derrière Annita ; mais cette défaite, due en grande partie à son inexpérience, était bientôt rachetée à Compiègne, où il enlevait avec une extrême facilité le prix de la Croix-Saint-Ouen ; c'était la première victoire que remportait un produit de Tristan. Il courait dix fois l'année suivante (1890) ; non placé derrière Perle Rose, dans le prix de Lutèce, il finissait troisième derrière Acheron et la même Perle Rose dans le prix de la Seine, puis il enlevait brillamment le prix du Nabob, battant Crinière et Vasistas, le futur gagnant du Grand Prix de Paris. Sa défaite par Chopine dans le prix Greffulhe ne peut être acceptée comme exacte, mais il était régulièrement battu dans le Triennal par Aérolithe, auquel, à force de ténacité, il devait trois semaines après enlever d'une tête la seconde place, dans le prix du Jockey-Club, gagné par Clover. De nouveau placé dans l'Omnium, où il portait un des gros poids, derrière Amazon et Tire Larigot, il était encore battu par Aérolithe dans le prix de Villebon et prenait la seconde place derrière le Sancy dans le prix d'Octobre. Sa victoire sur Galaor, alors bien déchu, et Tantale, dans le prix du Prince d'Orange, était la récompense méritée de sa persévérance ; sauf dans le prix de Lutèce, il avait toujours figuré à l'arrivée, trouvant toujours meilleur que lui pour le battre, mais se livrant avec beaucoup de cœur et montrant une grande endurance. A quatre ans, Achille était battu par Clover et Aérolithe dans le prix du Cadran, puis par le Sancy dans le prix de Deauville, gagnant, dans l'intervalle, le prix de Nanterre, sur Carmaux et Bocage. Après avoir succombé derrière Malgache, dans le prix de Meudon, il était envoyé à Spa, où il trouvait encore un adversaire pour le battre ; Moineau, auquel il rendait vingt-six livres pour une année, lui enlevait, assez difficilement d'ailleurs, le grand prix du Casino, où il faisait sa dernière apparition sur le turf. Comme plusieurs chevaux de bon ordre, il avait eu la malechance de se heurter presque toujours aux meilleurs chevaux de son année ou des générations précédentes, mais il ne s'était jamais rendu sans une courageuse résistance et l'ensemble de ses performances permet de le regarder comme le meilleur des produits qu'ait encore donnés Tristan. Achille a été envoyé au haras de Fercoq, où il fait la monte depuis 1891.

PEDIGREE D'ACHILLE

ACHILLE (Bai—1886).	TRISTAN (Alezan—1878).	Hermit (Alezan—1864).	**Touchstone** (Bbr.—1831) → Camel p. Whalebone (Waxy et Penelope p. Trumpator)—fille de Selim—Maiden p. Sir Peter (High flyer)—f. de Phenomenon (Herod)—Matron. Banter p. Master Henry (**Orville** et Miss Sophia p. Stamford)—Boadicea p. Alexander (Eclipse)—Brunette p. Amaranthus (Old England), etc.
			Beeswing (Baie—1833) → Dr Syntax p. Paynator (Trumpator et f. de Marc Antony)—f. de Beningbro' (King Fergus)—Jenny Mole p. Carbuncle (Babraham), etc. Fille d'Ardrossan (John Bull et Miss Whip p. Volunteer)—Lady Eliza p. Whitworth (Agonistes)—f. de Spadille (Highflyer), etc.
		Newminster (B.—1848)	**Tadmor** (Bbr.—1846) → Ion p. Cain (Paulowitz et f. de Paynator) — Margaret p. Edmund (**Orville**)—Medora p. Selim—f. de Sir Harry (Sir Peter)—f. de Volunteer. Palmyra p. **Sultan** (Selim et Bacchante p. Williamsons' Ditto)—Hester p. Camel (v. plus haut)—Monimia p. Muley (**Orville**)—s. de Petworth.
		Seclusion (B.—1857)	**Mrs. Sellon** (Baie—1851) → Cowl p. Bay Middleton (Sultan et Cobweb p. Phantom) — Crucifix p. Priam (Emilius)—Octaviana p. Octavian (Stripling)—f. de Shuttle, etc. Belle Dame p. Belshazzar (**Blacklock** et Maunella p. Dick Andrews) — Ellen p. Starch (Waxy Pope p. Waxy)—Cuirass p. Oiseau, etc.
		Stockwell (Al.—1849)	**The Baron** (Alez.—1842) → **Birdcatcher** p. Sir Hercules (Whalebone et Peri p. Wanderer) — Guiccioli p. Bob Booty (Chanticleer,—Flight p. Irish Escape (Commodore) Echidna p. Economist (Whisker et Floranthe p. Octavian) — Miss Pratt p. Blacklock (Whitelock)—Gadabout p. **Orville**—Minstrel p. Sir Peter.
			Pocahontas (Baie—1837) → Glencoe p. **Sultan** (v. plus haut)—Trampoline p. Tramp— Web p. Waxy — Penelope p. Trumpator — Prunella p. Highflyer — Promise, etc. Morpessa p. Muley (**Orville** et Eleanor p. Whisky)—Clare p. Marmion (Whisky et Y Noisette)—Harpalice p. Gohanna—Amazon p. Driver.
	Thrift (Baie—1865).	Braxey (B.—1849).	**Moss Trooper** (Bai—1839) → Liverpool p. Tramp (Dick Andrews et f. de Gohanna)—f. de Whisker (Waxy) — Mandane p. Pot8os — Y. Camilla p. Woodpecker, etc. Fille d'Emilius (**Orville** et Emily p. Stamford)— Scud (Beningbro')—Manfred p. Williamsons' Ditto (Sir Peter)—Tawny p. Mentor.
			Queen Mary (Baie—1843) → Gladiator p. **Partisan** (Walton et Parasol, p. Pot8os)—Pauline p. Moses (Seymour)—Quadrille p. Selim—Canary Bird p. Sorcerer (Trumpator). Fille de Plenipotentiary (Emilius et Harriet p. Pericles)—Myrrha p. Whalebone (Waxy)—Gift p. Y. Gohanna—f. de Grasier p. Sir Peter.
	AURORE (Baie—1871).	Plutus (Bai—1863).	**Orlando** (Bai—1841) → **Touchstone** p. Camel (Whalebone et f. de Selim)—Banter p. Master Henry (**Orville**)—Boadicea p. Alexander (Eclipse)—Brunette, etc. Vulture p. Langar (Selim et f. de Walton)—Kite p. Bustard (Castrel) — Olympia p. Sir Oliver (Sir Peter)—Harmony p. Herod, etc.
			Cavatina (Alez.—1845) → Redshank p. Sandbeck (Catton et Orvillina p Beningbro')—Gohanna p. Selim— m. de Comical p. Skyscraper—f. de Dragon (Regulus), etc. Oxygen p. Emilius (**Orville** et Emily p. Stamford)—Whizgig p. Rubens Buzzard— Penelope p. Trumpator — Prunella p. Highflyer, etc.
		Trumpeter (Al.—1850)	**Planet** (Bai—1844) → Bay Middleton p. **Sultan** (v. plus haut)—Cobweb p. Phantom (Walton) — Filagree p. Soothsayer (Sorcerer)—Web p. Waxy—Penelope, etc. Plenary p. Emilius (v. plus haut)—Harriet p. Pericles (Evander et fille de Precipitate)—f. de Selim—Pipylina p. Sir Peter—Rally p Trumpator.
		Fille de (B—1853)	**Alice Bray** ex Hazy (Baie—1848) → Venison p. **Partisan** (Walton et Parasol p. Pot8os) — Fawn p. Smolensko (Sorcerer)—Jerboa p Gohanna—Camilla p. Trentham — Coquette, etc. Darkness p. Glencoe (**Sultan** et Trampoline p. Tramp)—Fanny p. Whisker (Waxy) — f. de Camillus (Hambletonian) — f. de Précipitate, etc.
	Soumise (Alezane—1861).	Pretty Boy (Al.—1853)	**Idle Boy** (Alez.—1846) → Saint-Martin p. Acteon (Scud et Diana p. Stamford)—Galena p. Walton (Sir Peter)—Comedy p Comus (Sorcerer), etc. Peggy Sands p. Velocipede (**Blacklock** et f.de Juniper)—Proserpine p. Rhadamanthus (Camillus)—f. de Sir Peter—Eaton Lass p. Pot8os, etc.
			Lena (Alez.—1842) → Glaucus p. **Partisan** (Walton et Parasol p. Pot8os)—Nanine p. Selim— Bizarre p. Peruvian (Sir Peter)—Violante p. John Bull—s. de Skyscraper. Zillah p. Reveller (Comus et Rosette p. Beningbro')— Morisca p. Morisco —Waltz p Election (Gohanna)—Penelope p Trumpator, etc.
		Lady Bird (Al.—1851)	**Birdcatcher** (Alez.—1833) → Sir Hercules p. Whalebone (Waxy)—Peri p. Wanderer (Gohanna)—Thalestris p. Alexander — Rival p. Sir Peter— Hornet p. Drone, etc. Guiccioli p. Bob Booty (Chanticleer)—Flight p. Irish Escape (Commodore) —Y. Héroine p. Hero (Cade)—s. de Regulus (Godolphin), etc.
			Lady (Alez.—1833) → Zinganee p. Tramp (Dick Andrews et s. de Gohanna)—Folly p. Young Drone—Regina p. Moorcock—Rally p. Trumpator—Fanny p Florizel Octaviana p. Octavian (Stripling p. Phenomenon et f d'Oberon)—f de Shuttle (Y. Marske)—Zarah p. Delpini (Highflyer)—Flora p. King Fergus

ALBION

(APPARTIENT A M. LE BARON DE NEXON, CH. DE NEXON, HAUTE-VIENNE)

Pendant la saison de monte de 1893, Albion sera en station au haras de Nexon, où il saillira quinze juments (en dehors de celles de son propriétaire), à raison de 800 fr. plus 20 fr. pour l'écurie. S'adresser à M. le baron de Nexon, à Nexon (Haute-Vienne) Une réduction sera faite pour deux ou plusieurs juments appartenant au même propriétaire.

ALBION, par Consul, est né en 1878, chez le comte F. de Lagrange, à Dangu ; il est le premier produit de The Abbess, née chez M. Heathcote et importée en 1876 à Dangu, où elle donna également, avec Consul, Archiduc et Alhambra, et Armoricaine avec Nougat. Bai, de bonne taille, 1m63, Albion a un beau dessus, des lignes très étendues, l'arrière-main très forte et des aplombs réguliers, mais l'avant-main un peu légère. Il ne courut pas à deux ans. Sa première apparition en public eut lieu dans le prix du Nabob (1881) où il fut battu d'une courte tête par Forum sur lequel il ne devait pas tarder à prendre sa revanche ; moins inexpérimenté, il gagnait, en effet, le prix Daru, battant Prométhée, Dublin, et Forum, non placé. Après une nouvelle victoire dans le prix de Bois-Roussel, où il rencontrait entre autres Varaville, qui devait gagner trois ans plus tard le grand Steeple-chase d'Auteuil, Albion enlevait brillamment le prix du Jockey-Club, devant Pâtre et Royaumont. Il prenait ensuite, dans le Grand Prix de Paris, la troisième place derrière Foxhall et Tristan, dont le duel mémorable se livrait à l'arrivée, à quatre longueurs devant lui. Huit jours après, il battait San Stefano et Dublin dans le prix de Bois-Roussel, à Fontainebleau, puis avait, de nouveau, raison de Forum dans le Grand-Saint-Léger de Caen. A Deauville, il finissait dans le Grand Prix, où il portait 57 kilos, derrière son camarade d'écurie, Castillon, dont il recevait dix livres pour une année, et derrière Tristan, auquel il rendait neuf livres. On l'envoyait alors au repos jusqu'au printemps suivant, l'état menaçant de ses membres antérieurs ne permettant pas de le maintenir en condition. Il se présentait toutefois dans le prix Rainbow de 1882, mais il tombait boiteux pendant la course, que gagnait son camarade d'écurie, Poulet. Il avait couru neuf fois et gagné cinq courses (201.250 fr.). Acheté par M. le baron de Nexon, à la liquidation qui suivit la mort du comte de Lagrange, Albion a fait régulièrement la monte à Nexon depuis 1885. Ses produits, qui ont couru le plus souvent dans la région du Midi, ont montré une bonne qualité moyenne, entre autres : Peteline, son premier produit gagnant, Raïssa, Canadien, Puritain, Belle-Dame (par Ambassadrice) et Rabelais (par Gilberte). Ces deux poulinières tenant de très près à Zouave (par the Baron), laqualité dont leurs produits ont fait preuve permet de regarder les unions avec les descendants de cette famille comme celles devant réussir le mieux avec Albion.

PEDIGREE D'ALBION

ALBION (Bai—1858)	CONSUL (Alezan—1860) / Monarque (Bai—1852) / Slane (Bai—1833)		Royal Oak p.Catton(Golumpus et Lucy Grey)—fille de Smolensko—Lady Mary p.Beningbro' (King Fergus)—fille d'Highflyer, etc. Fille d'Orville (Beningbro' et Evelina p. Highflyer)—Epsom Lass p. Sir Peter—Alexina p King Fergus (Eclipse)—Lardella p.Y.Marske, etc.
	Echo (Baie—1828)		Emilius p. Orville (Beningbro' et Evelina p. Highflyer)—Emily p.Stamford (Sir Peter)—fille de Whisky—Grey Dorimant p.Dorimant, etc. Fille de Scud (Beningbro' et Eliza p.Highflyer)—Canary Bird p.Sorcerer—Canary p. Coriander—Miss Green p.Highflyer—Harriet p. Matchem.
	Sting (Bb.—1843) / Royal Oak (Bbr.—1820)		Catton p Golumpus (Gohanna et Catherine p.Woodpecker)—Lucy Grey p.Timothy—Lucy p.Florizel—Frenzy p.Eclipse—f. d'Engineer, etc. Fille de Smolensko (Sorcerer et Wowski p. Mentor)—Lady Mary p.Beningbro'—fille d'Highflyer—f. de Marske.
	Ada (Baie—1824)		Whisker p.Waxy Pot8os et Maria p. Herod)—Penelope p. Trumpator—Prunella p. Highflyer—Promise p.Snap—Julia p.Blank, etc. Anna Bella p. Shuttle (Y.Marske et Vauxhall Snap mare)—fille de Drone—Contessina p Y.Marske—Tuberose p.Herod—Grey Starling p Starling.
	Lady Lift (Baie—1844) / Sir Hercules(N.—1828) / Whalebone (Bbr.—1807)		Waxy p. Pot8os—Maria p. Herod (Tartari)—Lisette p. Snap (Snip p. Childers et s. de Sliphy)—Miss Windsor p. Godolphin, etc. Penelope p.Trumpator (Conductor et Brunette p. Squirrel,—Prunella p. Highflyer—Promise p.Snap—Julia p. Blank, etc.
	Peri (Baie—1822)		Wanderer p.Gohanna (Mercury et s.de Challenger p. Herod)—Catherine p.Woodpecker (Herod)—Camilla p. Trentham—Coquette, etc. Thalestris p. Alexander (Eclipse)—Rival p. Sir Peter—Hornet p. Drone (Herod)—Lilly p. Blank—Peggy p. Cade, etc.
	Syph. (B.—1824) / Spectre (Bai—1815)		Phantom p.Walton (Sir Peter)—Julia p. Whisky (Saltram)—Y. Giantess p Diomed (Florizel)—Giantess, etc. Fibkins p.Gouty (Sir Peter et Yellow mare p. Tandem)—f de King Fergus—f. d'Herod—s. de Stork p Grasshopper.
	Fanny Legh (Alez.—1812)		Castrel p.Buzzard (Woodpecker)—f.d'Alexander (Eclipse)—f.d'Highflyer—f. d'Alfred—f. d'Engineer, etc. Miss Hap p.Shuttle (Y.Marske et Vauxhall Snap mare)—s. d'Haphazard p. Sir Peter—Miss Hervey p Eclipse—Clio p. Y. Cade.
THE ABBESS (Baie—1872) / Aberstone (Bai—1858) / Touchstone (Bb.—1831) / Camel (Noir—1822)			Whalebone p Waxy (Pot8os)—Penelope p. Trumpator—Prunella p. Highflyer—Promise p. Snap—Julia p. Blank, etc. Fille de Selim (Buzzard)—Maiden p Sir Peter—f. de Phenomenon—Matron p.Florizel—Maiden p Matchem—f.de Squirt—Lot's dam p.Mogul.
	Banter (Bbr.—1826)		Master Henry p.Orville—Miss Sophia p.Stamford—Sophia p.Buzzard—Huncamunca p Highflyer—Cypher p. Squirrel (Traveller). Boadicea p. Alexander—Brunette p. Amaranthus—Mayfly p. Matchem—f. d'Ancaster Starling—f. de Grasshopper, etc.
	Lady Harriet (B.—1843) / Merry Monarch (Bai—1842)		Slane p. Royal Oak (Catton)—fille de Smolensko—Lady Mary p. Beningbro' (King Fergus)—f d'Highflyer, etc. The Margravine (s.de Frederick) p Little John Remembrancer et Hasty p Walnut)—f.de Phantom—sœur d'Election p.Gohanna (Mercury), etc.
	Cestus (Baie—1830)		Longwaist p Whalebone (Waxy et Penelope p Trumpator)—Nancy p. Dick Andrews—Spit Fire p.Beningbro'—f. de Y. Sir Peter (Sir Peter). Lacerta p. Zodiac (St-George et Abigail p Woodpecker)—Jerboa p. Gohanna—Camilla p. Trentham—Coquette p. The Compton Barb, etc.
	Voltigeur (Bir.—1847) / Voltaire (Bai—1826)		Blacklock p Whitelock—fille de Coriander (Pot8os)—Wild Goose p. Highflyer (Herod)—Co-Heiress p.Pot8os—Manilla p.Goldfinder, etc. Fille de Phantom (Walton et Julia p.Whisky)—fille d'Overton—Gratitudes' dam p Walnut—f.de Ruler—Picarantha p.Matchem, etc.
	Martha Lynn (Baie—1837)		Mulatto p. Catton (Golumpus p. Gohanna)—Desdemona p. Orville—Fanny p. Sir Peter—f. de Diomed—Desdemona p. Marske, etc. Leda p Filho da Puta—Treasure p Camillus (Hambletonian)—f. de Hyacinthus (Coriander)—Flora p.K. Fergus—Atalanta p Matchem, etc.
	Convent (Bbr.—1862) / Fille de (B.—1851) / Cowl (Bai—1842)		Bay Middleton p.Sultan—Cobweb p.Phantom (Walton et Julia p.Whisky)—Filagree p Soothsayer (Sorcerer, fils de Trumpator), etc. Crucifix p Priam (Emilius et Cressida p. Whisky)—Octaviana p.Octavian (Stripling)—f.de Shuttle (Y.Marske)—Zarah p. Delpini, etc.
	Fille de (Baie—1844)		Lanercost p. Liverpool (Tramp et f de Whisky)—Otis p.Bustard (Buzzard)—f. d'Election—s de Skyscraper p. Highflyer, etc. The Nun p. Catton (Golumpus et Lucy Grey p Timothy)—f. de Paynator—s. de Zodiac p Saint George—Abigail p Woodpecker, etc.

ALGER

(APPARTIENT A L'ADMINISTRATION DES HARAS)

Pendant la saison de monte de 1893, Alger sera en station à Castres, dans la circonscription du dépôt de Rodez, où il saillira un certain nombre de juments de pur-sang anglais à raison de 50 francs. S'adresser à M. le Directeur du Dépôt d'étalons, à Rodez (Aveyron).

ALGER, par Saxifrage, est né en 1883, au haras de Victot, chez M. Paul Aumont ; il est le premier produit d'Australie, mère de Melbourne et de Sydney, par Saxifrage, née en 1877 chez M. La Rivière Le Cherpin. Alezan avec une pelote en tête, de bonne taille, 1m 63, Alger a un très beau dessus, une tête très élégante et expressive ; il est très fortement établi avec le rein large, pouvant porter beaucoup de poids ; on peut lui reprocher d'avoir les boulets un peu ronds. Alger a couru pour la première fois dans le prix de Villers (1885), à Deauville, dont la distance était un peu courte pour ses aptitudes, et où il était battu par son camarade d'écurie, Artois ; plus à son aise sur les 1.200 mètres du prix de Deux Ans, il y battait facilement Joyeuse, Clodoald, Perlina et Artois. A Dieppe, pénalisé de dix livres, il était battu d'une longueur sur les 1.000 mètres du Grand Prix ; puis il remportait une victoire brillante dans le Grand Critérium, où il battait facilement Villeneuve, Jupin et Nero ; il terminait la saison en gagnant le prix de la Salamandre sur Viennois et Utrecht. A trois ans, Alger avait, dans le Biennal, difficilement raison de Viennois ; battu par Balzan dans le prix Fould, puis dans le Grand Prix de Bruxelles par Saint-Honoré et par Firmament dans le prix des Acacias, il retrouvait sa forme à Caen où il battait Utrecht dans le Grand-Saint-Léger. Après un walk-over dans le prix Spécial à Deauville, il faisait dead-heat avec Fétiche dans le prix Hocquart dont il gagnait l'épreuve finale ; il n'était pas placé dans le Grand Prix de Deauville, gagné par Polyeucte ; derrière Fricandeau dans le prix de Cheffreville, où il précédait Upas, il était de nouveau battu par le fils de Plutus, alors dans toute sa forme, dans le prix du Prince d'Orange, puis dans le prix de la Forêt. Il faisait sa dernière course de three year old dans le handicap de la Faisanderie, où, avec 63 kilos, il prenait la seconde place derrière Luc auquel il rendait trente-deux livres. Il portait dans ce handicap deux livres de plus que les deux dead beaters du prix du Jockey-Club, Sycomore et Upas, qui ne figuraient pas derrière lui. A quatre ans, il courait d'abord le prix du Cadran où il finissait derrière Sauterelle, puis le prix Rainbow, où Upas et Sycomore prenaient les deux premières places ; il gagnait ensuite la Coupe, la seconde manche du Biennal, le prix Principal au Pin, le prix National à Deauville, où il battait Fétiche, enfin le prix Hocquart pour la seconde fois ; en 1888, il faisait sa dernière course dans le prix de Meudon, où il n'était pas placé derrière Avril et Barberousse. Il avait montré une très remarquable endurance et une grande aptitude pour les longues distances, courant vingt-neuf fois — douze fois vainqueur, dix fois placé, et gagnant 183.000 francs. Il était acheté, à l'automne de 1888, 25.000 francs par l'Administration des Haras, et attaché au dépôt d'étalons de Rodez.

GUIDE PRATIQUE DE L'ÉLEVEUR

PEDIGREE D'ALGER

ALGER (Alezan—1883)	SAXIFRAGE (Alezan—1872)	Gladiator (Bai—1833)	Partisan p. Walton (Sir Peter)—Parasol p. Pot8os—Prunella p. Highflyer—Promise p. Snap—Julia p. Blank (Godolphin), etc. Pauline p. Moses (Seymour et Bay Javelin)—Quadrille p. Selim—Canary Bird p. Sorcerer—Canary p. Coriander (Pot8os)—Miss Green, etc.
		Zarah (Baie—1835)	Reveller p. Comus (Sorcerer)—Rosette p. Beningbro' (King Fergus)—Rosamond p. Tandem—Tuberose p. Herod—Grey Starling p. Starling. Fille de Rubens (Buzzard)—Brightonia p. Gohanna (Mercury)—Nutmeg p. Sir Peter—Nimble p Flor zel—Rantipole p. Blank, etc.
		The Baron (Alez.—1842)	Birdcatcher p. Sir Hercules—Guiccioli p. Bob Booty—Flight p. Irish Escape—Young Heroine p. Bagot—Heroine p. Hero, etc. Echidna p. Economist (Whisker p. Waxy)—Miss Pratt p. Blacklock—Gadabout p. Orville—Minstrel p. Sir Peter, etc.
		Fair Helen (Baie—1837)	Priam p. Emilius (Orville)—Cressida p. Whisky—Y. Giantess p. Diomed—Giantess p Matchem—Molly Long Legs. etc. Dirce p. Partisan (Walton)—Antiope p. Whalebone—Amazon p. Driver (Trentham)—Fractions p. Mercury—Everlasting, etc.
		Touchstone (Bbr.—1831)	Camel p. Whalebone (Waxy)—f. de Selim—Maiden p Sir Peter (Highflyer)—f de Phenomenon—Matron p Florizel—Maiden p. Matchem, etc. Banter p. Master Henry (Orville)—Boadicea p. Alexander—Brunette p. Amaranthus—Mayfly p. Matchem—f. d'Ancaster Starling, etc.
		Rebecca (Baie—1831)	Lottery p. Tramp (Dick Andrews)—Mandane p. Pot8os—Y Camilla p. Woodpecker—Camilla p. Trentham—Coquette p. The Compton B. Fille de Cervantes (Don Quixote)—Anticipation p. Beningbro'—f. d'Expectation—s. de Telemachus—f. de Skim—f. de Janus, etc.
		Bay Middleton (Bai—1833)	Sultan p. Selim (Buzzard—Bucchante p. Williamsons' Ditto—s. de Calomel p Mercury—f d'Herod—Folly p. Marske. Cobweb p. Phantom (Walton)—Filagree p Soothsayer—Web p. Waxy—Penelope p. Trumpator—Prunella p. Highflyer, etc.
		Myrrha (Baie—1831)	Malek p Blacklock—fille de Juniper—f. de Sorcerer—Virgin p. Sir Peter—f. de Pot8os—Editha p. Herod—Elfrida p. Snap, etc. Bessy p Y. Gouty (Gouty)—Grandiflora p. Sir Harry Dimsdale—f. de Pipator—f de Phenomenon—f. de Y. Marske, etc.
	AUSTRALIE (Alezane—1877)	The Baron, the Emperor ou Stings (Bai—1843)	Slane p. Royal Oak—fille d'Orville (Beningbro')—Epsom Lass p Sir Peter—Alexina p. King Fergus (Eclipse)—Canary Bird p. Y. Marske, etc. Echo p. Emilius (Orville)—fille p Scud (Beningbro')—Canary Bird p. Sorcerer (Trumpator)—Canary p. Coriander—Miss Green p. Highflyer.
		Poetess (Baie—1838)	Royal Oak p. Catton (Golumpus et Lucy Grey)—fille de Smolensko (Sorcerer et Wowski p Mentor)—Lady Mary p Beningbro', etc. Ada p. Whisker (Waxy)—Anna Bella p. Shuttle (Y. Marske)—fille de Drone—Contessina p. Y. Marske—Tuberose p. Herod, etc.
		Epirus (Alez.—1834)	Langar p. Selim (Buzzard)—f. de Walton (Sir Peter)—Y. Giantess p. Diomed—Giantess p. Matchem—Molly Long Legs p. Babraham, etc. Olympia p Sir Oliver (Sir Peter)—Scotilla p. Anvil (Herod)—Scota p. Eclipse—Harmony p. Herod—Rutilia, sœur de Rachel, etc.
		The Ward of Cheap (Baie—1843)	Colwick p. Filho da Puta (Haphasard p. Sir Peter—Stella p Sir Oliver (Sir Peter)—Scotilla p. Anvil—Scota p Eclipse—Harmony p. Herod, etc. Maid of Burghley p. Sultan (Selim)—Palais-Royal p Blucher (Waxy et Pantina p. Buzzard)—Election p n. de Rubens p Alexander, etc.
		Partisan (Bai—1811)	Walton p. Sir Peter (Highflyer)—Arethusa p. Dungannon (Eclipse)—f. de Prophet (Regulus)—Virago p Snap—f. de Regulus (Godolphin), etc. Parasol p. Pot8os (Eclipse)—Prunella p. Highflyer—Promise p. Snap (Snip et s. de Slipby)—Julia p. Blank (Godolphin), etc.
		Pauline (Baie—1826)	Moses p. Seymour (Delpini p. Highflyer)—f. de Gohanna—Grey Skim p. Woodjecker—m. de Silver p. Herod—Y. Hag p. Skim, etc. Quadrille p. Selim—Canary Bird p Sorcerer—Canary p. Coriander (Pot8os)—Miss Green p. Highflyer—Harriet p. Matchem, etc.
		Bizarre (Bbr.—1820)	Orville p. Beningbro' (King Fergus)—Evelina p. Highflyer (Herod et Rachel)—Termagant p. Tantrum (Cripple)—Cantatrice p. Sampson, etc. Bizarre p. Peruvian (Sir Peter et f. de Boudrow)—Violante p John Bull (Fortitude)—s. de Skyscraper p. Highflyer—Everlasting p Eclipse.
		Corysandre (Alez.—1834)	Holbein p. Rubens (Buzzard)—f. d'Alexander—f. d'Highflyer—f. d'Alfred—f. d'Engineer (Sampson)—m. de Bay Malton, etc. Fille de Comus (Sorcerer et Houghton Lass)—fille de Saucho—Ringtail p. Buzzard (Woodpecker)—f. de Trentham—s. de Drone p. Herod, etc.

AQUILIN

(APPARTIENT A M. LE COMTE ÉTIENNE DE BEAUCHAMPS, CH. DE MORTHEMER, VIENNE)

Pendant la saison de monte de 1893, Aquilin sera en station à Morthemer, où il saillira vingt cinq juments à raison de 20 francs. S'adresssr à M. le comte Etienne de Beauchamps, au château de Morthemer, Vienne.

AQUILIN, par Uhlan, est né en 1878 chez M. Édouard Fould ; il est le cinquième produit d'Attraction, qui a donné également Avernes avec Uhlan, Aquilon avec Vertugadin et Acacia avec Marcello, et avait été élevée chez le baron de Schickler. Bai-brun, de taille moyenne, 1^m 58, Aquilin manque un peu de longueur, mais il est très symétrique et possède un fort beau dessus. Sa carrière de courses n'a rien offert de particulièrement brillant, mais à défaut d'une classe bien relevée, il a fait preuve d'endurance, en restant pendant quatre années à l'entraînement. Il courut à deux ans sous les couleurs de M. Edouard Fould pour lequel il gagna le premier Critérium de Vichy et le prix de la Ville de Marseille : il avait montré une qualité suffisante pour être acheté 38.000 francs par M. Balensi, lors de la liquidation qui suivit la mort de M. Fould. D'un entraînement assez difficile en raison de la légèreté de ses membres antérieurs, il courut, sans y figurer, la Poule d'Essai, gagnée par Prométhée, le prix du Prince de Galles, gagné par Clélie, où il finissait à côté de Prologue, et le prix du Lac, derrière Louis d'Or. Il courait ensuite à Lyon, où, à deux reprises, dans le prix de première Série et dans le Grand Prix de la Ville, il prenait la seconde place derrière Bariolet et Forum respectivement. Il faisait à Beauvais sa dernière course comme three year old, dans le prix de deuxième Série, où il était encore second derrière Verduron. Son tempérament étant devenu plus résistant en raison des précautions qu'on avait observées, il courait onze fois à quatre ans, gagnant successivement, au début de la saison, la Bourse sur Versainville et Questure, le prix de Bagatelle sur Dublin et le Biennal ; mais bien qu'il eût gagné cette dernière course de deux longueurs, il était distancé pour avoir coupé Forum, qui était placé premier. Il enlevait ensuite dans un canter le prix du Printemps sur Iceberg et il remportait, sur les 3.000 mètres du prix de Longchamps à Deauville sa cinquième victoire, battant Perplexité, Narcisse, Innocent et Royaumont. Après avoir couru sans succès le Grand Prix de Deauville, le prix d'Octobre, et le prix du Prince d'Orange, il terminait sa quatrième année dans le prix Gladiateur, où il finissait derrière Bariolet et Pourquoi. Il courait encore quatre fois à cinq ans, et faisait sa dernière apparition dans le prix de Montfort, à Lonchamps, où il prenait la troisième place derrière St-Gervais et Luce. Acheté par M. Malapert en 1885 lors de la liquidation du haras de Gravelles, il devint peu après la propriété du comte E. de Beauchamps ; il a peu produit jusqu'ici. En dehors de Vivien et de Salifou, le meilleur produit qu'il ait eu, Socrate, a été un peu sacrifié par son propriétaire ; il est fils de Sophiette (par Brown Bread et lady Sophia p. Stockwell).

PEDIGREE D'AQUILIN

AQUILIN (Bai-Brun—1878)	UHLAN (Bai-Brun—1869)	La Méchante (Noire—1862)	The Ranger (Bai-Brun 1860)	Voltigeur (Bb.—1847)	Voltaire (Bbr.—1826)

Voltaire (Bbr.—1826) : Blacklock p. Whitelock—f. de Coriander—Wild Goose p. Highflyer. — Coheiress p. Potsos—Man lla p. Goldfinder—f. de Old England, etc. F. de Phantom (Walton et Julia p Whisky)—f. d'Overton—f. de Walnut — f de Ruler p. Y. Marske — Picarantha p. Matchem, etc.

Martha Lynn (Bbr.—1839) : Mulatto p. Catton (Golumpus)—Desdemona p. Orville—Fanny p Sir Peter—f. de Diomed — Desdemona p. Marske—Young Hag p. Skim. Leda p Filho da Puta—Treasure p. Camillus—f. de Hyacinthus—Flora p. King Fergus — Atalanta p. Matchem — Lass of the Mill, etc.

Fille de (Bai—1843) — Gardham (Bai—1834) : Falcon p. Bustard (**Castrel** et Miss Hap p Shuttle)—Miss Newton p. Delpini (Highflyer)—Tipple Cyder p. King Fergus—Sylvia p. Y. Marske. Muta p. Tramp (Dick Andrews et f. de Gohanna)—Mandane p. Potsos— Young Camilla p. Woodpecker — Camilla p. Trentham, etc.

Fille de (Baie—1837) : Langar p. **Selim** (Buzzard et f d'Alexander)— f. de Walton (Sir Peter) — Y. Giantess p. Diomed—Giantess p. Matchem—Molly Long Legs. S. de Busto p. Clinker (Sir Peter et Hyale p. Phenomenon)—Bronze (s. de Rubens) p Buzzard — f. d'Alexander — f. d'Highflyer, etc.

Turnus (B.—1855) — Taurus (Bai—1836) : Morisco p. Muley (**Orville**) — Aquilina p. Eagle — s. de Petworth p. Precipitate — f de Woodpecker — Maiden p. Sir Peter, etc. Katherine p. Soothsayer—Quadrille p. **Selim**—Canary Bird p. Coriander (Potsos) — Miss Green p Highflyer — Harriet p. Matchem, etc.

Travina (B.—1851) — Clarissa (Baie—1835) : Pantaloon p **Castrel** (Buzzard et f d'Alexander) — Idalia p. Peruvian (Sir Peter et f. de Boudrow)— Musidora p. Meteor (Eclipse), etc. F. de Glencoe (Sultan et Trampoline p. Tramp) — Frolicsome p. Frolic (Hedley et Frisky p Fidget) — f. de Stamford (Sir Peter et Horatia). etc.

The Libel (Bbr.—1842) : Pantaloon p **Castrel** (Buzzard et f. d'Alexander) — Idalia p Peruvian (Sir Peter)— Musidora p Meteor (Eclipse) — Maid of All Work, etc. Pasquinade (s. de Touchstone) p Camel — Banter p Master Henry (Orville) — Boadicea p. Alexander — Brunette p. Amaranthus, etc.

Fernande (Bbr.—1847) : Slane p. Royal Oak (Catton et f. de Smolensko)— f. d'Orville — Epsom Lass p. Sir Peter—Alexina p King Fergus—Lardella p. Y. Marske, etc. Elf p. Shakspeare (**Smolensko** et Charming Molly p. Rubens) — Zinc p. Woful (**Waxy**) — Zaida p. Sir Peter (Highflyer), etc.

ATTRACTION (Baie—1869) — Argonaut (Bai—1859) — Stockwell (Al.—1849) :

The Baron (Alez.—1842) : Birdcatcher p. Sir Hercules — Guiccioli p Bob Booty (Chanticleer) — Flight p. Irish Escape (Commodore) — Y Heroine p Bagot, etc. Echidna p. Economist (Whisker et Floranthe) — Miss Pratt p. Blacklock (Whitelock, — Gadabout p. O ville (Beningbro et Minstrel), etc.

Pocahontas (Baie—1837) : Glencoe p. Sultan (**Selim**)—Trampoline p. Tramp (Dick Andrews)—Web p. **Waxy** — Penelope p. Trumpator (Conductor)—Prunella p. Highflyer. Marpessa p. Muley (**Orville** et Eleanor) — Clare p. Marmion (Whisky et Y. Noisette) — Harpalic p. Gohanna (Mercury) — Amazon, etc.

Aphrodite (B.—1848) — Bay Middleton (Bai—1833) : Sultan p. **Selim** (Buzzard et f. d'Alexander) — Bacchante p. Williamsons' Ditto — s. de Calomel p. Mercury — f. d'Herod, etc. Cobweb p Phantom (Walton et Julia p. Whisky)—Web p. **Waxy** — Penelope p. Trumpator — Prunella, etc. (Sorcerer)

Venus (Baie—1840) : Sir Hercules p. Whalebone (**Waxy**) — Peri p. Wanderer (Gohanna) — Thalestris p. Alexander — Rival p Sir Peter — f. de Drone, etc. Echo p. Emilius Orville et Emily p. Stamford) — f de Seud (Beningbro') — Canary Bird p. Sorcerer — Canary p. Coriander, etc.

Orlando (B.—1841) — Touchstone (Bbr.—1831) : Camel p. Whalebone (**Waxy**) — f. de **Selim** (Buzzard) — Maiden p. Sir Peter — f. de Phenomenon — Matron p. Florizel — Maiden, etc. Banter p. Master Henry (**Orville**) — Boadicea p. Alexander (Eclipse) — Brunette p. Amaranthus (Old England) — Mayfly p. Matchem, etc.

Vulture (Alez.—1833) : Langar p. **Selim** — f. de Walton (Sir Peter) — Y. Giantess p. Diomed — Giantess p. Matchem — Molly Long Legs p. Babraham, etc. Kite p. Bustard (**Castrel**) — Olympia p. Sir Oliver (Sir Peter) — Scotilla p. Anvil—Scota p. Eclipse—Harmony p. Herod—Rutilia (s. de Rachel).

Nativity (Baie—1858) — Fille de (B.—1851) — Venison (Bbr.—1833) : Partisan p. Walton (Sir Peter et Arethusa p. Dungannon) — Parasol p. Potsos (Eclipse) — Prunella p Highflyer — Promise p. Snap (Snip), etc. Fawn p. **Smolensko** (Sorcerer et Wowski p. Mentor)—Jerboa p Gohanna (Mercury) — Camilla p. Trentham — Coquette p. The Compton Barb.

Birthday (Bbr.—1843) : Pantaloon p. **Castrel** (Buzzard) — Idalia p. Peruvian — Musidora p. Meteor — Maid of All Work p. Highflyer—s. de Tandem p. Syphon, etc. Honoria p. Camel (Whalebone) — Maid of Honour p. Champion — Etiquette p. **Orville**—Boadicea p. Alexander—Brunette p. Amaranthus, etc.

ARCHIDUC

(APPARTIENT A M. JACQUES LEBAUDY)

Pendant la saison de monte de 1893, Archiduc sera en station au haras de Villebon, près Palaiseau (Seine-et-Oise), où il saillira un certain nombre de juments en dehors de celles de son propriétaire), à raison de 1.500 francs, plus 20 francs pour l'écurie. S'adresser à M. J. Lebaudy, 2, rue Velasquez, à Paris.

Archiduc, par Consul, est né en 1881 à Dangu, chez le comte de Lagrange ; il est le cinquième produit de the Abbess, qui fut importée en 1876 par M. de Lagrange et a donné également avec Consul, Albion et Alhambra, Armoricaine avec Nougat et est morte en 1889 chez le baron de Soubeyran. Archiduc est bai comme son grand-père Monarque, auquel il ressemble d'une manière frappante ; il a la même longueur de lignes, la même puissance d'arrière-main ; l'éparvin, qui dépare un de ses jarrets, n'a jamais empêché son action d'être d'une aisance et d'une élasticité exceptionnelles, peu de chevaux ont possédé une aptitude plus remarquable à sauter aussi rapidement dans leur train. Sa taille est de 1^{m}64. Archiduc fut, pour ses débuts, battu d'une tête par Queen Adelaide dans les July Stakes, à Newmarket, mais il laissait loin derrière lui Hermitage et Sandiway ; il venait ensuite courir au Bois de Boulogne le Grand Critérium où il finissait derrière Fra Diavolo, défaite qui fut, avec quelque apparence de raison, attribuée à sa condition imparfaite. De retour en Angleterre, il enlevait facilement les Criterion Stakes de Newmarket. Après la mort du comte de Lagrange, au mois de novembre suivant, il était acheté 150.000 francs par le baron de Rothschild, mais le marché était résilié en raison de son éparvin et il devenait la propriété de M. C. J. Lefèvre pour le compte duquel il gagnait à trois ans le Biennal, le prix Daru, la poule d'Essai et la Grande Poule des Produits. Sa défaite, dans le prix du Jockey-Club, par Little Duck, dont il avait eu très facilement raison un mois auparavant dans la Poule d'Essai, eut un trop grand retentissement pour qu'il soit nécessaire d'insister ici sur la cause qui la provoqua ; il se ressentit pendant le reste de sa carrière de la manœuvre dont il avait été victime. Cela ne l'empêcha pas, après avoir enlevé le prix de Seine-et-Marne à Fontainebleau, de gagner avec une extrême facilité le prix Royal Oak sur Escogriffe et Fra Diavolo, mais il était battu de loin à Newmarket dans le Cesarewitch, le Cambridgeshire et le Jockey Club Cup. A quatre ans, il battait de nouveau Fra Diavolo dans le prix du Cadran, Escogriffe dans le prix Rainbow et faisait un walk over dans le Biennal, où il terminait sa carrière sur le turf. Ses neuf victoires avaient rapporté 357.975 francs à M. Lefèvre. A Chamant, où il fut envoyé, il a donné Arc-en-Ciel, Beauharnais, gagnant des July Stakes de 1890, et d'autres produits qui galopaient ; aucun d'eux toutefois n'a encore approché de sa classe. Lors de la liquidation de l'établissement d'élevage de M. Lefèvre, au mois de juillet 1892, Archiduc a été acheté par son propriétaire actuel, M. Jacques Lebaudy. Alphonsine, mère d'Arc-en-Ciel, est fille de Flageolet ; la mère de Beauharnais, Belle-Henriette, est par Rosicrucian.

PEDIGREE D'ARCHIDUC

ARCHIDUC (Bai—1881)	CONSUL (Alezan—1866)	Monarque (Bai—1852) / Sting (Bb.—1843) — Slane (Bai—1833)	Royal Oak p. Catton (Golumpus et Lucy Grey) — fille de Smolensko — Lady Mary p. Beningbro', King Fergus) — fille d'Highflyer, etc. Fille d'**Orville** (**Beningbro'** et Evelina p. Highflyer) — Epsom Lass p. Sir Peter—Alexina p. King Fergus (Eclipse)—Lardella p. Y Marske, etc.
		Poetes (Baie—1838) — Echo (Baie—1828)	Emilius p Orville (Beningbro' et Evelina p. Highflyer)—Emily p. Stamford (Sir Peter) — fille de Whisky — Grey Dorimant p. Dorimant, etc. Fille de Scud (Beningbro' et Elsa p. Highflyer) — Canary Bird p. Sorcerer—Canary p Coriander—Miss Green p. Highflyer—Harriet p Matchem
		Royal Oak (Bbr.—1820)	Catton p. Golumpus (Gohanna et Catherine p. Woodpecker) — Lucy Grey p. Timothy — Lucy p. Florizel — Frenzy p. Eclipse — f. d'Engineer, etc. Fille de Smolensko (Sorcerer et Wowski p. Mentor) — Lady Mary p. Beningbro' — fille d'Highflyer — f. de Marske.
		Ada (Baie—1824)	Whisker p. **Waxy** (Pot8os et Maria p Herod) — Penelope p. Trumpator — Prunella p. Highflyer — Promise p. Snap — Julia p. Blank, etc. Anna Bella p. Schuttle (Y. Marske et Vauxhall Snap mare) — fille de Drone — Contessina p. Y. Marske — Tuberose p. Herod, etc.
	Lady Lift (Baie—1841) / Sir Hercules (N.—1829) — Whalebone (Bbr.—1807)		**Waxy** p. Pot8os — Maria p. Herod (Tartar) — Lisette p. Snap (Snip p. Childers et s. de Sliphy — Miss Windsor p. Godolphin, etc. Penelope p. Trumpator (Conductor et Brunette p Squirrel) — Prunella p. Highflyer — Promise p. Snap — Julia p. Blank, etc.
		Peri (Baie—1822)	Wanderer p. Gohanna (Mercury et s. de Challenger p. Herod) — Catherine p. Woodpecker (Herod) — Camilla p. Trentham — Coquette, etc. Thalestris p. Alexander (Eclipse) — Rival p. Sir Peter — Hornet p. Drone (Herod) — Lilly p. Bank — Peggy p. Cade, etc.
		Sylph (B.—1824) — Spectre (Bai—1815)	Phantom p. Walton (Sir Peter) — Julia p. Whisky (Saltram) — Y. Giantess p. Diomed (Florizel) — Giantess, etc. Filikins p. Gouty (Sir Peter et Yellow mare p. Tandem) — f. de King Fergus — f. d'Herod — s. de Stork p. Grasshopper.
		Fanny Legh (Alez.—1812)	Castrel p. Buzzard (Woodpecker) — f. d'Alexander (Eclipse) — f. d'Highflyer — f. d'Alfred — f. d'Engineer, etc. Miss Hap p. Shuttle (Y. Marske et Vauxhall Snap mare) — s. d'Haphazard p. Sir Peter — Miss Hervey p. Eclipse — Clio p. Y. Cade.
	THE ABBESS (Baie—1872)	Atherstone (Bai—1858) / Touchstone (Bbr.—1831) — Camel (Noir—1822)	Whalebone p. **Waxy** (Pot8os) — Penelope p. Trumpator — Prunella p. Highflyer — Promise p. Snap — Julia p. Black, etc. Fille de Selim (Buzzard) — Maiden p. Sir Peter — f. de Phenomenon — Matron p. Florizel—Maiden p. Matchem—f de Squirt—Lot's dam p. Mogul.
		Banter (Bbr.—1826)	Master Henry p. Orville — Miss Sophia p. Stamford — Sophia p. Buzzard — Huncamunca p. Highflyer — Cypher p. Squirrel (Traveller). Boadicea p. Alexander — Brunette p. Amaranthus — Mayfly p. Matchem — f. d'Ancaster Starling — f. de Grasshopper, etc.
		Lady Harriet (B.—1842) — Merry Monarch (Bai—1842)	Slane p. **Royal Oak** (Catton) — fille de Smolensko — Lady Mary p. Beningbro' (King Fergus) — f. d'Highflyer, etc. The Margravine (s. de Frederic) M. Little John (Remembrancer et Hasty p. Walnut) — f. de Phantom—s. d'Election p. Gohanna (Mercury), etc.
		Cestus (Baie—1830)	Longwaist p. Whalebone (**Waxy** et Penelope p. Trumpator) — Nancy p. Dick Andrews—Spitfire p. Beningbro' — f. de Y. Sir Peter (fils de Doge). Lacerta p. Zodiac (St-George et Abigail p. Woodpecker) — Jerboa p. Gohanna — Camilla p. Trentham — Coquette p. The Compton Barb, etc.
		Voltigeur (Bbr—1847) — Voltaire (Bai—1826)	Blacklock p. Whitelock — fille de Coriander (Pot8os) — Wild Goose p. Highflyer (Herod) — Co-Heiress p. Pot8os — Manila p. Goldfinder, etc. Fille de Phantom (Walton et Julia p **Whisky**) — fille d'Overton — Gratitudes' dam p. Walnut — f. de Ruler — Picarantha p. Matchem, etc.
		Martha Lynn (Baie—1837)	Mullato p. Catton (Golumpus p. Gohanna) — Desdemona p. Orville — Fanny p. Sir Peter — f. de Diomed — Desdemona p Marske, etc. Leda p. Filho da Puta — Treasure p. Camillus (Hambletonian) — f. de Hyacinthus (Coriander) — Flora p K. Fergus — Atalanta p. Matchem, etc.
		Convent (Bbr—1862) / Fille da (B.—1831) — Cowl (Bai—1842)	Bay Middleton — Cobweb p. **Phantom** (Walton et Julia p. **Whisky**) — Filagree p. Soothsayer (Sorcerer, fils de Trumpator), etc. Crucifix p. Priam (Emilius et Cressida p. **Whisky**) — Octaviana p. Octavian (Stripling) — f. de Shuttle (Y. Marske) — Zarah p. Delpini, etc.
		Fille de (Baie—1844)	Lancrost p. Liverpool (Tramp et f. de **Whisky**) — Otis p. Bustard (Buzzard) — f. d'Election — s. de Skyscraper p. Highflyer, etc. The Nun p. **Catton** (Golumpus et Lucy Grey p. Timothy) — f. de Paynator — s. de Zodiac p. Saint-George — Abigail p. Woodpecker, etc.

ATLANTIC

(APPARTIENT A M. LE BARON DE SCHICKLER, CH. DE MARTINVAST, MANCHE)

Pendant la saison de monte de 1893, Atlantic sera en station au haras de Martinvast, près Cherbourg (station de Martinvast), où il saillira un certain nombre de juments étrangères au haras, à raison de 2.000 francs, plus 20 francs pour l'écurie. S'adresser à M. Perren, stud-groom, à Martinvast (Manche).

Atlantic, par Thormanby (gagnant du Derby de 1860), est né en 1871, au haras de Mereworth, chez lord Falmouth; il est le cinquième produit de Hurricane, gagnante des Mille Guinées de 1862, qui avait également été élevée à Mereworth et a donné Atlantis, Stromboli, Pacific, Antartic, Cataclysm et Whirlwind, qui ont gagné de bonnes courses. Atlantic est alezan, avec une large lisse en tête, et deux balzanes aux membres postérieurs; sa taille est de 1^m 65. Il a une très belle épaule, un bon dessus, de la longueur, et les cuisses bien descendues, avec des jarrets très nets, mais est un peu léger dans son devant et un peu droit sur ses boulets. Il enleva facilement pour ses débuts les Ham Stakes à Goodwood, battant Apology et Regal. Battu d'une tête par Tipster dans les Commercial Produce Stakes à York, il fit un walk over dans les Buckenham Stakes à Newmarket, mais ne figura pas derrière Feu-d'Amour dans les Prendergast Stakes; il fut enfin battu d'une courte tête par Minister dans les Glasgow Stakes. A trois ans (1874), Atlantic, après deux walk-over au Craven meeting de Newmarket, gagnait les Deux Mille Guinées où il battait d'une tête Reverberation; Ecossais et Kent étaient au nombre des chevaux non placés. Fred. Archer, qui le montait, gagnait avec lui sa première course classique. A Epsom, il était battu par George Frederick et Couronne-de-Fer dans le Derby, dont la distance était un peu longue pour ses aptitudes. Après une nouvelle défaite dans les Prince of Wales Stakes, à Ascot, par Leolinus, auquel il rendait douze livres, il battait facilement Boscobel et Peut-Être, dans l'Ascot Derby. Il faisait sa dernière apparition dans le Saint-Léger, où il ne figurait pas derrière Apology. Il avait, en somme, fait preuve de plus de vitesse que de tenue, mais il s'était montré un des bons chevaux de sa génération. Acheté peu après par M. de Schickler, il fut envoyé à Martinvast, où on ne lui donna que fort peu de juments étrangères au haras. Pacific, Iceberg, Transatlantic et Kara Kalpak l'avaient classé parmi les étalons utiles, quand le Sancy le mit définitivement en relief; Fitz Roya, Le Capricorne, Salvanos, Campéador, Miroir-de-Portugal et Fousi Yama, entre autres, ont confirmé depuis sa valeur comme étalon. Gem of Gems, mère du Sancy, et la Dauphine, mère du Capricorne, sont respectivement filles et petites-filles de Strathconan, par Newminster; enfin la mère de Fousi Yama, Little Sister, est fille d'Hermitt, par Newminster.

PEDIGREE D'ATLANTIC

ATLANTIC (Alezan—1871) Importé en 1874.	THORMANBY (Alezan—1857).	Windhound (Bbr.—1847).	Castrel (Alez.—1801)	Buzzard p. Woodpecker (Herod et Miss Ramsden)—Misfortune p. Dux (Matchem)—Curiosity p. Snap (Snip et f. de Fox) etc. Fille d'Alexander (Eclipse et Grecian Princess)—f. d'**Highflyer**—f. d'Alfred (frère de Conductor) p. Matchem (Cade et f. de Partner).
			Idalia (Baie—1815)	Peruvian p. Sir Peter (**Highflyer** et Papillon p. Snap)—f. de Boudrow (Eclipse)—m. d'Escape p. Squirrel (Traveller), etc. Musidora p. Meteor (Eclipse et f. de Merlin)—Maid of All Work p. Highflyer—s. de Tandem p Syphon—f. de Regulus, etc.
		Phryne (Bbr.—1840) Pantalon (Al.—1824)	Touchstone (Bbr.—1831)	Camel p. Whalebone—f. de Selim—Maiden p. Sir Peter (**Highflyer**)—f. de Phenomenon (Herod et Frenzy)—Matron p. Florizel. Banter p. Master Henry—Boadicea p. Alexander (Eclipse)—Brunette p. Amaranthus (Old England et f. de Second)—Mayfly p. Matchem, etc.
			Decoy (Bbr.—1830)	Filho da Puta p. Haphazard (Sir Peter p. **Highflyer** et Miss Hervey p. Eclipse)—Mrs. Barnet p. Waxy (Pot8os et fille de Woodpecker), etc. Finesse p Peruvian (Sir Peter p. **Highflyer** et f. de Boudrow)—Violante p. John Bull (Fortitude at Xantippe)—s. de Skyscraper, etc.)
		Alice Hawthorn (Baie—1838). Muley Moloch (Bbr.—1830)	Muley (Bai—1810)	Orville p. Beningbro'(King Fergus et f. d'Herod)—Evelina p. Highflyer—Termagant p. Tantrum (Cripple p. Godolphin)—Cantatrice, etc. Eleanor p. Whisky (Saltram)—Y. Giantess p. Diomed (Florizel et f. de Spectator)—Giantess p. Matchem—Molly Long Legs, etc.
			Nancy (Baie—1813)	Dick Andrews p. Joe Andrews (Eclipse et Amaranda)—f. d'**Highflyer**—f. de Cardinal Puff (Babraham)—f. de Tatler (Blank) etc. Spitfire p. Beningbro'—f de Y.Sir Peter (Sir Peter p. **Highflyer**)—f. d'Engineer (Sampson)—f. de Wilsons' Arabian, etc.
		Rebecca (B.—1831)	Lottery (Bbr.—1820)	Tramp p. Dick Andrews—f. de Gohanna (Mercury et f. d'Herod)—Fraxinella p. Trentham (Sweepstakes et Miss South), etc. Mandane p. Pot8os—Y. Camilla p. Woodpecker (v. plus h.)—Camilla p. Trentham (v. plus h.)—Coquette p. Compton Barb—s. de Regulus.
			Fille de (Baie—1818)	Cervantes p. Don Quixote (frère d'Alexander p. Eclipse)—Evelina p. **Highflyer**—Termagant p. Tantrum—Cantatrice, etc. Anticipation p. Beningbro'—fille d'Expectation (Herod et f. de Skim)—s. de Telemachus p. Herod—f. de Skim—f. de Janus, etc.
	HURRICANE (Baie—1859).	Wild Dayrell (Bai—1852). Ellen Middleton (Bbr.—1846)	Cain (Bai—1822)	Paulowitz p. Sir Paul (Sir Peter p. **Highflyer** et Pewet p. Tandem)—Evelina p. **Highflyer**—Termagant p. Tantrum, etc. Fille de Paynator (**Trumpator** et f. de Marc Antony)—f. de Delpini (**Highflyer**)—s. de Mary p. Y. Marske—Gentle Kitty p. Silvio, etc.
			Margaret (Bbr.—1831)	Edmund p. Orville (Beningbro' et Evelina p. **Highflyer**)—Emmeline p. Waxy—Sorcery p. Sorcerer - Cobbea p Skyscraper (**Highflyer**), etc. Medora p. Selim (Buzzard et f. d'Alexander)—f. de Sir Harry—f. de Volunteer—f. d'Herod—Golden Grove p Blank, etc.
		Ion (Bai—1835)	Bay Middleton (Bai—1833)	Sultan p. Selim—Bacchante p. Williamsons' Ditto—s. de Calomel p. Mercury (Eclipse)—f. d'Herod—Folly p. Marske—s. de Regulus. Cobweb p. Phantom (Walton et Julia p Whisky)—Filagree p. Soothsayer—Web p. Waxy—Penelope p Trumpator, etc.
			Myrrha (Baie—1831)	Malek p. Blacklock (Whitelock et f.de Coriander)—f. de Juniper—f. de Sorcerer—Virgin p. Sir Peter (Highflyer)—f. de Pot8os, etc. Bessy p. Y. Gouty (Gouty et f. de Dungannon)—Grandiflora p. Sir Harry Dimsdale—f. de Pipator—f. de Phenomenon, etc.
	Midia (Alez.—1845).	Scoteri (B.—1837)	Sultan (Bai—1816)	Selim p Buzzard (Woodpecker)—f. d'Alexander—f. de **Highflyer** (Herod et Rachel p. Blank)—f. d'Alfred (Matchem), etc. Bacchante p. Williamsons Ditto (Sir Peter p. **Highflyer** et Arethusa)—s. de Calomel p. Mercury—f. d'Herod—Folly p. Marske, etc.
			M. de Bran (Baie—1823)	Oiseau p. Camillus (Hambletonian et Faith p. Pacolet)—f. de Ruler Treecreeper p. Woodpecker—f. de Trentham—Cunégonde, etc. Wire p. **Waxy** (Pot8os et Maria p. Herod)—Penelope p. **Trumpator** (Conductor)—Prunella p. **Highflyer** (Herod)—Promise p. Snap, etc.
		Marinella (Al.—1824)	Soothsayer (Alez.—1808)	Sorcerer p. **Trumpator** (Conductor et Brunette p. Squirrel)—Y. Giantess p. Diomed—Giantess p. Matchem—Molly Long Legs p. Babraham, etc. Goldenlocks p. Delpini (**Highflyer** et Countess p. Blank)—Violet p. Shark—f. de Syphon (Squirt)—Quicks' Charlotte p. Blank.
			Bess (Bbr.—1806)	Waxy p. Pot8os (Eclipse et Sportsmistress p. Sportsman)—Maria p. Herod (Tartar)—Lisette p. Snap—Miss Windsor p. Godolphin, etc. Vixen p. Pot8os (Eclipse et Sportsmistress p. Sportsman)—Cypher p. Squirrel—f. de Regulus (**Cade**)—f. de Snapdragon, etc.

BARBEROUSSE

(APPARTIENT A L'ADMINISTRATION DES HARAS)

Pendant la saison de monte de 1893, Barberousse sera en station au dépôt de Tarbes, où il saillira quarante juments de pur-sang anglais, à raison de cent francs. S'adresser à M. le Directeur du Dépôt d'étalons, à Tarbes, Htes-Pyrénées.

BARBEROUSSE, par Don Carlos, est né en 1886, au haras de Senailly, chez M. Teisseire; il est le onzième produit de Mademoiselle de Saint-Igny (née en 1866 chez M. Teisseire), qui a donné également Despote avec Don Carlos. Barberousse est un cheval alezan, très fortement charpenté, à l'arrière-main puissante, avec de très bons membres; sa taille est de 1^m 65. Il a montré pendant sa carrière sur le turf une très remarquable endurance; à trois ans, — il avait couru une seule fois non placé comme two year old, — il a couru vingt-trois fois, gagnant dix-sept courses, en société assez modeste, il est vrai, mais l'emportant presque toujours avec une extrême facilité et témoignant une prédilection marquée pour le parcours accidenté de Vincennes. Il gagnait entre autres le prix de Gisors à Maisons-Laffitte, où il battait Dauphin, le prix de Flore à Vincennes, où il avait facilement raison de Régent, le prix du Pavillon Henri IV à Maisons, où il battait Rêve, enfin les prix de l'Equinoxe(Vincennes) et de Villeron (Longchamps) sur Infernal. Il commençait sa quatrième année en gagnant successivement six courses, dont la Bourse sur Malgache et le prix du Prince de Galles, la victoire la plus importante qu'il eût encore emportée sur Carmaux et Fercoq. Dans le prix de la Porte-Maillot, il était battu par Malgache, devant lequel il finissait dans le prix d'Octobre, gagné par Alicante. Non placé, avec 64 kilos, derrière le Cordouan dans le Grand Handicap de Maisons-Laffitte, sur une distance trop courte pour lui, il gagnait le prix du Limousin à Saint-Ouen et terminait la saison en battant Clover dans le prix du Pin. Il courait encore cinq fois l'année suivante, gagnant le prix des Sablons, la Bourse et enfin la Coupe, où il battait le Glorieux et Pourpoint; il terminait sa carrière de courses dans le prix Gladiateur, gagné par Mirabeau. Il avait en quatre ans, couru quarante-trois fois et gagné vingt-huit courses et 156.000 fr. d'argent public. A la fin de 1891, l'Administration des Haras l'achetait 60.000 francs, à M. E. de la Charme, et l'attachait au dépôt de Tarbes, où il a commencé à faire la monte au printemps suivant.

GUIDE PRATIQUE DE L'ÉLEVEUR

PEDIGREE DE BARBEROUSSE

BARBEROUSSE (Alezan—1866)	DON CARLOS (Alezan—1857)	Monarque (Bai—1852)	Sting (Bb.—1843)	Slane (Bai—1833)	Royal Oak p. **Catton** (Golumpus et Lucy Grey)—fille de Smolensko—Lady Mary p. Beningbro'(King Fergus)—fille d'Highflyer—f. de Marske. Fille d'**Orville** (**Beningbro**' et Evelina p. Highflyer)—Epsom Lass p Sir Peter—Alexina p. King Fergus (Eclipse)—Lardella p. Young Marske.
				Echo (Baie—1828)	Emilius p.**Orville** (**Beningbro**' et Evelina p. Highflyer)—Emily p. Stamford(Sir Peter p.Highflyer)—f. de Whisky—Grey Dorimant p.Dorimant. Fille de Scud (**Beningbro**' et Eliza p. Highflyer)—Canary Bird p. Sorcerer—Canary p. Coriander—Miss Green p. Highflyer, etc.
			Poetess (B.—1838)	Royal Oak (Bbr.—1823)	Catton p.Golumpus (Gohanna et. Catherine p.Woodpecker)—Lucy Grey p.Timothy—Lucy p.Florizel—Frenzy p. Eclipse—fille d'Engineer, etc. Fille de Smolensko (**Sorcerer** et Wowski p. Mentor)—Lady Mary p. Beningbro'—fille d'Highf.yer—fille de Marske, etc.
				Ada (Baie—1824)	Whisker p. **Waxy** (Pot8os et Maria p.Herod)—Penelope p. Trumpator—Prunella p. Highflyer—Promise p. Snap—Julia p. Blank, etc. Anna Bella p.Shuttle (Y. Marske et Vauxhall Snap mare)—f. de Drone—Contessina p.Y.Marske—Tuberose p. Herod—Grey Starling p.Starling.
		Noelie (Alezane—1859)	The Baron (Al.—1842)	Birdcatcher (Alez.—1833)	Sir Hercules p. Whalebone (**Waxy**)—Peri par Wanderer (Gohanna)—Thalestris p. Alexander—Rival p.Sir Peter (Highflyer), etc. Guiccioli p. Bob Booty (Chanticleer et Ierne p. Bagot—Flight p. Irish Escape—Y. Heroine p. Bagot—Heroine p. Hero, etc.
				Echidna (Bbr.—1837)	Economist p.Whisker (**Waxy**)—Floranthe p.Octavian—Caprice p.Anvil—Madcap p. Eclipse—f. de Blank—f. de Blaze, etc. Miss Pratt p.Blacklock (Whitelock)—Gadabout p.Orville—Minstrel p.Sir Peter (Highflyer)—Matron p.Florizel—Maiden p. Matchem—f.de Squirt.
			Dacia (Al.—1845)	Gladiator (Bai—1833)	Partisan p. Walton (Sir Peter et Arethusa p. Dungannon)—Parasol p. Pot8os—Prunella p. Highflyer—Promise p. Snap—Julia p. Blank, etc. Pauline p. Moses (Seymour et fille de Gohanna)—Quadrille p. Selim—Canary Bird p. Sorcerer—Canary p. Coriander (Pot8os), etc.
				Polyxena (Baie—1837)	**Priam** p.Emilius (Orville)—Cressida p. Whisky—Young Giantess p. Diomed—Giantess p. Matchem—Molly Long Legs p. Babraham, etc. Fille de Cerberus (Gohanna et f d'Herod)—Diana p. Kill Devil—f. de Pot8os (Eclipse)—Maid at All Work p. Highflyer, etc.
	MADEMOISELLE DE SAINT-IGNY (Bai-Brune—1866)	Beauvais (Bai-Brun—1857)	Eithron (B.—1846)	Pantaloon (Alez.—1824)	Castrel p.Buzzard(Woodpecker)—f. d'Alexander (Eclipse)—f. d'Highflyer (Herod)—f. d'Alfred (frère de Conductor p. Matchem). Idalia p.Peravian (Sir Peter)—Musidora p. Meteor (Eclipse)—Maid of All Work p Highflyer (Herod)—s. de Tandem (Syphon), etc.
				Phryne (Baie—1840)	Touchstone p. Camel (Whalebone)—Banter p. Master Henry—Boadicea p. Alexander—Brunette p. Amaranthus—Mayfly p. Matchem, etc. Decoy p.Filho da Puta (Haphazard et Mrs. Barnet p. **Waxy**)—Finesse p.Peruvian—Violante p.John Bull—s. de Skyscraper p. Highflyer, etc.
			Wirchschaft (B.—1834)	Giges (Bai—1837)	Priam p Emilius (Orville)—Cressida p.Whisky—Young Giantess p. Diomed (Florizel)—Giantess p. Matchem—Molly Long Legs, etc. Eva p. Sultan (Selim et Bacchante p. Williamsons' Ditto)—Eliza Leeds p. Comus (Sorcerer)—Helen p. Hambletonian—Susan p. Overton, etc.
				Weeper (Baie—1830)	Woful p. **Waxy**—Penelope p. Trumpator (Conductor)—Prunella p. Highflyer—Promise p.Snap - Julia p. Blank - m. de Spectator, etc. Thereza Panza p.Cervantes (don Quixote)—Gadabout p Orville—Minstrel p.Sir Peter (Highflyer)—Matron p.Florizel—Maiden p.Matchem.
		Ronzi (Noir—1850)	Sir Tatton Sykes (B.—1843)	Melbourne (Bbr.—1834)	Humphrey Clinker p. Comus (**Sorcerer** et Houghton Lass p. Sir Peter)—Clinkerina p. Clinker (Sir Peter)—f. de Tandem (Syphon), etc. Fille de Cervantes (Don Quixote et Evelina p.Highflyer)—f. de Golumpus (Gohanna)—f. de Paynator (Trumpator), etc,
				Fille de (Alez.—1836)	Margrave p. Muley (**Orville**)—f. d'Election (Gohanna)—Fair Helen p. Hambletonian—Helen p. Delpini—Rosalind p. Phenomenon, etc. Patty Primrose p. Confederate (Comus et Maritornes p. Cervantes)—Sybil p. Interpreter (Soothsayer)—Galatea p.Amadis—Paulina p. Sir Peter.
			Florida (B.—1835)	Mulatto (Bbr.—1823)	Catton p.Golumpus (Gohanna)—Lucy Grey p. Timothy (Delpini et Cora p. Matchem)—Lucy p.Florizel (Herod)—Frenzy p.Eclipse, etc. Desdemona p. Orville (**Beningbro**')—Fanny p.Sir Peter (Highflyer)—fille de Diomed (Florize')—Desdemona p.Marske, etc.
				Floranthe (Baie—1822)	Amadis p. Don Quixote (Eclipse et Grecian Princess p.Forester)—Fanny p. Sir Peter (Highflyer)—f. de Diomed—Desdemona p. Marske, etc. Orvillina p.**Beningbro**' (King Fergus)—Evelina p. Highflyer (Herod)—Termagant p.Tantrum—Cautatrice p. Sampson, etc.

BARIOLET

(APPARTIENT A L'ADMINISTRATION DES HARAS)

Pendant la saison de monte de 1887, Bariolet sera en station à Beuxres (Vienne), chez M. Thonnard du Temple, où il saillira vingt juments de pur-sang anglais à raison de 40 francs. S'adresser à M. le Directeur du Dépôt d'étalons, à Saintes (Charente-Inférieure).

BARIOLET, par Trocadéro, est né en 1878 chez M. Émile Aumont; il est le second produit de Bariolette, élevée chez M. Aumont-Thiéville, qui a donné également, avec Trocadéro, Pain-d'Épice, Tant-Mieux et Précy, gagnant de l'Omnium de 1885. Alezan clair avec les extrémités et les crins lavés, Bariolet est très régulier dans son ensemble, fortement charpenté, ses joints sont d'une solidité à toute épreuve, ses jarrets très larges, sa tête expressive ; sa taille est de 1m62. Acheté yearling, par M. Paul Aumont, il fit partie d'un lot vendu par ce dernier à M. Maurice Ephrussi. Il fit ses débuts en 1880 dans le Grand Critérium de Gand, où il fut battu d'une tête par Argentine II : les 900 mètres du prix du Premier Pas à Caen et du prix de Villers à Deauville étaient trop courts pour ses aptitudes, et il ne figura pas dans ces deux courses, mais il battit facilement Basilique et Gourgandin, sur les 1.500 mètres du prix de la Plage. Il gagnait ensuite péniblement sur Dublin le 3e Critérium à Fontainebleau et il n'était pas placé dans le Grand Critérium, derrière Perplexité. Il commençait sa troisième année par deux défaites au Vésinet et à Reims; battu ensuite par le Destrier dans le prix de Lutèce, puis par Moulaneuf dans le prix de Sèvres, il gagnait à Toulouse un prix Spécial, puis un prix Principal, mais il était battu d'une encolure par Glenita dans le prix de la Société d'Encouragement. Après ce fatigant déplacement, il courait douze fois encore en 1881, gagnant à Lyon le prix de la Société d'Encouragement, le Handicap de Dieppe, un prix du Gouvernement à Boulogne et enfin le prix Jouvence et le Handicap libre au Bois de Boulogne, battant entre autres Prologue et Milan II. Il inaugurait sa quatrième année en battant Perplexité, et le Destrier dans le prix du Cadran ; sa défaite par Poulet, dans le prix Rainbow, était suivie de six victoires : dans la Coupe à Longchamps ; dans le prix de la Pelouse et le prix de Dangu à Chantilly ; dans le prix de Deauville à Paris ; le prix de Seine-et-Marne à Fontainebleau, enfin le prix Principal à Lyon, où il battait, entre autres, Veston et Poulet. Sa défaite par Alphonsine, dans le prix National, à Caen était le résultat d'une surprise; il montra qu'il avait conservé toute sa forme en gagnant encore le prix National à Deauville, puis le prix de Bois-Roussel à Fontainebleau et le prix de Chantilly à Paris. Non placé dans le prix d'Octobre, il couronnait en carrière de four year old en enlevant de deux longueurs le prix Gladiateur à Pourquoi. Bien rarement un cheval avait montré une aussi remarquable endurance. Il gagnait encore, à cinq ans, le prix Rainbow, le prix de Marly et le prix du Printemps, mais il était battu par Clio et Satory dans le prix d'Apremont. Après un walk over dans le prix de Dangu, il subissait plusieurs défaites et courait pour la dernière fois dans le prix Gladiateur, où il était battu par sa demi-sœur Mlle de Senlis. On avait tant abusé de lui qu'il avait perdu toute sa forme. En 1884, Bariolet était acheté 65.000 francs par l'Administration des Haras; après un court séjour à Pompadour, il était loué à M. Malapert et envoyé à Champagné-Saint-Hilaire, puis chez M. Thonnard du Temple, à Beuxes; ses meilleurs produits ont été Malvoisie (son premier gagnant), La Favorite, Éclat, enfin et surtout Malgache, dont la mère, Miss Bowstring, est fille de Strafford par Young Melbourne.

PEDIGREE DE BARIOLET

BARIOLET (Alezan—1878).	BARIOLETTE (Alezane—1867).	Babette (ex *Rachette*) (Alez.—1849).	Barbarina (B.—1840) Faugh a Ballagh (Bb 1841).	Echelle (Baie—1849) Fitz Gladiator (Al.—1810).	Orphelin (Alezan—1859).	Antonia (Alez.—1851).	The Ward of Cheep (B. 1843) Ppirus (Al.—1834).	TROCADERO (Alezan—1864).	Monarque (Bai—1852).	Portens (B.—1838).	Sturg (Bb—1834).	Slane (Bai—1833)	Royal Oak p. Catton (Golumpus et Lucy Grey) — fille de Smolensko — Lady Mary p. **Beningbro'** (King Fergus) — fille d'**Highflyer**, etc. Fille d'**Orville** (**Beningbro'** et Evelina p. **Highflyer**) — Epsom Lass p. Sir Peter — Alexina p. King Fergus (Eclipse) — Lardella p. Young Marske, etc.
												Echo (Baie—1828)	Emilius p. **Orville** (**Beningbro'** et Evelina p. **Highflyer**) — Emily p. Stamford (Sir Peter p. **Highflyer**) — fille de Whisky, etc. Fille de Scud (**Beningbro'** et Eliza p. **Highflyer**) — Canary Bird p. Sorcerer — Canary p. Coriander — Miss Green p. **Highflyer**, etc.
												Royal Oak (Bbr.—1823)	Catton p. Golumpus (Gohanna et Catherine p. Woodpecker) — Lucy Grey p. Timothy — Lucy p. Florizel — Frenzy p. Eclipse — fille d'Enginee r, etc. Fille de Smolensko (Sorcerer et Wowski p. Mentor) — Lady Mary p. **Beningbro'** — fille d'**Highflyer** — fille de Marske (Squirt), etc.
												Ada (Baie—1824)	Whisker p. Waxy (Pot8os et Maria p. Herod) — Penelope p. Trumpator — Prunella p. **Highflyer** — Promise p. Snap — Julia p. Blank, etc. Anna Bella p. Shuttle (Y. Marske et Wauxhall Snap mare) — f de Drone — Contessina p. Y. Marske — Tuberose p. Herod — Grey Starling p. Starling.
												Langar (Alez.—1817)	Selim p. Buzzard (Woodpecker et Misfortune p. Dux) — fille d'Alexander (Eclipse) — fille d'**Highflyer** — fille d'Alfred (fr. de Conductor) p. Matchem. Fille de Walton (Sir Peter) — Y. Giantess p. Diomed — Giantess p. Matchem — Molly Long Legs p. Babraham — Fille de Fox Hunter, etc.
												Olympia (Baie—1815)	Sir Oliver p. Sir Peter (**Highflyer** et Papillon p. Snap) — Fanny p. Diomed — Ambrosia p. Woodpecker — s. de Rachel p. Blank, etc. Scotilla p. Anvil (Herod et fille de Feather p. Godolphin) — Scota p. Eclipse — Harmony p. Herod — Rutilia (s. de Rachel) p. Blank, etc.
												Colwick (Bai—1828)	Filho da Puta p. Haphazard (Sir Peter p. **Highflyer** et Miss Hervey p. Eclipse) — Mrs. Barnet p. Waxy — fille de Woodpecker, etc. Stella p. Sir Oliver (Sir Peter et Fanny p. Diomed) — Scotilla p. Anvil — Scota p. Eclipse (Marske) — Harmony p. Herod, etc.
												Maid (of Burghley Baie—1837)	Sultan p. **Selim** (Buzzard et fille d'Alexander) — Bacchante p. Williamsons' Ditto — s. de Calomel p. Mercury (Eclipse) — fille d'Herod, etc. Palais Royal p. Blucher (Waxy et Pantina p. Buzzard) — Election p. m. de Rubens p. Alexander — f. d'**Highflyer** — f. d'Alfred (Matchem), etc.
												Gladiator (Bai—1833)	Partisan p. Walton (Sir Peter et Arethusa p. Dungannon) — Parasol p. Pot8os — Prunella p. **Highflyer** — Promise p. Snap — Julia p. Blank, etc. Pauline p. Moses (Seymour et f. de Gohanna) — Quadrille p. **Selim** — Canary Bird p. Sorcerer — Canary p. Coriander (Pot8os), etc.
												Zarah (Baie—1835)	Reveller p. Comus (Sorcerer et Houghton Lass p. Sir Peter) — Rosette p. **Beningbro'** — Rosamond p. Tandem — Tuberose p. Herod, etc. Fille de Rubens (Buzzard et fille d'Alexander) — Brightonia p. **Gohanna** — Nutmeg p. Sir Peter — Nimble p. Florizel — Rantipole p. Blank, etc.
												Sting (Bbr—1843)	Slane p. **Royal Oak** (Catton et f. de Smolensko) — fille d'**Orville** — Epsom Lass p. Sir Peter — Alexina p. King Fergus — Lardella p. Y. Marske. Echo p. **Emilius** (**Orville** et Emily p. Stamford) — fille de Scud — Canary Bird p. Sorcerer — Canary p. Coriander (Pot8os), etc.
												Eusebia (Alez.—1839)	Emilius p. **Orville** (**Beningbro'** et Evelina p. **Highflyer**) — Emily p. Stamford (Sir Peter) — fille de Whisky (Saltram et Calash p. Herod), etc. Mangel-Wurzel p. Merlin (Castrel et Miss Newton p. Delpini) — Morel p. Sorcerer — Hornby Lass p. Buzzard — Puzzle p. Matchem, etc.
												Sir Hercules (Noir—1826)	Whalebone p. Waxy (Pot8os et Maria p. Herod) — Penelope p. Trumpator — Prunella p. **Highflyer** — Promise p. Snap — Julia p. Blank, etc. Peri p. Wanderer (Gohanna et Catherine p. Woodpecker) — Thalestris p. Alexander — Rival p. Sir Peter — Hornet p. Drone — Lilly p. Blank, etc.
												Guiccioli (Alez.—1823)	Bob Booty p. Chanticleer (Woodpecker et f. d'Eclipse) — Ierne p. Bagot (Herod) — f. de Gamahoe (Buzzard) — Patty p. Tim — Miss Patch p. Justice. Flight p. Irish Escape (Commodore et m. de Buffer p. **Highflyer**) — Y. Heroine p. Bagot — Heroine p. Hero (Cade) — s. de Regulus p. Godolphin.
												Plenipotentiary (Alez.—1831)	Emilius p. **Orville** (**Beningbro'**) — Emily p. Stamford (Sir Peter) — f. de Whisky — Grey Dorimant p. Dorimant Otho) — Dizzy p. Blank, etc. Harriet p. Pericles (Evander et f. de Precipitate) — f. de **Selim** (Buzzard) — Pipylina p. Sir Peter (**Highflyer**) — Rally p. Trumpator, etc.
												Saffi (Baie—1818)	Fils de Dick Andrews (Joe Andrews et f. d'**Highflyer**) — Lord Lowthers' Barb mare. Fille de Totteridge (Dungannon et Maralla p. Mambrino) — sœur de Marianne p. Mufti — Maria p. Telemachus.

BAY ARCHER

(APPARTIENT A L'ADMINISTRATION DES HARAS)

Pendant la saison de monte de 1893, Bay Archer sera en station au dépôt de Tarbes, où il saillira quarante juments de pur sang anglais à raison de cent francs. S'adresser à M. le Directeur du Dépôt d'étalons, à Tarbes (Hautes-Pyrénées).

BAY ARCHER, par Toxophilite, est né en 1876 au Glasgow Stud, Hertford; il est le premier produit de Flurry, élevée par lord Glasgow, qui a également donné Buchanan avec Strathconan. Bai, de taille moyenne, — il a 1m60, — Bay Archer a un beau dessus, des épaules bien dirigées, mais un peu courtes, les quartiers bien développés, et des membres nets, mais la poitrine n'est pas très descendue et il manque de substance dans l'arrière-main; son tempérament est excellent. Il fit ses débuts à deux ans (1878) dans les Clearwell-Stakes à Newmarket, où il finit troisième derrière Rayon-d'Or et Ringleader; il n'était pas placé, dans le New Nursery du Houghton Meeting, où il portait 47 kilos, et que gagnait Japonica. L'année suivante, il ne figurait pas dans les Prince of Wales Stakes, à Newmarket, gagnés par Phénix; troisième dans l'Ascot handicap où il portait 38 kilos 1/2 derrière Ridotto (4 a. 49 kilos 1/2), et Mycena, il remportait à Goodwood sa première victoire dans les Goodwood Stakes (4.000 mètres), où il battait d'une longueur Mistress of The Robes dont il recevait treize livres pour une année. Il gagnait ensuite à l'automne le Newmarket Saint-Léger (3.000 mètres), où il battait, un peu par surprise, Rayon-d'Or et Reveller; non placé avec 45 kilos 1/2 dans le Cesarewitch gagné par Chippendale, il finissait second derrière lui dans un Majesty Plate (3.200 mètres), couru le surlendemain. Très éprouvé par ces épreuves sévères, il était retiré de l'entrainement à la fin de la saison. Il fut en 1880 acheté 20.000 francs pour le compte de l'Administration des Haras et importé en France, où il ne tarda pas à s'affirmer comme l'un des meilleurs étalons des dépôts de l'État. Après Lauzun, son premier produit gagnant, il a donné Pompier, La Montagne, Viscos, Gyp, Jéricho, Le Rieutort, Serpentine, Flatteur, Luz, Biarritz, Laurier, Béarnais, Darling, etc.

PEDIGREE DE BAY ARCHER

BAY ARCHER (Bai—1876) Importé en 1880.	FLEURY (Baie-Brune—1868)	Y. Melbourne (Bbr.—1866)	Melbourne (Bb.—1834)	Touchstone (Bbr.—1831)	Camel p. Whalebone (**Waxy**)—fille de Selim—Maiden p. Sir Peter—f. de Phenomenon — Matron p. Florizel—Maiden p. Matchem—f. de Squirt. Banter p. Master Henry (**Orville**) — Boadicea p. Alexander (Eclipse) — Brunette p. Amaranthus — Mayfly p Matchem — f. d'Ancaster Starling.	
				Verbena (Alez.—1832)	Velocipede p. **Blacklock** (Whitelock) — fille de Juniper — f de Sorcerer (Trumpator) — Virgin p. Sir Peter — fille de Pot8os — Editha, etc. Rosalba p. Milo (Sir Peter) — The Wren p. **Woodpecker** (Herod) — f. d'Alexander — f. d'**Highflyer** — f. d'Alfred.	
			Clarissa (B.—1848)	Catton (Bai—1809)	Golumpus p. Gohanna (Mercury) — Catherine p. **Woodpecker** — Camilla p. Trentham — Coquette p. The Compton Barb, etc. Lucy Grey p. Timothy (Delpini p. **Highflyer**) — Lucy p. Florizel (Herod) — Frenzy p. Eclipse (Marske) — f. d'Engineer (Sampson), etc.	
				Mère de Wagtail Baie — 1812	Orville p. Beningbro' (King Fergus p. Eclipse) — Evelina p. Highflyer (Herod) — Termagant p. Tantrum — fille de Regulus — mere de Marske. Miss Grimstone p. Weasel (Herod et fille d'Eclipse) — f. d'Ancaster — f. de Damascus A. — f. de d'Oroonoko — Sophia, etc.	
		Voltigeur (Bb.—1847)	Voltigeur (Bb.—1847)	Castrel (Alez.—1801)	Buzzard p. **Woodpecker** (Herod) — Misfortune p. Dux — Curiosity p. Snap — f de Regulus (1739. p Godolphin — f. de Bartletts' Childers (Darley A). Fille d'Alexander (Eclipse) — f. d'**Highflyer** — f. d'Alfred p. Matchem — f d'Engineer — m. de Bay Malton p. Cade (Godolphin) — Lass of the Mill.	
				Idalia Alez.—1815	Peruvian p. Sir Peter (**Highflyer**) — f. de Boudrow — mere d'Escape p. Squirrel — f. de Babraham, etc. Musidora p. Meteor (Eclipse) — Maid et All Work p. **Highflyer** — s. de Tandem p. Syphon — f. de Regulus, etc.	
				Filho da Puta Bbr.—1812	Haphazard p. Sir Peter (**Highflyer**) — Miss Hervey p. Eclipse — Clio p Y. Cade — f. d'Old Starling — f. de Bartletts' Childers — Bay Bolton, etc. Mrs Barnet p. **Waxy** (Pot8os) — fille de **Woodpecker** (Herod) — Heinel p. Squirrel (Traveller) — Principessa p. Blank — fille de Callen A., etc.	
				Finesse Baie—1815	Peruvian p. Sir Peter (**Highflyer**) — fille de Boudrow — mere d'Escape p. Squirrel — f. de Babraham, etc. Violante p. John Bull (Fortitude et Xantippe) — sœur de Skyscraper p. **Highflyer** — Everlasting (Eclipse) — Hyale p. Phenomenon, etc.	
	TOXOPHILITE (Bai—1855)	Longbow (Bai—1849)	Ithuriel (Bb—1841)	Humphrey Clinker (Alez.—1822)	Comus p Sorcerer (Trumpator) — Houghton Lass p. Sir Peter (**Highflyer**) — Alexina p. King Fergus — Lardella p. Y. Marske. Clinkerina p. Clinker Sir Peter p. **Highflyer** et Hyale p. Phenomenon) — Pewet p Tandem (Syphon) — Termagant p. Tantrum (Cripple), etc.	
				Fille de (Baie—1825)	Cervantes p. don Quixote (Eclipse et Grecian Princess) — Evelina p. **Highflyer** — Termagant p. Tantrum (Cripple p. Godolphin). Fille de Golumpus — fille de Paynator (Trumpator — s. de Zodiac p. St-George (**Highflyer**) — Abigail p. Woodpecker — Firetail p. Eclipse.	
			Miss Bowe (B.—1825)	Pantaloon (Alez.—1824)	Castrel p. Buzzard (**Woodpecker** et Misfortune p. Dux) — fille d'Alexander (Eclipse) — fille d'**Highflyer** — fille d'Alfred (v. plus haut). Idalia p. Peruvian (Sir Peter p. **Highflyer** — f. de Boudrow) — Musidora p. Meteor (Eclipse) — Maid of All Work p. **Highflyer** — s de Tandem, etc.	
				Fille de (Bbr.—1827)	Henene p. Sultan (Selim et Bacchante p. Williamsons' Ditto) — f. de Sir Peter (**Highflyer**) — Trampoline p. Tramp — Web p. **Waxy** — Penelope. Frolicsome p. Frolic (Hedley et Frisky p. Fidget) — fille de Stamford (Sir Peter p. **Highflyer**) — Alexina p. King Fergus — Lardella p. Y. Marske.	
	Makeshift (Bai-Brune—1857)	Pantaloon (Alez.—1824)	Pantaloon (Alez.—1824)	Voltairi (Bbr.—1826)	Blacklock p. Whitelock (Hambletonian et Rosa'ind p Phenomenon) — fille de Coriander (Pot8os et Lavender) — Wild Goose p. **Highflyer**, etc. Fille de Phantom (Walton p. Sir Peter (**Highflyer**) et Julia p. Whisky) — fille d'Overton (King Fergus et fille d'Herod) — Fille de Walnut, etc.	
				Martha Lynn (Bbr.—1837)	Mulatto p. Catton (Golumpus et Lucy Grey p. Timothy) — Desdemona p. Orville — Fanny p. Sir Peter (**Highflyer**) — fille de Diomed (Florizel). Leda p. **Filho da Puta** (Haphazard p Sir Peter (**Highflyer**) et Mrs. Barnet p. **Waxy** — Treasure p Camillus (Hambletonian et Faith p. Pacolet).	
		Makeless (B.—1811)	Makeless (B.—1811)	St-Martin (Bbr.—1835)	Acteon p. Scud (Beningbro' p. King Fergus et Eliza p. **Highflyer**, — Diana p. Stamford (Sir Peter p. **Highflyer**) — fille de Whisky, etc. Comedy p. Comus (Sorcerer et Houghton Lass p. Sir Peter **Highflyer**) — fille de Star (**Highflyer** et fille de Snap — Riddle p. Matchem), etc.	
				Lady Eden (Baie—1835)	Partisan p. Walton Sir Peter p. **Highflyer** et Arethusa) — Parasol p. Pot8os — Prunella p. **Highflyer** — Promise p Snap, Snip p. Childers). Miss Chantrey p Clinker (Sir Peter p. **Highflyer** et Hyale) — Bronze (s. de Rubens, Selim et Castrel) p. **Buzzard** — fille d'Alexander.	

BOCAGE

(APPARTIENT A M. AUGUSTE LUPIN)

Pendant la saison de monte de 1893, Bocage sera en station au haras du Capeyron, par Mérignac, près Bordeaux, où il saillira un certain nombre de juments à raison de 300 francs, plus 20 francs pour l'écurie. S'adresser à M. Dick de Gernon, 53, Pavé des Chartrons, Bordeaux.

BOCAGE, par Dollar, est né en 1885, au haras de Viroflay, chez M. Auguste Lupin; il est le neuvième produit de Printanière, élevée par M. C.-J. Lefèvre et achetée par le comte de Lagrange, puis par M. Lupin, en 1882, qui a donné Poulet et Pâtre avec Peut-Être, Perdrix avec Nougat et Avril avec Dollar. Bocage est bai-brun comme son grand-père, The Flying Dutchman, sa taille est de 1^{m}60; il marque beaucoup d'espèce, sa croupe orientale, ses jarrets droits, ses genoux un peu creux et aussi sa légèreté rappellent bien le type de la famille à laquelle il appartient. A deux ans, il a couru une seule fois, dans la poule d'Essai des Poulains à Maisons-Laffitte, qu'il gagnait facilement sur Waverley et Vide-Gousset. En 1888, il débutait, comme three year old, par deux victoires, dans le prix de Guiche, où il battait Waverley et Athos, et dans le prix Greffulhe. Troisième derrière Embellie et Empire dans le prix des Acacias, il gagnait le prix de Fay sur Faust et Widgeon et enlevait successivement en province le Grand Prix de Vichy sur Gyp et le prix du Chemin de fer à Deauville sur Reyezuelo. Battu par Sibérie dans le prix de Chantilly, à la réunion d'automne du Bois de Boulogne, il battait Polyeucte dans le prix de Cheffreville, en lui rendant une année et finissait troisième avec 61 kilos 1/2 dans le Handicap libre derrière Faust, auquel il rendait six livres, et Athos à poids égal. Au commencement de sa quatrième année, Bocage était battu à trois reprises successives dans les prix de Lutèce, Rainbow et de Courbevoie par Perle-Rose, Ténébreuse, et le Sancy respectivement ; sa victoire sur Dauphin dans le prix de Dangu, à Chantilly, était encore suivie de deux défaites à Paris, où, pendant la saison d'été, il était battu par son camarade d'écurie Achéron et par Athos dans le prix de Meudon et il ne pouvait menacer le Sancy dans le prix d'Ispahan. Plus heureux à Deauville, il gagnait le prix de la Plage sur Medyn et Korrigane et battait de nouveau cette dernière à Saint-Ouen dans le prix de Savoie. Il terminait la campagne en enlevant le prix Vermout sur Prophète et il battait Sibérie dans le prix du Pin où sa camarade Presta s'effaçait devant lui, à la réunion d'automne de Chantilly. Bocage courait encore cinq fois l'année suivante (1890) ; troisième derrière Achille et Carmaux dans le prix de Nanterre, il gagnait successivement à Maisons-Laffitte les prix de Tourville, du Bac, de Bonnières et le prix de la Croix-Noailles, où il faisait sa dernière apparition sur le turf. Il avait couru vingt-cinq fois, remporté seize victoires et fini neuf fois placé, gagnant 151.260 francs d'argent public. A l'automne de 1890, Bocage était loué par M. Lupin à M. Dick de Gernon, chez lequel il a fait la monte depuis le printemps de l'année suivante.

PEDIGREE DE BOCAGE

BOCAGE (Bai-Brun—1885)	DOLLAR (Bai—1860)	Sultan (Bai—1816)	Selim p. Buzzard — f. d'Alexander (Eclipse et Grecian Princess) — f. d'Highflyer (Herod) — f. d'Alfred (fr. de Conductor) p. Matchem. Bacchante p. Williamsons' Ditto — s. de Calomel p. Mercury (Eclipse) — f. d'Herod — Folly p Marske — fille de Regulus, etc.
		Cobweb Baie—1821	Phantom p. Walton — Julia p. Whisky (Saltram et Calash) — Y. Giantess p. Diomed — Giantess p. Matchem — Molly Long Legs p. Babraham, etc. Filagree p. Soothsayer (Sorcerer) — Web p. Waxy — Penelope p. Trumpator — Prunella p Highflyer (Herod) — Promise p. Snap, etc.
		Sandbeck (Bai—1818)	Catton p. Golumpus — Lucy Grey p. Timothy (Delpini et Cora p. Matchem) — Lucy p. Florizel (Herod) — Frenzy p. Eclipse, etc. Orvillina p. Beningbro' — Evelina p. Highflyer (Herod) — Termagant p. Tantrum — Cantatrice p. Sampson — f. de Regulus — m. de Marske, etc.
		Barioletta (Bbr.—1822)	Amadis p. Don Quixote — Fanny p. Sir Peter — f. de Diomed — Desdemona p. Marske — Y H; g p Skim — Hag p. Crab — Ebony p Childers. Selima p. Selim — f. de Pot8os — Editha p. Herod — Elfrida p. Snap — Miss Belsea p. Regulus — f. de Bartletts'Childers — f. d'Honeywood A.
		Royal Oak (Bbr.—1823)	Catton p. Golumpus (Golanna) — Lucy Grey p. Timothy (Delpini et Cora p. Matchem) — Lucy p. Florizel (Herod) — Frenzy p. Eclipse. Fille de Smolensko (Sorcerer et Wowski p. Mentor) — Lady Mary p. Beningbro' (King Fergus) — fille d'Highflyer — fille de Marske, etc.
		Fille de Baie—1819	Orville p. Beningbro' (King Fergus et f d'Herod) — Evelina p. Hi thflyer — Termagant (o. Tantrum — Cantatrice p Sampson (Blaze). Epsom Lass p. Sir Peter (Highflyer) — Alexina p. King Fergus — Lardella p. Y. Marske (Squirt) — f. de Cade Godolphin) — f. de Beaufremont.
		Rowton (Alez.—1826)	Oiseau p. Camillus (Hambletonian) — fille de Ruler (Y. Marske) — Treecreeper p. Woodpecker — fille de Trentham, etc. Katharina p. Woful (Waxy et Penelope) — Landscape p. Rubens (Buzzard) — Iris p. Brush (Eclipse) — fille d'Herod, etc.
		Fille de (Alez.—1826)	Sam p. Scud (Beningbro' et Eliza p. Waxy) — Hyale p. Phenomenon — Rally p. Trumpator — Fancy, s. de Diomed, p. Florizel, etc. Morel p. Sorcerer (Trumpator et Y. Giantess) — Hornby Lass p Buzzard — Puzzle p. Matchem — Princess p. Herod — Julia p Blank, etc.
	PRINTANIÈRE (Noire—1872)	Touchstone (Bbr.—1831)	Camel p. Whalebone (Waxy) — f. de Selim (Buzzard) — Maiden p. Sir Peter (Highflyer) — f. de Phenomenon — Matron p Florizel, etc. Banter p. Master Henry (Orville et Miss Sophia) — Boadicea p Alexander (Eclipse) — Brunette p. Amaranthus (Old England) — Mayfly p. Matchem.
		Vulture (Alez.—1833	Langar p. Selim — f. de Walton — Young Giantess p. Diomed — Giantess p. Matchem — Molly Long Legs p. Babraham — f. de Foxhunter, etc. Kite p. Bustard (Castrel) — Olympia p. Sir Oliver (Sir Peter) — Scotilla p. Anvil (Herod) — Scota p. Eclipse — Harmony p. Herod — Rutilia, etc.
		Birdcatcher (Alez.—185J	Sir Hercules p. Whalebone (Waxy) — Peri p. Wanderer (Gohanna) — Thalestris p. Alexander — Rival p. Sir Peter — Hornet p. Drone, etc. Guiccioli p. Bob Booty (Chanticleer et Ierne) — Flight p. Irish Escape — Young Heroine p. Bagot — Heroine p. Hero — S. de Regulus, etc.
		Pocahontas (Baie—1837)	Glencoe p. Sultan (Selim) — Trampoline p Tramp — Web p. Waxy — Penelope p Trumpator — Prunella p. Highflyer — Promise p. Snap, etc. Marpessa p. Muley (Orville) — Clare p. Marmion (Whisky) — Harpalice p Gohanna — Amazon p Driver (Trentham) — Fractious p. Mercury, etc.
		Melbourne (Bbr.—1834)	Humphrey Clinker p. Comus (Sorcerer) — Clinkerina p Clinker (Sir Peter) — Pewet p. Tandem (Syphon) — Termagant p. Tantrum, etc. Fille de Cervantes p. Don Quixote (Eclipse) — f. de Golumpus — f. de Paynator — s. de Zodiac p. St George — Abigail p. Woodpecker.
		Mowerina (Baie—1843)	Touchs'one p. Camel (Whalebone p. Waxy) — Banter p. Master Henry (Orville) — Boadicea p. Alexander — Brunette p. Amaranthus, etc. Emma p. Whisker (Waxy — Gibside Fairy p. Hermes — Thalestris p. Alexander — Rival p. Sir Peter — Hornet p Drone — Manilla, etc.
		Lanercost (Bai—1835)	Liverpool p. Tramp (Dick Andrews) — fille de Whisker (Waxy) — Mandane p. Pot8os (Eclipse) — Young Camilla p. Woodpecker — Camilla, etc. Otis p. Bustard (Buzzard et Gipsy) — fille d'Election (Gohanna) — s. de Skysweeper p. Highflyer — fille d'Eclipse — Rosebud, etc.
		Fille de (Baie—1838)	Tomboy p. Jerry (Smolensko et Louisa p. Orville) — m. de Beeswing p. Ardrossan — Lady Eliza p. Whitworth — m. de X Y. Z p. Spadilla, etc. Tesane p. Whisker (Waxy) — Lady of the Tees p. Octavian (Stripling) — f. de Sancho — Miss Fury p. Trumpator — fille de Marc Antony, etc.

BORDER MINSTREL

(APPARTIENT A L'ADMINISTRATION DES HARAS)

Pendant la saison de monte de 1893, Border Minstrel sera en station au haras de Menneval, par Bernay, Eure, chez M. le comte Dauger, où il saillira trente juments pur sang, à raison de cent francs. S'adresser à M. le Directeur du Dépôt d'étalons, au Pin (Orne).

BORDER MINSTREL, par Tynedale, est né en 1880, chez M. J. Johnstone; il est le second produit de Glee, élevée par M. Johnstone, qui a donné également Mirth avec Strathconan. Alezan avec une lisse en tête et une petite balzane postérieure droite, de bonne taille, 1m62, Border Minstrel a une très belle épaule, de bons quartiers, de la longueur dessous et des aplombs réguliers. Il a couru pour la première fois à deux ans, dans le Zetland-Biennal, à Stockton, où il ne fut pas placé derrière Margery Moorpont; il ne figurait pas davantage dans les Prince of Wales Stakes à Scarborough, gagnés par Noisy Girl, mais il gagnait ses deux courses suivantes : le Prince of Wales Nursery (1.400m) à Doncaster, où il portait 38 kilos, et un Maiden Plate (1.600m) à Ayr. Il gagnait, pour sa première course de three year old (1883), le Great Northern handicap (2.800m) à York, où, avec 40 kilos, il battait Mermaiden (4 a. 41, kil. 1/2) et Tertius (6 a. 46 kil.). Il battait ensuite avec une extrême facilité Modred dans le Duke of Westminster Cup, à Chester, gagnait de six longueurs à Ascot le Gold Vase (3.200m) sur Bonny Jean et Victor-Emmanuel, puis à Goodwood, il battait de deux longueurs Corrie Roy et Dutch Oven dans le Cup, et gagnait enfin le Bentinck Memorial sur Bonjour. Cette brillante série était continuée par deux walk-over dans le Brighton Cup (3.300m) et le Zetland Biennal à Stockton; puis, à York, par une victoire facile sur Wild Mint dans le Great Northern Leger; il gagnait encore les Doncaster Stakes, et à Ayr le Caledonian Cup. Il avait couru dix fois en six mois et gagné dix courses, toujours sur de longues distances. Il était retiré de l'entraînement à la fin de l'année et faisait une saison de monte en Angleterre avant d'être acheté 64.625 francs au colonel Barlow par l'Administration des Haras, et importé en 1885. Deux de ses premiers produits, Border Queen et La Ferté, ont gagné de petites courses en Angleterre; en France, il a donné entre autres, Réveillé, Sardoine, Floréal, Minute, Brocart, etc. La mère de Floréal, Fleur-de-Mai, est issue de l'union de Saxifrage avec une fille de Monarque.

PEDIGREE DE BORDER MINSTREL

BORDER MINSTREL (Alezan—1860). Importé en 1885	TYNEDALE (Bai—1864). Warlock (Bai-Brun—1853). Elphine (B.—1837) Birdcatcher (Al.1833)	Sir Hercules (Noir—1826)	Whalebone p. **Waxy** — Penelope p. **Trumpator**—Prunella p. Highflyer — Promise p. Snap (Snip p. Childers et f. de Fox), etc. Peri p. Wanderer (Gohanna et Catherine p **Woodpecker**) — Thalestris p. Alexander — Rival p. Sir Peter — Hornet p. Drone — Lilly p. Blank, etc.
		Guiccioli (Alez.—1823)	Bob Booty p. Chanticleer (**Woodpecker** et f. d'Eclipse) — Ierne p. Bagot — fille de Gamahoe — Patty p. Tim — Miss Patch p. Justice — Ringtail. Flight p. Irish Escape (Commodore et m. de Buffer p. Highflyer) — Y. Heroine p Bagot—Heroin p. Hero — s. de Regulus p. Godolphin.
	Queen of Tyne (Baie—1839) Tomboy (Bai—1822) Fille de (B.—1823)	Emilius (Bai—1820)	Orville p. Beningbro' (King Fergus et fille d'Herod)—Evelina p. Highflyer — Termagant p. Tantrum (Cripple) — Cantatrice p. Sampson, etc. Emily p. Stamford (Sir Peter et Horatia p. Eclipse) — f. de Whisky (Saltram) — Grey Dorimant p. Dorimant (Otho)— Dizzy p. Blank, etc.
		Variation (Baie—1827)	Bustard p. Castrel (Buzzard et f. d'Alexander) — Miss Hap p. Shuttle (Y. Marske et Vauxhall Snap mare) — s. d'Haphazard, p. Sir Peter, etc. Johanna Southcote p. Beningbro (King Fergus) — Lavinia p. Pipator — f. d'Highflyer (m. de Dick Andrews) — f. de Cardinal Puff (Babraham).
		Jerry (Noir—1821)	Smolensko p. Sorcerer (Trumpator et Y Giantess p. Diomed) — Wowski p. Mentor—Maria m. de Waxy p. Herod—Lisette p. Snap, etc. Louisa p Orville(Beningbro et Evelina p. Hyghflyer)—Thomasina p. Timothy (Delpini et Cora p. Matchem)—Violet p Shark—f de Syphon(Squirt) etc.
		Mère de Beeswing (Alez.—1817)	Ardrossan p. John Bull (Fortitude et Nantippe p. Eclipse) — Miss Whip p. Volunteer (Eclipse)—Wimbleton p.Evergreen (Herod)—s.de Calash, etc. Lady Eliza p. Whitworth(Agonistes et f. de Jupiter) — m. de X.Y.Z. p. Spadille — Sylvia p Marske—Ferret p frère de Silvio—f. de Regulus.
		Whisker (Bai—1812)	**Waxy** p. Pot8os (Eclipse et Sportsmistress p. Sportsman) — Maria p. Herod — Lisette p.Snap (Snip et s. de Slip p. Fox) — Miss Windsor p Godolphin. Penelope p. **Trumpator** Conductor et Brunette p. Squirrel) — Prunella p. Highflyer (Herod) — Promise p. Snap — Julia p. Blank (Godelphin).
		Mandane (Alez.—1800)	Pot8os p. Eclipse (Marske et Spiletta p. Regulus) — Sportsmistress p. Sportsman (Cade) — Goldenlocks p. Oroonoko (Crab), etc. Young Camilla p. **Woodpecker** Herod et Miss Ramsden p. (Cade) — Camilla p. Trentham (Sweepstakes et Miss South) — Coquette, etc.
	GLEE (Baie—1873). Adventurer (Bai—1852). Newminster (B.—1848 Palma (Bb.—1840) Ratoplan (Al.—1850) Sweet Sound (Bbr.—1857). Hybla (B.—1846)	Touchstone (Bbr.—1831)	Camel p. Whalebone — f. de Selim — Maiden p. Sir Peter — f. de Phenomenon (Herod) — Matron p. Florizel — Maiden p Matchem, etc. Banter p. Master Henry — Boadicea p. Alexander (Eclipse) — Brunette p. Amaranthus (Old England et fille de Second)—Mayfly p. Matchem, etc.
		Beeswing (Baie—1833)	Dr Syntax p. Paynator (**Trumpator** et f. de Mark Antony) — f. de Beningbro' — Jenny Mole p. Carbuncle (Babraham Blank), etc. Fille d'Ardrossan (John Bull et Nantippe p. Eclipse — Miss Whip p. Volunteer (Eclipse et f. de Tartar) — Wimbleton p. Evergreen, etc.
		Emilius (Bai—1820)	Orville p. Beningbro' — Evelina p. Highflyer — Termagant p. Tantrum (Cripple p The Godolphin) — Cantatrice p Sampson, etc. Emily p. Stamford (Sir Peter) — f. de Whisky — Grey Dorimant p. Dorimant (Otho — Dizzy p. Blank — Dizzy p. Driver, etc.
		Francesca (Bbr—1839)	Partisan p. Walton (Sir Peter et Arethusa p. Dungannon) — Parasol p. Pot8os — Prunella p. Highflyer — Promise p. Snap — Julia p. Blank. Fille d'Orville — f. de Buzzard — Hornpipe p. Trumpator — Luna p. Herod — s. d'Eclipse — Proserpine p. Marske — Spiletta, etc.
		The Baron (Alez.—1842)	Birdcatcher p. Sir Hercules — Guiccioli p.Bob Booty — Flight p. Irish Escape — Young Heroine p. Bagot—Heroine p. Hero—s.de Regulus etc. Echidna p. Economist — Miss Pratt p. Blacklock — Gadabout p. Orville-Minstrel p. Sir Peter — Matron p. Florizel — Maiden p. Matchem, etc.
		Pocahontas (Baie—1837)	Glencoe p. Sultan—Trampoline p. Tramp — Web p. **Waxy** — Penelope p.**Trumpator**—Prunella p. Highflyer — Promise p.Snap—Julia p. Blank. Marpessa p. Muley (Orville et Eleanor p. Whisky)—Clara p. Marmion — Harpalice p. Gohanna — Amazon p. Driver— Fractions p. Mercury, etc.
		The Provost (Bbr.—1836)	The Saddler p. Waverley (Whalebone p. **Waxy**) — Castrellina p. Castrel — f. de **Waxy** — Bizarre p. Peruvian — Violante p. John Bull, etc. Rebecca p. Lottery (Tramp) — f. de Cervantes (Don Quixote) — Anticipation p. Beningbro' — Expectation p. Herod — f. de Skim, etc.
		Otisina (Bbr.—1837)	Liverpool p. Tramp — f. de Whisker (**Waxy**) — Mandane p. Pot8os — Y. Camilla p. Woodpecker — Camilla p. Trentham — Coquette, etc. Otis p. Bustard (Buzzard) — m. de Gayhurst p. Election (Gohanna) — s. de Skyscraper p. Highflyer — Everlasting p.Eclipse — Hycena, etc.

BRUCE

(APPARTIENT A L'ADMINISTRATION DES HARAS)

Pendant la saison de monte de 1893, Bruce sera en station au Pin, où il saillira trente cinq juments pur sang à raison de cent francs. S'adresser à M. le Directeur du Dépôt d'étalons, au Pin (Orne).

Bruce, par See Saw, est né en 1879, au haras de Marden Deer Park, chez M. Hume Webster; il est le neuvième produit de Carine, élevée par M. W. S. Crawfurd, qui a donné également Brown Bess avec Musket Bai, de taille moyenne (1m60), Bruce, avec son dos court, son rein large très fortement attaché, son arrière-main puissante, sa substance et ses jarrets un peu droits, est bâti en hunter et les aptitudes particulières qu'ont montrées plusieurs de ses produits dans les courses à obstacles confirment bien cette impression. Acheté par M. Rymill à la vente des yearlings de M. Webster, Bruce a couru quatre fois comme two year old (1881) et a gagné ses quatre courses, le Rous plate à Doncaster entre autres, et les Criterion Stakes au Houghton meeting de Newmarket, où il battait Fangh-a-Ballagh. Il n'avait pas rencontré d'adversaires bien redoutables, mais l'ensemble de ses performances dénotait une réelle qualité et en même temps son aptitude sur les longues distances. La production de 1879 est loin d'être une des meilleures qu'il y ait eu en Angleterre, et il partait parmi les favoris du Derby d'Epsom, où il faisait sa première course, à trois ans; il n'y figurait pas derrière Shotover, Quicklime et Marden. Cette défaite ne l'empêchait pas de partir favori dans le Grand Prix de Paris qu'il gagnait assez facilement sur Fénelon et Alhambra; Dandin, qui venait de faire dead heat avec Saint-James dans le Prix du Jockey-Club, était au nombre des chevaux battus. Comme son cadet, Little Duck, qui devait deux ans après triompher dans cette même épreuve, il y trouvait le terme de sa carrière. Il était mis au repos à son retour en Angleterre et était peu après retiré de l'entraînement. Il était dès l'année suivante (1883) envoyé au haras où on lui donnait quelques juments; son premier produit gagnant, Scottish Princess, courut en 1885. Il a donné, en outre, Robert-Bruce, Venture, Miss Ethel et Corbeille avant d'être acheté 75.000 francs à M. Rymill pour le compte de l'Administration des Haras, qui l'importa en France en 1885. Parmi les produits que Bruce a donné depuis nous citerons : Mandinet, Mobilisé, Silversmith, Bougie, Brucite, Séraphine II, Wandora (gagnants du prix de Diane de 1890), La Jeunesse, Sledge, Argenteuil, etc. Plusieurs de ses produits ont montré de grandes aptitudes pour les courses à obstacles. La mère de Wandora, Windfall, était fille de Favonius, par Parmesan; Source, mère de Séraphine II, est fille de Trocadéro.

BRUCE. — Par See-Saw et Carine
Appartient à l'Administration des Haras

PEDIGREE DE BRUCE

BRUCE (Bai—1879). Importé en 1885.	SEE-SAW (Bai—1865).	Buccaneer (Bbr. —1857).	Wild Dayrell (Bb. —1852)	Ion (Bai—1835)	Cain p. Paulowitz (Sir Paul et Evelina p). Highflyer) — fille de **Paynator** (Trumpator) — f. de Delpini (Highflyer) — f. de Y. Marske, etc. Margaret p. **Edmund** (Orville et Emmeline p. **Waxy**) — Medora p. **Selim** (Buzzard et f. d'Alexander) — fille de Sir Harry (Sir Peter).
				Ellen Middleton (Bbr. —1846)	Bay Middleton p. Sultan (**Selim** et Bacchante p. Williamsons' Ditto) — Cobweb p. Phantom — Filagree p. Soothsayer — Web p. **Waxy**, etc. Myrrha p. Malek (**Blacklock** et fille de Juniper p. **Whisky**) — Bessy p Y. Gouty — Grandiflora p. Sir Harry Dimsdale (Sir Peter).
			Fille de (Al.—1841)	Litle Red Rover (Alez.— 1827)	Tramp p. Dick Andrews (Joe Andrews et Amaranda p. Omnium, fils de Snap) — fille de Gohanna (Mercury) — Fraxinella p. Trentham. Miss Syntax p. Paynator (**Trumpator** et fille de Marc Antony) — fille de Beningbro' (King Fergus) — Jenny Mole p. Carbuncle (Babraham).
		Brocket (Bbr.—1850)		Eclat (Bbr.—1830)	**Edmund** p. **Orville**—Emmeline p. **Waxy** (Pot8os)—Sorcery p. Soothsayer (Trumpator)—Cobbea p. Stryscraper—fille de Woodpecker, etc. Squib p. Soothsayer (**Sorcerer** et **Golden Locks** p. Delpini)—Berenice p. Alexander — Brunette p. Amaranthus — Mayfly p. Matchem.
				Melbourne (Bbr.—1834)	**Humphrey Clinker** p. Comus (**Sorcerer** et Houghton Lass p. Sir Peter) — Clinkerina p. Clinker (Sir Peter) — Pewet p. Tandem (Syphon) etc. Fille de Cervantes (Don Quixote et Evelina p. Highflyer) — fille de Golumpus (Gohanna) — fille de Paynator (Trumpator) — s. de Zodiac. etc.
		Protection (B —1843)		Miss Slick (Baie—1843)	Muley Moloch p. Muley (**Orville** et Eleanor p. **Whisky**) — Nancy p. Dick Andrews (Joe Andrews) — Spitfire p. Beningbro'(King Fergus), etc. Fille de Whisker (**Waxy** et Penelope p. **Trumpator**) — fille de Sam (Scud p. Beningbro')— Morel p. Sorcerer (Trumpator) — Hornby Lass, etc.
	Margery Daw (Baie—1856)			Defence (Bai—1824)	Whalebone p. **Waxy** (Pot8os et Maria p. Herod) — Penelope p. **Trumpator** (Conductor) — Prunella p Highflyer — Promise p. Snap. Defiance p. Rubens (Buzzard et f. d'Alexander p. Eclipse) — Little Folly p. Highland Fling (Spadille) — Harriet p. Volunteer, etc.
				Testatrix (Baie—1840)	Touchstone p. Camel (Whalebone p. **Waxy**) — Banter p Master Henry (**Orville**) — Boadicea p. Alexander (Eclipse) — Brunette, etc. Y. Worry p. Emilius (**Orville** et Emily p. Stamford) — Worry p. Woful (**Waxy** et Penelope) — Sal (sœur de Sam) p. Scud — Hyale, etc.
	CARINE (Baie—1866).	Caterer ou Stockwell (Al.—1849)	The Baron (Al.—1842)	Birdcatcher (Alez.—1833)	Sir Hercules p. Whalebone (**Waxy**) — Peri p. Wanderer — Thalestris p. Alexander — Rival p Sir Peter (Highflyer) — Hornet p. Drone, etc. Guiccioli p. Bob Booty (Chanticleer p. Woodpecker) — Flight p. Irish Escape — Y. Heroine p. Bagot — Heroine p. Hero (Cade), etc.
				Echidna (Bbr.—1837)	Economist p. Whisker (**Waxy** et Penelope) — Floranthe p. Octavian — Caprice p. Anvil — Madcap p. Eclipse — fille de Blank. Miss Pratt p. Blacklock (Whitelock — Gadabout p. **Orville** — Minstrel p. Sir Peter — Matron). Florizel — Maiden p Matchem.
			Teddington (A.—1848) Porcelouses (B —1837)	Glencoe (Alez.—1833)	Sultan p. **Selim** Buzzardi — Bacchante p Williamsons' Ditto — sœur de Calomel p. Mercury — f. d'Herod — Folly p. Marske (Squirt), etc. Trampoline p. Tramp (Dick Andrews et f. de **Gohanna**) — Web p **Waxy** — Penelope p. **Trumpator** — Prunella p. Highflyer—Promise p. Snap.
				Marpessa (Baie—1830)	Muley p. **Orville** — Eleanor p. **Whisky** (Saltram p. Eclipse) — Y. Giantess p. Diomed (Florizel et f. de Spectator) — Giantess p. Matchem. Clare p. Marmion (**Whisky** et Y. Noisette p. Diomed) — Harpalice p. **Gohanna** — Amazon p Driver (Trentham) — Fractions p Mercury.
	Mayonaise (Baie—1856)			Orlando (Bai—1841)	Touchstone p. Camel (Whalebone p. **Waxy**) — Banter p. Master Henry — Boadicea p. Alexander (Eclipse) — Brunette p Amaranthus. Vulture p. Langar — Kite p Bustard (Castid) — Olympia p. Sir Oliver (Sir Peter) —Scotilla p Anvil — Scota p Eclipse — Harmony p Herod.
				Miss Twickenham (Alez.—1838)	Rockingham p **Humphrey Clinker** (Comus et Clinkerina). — Medora p. Swordsman (Buffer) p. Pr ze Fighter) — f. de **Trumpator** — Peppermint. Electress p. Election (Gohanna et Chesnut Skim) — f. de Stamford — Miss Judy p. Alfred — Manilla p. Goldfinder — f Old England.
		Picnic (B —1848)		Glaucus (Bai—1830)	Partisan p. Walton (Sir Peter) — Parasol p. Pot8os — Prunella p. Highflyer — Promise p. Snap — Julia p Blank — m. de Spectator, etc. Nanine p. **Selim** — Bizarre p. Peruvian (Sir Peter) — Violante p. John Bull — s. de Skyscraper p. Highflyer — Everlasting p. Eclipse, etc.
				Estelle (Baie—1836)	Brutandorf p. **Blacklock** (Whitelock et f. de Coriander) — Mandane p. Pot8os — Y. Camilla p. Woodpecker — Camilla p Trentham, etc. Fille de Juniper (**Whisky** et Jenny Spinner p. Dragon, f. de Regulus) — f. de Sorcerer — f. de Virgin p. Sir Peter — f. de Pot8os — Editha p. Herod.

CAMBYSE

(APPARTIENT A M. LE COMTE FOY, A BARBEVILLE, PRÈS BAYEUX, CALVADOS)

Pendant la saison de monte de 1893, Cambyse sera en station au haras de Barbeville (Calvados), où il saillira un certain nombre de juments, en dehors de celles de son propriétaire, à raison de cinq cents francs, plus 20 francs pour l'écurie. S'adresser à M. E. Pawels, 85, faubourg Saint-Honoré, à Paris.

Cambyse, par Androclès, est né en 1884 chez M. le baron Gérard, qui le vendit yearling à M. le comte Foy, en même temps que sa mère, Cambuse, dont il est le troisième produit et qui a été élevée chez M. Edouard André. Cambyse est un grand cheval bai, il a 1m 64, un peu enlevé, très fortement charpenté, avec une poitrine bien descendue; il couvrait beaucoup de terrain dans sa foulée, bien que son action fût un peu lourde. Il fit ses débuts en 1886 dans le prix du Premier Pas, à Caen, où, très vert encore, il n'était pas placé derrière Speranza et Guadiana; il ne figurait pas davantage dans le prix des Chênes, à Paris, derrière Concordia, ni dans le prix du Blaison, à Chantilly, gagné par Krakatoa. A trois ans, Cambyse commençait la campagne en battant facilement Bouvreuil II dans le prix de Neuville, à Maisons-Laffitte. Il gagnait ensuite, à Longchamps, le prix des Cars, mais sur les 1.700 mètres du prix de Sèvres, trop courts pour lui, il était battu par Caustique et Muffin. Dans le prix du Printemps, il perdait la course d'une tête, après une lutte superbe avec Pic, devançant de loin Alger; il gagnait ensuite le prix du Champ-de-Mars, où il n'avait d'ailleurs rien à battre. A Chantilly, il prenait la seconde place dans le prix d'Apremont, entre Firmament et Barberine, et faisait trois jours après, dans le handicap de la Pelouse, la plus belle course de sa carrière, battant dans un canter, avec 52 kilos 1/2, tout le lot qui lui était opposé, et qui comprenait, entre autres, Alger (4 a., 62 kil. 1/2) et Escarboucle. Le prestige que lui assurait cette victoire lui permettait d'enlever sans lutte, sans opposition sérieuse tout au moins, les prix de Victot, d'Escoville, de Deauville, de la Néva et d'Ispahan, à la réunion d'été de Longchamps. Il devait néanmoins perdre la meilleure partie de sa forme dans ces cinq épreuves courues en onze jours. A l'automne, il était successivement battu par Gournay, Indécis, et enfin par Achéron dans le prix de Villeron, où il parut pour la dernière fois en public. Cette puissante machine exigeait pour être mise en mouvement une force d'impulsion qu'il ne possédait plus; le comte de Berteux, qui avait loué sa carrière de courses, le retira très judicieusement de l'entraînement et le renvoya à Barbeville, où il fait la monte depuis 1889.

PEDIGREE DE CAMBYSE

CAMBYSE (Bai—1884)	ANDROCLES (Bai-Brun—1870) / Dollar (Bai—1860) / The Flying Dutchman (B. b 1846)	Bay Middleton (Bai—1833)	Sultan p. **Selim** (Buzzard et f. d'Alexander) — Bacchante p. Williamsons' Ditto — s de Calomel p. Mercury (Eclipse) — f. d'Herod — Folly p. Marske. Cobweb p. **Phantom** (Walton et Julia p. Whisky) — Filagree p. Soothsayer (Sorcerer) — Web p. Waxy — Penelope p. Trumpator, etc.
		Barbelle (Baie—1836)	Sandbeck p. **Catton** (Golumpus et Lucy Grey p. Timothy) — Orvillina p. Beningbro' — Evelina p. Highflyer — Termagant p. Tantrum, etc. Barioletta p. Amadis (Don Quixote et Fanny p. Sir Peter) — Selima p. Selim — f. de Pot8os — Editha p. Herod — Elfrida p. Snap, etc.
		Slane (Bai—1833)	**Royal Oak** p. **Catton** (v. plus haut) — f. de Smolensko (Sorcerer) — Lady Mary p. Beningbro' (King Fergus) — fille d'Highflyer — f. de Marske. Fille d'Orville (Beningbro' et Evelina p. Highflyer) — Epsom Lass p. Sir Peter (Highflyer) — Alexina p. King Fergus — Lardella p. Y. Marske.
	Alabama (Bai-Brune—1863) / Payment (Al. 1848)	Receipt (Alez.—1836)	Rowton p. Oiseau (Camillus et f. de Ruler) — Katharina p. Woful — Landscape p. Rubens — Irish p. Brush (Eclipse) — f. d'Herod, etc. Fille de Samp (Scud et Hyale p Phenomenon) — Morel p. Sorcerer (Trumpator et Y. Giantess) — Hornby Lass p. Buzzard — Puzzle p. Matchem.
		Tory (Baie—1837)	Paulus p. **Emilius** (Orville et Emily p. Stamford) — Fille de Joie p. Filho da Puta — f. de Paynator — f. de Delpini — f. de Y. Marske, etc. Maid of the Oaks p. Brutandorf (Blacklock et Mandane p Pot8os) — f. de Smolensko — Lady Mary p Beningbro' — f. d'Highflyer, etc.
	Admiralty (B. 1855) / Light ou Serious (B. 1854)	Semiseria (Bbr.—1840)	Voltaire p. Blacklock (Whitelock et f. de Coriander) — f. de **Phantom** (v. plus haut) — f. d'Overton — m. de Gratitude p. Walnut — f. de Ruler. Comedy p. Comus (Sorcerer et Houghton Lass) — f. de Star (Highflyer et f. de Snap) — f. de Y. Marske (Marske et de Blank), etc.
		Collingwood (Bai—1843)	Sheet Anchor p. Lottery (Tramp et Mandane p. Pot8os) — Morgiana p. Muley — Miss Stevenson p. Sorcerer — s. de Petworth p Precipitate, etc. Kalmia p Magistrate (Camillus et Lady Rachel p. Stamford) — Zephyrina p. Middlethorpe (Shuttle) — Pagode p. Sir Peter (Highflyer), etc.
		Black-Bird (Noire—1843)	Plenipotentiary p. **Emilius** (Orville et Emily p. Stamford) — Harriet p. Pericles (Evander et f. de Precipitate — f. de Selim (Buzzard), etc. Volage p. Waverley (**Whalebone** et Margaretta p. Sir Peter) — f. de Catton — Henrietta p. Sir Salomon — s. d'Olive p. Woodpecker, etc.
	CAMBUSE (Baie—1877) / Campêche (Baie—1870) / Plutus (Bai—1853) / Trumpeter (Al. 1858)	Orlando (Bai—1841)	Touchstone p. Camel (**Whalebone** et f. de **Selim**) — Banter p. Master Henry — Boadicea p. Alexander — Brunette p. Amaranthus, etc. Vulture p. Langar (**Selim** et f. de Walton) — Kite p. Bustard (Castrel) — Olympia p. Sir Oliver — Harmony p. Herod — Rutilia p. Blank, etc.
		Cavatina (Alez.—1845)	Redshank p. Sandbeck **Catton** et Orvillina p. Beningbro') — Johanna p. Selim — m. de Comical p. Skyscraper — f. de Dragon — m. de Fidget. Oxygen p. **Emilius** (Orville et Emily p. Stamford) — Whizgig p. Rubens — Penelope p. Trumpator — Prunella p. Highflyer — Promise p. Snap.
		Planet (Bai—1844)	Bay Middleton p. **Sultan** (Selim et Bacchante) — Cobweb p. Phantom (Walton) — Filagree p. Soothsayer (Sorcerer) — Web. p. Waxy, etc. Plenary p. **Emilius** (Orville) — Harriet p. Pericles (Evander) — f. de Selim — Pipylina p Sir Peter — Rally p. Trumpator — Fanny, etc.
		Alice Bray (Baie—1848)	Venison p. **Partisan** (Walton et Parasol p. Pot8os) — Fawn p. Smolensko (Sorcerer) — Jerboa p. Gohanna — Camilla p. Trentham, etc. Darkness p. Glencoe (**Sultan** et Trampoline p. Tramp) — Fanny p. Whisker (Waxy) — f. de Camillus (Hambletonian), etc.
	Fille de (B. 1861)	The Nabob (Bai—1849)	The Nob p. Glaucus (**Partisan** et Nanine p. **Selim**) — Octave p. **Emilius** (Orville) — Whizgig p. Rubens (Buzzard) — Penelope p. Trumpator. Hester p. Camel (**Whalebone** et f. de **Selim**) — Monimia p Muley (Orville) — s. de Petworth p Precipitate (Mercury) — f. de Woodpecker.
	Cantonnade (B. 1860) / Vermout (B. 1841)	Vermeille (ex *Merveille*) (Alez.—1858)	The Baron p. Birdcatcher (Sir Hercules et Guiccioli) — Echidna p. Economist (Whisker) — Miss Pratt p. Blacklock — Gadabout p. Orville. Fair Helen p. Priam (**Emilius** et Cressida p. Whisky) — Dirce p. **Partisan** (Walton) — Antiope p. Whalebone (Waxy) — Amazon p. Driver, etc.
		Allez-y-Gaîment (Bai—1852)	The Emperor p. Defence (**Whalebone** et Defiance p. **Rubens**) — f. de Reveller — Defiance p. Tramp — Defiance p. Rubens, etc. Francesca p. Cadland ou Roya. Oak* (v. au-dessus) — Anna p. Godolphin (Partisan et Ridicule p. Shuttle) — Barrosa p. Vermin — Nike p. Alexander.
		Agar (Alez.—1850)	Sting p. Slane (**Royal Oak** et f. d'Orville) — Echo p. **Emilius** — f. de Scud (Beningbro') — Canary Bird p. Sorcerer — Canary p. Coriander, etc. Georgina p Rainbow (Walton et Irish p. Brush) — Leopoldine p. Hedley (Sir Peter) — Gramaric p. Sorcerer — f. de Sir Peter — Deceit p Tandem.

CASTILLON

(APPARTIENT A L'ADMINISTRATION DES HARAS)

Pendant la saison de monte de 1833, Castillon sera en station dans la circonscription du dépôt de Tarbes, où il saillira quarante juments de pur-sang anglais à raison de quarante fr. S'adresser à M. le Directeur du Dépôt d'étalons, à Tarbes (Hautes-Pyrénées)

CASTILLON, par Gabier, est né en 1877 à Dangu, chez le comte de Lagrange; il est le premier produit de Chimène, née à Dangu également, qui a donné Camériste avec Ventre-Saint-Gris, Courtoisie et Cristal avec Le Destrier et est morte à Lonray en 1887. Bai, avec une balzane postérieure gauche, Castillon a une bonne avant-main, de la longueur, des rayons assez étendus et de bons aplombs ; sa taille est de 1^m 61. Il fit sa première course, à trois ans, dans le Derby de l'Est, à Reims, qu'il gagna facilement; il battait ensuite, dans le prix de Lutèce, à Paris, Milan II, Venise et Louis-d'Or, gagnait le prix de la Seine, sur Brie et Ismaël, battait Fitz Plutus et Mourle dans la Coupe et, enfin, Vignemale dans le prix du Printemps. A Chantilly, dans le prix d'Apremont, il devait se contenter de la troisième place derrière Le Destrier et Bête-à-Chagrins, mais cette défaite était suivie de cinq victoires : à Paris dans les prix Seymour et d'Ispahan, à Rouen dans la Poule d'Essai, à Beauvais dans le Grand Prix, et et enfin au Pin, où il faisait un walk-over, dans le Derby. Battu pour la seconde fois, dans le Grand Prix de Deauville, par Le Destrier, auquel il rendait six livres, il terminait la saison en enlevant le prix d'Octobre sur Versigny et le prix de la Forêt, couru à cette époque sur 1.600 mètres, où il rencontrait encore la gagnante du prix de Diane, Versigny. A quatre ans (1881), il était de nouveau battu par le Destrier dans la Coupe, mais gagnait le prix du Printemps, puis le prix d'Apremont à Chantilly, sur Clélie et Versigny. Battu par Tristan, dans le prix de Deauville, à la réunion d'été de Paris, puis par Alphonsine dans le prix d'Ispahan, il gagnait le prix du Conseil Municipal à Rouen, le Grand Prix de Beauvais, s'effaçait devant sa camarade d'écurie, Frondeuse, dans le prix Principal à Caen, puis il enlevait le lendemain le prix Hors Série sur Bariolet et gagnait, successivement, à Deauville, le prix Principal sur La Flandrie, le prix de Longchamps sur Alphonsine et Perplexité et le Grand Prix de Deauville, où, portant 62 kilos 1/2, il devançait de dix longueurs Alphonsine et Tristan (3 a., 53 kilos) troisième au même intervalle. Ce brillant succès était suivi de trois nouvelles victoires, dans le prix de Bois-Roussel à Fontainebleau, le prix de Chantilly et le prix d'Octobre où il battait Bariolet ; enfin dans le prix de la Forêt, il finissait troisième derrière deux two year olds, Péronne et Fleur-de-Mai, battant Beauminet et Versigny. Ce fut sa dernière apparition en public. Il avait couru trente fois, montrant une égale aptitude sur tous les parcours, vingt-trois fois vainqueur, six fois placé, gagnant 296.000 francs d'argent public. Acheté 40.000 francs au comte de Lagrange par l'Administration des Haras, en 1882, Castillon a été envoyé dans le Midi au dépôt de Pau-Geloz, puis à celui de Tarbes, où il a donné entre autres : Blanc-Bec, Idéal, Sergent-Major, Hydrogène, Satire, Jamais, etc., sans compter un certain nombre d'anglo-arabes d'excellent ordre, comme Castillan, par exemple.

PEDIGREE DE CASTILLON

CASTILLON (Bai—1877).	GABIER (Alezan—1867).	Pretty Boy (Alezan—1853).	Isle Boy (Alez.—1846)	Saint Martin (Bbr.—1835)	Actæon p. Scud (**Beningbro'** et Eliza p. Highflyer) — Diana p. Stamford (Sir Peter)—f. de Whisky (Saltram) — Grey Dorimant p. Dorimant, etc. Galena p. **Walton** (Sir Peter et Arethusa p. Dungannon) — Comedy p. Comus (Sorcerer p. Trumpator et Houghton Lass p. Sir Peter), etc.
				Peggy Sands (Baie—1840)	**Velocipede** p. **Blacklock** (Whitelock et f. de Coriander) — f. de Juniper (Whisky)—f. de Sorcerer(Trumpator)—Virgin p. Sir Peter—f. de Pot8os. Proserpine p. Rhadamanthus (Camillus et Lady Rachel p. Stamford)—f. de Sir Peter(Highflyer)—Eaton Lass p. Pot8os—f. d'Highflyer—f. de Snap.
		Lena (Al.—1842)	Glaucus (Bai—1836)		Partisan p. **Walton** (Sir Peter) — Parasol p. Pot8os — Prunella p. Highflyer — Promise p. Snap — Julia p. Blank — m. de Spectator p. Partner. Nanine p. Selim — Bizarre p. Peruvian (Sir Peter) — Violante p. John Bull — s. de Skyscraper p. Highflyer — Everlasting p. Eclipse, etc.
			Zillah (Baie—1835)		Reveller p. Comus **Sorcerer** p. Trumpator et Houghton Lass p. Sir Peter) — Rosette p. Beningbro' (King Fergus) — Rosamond p. Tandem, etc. Morisca p. Morisco (Muley et Aquilina p. Eagle) — Waltz p. Election (Gohanna) — Penelope p. Trumpator — Prunella p. Highflyer, etc.
		Batwing (Bbr.—1846).	Pantaloon (Alez.—1819)	Castrel Alez.—1801	Buzzard p. Woodpecker (Herod et Miss Ramsden p. Cade) — Misfortune p. Dux (Matchem) — Curiosity p. Snap — f. de Regules (Godolphin). Fille d'**Alexander** (Eclipse et Grecian Princess p. Forester) — f. d'Highflyer (Herod) — f. d'Alfred Matchem) — f d'Enginer p. Sampson, etc.
				Idalia Alez.—1815	Peruvian p. Sir Peter (Highflyer) — f. de Boudrow (Eclipse) — m. d'Escape p. Squirrel (Traveller et Grey Bloody Buttocks p. Bloody Buttocks. Musidora p. Meteor (Eclipse et f. de Merlin p. Second) — Maid of All Work p. Highflyer — s. de Tandem p. Syphon — f. de Regulus (Godolphin).
			Retort (Bb.—1816)	Camel (Noir—1822)	Whalebone p. Waxy Pot8os et Maria p. Herod, — Penelope p. Trumpator (Conductor) — Prunella p. Highflyer — Promise p. Snap.—Julia p. Blank. Fille de Selim (Buzzard et f. d'Alexander) — Maiden p. Sir Peter — f. de Phenomenon—Matron p. Florizel — Maiden p. Matchem — f. de Squirt.
				Banter (Bbr.—1826)	Master Henry p. **Orville** (Beningbro' et Evelina p. Highflyer — Miss Sophia p. Stamford (Sir Peter p. Highflyer) — Sophia p. Buzzard, etc. Boadicea p. **Alexander** (Eclipse et Grecian Princess p. Forester) — Brunette p. Amaranthus — Mayfly p. Matchem. — f. d'Ancaster Starling.
	CHIMENE (Baie—1859).	Monarque (Bai—1852).	Sting (Bb.—1843)	Slane (Bai—1833)	Royal Oak p. Catton (Golumpus et Lucy Grey) — fille de Smolensko — Lady Mary p. Beningbro' (King Fergus)—f. d'Highflyer—f. de Marske. Fille d'**Orville** (Beningbro' et Evelina p. Highflyer) — Epsom Lass p. Sir Peter — Alexina p. King Fergus (Eclipse) — Lardella p. Y. Marske.
				Echo (Baie—1828)	Emilius p. **Orville** Beningbro' et Evelina p. Highflyer) — Emily p. Stamford (Sir Peter p. Highflyer) — f. de Whisky (Saltram), etc. Fille de Scud (**Beningbro'** et Eliza p. Highflyer) — Canary Bird p. Sorcerer — Canary p. Coriander — Miss Green p. Highflyer — Harriet.
			Poetess (B.—1838)	Royal Oak (Bar—1823)	Catton p. Golumpus (Gohanna et Catherine p. Woodpecker) — Lucy Grey p. Timothy — Lucy p. Florizel — Frenzy p. Eclipse—fille d'Enginer. Fille de Smolensko (Sorcerer et Wowski p. Mentor) — Lady Mary p. Beningbro' — fille d'Highflyer — fille de Marske, etc.
				Ada (Baie—1824)	Whisker p. Waxy (Pot8os et Maria p. Herod) — Penelope p. Trumpator — Prunella p. Highflyer — Promise p. Snap — Julia p. Blank, etc. Anna Bella p. Shuttle (Y. Marske et Vauxhall Snap mare) — f. de Drone — Confessina p. Young Marske — Tuberose p. Herod, etc.
		Championette (Baie—1808).	Partisan (B.—1829)	Launcelot (Bbr.—1837)	Camel p. Whalebone (Waxy et Penelope p. Trumpator) — f. de Selim (Buzzard) — Maiden p. Sir Peter—f. de Phenomenon—Matron p. Florizel. Banter p. Master Henry **Orville** et Miss Sophia p. Stamford) — Boadicea p. **Alexander** — Brunette p. Amaranthus — Mayfly p. Matchem, etc.
				Partlet (Alez.—1849)	Birdcatcher p. Sir Hercules (Whalebone et Peri p. Wanderer) — Guiccioli p. Bob Booty (Chanticleer) — Flight p. Irish Escape, etc. Gipsy p. Tramp (Dick Andrews et f. de Gohanna) — f. d'**Orville** (**Beningbro'**) — f. de Wizard — Lisette p. Hambletonian, etc.
			Little Fawn (B.—1819)	Venison (Bbr.—1833)	Partisan p. **Walton** (Sir Peter) — Parasol p. Pot8os — Prunella p. Highflyer — Promise p. Snap. — Julia p. Blank, etc. Fawn p. Smolensko (**Sorcerer** p. Trumpator) — Jerboa p. Gohanna — Camilla p. Trentham (Sweepstakes) — Coquette p. the Compton Barb.
				Lady Sarah (Alez.—1841)	**Velocipede** p. **Blacklock** (Whitelock et f. de Coriander) — f. de Juniper (Whisky et Jenny Spinner) — f. de Sorcerer (Trumpator) — Virgin, etc. Lady Moore Carew p. Tramp (Dick Andrews et f. de Gohanna) — Kite p. Bustard (Castrel) — Olympia p. Sir Oliver (Sir Peter) — Scotilla, etc.

CHALET

(APPARTIENT A M. LE COMTE LE MAROIS, CH. DE LONRAY (ORNE)

Pendant la saison de monte de 1893, Châlet sera en station au haras de Lonray, près d'Alençon (Orne), où il saillira plusieurs juments (en dehors de celles de son propriétaire) à raison de 1.200 francs, plus 20 francs pour l'écurie. Il saillira en outre, gratuitement, huit juments ayant gagné ou produit le gagnant d'un prix de dix mille francs. S'adresser à M. le comte Le Marois, 119, rue de l'Université, à Paris.

CHALET, par Beauminet, est né en 1887, au haras de Pepinvast, chez le comte Le Marois ; il est le quatrième produit de the Frisky Matron, née en Angleterre chez M. H. Cooper et importée en 1882 par M. Léon Roussel, qui a donné également La Pernelle avec Péregrine. Châlet est un cheval bai de grande taille, 1m68, très fortement charpenté avec une très belle arrière-main, de la substance et de bons aplombs. Il a couru pour la première fois au printemps de 1890, dans le prix de Sèvres, à Paris, qu'il gagnait sur Pré-Catelan. Bon troisième dans le prix Daru, derrière Flibustier et Pourpoint, mais devant Le Glorieux, il battait ensuite Cerbère dans le prix Reiset. Il n'était pas placé dans le prix du Jockey-Club gagné par Heaume, courait sans figurer à deux reprises à la réunion d'été à Paris, et n'était guère plus heureux à Caen et à Deauville ; il avait toutefois pris la seconde place derrière Livie II, dans le prix de la Société d'Encouragement, à Caen, où il battait Nativa. A l'automne, Châlet préludait par une victoire sur Wandora et Yellow, dans le prix de Cheffreville, au plus beau succès de sa carrière de courses qu'il remporta dans le prix de la Forêt, où il battit d'une tête Laurier, alors dans sa meilleure forme, Wandora et May Pole. Sa défaite subséquente par Tantale et Magpie à Maisons-Laffitte ne peut être acceptée comme régulière. Il commençait sa quatrième année dans la Coupe, qu'il courait très vert encore et où il était battu par Barberousse, mais il remportait ensuite six victoires successives, battant notamment dans le prix Hédouville, à Chantilly, Béranger, Zambo, Livie II et Wandora ; puis il faisait dead heat avec Yellow, dans le prix d'Escoville et battait une seconde fois Béranger dans le prix de Bel-Ébat, à la réunion d'été de Longchamps ; il battait enfin Dourak dans le prix de la Jonchère. En 1892, après une défaite par Vertige à Maisons-Laffitte, où il courait en demi-condition, il battait La Chesnay et Miroir-de-Portugal dans le prix d'Escoville (1.700 mètres) à Paris, et était peu après retiré de l'entraînement. Il avait couru vingt fois, gagné dix courses et fini quatre fois placé, montrant une prédilection marquée pour les parcours moyens. Il commence en 1893 sa carrière d'étalon.

PEDIGREE DE CHALET

CHALET (Bai—1887)	BEAUMINET (Bai—1877)	Beauty (Bbr.—1865)	Flageolet (Alezan—1870)	Trumpeter (Alez.—1850)	Orlando p. **Touchstone** (Camel et Banter) — Vulture p. Langar (Selim) — Kite p. Bustard — Olympia p. Sir Oliver — Harmony p. Herod, etc. Cavatina p. Redshank (Sandbeck et Johanna) — Oxygen p. Emilius (**Orville**) — Whizgig p. Rubens — Penelope p. Trumpator (Conductor), etc.
				Fille de (Baie — 1853)	Planet p. Bay Middleton (Sultan et Cobweb) — Plenary p. Emilius (**Orville**) — Harriet p. Pericles — f. de Selim — Pipylina p. Sir Peter. Alice Bray p. Venison (**Partisan** et Fawn p. Smolensko) — Darkness p. Glencoe (Sultan) — Fanny p. Whisker (Waxy) — f. de Camillus, etc.
			La Favorite (B.—1863)	Monarque (Bai—1852)	The Baron, The Emperor ou Sting*p. Slane (Royal Oak et f. d'**Orville**) — Echo p. Emilius (**Orville**) — f. de Scud — Canary Bird, etc. Poetess p. Royal Oak (**Catton** et f. de Smolensko) — Ada p. Whisker (**Waxy**) — Anna Bella p. Shuttle — f de Droue — Contessina, etc.
				Constance (Alez.—1848)	Gladiator p. **Partisan** (Walton et Parasol p. Pot8os) — Pauline p. Moses — Quadrille p. Selim — Canary Bird p. Sorcerer, etc. Lanterne p. Hercule (Rainbow et Aimable p. Election) — Elvira p. Eryx (Milo) — Coral p. Orville — Fairing p. Waxy, etc.
		Knowsley (Bb.—1859)	Plunus (B.—1863)	Stockwell (Alez.—1849)	The Baron p. Birdcatcher — Echidna p. Economist (Whisker) — Miss Pratt p. Blacklock — Gadabout p. Orville — Minstrel p. Sir Peter, etc. Pocahontas p. Glencoe — Marpessa p. Muley — Clare p. Marmion. — Harpalice p. Gohanna — Amazon p. Driver, etc.
				Fille de (Baie — 1853)	Orlando p. **Touchstone** (Camel et Banter) — Vulture p. Langar (Selim) — Kite p. Bustard — Olympia p. Sir Oliver — Harmony p. Herod, etc. Brown Bess p. Camel (Whalebone et fille de Selim) — f. de Brutandorf — Miss Cruikshanks p. Welbeck — m. de Tramp — f. de Whisker, etc.
		Bargain (Bbr.—1860)		Barnton (Bai—1844)	Voltaire p. **Blacklock** (Whitelock) — fille de Phantom — fille d'Overton — m. de Gratitude p. Walnut — f. de Ruler — Pirachanta, etc. Martha Lynn p. Mulatto (**Catton**) — Leda p. Filho da Puta — Treasure p. Camillus — fille d'Hyacinthus — Flora p. King Fergus — Atalanta.
				Kernel (Baie — 1850)	Nutwith p. Tomboy (Jerry et m de Beeswing p. Ardrossan) — f. de Comus (Sorcerer) — m. de Plumper p. Delpini — Miss Mustan, etc. Green Mantle p. **Sultan** (Selim et Bacchante p. Williamsons' Ditto) — Dulcinea p. Cervantes — Regina p. Moorcock — f. de Rally, etc.
	THE FRISKY MATRON (Alezane—1879)	Cremorne (Bai—1869)	Parmesan (Bbr.—1864)	Sweetmeat (Bbr.—1842)	Gladiator p. **Partisan** (Walton) — Pauline p. Moses — Quadrille p Selim (Buzzard et f. d'Alexander) — Canary Bird p. Sorcerer — Canary. Lollypop p. Voltaire (**Blacklock**) — Belinda p. Blacklock — Wagtail p Prime Minister (Sancho et Miss Hornpipe) — f. d'**Orville**, etc.
				Gruyère (Baie—1851)	Verulam p. Lottery (Tramp) — Wire p. **Waxy** (Pot8os) — Penelope p. Trumpator — Prunella p. Highflyer — Promise p. Snap, etc. Jennala p. Touchstone — Emma p. Whisker (**Waxy**) — Gibside Fairy p. Hermes — Vicissitude p Pipator (Trumpator) — Beatrice, etc.
		Rigolboche (Al.—1859)	The Marquis (Al.—1863)	Rataplan (Alez.—1850)	The Baron p. Birdcatcher — Echidna p Economist — Miss Pratt p. Blacklock — Gadabout p Orville — Minstrel p. Sir Peter — Matron. Pocahontas p. Glencoe — Marpessa p. Muley — Clare p. Marmion. Harpalice p. Gohanna — Amazon p. Driver — Fractious p. Mercury.
				Fille de (Baie—1843)	Gardham p. Falcon (Interpreter et Miss Newton p. Delpini) — Muta (s. de Lottery) p. Tramp — Maadane p. Pot8os — Y. Camilla, etc. Fille de Langar (Selim et f. de Walton) — s. de Busto p. Clinker — Bronze (s. de Castrel) p. Buzzard — f. d'Alexander — f. d'Highflyer.
		May-Duc en (Bb.—1863)	May Fair Alezane—1872)	Stockwell (Alez.—1849)	The Baron p. Birdcatcher (Sir Hercules et Guiccioli) — Echidna p. Economist (Whisker) — Miss Pratt p. **Blacklock** — Gadabout p. Orville. Pocahontas p. Glencoe (**Sultan** et Trampoline p. Tramp) — Marpessa p. Muley — Clare p. Marmion — Harpalice p. Gohanna — Amazon, etc.
				Ciniselli (Baie—1842)	Touchstone p. Camel (Whalebone et f de Selim) — Banter p. Master Henry — Boadicea p. Alexander — Brunette p. Amaranthus, etc. Brocade p. Pantaloon (Castrel et Idalia p. Peruvian) — Bombasine p. Thunderbolt (f. de Smolensko) — Delta p. Alexander — Isis, etc.
				Trumpeter Alez.—1850	Orlando p. Touchstone (Camel et Banter p Master Henry) — Vulture p. Langar (Selim) — Kite p Bustard — Olympia p. Sir Oliver, etc. Cavatina p. Redshank (Sandbeck et Johanna p. Oxygen p. Emilius — Whizgig p. Rubens — Penelope p. Trumpator — Prunella, etc.
				May Bell (Baie—1853)	Hetman Platoff p Brutandorf (**Blacklock** et Mandane p. Pot8os) — f. de Comus (Sorcerer) — Marciana p Stamford — Marcia p Coriander. Fille de Sultan (Selim et Bacchante) — Salute p. Muley — Dulcamara p. **Waxy** — Witchery p. Sorcerer — Cobbea p. Skyscraper, etc.

1893 — 1

CHITRÉ

(APPARTIENT A L'ADMINISTRATION DES HARAS)

Pendant la saison de monte de 1893, Chitré sera en station au haras de Sainte Eulalie, près Hyères, chez M. le comte de David-Beauregard, où il saillira vingt-cinq juments de pur-sang anglais à raison de vingt francs. S'adresser à M. le Directeur du Dépôt d'étalons de Perpignan (Pyrénées-Orientales).

CHITRÉ, par Trocadéro, est né en 1880, chez M. Léon Aumont, qui le céda, yearling, à M. Paul Aumont ; il est le sixième produit de Sée (ex la Céé), née chez M. Médéric du Bouëxic, qui a donné également Hottot avec Trocadéro, Milan II avec don Carlos et Sensitive avec Mourle. Alezan, avec une petite balzane postérieure gauche, de bonne taille, 1m 62, Chitré est compact, près de terre, puissamment charpenté, mais ses membres, ses jarrets surtout, laissent beaucoup à désirer comme netteté. Il a fait sa première apparition en public dans le prix de Villers à Deauville, où il battait assez difficilement Rinaldo et Ladislas. Le surlendemain, il enlevait avec une extrême aisance le prix de Deux Ans, battant entre autres Vernet, Rinaldo, Stockholm et Sauveteur ; il avait évidemment été le premier jour déconcerté par la rapidité du déboulé. Il battait ensuite Stockholm à Fontainebleau dans le troisième Critérium et gagnait à l'automne le prix de la Forêt (1.600 m.), où il avait très facilement raison de Verte-Bonne et de Farfadet. A trois ans, Chitré commençait la saison en courant indifféremment le prix Greffulhe gagné par Farfadet ; second derrière Frontin dans le prix Fould, il enlevait successivement le prix de Courbevoie sur Le Piégeur, qui venait de gagner le prix du Prince de Galles, et le prix des Acacias sur Bric-à-Brac ; second derrière Friandise dans le prix de Victot, il gagnait très facilement, à la réunion d'été de Paris, le prix du Cèdre et le prix Seymour, puis battait de loin Marius dans le Grand Prix de la Ville, à Lyon ; à Rouen, où il était alors envoyé, Farfadet lui faisait subir un nouvel échec dans le prix du Conseil Municipal. Deux walk over, au Pin, dans le prix du Ministère, et à Caen, dans le Prix Spécial, précédaient sa victoire facile sur Le Japonais et Ganimède dans le prix Hors Série sur ce dernier hippodrome ; moins heureux à Deauville, il était battu par Questure, dans le prix du Chemin de Fer, et ne figurait pas, avec 54 kilos 1/2, dans le Grand Prix gagné par Tristan et où sa camarade d'écurie, Mademoiselle de Senlis, finissait troisième derrière Friandise. Non placé dans le prix d'Octobre gagné par Azur, il finissait encore derrière le cheval du comte de Lagrange dans le prix du Prince d'Orange, puis dans le prix de la Forêt, qui était, cette année-là (1883), couru pour la dernière fois sur 1.600 mètres. Chitré courait une seule fois en 1884 dans le prix de Courbevoie, où il n'était pas placé derrière Friandise, Barbery et Le Piégeur ; il avait alors perdu toute sa forme et il était peu après retiré de l'entraînement. A la fin de l'année, l'Administration des Haras l'achetait 60.000 francs à M. Aumont, et il commençait à faire la monte au printemps de 1885 ; on ne lui a donné jusqu'ici que peu de juments pur-sang et en dehors de Véra, son premier produit gagnant, il n'y a guère à citer, parmi les autres, que Veracity.

PEDIGREE DE CHITRÉ

CHITRÉ (Alezan—1880).	TROCADERO (Alezan—1864).	Monarque (Bai—1852).	Slane (Bai—1833)	Royal Oak p. Catton (Columpus et Lucy Grey) — fille de Smolensko — Lady Mary p. Beningbro' (King Fergus) — fille d'Highflyer, etc. Fille d'Orville (Beningbro' et Evelina p. Highflyer) — Epsom Lass p. Sir Peter—Alexina p. King Fergus (Eclipse)— Lardella p. Young Marske, etc.
			Echo (Baie — 1828)	Emilius p. Orville (Beningbro' et Evelina p. Highflyer) — Emily p. Stamford (Sir Peter p. Highflyer) — fille de Whisky, etc. Fille de Scud (Beningbro' et Eliza p. Highflyer)—Canary Bird p. Sorcerer — Canary p. Coriander — Miss Green p. Highflyer, etc.
		Poetess (B.—1838)	Royal Oak (Bbr.—1823)	Catton p. Golumpus (Gohanna et Catherine p. Woodpecker) — Lucy Grey p. Timothy—Lucy p. Florizel—Frenzy p. Eclipse — fille d'Engineer, etc. Fille de Smolensko (Sorcerer et Wowski p. Mentor) — Lady Mary p. Beningbro' — fille d'Highflyer — fille de Marske (Squirt), etc.
			Ada (Baie - 1824)	Whisker p. Waxy (Pot8os et Maria p Herod) — Penelope p. Trumpator — Prunella p. Highflyer—Promise p. Snap—Julia p. Blank, etc. Anna Bella p. Shuttle (Y. Marske et Wauxhall Snap mare)—f. de Drone—Contessina p. Y. Marske—Tuberose p Herod—Grey Starling p Starling.
	Antonia (Alez.—1851).	Sting* (Bb.—1843)	Langar (Alez.—1817)	Selim p Buzzard (Woodpecker et Misfortune p. Dux) — fille d'Alexander (Eclipse)—fille d'Highlyer—fille d'Alfred (fr. de Conductor) p. Matchem. Fille de Walton (Sir Peter) — Y. Giantess p. Diomed — Giantess p. Matchem — Molly Long Legs p. Babraham — Fille de Fox Hunter, etc.
			Olympia (Bai—1815)	Sir Oliver p. Sir Peter (Highflyer et Papillon p. Snap) — Fanny p. Diomed — Ambrosia p. Woodpecker — s. de Rachel p. Blank, etc. Scotilla p. Anvil (Herod et fille de Feather p. Godolphin) — Scota p. Eclipse — Harmony p. Herod — Rutilia (s. de Rachel) p. Blank, etc.
		The Ward of Cheep (B.—1834) Epirus (Al.—1834)	Colwick (Baie—1828)	Filho da Puta p. Haphazard (Sir Peter p Highflyer et Miss Hervey p. Eclipse) — Mrs. Barnet p. Waxy — fille de Woodpecker, etc. Stella p. Sir Oliver (Sir Peter et Fanny p. Diomed) — Scotilla p. Anvil — Scota p. Eclipse (Marske) — Harmony p. Herod, etc.
			Maid of Burghley (Baie—1837)	Sultan p. Selim (Buzzard et fille d'Alexander)—Bacchante p. Williamsons' Ditto — s. de Calomel p. Mercury (Eclipse) — fille d'Herod, etc. Palais Royal p. Blucher (Waxy et Pantina p. Buzzard) — Election p. m. de Rubens/p. Alexander—f. d'Highflyer—f. d'Alfred Matchem, etc.
	SÉE ex LA GÉE (Alezane—1860).	Orphelin (Alezan—1859).	Gladiator (Alez.—1833)	Partisan p. Walton (Sir Peter p. Highflyer) — Parasol p. Pot8os — Prunella p. Highflyer — Promise p Snap—Julia p. Blank (Godolphin), etc. Pauline p Moses (Seymour et Bay Javelin)—Quadrille p. Selim —Canary Bird p. Sorcerer - Canary p. Coriander (Pot8os), etc.
			Zarah (Baie—1835)	Reveller p. Comus (Sorcerer et Houghton Lass p. Sir Peter) — Rosette p. Beningbro' - Rosamond p Tandem — Tuberose p. Herod, etc. Fille de Rubens (Buzzard et f. d'Alexander) — Brightonia p. Gohanna (Mercury)— Nutmeg p. Sir Peter — Nimble p. Florizel, etc.
		Echelle (B.—1842) Fitz Gladiator (Al.1839)	Sting (Bbr.—1843)	Slane p. Royal Oak (Catton et f. de Smolensko)—f. d'Orville (Beningbro') — Epsom Lass p. Sir Peter — Alexina p. King Fergus (Eclipse), etc. Echo p. Emilius (Orville) — f de Scud (Beningbro') — Canary Bird p. Sorcerer— Canary p. Coriander (Pot8os) — Miss Green p. Highflyer, etc.
			Eusebia (Alez.—1839)	Emilius p. Orville (Beningbro') — Emily p. Stamford (Sir Peter et Horatia p. Eclipse)—f. de Whisky (Saltram et Calash p. Herod), etc. Mangel Wurzel p. Merlin (Castrel et Miss Newton p. Delpini) — Morel p. Sorcerer — Hornby Lass p. Buzzard — Puzzle p. Matchem, etc.
	Qui Vive (B.—1850) Salambô H. ex Quiz (Alez.—1862).	Remus (Al.—1852)	Garry Owen (Gris—1837)	Saint Patrick p. Alcaston (Filho da Puta et f. de Windle) — Bittern p. Waxy Pope (Waxy) — Bizottini p. Thunderbolt — f. de Gohanna, etc. Excitement p. Emilius (Orville et Emily p. Stamford) — Bee in a Bonnet p. Blacklock — Maniac p. Shuttle — Anticipation p. Beningbro', etc.
			Rhodanthe (Alez.—1837)	Velocipede p. Blacklock (Whitelock et f. de Coriander) — f. de Juniper (Whisky)—f. de Sorcerer. Trumpator)—Sir Peter—f. de Pot8os. Roseleaf p. Whisker (Waxy et Penelope p. Trumpator) - Rosalba p. Milo — s. de Rubens p. Buzzard — f. d'Alexander — f. d'Highflyer, etc.
			Royal Oak (Bbr.—1823)	Catton p. Golumpus (Gohanna et Catherine p. Woodpecker) — Lucy Grey p. Timothy (Delpini)—Lucy p Florizel (Herod)— Frenzy p. Eclipse. Fille de Smolensko (Sorcerer et Wowski p. Mentor) — Lady Mary p. Beningbro' (King Fergus) — f. d'Highflyer — f. de Marske, etc.
			Benediction (Baie—1844)	Physician p. Brutandorf (Blacklock et Mandane p. Pot8os) — Primette p. Prime Minister (Sancho) — Miss Paul p. Sir Paul, etc. Fretillon p. Sylvio (Trance et Hebé p. Rubens) — Emelina p. Emilius (Orville) — Scornful p. Weful — f. d'Haphazard — f. de Precipitate, etc.

CLAMART

(APPARTIENT A M. EDMOND BLANC, A LA CELLE-SAINT-CLOUD, S.-ET-O.)

Pendant la saison de monte de 1893, Clamart sera en station au haras de la Celle-Saint-Cloud, où il sera réservé aux juments de son propriétaire ; aucun prix de saillie n'a, par suite, été fixé. Le prix avait été de deux mille francs en 1892.

CLAMART, par Saumur, est né en 1888, chez le comte de Chénelette, au haras de la Chapelle, près Séez ; il est le septième produit de Princess Catherine qui a donné également Catharina avec Balagny, Clover avec Wellingtonia, et Commandeur avec Energy ; cette remarquable poulinière est née au Cobham Stud, et a été importée en 1831 par le comte Dauger, beau-père de son propriétaire actuel. Alezan, avec une balzane à la jambe postérieure montoire, Clamart a environ 1m64 ; il a de bonnes épaules, de la longueur, d'excellents jarrets, les hanches larges et les quartiers bien fournis ; la poitrine est bien descendue, mais, comme sa mère, il est un peu enlevé. Clamart, de même qu'un certain nombre de produits du haras de la Chapelle, appartenait, par traité, à M. Edmond Blanc au moment de sa naissance ; il fit ses débuts dans le prix de Saint-Firmin, à l'automne de 1890, et réussit seulement à prendre la troisième place derrière Amandier et Le Hardy ; quelques jours après, il gagnait dans un canter le prix d'Étampes à Maisons-Laffitte. Il faisait sa rentrée au printemps de 1891 dans le prix Lagrange, qu'il enlevait nettement après une lutte sévère avec Béranger ; dans le prix Fould, à Longchamps, il battait très facilement, cette fois, Clarisse et Double-Six II, puis suppléait, en partie tout au moins, son camarade d'écurie Révérend, dans le prix du Jockey-Club, où il prenait la quatrième place derrière Ermak, Le Hardy et Le Capricorne. Il gagnait ensuite, pendant la saison d'été, à Paris, le prix Seymour, prélude de sa victoire dans le Grand Prix de Paris, où il prenait une brillante revanche sur les adversaires qui l'avaient battu à Chantilly. Il courait ensuite le Grand Prix de Deauville, où, désorienté par la lenteur du train, il était incapable de jouer sa partie dans la lutte finale entre Yellow et Guise. La sécheresse du terrain rendait très délicate la préparation d'un animal de cette importance en vue du prix Royal Oak ; il portait des bandages aux deux membres antérieurs quand il se présenta au poteau et après avoir dominé tout le champ, pendant les deux tiers du parcours, il tombait broken down au milieu de la descente, abandonnant par force majeure la partie à Béranger et à Primrose. Clamart est un animal froid, qui n'entrait dans son action qu'au bout d'un certain temps, mais qui, une fois étendu, possédait une très remarquable résistance. Ses cinq victoires ont rapporté 222.725 fr. à son propriétaire. Il a fait sa première saison de monte en 1892.

GUIDE PRATIQUE DE L'ÉLEVEUR 85

PEDIGREE DE CLAMART

CLAMART (Alezan—1888)	PRINCESS CATHERINE (Alezane—1876)	Catherine (Alez.—1869)	Selim (Baie—1851)	Macaroni (B.—1861)	Eastern Princess (Al.—1858)	Blair Athol (Alz.—1861)	SAUMUR (Bai—1878)	Finlande ex Faustine (Baie—1858)	Dollar (Bai—1860)	Payment (Al.—1848)	The Flying Dut (Bb 1846)	Bay Middleton (Bai—1833)	Sultan p. Selim (Buzzard) — Bacchante p. Williamsons' Ditto — s. de Calomel p. Mercury (Eclipse) — f. d'Herod — Folly p. Marske, etc. Cobweb p. Phantom (Walton) — Filagree p. Soothsayer — Web p. **Waxy**— Penelope p. Trumpator—Prunella p. **Highflyer**—Promise p. Snap, etc.

Left spine: CLAMART (Alezan—1888)

Sire line — PRINCESS CATHERINE (Alezane—1876)

- Catherine (Alez.—1869)
  - Selim (Baie—1851)
  - Macaroni (B.—1861)
    - Eastern Princess (Al.—1858)
    - Blair Athol (Alz.—1861)

Stockwell (Alez.—1849) : The Baron p. Birdcatcher — Echidna p. Economist — Miss Pratt p. Blacklock — Gadabout p. **Orville** — Minstrel p. Sir Peter — Matron p. Florizel. etc. Pocahontas p Glencoe (Sultan) — Marpessa p. Muley (**Orville**) — Clare p. Marmion — Harpalice p. Gohanna — Amazon p. Driver. etc.

Blink Bonny (Bbr.—1854) : Melbourne p. Humphrey Clinker (Comus)—f. de Cervantes—f. de Golumpus —f. de Paynator—sœur de Zodiac p. St-George — Abigail p. Woodpecker. Queen Mary p. Gladiator — f. de Plenipotentiary — Myrrha p. Whalebone — Gift p. Y. Gohanna — s. de Grazier p. Sir Peter, etc.

Surplice (Bai—1845) : Touchstone p Camel (Whalebone p. **Waxy**)—Banter p. Master Henry (Orville) — Boadicea p Alexander — Brunette p. Amaranthus. etc. Crucifix p. Priam (Emilius) — Octavian p. Octavian — f. de Shuttle — Zara p. Delpini — Flora p. King Fergus, etc.

Tomyris (Bbr.—1851) : Sesostris p. Slane (**Royal Oak**) — Palmyra p. Sultan — Hester p. Camel — Monimia p. Muley (**Orville**) — s. de Petworth p. Precipitate, etc. Fille de Glaucus (Partisan) — Io p. Taurus (Phantom) — Arethusa p. Quiz (Buzzard) — Persepolis p. Alexander — s. de Tickle Toby, etc.

Sweetmeat (Bbr.—1842) : Gladiator p.**Partisan** (Walton p. Sir Peter) — Pauline p. Moses—Quadrille p. Selim—Canary Bird p. Sorcerer—Canary p. Coriander — Miss Green. Lollypop p Voltaire(**Blacklock**)—Belinda p.**Blacklock**—Wagtail. p. Prime Minister—f. d'Orville—Miss Grimstone p. Weasel—f. d'Ancaster, etc.

Jocose (Baie—1843) : Pantaloon p. Castrel (Buzzard)—Idalia p. Peruvian—Musidora p. Meteor — Maid of All Work p **Highflyer**—s. de Tandem p. Syphon—f. de Regulus. Banter p. Master Henry **Orville** —Boadicea p. Alexander — Brunette p. Amaranthus — Mayfly p Matchem — f. d'Ancaster Starling etc.

Orlando (Bai—1841) : Touchstone p. Camel (Whalebone p. **Waxy**) — Banter p. Master Henry (Orville) — Boadicea p. Alexander — Brunette p. Amaranthus, etc. Vulture p. Langar (Selim) — Kite p. Bustard — Olympia, p. Sir Oliver (Sir Peter) — Scotilla p Anvil — Scota p Eclipse. etc.

The Ladye of Silver Keld Well (Alez.—1839) : Velocipede p. Blacklock — f. de Juniper (Whisky) — f. de Sorcerer (Trumpator)—Virgin, p. Sir Peter (**Highflyer**)—f. de Pot8os (Eclipse). Emma p. Whisker (**Waxy**) —Gibside Fairy p. Hermes — Vicissitude p. Pipator (Imperator) — Beatrice p. Sir Peter — Pyrrha p. Matchem, etc.

Dam line — SAUMUR (Bai—1878)

Bay Middleton (Bai—1833) : Sultan p. Selim (Buzzard) — Bacchante p. Williamsons' Ditto — s. de Calomel p. Mercury (Eclipse) — f. d'Herod — Folly p. Marske, etc. Cobweb p. Phantom (Walton) — Filagree p. Soothsayer — Web p. **Waxy**— Penelope p. Trumpator—Prunella p. **Highflyer**—Promise p. Snap, etc.

Barbelle (Baie—1836) : Sandbeck p. Catton (Golumpus) — Orvillina p. Beningbro — Evelina p. **Highflyer** — Termagant p. Tantrum — Cantatrice p. Sampson, etc. Barioletta p. Amadis (don Quixote) — Selima p. Selim — f. de Pot8os — Editha p. Herod — Elfrida p. Snap — Miss Belsea p. Regulus, etc.

Slane (Bai—1833) : Royal Oak p. Catton (Golumpus) — fille de Smolensko (Sorcerer) — Lady Mary p Beningbro' (**King Fergus**) — fille d'**Highflyer**, etc. Fille d'**Orville** (Beningbro') — Epsom Lass p. Sir Peter — Alexina p.**King Fergus** —Lardella p. Y. Marske (Squirt)—fille de Cade (Godolphin . etc.

Receipt (Alez.—1836) : Rowton p. Oiseau (Camillus) — Katharina p. Woful — Landscape p. Rubens (Buzzard) — Irish p. Brush (Eclipse) — fille d'Herod, etc. Fille de Sam (Scud p. Beningbro') — Morel p. Sorcerer (Trumpator) — Hornby Lass p. Buzzard —Puzzle p. Matchem — Princess p. Herod, etc.

Cain (Bai—1822) : Paulowitz p. Sir Paul (Sir Peter p **Highflyer** et Pewet p. Tamdem) — Evelina p.**Highflyer**—Termagant p. Tantrum—Cantatrice p. Sampson, etc. Fille de Paynator (Trumpator) —f. de Delpini (**Highflyer**) — s. de Mary p. Y. Marske — Gentle Kitty p. Silvio, etc.

Margaret (Bbr.—1831) : Edmund p. Orville (Beningbro') — Emmeline p. **Waxy** — Sorcery p. Sorcerer —Colibea p. Skyscraper (**Highflyer**)—f. de Woodpecker, etc. Medora p. Selim (Buzzard)— f. de Sir Harry —f. de Volunteer (Eclipse) — f. d'Herod — Golden Grove p. Blank (Godolphin). etc.

Venison (Bbr.—1833) : Partisan p. Walton (Sir Peter p. **Highflyer** et Arethusa) — Parasol p. Pot8os—Prunella p. **Highflyer** — Promise p. Snap—Julia p. Blank, etc. Fawn p. Smolensko (Sorcerer p. **Trumpator** et Wowski p. Mentor) — Jerboa p. Gohanna (Mercury — Camilla p. Trentham, etc.

Deceitful (Alez.—1835) : Defence p. Whalebone (**Waxy**) — Defiance p. Rubens (Buzzard) — Little Folly p. Highland Fling — Harriet p. Volunteer, etc. Lady Stumps p. Tramp (Dick Andrews et f. de Gohanna) — Arsula p. Cervantes (don Quixote) — Fanny p. Sir Peter — f. de Diomed, etc.

CLOCHER

(APPARTIENT A M. LE COMTE CORNUDET)

Pendant la saison de monte de 1893, Clocher sera en station au haras de Crocq (Creuse), où il sera réservé aux juments de son propriétaire. Aucun prix n'a, par suite, été fixé pour ses saillies.

CLOCHER, par Cathedral, est né en 1875 chez M. L. Delâtre ; il est le premier produit qu'a eu, en France, Couvent, née en 1862, en Angleterre, chez M. Payne, et importée en 1875 par M. L. Delâtre ; elle a donné également Carmélite avec Le Petit-Caporal et Clarinette avec Plutus et est morte en 1883. Elle avait eu, avant son importation, sept produits dont la mère d'Archiduc, The Abbess, avec Atherstone. Bai, de taille moyenne, 1ᵐ 61, Clocher est fortement établi, mais sa tête trop grosse et son encolure lourde le font paraître un peu commun ; il a de bons membres, mais ses tissus laissent à désirer comme finesse. Il a couru pour la première fois dans le premier Critérium de Fontainebleau (1877), où il finissait second entre Phénix et Faisan ; puis il n'était pas placé dans le Grand Critérium, gagné par Mourle. A trois ans, Clocher commençait la campagne en gagnant le Biennal ; il prenait ensuite la seconde place dans le prix du Nabob, derrière Clémentine et devant Fitz-Plutus. Sur les 1.600 mètres de la Poule d'Essai, trop courts pour ses aptitudes, il finissait troisième derrière Clémentine et Fitz-Plutus et il n'était pas placé dans la Grande Poule des Produits que gagnait encore la pouliche du comte de Lagrange. Il ne figurait pas dans le Grand Prix de Paris, où Thurio battait d'une encolure Insulaire et ses deux camarades d'écurie, Inval et Clémentine. Après sa victoire dans la Poule d'Essai à Rouen, il était réservé pour le prix Royal Oak où il finissait second derrière Inval, mais était distancé pour avoir bousculé Clémentine. A quatre ans, en pleine possession de ses moyens, Clocher enlevait successivement un prix Principal à Reims, le prix du Cadran et le prix Rainbow, battant Brie, Mourle, Inval et Stathouder ; second derrière Mourle dans le Biennal, et derrière Fitz-Plutus dans le prix du Point-du-Jour, sur une distance ne lui convenant en aucune façon, il enlevait, à Nantes, le prix Principal et le prix National, et, de retour à Chantilly, il était battu d'une tête dans le prix de Dangu par Brie qui l'avait fortement bousculé ; malgré une réclamation justifiée, le résultat était maintenu. Troisième dans le prix de Deauville, à Paris, derrière Fitz-Plutus et Bardo, il terminait la campagne en courant le prix Jouvence et le prix Gladiateur où il prenait la seconde place derrière La Jonchère et sa vieille adversaire Clémentine. A cinq ans (1880), Clocher courait huit fois, gagnant un prix National à Tarbes, et le prix Jouvence sur Prologue et La Jonchère ; toujours placé, il était troisième dans le prix Rainbow derrière Rayon-d'Or et Zut et dans le prix Gladiateur derrière Courtois, battant de dix longueurs Salteador. Il courait encore sept fois à six ans (1881), gagnant le prix de Courbevoie sur Versainville et Japonica, et il finissait sa laborieuse carrière à Lyon, dans le prix National où il prenait la seconde place derrière Courtois. Il était resté cinq ans à l'entraînement, avait couru, le plus souvent en société relevée, trente-cinq fois, onze fois vainqueur, presque toujours placé, gagnant 182.000 francs d'argent public. Peu de chevaux ont montré une endurance aussi remarquable. Acheté par M. le comte Cornudet à la fin de 1881, Clocher a donné dès sa première saison au haras deux produits gagnants : Darnet et Mˡˡᵉ du Nozet. Parmi ceux qui ont suivi, nous citerons : Quintin II, Saïda, qui a montré en obstacles une endurance digne de son père, Balle, Sermur, Escopette, etc.

GUIDE PRATIQUE DE L'ÉLEVEUR

PEDIGREE DE CLOCHER

CLOCHER (Bai—1875)	CATHEDRAL (Alezan—1861)	Newminster (Bai—1848)	Touchstone (Bb.1831)	Camel (Noir—1822)	Whalebone p. Waxy (Pot8os et Maria p. Herod) — Penelope p. **Trumpator** (Conductor) — Prunella p. Highflyer (Herod) — Promise p. Snap. Fille de **Selim** (**Buzzard** et f. d'Alexander) — Maiden p. Sir Peter — f. de Phenomenon (Herod) — Matron p. Florizel (Herod) — Maiden p. Matchem.
				Banter (Baie—1826)	Master Henry p. **Orville** (Beningbro' et Evelina p. Highflyer) — Miss Sophia p. Stamford (Sir Peter et Horatia p. Eclipse), etc. Boadicea p. Alexander (Eclipse et Grecian Princess p. Forester) — Brunette p. Amaranthus (Old England) — Mayfly p. Matchem (Cade).
		Beeswing (B.—1833)	D' Syntax (Bbr.—1811)		Paynator p. **Trumpator** (Conductor p. Matchem et Brunette p. Squirrel) — f. de Marc Antony (Spectator) — Signora p. Snap, etc. Fille de Beningbro' (King Fergus et f. d'Herod) — Jenny Mole p. Carbuncle (Babraham) — fille de Prince T. Quassa (Snip) — Bloody Buttocks, etc.
			Fille de (Alez.—1817)		Ardrossan p. John Bull (Fortitude et Xantippe p. Eclipse) — Miss Whip p. Volunteer (Eclipse) — Wimbledon p. Evergreen (Herod), etc. Lady Eliza p. Whitworth (Agonistes et f. de Jupiter) — f. de Spadille (Highflyer) — Sylvia p. Y. Marske — Ferret p. frère de Silvio (Cade), etc.
		Lady Elizabeth (B.1813)	M. thorne (Bb.—1841)	Humphrey Clinker (Alez.—1822)	Comus p. Sorcerer — Houghton Lass p. Sir Peter — Alexina p. King Fergus — Lardella p. Y. Marske — f. de Cade — m. de Beaufremont, etc. Clinkerina p. Clinker (Sir Peter et Hyale p. Phenomenon) — Pewet p. Tandem (Syphon) — Termagant p. Tantrum (Cripple p. Godolphin), etc.
				Fille de (Baie—1825)	Cervantes p. Don Quixote (Eclipse et m. d'Alexander p. Forester) — Evelina p. Highflyer — Termagant p. Tantrum Cripple, etc. Fille de Golumpus (Gohanna et Lucy Grey p. Timothy) — f. de Paynator — s. de Zodiac p. St-George (Highflyer), etc.
	Stolen Moments (Alez.—1852)			Sleight of Hand (Bbr.—1836)	Pantaloon p. Castrel — Idalia p. Peruvian — Musidora p. Meteor — Maid of All Work p. Highflyer — s. de Tandem p. Syphon — f. de Regulus, etc. Decoy p. Filho da Puta — Finesse p. Peruvian — Violante p. John Bull — s. de Skyscraper p. Highflyer — Everlasting p. Eclipse, etc.
				Fille de (Bbr.—1836)	Margrave p. Muley — f. d'Election (Gohanna) — Fair Helen p. Hambletonian — Helen p. Delpini — Rosalind p. Phenomenon — Atalanta, etc. Patty Primrose p. Confederate (Comus et Maritornes p. Cervantes) — Sybil p. Interpreter (Soothsayer) — Galatea p. Amadis (Don Quixote).
	CONVENT (Baie-Brune—1864)	Voltigeur (Bai-Brun—1847)	Voltaire (B.—1833)	Blacklock (Bai—1817)	Whitelock p. Hambletonian (King Fergus et f. d'Highflyer) — Rosalind p. Phenomenon (Herod) — Atalanta p. Matchem (Cade). Fille de Coriander (Pot8os) — Wild Goose p. Highflyer (Herod) — Coheiress p. Pot8os — Manilla p. Goldfinder (Snap), etc.
				Fille de (Baie—1816)	Phantom p. Walton (Sir Peter et Arethusa) — Julia p. Whisky (Saltram et Calash) — Y. Giantess p. Diomed (Florizel) — Giantess p. Matchem. Fille d'Overton (King Fergus et f. d'Herod) — f. de Walnut (Highflyer) — f. de Ruler (Young Marske) — Pirachantha p. Matchem, etc.
			Martha Lynn (Bb.1837)	Mulatto (Bbr.—1823)	Catton p. Golumpus (Gohanna et Catherine) — Lucy Grey p. Timothy (Delpini p. Highflyer) — Lucy p. Florizel (Herod), etc. Desdemona p. **Orville** (Beningbro' et Evelina) — Fanny p. Sir Peter (Highflyer) — f. de Diomed (Florizel) — Desdemona p. Marske, etc.
				Leda (Baie—1824)	Filho da Puta p. Haphazard (Sir Peter et Miss Hervey) — Mrs Barnet p. Waxy (Pot8os) — f. de Woodpecker (Herod) — Heinel p. Squirrel. Treasure p. Camillus (Hambletonian et Faith) — f. d'Hyacinthus (Coriander) — Flora p. King Fergus (Eclipse) — Atalanta p. Matchem.
	Fille de (Baie—1851)	Carel (B.—1844)		Bay Middleton (Bai—1833)	Sultan p. **Selim** (**Buzzard** et f. d'Alexander) — Bacchante p. Williamsons Ditto — s. de Colonel p. Mercury — f. d'Herod — Folly p. Marske, etc. Cobweb p. Phantom (Walton et Julia p. Whisky) — Filagree p. Soothsayer (Sorcerer) — Web p. Waxy — Penelope p. Trumpator, etc.
				Crucifix (Baie—1837)	Priam p. Emilius (**Orville** et Emily p. Stamford) — Cressida p. Whisky — Y. Giantess p. Diomed — Giantess p. Matchem, etc. Octaviana p. Octavian (Stripling p. Phenomenon et f. d'Oberon p. Highflyer) — f. de Shuttle (Y. Marske) — Zarah p. (Highflyer) — Flora p. King Fergus.
		Fille de (B.—1844)		Lanercost (Bbr.—1835)	Liverpool p. Tramp — f. de Whisker (Waxy et Penelope) — Mandane p. Pot8os (Eclipse — Y. Camilla p. Woodpecker — Camilla p. Trentham, etc. Otis p. Bustard (**Buzzard**) — m. de Gayhurst p. Election (Gohanna) — s. de Skyscraper p. Highflyer — Everlasting p. Eclipse — Hyœna, etc.
				The Nun (Baie—1829)	Catton p. Golumpus (Gohanna) — Lucy Grey p. Timothy (Delpini et Cora p. Matchem) — Lucy p. Florizel (Herod) — Frenzy p. Eclipse, etc. Fille de Paynator (**Trumpator** et f. de Marc Antony) — s. de Zodiac p. St-George — Abigail p. Woodpecker (Herod) — Firetail p. Eclipse, etc.

CLOVER

(APPARTIENT A M. EDMOND BLANC, A LA CELLE-SAINT-CLOUD, S.-ET-O.)

Pendant la saison de monte de 1893, Clover sera en station au haras de la Celle-Saint-Cloud où il sera réservé aux juments de son propriétaire. Aucun prix n'a, par suite, été fixé pour ses saillies. L'année précédente, le prix était de deux mille francs.

CLOVER, par Wellingtonia, est né, en 1886, chez le comte Dauger ; il est le quatrième produit de Princess Catherine, née en Angleterre en 1876 au Cobham Stud et importée en 1881 par le comte Dauger, qui a donné également Catharina avec Balagny, Clamart avec Saumur, et Commandeur avec Energy. Clover est un grand cheval alezan — 1m64 — avec une lisse en tête et deux balzanes postérieures, très symétrique, avec des aplombs irréprochables, un bon dessus, la croupe un peu horizontale toutefois, les quartiers bien descendus, un peu léger dans sa côte et son arrière-main. Il était compris dans le lot qui appartenait par traité à M. Edmond Blanc ; il fit ses débuts à Lonchamps (1888) dans le prix de Villiers, qu'il aurait certainement gagné sans la maladresse de son jockey, Woodland, qui avait pris le dernier tournant trop large et l'avait, en outre, amené beaucoup trop tard ; il finissait troisième derrière Vendredi et Lift qui étaient loin d'être de sa classe, ainsi que la suite l'a prouvé. Il allait alors à Newmarket courir le Middle Park Plate où il prenait la troisième place derrière Donovan et Gulliver, à une encolure de ce dernier ; il battait, entre autres, Gold et Gay Hampton. Tenu en réserve pour le prix du Jockey-Club, il y faisait, en 1887, sa première apparition comme three year old ; il y battait avec une extrême facilité Achille, Phlegethon, Aérolithe, Pourtant et Vasistas. Envoyé à Epsom, le lendemain même de sa victoire, pour courir le Derby deux jours après, il mettait le pied dans un trou et se donnait pendant la course, gagnée par Donovan, une entorse qui ne lui permettait pas de reparaître en public avant la fin de la saison. Amené en condition parfaite au printemps de 1891, il gagnait facilement le prix du Cadran sur Aérolithe, Pourtant et Achille, dont il avait eu raison à Chantilly l'année précédente, mais sur les 5.000 mètres du prix Rainbow, il était, à son tour, battu par les deux premiers. Second derrière Wandora dans le prix du Prince d'Orange, il occupait une situation analogue dans le prix Gladiateur, après s'être très courageusement défendu contre Carmaux ; il était enfin battu par Barberousse dans le prix du Pin, où il se ressentait des suites de la lutte sévère qu'il avait soutenue quinze jours auparavant. Il avait, par ses deux victoires, gagné 155.000 francs. Retiré de l'entraînement à la fin de 1890, il était envoyé au haras de la Chapelle, où il commençait à faire la monte au printemps suivant ; il fera sa première saison à la Celle-Saint-Cloud en 1893.

PEDIGREE DE CLOVER

CLOVER (Alezan—1886).	WELLINGTONIA (Alezan—1869).	Chattanooga (Bai—1862)	Orlando (B.—1841)	**Touchstone** (Bbr.—1831)	**Camel** p. Whalebone (**Waxy**) — fille de Selim (Buzzard) — Maiden p. Sir Peter (Highflyer) — fille de Phenomenon — Matron p. Florizel, etc. Banter p. Master Henry (**Orville** et Miss Sophia) — Boadicea p. Alexander (Eclipse) — Brunette p. Amaranthus (Old England), etc.
				Vulture (Alez.—1833)	Langar p. Selim—fille de Walton—Young Giantess p. Diomed—Giantess p. Matchem — Molly Long Legs p. Babraham — f. de Foxhunter, etc. Kite p. Bustard (Castrel) — Olympia p. Sir Oliver (Sir Peter) — Scotilla p. Anvil (Herod) — Scota p. Eclipse—Harmony p. Herod — Rutilia, etc.
			Ayacanora (B.—1854)	Birdcatcher (Alez.—1833)	Sir Hercules p. Whalebone (**Waxy**)—Peri p. Wanderer (Gohanna)—Thalestris p. Alexander — Rival p. Sir Peter — Hornet p. Drone, etc. Guiccioli p. Bob Booty (Chanticleer et Jerne) — Flight p. Irish Escape — Y. Heroine p. Bagot — Heroine p. Hero — s. de Regulus, etc.
				Pocahontas (Baie—1837)	Glencoe p. **Sultan** (Selim) — Trampoline p. Tramp—Web p. **Waxy**—Penelope p. Trumpator — Prunella p. Highflyer — Promise p. Snap. etc. Marpessa p. Muley (Orville) — Clare p. Marmion (Whisker) — Harpalice p. Gohanna — Amazon p. Driver (Trentham) — Fractious p. Mercury.
		Araucaria (Baie—1862).	Ambrose (N.—1849)	**Touchstone** (Bbr.—1831)	**Camel** p. Whalebone (**Waxy**) — f. de Selim (Buzzard) — Maiden p. Sir Peter — fille de Phenomenon (Herod) — Matron p. Florizel, etc. Banter p. Master Henry (**Orville**) — Boadicea p. Alexander — Brunette p. Amaranthus — Mayfly p. Matchem — f. d'Ancaster Starling, etc.
				Annetta (Bbr.—1835)	Priam p. Emilius (**Orville**) — Cressida p. Whisky (Saltram) — Y. Giantess p. Diomed — Giantess p. Matchem — Molly Long Legs, etc. Fille de Don Juan (Sorcerer) — Moll-in-the-Wad p. Hambletonian (King Fergus) — Spitfire p. Pipator — Farewell p. Slope, etc.
			Pocahontas (B.—1837)	Glencoe (Alez.—1831)	**Sultan** p. Selim (Buzzard et f. d'Alexander) — Bacchante p. Williamsons Ditto (Sir Peter p. Highflyer) — s. de Calomel p. Mercury, etc. Trampoline p. Tramp (Dick-Andrews et f. de Gohanna)—Web p. **Waxy** (Pot8os) — Penelope p. Trumpator — Prunella p. Highflyer, etc.
				Marpessa (Baie—1830)	Muley p. **Orville** Beningbro et Evelina p. Highflyer)—Eleanor p. Whisky — Young Giantess p. Diomed — Giantess p. Matchem, etc. Clare p. Marmion (Whisky et Young Norsette p. Diomed) — Harpalice p Gohanna — Amazon p Driver Fractious p. Mercury (Eclipse), etc.
	PRINCESS-CATHERINE (Alezane—1876).	Prince Charlie (Alezan—1869).	Blair Athol (Al.—1861)	Stockwell (Alez.—1849)	The Baron p. Birdcatcher — Echidna p. Economist—Miss Pratt p. Blacklock —Gadabout p. **Orville** - Minstrel p. Sir Peter.—Matron p. Florizel, etc. Pocahontas p. Glencoe (**Sultan**) — Marpessa p. Muley (**Orville**) — Clare p. Marmion — Harpalice p. Gohanna — Amazon p. Driver, etc.
				Blink Bonny (Baie—1854)	Melbourne p. Humphrey Clinker (Comus)—f. de Cervantes—f. de Golumpus —f. de Paynator—sœur de Zodiac p. St-George—Abigail p. Woodpecker. Queen Mary p. Gladiator — f. de Plenipotentiary — Myrrha p. Whalebone — Gift p. Y. Gohanna — s. de Grazier p Sir Peter, etc.
			Eastern Princess (A. 1858)	Surplice (Bai — 1845)	**Touchstone** p. Camel (Whalebone p. **Waxy**) — Banter p. Master Henry (**Orville**) — Boadicea p. Alexander — Brunette p. Amaranthus, etc Crucifix p. Priam (Emilius) — Octaviana p. Octavian — f. de Shuttle — Zara p. Delpini — Flora p. King Fergus, etc.
				Tomyris (Bbr. — 1851)	Sesostris p. Slane (**Royal Oak**) — Palmyra p. Sultan — Hester p. Camel — Monimia p. Muley (**Orville**) — s. de Petworth p Precipitate, etc. Fille de Glaucus (Partisan) — Io p. Taurus (Phantom) — Arethusa p. Quiz (Buzzard) — Persepolis p. Alexander — s. de Tickle Toby, etc.
		Catherine (Alezane — 1869).	Macaroni (B. —1860)	Sweetmeat (Bbr. — 1842)	Gladiator p Partisan (Walton p Sir Peter)—Pauline p. Moses—Quadrille p. Selim —Canary Bird p Sorcerer — Canary p. Coriander — Miss Green. Lollypop p. Voltaire (Blacklock) — Belinda p. Blacklock — Wagtail p. Prime Minister—f. d'**Orville** —Miss Grimstone p Weasel—f. d'Ancaster, etc.
				Jocose (Baie—1843)	Pantaloon p. Castrel (Buzzard) — Idalia p. Peruvian — Musidora p. Meteor — Maid of All Work p Highflyer — s de Tandem p Syphon—f de Regulus. Banter p. Master Henry (**Orville**) — Boodicea p. Alexander — Brunette p. Amaranthus — Mayfly p. Matchem — f. d'Ancaster Starling, etc.
			Selina (Baie—1851)	Orlando (Bai—1841)	**Touchstone** p. Camel (Whalebone p Waxy) — Banter p. Master Henry (**Orville**) — Boadicea p. Alexander — Brunette p. Amaranthus, etc. Vulture p. Langar (Selim) — Kite p. Bustard — Olympia p. Sir Oliver (Sir Peter) — Scotilla p. Anvil — Scota p. Eclipse, etc.
				The Ladye of Silver Keld Well (Alez.—1839)	Velocipede p. Blacklock — f. de Juniper (Whisky) — f. de Sorcerer (Trumpator)—Virgin p. Sir Peter (Highflyer)—f. de Pot8os (Eclipse). Emma p. **Whisker** (**Waxy**) — Gibside Fairy p. Hermes — Vicissitude p. Pipator (Imperator) — Beatrice p. Sir Peter — Pyrrha p. Matchem, etc.

COURLIS

(APPARTIENT A M. LE COMTE DE LASTOURS, CH. DE LASTOURS, TARN)

Pendant la saison de monte de 1893, Courlis sera en station au haras de Saint-Georges, près Moulins (Allier), où il saillira trois juments, en dehors de celles du haras, à raison de huit cents francs, plus 21 francs pour l'écurie. S'adresser à M. le vicomte d'Harcourt, 9 rue de Constantine, à Paris.

Courlis, par Sansonnet, est né en 1889 chez M. le comte Foy, à Barbeville; il est le cinquième produit de Citronelle (par Mars), née en 1880 chez M. le vicomte de Trédern, qui a donné également Chambourcy avec King Lud. Courlis est un grand cheval alezan, 1m62, avec une balzane antérieure droite haut chaussée et une autre postérieure gauche, très important, très fortement établi avec l'arrière-main très puissante et une grande largeur de hanches. Acheté 11.000 francs à Deauville, par M. Henry Ridgway à la vente des yearlings de Barbeville, Courlis courait pour la première fois dans le Critérium de Maisons-Laffitte (1891), où il n'était pas placé derrière Idalie et Gesvres; un poulain de cette importance ne pouvait donner sa mesure à deux ans et il était encore battu dans les deux courses où il se présentait le mois suivant, le prix Éclipse à Maisons gagné par Rueil, et le prix du Blaison à Chantilly, gagné par Feu-Follet. Il commençait sa troisième année en battant de trois longueurs, dans le prix Stuart, à Maisons, Énergique qui venait de gagner le prix de Vincennes, victoire dont l'exactitude ne fut tout d'abord acceptée qu'avec réserves; la suite devait prouver qu'elle était strictement exacte. Sa défaite par Fontenoy dans le prix Hocquart était au contraire absolument fausse ainsi que le prouvait quelques semaines après le résultat du prix du Prince de Galles, où il battait facilement Soleil et le cheval de M. André; entre temps, il avait battu de trois quarts de longueur dans le prix Boiard, à Maisons-Laffitte, Révérend, hors de forme, il est vrai, et Primrose. Amené à l'apogée de sa condition pour la semaine du Grand Prix, Courlis, après un walk-over dans le prix Mackenzie-Grieves, faisait une course magnifique dans le Grand Prix de Paris et, bien qu'il fût tombé broken down avant l'entrée de la ligne droite, il opposait à Rueil une courageuse résistance jusqu'au poteau et n'était battu que d'une encolure, devançant de loin Chêne-Royal, Fra Angelico et Bucentaure. Retiré de l'entrainement quelques jours après son accident, il fait en 1893 sa première saison de monte, chez M. le vicomte d'Harcourt, auquel il a été loué.

GUIDE PRATIQUE DE L'ÉLEVEUR 91

PEDIGREE DE COURLIS

COURLIS (Alezan—1889).	SANSONNET (Bai—1881).	Bay Middleton (Bai—1833)	Sultan p. Selim (Buzzard et f. d'Alexander) — Bacchante p. Williamsons' Ditto—s. de Calomel p. Mercury (Eclipse) — f. d'Herod — Folly, etc. Cobweb p. Phantom (Walton et Julia p. Blank) — Filagree p. Soothsayer (Sorcerer) — Web p. Waxy — Penelope p. Trumpator — Prunella, etc.
		Barbelle (Baie—1836)	Sandbeck p. **Catton** (Golumpus et Lucy Grey p. Timothy) — Orvillina p. Beningbro — Evelina p. Highflyer — Termagant p. Tantrum — Cantatrice. Barioletta p. Amadis (Don Quixote et Fanny p. Sir Peter) — Selima p. Selim — f. de Pot8os — Editha p. Herod — Elfrida p. Snap, etc.
		Slane (Bai—1833)	Royal Oak p. **Catton** (V. plus haut) — f. de Smolensko (Sorcerer) — Lady Mary p. Beningbro' (King Fergus) — f. d'Highflyer — f. de Marske. Fille d'Orville (Beningbro' et Evelina p. Highflyer) — Epsom Lass p. Sir Peter (Highflyer) — Alexina p. King Fergus — Lardella p. Y. Marske. etc.
		Receipt (Alez.—1836)	Rowton p. Oiseau (Camillus et f. de Ruler) — Katharina p. Woful — Landscape p. Rubens — Irish p. Brush (Eclipse) — f. d'Herod, etc. Fille de Sam Scud et Hyale p. Phenomenon) — Morel p. Sorcerer (Trumpator et Y. Giantess) — Hornby Lass p. Buzzard — Puzzle p. Matchem.
		Birdcatcher (Alez.—1833)	Sir Hercules p. Whalebone (Waxy et Penelope p. Trumpator) — Peri p. Wanderer (Gohanna) — Thalestris p. Alexander — Rival p. Sir Peter. Guiccioli p. Bob Booty (Chanticleer et Ierne p. Bagot) — Flight p. Irish Escape — Y. Heroine p. Bagot — Heroine p. Hero (Cade) — s. de Regulus.
		Ennui (Bbr.—1843)	Bay Middleton p. Sultan (Selim et Bacchante) — Cobweb p. Phantom (Walton) — Filagree p. Soothsayer (Sorcerer) — Web p. Waxy. Blue Devils p. Velocipede (Blacklock et f. de Juniper) — Care p. Woful (Waxy) — f de Rubens — Tippity Witchet p. Waxy — Hare p. Sweetbriar.
		Cotherstone (Bai—1840)	Touchstone p. Camel (Whalebone p. Waxy) — Banter p. Master Henry — Boadicea p. Alexander — Brunette p. Amaranthus — Mayfly p. Matchem. Emma p. Whisker (Waxy) — Gibside Fairy p. Hermes (Mercury) — Vicissitude p. Pipator (Imperator) — Beatrice p. Sir Peter, etc.
		The Wryneck (Baie—1842)	Slane p. Royal Oak (**Catton**) — f. d'Orville (V. plus haut) — Epsom Lass p. Sir Peter (Highflyer) — Alexina p. King Fergus — Lardella, etc. Gitana p. Tramp (Dick Andrews et f. de Gohanna) — Mrs Fry p. Walton — Vourneen p. Sorcerer (Trumpator) — Tooce p. Buzzard — Violet p. Shark.
	CITRONELLE (Alezane—1880).	Lexington (Bai—1850)	Boston p. Timoleon (Sir Archy p. Diomed et f. de Saltram) — s. de Tuckahoe p. Ball's Florizel (Diomed) — f. de Alderman (Pot8os) — f. de Shark. Alice Carneal p. Sarpedon (Emilius et Icaria p. The Flyer) — Rowena p. Sumpter (Sir Archy) — Lady Grey p. Robin Grey Royalist p. Saltram).
		Fille de *Imée aux États-Unis* (—?)	Glencoe p. Sultan (Selim et Bacchante) — Trampoline p. Tramp (Dick Andrews) — Web p. Waxy (Pot8os) — Penelope p. Trumpator — Prunella. Jeannetta p. Leviathan (fils de Muley), importé aux États-Unis — Eliza Bailey p. Columbus — f. de Stockholder — fille de Pacolet. etc.
		Wild Dayrell (Bai—1852)	Ion p. Cain (Paulowitz et f. de Paynator) — Margaret p. Edmund (Orville et Emmeline p. Waxy) — Medora p. Selim — f. de Sir Harry. Ellen Middleton p. Bay Middleton (V. plus haut) — Myrrha p. Malek (Blacklock et f. de Juniper) — Bessy p. Y. Gouty — Grandiflora, etc.
		Agnes Wickfield ex *Imposition* Alez.—1849	Birdcatcher p. Sir Hercules (Whalebone p. Waxy) — Guiccioli p. Bob Booty (Chanticleer) — Flight p. Irish Escape (Commodore) — Y. Heroine. Maria Monk p. Revolution (Oiseau et Emma p. Don Cossack) — Scotchcate p. Viscount (Stamford) — f. de Remembrancer — Mary, etc.
		Orlando (Bai—1841)	Touchstone p. Camel (Whalebone et f. de Selim) — Banter p. Master Henry (Orville) — Boadicea p. Alexander — Brunette p. Amaranthus. Vulture p. Langar (Selim et f. de Walton) — Kite p. Bustard (Castrel) — Olympia p. Sir Oliver (Sir Peter) — Scotilla p. Anvil — Scota p. Eclipse.
		Cavatina Alez.—1845	Redshank p. Sandbeck (**Catton** et Orvillina p. Beningbro') — Johanna p. Selim — m. de Comical p. Skyscraper — f. de Dragon (Regulus), etc. Oxygen p. Emilius (Orville) — Whizgig p. Rubens (Buzzard) — Penelope p. Trumpator — Prunella p. Highflyer — Promise p. Snap — Julia.
		Stockwell (Alez.—1849)	The Baron p. Birdcatcher (Sir Hercules et Guiccioli) — Echidna p. Economist (Waxy) — Miss Pratt p. Blacklock — Gadabout p. Orville. Pocahontas p. Glencoe (Sultan et Trampoline p. Tramp) — Marpessa p. Muley (Orville) — Clare p. Marmion — Harpalice p. Gohanna — Amazon.
		The Gem (Noire—1851)	Touchstone p. Camel (Whalebone) — Banter p. Master Henry — Boadicea p. Alexander — Brunette p. Amaranthus — Mayfly p. Matchem. Biddy p. Bran (Humphrey Clinker et Velvet p. Oiseau) — Idalia p. Peruvian (Sir Peter) — Musidora p. Meteor (Eclipse) — Maid of All Work.

(Left column ancestry labels: Ortolan (Alezane—1868); Dollar (Bai—1860); Swallow (Bbr.—1855); Saunterer (N.—1854); Payment (Al.—1848); The Flying Dutchman (Bb.—1846); Mars (Bai—1865); Optimist (Al.—1857); Woman in Red (Bb.1857); Trumpeter (Al.—1851); Bijou (Alezane—1869); Regalia (Al.—1862).)

DAUPHIN

(APPARTIENT A L'ADMINISTRATION DES HARAS)

Pendant la saison de monte de 1893, Dauphin sera en station dans la circonscription du dépôt de Tarbes, où il saillira quarante juments de pur sang anglais, à raison de cinquante francs. S'adresser à M. le Directeur du Dépôt d'étalons, à Tarbes.

DAUPHIN, par Dollar, est né en 1885, chez M. Henri Cartier ; il est le seizième produit de Schooner, élevée par Richard Carter, qui a donné également Oiseleur avec Pretty Boy, Le Nageur, Cambuse, Martin-Pêcheur II et Lavandière, avec Dollar. Bai, de bonne taille, 1m61, Dauphin est très symétrique, très puissamment établi, avec le rein un peu long. Il a couru pour la première fois sous les couleurs de M. Maurice Ephrussi, associé de M. H. Cartier, dans le prix Calenge à Cabourg (1887), où il n'était pas placé derrière Modiste ; il n'était pas plus heureux dans le 3e Critérium de Fontainebleau, gagné par Folie. A trois ans, après trois tentatives infructueuses, Dauphin remportait sa première victoire dans le prix d'Avril à Paris, battant d'une tête Bercy ; il gagnait ensuite le prix du Printemps, devant Endymion et Firmin. Non placé dans le prix du Jockey-Club, gagné par Stuart, il finissait troisième derrière Reyezuelo dans le prix du Cèdre et courait ensuite quatre fois sans gagner, mais toujours placé, entre autres dans le Grand-Saint-Léger de Caen, où il prenait la seconde place derrière Galaor. Il n'en avait pas moins été handicapé à 54 kilos dans l'Omnium, où il battait facilement Hervine, Indien III, La Jarretière et Améthyste entre autres, auxquels il rendait du poids. Il terminait la campagne dans le prix d'Octobre, où il n'était pas placé derrière Galaor, Sibérie et Catharina. A quatre ans (1889), Dauphin courait quatorze fois ; très à court d'ouvrage aux premières réunions du printemps, il était battu, entre autres, par Sibérie et Saint-Gall, dans le prix du Cadran, et par Bocage dans le prix de Dangu, à Chantilly, mais il enlevait ensuite le prix du duc d'Aoste, à Paris, sur Brisolier, le Grand Prix de Beauvais sur Le Rieutort, le prix Hors-Série à Caen et le prix National à Deauville, sur Vide-Gousset ; son échec dans le prix Hocquart, où Ténébreuse et Sans-Peur prenaient les deux premières places, était suivi d'une nouvelle victoire dans le prix National, à Dieppe. Second derrière Sibérie dans le prix Jouvence, il faisait un walk-over à Vincennes dans le prix des Oriflammes, pour sa dernière course de l'année. Il courait encore dix fois en 1890, gagnant un prix National à Vincennes (walk-over), le prix de Gisors à Maisons-Laffitte sur Malgache, le prix de Dangu à Chantilly sur Aérolithe, battant enfin Barberousse dans le prix de Victot, à Paris, et il terminait sa carrière de courses à Caen dans le prix National, où il battait Niquet. Il avait en quatre ans fourni trente-neuf courses, quinze fois vainqueur, dix-neuf fois placé, gagnant 113.000 francs d'argent public. Dans le courant de 1890, il était acheté 35.000 francs à M. Cartier, son éleveur, par l'Administration des Haras et faisait, en 1891, sa première saison de monte.

PEDIGREE DE DAUPHIN

DAUPHIN (Bai—1885).

- **SCHOONER (Alezane—1862).**
  - **DOLLAR (Bai—1860).**
    - **The Flying Dutchman (Bbr.—1846).**
      - **Sultan (Bai—1816):** Selim p. Buzzard — f. d'Alexander (Eclipse et Grecian Princess) — f. d'**Highflyer** (Herod) — f. c'Alfred (fr. de Conductor) p. Matchem. Bacchante p. Williamsons' Ditto — s. de Calomel p. Mercury (Eclipse) — f. d'Herod — Folly p. Marske — fille de Regulus, etc.
      - **Barbelle (Baie—1836) Bay Middleton (B.—1833)**
        - **Cobweb (Baie—1821):** Phantom p. **Walton** — Julia p. Whisky (Saltram et Calash) — Y. Giantess p. Diomed — Giantess p. Matchem — Molly Long Legs p. Babraham, etc. Filagree p. Soothsayer (Sorcerer) — Web p. **Waxy** — Penelope p. Trumpator — Prunella p. **Highflyer** (Herod) — Promise p. Snap, etc.
        - **Sandbeck (Bai—1818):** Catton p. Golumpus — Lucy Grey p. Timothy (Delpini et Cora p. Matchem) — Lucy p. Florizel (Herod) — Frenzy p. Eclipse, etc. Orvillina p. Beningbro' — Eve ina p. **Highflyer** (Herod) — Termagant p. Tantrum — Cantatrice p. Samison — f. de Regulus — m. de Marske, etc.
    - **Payment (Alez.—1848).**
      - **Slane (Bai—1833)**
        - **Barioletta (Bbr.—1822):** Amadis p. Don Quixote — Fanny p. Sir Peter — f. de Diomed — Desdemona p. Marske — Y. Hag p. Skim — Hag p. Crab — Ebony p Childers. Selima p. **Selim** — f. de Pot8os — Editha p. Herod — Elfrida p. Snap — Miss Belsea p. Regulus — f. de Bartletts'Childers — f. d'Honeywood A.
        - **Royal Oak (Bbr.—1823):** Catton p. Golumpus (Gohanna) — Lucy Grey p. Timothy (Delpini et Cora p. Matchem) — Lucy p. Florizel (Herod) — Frenzy p. Eclipse. Fille de Smolensko (Sorcerer et Wowski p. Mentor) — Lady Mary p. Beningbro' (King Fergus) — fille d'Highflyer — fille de Marske, etc.
      - **Receipt (Alz.—1826)**
        - **Fille de (Baie—1819):** Orville p. Beningbro' (King Fergus et f. d'Herod) — Evelina p. **Highflyer** — Termagant p. Tantrum — Cantatrice p. Sampson(Blaze). Epsom Lass p. Sir Peter (**Highflyer**) — Alexina p. **King Fergus** — Lardella p. Y. Marske (Squirt) — f. de Cade Godolphin — f.de Beaufremont.
        - **Rowton (Alez.—1826):** Oiseau p. Camillus (Hambletonian) — fille de Ruler (Y. Marske) — Treecreeper p. Woodpecker — fille de Trentham, etc. Katharina p. Woful (**Waxy** et Penelope) — Landscape p. Rubens (Buzzard) — Iris p. Brush (Eclipse) — fille d'Herod, etc.
        - **Fille de (Alez.—1826):** Sam p. Scud (Beningbro' et Elaza p. **Highflyer**) — Hyale p. Phenomenon — Rally p. Trumpator — Fancy, s. de Diomed, p. Florizel, etc. Morel p. Sorcerer (Trumpator et Y. Giantess) — Hornby Lass p. Buzzard — Puzzle p. Matchem — Princess p. Herod — Julia p. Blank, etc.
  - **Father Thames (Alezan—1849).**
    - **Faugh a Ballagh (B. 1841)**
      - **Sir Hercules (Noir—1826):** Whalebone p. Waxy (Pot8os) — Penelope p. Trumpator (Conductor) — Prunella p. **Highflyer** (Herod) — Promise p. Snap — Julia p. Blank, etc. Peri p. Wanderer (Gohanna et Catherine p. Woodpecker) — Thalestris p. Alexander — Rival p. Sir Peter (**Highflyer**) — Hornet p. Drone, etc.
      - **Guiccioli (Alez.—1823):** Bob Booty p. Chanticleer (Woodpecker et f. d'Eclipse) — Ierne p. Bagot (Herod) — f. de Gamahoe (Bustard) — Patty p. Tim (Squirt), etc. Flight p. Irish Escape (Commodore et m. de Buffer p. **Highflyer**) — Y. Heroine p. Bagot — Heroine p. Hero (Cade) — s. de Regulus (Godolphin), etc.
    - **Fille de (Baie—1839)**
      - **Bran (Alez.—1831):** Humphrey Clinker p Comus (Sorcerer et Houghton Lass p. Sir Peter) — Clinkerina p. Clinker (Sir Peter — Pewet p. Tandem (Syphon), etc. Velvet p. Oiseau (Camillus et f. de Ruler) — Wire p. **Waxy** — Penelope p. Trumpator (Conductor) — Prunella p. **Highflyer** — Promise p. Snap, etc.
      - **Active (Baie—1820):** Partisan p. Walton (Sir Peter et Arethusa) — Parasol p. Pot8os — Prunella p. **Highflyer** — Promise p. Snap (Snip et s. de Sliphy) — Julia, etc. Eleanor p. Whisky (Saltram et Calash p. Herod) — Y. Giantess p. Diomed (Florizel) — Giantess p. Matchem (Cade) — Molly Long Legs, etc.
  - **Admiralty (Baie—1855).**
    - **Collingwood (B.—1843)**
      - **Sheel Anchor (Bbr.—1832):** Lottery p. Tramp (Dick Andrews) — Mandane p. Pot8os — Young Camilla p. Woodpecker — Camilla p. Trentham — Coquette p. The Compton B. Morgiana p. Muley — Miss Stevenson p. Sorcerer — s. de Petworth p. Precipitate — f. de Woodpecker — s. de Juniper p. Snap, etc.
      - **Kalmia (Alez.—1826):** Magistrate p. Camillus — Lady Rachel p. Stamford — Young Rachel p. Volunteer — Rachel, s.de Maid o' All Work, p. **Highflyer** (Herod), etc. Zephyrina p Middlethorpe (Shuttle) — Pagode p. **Sir Peter (Highflyer)** — Rupee p Coriander — Matron p. Florizel — Maiden p. Matchem, etc.
    - **Black Bird (N.—1843)**
      - **Plenipotentiary (Alez.—1831):** Emilius p. Orville (Beningbro') — Emily p. Stamford (Sir Peter) — f. de Whisky — Grey Dorimant p Dorimant (Otho) — Dizzy p. Blank, etc. Harriet p. Pericles (Evander et f. de Precipitate) — f. de Selim (Buzzard) — Pipylina p. **Sir Peter (Highflyer)** — Rally p. Trumpator, etc.
      - **Volage (Bbr.—1827):** Waverley p. **Whalebone** (Waxy) — Margaretta p. Sir Peter — s. de Highflyer — Nutcracker p Matchem — Miss Starling p. Starling — f. de Partner. F. de Catton (Golumpus et Lucy Grey p. Timothy) — Henrietta p. Sir Solomon — s. d'Olive p. Woodpecker — f. de Trentham — December p. Shakespeare.

ERMAK

(APPARTIENT A M. R. DE MONBEL)

Pendant la saison de monte de 1893, Ermak sera en station au haras de Paray, par Chevagnes (Allier), où il sera probablement réservé aux juments de son propriétaire. †

ERMAK, par Farfadet, est né en 1888, au haras de Paray, chez M. le marquis de Tracy; il est le second produit qu'ait eu en France Energetic, née en 1870 chez M. A. Harrison, qui a eu sept produits en Angleterre, avant d'être importée en 1886 par M. R. de Monbel. Bai, avec un peu de blanc en tête, de grande taille, 1m65, Ermak est très vigoureusement charpenté avec beaucoup de substance, de très belles hanches, et des aplombs irréprochables. Quatrième, pour ses débuts à deux ans, dans le prix de Saint-Firmin qu'il courait très vert encore et où il était battu par Amandier, Le Hardy et Clamart, il enlevait brillamment, quinze jours après, le prix de Novembre à Vincennes, battant avec une extrême facilité Fanny et Zambo entre autres. Il faisait sa rentrée au printemps de 1891 dans le prix de Guiche où il battait Goguenard II, il gagnait ensuite à Bordeaux le Derby du Midi sur Violon et Michon, puis battait très facilement Zibeline dans le prix Daru à Paris. Sa victoire dans le prix du Jockey-Club, sur Le Hardy, Le Capricorne et Révérend entre autres, consacrait définitivement sa réputation. Très nerveux le jour du Grand-Prix de Paris, il ne figurait pas à l'arrivée derrière Clamart; il était alors envoyé au repos à Paray. Il se coupait profondément, quelques semaines après, en jouant dans son box, l'artère du pied antérieur montoir, un peu au-dessus de la couronne, accident dont il était à peine remis au mois de septembre, quand on lui faisait courir le prix de Cheffreville à Paris, où il était battu par Soleil et Caméléon. Il ne lui était même pas possible de courir le mois suivant le Handicap d'automne à Newmarket, où il avait été envoyé. En 1892, dans une condition encore très sommaire, il était battu à Nice par Crillon dans le Grand Prix du Printemps où il portait 65 kilos, un peu il est vrai par la faute de son jockey, mais il battait facilement, avec 63 kilos, Francillon, dans le Grand Prix International. Après sa défaite dans le prix des Sablons, à Paris, où il était battu par Bérenger et Révérend, il retournait en Angleterre, courant sans succès, avec 57 kilos, le Royal Hunt Cup à Ascot; puis il prenait la seconde place derrière Buccaneer dans le Gold Cup et enfin n'était pas placé, avec 56 kilos 1/2, à Kempton Park, dans les Duke of York Stakes, gagnés par Miss Dollar; à l'automne seulement, il retrouvait une partie de sa forme, dans le Liverpool Autumn Cup (2.200m) d'abord, où, avec 53 kilos, il était battu d'une courte tête par Windgall, puis dans le Derby Cup (1.600m), où il finissait second également derrière Warlaby auquel il rendait huit livres et trois années. Il rentrait alors en France et retournait à Paray, où il fera, en 1893, sa première saison de monte, et où il est appelé à remplacer son père Farfadet. Il avait couru quinze fois, gagné neuf courses et 236.000 francs d'argent public.

PEDIGREE DE ERMAK

ERMAK (Bai — 1888)	ENERGETIC (Baie—1870)	FARFADET (Bai—1880)	LA Farandole (Baie—1874)

		Monarque (Bai—1852)	The Baron, the Emperor, ou Sting× p. Slane (Royal Oak et f.d'Orville) — Echo p. Emilius (Orville)—f. de Scud (Beningbro') —Canary Bird, etc. Poetess p. Royal Oak (Catton et f. de Smolensko)—Ada p. Whisker(Waxy) —Anna Bella p. Shuttle (Y. Marske)—f. de Drone—Contessina, etc.
	Nougat (Bai—1872)	Lady Lift (Baie—1844)	Sir Hercules p. Whalebone (Waxy et Penelope p. Trumpator) — Peri p. Wanderer (Gohanna) — Thalestris p. Alexander (Eclipse)— Rival. Sylph p. Spectre (Phantom et Filikins p. Gouty)—Fanny Legh p. Castrel (Buzzard)—Miss Hap p. Shuttle —s. d'Haphazard p. Sir Peter.
	Nebuleuse (B.—1857) Consul (Al.—1866)	Gladiator (Alez.—1833)	Partisan p. Walton (Sir Peter et Arethusa p. Dungannon) — Parasol p. Pot8os—Prunella p. Highflyer— Promise p. Snap — Julia p. Blank. Pauline p. Moses (Seymour et f. de Gohanna) — Quadrille p. Selim (Buzzard)—Canary Bird p. Sorcerer (Trumpator) — Canary p. Coriander.
		Belle-de-Nuit (Baie—1844)	Y. Emilius p. Emilius (Orville et Emily p. Stamford)—Cobweb p. Phantom (Walton)—Filagree p. Soothsayer (Sorcerer) —Web p. Waxy. Odine p. Tigris (Quiz et Persepolis p. Alexander)— Miss Ann p. Figaro (Haphazard)—f. de Tramp (Dick Andrews, —Harpham Lass p. Camillus.
	Joskn (Bb—1865) Ena (B.—1860)	West Australian (Bai—1850)	Melbourne p. Humphrey Clinker (Comus et Clinkerina p. Clinker) — f. de Cervantes (Don Quixote,—f. de Golumpus (Gohanna)—f. de Paynator Mowerina p. Touchstone — Emma p. Whisker (Waxy) — Gibside Fairy p. Hermes (Mercury)— Vicissitude p. Pipator (Imperator)—Beatrice.
		Peasant Girl (Baie—1846)	The Major p. Sheet Anchor (Lottery et Morgiana p. Muley,—f. de Y Whisker —Y. Maniac p. Tramp—Maniac p. Shuttle —m. d'Otto Dyke. Glance p. Waxy Pope (Waxy et Prunella p. Highflyer)—Globe p. Quiz — Paleface p. Y. Woodpecker—Platina p. Mercury — f. d'Herod.
		Orlando (Bai—1841)	Touchstone p. Camel (Whalebone et f. de Selim) - Banter p. Master Henry (Orville) — Boadicea p. Alexander (Eclipse)—Brunette p. Amaranthus Vulture p. Langar (Selim et f. de Walton)—Kite p. Bustard (Castrel) — Olympia p. Sir Oliver (Sir Peter, —Scotilla p. Anvil—Scota p. Eclipse.
		Vésuvienne (Baie—1847)	Gladiator p. Partisan—Pauline p. Moses — Quadrille p. Selim—Canary Bird p. Sorcerer—Canary p. Coriander (Pot8os) — Miss Green, etc. Venus p. Sir Hercules (Whalebone et Peri p. Wanderer)—Echo p. Emilius (Orville)—f. de Pioneer (Whisky)— Canary Bird p. Sorcerer.
Perséverance (Bbr. ou gr.—1865)	Lord Lyon (Bai—1863)	The Baron (Alez.—1842)	Birdcatcher p. Sir Hercules (Whalebone) — Guiccioli p. Bob Booty (Chanticleer)—Flight p. Irish Escape — Y. Heroine p. Bagot (Herod). Echidna p. Economist (Whisker et Floranthe p. Octavian)— Miss Pratt p. Blacklock—Gadabout p. Orville - Minstrel p. Sir Peter — Matron.
	Paradigm (Bb.—1857) Stockwell (Al—1849)	Pocahontas (Baie—1837)	Glencoe p. Sultan (Selim et Bacchante p. Williamsons' Ditto)—Trampoline p. Tramp—Web p. Waxy —Penelope p. Trumpator — Prunella. Marpessa p. Muley (Orville et Eleanor p Whisky —Clare p. Marmion (Whisky)—Harpalice p. Gohanna—Amazon p. Driver —Fractious, etc.
		Paragone (Bai—1843)	Touchstone p. Camel — Banter p. Master Henry (Orville) — Boadicea p. Alexander—Brunette p. Amaranthus (Old England)— Mayfly. Hoyden p. Tomboy (Jerry et f. d'Arcrossau)—Rockbana p. Velocipede (Blacklock)—Miss Garforth p. Walton—f. d'Hyacinthus — Zara, etc.
		Ellen Horne (Bbr.—1844)	Redshank p. Sandbeck (Catton et Orvillina p. Beningbro')—Johanna p. Selim (Buzzard)—m. de Comical p. Skyscraper—f. de Dragon Delhi p. Plenipotentiary (Emilius et Harriet, p Pericles) — Pawn Junior p. Waxy (Pot8os)— Pawn, s. de Penelope, p. Trumpator.
Spinster (Ro.—1853) Voltigeur (Bb.—1847)		Voltaire (Bbr.—1826)	Blacklock p. Whitelock — f. de Coriander (Pot8os)—Wild Goose p. Highflyer (Herod)—Coheiress p. Pot8os— Manilla p. Goldfinder. F. de Phantom (Walton et Julia p Whisky)—f d'Overton — m. de Gratitude p. Walton—f. de Ruler — P cirantha p. Matchem, etc.
		Martha Lynn (Bbr.—1837)	Mulatto p. Catton (Golumpus p. Gohanna) — Desdemona p. Orville — Fanny p. Sir Peter — f. de Diomed — Desdemona p. Marske, etc. Leda p. Filho da Puta —Treasure p. Camillus (Hambletonian)— f. de Hyacinthus (Coriander)— Flora p King Fergus — Atalanta, etc.
		Flatcatcher (Bai—1845)	Touchstone p. Camel (Whalebone)—Banter p. Master Henry (Orville) —Boadicea p. Alexander—Brunette p. Amaranthus — Mayfly, etc. Decoy p. Filho da Puta (Haphazard et Mrs Barnet p. Waxy)— Finesse p. Peruvian (Sir Peter) — Violante p. John Bull (Fortitude).
		Nan Darrell (Baie—1844)	Inheritor p. Lottery (Tramp) — Handmaiden p. Walton (Sir Peter) — Anticipation p. Beningbro'— Expectation p. Herod — f. de Skim. Nell p. Blacklock (Whitelock)— Madame Vestris p. Comus (Sorcerer) —Lisette p. Hambletonian (King Fergus) — Constantia p. Walnut.

ESCOGRIFFE

(APPARTIENT A M. CAMILLE BLANC)

Pendant la saison de monte de 1893, Escogriffe sera en station au haras de la Boulie, près Versailles, où il saillira vingt juments (en dehors de celles de son propriétaire), à raison de quinze cents francs, plus 20 francs pour l'écurie. S'adresser à M. Camille Blanc, 56, boulevard Haussmann, à Paris.

Escogriffe, par Caterer, est né en 1881 au haras de Lonray, chez M. Armand Donon ; il est le second produit, né en France, d'Ella, poulinière importée en 1877 par le capitaine Maxwell, achetée l'année suivante par M. Charles Gougeon et cédée par ce dernier à M. A. Stanb en 1879 ; elle a donné également Extra avec Trocadéro, Étendard avec Le Destrier, et Joueur-de-Flûte avec Florestan. Escogriffe est un cheval alezan de grande taille, 1m67, fortement établi sur de bons membres, et manquant un peu de distinction, comme la plupart des produits de Caterer. Il fit ses débuts à Dieppe, dans le Grand Prix, où il ne fut pas placé derrière Kiss, Fra Diavolo et Yvrande ; il était de nouveau battu par Fra Diavolo et Yvrande dans le Grand Critérium où il finissait derrière Archiduc, mais à côté de Kiss, Sorgho et Rameur ; il prenait ensuite la seconde place derrière Bras-de-Fer dans le premier prix d'Automne et terminait sa première saison en gagnant le prix de Condé, dont les 2.000 mètres convenaient bien à ses aptitudes ; il y battait d'une longueur Sansonnet. Au printemps de 1884, Escogriffe prenait la troisième place dans le Biennal derrière Little-Duck et Richelieu, et gagnait ensuite le prix de Saint-Georges sur un champ médiocre et le prix de Lonray, où il battait Luther et Formalité ; troisième derrière Yvrande et Kiss dans le prix de Fay (1.600 m.) sur une distance trop courte pour lui, il occupait la même place dans le prix de Seine-et-Marne, gagné par Archiduc, où il finissait toutefois à une demi-longueur de Farfadet. Après un walk-over à Beauvais, dans le prix de la Ferme (3.500 m.), il courait sans succès le Derby du Pin derrière Lavaret, puis gagnait à Deauville le prix de Longchamps, battant Sansonnet et Clio ; il finissait ensuite troisième dans le Grand Prix gagné par Tristan, à une longueur de Fra Diavolo, qui lui rendait trois livres. Second dans le prix Royal Oak entre Archiduc et Fra Diavolo, il gagnait le prix de Villebon sur Richelieu, battait Azur et Lavaret dans le prix d'Octobre, mais ne figurait pas dans le prix du Prince d'Orange, huit jours après, derrière le même Azur, Richelieu et Clio. A quatre ans (1885), Escogriffe courait neuf fois : second derrière Archiduc et devant Satory dans le prix Rainbow, troisième derrière Fra Diavolo et Azur dans la Coupe, il battait facilement Clio et Mondaine dans le prix de Courbevoie, puis, portant 62 kilos, il prenait la quatrième place dans le handicap de la Pelouse, à Chantilly, gagné par Radieux, auquel il rendait vingt-deux livres. Il remportait dans le prix Hocquart, à Deauville, sur Fra Diavolo et Clio, sa dernière victoire de l'année, courant trois autres fois, toujours placé, derrière Satory et Escarboucle, entre autres, et terminant la saison dans le prix du Pin à Chantilly, où il ne figurait pas. Son endurance lui permettait de fournir encore douze courses l'année suivante, où il gagnait le prix de Nanterre à Paris et le Prix Principal à Caen, courant toujours en compagnie relevée et figurant presque toujours à l'arrivée. Il terminait sa carrière au mois d'octobre 1886 à Vincennes dans le prix de Fontainebleau où il prenait la seconde place à une encolure de Nautilus. Il était resté quatre ans à l'entraînement, avait couru trente-huit fois, gagnant onze prix, seize fois placé et montrant une endurance tout à fait remarquable. A Lonray, où il commença à faire la monte en 1887, il a donné, dans sa première saison, Carrousel et Programme (avec Prenez-Garde, par Flageolet). Au printemps de 1892, il fit partie, lors de la dissolution du haras de Lonray, du lot acheté en bloc par M. Camille Blanc.

PEDIGREE DE ESCOGRIFFE

ESCOGRIFFE (Alezane—1881)	CATERER (Bai—1859)	Birdcatcher (Alez —1833)	Sir Hercules p. **Whalebone (Waxy**,—Peri p.Wanderer — Thalestris p. **Alexander** — Rival p.**Sir Peter** — Hornet p. Drone — Manilla, etc. Guiccioli p.BobBooty(Chanticleer) —Flight p.Irish Escape (Commodore) — Y. Heroine p. Bagot—Heroïne p. Hero—fille de Snap (Snip), etc.
		Echidna (Bbr.—1838)	Economist p. Whisker **(Waxy**)—Floranthe p. Octavian—Caprice p. Anvil (Herod) — Madcap p. Eclipse — fille de Blank — fille de Blaze, etc. Miss Pratt p.**Blacklock** (White ock)—Gadabout p.**Orville** (Beningbro') —Minstrel p.**Sir Peter** — Matron p.Florizel—Maiden p.Matchem, etc.
		Glencoe (Alez.—1831)	Sultan p.**Selim** (Buzzard)—Bacchante p. Williamson's Ditto (**Sir Peter**) —sœur de Calomel p.**Mercury** (Eclipse) — fille d'Herod (Tartar), etc. Trampoline p.Tramp—Web p. **Waxy**—Penelope p.Trumpator (Conductor)—Prunella p.Highflyer—Promise p. Snap — Julia p. Blank, etc.
		Marpessa (Baie—1830)	Muley p Orville—Eleanor p. **Whisky** (Saltram)— Young Giantess p Diomed — Giantess p. Matchem — Molly Long Legs p. Babraham, etc. Clare p Marmion (**Whisky**)—Harpalice p.Gohanna (Mercury)—Amazon p. Driver — Fractious p. Mercury — sœur de Goldfinch, etc.
	Selim (Baie—1851)	Touchstone (Bbr.—1831)	Camel p.**Whalebone** (**Waxy**) — fille de **Selim** — Maiden p.**Sir Peter** — fille de Phenomenon—Matron p.Florizel—Maiden p.Matchem, etc. Banter p.Master Henry (**Orville**)— Boadicea p. **Alexander** — Brunette p. Amaranthus — Mayfly p. Matchem — fille d'Ancaster Starling.
		Vulture (Alez.—1833)	Langar p.**Selim** (Buzzard)—fille de Walton (**Sir Peter**) — Y. Giantess p.Diomed (Florizel)—Giantess p.Matchem (Cade)—Molly Long Legs. Kite p. Bustard (Castrel et Miss Hap) — Olympia p. Sir Oliver (**Sir Peter**) — Scotilla p. Anvil (Herod) — Scota p. Eclipse, etc.
		Velocipede (Alez.—1825)	**Blacklock** p. Whitelock (Hambletonian)—fille de Coriander—Wildgoose p. **Highflyer** — Coheiress p. Pot8os — Manilla p. Goldfinder, etc. Fille de Juniper (**Whisky**) — fille de Sorcerer (Trumpator) — Virgin p. **Sir Peter** (**Highflyer**) — fille de Pot8os (Eclipse) — Editha, etc.
		Emma (Baie—1824)	Whisker p **Waxy** (Pot8os) — Penelope p. Trumpator — Prunella p. Highflyer — Promise p. Snap (Snip) — Julia p. Blank (Godolphin). Gibside Fairy p. Hermes (Mercury)— Vicissitude p. Pipator (Imperator) — Beatrice p.**Sir Peter** (**Highflyer**)—Pyrrha p.Matchem—Duchess.
	ELLA (Alezane—1859)	Venison (Bbr.—1833)	Partisan p. Walton (**Sir Peter**, —Parasol p.Pot8os—Prunella p. **Highflyer** — Promise p. Snap — Julia p. Blank, etc. Fawn p. Smolensko (Sorcerer et Wowski p. Mentor) — Jerboa p. Gohanna (Mercury — Camilla p. Trentham — Coquette, etc.
		Queen Anne (Baie—1843)	Slane p. Royal Oak (Catten et fille de Smolensko) — fille d'**Orville** — — Epsom Lass p **Sir Peter** — Alexina p. King Fergus, etc. Garcia p. Octavian (Stripling et f. d'Oberon) — f. de Shuttle — Katherine p. Delpini (**Highflyer**) — fille de Paymaster (Blank), etc.
		Melbourne (Bbr.—1834)	Humphrey Clinker p. Comus (Sorcerer et Houghton Lass p. **Sir Peter**) — Clinkerina p. Clinker **Sir Peter** — Pewet p. Tandem, etc. Fille de Cervantes (Don Quixote et Evelina p.**Highflyer**)—f. de Golumpus—f.de Paynator—s.de Zodiac p.St-George—Abigail p.Woodpecker.
		Lady Sarah (Alez.—1841)	Velocipede p.**Blacklock**—fille de Juniper (**Whisky** et Jenny Spinner) —f.de Sorcerer (Trumpator)—Virgin p. **Sir Peter**—f.de Pot8os, etc. Lady Moore Carew p. Tramp (Dick Andrews et fille de Gohanna)—Kite p. Bustard (Castrel)—Olympia p. Sir Oliver—Scotilla p. Anvil Herod).
	Braxey (Baie—1849)	Liverpool (Bai—1828)	Tramp p. Dick Andrews— fille de Gohanna — Fraxinella p. Trentham — Miss South p. South — f. de Cartouche — Ebony p. Childers, etc. Fille de Whisker (**Waxy**) —Madane p. Pot8os — f. Camilla p. Woodpecker — Camilla p. Trentham — Coquette p. the Compton Barb.
		Fille de (Baie—1828)	Emilius p. **Orville** — Emily p. Stamford (**Sir Peter**) — fille de Whisky (Saltram) — Grey Dorimant p Dorimant (Otho)—Dizzy p. Blank, etc. Surprise p. Scud (Beningbro')— Manfreda p. Williamsons' Ditto (**Sir Peter**) — Tawny p. Mentor — Jemima p. Satellite. etc.
		Gladiator (Alez.—1833)	Partisan p.Walton—Parasol p. Pot8os—Prunella p.**Highflyer**—Promise p. Snap — Julia p. Blank — m. de Spectator p. Partner (Jigg), etc. Pauline p. Moses (Seymour)—Quadrille p. **Selim** — Canary Bird p.Sorcerer (Trumpator) — Canary p. Coriander — Miss Green p.Highflyer.
		Fille de (Baie—1839)	Plenipotentiary p Emilius (**Orville**)—Harriet p. Pericles—fille de Selim —Pipylina p. **Sir Peter** — Rally p. Trumpator—Fancy p. Florizel. Myrrha p.**Whalebone** (**Waxy**) — Gift p. Y. Gohanna — s. de Grazier p. **Sir Peter** — fille de Trumpator — fille d'Herod — fille de Snap.

FAISAN

(APPARTIENT A M. JEAN PRAT)

Pendant la saison de monte de 1893, Faisan sera en station au haras de Pessard-le-Chêne (Calvados), où il saillira un certain nombre de juments en dehors de celles de son propriétaire, a raison de sept cent cinquante francs, plus 20 francs pour l'écurie. S'adresser à M. J. Prat, 8 place de l'Opéra, à Paris.

Faisan, par Monitor II, est né en 1875 chez M. le comte R. de Nicolay, à Montfort; il est le troisième produit qu'ait eu en France Fluke, poulinière née en Angleterre chez M. J.-T. Rowland et importée en 1872 par M. de Nicolay; elle a donné également La Fromentinière avec Pretty Boy, La Fraise avec Tabac, et est morte en 1883. Faisan est un cheval alezan de taille moyenne, 1m62, son dos est court, son rein fortement attaché, sa croupe un peu horizontale; il a de bons membres et de la longueur dessous. Acheté yearling en 1876 par M. Jean Prat, Faisan fit ses débuts, à deux ans, dans le premier Critérium de Fontainebleau, où il finit troisième derrière Phénix et Clocher; il n'était pas placé dans le Grand Critérium derrière Mantille ni dans le prix de la Ville, à Marseille, derrière Roscoff. A trois ans (1878), après avoir couru indifféremment le prix de la Seine derrière Fontainebleau, Faisan gagnait sa première course dans le prix de Courteuil, à Chantilly; il finissait ensuite cinquième dans le prix du Jockey-Club, derrière Insulaire, Clocher, Stathouder et Brie, puis battait Fitz-Plutus dans le prix de Fay et enlevait brillamment, portant 52 kilos, le prix du Conseil Général (handicap; 1.600m) à la réunion d'Été à Paris; il était, à la même réunion, battu dans le prix du duc d'Aoste par Mantille, qui le battait de nouveau au mois de septembre dans le prix de Glatigny, à son retour d'Angleterre où il avait été courir, à Brighton, les Hamilton et les Rous Stakes qu'il avait facilement gagnés. Il terminait la saison en courant le prix de la Forêt (1.400 mètres), où il prenait la seconde place entre Phénix et Swift. Faisan courut encore cinq fois en 1879, sans grand succès il est vrai; sur dix-huit courses il en avait gagné cinq et avait été cinq fois placé. Au haras, Faisan a donné : Faisandeau II, Parodie, Folie, Phocéen, Prophète, Calchas, Feu-Follet, etc., qui tous se sont fait remarquer par leur vitesse. Feuille-de-Frêne, avec laquelle il a eu ses meilleurs produits, est, par Gontran, petite-fille de Fitz-Gladiator.

PEDIGREE DE FAISAN

FAISAN (Alezan—1875)	MONITOR II (Alezan—1862)	Monarque (Bai—1852)	Slane (Bai—1833)	Royal Oak p. Catton (Golumpus et Lucy Grey)— fille de Smolensko — Lady Mary p. Beningbro' (King Fergus)—fille d'Highflyer, etc. Fille d'Orville (Beningbro' et Evelina p. Highflyer)— Epsom Lass p. Sir Peter--Alexina p. King Fergus—Lardella p. Young Marske, etc.
			Echo (Baie—1828)	Emilius p. Orville (Beningbro' et Evelina p. Highflyer)—Emily p. Stamford (Sir Peter) — f. de Whisky—Grey Dorimant p. Dorimant—Dizzy. Fille de Scud (Beningbro' et Eliza p. Highflyer)—Canary Bird p. Sorcerer —Canary p. Coriander— Miss Green p. Highflyer—Harriet.
		Poetesa (B.—1838)	Royal Oak (Bbr.—1823)	Catton p. Golumpus (Gohanna et Catherine p. Woodpecker)—Lucy Grey p. Timothy—Lucy p. Florizel—Frenzy p. Eclipse— fille d'Engineer. Fille de Smolensko (Sorcerer et Wowski p. Mentor) — Lady Mary p. Beningbro'—fille d'Highflyer (Herod).
			Ada (Baie—1824)	Whisker p. Waxy (Pot8os et Maria p. Herod)— Penelope p. Trumpator —Prunella p. Highflyer —Promise p. Snap —Julia p. Blank, etc. Anna Bella p. Shuttle (Y. Marske et Vauxhall Snap mare)—fille de Drone — Contessina p. Y. Marske —Tuberose p. Herod — Grey Starling.
	Constance (Alezan—1848)	Gladiator (B.—1833)	Partisan (Bai—1811)	Walton p. Sir Peter (Highflyer)— Arethusa p. Dungannon (Eclipse) — f. de Prophet (Regulus)— Virago (m. de Saltram) p. Snap. Parasol p. Pot8os (Eclipse)—Prunella p. Highflyer (Herod) — Promise p. Snap — Julia p. Blank — m. de Spectator p. Partner, etc.
			Pauline (Baie—1826)	Moses p. Seymour (Delpini p. Highflyer et Bay Javelin)— f. de Gohanna —Grey Skim p. Woodpecker — m. de Silver p. Herod — Y. Bag. Quadrille p. Selim (Buzzard)—Canary Bird p. Sorcerer (Trumpator) — Canary p. Coriander (Pot8os) — Miss Green p. Highflyer—Harriet.
		Lanterne (B.—1841)	Hercule (Alez—1830)	Rainbow p Walton (Sir Peter et Arethusa p. Dungannon)—Iris p. Brush —f. d'Herod —s. de Doctor p. Goldfinder. Aimable p. Election (Gohanna et Chesnut Skin, s. de Grey Skim, p. Woodpecker)— f. de Young Whisky —Walnut mare—Javelin mare.
			Elvira (Baie—1829)	Eryx p. Milo (Sir Peter et Wren p. Woodpecker)—f. de Buzzard (s. de Bos)—m. de Beningston p. The Percy Arabian, etc. Coral p. Orville (Beningbro) — Fairing p. Waxy (Pot8os)— Rattle p. Trumpator — Fancy, s. de Diomed, p. Florizel — s. de Juno.
FLUKE (Bai-Brune—1860)	Turnus (Bai—1845)	Tourns (Al.—1829)	Phantom ou Morisco* (Bai—1819)	Muley p. Orville —Eleanor p. Whisky —Y. Giantess p. Matchem (Cade et f. de Partner) — Molly Long Legs. etc. Aquilina p. Eagle (Volunteer et f. d'Highflyer) — s. de Petworth p. Precipitate — f. de Woodpecker — s. de Juniper p. Snap.
			Katherine (Alez.—1821)	Soothsayer p. Sorcerer (Trumpator et Y. Giantess p. Diomed)—Goldenlocks p. Delpini (Highflyer) —Violet p. Shark — f. de Syphon. Quadrille p. Selim (Buzzard)—Canary Bird p. Sorcerer — Canary p. Coriander (Pot8os)—Miss Green p. Highflyer -- Harriet p. Matchem.
		Clarissa (Bb—1835)	Defence (Bai—1824)	Whalebone p. Waxy (Pot8os et Maria)— Penelope p. Trumpator (Conductor) — Prunella p. Highflyer (Herod) — Promise p. Snap. Defiance p. Rubens (Buzzard)— Little Folly p. Highland Fling (Spadille et Celia) — Harriet p. Volunteer (Eclipse)— f d'Alfred, etc.
			Clara (Baie—1829)	Filho da Puta p. Haphazard (Sir Peter et Miss Hervey p. Eclipse) —Mrs. Barnet p. Waxy — f. de Woodpecker — Heinel p. Squirrel. Clari p. Smolensko (Sorcerer et Wowski p. Mentor) — f. de Precipitate —f. d'Highflyer — Juno p. Spectator — Horatia p Blank.
	Pomme-de-Terre (Alez.—1841)	Slane (B.—1833)	Royal Oak (Bbr.—1823)	Catton p. Golumpus (Gohanna et Catherine p. Woodpecker) — Lucy Grey p. Timothy—Lucy p. Florizel—Frenzy p. Eclipse—f.d'Engineer. Fille de Smolensko (Sorcerer e. Wowski p. Mentor) — Lady Mary p. Beningbro — f. d'Highflyer— f. de Marske, etc.
			Fille de (Baie—1819)	Orville p. Beningbro'—Evelina p. Highflyer — Termagant p. Tantrum (Cripple p. Godolphin)—Cantatrice p. Sampson —f. de Regulus. Canary Bird p. Sorcerer (Trumpator)—Canary p. Coriander (Pot8os) —Miss Green p. Highflyer—Harriet p. Matchem —Flora p. Regulus.
		Elaine (B.—1844)	Emilius (Bai—1820)	Orville p. Beningbro' (King Fergus)— Evelina p. Highflyer — Termagant p. Tantrum — Cantatrice p. Sampson —f. de Regulus, etc. Emily p. Stamford (Sir Peter et Horatia p. Eclipse) — f. de Whisky (Saltram p. Eclipse)—Grey Dorimant p. Dorimant—Dizzy p. Blank.
			Mangel Wurzel (Alez.—1823)	Merlin p. Castrel (Buzzard et f. C'Alexander)— Young Bab p Sir Peter (Highflyer)—Bab p. Bourdeaux — Speranza, s. de Saltram, p. Eclipse. Morel p. Sorcerer (Trumpator et Y. Giantess)—Hornby Lass p. Buzzard —Puzzle p. Matchem —Princess p. Herod—Julia p. Blank.

FIL-EN-QUATRE

(APPARTIENT A L'ADMINISTRATION DES HARAS)

Pendant la saison de monte de 1893, Fil-en-Quatre sera en station dans la circonscription du dépôt d'étalons de Tarbes, où il saillira trente juments de pur sang anglais, à raison de quarante francs. S'adresser à M. le Directeur du Dépôt d'étalons à Tarbes (Htes-Pyrénées).

Fil-en-Quatre, par Plutus, est né en 1877, au haras de Bois-Roussel, chez M. Henri Delamarre ; il est le sixième produit de Fidélité, élevée chez M. Sarrazin en 1861, qui a donné également Fifre, Filoselle et Friandise avec Vermout, Firmin avec Prologue et est morte en 1885. Fil-en-Quatre est un cheval alezan doré rubican, avec deux balzanes antérieures, très bien pris et solidement charpenté dans sa petite taille — 1m55 — ; il possède un excellent tempérament. Il fit ses débuts à Vichy dans le Grand Critérium de 1879, où il ne figura pas derrière La Flandrie et où il courut sous les couleurs de M. H. Delamarre, qui le vendit peu après au vicomte de Trédern. Troisième dans le prix de Villers, derrière Louis-d'Or et Chiffon, puis dans le prix de la Plage, derrière Isménie et Paquet, pendant le meeting de Deauville, il n'était pas placé à Paris dans le premier prix d'Automne, gagné par Vicomte. Il courait dix-sept fois pendant sa troisième année, gagnant le prix des Cars, à Paris, sur Nature et Ascot, le Grand Handicap de Beauvais, où, portant 48 kilos, il battait facilement, à vingt-quatre livres pour une année, Fils-de-l'Air, enfin le prix Spécial et le prix Principal à Craon. Presque toujours placé il faisait, entre autres, fort bonne figure derrière Pacific dans le prix du Nabob, où il battait Isménie, Basilique et La Flandrie, et il témoignait d'une grande endurance en restant sur la brèche jusqu'à la fin de la saison où, à Marseille, dans le prix de première Série, il était battu d'une courte tête par Natte. Il commençait sa quatrième année (1881) en battant, dans le prix Rieussec, avec 54 kilos, Chant-du-Cygne, Clélie et Fitz-Plutus ; il courait ensuite, sans succès, à quatre reprises et faisait sa dernière apparition à Chantilly, dans le prix de Château-Laffitte où, portant 50 kilos, il ne figurait pas derrière Basilique. Retiré de l'entraînement, il était acheté, en 1883, 14.000 francs par l'Administration des Haras, après avoir fait chez M. de Trédern deux saisons de monte, pendant lesquelles il donna Cachepot, Henri II, Le Czar et Pic par Kleptomania (par Adventurer, p. Newminster); le meilleur produit qu'il a eu depuis, Fripon, est fils de Fanny par Le Sarrazin (Monarque) et une fille de Fitz-Gladiator.

GUIDE PRATIQUE DE L'ÉLEVEUR

PEDIGREE DE FIL-EN-QUATRE

FIL-EN-QUATRE (Alezan—1877)	PLUTUS (Bai—1863)	Trumpeter (Alez.—1850)	Touchstone (Bbr.—1831)	Camel p. Whalebone (Waxy) — f. de **Selim** (Buzzard) — Maiden p. Sir Peter — f. de Phenomenon — Matron p. Florizel — Maiden, etc. Banter p. Master Henry (**Orville**)—Boadicea p. Alexander (Eclipse).—Brunette p. Amaranthus (Old England) — Mayfly p. Matchem, etc.
			Vulture (Alez.—1833)	Langar p. **Selim** (Buzzard) — f. de Walton (Sir Peter) — Y. Giantess p. Diomed — Giantess p. Matchem —Molly Long Legs p. Babraham, etc. Kite p. Bustard (Castrel) — Olympia p. Sir Oliver (Sir Peter).— Harmony p. Herod — Rutilia (s. de Rachel) p. Blank — s de South p. Regulus, etc.
		Cavatine (Alez.—1845)	Redshank (Alez.—1833)	Sandbeck p. Catton (Golumpus p. Gohanna et Catherine) — Orvillina p. Beningbro' (King Fergus) — Evelina p. Highflyer — Termagant, etc. Johanna p. **Selim** (Buzzard) — m. de Comical p. Skyscraper (Highflyer) — f. de Dragon (Regulus) — m. de Fidget p. Matchem, etc.
			Oxygen (Alez.—1828)	Emilius p **Orville** (Beningbro') — Emily p. Stamford (Sir Peter) — Horatia p. Eclipse — f. de Whisky (Saltram et Calash p. Herod), etc. Whizgig p. Rubens (Buzzard et f. d'Alexander) — Penelope p. Trumpator (Conductor) — Prunella p Highflyer — Promise p. Snap, etc.
		Orlande (Bai—1841)	BayMiddleton (Bai—1833)	Sultan p. **Selim** (Buzzard et f. d'Alexander) — Bacchante p. Williamsons' Ditto Sir Peter) — s de Calomel, p. Mercury (Eclipse), etc. Cobweb p. Phantom (**Walton** et Julia p. Whisky) — Filagree p. Soothsayer (Sorcerer) — Web p. Waxy — Penelope p Trumpator, etc.
			Plenary (Alez.—1837)	Emilius p Orville (Beningbro') — Emily p. Stamford (Sir Peter)—f. de Whisky — Grey Dorimant p. Dorimant — Dizzy p. Blank, etc. Harriet p Pericles (Evander et f. de Precipitate)—f. de Selim — Pipylina p. Sir Peter — Rally p. Trumpator — Fanny (s. de Diomed) etc.
	Fille de (Bai—1853)	Alice Bray (B.—1818)	Venison (Bbr.—1833)	Partisan p. **Walton** (Sir Peter et Arethusa p. Dungannon) —Parasol p. Pot8os (Eclipse) — Prunella p. Highflyer — Promise p. Snap, etc. Fawn p. Smolensko (Sorcerer et Wowski p. Mentor)—Jerboa p. Gohanna (Mercury) — Camilla p Trentham — Coquette p the Compton Barb, etc.
		Plane (B.—1846)	Darkness (Alez.—1837)	Glencoe p Sultan (**Selim** et Bacchante p. Williamsons' Ditto)—Trampoline p.Tramp (Dick Andrews)—Web p.Waxy—Penelope p.Trumpator. Fanny p Whisker (Waxy et Penelope p. Trumpator) — f. de Camillus (Hambletonian) — f. de Precipitate, frère de Gohanna, etc.
	FIDELITÉ (Alezane—1861)	Monarque (Bai—1832)	Slane (Bai—1833)	Royal Oak p. Catton (Golumpus et Lucy Grey p. Timothy) — f. de Smolensko—Lady Mary p. Beningbro (King Fergus) — f. d'Highflyer, etc. F. d'Orville (Beningbro' et Evelina p.Highflyer) — Epsom Lass p. Sir Peter — Alexina p. King Fergus — Lardella p. Y. Marske, etc.
		Sting* (Bn. 1843)	Echo (Baie—1828)	Emilius p Orville Beningbro' et Evelina p.Highflyer) — Emily p.Stamford (Sir Peter)—f. de Whisky—Grey Dorimant p.Dorimant—Dizzy p. Blank. F. de Scud (Beningbro' et Evelina p.Highflyer) — Canary Bird p. Sorcerer —Canary p Coriander—Miss Green p.Highflyer—Harriet p.Matchem,etc.
		Poetess (B.—1838)	Royal Oak (Bbr.—1823)	Catton p. Golumpus (Gohanna et Catherine p Woodpecker—Lucy Grey p. Timothy — Lucy p. Florizel—Frenzy p. Rubens — f. d'Engineer, etc. F. de Smolensko (Sorcerer et Wowski p. Mentor) — Lady Mary p. Beningbro' — fille d'Highflyer (Herod) — f. de Marske, etc.
			Ada (Baie—1824)	Whisker p. Waxy (Pot8os et Maria p.Herod —Penelope p. Trumpator — Prunella p Highflyer — Promise p Snap — Julia p. Blank, etc. Anna Bella p Shuttle (Y. Marske et Vauxhall Snap mare)— f. de Drone —Contessina p.Y Marske—Tuberose p.Herod—Grey Starling p Starling.
	Constance (Alezane—1848)	Gladiator (Al.—1833)	Partisan (Bai—1811)	**Walton** p. Sir Peter (Highflyer et Papillon p.Snap) — Arethusa p. Dungannon (Eclipse) — f. de Prophet (Regulus) — Virago p. Snap, etc. Parasol p. Pot8os (Eclipse et Sportsmistress) p. Sportsman) — Prunella p. Highflyer—Promise p. Snap — Julia p. Blank—m. de Spectator,etc.
			Pauline (Baie—1826)	Moses p. Seymour (Delpini et Bay Javelin p. Javelin) — f. de Gohanna (Mercury) — Grey Skim p. Woodpecker — m. de Silver p Herod, etc. Quadrille p. **Selim** (Buzzard et f. d'Alexander)—Canary Bird p. Sorcerer (Trumpator)—Canary p Coriander (Pot8os) — Miss Green p Highflyer.
		Lanterne (B.—1841)	Hercule (Alez.—1830)	Rainbow p. **Walton** (Sir Peter et Arethusa p Dungannon —Iris p. Brush — f. d'Herod — s. de Doctor p. Goldfinder (Snap), etc. Aimable p. Election (Gohanna et Chesnut Skim p. Woodpecker) — f. de Y. Whisky — f. de Walnut — f. de Javelin (Eclipse), etc.
			Elvira (Baie—1817)	Orville p. Beningbro' (King Fergus et f d'Herod)—Evelina p.Highflyer (Herod)—Termagant p.Tantrum (Cripple)—Cantatrice p.Sampson, etc. F. de Beningbro' (King Fergus) — f. de Buzzard (le reste du pedigree de cette fille de Beningbro' n'a pu être établi).

FIRMAMENT

(APPARTIENT A L'ADMINISTRATION DES HARAS)

Pendant la saison de monte de 1893, Firmament sera en station dans la circonscription du dépôt de Tarbes (Hautes-Pyrénées) où il saillira quarante juments de pur sang anglais, à raison de cinquante francs. S'adresser à M. le Directeur du Dépôt d'étalons, à Tarbes (Hautes-Pyrénées).

FIRMAMENT, par Silvio, est né en 1883 au haras de Viroflay, chez M. Auguste Lupin ; il est le second produit d'Astrée, qui est née chez M. Lupin en 1874 et a donné également Actéon avec Vermout, Aérolithe avec Nougat et Zodiaque avec Xaintrailles. Bai, de taille moyenne, 1m60, Firmament est très harmonieux, bien établi, mais il manque un peu de longueur. Son unique exhibition à deux ans eut lieu dans le prix du Blaison, à Chantilly, où il ne fut pas placé derrière Fricandeau. Il donnait au commencement de sa troisième année des signes de caractère, en se dérobant dès le départ dans le prix Principal à Reims ; mais il montrait ensuite une grande docilité dans le prix Daumesnil, à Vincennes, qu'il gagnait facilement. Non placé dans le prix du Nabob gagné par Verdière, il finissait troisième derrière Jupin et Gamin dans la Grande Poule des Produits ; puis, en pleine possession de sa forme, il battait Viennois et Alger dans le prix des Acacias, gagnait, à Chantilly, le prix d'Apremont, et enlevait d'une longueur le prix de Juin, à Paris, sur Fils-d'Artois et Fétiche, mais il ne pouvait rendre quinze livres au même Fils-d'Artois dans le prix de la Néva, où il était battu facilement d'une demi-longueur. Il gagnait ensuite le prix du Conseil Municipal à Rouen, était battu par Plaisance, à vingt livres, dans le Grand Prix de Beauvais, puis finissait troisième derrière Polyeucte et Sauterelle dans le Grand Prix de Deauville. Dans le prix de Chantilly, à la réunion d'automne de Paris, Upas le battait de dix longueurs ; second à une tête de Richelieu, après une lutte superbe dans le prix de Lutèce, au commencement de sa quatrième année (1887), Firmament faisait un dead heat avec Upas, qui le rejoignait sur le poteau dans le prix Rainbow, et, malgré cette course sévère, il prenait huit jours après la troisième place dans la Coupe, derrière Alger et Vanneau. Après avoir facilement battu Cambyse, Barberine et Sauterelle dans le prix d'Apremont à Chantilly, il succombait devant son vieil adversaire Upas, dans le prix de Dangu et était battu à Paris par Cambyse dans le prix de Deauville. Ces deux défaites prouvaient qu'il avait perdu sa forme dans ses deux épreuves du commencement de l'année ; il n'en gagnait pas moins le prix Principal à Beauvais et le prix de la Ville à Châlon-sur-Saône, où il faisait sa dernière apparition en public. Il avait remporté neuf victoires, sur les vingt et une courses qu'il avait disputées et gagné 99.400 francs d'argent public. Acheté à M. Lupin 25.000 francs par l'Administration des Haras, à la fin de la saison (1887), Firmament a été attaché au dépôt de Tarbes.

PEDIGREE DE FIRMAMENT

FIRMAMENT (Bai — 1883).	SILVIO (Bai—1874).	The Baron (Alez.—1842)	Birdcatcher p. Sir Hercules (**Whalebone**)—Guiccioli p. Bob Booty — Flight p. Irish Escape — Young Heroine p. Bagot (Herod)— Heroine. Echidna p. Economist — Miss Pratt p. Blacklock — Gadabout p. Orville—Miustrel p **Sir Peter**—Matron p.Florizel—Maiden p. Matchem.
		Pocahontas (Baie—1837)	Glencoe p. Sultan (Selim et Bacchante)— Trampoline p. Tramp — Web p. **Waxy** —Penelope p. Trumpator—Prunella p. Highflyer—Promise. Marpessa p. Muley (Orville et Eleanor)—Clare p. Marmion (Whisky)—Harpalice p. Gohanna —Amazon p. Driver — Fractious p. Mercury.
		Melbourne (Bbr.—1834)	Humphrey Clinker p. Comus (Sorcerer et Houghton Lass) — Clinkerina p. Clinker (**Sir Peter**)—Pewet p. Tandem — Termagant p. Tantrum. Fille de Cervantes (Don Quixote et Evelina)— f. de Golumpus — f. de Paynator —s. de Zodiac p.St-George—Abigail p. Woodpecker.
		Queen Mary (Baie—1843)	Gladiator p. Partisan (Walton et Parasol)—Pauline p. Moses—Quadrille p. Selim—Canary Bird p. Sorcerer—Canary p. Coriander. etc. Fille de Plenipotentiary —Myrrha p. **Whalebone** —Gift p. Y. Gohanna —s. de Grazier p **Sir Peter** —s. d'Aimator p. Trumpator. etc.
		Venison (Bbr.—1833)	Partisan p. Walton (**Sir Peter** et Arethusa)—Parasol p Pot8os—Prunella p. Highflyer—Promise p. Snap —Julia p. Blank, etc. Fawn p. Smolensko (Sorcerer et Wowski p. Mentor) — Jerboa p. Gohanna—Camilla p. Treatham— Coquette p. the Compton Barb.
	Silverhair (Baie—1858).	Queen Anne (Baie—1843)	Slane p. Royal Oak (Catton et f. de Smolensko)—f. d'Orville — Epsom Lass p. **Sir Peter**—Alexina p King Fergus—Lardella p Y. Marske. Garcia p. Octavian (Stripling et f. d'Oberon)—f. de Shuttle— Katherine p. Delpini —f. de Paymaster (Blank).
		Birdcatcher (Alez—1833	Sir Hercules p. **Whalebone**—Peri p. Wanderer—Thalestris p. Alexander—Rival p. **Sir Peter**—Hornet p. Drone—Manilla, etc. Guiccioli p. Bob Booty — Flight p. Irish Escape — Y. Heroine p. Bagot—Heroine p. Hero (Cade)—f. de Snap —s.de Regulus.
		Prairie Bird (Baie—1844)	Touchstone p. Camel Banter p. Master Henry — Boadicea p. Alexander—Brunette p. Amaranthus—Mayfly p. Matchem, etc. Zillah p. Reveller (Comus et Rosette)— Morisca p. Morisco—Waltz p. Election—Penelope p. Trumpator — Prunella p. Highflyer, etc.
	ASTREE (Bai-Brune—1874).	Bay Middleton (Bai—1833)	Sultan p. Selim (Buzzard et f. d'Alexander) — Bacchante p. Williamsons' Ditto —s. de Calomel p. Mercury—f. d'Herod —Folly p. Marske. Cobweb p. Phantom (Walton et Julia p. Whisky)— Filagree p. Soothsayer (Sorcerer)—Web p. **Waxy**—Penelope p. Trumpator—Prunella.
		Barbelle (Baie—1836)	Sandbeck p. Catton (Golumpus et Lucy Grey p. Timothy)— Orvillina p Beningbro' —Evelina p. Highflyer —Termagant p. Tantrum. Barioletta p Amadis (Don Quixote et Fanny p. Sir Peter)—Selima p. Selim —f. de Pot8os — Editha p. Herod —Elfrida p. Snap—Miss Belsea.
		Slane (Bai—1833)	Royal Oak p. Catton (Golumpus et Lucy Grey p. Timothy)— f. de Smolensko (Sorcerer)—Lady Mary p. Beningbro' (King Fergus). Fille d'Orville (Beningbro' et Evelina p. Highflyer) — Epsom Lass p. Sir Peter (Highflyer) — Alexina p. King Fergus — Lardella, etc.
		Receipt (Alez.—1836	Rowton p. Oiseau (Camillus et f. de Ruler)—Katharina p. Woful, **Waxy** et Penelope)—Landscape p Rubens — Irish p. Brush — f. d'Herod. Fille de Sam p Scud (Beningbro' et Elisa p. Highflyer)—Morel p. Sorcerer (Trumpator) —Hornby Lass p. Buzzard— Puzzle p. Matchem.
	Etoile-Filante (Baie—1863).	Gladiator (Bai—1833)	Partisan p. Walton (**Sir Peter** et Arethusa p. Dungannon)— Parasol p. Pot8os —Prunella p Highflyer —Promise p. Snap, etc. Pauline p. Moses (Seymour et f. de Gohanna)—Quadrille p Selim—Canary Bird p. Sorcerer (Trumpator) —Canary p. Coriander (Pot8os), etc.
		Regatta (Bbr.—1831)	Camel p. **Whalebone** (**Waxy** et Penelope p. Trumpator) — f. de Selim (Buzzard)—Maiden p. **Sir Peter** — f. de Phenomenon — Matron. etc. Boadicea p. Alexander (Eclipse et Grecian Princess p. Forester) — Brunette p. Amaranthus —Mayfly p. Matchem—f.d'Ancaster Starling.
		Ion (Bai—1835)	Cain p. Paulowitz (Sir Paul et Evelina p. Highflyer)—f. de Paynator (Trumpator)—f. de Delpini (Highflyer)—s. de Mary p. Y. Marske. Margaret p. Edmund (Orville et Emmeline p. **Waxy**)— Medora p. Selim — f. de Sir Harry—f. de Volunteer (Eclipse)—f. d'Herod, etc.
		Georgette (Alez.—1839)	Hœmus p. Sultan (Selim et Bacchante)—Bess p. **Waxy** (Pot8os,— Vixen p. Pot8os—Cypher p. Squirrel (Traveller et Grey Bloody Buttocks). Lustre p. Swiss (Whisker et f. de Shuttle)— Lunettes p. Comus (Sorcerer)— f. de Saint-George —f. de Pontac (Marske)—m. de Pencil.

FLAVIO

(APPARTIENT A M. ACHILLE FOULD)

Pendant la saison de monte de 1893, Flavio sera en station au haras Fould, à Tarbes (Hautes-Pyrénées), où il saillira un certain nombre de juments en dehors de celles de son propriétaire, à raison de cinquante francs. †

FLAVIO, par Consul, gagnant du prix du Jockey-Club de 1889, est né en 1876, au haras de Dangu, chez le comte Frédéric de Lagrange; il est le neuvième produit de Fille-de-l'Air, élevée à Dangu également, gagnante du prix de Diane et des Oaks de 1864, qui a donné avec Monarque, Reine, gagnante des Mille Guinées et des Oaks de 1872, avec Gladiateur Highborn et est morte en 1878. Alezan, de bonne taille, 1m62, Flavio a un beau dessus, une bonne arrière-main, les hanches très fortes, d'excellents jarrets; par contre, sa poitrine n'est pas assez descendue, son épaule manque de longueur, il est trop enlevé et ses membres antérieurs laissent beaucoup à désirer. En raison des ménagements qu'exigeait son entraînement, Flavio n'a pas couru à deux ans; il ne fit ses débuts qu'au mois de mai de sa troisième année dans la Grande Poule des Produits, où il fut battu d'une demi-longueur par Saltéador, mais finit devant Ismaël et Vignemale. Dans le prix du Jockey-Club, que son camarade d'écurie Zut gagnait d'une encolure, il était troisième à une tête de Commandant, devant Prologue, quatrième, Saltéador et Basque. Dans le prix du Cèdre (2.200m), couru huit jours avant le Grand Prix de Paris, il battait facilement Ismaël et Nubienne ; cette dernière prenait sa revanche sur les 3.000 mètres de la grande épreuve internationale, où elle battait Saltéador d'une encolure, tandis que Flavio prenait la troisième place à une tête, devant Zut, qu'il battait encore le dimanche suivant, à Fontainebleau, dans le prix de Seine-et-Marne. Non placé derrière Problème dans la Poule d'Essai de Rouen, il battait Fontainebleau dans le Grand Prix de Beauvais et terminait à Caen sa carrière de courses dans le Grand Saint-Léger gagné par Commandant, où il tombait broken-down. Il avait couru huit fois, toujours dans des épreuves importantes, et gagné trois courses; acheté par M. Achille Fould, Flavio était envoyé à son haras de Tarbes, où il commençait à faire la monte en 1881. Parmi ses produits, nous citerons : Version, son premier produit gagnant, Boréas, Château-Trompette, Étretat, le meilleur de tous, Salamanque et Cassandre, etc.

GUIDE PRATIQUE DE L'ÉLEVEUR 105

PEDIGREE DE FLAVIO

FLAVIO (Alezan—1875)	FILLE-DE-L'AIR, ex GAROLINE II (Alezane—1861) / CONSUL (Alezan—1866)	Lady Lift (Baie—1844) / Monarque (Bai—1852) / Faugh a Ballagh (Bbr.—1841) / Pauline (Bbr.—1851)	Sylph (B.—1823) / Poetess (Baie—1838) / Sir Hercules (N.—1826) / Griciolli (Al.—1828) / Volcano (Bai—1816) / Batilde (Al.—1812)	Sting* (Bb.—1832)	Slane (Bai—1833)	Royal Oak p. Catton (Golumpus et Lucy Grey) — fille de Smolensko — Lady Mary p. Beningbro' (King Fergus) — fille d'Highflyer, etc. Fille d'Orville (Beningbro' et Evelina p. Highflyer) — Epsom Lass p. Sir Peter—Alexina p. King Fergus (Eclipse)—Lardella p. Y. Marske, etc.
					Echo (Baie—1828)	Emilius p. Orville (Beningbro' et Evelina p. Highflyer)—Emily p. Stamford (Sir Peter)—fille de Whisky — Grey Dorimant p. Dorimant, etc. Fille de Scud (Beningbro' et Elisa p.Highflyer) — Canary Bird p. Sorcerer—Canary p.Coriander—Miss Green p. Highflyer—Harriet p.Matchem
					Royal Oak (Bbr.—1823)	Catton p. Golumpus (Gohanna et Catherine p. Woodpecker)— Lucy Grey p. Timothy — Lucy p. Florizel — Frenzy p. Eclipse — f. d'Engineer, etc. Fille de Smolensko (Sorcerer et Wowski p. Mentor) — Lady Mary p. Beningbro' — fille d'Highflyer — f. de Marske.
					Ada (Baie—1824)	Whisker p. **Waxy** (Pot8os et Maria p. Herod) — Penelope p. Trumpator — Prunella p. Highflyer — Promise p. Snap — Julia p. Blank, etc. Anna Bella p. Schuttle (Y. Marske et Vauxhall Snap mare) — fille de Drone — Contessina p. Y. Ma·ske — Tuberose p. Herod, etc.
					Whalebone (Bbr.—1807)	**Waxy** p. Pot8os — Maria p. Herod (Tartar) — Lisette p. Snap (Snip p. Childers et s. de Sliphy) — Miss Windsor p. Godolphin, etc. Penelope p. Trumpator (Conductor et Brunette p. Squirrel) — Prunella p. Highflyer — Promise p. Snap — Julia p. Blank, etc.
					Peri (Baie—1822)	Wanderer p. Gohanna (Mercury et s. de Challenger p. Herod) — Catherine p. Woodpecker (Herod) — Camilla p. Trentham — Coquette, etc. Thalestris p. Alexander (Eclipse) — Rival p. Sir Peter — Hornet p. Drone (Herod) — Lilly p. Blank — Peggy p. Cade, etc.
					Spectre (Bai—1815)	Phantom p. Walton (Sir Peter) — Julia p. Whisky (Saltram) — Y. Giantess p. Diomed (Florizel) — Giantess, etc. Filikins p. Gouty (Sir Peter et Yellow mare p. Tandem) — f. de King Fergus — f. d'Herod — s. de Stork p. Grasshopper.
					Fanny Legh (Alez.—1812)	Castrel p. Buzzard (Woodpecker) — f. d'Alexander (Eclipse) — f. d'Highflyer — f. d'Alfred — f. d'Engineer, etc. Miss Hap p. Shuttle (Y. Marske et Vauxhall Snap mare) — s. d'Haphazard p. Sir Peter — Miss Hervey p. Eclipse — Clio p. Y. Cade.
					Whalebone (Bbr.— 1807)	**Waxy** p. Pot8os Eclipse et Sportsmistress p.Sportsman) — Maria p. Herod (Tartar) — Lisette p.Snap (Snip) — Miss Windsor p. Godolphin, etc. Penelope p. Trumpator (Conductor et Brunette p. Matchem) — Prunella p. Highflyer (Herod) — Promise p. Snap — Julia p Blank — m. de Spectator.
					Peri (Baie— 1822)	Wanderer p.Gohanna (Mercury et s. de Challenger) — Catherine p. Woodpecker (Herod)—Camilla p. Trentham—Coquette p. the Compton Barb. Thalestris p.Alexander (Eclipse et Grecian Princess p. Forester)—Rival p. Sir Peter (Highflyer) — Hornet p Drone (Herod), etc.
					Bob Booty (Alez. — 1804)	Chanticleer p. Woodpecker (Herod et Miss Ramsden p. Cade)—f. d'Eclipse — Rosebud p Snap—Miss Belsea p.Regulus—f. de Bartlett's Childers. Ierne p Bagot (Herod et Marotte p.Matchem)—f. de Gamahoe (Buzzard)— Patty p. Tim (Squirt) — Miss Patch p. Justice — Ringtail, etc.
					Flight (Alez.—1809)	Irish Escape p. Commodore (Tom Tug et Smallhopes p. Scaramouch) — m. de Buller p. Highflyer—Shift p.Sweetbriar — Black Suzan p. Snap. Y. Heroine p Bagot (v. plus haut)—Heroine p. Hero Cade p.Godolphin et Roxana)—s. de Regulus p.Godolphin — Grey Robinson p. Bald Galloway.
					Vulcan (Bai—1837)	Verulam p. Lottery (Tramp et Ma·idane p. Pot8os) — Wire p. **Waxy** (Pot8os) — Penelope p. Trumpa·or — Prunella, etc. Puss p. Téniers (Rubens,—Cora p.Peruvian (Sir Peter) — f.d'Alexander Eclipse) — Berrington p. Sweet William — f. d'Herod-Flora, etc.
					Mansfield Lass (Baie—1825)	Filho da Puta p. Haphazard (Sir Peter et Miss Hervey p. Eclipse)—Mrs. Barnet p. **Waxy**—f. de Woodpecker—Heinel p. Squirrel (Traveller), etc. Variety p. Selim ou Soothsayer (Sorcerer et Goldenlocks p. Delpini)— Sprite p. Bobtail — Catherine, s. de Colibri, p. Woodpecker, etc.
					Y. Emilius (Bai—1828)	Emilius p.Orville (Beningbro' et Evelina p.Highflyer)—Emily p. Stamford (Sir Peter)—f. de Whisky Saltram)—Grey Dorimant p. Dorimant. Cobweb p. Phantom (Walton et Julia) — Filagree p. Soothsayer (Sorcerer)—Web p. **Waxy**—Penelope p. Trumpator—Prunella p. Highflyer.
					Odine (Baie—1832)	Tigris p. Quiz (Buzzard et Miss West p.Matchem)—Persepolis p. Alexander (Eclipse)—f.d Alfred—Cœ·ia p Herod—Proserpine, s. d'Eclipse, etc. Miss Ann p.Figaro (Haphazard et f. de Selim p. Y. Camilla)—f. de Tramp— Harpham Lass p.Camillus—Statira p.Beningbro' (King Fergus), etc.

FLORÉAL

(APPARTIENT A L'ADMINISTRATION DES HARAS)

Pendant la saison de monte de 1893, Floréal sera en station à Libourne, où il saillira trente-cinq juments de pur-sang anglais, à raison de soixante francs. S'adresser à M. le Directeur du Dépôt d'étalons à Libourne (Gironde).

FLORÉAL, par Border-Minstrel, est né en 1888, au haras de Victot, chez M. Paul Aumont; il est le second produit de Fleur-de-Mai, qui a été élevée également chez M. Aumont, et a donné Vendredi avec Mourle, et Énergique avec Energy. Floréal est alezan, de taille moyenne, 1m61, avec un bon dessus, des épaules bien inclinées, le rein large et de bons quartiers; ses membres antérieurs sont un peu légers, mais ont acquis, grâce aux ménagements observés au début, une solidité suffisante pour lui permettre de courir dix-sept fois pendant sa troisième année. Il fit sa première apparition à Chantilly, au mois de mai 1891, dans le prix de Courteuil, où il ne figura pas derrière Stamboul; sa condition était encore très sommaire et la dureté du terrain ne lui permettait pas de donner sa mesure dans les deux épreuves où il se présentait à la réunion d'été de Longchamps. Il était alors envoyé en province, et il gagnait dans le prix Spécial à Saint-Brieuc la première des douze victoires qu'il devait, à bien peu de chose près, remporter sans interruption. Il cédait, en effet, le lendemain la première place à sa camarade d'écurie, Islande, dans le prix Principal, puis il gagnait successivement le prix de la Ville à Lille, le prix de la Société d'Encouragement et le prix de la Selle à Amiens. Il s'effaçait devant Saint-Barnabé, dans le prix de la Société d'Encouragement à Alençon et commençait alors dans le prix de la Ville, à Caen, sa série de huit victoires consécutives, battant, entre autres, à Deauville, Le Mazarin et Naviculaire dans le prix de Lonchamps, et Guise dans le prix de Glatigny à Paris. Il remportait enfin, dans le prix d'Octobre, le plus beau succès de sa carrière; il y battait, en effet, à trois et douze livres respectivement, Espion et Gouverneur, l'emportant d'une courte tête seulement; bien que la régularité de cette victoire fût contestable, il n'en avait pas moins fait preuve d'une qualité indiscutable. Il était, à la fin de l'année, racheté par M. Aumont à la vente de ses chevaux à l'entraînement, mais il ne tardait pas à se ressentir de sa fatigante campagne et c'est en demi-condition qu'il se présentait, au printemps de 1892, dans les quatre épreuves qu'il courait à quatre ans ; sa défaite facile, par Espion à poids égal et par Gouverneur à huit livres dans la Bourse, établit d'ailleurs qu'il n'était plus lui-même. Il terminait sa carrière sur le turf dans le prix de Bois-Roussel, où il était battu facilement par Espion, Primerose et Programme. Il avait gagné douze courses et 99.055 francs d'argent public. A l'automne de 1892, il était acheté à M. P. Aumont 55.000 francs par l'Administration des Haras, qui l'envoyait au dépôt de Libourne, où il fera sa première saison de monte en 1893.

PEDIGREE DE FLORÉAL

FLORÉAL (Alezan — 1888)	BORDER MINSTREL (Alezan—1880)	Tyndale (Bai—1864)	Glee (Baie—1873)	Birdcatcher (Alez.—1833)	Sir Hercules p. Whalebone (Waxy et Penelope p. Trumpator) — Peri p. Wanderer (Gohanna)—Thalestris p Alexander—Rival p. Sir Peter, etc. Guiccioli p. Bob Booty (Chanticleer et Ierne p. Bagot) — Flight p. Irish Escape (Commodore) — Y. Heroine p. Bagot — Heroine p. Hero.
				Elphine (Baie—1837)	Emilius p. Orville (Beningbro' et Evelina p. Highflyer)—Emily p. Stamford (Sir Peter) — f. de Whisky (Saltram) — Grey Dorimant p. Dorimant. Variation p. Bustard (Castrel et Miss Hap p. Shuttle)—Johanna Southcote p. Beningbro'—Lavinia p Pipator—f.d'Highflyer—f. de Cardinal Puff, etc.
			Queen of Tyne (B.—1852)	Tomboy (Bai—1829)	Jerry p. Smolensko (Sorcerer et Wowski p. Mentor) — Louisa p. Orville — Thomasina p. Timothy (Delpini et Cora p. Matchem) — Violet, etc. M. de Beeswing p. Ardrossan (John Bull et Miss Whip p. Volunteer)— Lady Elisa p. Whitworth (Agonistes) — f. de Spadille—Sylvia, etc.
				Fille de (Baie—1822)	Whisker p. Waxy (Pot8os et Maria p. Herod) — Penelope p. Trumpator — Prunella p. Highflyer — Promise p. Snap — Julia p. Blank, etc. Mandane p. Pot8os (Eclipse et Sportsmistress p. Sportsman) — Young Camilla p. Woodpecker — Camilla p. Trentham (Sweepstakes), etc.
		Sweet Sound (Bb.—1867)	Adventurer (B.—1852)	Newminster (Bai—1848)	Touchstone p. Camel (Whalebone et f. de Selim)—Banter p Master Henry — Boadicea p. Alexander (Eclipse) — Brunette p. Amaranthus, etc. Beeswing p. Dr. Syntax (Paynator et f. de Beningbro')— f.d'Androssan — Miss Whip p. Volunteer (Eclipse) — Wimbledon p. Evergreen, etc.
				Palma (Bbr.—1840)	Emilius p. Orville (Beningbro')—Emily p. Stamford (Sir Peter)—f. de Whisky — Grey Dorimant p. Dorimant (Otho) — Dizzy p. Blank, etc. Francesca p. Partisan (Walton et Parasol p. Pot8os)—f.d'Orville—f. de Buzzard—Hornpipe p. Trumpator - Luna p. Herod — s. d'Eclipse, etc.
			Warlock (Bb.—1853)	Rataplan (Alez.—1850)	The Baron p. Birdcatcher—Echidna p. Economist—Miss Pratt p. Blacklock—Gadabout p. Orville—Minstrel p. Sir Peter—Matron p Florizel. Pocahontas p. Glencoe (Sultan et Trampoline p. Tramp) — Marpessa p. Muley (Orville) — Clare p. Marmion—Harpalice p. Gohanna, etc.
				Hybla (Baie—1846)	The Provost p. The Saddler (Waverley et Castrellina p. Castrel) — Rebecca p. Lottery (Tramp)—f. de Cervantes—Anticipation p. Beningbro'· Otisina p. Liverpool (Tramp et f. de Whisker) — Otis p. Bustard (Buzzard)—m. de Gayhurst p. Election—s. de Skyscraper p. Highflyer, etc.
	FLEUR-DE-MAI (Baie—1879)	Saxifrage (Alezan—1872)	Naplush (B.—1855)	Fitz Gladiator (Alez.—1850)	Gladiator p. Partisan (Walton et Parasol)—Pauline p. Moses (Seymour) — Quadrille p. Selim (Buzzard) — Canary Bird p Sorcerer, etc. Zarah p. Reveller (Comus et Rosette p Beningbro')—f. de Rubens (Buzzard — Brightonia p. Gohanna (Mercury — Nutmeg p. Sir Peter, etc.
				Vermeille ex Merveille (Alez.—1853)	The Baron p. Birdcatcher (Sir Hercules)—Echidna p. Economist (Whisker—Miss Pratt p. Blacklock—Gadabout p. Orville—Minstrel p. Sir Peter. Fair Helen p. Priam (Emilius et Cressida p. Whisky)—Dirce p. Partisan (Walton)— Antiope p. Whalebone (Waxy)—My Lady p. Comus, etc.
		Vertugadin (Al.—1862)	Annandale (Bbr.—1842)	Touchstone p. Camel (Whalebone et f. de Selim) — Banter p. Master Henry—Boadicea p. Alexander (Eclipse)—Brunette p Amaranthus, etc. Rebecca p. Lottery (Tramp et Mandane p. Pot8os)—f. de Cervantes (Don Quixote)—Anticipation p Beningbro—f. d'Expectation (Herod), etc.
			Messalina (Baie—1840)	Bay Middleton p. Sultan (Selim et Bacchante p. Williamsons' Ditto) — Cobweb p. Phantom (Walton)—Filagree p Soothsayer etc. Myrrha p. Malek (Blacklock et f. de Juniper)—Bessy p. Y. Gouty—Grandiflora p. Sir Harry Dimsdale—f. de Pipator—f. de Phenomenon, etc.
	Fleur-de-Lin (Baie—1864)	Monarque (B.—1852)	The Baron, the Emperor ou Sting* (Bbr.—1843)	Slane p. Royal Oak (Catton et f. de Smolensko, — f. d'Orville (Beningbro') — Epsom Lass p Sir Peter—Alexina p King Fergus (Eclipse), etc. Echo p. Emilius (Orville et Emily p. Stamford)—f. de Scud Beningbro', — Canary Bird p. Sorcerer—Canary p. Coriander—Miss Green, etc.
			Poetess (Baie—1838)	Royal Oak p. Catton (Golumpus et Lucy Grey)—f. de Smolensko—Lady Mary p. Beningbro' (King Fergus)—f. d'Highflyer—f. de Marske, etc. Ada p Whisker (Waxy et Penelope p. Trumpator)—Anna Bella p. Shuttle (Y. Marske et Vauxhall Snap mare)—f. de Drone — Contessina, etc.
		Ravières (B.—1851)	Nuncio ou Bataclan* (Bai—1844)	Lanercost p. Liverpool (Tramp et f de Whisker) — Otis p. Bustard (Buzzard)—f. d'Election—f. d'Highflyer (sœur de Skyscraper), etc. Bassinoire p. Emilius (Orville et Emily p. Stamford) — Surprise p. Scud (Beningbro')—Manfreda p. Williamsons' Ditto—Tawny p. Mentor, etc.
			Coquette (Baie—1846)	Master Wags p. Langar (Selim et f. de Walton)—Parthenessa p. Cervantes'don Quixote)—Marianne p. Marmion—Witch of Endor p. Sorcerer. Miranda p. Pickpocket (Sir Patrick et f. d'Hedley) — f. de Comus—f. de Sancho—Ringtail p. Buzzard — f. de Trentham—s de Drone p Herod.

FLORESTAN

(APPARTIENT A M. LE COMTE JEAN DE GANAY)

Pendant la saison de monte de 1893, Florestan sera en station au haras de Rabey (station de Quettehou, Manche), où il saillira un certain nombre de juments, à raison de cinq cents francs, plus 20 fr. pour l'écurie. S'adresser à M. le comte J. de Ganay, 38 rue de Chaillot, à Paris.

FLORESTAN, par Vermout, est né en 1880 au haras de Viroflay, chez M. Auguste Lupin ; il est le onzième produit de Déliane, née également chez M. Lupin, qui a donné avec Vermout, Enguerrande, qui fit, en 1876, dead-heat dans les Oaks avec Camélia, La Jonchère, gagnante du prix de Diane de 1877, et Lusignan, enfin, Xaintrailles et Belinda avec Flageolet et est morte en 1890. Florestan est un cheval alezan de bonne taille, 1m63, bien équilibré avec d'excellents membres et un tempérament très résistant. Il est resté à l'entrainement pendant cinq ans, courant quarante fois, dont huit courses à obstacles. Il avait été choisi par M. Lupin pour le représenter dans le Triennal qui était couru pour la première fois cette année même (1882), et où, pour ses débuts, il prit la troisième place derrière Satory et Stresa. Il courut ensuite sans succès le Grand Critérium gagné par Vernet, fut battu par Parthénope dans le prix des Chênes, et ne figura pas derrière Chitré, Vertebonne et Farfadet dans le prix de la Salamandre. Sa première course comme three year old eut lieu dans la seconde manche du Triennal, où il finit encore troisième derrière Satory et Regain ; il occupait la même place dans la Grande Poule des Produits, derrière Soukaras et Dard, mais il ne figurait pas à l'arrivée du prix de Courteuil à Chantilly, ni dans le prix du Jockey-Club, gagné par Frontin. Il battait ensuite très facilement Soukaras, dans le prix de la Néva, courait sans succès le prix de Seine-et-Marne et était battu par Sybille à Nancy, dans le prix de Lorraine. Il était envoyé au repos après cette course, mais il ne devait plus retrouver sa forme, et au printemps suivant il courait les prix de la Porte-Dauphine, à vendre pour 6.000 francs, puis le prix de Ville-d'Avray à vendre pour 10.000 francs ; il gagnait ces deux courses et était, après la seconde, réclamé pour 12.000 francs, par le bookmaker Macevoy, pour lequel il gagnait un handicap à Aix où, le surlendemain, il courait deux fois sans succès pendant la même journée. Le reste de la carrière de Florestan sur le turf n'offre pas grand intérêt ; il ne disputait plus guère que des épreuves à réclamer, où son prix de réclamation diminuait d'une manière constante pour tomber à 3.000 francs dans le prix de Passy, à Paris, à la réunion d'automne de 1885, où il faisait sa dernière course plate. Il courait encore huit fois, tant en haies qu'en steeple-chases, et gagnait six courses l'année suivante pour le compte de l'entraineur R. Goddard. Acheté à l'amiable par M. Lucien Delàtre, Florestan était envoyé au haras de Saint-Pair-du-Mont, où il a donné entre autres : Légende-Dorée, Mlle Préfère et Sylvestre-Bonnard, dont la mère, Her Grace, est fille de King Tom. Après la mort de M. L. Delàtre, Florestan a été acheté 16.000 francs, au mois d'octobre 1892, par son propriétaire actuel.

PEDIGREE DE FLORESTAN

FLORESTAN (Alezan — 1886).	VERMOUT (Bai — 1861).	Vermeilles ex Merveille (Alez. — 1853).	The Nabob (Bai-Brun — 1849).	Glaucus (Bai — 1830)	Partisan p. Walton (Sir Peter)—Parasol p. Pot8os—Prunella p. Highflyer —Promise p. Snap — Julia p. Blank—m. de Spectator p. Partner, etc. Nanine p. Selim—Bizarre p. Peruvian (Sir Peter) — Violante p. John Bull — sœur de Skyscraper p. Highflyer — Everlasting p. Eclipse.
				Octave (Bbr. — 1830)	Emilius p. Orville (Beningbro' et Evelina)—Emily p. Stamford (Sir Peter et Horatia p. Eclipse)—f. de Whisky (Saltram et Calash p. Herod). Whizgig p. Rubens (Buzzard et f. d'Alexander) — Penelope p. Trumpator (Conductor) — Prunella p. Highflyer — Promise p. Snap, etc.
			Hester (Bbr. — 1832)	Camel (Noir — 1822)	Whalebone p. Waxy—Penelope p. Trumpator— Prunella p. Highflyer —Promise p. Snap — Julia p. Blank—f. de Partner — Bonny Lass, etc. F. de Selim—Maiden p. Sir Peter—f. de Phenomenon — Matron p. Florizel — Maiden p. Matchem — f. de Squirt — f. de Mogul.
				Monimia (Baie — 1821)	Muley p. Orville—Eleanor p. Whisky (Saltram) — Y. Giantess p. Diomed (Florizel)—Giantess p. Matchem (Cade et f. de Partner)— Molly Long Legs Sœur de Petworth p. Precipitate (Mercury)—f. de Woodpecker—s. de Juniper p. Snap (Snip par F. Childers)—s. de Sliphy p. Fox—Gipsy p. B. Bolton.
		Fair Helen (B. — 1837)	The Baron (Al. — 1842)	Birdcatcher (Alez. — 1833)	Sir Hercules p. Whalebone—Peri p. Wanderer—Thalestris p. Alexander— Rival p. Sir Peter — Hornet p. Drone — Manilla p. Goldfinder, etc. Guiccioli p. Bob Booty — Flight p. Irish Escape (Commodore) — Y. Heroine p. Bagot (Herod et Marotte) — Heroine p. Hero (Cade), etc.
				Echidna (Bbr. — 1838)	Economist p. Whisker—Floranthe p. Octavian—Caprice p. Anvil—Madcap p. Eclipse — f. de Blank — f. de Blaze — f. de Y. Greyhound. Miss Pratt p. Blacklock — Gadabout p. Orville — Minstrel p. Sir Peter— Matron p. Florizel (Herod — Maiden p. Matchem — f. de Squirt, etc.
			Priam (Bai — 1827)	Emilius p. Orville—Emily p. Stamford (Sir Peter) — fille de Whisky — Grey Dorimant p. Dorimant — Dizzy p. Blank, etc. Cressida p. Whisky — Y. Giantess p. Diomed (Florizel) — Giantess p. Matchem—Molly Long Legs p. Babraham—f. de Foxhunter, etc.
				Dirce (Baie — 1830)	Partisan p. Walton (Sir Peter)—Parasol p. Pot8os (Eclipse) — Prunella p. Highflyer — Promise p. Snap — Julia p. Blank (Godolphin), etc. Antiope p. Whalebone (Waxy et Penelope p. Trumpator) — Amazon p. Driver Trentham et Coquette) — Fractious p. Mercury, etc.
	DELLANE (Baie — 1862).	Impérieuse (Baie — 1854).	The Flying Dutchman (Bbr. — 1846)	Sultan (Bai — 1816)	Selim p. Buzzard — f. d'Alexander — f. d'Highflyer — f. d'Alfred (fr. de Conductor p. Matchem) — f. de Snap — f. de Cullen Arabian, etc. Bacchante p. Williamsons' Ditto — s. de Calomel p. Mercury — f.d'Herod — Folly p. Marske — Vixen p. Regulus—f. de Huttons' Spot, etc.
				Cobweb (Baie — 1821)	Phantom p. Walton — Julia p. Whisky (Saltram) — Young Giantess p. Diomed—Giantess p. Matchem — Molly Long Legs p. Babraham. Filagree p. Soothsayer (Sorcerer)—Web p. Waxy—Penelope p. Trumpator—Prunella p. Highflyer—Promise p. Snap—Julia p. Blank, etc.
			Barbelle (B. — 1836) Bay Middleton (B. — 1833)	Sandbeck (Bai — 1818)	Catton p. Golumpus — Catherine p. Woodpecker (Sweepstakes p. the Gower Stallion) — Lucy Grey p. Timothy, etc. Orvillina p. Beningbro' — Evelina p. Highflyer (Herod) — Termagant p. Tantrum — Cantatrice p. Sampson—f. de Regulus—m. de Marske.
				Barioletta (Bbr. — 1822)	Amadis p. Don Quixote — Fanny p. Sir Peter — f. de Diomed — Desdemona p. Marske—Y. Hag p. Skim—Hag p. Crab—Ebony p. Childers. Selima p. Selim — f. de Pot8os — Ebony p. Herod — Elfrida p. Snap —Miss Belsea p. Regulus—f. de Bartletts' Childers—f. d'Honeywood A.
		Eulogy (B. — 1843)	Orlando (B. — 1841)	Touchstone (Bbr. — 1831)	Camel p. Whalebone (Waxy) — f. de Selim — Maiden p. Sir Peter — f. de Phenomenon — Matron p. Florizel — Maiden p. Matchem, etc. Banter p. Master Henry (Orville) — Boadicea p. Alexander — Brunette p. Amaranthus — Mayfly p. Matchem — f. d'Ancaster Starling, etc.
				Vulture Alez. — 1833	Langar p. Selim (Buzzard) — f. de Walton (Sir Peter) — Y. Giantes p. Diomed (Florizel)—Giantess p. Matchem (Cade)—Molly Long Legss Kite p. Buzzard (Castrel et Miss Hap) — Olympia p. Sir Oliver (Sir Peter)—Scotilla p. Anvil (Herod)—Scota p. Eclipse (Marske et Spiletta).
			Martha Lynn (Bbr. — 1837)	Euclid (Alez. — 1836)	Emilius p. Orville (Beningbro' et Evelina)—Emily p. Stamford (Sir Peter et Horatia p. Eclipse)—f. de Whisky (Saltram et Calash p. Herod), etc. Maria, s. d'Emma, p. Whisker (Waxy et Penelope p. Trumpator) — Gibside Fairy p. Hermes (Mercury)—Vicissitude p. Pipator (Imperator).
				Martha Lynn (Bbr. — 1837)	Mulatto p. Catton (Golumpus et Lucy Grey p. Timothy) — Desdemona p. Orville — Fanny p. Sir Peter — f. de Diomed (Florizel), etc. Leda p. Filho da Puta (Haphazard' et Mrs. Barnet p. Waxy) — Treasure p. Camillus (Hambletonian) — f. de Hyacinthus (Coriander), etc.

FONTAINEBLEAU

(APPARTIENT A M. LE DUC DE FELTRE, CH. DE LA ROCHE-GOYON, CÔTES-DU-NORD)

Pendant la saison de monte de 1893, Fontainebleau sera en station à Avilly*, près Chantilly (Oise) †.

FONTAINEBLEAU, par Dollar, est né en 1874, au haras de Viroflay, chez M. Auguste Lupin ; il est le dixième produit de Finlande, née au haras de Villebon, chez M. le baron de Nivière, qui a donné également Ferragus avec Fitz-Gladiator, Finistère avec Tournament, Fideline (mère de Galaor), Saint-Cyr, Fionie, Saumur et Avor avec Dollar, et est morte en 1883. Bai-brun, de bonne taille, 1^{m}63, Fontainebleau a bien le cachet de sa race et la distinction qui la caractérise ; un peu léger, mais bien établi dans son arrière-main très forte. Il n'a pas couru à deux ans ; pour ses débuts, il gagnait avec une extrême facilité la Poule d'Essai, au printemps de 1877, battant Bataille et Verneuil ; il courait ensuite la Grande Poule des Produits, où il était battu d'une demi-longueur par Jongleur, mais précédait Saint-Christophe de cinq longueurs. Son tempérament délicat exigeait de grands ménagements et il ne paraissait plus en public pendant la saison. En 1878, il gagnait, pour sa rentrée, le prix de la Seine, où il battait entre autres Balagny et Faisan ; battu par Jongleur et Balagny dans le prix de Deauville, à la réunion d'été de Longchamps, il prenait sa revanche à Fontainebleau, dans le prix de Seine-et-Marne (2.800^m), où Jongleur lui rendait, il est vrai, sept livres, puis il gagnait à Rouen le prix du Conseil Municipal (2.600^m) et à Beauvais, le Grand Prix (3.000^m), sur Moreau et Augusta. Second, à trois livres, derrière Kincsem dans le Grand Prix de Deauville, il enlevait facilement le prix de Bois-Roussel (4.000^m) à Fontainebleau sur Vinaigrette et La Jonchère, et il terminait sa brillante saison de four year old, par un demi-succès dans le prix de Chantilly (3.200^m), à Paris, où il prenait la seconde place derrière Mantille. Fontainebleau courait encore sept fois à cinq ans (1879), gagnant à Paris le prix de Nanterre (3.000^m) et le prix Principal à Amiens, presque toujours placé derrière Brie, Flairo et Double-Blanc entre autres. Il paraissait pour la dernière fois dans le prix de la Table, à la réunion d'automne de Chantilly, où il prenait la troisième place derrière Mantille et Bête-à-Chagrins. Il avait couru dix-sept fois toujours en société relevée, gagnant six prix et 126.250 francs d'argent public et montrant une aptitude remarquable pour les longs parcours. A la fin de 1879, Fontainebleau retournait comme étalon au haras de Viroflay, où il commençait à faire la monte au printemps suivant et où il restait jusqu'à l'automne de 1890 ; acheté en vente publique 17.000 francs par M. J. Arnaud, il faisait deux saisons de monte au haras de Villechetive et devenait, au mois de novembre 1892, la propriété du duc de Feltre. Parmi les produits de Fontainebleau, nous citerons : Mineure, Barbassou, Bouvreuil II, Concordia, Indien III, Fontanas, Infernal, Le Négus, Phlégethon, son meilleur produit dont la mère, Isménie, est fille de Plutus.

GUIDE PRATIQUE DE L'ÉLEVEUR

PEDIGREE DE FONTAINEBLEAU

FONTAINEBLEAU (Bai-Brun—1874)	DOLLAR (Bai—1860)	Payment (Alez.—1848)	The Flying Dutchman (Bbr.—1846)	Barbelle (Baie—1836) Bay Middleton (B.—1833)	Sultan (Bai—1816)	Selim p. Buzzard — f. d'Alexander (Eclipse et Grecian Princess) — f. d'Highflyer (Herod) — f. d'Alfred (fr. de Conductor) p. Matchem. Bacchante p. Williamsons' Ditto — s. de Calomel p. Mercury (Eclipse) — f. d'Herod — Folly p. Marske — fille de Regulus, etc.
					Cobweb (Baie—1821)	Phantom p. Walton — Julia p. Whisky (Saltram et Calash) — Y. Giantess p. Diomed — Giantess p. Matchem — Molly Long Legs p. Babraham, etc. Filagree p. Soothsayer (Sorcerer) — Web p. Waxy — Penelope p. Trumpator — Prunella p. Highflyer (Herod) — Promise p. Snap, etc.
				Slane (Bai—1833)	Sandbeck (Bai—1818)	Catton p. Golumpus — Lucy Grey p. Timothy (Delpini et Cora p. Matchem) — Lucy p. Florize (Herod) — Frenzy p. Eclipse, etc. Orvillina p. Beningbro' — Evelina p. Highflyer (Herod) — Termagant p. Tantrum — Cantatrice p. Sampson — f. de Regulus — m. de Marske, etc.
					Barioletta (Bbr.—1822)	Amadis p. Don Quixote — Fanny p. Sir Peter — f. de Diomed — Desdemona p. Marske — Y. Hag p. Skim — Hag p. Crab — Ebony p Childers. Selima p. Selim — f. de Pot8os — Editha p. Herod — Elfrida p. Snap — Miss Belsea p. Regulus — f. de Bartletts'Childers — f. d'Honeywood A.
		Receipt (Alez.—1836)			Royal Oak (Bbr.—1823)	Catton p. Golumpus (Gohanna — Lucy Grey p. Timothy (Delpini et Cora p. Matchem) — Lucy p. Florizel (Herod) — Frenzy p. Eclipse. Fille de Smolensko (Sorcerer et Wowski p. Mentor) — Lady Mary p. Beningbro' (King Fergus) — fille d'Highflyer — fille de Marske, etc.
					Fille de (Baie—1819)	Orville p. Beningbro' (King Fergus et f. d'Herod) — Evelina p. Highflyer — Termagant p. Tantrum — Cantatrice p. Sampson (Blaze). Epsom Lass p. Sir Peter (Highf.yer) — Alexina p. King Fergus — Lardella p. Y. Marske (Squirt) — f. de Cade Godolphin — f. de Beaufremont.
					Rowton (Alez.—1826)	Oiseau p. Camillus (Hambletonian) — fille de Ruler (Y. Marske) — Treecreeper p. Woodpecker — fille de Trentham, etc. Katharina p. Woful (Waxy et Penelope) — Landscape p. Rubens (Buzzard) — Iris p. Brush (Eclipse) — fille d'Herod, etc.
					Fille de (Alez.—1826)	Sam p. Scud (Beningbro' et Eliza p. Highflyer) — Hyale p. Phenomenon — Rally p. Trumpator — Fancy, s. de Diomed, p. Florizel, etc. Morel p. Sorcerer (Trumpator et Y. Giantess) — Hornby Lass p. Buzzard — Puzzle p. Matchem — Princess p. Herod — Julia p. Blank, etc.
	FINLANDE, ex FAUSTINE (Baie—1858).	Ion (Bbr.—1835).	Cain (Bai—1822)		Paulowitz (Bbr.—1813)	Sir Paul p. Sir Peter (Highflyer et Papillon) - Pewet p. Tandem — Termagant p. Tantrum — Cantatrice p. Sampson — f. de Regulus, etc. Evelina p. Highflyer (Herod et Rachel) — Termagant p. Tantrum — Cantatrice p. Sampson (Blaze) — f. de Regulus — m. de Marske, etc.
					Fille de (Baie—1810)	Paynator p. Trumpator — f. de Marc Antony — Signora p. Snap (Snip p. Childers) — Miss Windsor p the Godolphin — s. de Volunteer, etc. Fille de Delpini (Highflyer et Countess) — s. de Mary p. Y. Marske — Gentle Kitty p. Silvio — f. de Dorimant — Portia p. Regulus, etc.
			Margaret (Bbr.—1831)		Edmund (Bai—1824)	Orville p. Beningbro' — Evelina p. Highflyer (Herod et Rachel) — Termagant p. Tantrum (Cripple) — Cantatrice p. Sampson (Blaze), etc. Emmeline p. Waxy — Sorcery p. Sorcerer — Cobbea p. Skyscraper (Highflyer, — f. de Woodpecker — Hemel p. Squirrel — f. de Blank, etc.
					Medora (Alez.—1811)	Selim p. Buzzard — f. d'Alexander (Eclipse et Grecian Princess) — f. d'Highflyer (Herod) — f. d'Alfred (fr. de Conductor) p. Matchem. Fille de Sir Harry — f. de Volunteer (Eclipse et Old Tartar mare) — f. d'Herod — Golden Grove p. Blank (the Godolphin), etc.
		Fraudulent (Bai-Brune—1843).	Venison (Bb.—1833)		Partisan (Bai—1811)	Walton p. Sir Peter (Highflyer et Papillon) — Arethusa p. Dungannon (Eclipse et Aspasia) — f. de Prophet (Regulus) — Virago p. Snap, etc. Parasol p. Pot8os (Eclipse) — Prunella p. Highflyer — Promise p. Snap — Julia p. Blank — m. de Spectator (Jigg), etc.
					Fawn (Baie—1823)	Smolensko p. Sorcerer (Trumpator et Y. Giantess) — Wowski p. Mentor — Maria p. Herod — Lisette p. Snap — Miss Windsor, etc. Jerboa p. Gohanna (Mercury et m. de Precipitate) — Camilla p. Trentham (Sweepstakes) — Coquette p. the Compton Barb — s. de Regulus, etc.
			Deceitful (Al.—1833)		Defence (Bai—1824)	Whalebone p. Waxy (Pot8os et Maria) — Penelope p. Trumpator (Conductor) — Prunella p. Highflyer (Herod) — Promise p. Snap — Julia, etc. Defiance p. Rubens (Buzzard) — Little Folly p. Highland Fling (Spadille et Celia) — Harriet p. Volunteer (Eclipse) — f. d'Alfred, etc.
					Lady Stumps (Baie—1827)	Tramp p. Dick Andrews (Joe Andrews) — f. de Gohanna — Fraxinella p. Trentham — s. de Goldfinch p. Woodpecker — Everlasting p. Eclipse. Ursula p. Cervantes (Don Quixote et Evelina p. Highflyer) — Fanny p. Sir Peter — f. de Diomed — Desdemona p. Marske, etc.

FRA DIAVOLO

(APPARTIENT A M. PAUL AUMONT, CH. DE VICTOT, CALVADOS)

Pendant la saison de monte de 1893, Fra Diavolo sera en station au haras de Victot, près Mézidon (station de Beuvron, Calvados), où il saillira huit juments en dehors de celles de son propriétaire à raison de deux mille francs, plus 20 francs pour l'écurie. S'adresser à M. Paul Aumont, 4 avenue de Messine, à Paris.

FRA DIAVOLO, par Trocadéro, est né en 1881, au haras de Victot, chez M. Paul Aumont; il est le huitième produit d'Orpheline, née en 1866 chez M. Benoist, qui a donné Prestige et Échelle avec Trocadéro, et Nativa avec Saxifrage. Alezan zain, très fort, un peu chargé dans son avant-main, avec un très beau dessus, un rein très bien attaché, des quartiers larges, les cuisses bien descendues, et des membres d'une netteté parfaite. Fra Diavolo dans son ensemble rappelle beaucoup son père Trocadéro; sa taille est de 1^{m}63. Il débuta, encore très vert, dans le prix de Villers à Deauville qu'il gagna assez facilement sur Sourire, Vestris II, Lyonnais et Roussel; il était également à court d'ouvrage quand, à Dieppe, dans le Grand Prix, il fut battu facilement par Kiss; il devançait toutefois Yvrande et Escogriffe. Dans le Grand Critérium, dont la distance était plus à sa convenance, il battait facilement Archiduc, un peu énervé par une série de faux départs, Yvrande, Rameur, Escogriffe et Kiss sur laquelle il prenait sa revanche de Dieppe. Il enlevait enfin de trois longueurs le prix de la Salamandre. A la suite de ces succès, une offre de 250.000 francs était faite à M. Aumont pour le fils de Trocadéro et fort judicieusement déclinée. La défaite de Fra Diavolo dans le prix de Longchamps, au printemps de 1884, a été trop retentissante pour qu'il soit nécessaire de rappeler les manœuvres dont il avait été victime; pendant tout le reste de sa carrière sur le turf, il est resté sous l'influence du poison qui lui avait été administré; à cet égard, aucun doute n'est possible. Il n'en finissait pas moins, par la force de sa qualité, troisième derrière Little Duck et Archiduc dans le prix du Jockey Club et il ne rencontrait aucun adversaire dans les prix Seymour et de Juin, à la réunion d'été à Longchamps; puis, dans le Grand Prix de Paris, gagné par Little Duck, il prenait encore la troisième place à une encolure de the Lambkin. Il faisait ensuite un nouveau walk-over dans le prix Spécial à Beauvais et gagnait le lendemain, à la même réunion, le Grand Prix, battant facilement Salomé, Farfadet et Martin-Pêcheur II. Vainqueur du Grand-Saint-Léger à Caen, il enlevait dans un canter le prix Spécial à Deauville, et faisait dans le Grand Prix presque dead-heat avec Tristan, qui le battait tout juste d'un nez. Il gagnait ensuite facilement le prix de Chantilly (3.200^m) à Paris, mais se faisait battre par Archiduc et Escogriffe dans le prix Royal Oak et dans le prix d'Octobre. A quatre ans (1885), Fra Diavolo, second derrière Archiduc dans le prix du Cadran, gagnait la Coupe, le prix du Printemps et le prix de Victot à Paris; il enlevait facilement à Caen le prix Hors Série de la Société d'Encouragement, puis aux réunions d'automne le prix Jouvence et le prix du Pin. A trois reprises, il s'était rencontré avec Plaisanterie qui l'avait toujours facilement battu. A cinq ans, Fra Diavolo courait encore dix fois et gagnait le prix de Dangu à Chantilly sur the Condor qui venait de le battre dans le prix Rainbow et dans la Coupe, et le prix de Martinvast à Paris; presque toujours placé, notamment dans le prix Gladiateur derrière Escarboucle et dans le prix du Pin, derrière Barberine. Il avait couru quarante-deux fois, le plus souvent sur de longs parcours, dix-huit fois vainqueur, quinze fois placé, et gagné 206.741 francs. Les meilleurs produits de Fra Diavolo, auquel il n'a pas été donné jusqu'ici beaucoup de juments, ont été : Fontenoy, Lausanne, Sénégal et Claudia. Les deux premiers ont pour mères des filles de Saxifrage.

PEDIGREE DE FRA DIAVOLO

FRA DIAVOLO (Bai—1881)	TROCADERO (Alezan—1864)	Monarque (Bai—1852)	Slane (Bai—1833)	Royal Oak p. Catton (Golumpus et Lucy Grey) — fille de Smolensko — Lady Mary p. Beningbro' (King Fergus) — fille d'Highflyer, etc. Fille d'Orville (Beningbro' et Evelina p. Highflyer) — Epsom Lass p. Sir Peter—Alexina p. King Fergus (Eclipse)—Lardella p. Young Marske, etc.
			Echo (Baie—1828)	Emilius p. Orville (Beningbro' et Evelina p. Highflyer) — Emily p. Stamford (Sir Peter p. Highflyer) — fille de Whisky, etc. Fille de Scud (Beningbro' et Eliza p. Highflyer)—Canary Bird p. Sorcerer — Canary p. Coriander — Miss Green p. Highflyer, etc.
		Poetess (B.—1838)	Royal Oak (Bbr.—1823)	Catton p. Golumpus (Gohanna et Catherine p. Woodpecker) — Lucy Grey p. Timothy — Lucy p. Florizel — Frenzy p. Eclipse — fille d'Eugineer, etc. Fille de Smolensko (Sorcerer et Wowski p. Mentor) — Lady Mary p. Beningbro' — fille d'Highflyer — fille de Marske (Squirt), etc.
			Ada (Baie—1824)	Whisker p. Waxy (Pot8os et Maria p. Herod) — Penelope p. Trumpator — Prunella p. Highflyer — Promise p. Snap — Julia p. Blank, etc. Anna Bella p. Shuttle (Y. Marske et Wauxhall Snap mare) — f. de Drone — Contessina p. Y. Marske—Tuberose p. Herod—Grey Starling p. Starling.
	Antonia (Alez.—1851)	Epirus (Al.—1834)	Langar (Alez.—1817)	Selim p. Buzzard (Woodpecker c. Misfortune p. Dux) — fille d'Alexander (Eclipse)—fille d'Highflyer—fille d'Alfred (fr. de Conductor) p. Matchem. Fille de Walton (Sir Peter) — Y. Giantess p. Diomed — Giantess p. Matchem — Molly Long Legs p. Babraham — Fille de Fox Hunter, etc.
			Olympia (Baie—1815)	Sir Oliver p. Sir Peter (Highflyer et Papillon p. Snap) — Fanny p. Diomed — Ambrosia p. Woodpecker — s. de Rachel p. Blank, etc. Scotilla p. Anvil (Herod et fille de Feather p. Godolphin) — Scota p. Eclipse — Harmony p. Herod — Rutilia (s. de Rachel) p. Blank, etc.
		The Ward of Chepp (B.1843)	Colwick (Baie—1828)	Filho da Puta p. Haphazard (Sir Peter p. Highflyer et Miss Hervey p. Eclipse) — Mrs. Barnet p. Waxy — fille de Woodpecker, etc. Stella p. Sir Oliver (Sir Peter et Fanny p. Diomed) — Scotilla p. Anvil — Scota p. Eclipse (Marske) — Harmony p. Herod, etc.
			Maid of Burghley (Baie—1837)	Sultan p. Selim (Buzzard et fille d'Alexander) - Bacchante p. Williamsons' Ditto — s. de Calomel p. Mercury (Eclipse) — fille d'Herod, etc. Palais-Royal p. Blucher (Waxy e. Pantins p. Buzzard)—Election p. m. de Rubens p. Alexander — f. d'Highflyer— f. d'Alfred (Matchem), etc.
	ORPHELINE (Alezane—1866)	Orphelin (Alez.—1859)	Gladiator (Bai—1833)	Partisan p. Walton (Sir Peter et Arethusa p. Dungannon) — Parasol p. Pot8os—Prunella p. Highflyer—Promise p. Snap— Julia p. Blank. Pauline p. Moses (Seymour et fille de Gohanna)—Quadrille p. Selim—Canary Bird p. Sorcerer — Canary p. Coriander (Pot8os), etc.
			Zarah (Baie—1835)	Reveller p. Comus (Sorcerer et Houghton Lass p. Sir Peter)— Rosette p. Beningbro' — Rosamond p. Tandem — Tuberose p. Herod, etc. Fille de Rubens (Buzzard et fille d'Alexander) — Brightonia p. Gohanna — Nutmeg p. Sir Peter — Nimble p. Florizel — Rantipole p. Blank.
		Fitz-Gladiator (Al.—1850)	Sting (Bbr.—1843)	Slane p. Royal Oak (Catton et fille de Smolensko)—f. d'Orville—Epsom Lass p. Sir Peter—Alexina p. King Fergus — Lardella p. Y. Marske. Echo p. Emilius (Orville et Emily)—fille de Scud—Canary Bird p. Sorcerer — Canary p. Coriander (Pot8os)—Miss Green p. Highflyer, etc.
			Eusebia (Alez.—1839)	Emilius p. Orville (Beningbro' et Evelina p. Highflyer) — Emily p. Stamford (Sir Peter)—fille de Whisky (Saltram et Calash p. Herod). Mangel-Wurzel p. Merlin (Castrel et Miss Newton p. Delpini) — Morel p. Sorcerer — Hornby Lass p. Buzzard — Puzzle p. Matchem, etc.
		Eclulle (R.—1849)	Emilius (Bai—1820)	Orville p. Beningbro' (King Fergus et fille d'Herod)—Evelina p. Highflyer—Termagant p. Tantrum—Cantatrice p. Sampson (Blaze). Emily p. Sir Peter (Highflyer et Papillon) — fille de Whisky (Saltram p. Eclipse) — Grey Dorimant p. Dorimant — Dizzy p. Blank.
			Cobweb (Baie—1821)	Phantom p. Walton—Julia p. Whisky (Saltram et Calash) — Y Giantess p. Diomed—Giantess p. Matchem—Molly Longs Legs p. Babraham. Filagree p. Soothsayer (Sorcerer)—Web p. Waxy—Penelope p. Trumpator — Prunella p. Highflyer — Fromise p. Snap — m. de Spectator.
	Bathilde (Alez.—1843)	Y. Emilius (B.—1827)	Tigris (Alez.—1812)	Quiz p. Buzzard (Woodpecker et Misfortune p. Dux) — Miss West p. Matchem — f. de Regulus (Godolphin) — f. de Crab — Childers, etc. Persepolis p. Alexander (Eclipse et Crecian Princess p. Forester)—sœur de Tickle Toby p. Alfred—fille d'Herod —Proserpine p. Marske, etc.
		Odine (Al.—1832)	Miss Ann (Baie—1827)	Figaro p. Haphazard (Sir Peter et Miss Hervey p. Eclipse)—f. de Selim — Y. Camilla p. Woodpecker — Camilla p. Trentham, etc. Fille de Tramp (Dick Andrews et f. de Gohanna) — Harpham Lass p. Camillus—Statira p. Beningbro'—Stella p. Phenomenon—Skypeeper.

1893 — I

FRICANDEAU

(APPARTIENT A M. LE COMTE R. DE NICOLAY)

Pendant la saison de monte de 1893, Fricandeau sera en station au haras de Montfort (Sarthe), où il sera réservé aux juments de son propriétaire ; aucun prix n'a, par suite, été fixé pour ses saillies †.

FRICANDEAU, par Plutus, est né en 1883, au haras de Montfort, chez le comte R. de Nicolay ; sa mère, La Fromentinière, dont il est le second produit, est née également à Montfort et a donné, avec Plutus, Fougère et Lamballe. Bai, de taille moyenne, 1m60, Fricandeau a de très belles épaules, un excellent dessus et la cuisse bien descendue ; il est un peu léger au-dessous du genou. D'un entraînement difficile, Fricandeau ne courait qu'une seule fois à deux ans, dans le prix du Blaison, qu'il gagnait nettement sur Stromboli, Firmament, Upas et Fripon, sous les couleurs du baron Lucien de Hirsch, auquel avait été louée sa carrière de courses. Une interruption dans son travail ne lui permettait pas de courir au printemps et il faisait sa rentrée à la réunion d'automne de Longchamps, dans le prix Royal Oak, où il finissait derrière Gamin et Jupin. Il gagnait le dimanche suivant le prix de Madrid, battait ensuite, dans le prix de Cheffreville, Alger et Upas, dont il avait de nouveau raison dans le prix du Prince d'Orange (2.400 m), en même temps que de Sycomore. Il enlevait enfin brillamment le prix de la Forêt à un spécialiste comme Beaumesnil, battant en outre Gamin et Alger. A la mort du baron Lucien de Hirsch, il était repris par son éleveur, pour lequel il gagnait, à quatre ans (1887), le prix de Madrid sur Polyeucte et le prix de Luzarches sur Consolidé. Il faisait sa dernière course dans le prix du Pin, que Presta parvenait à lui enlever après une très belle lutte, grâce, en grande partie, à l'énergie d'Hudson qui la montait ; il laissait derrière lui Sauterelle, Barberine et Polyeucte. Il avait couru onze fois et gagné sept courses, montrant à la fois une tenue et une vitesse très appréciables et faisant preuve d'une énergie et d'un courage remarquables. Fricandeau a fait sa première saison de monte à Montfort en 1888. Son premier produit gagnant, Babylas, est fils de Bataille, par Ferragus (p. Fitz-Gladiator).

PEDIGREE DE FRICANDEAU

FRICANDEAU (Bai—1883)	PLUTUS (Bai—1863)	Trumpeter (Alez.—1850)	Touchstone (Bbr.—1831)	Camel p. Whalebone (Waxy) — f. de **Selim** (Buzzard) — Maiden p. Sir Peter — f. de Phenomenon — Matron p. Florizel — Maiden, etc. Banter p. Master Henry (**Orville**) — Boadicea p. Alexander (Eclipse) — Brunette p. Amaranthus (Old England) — Mayfly p. Matchem, etc.
		Orlando (Bai—1841)	Vulture (Alez.—1833)	Langar p. **Selim** (Buzzard) — f. de Walton (**Sir Peter**) — Y. Giantess p. Diomed — Giantess p. Matchem — Molly Long Legs p. Babraham, etc. Kite p. Bustard (Castrel) — Olympia p. Sir Oliver (Sir Peter) — Harmony p. Herod — Rutilia (s. de Rachel) p. Blank — s. de South p. Regulus, etc.
		Cavatine (Alez.—1845)	Redshank (Alez.—1833)	Sandbeck p. Catton (Golumpus p. Gohanna et Catherine) — Orvillina p. **Beningbro'** (King Fergus) — Evelina p. Highflyer — Termagant, etc. Johanna p. **Selim** (Buzzard) — m. de Comical p. Skyscraper (Highflyer) — f. de Dragon (Regulus) — m. de Fidget p. Matchem, etc.
		Planet (B.—1844)	Oxygen (Alez.—1828)	Emilius p. **Orville** (Beningbro') — Emily p. Stamford (**Sir Peter**) — Horatia p. Eclipse — f. de Whisky (Saltram et Calash p. Herod), etc. Whizgig p. Rubens (Buzzard et f. d'Alexander) — Penelope p. Trumpator (Conductor) — Prunella p. Highflyer — Promise p. Snap, etc.
	Fille de (Baie—1853)		BayMiddleton (Bai—1833)	Sultan p. **Selim** (Buzzard et f. d'Alexander) — Bacchante p. Williamsons' Ditto (**Sir Peter**) — s. de Calomel p. Mercury (Eclipse), etc. Cobweb p. Phantom (**Walton** et Julia p. Whisky) — Filagree p. Soothsayer (Sorcerer) — Web p. Waxy — Penelope p. Highflyer, etc.
		Alice Bray (B.—1848)	Plenary (Alez.—1837)	Emilius p. **Orville** (**Beningbro'**) — Emily p. Stamford (Sir Peter) — f. de Whisky — Grey Dormant p. Dorimant — Dizzy p. Blank, etc. Harriet p. Pericles (Evander et f. de Precipitate) — f. de Selim — Pippylina p. **Sir Peter** — Rally p. Trumpator — Fanny (s. de Diomed), etc.
			Venison (Bbr.—1833)	Partisan p. **Walton** (Sir Peter et Arethusa p. Dungannon) — Parasol p. Pot8os (Eclipse) — Prunella p. Highflyer — Promise p. Snap, etc. Fawn p. Smolensko (Sorcerer et Wowski p. Mentor) — Jerboa p. Gohanna (Mercury) — Camilla p. Trentham — Coquette p. the Compton Barb, etc.
			Darkness (Alez.—1837)	Glencoe p. Sultan (**Selim** et Bacchante p. Williamsons' Ditto) — Trampoline p. Tramp (Dick Andrews) — Web p. Waxy — Penelope p. Trumpator. Fanny p. Whisker (Waxy et Penelope p. Trumpator) — f. de Camillus (Hambletonian) — frere de Precipitate — frere de Gohanna, etc.
	LA FROMENTINIÈRE (Alezane—1876)	Pretty Boy (Alezan—1863)	Saint-Martin (Bbr.—1835)	Acteon p. Scud (**Beningbro'** et Eliza p. Highflyer) — Diana p. Stamford (**Sir Peter**) — f. de Whisky — Grey Dorimant p. Dorimant, etc. Galena p. **Walton** (Sir Peter et Arethusa p. Dungannon) — Comedy p. Comus (Sorcerer p. Trumpator et Houghton Lass p. Sir Peter), etc.
		Idle Boy (Al.—1846)	Peggy Sands (Baie—1840)	Velocipede p. Blacklock (Whitelock et f. de Coriander) — f. de Juniper (Whisky) — f. de Sorcerer (Trumpator) — Virgin p. Sir Peter, etc. Proserpine p. Rhadamanthus (Camilla et Lady Rachel p. Stamford) — f. de Sir Peter — Eaton Lass p. Pot8os (Eclipse) — f. d'Highflyer, etc.
		Lena (Al.—1843)	Glaucus (Bai—1830)	Partisan p. **Walton** (**Sir Peter**) — Parasol p. Pot8os — Prunella p. Highflyer — Promise p. Snap — Julia p. Blank — m. de Spectator p. Partner. Nanine p. Selim — Bizarre p. Peruvian (**Sir Peter**) — Violante p. John Bull — s. de Skyscraper p. Highflyer — Everlasting p. Eclipse, etc.
		Turnus (B.—1846)	Zillah (Baie—1835)	Reveller p. Comus (Sorcerer et Houghton Lass p. **Sir Peter**) — Rosette p. **Beningbro'** (King Fergus) — Rosamond p. Tandem (Syphon), etc. Morisco p. Morisco (Muley et Aquilina p. Eagle) — Waltz p. Election (Gohanna) — Penelope p. Trumpator — Prunella p. Highflyer, etc.
	Fluke (Bbr.—1860)		Taurus (Alez.—1826)	Morisco p. Muley (**Orville**) — Aquilina p. Eagle — s. de Petworth p. Precipitate — f. de Woodpecker — Maiden p. **Sir Peter**, etc. Katherine p. Soothsayer — Quadrille p. Selim — Canary Bird p. Coriander (Pot8os) — Miss Green p. Highflyer — Harriet p. Matchem, etc.
		Pomme-de-Terre (Al.—1847)	Clarissa (Bbr.—1835)	Defence p. Whalebone (Waxy et Penelope) — Defiance p. Rubens (Buzzard) — Little Folly p. Highland Fling — Harriet p. Volunteer (Eclipse), etc. Clara p. Filho da Puta (Haphazard et Mrs Barnet p. Waxy) — Clari p. Smolensko — f. de Precipitate — f. d'Highflyer — Juno p. Spectator.
			Slane (Bai—1833)	**Royal Oak** p. Catton (Golumpus p. Gohanna et Lucy Grey p. Timothy) — f. de Smolensko (Sorcerer p. Trumpator) — Lady Mary, etc. Fille d'**Orville** (**Beningbro'** et Evelina p. Highflyer) — Epsom Lass p. Sir Peter (Highflyer) — Alexina p. King Fergus — Lardella p. Y. Marske, etc.
			Eluina (Baie—1841)	Emilius p. **Orville** (**Beningbro'**) — Emily p. Stamford (Sir Peter et Horatia p. Eclipse) — f. de Whisky (Saltram) — Grey Dorimant p. Dorimant. Mangel Wurzel p. Merlin (Castrel et Amber p. Ambo) — Morel p. Sorcerer (Trumpator) — Hornby Lass p. Buzzard — Puzzle p. Matchem, etc.

FRONTIN

(APPARTIENT A M. ALBERT MÉNIER)

Pendant la saison de monte de 1893, Frontin sera en station au haras du Mandinet, à Lognes, station d'Emerainville-Pontault (Seine-et-Marne), où il saillira un certain nombre de juments étrangères au haras à raison de trois mille francs, plus 20 francs pour l'écurie. S'adresser à M. Albert Ménier, 15 avenue du Bois-de-Boulogne, à Paris.

Frontin, par George Frederick, est né en 1880 au haras d'Albion, chez M. Malapert; il est le premier produit qu'ait eu en France Frolicsome, importée en 1879, pleine de George Frederick; cette poulinière, élevée chez M. Blenkiron, au haras de Middle-Park où elle a eu six produits, n'a guère donné, depuis son arrivée en France, en dehors de Frontin, que Fée II avec Paladin. Alezan avec deux balzanes postérieures, de bonne taille, 1m62, Frontin est bien fait dans ses épaules et ses quartiers, mais il est trop enlevé et manque un peu de largeur et de membres. Son entraînement a toujours été très difficile et sa carrière sur le turf n'a duré que quelques semaines; elle a, par contre, été particulièrement brillante. Acheté yearling par le duc de Castries, Frontin n'a pas couru à deux ans; il fit ses débuts à Paris au printemps de 1883, où il enleva facilement le prix de Guiche, sur un lot assez médiocre d'ailleurs. Il battait peu après Chitré et La Papillonne, dans le prix Fould, et enlevait ensuite le prix Reiset; il n'avait pas été engagé dans les poules du printemps. Monté par Fred Archer dans le prix du Jockey-Club, il engageait à l'arrivée une lutte superbe avec Farfadet, et l'emportait d'une courte encolure; l'écart qu'il avait marqué sous la cravache lui aurait certainement coûté la course s'il n'avait en même temps coupé un peu la ligne de son adversaire. Grâce au courage dont il venait de donner la preuve, il pouvait, quinze jours après, enlever d'une encolure le Grand Prix de Paris à Saint-Blaise, qui venait de gagner le Derby d'Epsom; Farfadet finissait cette fois à trois longueurs derrière lui. Cette victoire marquait le terme de sa carrière; ses membres fragiles n'avaient pu supporter impunément le travail qui lui avait été donné sur un terrain d'une extrême dureté et les efforts qui lui avaient été imposés à deux reprises; il devait être retiré de l'entraînement quelques semaines après le Grand Prix. Envoyé au haras de Saint-Georges, Frontin commença à faire la monte dès 1884; racheté par le baron de Soubeyran à la liquidation de l'écurie du duc de Castries, il fut cédé, dans le courant de 1891, à son propriétaire actuel. En dehors de Saint-Léon, son premier produit gagnant, Frontin a donné entre autres : Adamis, Damoclès, Émissaire, Master Gillam, Sainfoin, Leda II, Germinal, Crillon et Le Glorieux, le meilleur et le plus résistant de ses produits, dont la mère, the Garry, est fille de Breadalbane, par Stockwell.

PEDIGREE DE FRONTIN

FRONTIN (Alezan—1880)	GEORGE FREDERICK (Alezan—1871)	Touchstone (Bbr.—1831)	Camel p. **Whalebone (Waxy)** — f. de Selim (Buzzard) — Maiden p. Sir Peter — f. de Phenomenon — Matron p. Florizel — Maiden, etc. Banter p. Master Henry **(Orville)** — Boadicea p. Alexander (Eclipse) — Brunette p. Amaranthus (Old England) — Mayfly p. Matchem, etc.
		Vulture (Alez.—1833)	Langar p. Selim — f. de Walton (Sir Peter) — Y. Giantess p. Diomed — Giantess p. Matchem — Molly Long Legs p. Babraham, etc. Kite p. Bustard (Castrel) — Olympia p. Sir Oliver (Sir Peter) — Harmony p. Herod — Rutilia (s de Rachel) p. Blank, — m. d'Highflyer, etc.
	Marsyas (Alezan—1851)	Whisker (Bai—1812)	Waxy p. Pot8os (Eclipse) — Maria p. Herod (Tartar) — Lisette p. Snap — Windsor p. Godolphin — s. de Volunteer p. Y. Belgrade, etc. Penelope p. Trumpator (Conductor) — Prunella p Highflyer (Herod) — Promise p. Snap. — Julia p. Blank — m de Spectator p. Partner, etc.
		Garcia (Baie—1823)	Octavian p Stripling (Phenomenon et Laura) — f. d'Oberon — s. de Sharper p. Ranthos — f. de Sweepstakes — s. de Careless, etc Fille de Shuttle (Young Marske et f. de Vauxhall Snap) — Katherine p. Delpini (Highflyer et Countess) — f. de Paynator (Blank), etc.
	Malibran (Al—1849)	The Baron (Alez.—1842)	Birdcatcher p. Sir Hercules **(Whalebone)** — Guiccioli p. Bob Booty — Flight p. Irish Escape — Y. Heroine p. Bagot — Heroine p. Hero, etc. Echidna p. Economist (Whisker) — Miss Pratt p. Blacklock — Gadabout p. Orville — Minstrel p. Sir Peter — Matron p. Florizel, etc.
		Pocahontas (Baie—1837)	Glencoe p. Sultan (Selim) — Trampoline p. Tramp — Web p. **Waxy** — Penelope p. Trumpator — Prunella p. Highflyer — Promise p. Snap, etc. Marpessa p. Muley **(Orville)** — Clare p. Marmion — Harpalice p. Gohanna — Amazon p. Driver — Fractious p. Mercury, etc.
	Princess of Wales (Alez.—1862)	Melbourne (Bbr.—1834)	Humphrey Clinker p. Comus (Sorcerer) — Clinkerina p. Clinker (Sir Peter) — Pewet p. Tandem (Syphon) — Termagant p. Tantrum, etc. Fille de Cervantes (Don Quixote) — f. de Golumpus (Gohanna) — f. de Paynator — s. de Zodiac p. St-George — Abigail p. Woodpecker, etc.
		Lady Sarah (Alez.—1841)	Velocipede p. Blacklock — f. de Juniper (Whisky) — f. de Sorcerer (Trumpator) — Virgin p. Sir Peter — f. de Pot8os — Editha, etc. Lady Moore Carew p. Tramp (Dick Andrews) — Kite p. Bustard (Castrel) — Olympia p. Sir Oliver (Sir Peter) — Scotilla p. Anvil — Scota p. Eclipse.
	The Bloomer (Baie—1830)	Lottery (Bbr.—1820)	Tramp p. Dick Andrews (Joe Andrews et f. d'Highflyer). — f. de Gohanna — Fraxinella p. Trentham — s. de Goldfinder p. Woodpecker, etc. Mandane p. Pot8os (Eclipse) — Y. Camilla p. Woodpecker — Camilla p. Trentham — Coquette p. the Compton Barb — s. de Regulus p. Godolphin.
		Morgiana (Baie—1820)	Muley p. **Orville** — Eleanor p. Whisky (Saltram et Calash p. Herod) — Y. Giantess p. Diomed — Giantess p. Blank, etc. Miss Stephenson p. Sorcerer (Trumpator et Y. Giantess) — s. de Petworth p. Precipitate Mercury — f. de Woodpecker — s. de Juniper p. Snap.
	Stockwell (Al—1849)	Priam (Bai—1829)	Emilius p. **Orville** — Emily p. Stamford (Sir Peter) — f. de Whisky — Grey Dorimant p. Dorimant — Dizzy p. Blank, etc. Cressida p. Whisky — Y. Giantess p. Diomed (Florizel) — Giantess p. Matchem — Molly Long Legs p. Babraham — f. de Foxhunter, etc.
		Mère de Miss Fanny (Baie—1815)	**Orville** p. Beningbro' — Evelina p. Highflyer — Termagant p. Tantrum (Cripple p. The Godolphin) — Cantatrice p. Sampson (Blaze), etc. Fille de Buzzard (Woodpecker) — Hormpipe p. Trumpator (Conductor) — Luna p. Herod (Tartar) — s d'Eclipse p. Marske — Spiletta, etc.
FROLICSOME (Baie—1865)	Weatherbit (Bai-Brun—1842)	Camel (Noir—1822)	**Whalebone** p. **Waxy** (Pot8os) — Penelope p. Trumpator (Conductor) — Prunella p. Highflyer (Herod) — Promise p. Snap — Julia p. Blank, etc. Fille de Selim (Buzzard) — Maiden p. Sir Peter (Highflyer) — f. de Phenomenon (Herod) — Matron p. Florizel — Maiden p. Matchem, etc.
		Banter (Baie—1826)	Master Henry p. **Orville** — Miss Sophia p. Stamford (Sir Peter) — Sophia p Buzzard — Huncamunca p Highflyer — Cypher p. Squirrel, etc. Boadicea p. Alexander (Eclipse) — Brunette p. Amaranthus (Old England) — Mayfly p. Matchem — f. d'Ancaster Starling (Old Starling), etc.
	Miss Letty (B—1834)	The Saddler (Bbr.—1828)	Waverley p. **Whalebone (Waxy)** — Margaretta p. Sir Peter — s. de Cracker p. Highflyer — Nutcracker p Matchem — s. d'Ancaster Starling. Castrellina p. Castrel (Buzzard) — f. de Waxy — Bizarre p. Peruvian (Sir Peter) — Violante p. John Bull (Fortitude p. Herod), etc.
		Stays (Baie—1831)	**Whalebone** p. **Waxy** (Pot8os et Maria p. Herod) — Penelope p. Trumpator — Prunella p. Highflyer — Promise p. Snap. — Julia p. Blank, etc. Fille de Frolic p. Hedley (frère de Golumpus p. Gohanna et Catherine p. Woodpecker) — m. de Camel p. Selim — Maiden p. Sir Peter, etc.

GAMIN

(APPARTIENT A M. MICHEL ÉPHRUSSI)

Pendant la saison de monte de 1893, Gamin sera en station au haras de Dangu, près Gisors (Eure), où il saillira un certain nombre de juments (en dehors de celles de son propriétaire), à raison de deux mille cinq cents francs, plus 20 francs pour l'écurie. S'adresser à M. Michel Ephrussi, 203 boulevard Saint-Germain, à Paris.

Gamin, par Hermit, est né en 1883 chez M. Michel Éphrussi; il est le premier produit qu'a eu, en France, Grace, née en Angleterre, chez M. Gee, en 1875, et importée, pleine d'Hermit, en 1882; elle a donné depuis Gamme avec Saxifrage et Goum avec Peter. Gamin est alezan, avec une large lisse en tête et une balzane postérieure gauche; de taille moyenne, 1^{m}62, il a une belle encolure, la croupe très longue dessus, les cuisses un peu courtes et les jarrets presque droits de son père Hermit; admirablement soudé dans ses joints, il manque un peu de longueur. Il débuta dans le Grand Prix de Dieppe, 1885, où il battit d'une longueur Alger, pénalisé de dix livres, Lorgnette, Utrecht et Prytanée; à Fontainebleau, il était battu, cinq jours après, d'une demi-longueur par Jupin dans le Triennal. D'un tempérament assez délicat, il ne courait plus comme two year old, et il faisait sa rentrée au printemps suivant dans la Poule d'Essai des Poulains, qu'il gagnait facilement sur Sycomore, Fils-d'Artois, Clodoald, Fétiche et Utrecht. Il enlevait ensuite la seconde manche du Triennal, où il ne rencontrait aucun adversaire digne de lui; puis, dans la Grande Poule des Produits, il était battu par Jupin et conservait difficilement la seconde place à une tête devant Firmament. Non placé dans le prix du Jockey-Club, où Upas et Sycomore faisaient un dead-heat, il était battu par Viennois dans le prix Seymour où il ressentait les premières atteintes du mal qui devait plus tard paralyser ses moyens, un saignement de nez abondant provoqué par la rupture d'un vaisseau sanguin. Non placé dans le Grand Prix de Paris, gagné par Minting, il était mis au repos jusqu'à l'automne où il prenait sa revanche sur Jupin dans le prix Royal Oak, où il battait, en outre, Utrecht, Sycomore et Fricandeau; il battait de nouveau Utrecht dans le prix d'Octobre; mais dans le prix de la Forêt, il finissait troisième seulement derrière Fricandeau et Beaumesnil. A quatre ans, Gamin était, à deux reprises, battu par Sauterelle et Alger dans le prix du Cadran et le Biennal, sur des distances un peu longues pour ses aptitudes, étant donnés les spécialistes auxquels il avait affaire, mais il gagnait le Triennal (dont il a, par suite, gagné les trois manches) sur Utrecht et La Vigne, et battait ensuite à Paris, dans le prix de Lonray, Vanille et Escarboucle; il courait trois fois encore, mais l'affection dont il souffrait lui enlevait la majeure partie de ses moyens et ne permettait pas de le conserver à l'entraînement. Il avait couru dix-huit fois, gagné sept courses, et 240.925 francs. Parmi les premiers produits de Gamin, on peut citer, Eva, Phalne II, Prince Paul, etc.

PEDIGREE DE GAMIN

GAMIN (Alezan—1883)	HERMIT (Alezan—1864)	Newminster (Bai—1848)	Touchstone (Bbr.—1831)
			Beeswing (B.—1833)
		Seclusion (Baie—1857)	Tadmor (Bb.—1846)
			Mrs Sellon (B.—1851)
	GRACE (Alezane—1875)	The Scottish Chief (Bai—1861)	Lord of the Isles (B.—1852)
			Miss Ann (Baie—1846)
		Virtue (Bbr.—1865)	Stockwell (Al.—1849)
			Patience (Baie—1850)

Détail des ascendances

Camel (Noir.—1822)	Whalebone p. **Waxy**—Penelope p.Trumpator—Prunella p. Highflyer — Promise p. Snap (Snip) — Julia p. Blank — m. de Spectator, etc. Fille de Selim—Maiden p. **Sir Peter** — fille de Phenomenon (Herod) — Matron p. Matchem — fille de Squirt, etc.
Banter (Baie—1826)	Master Henry p. **Orville**—Miss Sophia p. Stamford—Sophia p. Buzzard — Huncamunca p. Highflyer — Cypher p. Squirrel (Traveller), etc. Boadicea p. Alexander (Eclipse et Grecian Princess) — Brunette p.Amaranthus — Mayfly p. Matchem — Fille d'Ancaster Starling, etc.
Dr. Syntax (Bai—1811)	Paynator p. **Trumpator** — fille de Marc Antony — Signora p Snap — Miss Windsor p. the Godolphin — sœur de Volunteer p. Y. Belgrade. Fille de Beningbro' (King Fergus et fille d'Herod) — Jenny Mole p. Carbuncle (Babraham) — fille de Prince T. Quassa p. Snip (Childers),etc.
Fille de (Baie.—1817)	Ardrossan p. John Bull (Fortitude et Xantippe p.Eclipse) — Miss Whip p Volunteer —fille d'Herod—Folly p. Blank—sœur de Regulus, etc. Lady Eliza p. Whitworth (Agonistes et fille de Jupiter) — fille de Spadille — Sylvia p. Young Marske — Ferret p. frère de Silvio, etc.
Ion (Bai—1835)	Cain p.Paulowitz (Sir Paul et Evelina p. Highflyer) — fille de Paynator (**Trumpator**)—fille de Delpini—fille de Y.Marske—Gentle Kitty, etc. Margaret p. Edmund (**Orville** et Emmeline p. **Waxy**)—Medora p Selim — fille de Sir Harry (Sir Peter) — fille de Volunteer — fille d'Herod.
Palmyra (Bbr.—1838)	Sultan p. Selim — Bacchante p. Williamson's Ditto — fille de Calomel p. Mercury (Eclipse) — fille d'Herod (Tartar) — Folly p Blank, etc. Hester p. Camel (v. plus haut)—Monimia p. Muley (**Orville** et Eleanor) —sœur de Petworth p Precipitate—fille de Woodpecker—fille de Snap.
Cowl (Bai—1842)	Bay Middleton p. Sultan—Cobweb p. Phantom—Filagree p. Soothsayer — Web p. **Waxy** — Penelope p. **Trumpator**—Prunella p.Highflyer. Crucifix p. Priam (Emilius p Orville et Cressida p. Whisky) — Octaviana p. Octavian — fille de Shuttle — Zarah p. Delpini — Flora, etc.
Belle-Dame (B.i—1839)	Belshazzar p. **Blacklock** — Manuella p. Dick Andrews — Mandane p. Pot8os — Y. Camilla p. Woodpecker — Camilla p. Trentham, etc. Ellen p Starch — Cuirass p. Oiseau (Camillus) — Castanea p. Gohanna — Grey Skim p. Woodpecker — m. de Silver p. Herod, etc.
Touchstone (Bbr.—1831)	Camel p. Whalebone (**Waxy** et Penelope p. Trumpator)—fille de Selim — Maiden p. **Sir Peter** — fille de Phenomenon — Matron p Florizel. Banter p. Master Henry (**Orville** et Miss Sophia p Stamford)—Boadicea p. Alexander — Brunette p. Amaranthus — Mayfly p. Matchem, etc.
Fair Helen (Alez.—1843)	Pantaloon p. Castrel (Buzzard et fille d'Alexander) — Idalia p. Peruvian (**Sir Peter**) — Musidora p. Meteor (Eclipse), etc. Rebecca p. Lottery (Tramp et Mandane p. Pot8os) — fille de Cervantes — Anticipation p. **Beningbro'** — Expectation p Herod
Little Known (Bai—1836)	Muley p.**Orville** (Beningbro' et Evelina p.Highflyer)—Eleanor p.Whisky — Y. Giantess p. Diomed — Giantess p. Matchem, etc. Lacerta p. Zodiac (St George p. Highflyer et Abigail p. Woodpecker)—Jerboa p Gohanna — Camilla p. Trentham—Coquette p.the Compton Barb.
Bay Missy (Baie—1842)	Bay Middleton p. Sultan (Selim et Bacchante) — Cobweb p. **Phantom** — Filagree p Soothsayer — Web p. **Waxy**, etc. Camilla p. Y. Phantom (**Phantom** et Emmeline p. **Waxy**) — s. de Speaker p. Camillus — s. de Prime Minister p. Sancho, etc.
The Baron (Alez.—1842)	Birdcatcher p. Sir Hercules (Whalebone et Peri p.Wanderer) — Guiccioli p.Bob Booty — Flight p. L Escape—Y. Heroine p. Bagot (Herod), etc. Echidna p. Economist (Whisker et Floranthe p. Octavian) — Miss Pratt p.**Blacklock**—Gadabout p. **Orville**—Minstrel p. Sir Peter (**Highflyer**).
Pocahontas (Baie—1837)	Glencoe p. Sultan (Selim et Bacchante p. Williamson's Ditto) — Trampoline p. Tramp — Web p. **Waxy** — Penelope p. Trumpator, etc. Marpessa p. Muley (**Orville** et Eleanor p.Whisky)—Clare p Marmion—Harpalice p. Gohanna — Amazon p. Driver (Trentham), etc.
Assault (Bai—1845)	Touchstone p Camel (Whalebone et fille de Selim) — Banter p. Master Henry (**Orville**) — Boadicea p. Alexander (Eclipse), etc. Ghuznee p.Pantaloon (Castrel et Idalia p.Peruvian) — Languish p. Cain p.Paulowitz et fille de Paynator) — Lydia p. Poulton (**Sir Peter**) — Variety.
Newton Lass (Baie—1841)	Hetman Platoff p.Brutandorf Blacklock et Mandane p.Pot8os)—fille de Comus (Sorcerer) — Marciana p. Stamford (**Sir Peter**), etc Fille de Velocipede (Blacklock et fille de Juniper) — m. de Dolly p. **Waxy** — Thomasina p. Timothy (Delpini et Cora), etc.

GILBERT

(APPARTIENT A L'ADMINISTRATION DES HARAS)

Pendant la saison de monte de 1893, Gilbert sera en station dans la circonscription du dépôt de Villeneuve-sur-Lot, où il saillira un certain nombre de juments de pur-sang anglais à raison de dix francs. S'adresser à M. le Directeur du Dépôt d'étalons, à Villeneuve-sur-Lot (Lot-et-Garonne).

Gilbert, par lord Clifden, est né en 1872 chez lord Glasgow; il est le troisième produit d'une fille de Toxophilite et de Maid of Masham, demi-sœur de Peter, élevée par lord Glasgow. Gilbert est bai zain avec la queue en balai; sa taille est de 1m04, c'est un joli cheval, bien établi, qui manque un peu de substance et dont la côte est un peu courte. Acheté yearling par le comte de Lagrange, il fit, pour ses débuts, au printemps de 1875, un walk-over dans les Sale Stakes de Newmarket, par suite d'une erreur de son adversaire qui s'était présenté trop tard au poteau. Il ne fut pas placé dans les Deux Mille Guinées, gagnées par Camballo, où sa chance avait été sacrifiée à celle de son camarade d'écurie, Pic-Nic, qui prit la seconde place; il ne fut pas plus heureux dans le Derby, gagné par Galopin, mais il battait, quinze jours après, à Ascot, Spinaway, gagnante des Mille Guinées et des Oaks. Cette victoire lui valut de partir premier favori dans le Saint-Léger, où il ne fut pas placé derrière Craig-Millar; très éprouvé par sa préparation, il était retiré de l'entraînement et vendu à M. C.-J. Lefèvre qui le cédait peu après, moyennant 30.000 francs, à l'Administration des Haras; après un court séjour à Pompadour, il était envoyé au haras de Nexon, où il a fait la monte régulièrement depuis 1877 jusqu'en 1885; il a ensuite été attaché au dépôt de Villeneuve-sur-Lot. Sur les quarante juments qui lui ont été données en moyenne chaque année, un quart seulement étaient de pur-sang et appartenaient presque toutes à des éleveurs du Midi. Loterie, une des meilleures juments de la région, a été jusqu'ici le plus remarquable de ses produits; Gilles, Marius, Séducteur, Gourmette, Vicq, Vienne, Baccarat II, Bayonne, Salamandre II, Hors-d'Œuvre et Ayguelongue ont également couru d'une manière très honorable, la plupart, sur les hippodromes du Midi. Lutine, mère de Loterie, est fille de Zouave (par the Baron).

PEDIGREE DE GILBERT

GILBERT (Bai—1872).	LORD CLIFDEN (Bai—1860).	Newminster (Bai—1848).	Touchstone (Bb 1831)	Camel (Noir—1822)	Whalebone p. Waxy — Penelope p. **Trumpator**—Prunella p.Highflyer —Promise p. Snap — Julia p. Blank — m. de Spectator p. Partner. Fille de Selim— Maiden p. **Sir Peter** — fille de Phenomenon — Matron p. Florizel — Maiden p. Matchem — f. de Squirt— f. de Mogul, etc.
				Banter (Baie—1826)	Master Henry p.Orville—Miss Sophia p. Stamford — Sophia p. Buzzard — Hurcamunca p. Highflyer — Cypher p. Squirrel — f. de Regulus. Boadicea p. Alexander (Eclipse e. Grecian Princess p. Williams' Forester) — Brunette p. Amaranthus — Mayfly p. Matchem, etc.
			Beeswing (B.—1833)	Dr Syntax (Bbr.—1811)	Paynator p. **Trumpator** (Conductor et Brunette p. Squirrel) — f. de Marc Antony — Signora p. Snap — Miss Windsor p. Godolphin,etc. Fille de Beningbro'— Jenny Mole p. Carbuncle (Babraham Blank) — f. de Prince T. Quassa — Bloody Buttocks — f. de Regulus, etc.
				Fille de (Alez.—1817)	Ardrossan p. John Bull (Fortitude et Xantippe p. Eclipse) — Miss Whip p. Volunteer (Eclipse) – Wimbledon p.Evergreen (Herod)—s.de Calash. Lady Eliza p. Whitworth (Agonistes p. **Sir Peter** et f. de Jupiter p. Eclipse) — f. de Spadille (Highflyer) — Sylvia p. Y. Marske, etc.
		The Slave (Baie—1852).	Melbourne (B.—1834)	Humphrey Clinker (Alez.—1822)	Comus p. **Sorcerer** — Houghton Lass p.**Sir Peter** — Alexina p. King Fergus (Eclipse) — Lardella p. Y. Marske — f. de Cade (Godolphin). Clinkerina p. Clinker (**Sir Peter** et Hyale) — Pewet p. Tandem (Syphon) — Termagant p. Tantrum (Cripple) — Cantatrice p. Sampson, etc.
				Fille de (Baie—1825)	Cervantes p. Don Quixote (Eclipse et Grecian Princess)—Evelina p. Highflyer — Termagant p.Tantrum (Cripple) — Cantatrice p. Sampson. Fille de **Golumpus** (Gohanna et Catherine) — f. de Paynator — s. de Zodiac p. St-George (Highflyer) — Abigail p. Woodpecker, etc.
			Volley (B.—1845)	Voltaire (Bbr.—1826)	Blacklock p. Whitelock — f. de Coriander (Pot8os) — Wildgoose p. Highflyer (Herod) — Coheiress p. Pot8os —Manilla p. Goldfinder. Fille de Phantom (Walton et Julia p. Whisky)—f. d'Overton—m.de Gratitude p. Walnut — f. de Ruler — Picarantha p. Matchem, etc.
				Martha Lynn (Bbr.—1837)	Mulatto p. Catton (**Golumpus** p. Gohanna) — Desdemona p. Orville — Fanny p. Sir Peter — f. de Diomed — Desdemona p. Marske, etc. Leda p. Filho da Puta — Treasure p.Camillus (Hambletonian) — f. de Hyacinthus (Coriander)—Flora p. King Fergus—Atalanta p.Matchem.
	FILLE DE (Baie—1861).	Toxophilite (Bai—1855).	Longbow (B—1849)	Ithuriel (Bbr.—1841)	Touchstone p.Camel (**Whalebone**) — Banter p.Master Henry (Orville) — Boadicea p. Alexander — Brunette p. Amaranthus (Old England). Verbena p. Velocipede **Blacklock**) — Rosalba p Milo (Sir Peter) — The Wren p.Woodpecker (Herod)—sœur de Rubens,Selim et Castrel.
				Miss Bowe (Baie—1834)	Catton p. **Golumpus** (Gohanna) — Lucy Grey p. Timothy (Delpini) — Lucy p. Florizel (Herod) — Frenzy, m. de Phenomenon, p. Eclipse. Mère de Wagtail p. Orville (Beninghro') — Miss Grimstone p. Weasel (Herod) — f. d'Ancaster — fille de Damascus Arabian, etc.
			Legerdemain (B.—1846)	Pantaloon (Alez.—1824)	Castrel p. Buzzard (Woodpecker)—fille d'Alexander (Eclipse et Grecian Princess) — fille d'Highflyer — fille d'Alfred (frère de Conductor). Idalia p. Peruvian (**Sir Peter**) — Musidora p. Meteor (Eclipse) — Maid of All Work p. Highflyer — s. de Tandem p. Syphon (Squirt), etc.
				Decoy (Baie—1830)	Filho da Puta p. Haphazard (**Sir Peter**)—Mrs Barnet p.Waxy (Pot8os) — f. de Woodpocker — Heinel p. Squirrel (Traveller), etc. Finesse p. Peruvian (**Sir Peter**) — Violante p. John Bull (Fortitude)— s. de Skyscraper p. Highflyer — Everlasting p. Eclipse, etc.
		Maid of Masham (Baie—1845).	Don John (Baie—1835)	Waverley (Bbr.—1817)	**Whalebone** p. Waxy—Penelope p. **Trumpator** — Prunella p. Highflyer — Promise p.Snap—Julia p. Blank—m. de Spectator p. Partner, etc. Margaretta p. **Sir Peter** — s. de Cracker p. Highflyer — Nutcracker p. Matchem — Miss Starling p. Starling — f. de Partner, etc.
				Fille de (Baie—1820)	Comus p. **Sorcerer** — Houghton Lass p. **Sir Peter** — Alexina p. King Fergus — Lardella p. Y. Marske — f. de Cade, etc. Marciana p. Stamford — Marcia p. Coriander — Faith p. Pacolet — Atalanta p. Matchem — Lass of The Mill p. Oroonoko, etc.
			Miss Lydia (Gr.—1838)	Belshazzar (Alez.—1830)	Blacklock p. Whitelock — f. de Coriander — Wild Goose p. Highflyer — Co-heiress p. Pot8os— Manille p. Goldfinder— f. de Old England. Manuella p. Dick Andrews — Mandane p. Pot8os — Young Camilla p. Woodpecker (Herod) — Camil.a p. Trentham (Sweepstakes), etc.
				Fille de (Baie—1826)	Comus p. **Sorcerer** — Houghton Lass p. Sir Peter — Alexina p. King Fergus — Lardella p. Young Marske—f.de Cade—m. de Beaufremont. Mère de Plumper p. Delpini(Highflyer) — Miss Mustan p. King Fergus — Columbine p. Espersykes — f. de Babraham, etc.

GOURNAY

(APPARTIENT A M. LE COMTE R. DE NICOLAY, CH. DE MONTFORT, SARTHE)

Pendant la saison de monte de 1893, Gournay sera en station au haras de Montfort, (Sarthe), où il sera réservé aux juments de son propriétaire. †

Gournay, par Plutus, est né en 1884, au haras de Montfort, chez M. le comte de Nicolay; il est le second produit pur-sang qu'a eu Grenade, qui, avant d'être achetée en 1881 par M. de Nicolay, a été saillie, chez son éleveur, M. Médéric du Bouëxic, par des étalons de demi-sang ; elle a donné depuis, avec Plutus également, Gazna et Gesvres. Bai, de grande taille, 1m64, Gournay rappelle beaucoup son père Plutus, dont il a le dessus fortement établi, les quartiers développés et très musclés, et les aplombs ; comme son père, il manque un peu de longueur dessous. Il fit ses débuts à Deauville (1886), dans le prix de Villers, sous les couleurs de M. Michel Ephrussi, qui avait loué sa carrière de courses; il ne fut pas placé derrière Frapotel. Le surlendemain, dans le prix de Deux Ans, gagné également par Frapotel, il finissait quatrième derrière Oviédo et Chérie; il gagnait ensuite le premier Critérium à Fontainebleau et donnait des preuves de sa tenue dans le prix de Condé, à Chantilly, où il prenait la seconde place derrière Oviédo, devançant Hervine d'une longueur. Il faisait sa première course, à trois ans, dans le Biennal, où, battu d'une demi-longueur par Chérie, il devançait Oviédo et Arlay; il enlevait ensuite très facilement le prix du Nabob sur Consolde et Cat. Dans le prix du Jockey Club, gagné par Monarque, il était, à l'arrivée, en tête des chevaux non placés, devant Le Sancy et Frapotel ; à la réunion d'été de Longchamps, il gagnait le prix du Cèdre et le prix Seymour, sur Maxico, Olla Podrida et Belinda, mais il ne figurait pas derrière Ténébreuse, the Baron et Krakatoa dans le Grand Prix de Paris ; à Caen, il était de nouveau battu par Krakatoa dans le Grand-Saint-Léger. Il ne rencontrait pas d'opposition sérieuse dans le prix Ango, à Dieppe, et sa victoire facile était suivie d'un nouveau succès, beaucoup plus significatif, à Paris, dans le prix de Chantilly, où il battait Nautilus, Cambyse et Alger. Second derrière Saint-Luc, auquel il rendait dix livres dans le prix de Villebon, il terminait la campagne dans le prix du Prince d'Orange, où il ne figurait pas à l'arrivée derrière Ténébreuse, Maxico et Avril. Gournay faisait, au printemps de 1888, sa dernière course plate dans le prix Rainbow, où il finissait troisième, derrière Ténébreuse et Upas ; il était alors dressé sur les obstacles, mais après avoir couru trois fois sans succès pour le compte de son éleveur, M. de Nicolay, il était retiré de l'entrainement et envoyé à Montfort, où il commençait à faire la monte en 1889.

PEDIGREE DE GOURNAY

GOURNAY (Alezan —1884)	PLUTUS (Bai—1863)	Trumpeter (Alezan—1850) / Orlando (Bai—1841) — Touchstone (Bbr.—1831)	Camel p. Whalebone (Waxy)— f. de Selim (Buzzard) — Maiden p. Sir Peter — f. de Phenomenon — Matron p. Florizel — Maiden, etc. Banter p. Master Henry (Orville) — Boadicea p. Alexander (Eclipse) — Brunette p. Amaranthus (O.d England)— Mayfly p. Matchem, etc.
		Cavatine (Al.—1845) — Vulture (Alez.—1833)	Langar p. Selim (Buzzard)—f. de Walton (Sir Peter) — Y. Giantess p. Diomed — Giantess p.Matchem — Molly Long Legs p. Babraham, etc. Kite p Bustard (Castrel) — Olympia p. Oliver (Sir Peter)— Harmony p. Herod — Rutilia (s. de Rachel) p. Blank—s. de South p. Regulus, etc.
		Planet (B.—1844) — Redshank (Alez.—1833)	Sandbeck p. Catton (Golumpus p.Gohanna et Catherine)— Orvillina p. Beningbro' (King Fergus) — Evelina p. Highflyer — Termagant, etc. Johanna p Selim (Buzzard)—m. de Conincal p. Skyscraper (Highflyer) — f. de Dragon (Regulus) — m. de Fidget p. Matchem, etc.
		Fille de (Baie—1853) — Oxygen (Alez.—1828)	Emilius p.Orville (Beningbro')—Emily p.Stamford (Sir Peter)—Horatia p.Eclipse — f. de Whisky (Saltram et Calash p. Herod), etc. Whizgig p.Rubens (Buzzard et f.d'Alexander)—Penelope p. Trumpator (Conductor) — Prunella p. Fighflyer — Promise p. Snap, etc.
		Alice Bray (B.—1848) — BayMiddleton (Bai—1833)	Sultan p. Selim (Buzzard et f d'Alexander)—Bacchante p.Williamsons' Ditto (Sir Peter) — s. de Calomel p. Mercury (Eclipse), etc. Cobweb p.Phantom (Walton et Julia p.Whisky)—Filagree p Soothsayer (Sorcerer) — Web p. Waxy — Penelope p. Trumpator, etc.
		— Plenary (Alez.—1837)	Emilius p. Orville (Beningbro) — Emily p.Stamford (Sir Peter) — f. de Whisky—Grey Dorimant p.Dorimant—Dizzy p Blank—Dizzy p Driver Harriet p. Pericles (Evander et f. de Precipitate)—f. de Selim—Pippylina p. Sir Peter — Rally p. Trumpator — Fanny (s. de Diomed), etc.
		— Venison (Bbr.—1833)	Partisan p. Walton (Sir Peter et Arethusa p. Dungannon) — Parasol p. Pot8os (Eclipse) — Prunella p. Highflyer — Promise p. Snap, etc. Fawn p.Smolensko (Sorcerer et Wowski p.Mentor) — Jerboa p.Gohanna (Mercury)— Camilla p.Trentl.am—Coquette p. The Compton Barb, etc.
		— Darkness (Alez.—1837)	Glencoe p.Sultan (Selim et Bacchante p. Williamsons' Ditto)—Trampoline p.Tramp (Dick Andrews)—Web p.Waxy—Penelope p. Trumpator. Fanny p.Whisker (Waxy et Penelope p.Trumpator)—f.de Camilus (Hambletonian)—f.de Precipitate,fr.de Gohanna (Mercury et f.d'Herod), etc.
	GRENADE (Alezane—1873)	Monarque (B.—1852) — The Baron, the Emperor ou Sting* (Bbr.—1843)	Slane p. Royal Oak (Catton et f.de Smolensko)— f.d'Orville (Beningbro') — Epsom Lass p. Sir Peter — Alexina p. King Fergus, etc. Echo p Emilius (Orville et Emily p. Stamford) — f.de Scud (Beningbro')— Canary Bird p.Sorcerer—Canary p.Coriander—Miss Green p.Highflyer
		— Poetess (Baie—1838)	Royal Oak p. Catton (Golumpus et Lucy Grey p. Timothy) — f. de Smolensko (Sorcerer) — Lady Mary p. Beningbro' — f. d'Highflyer, etc. Ada p. Whisker (Waxy et Penelope)— Anna Bella p. Shuttle (Y. Marske) — f. de Drone — Contessina p. Y. Marske — Tuberose p. Herod.
		Trocadéro (Alez.—1864) / Antonia (Al.—1851) — Epirus (Alez.—1834)	Langar p. Selim (Buzzard et f.d'Alexander)— f. de Walton (Sir Peter)—Y. Giantess p.Diomed—Giantess p. Matchem—Molly Long Legs p.Babraham Olympia p. Sir Oliver (Sir Peter et Fanny p.Diomed)—Scotilla p. Anvil (Herod) — Scota p. Eclipse — Harmony p. Herod — Rutilia, etc.
		— The Ward of Cheap. (Baie—1843)	Colwick p. Filho da Puta (Haphazard et Mrs Barnet p. Waxy)— Stella p. Sir Oliver (Sir Peter) — Sectilla p. Anvil — Scota p. Eclipse, etc. Maid of Burghley p. Sultan (Selim et Bacchante p.Williamsons' Ditto) — Palais-Royal p. Blucher (Waxy et Pantina p. Buzzard), etc.
		Remus (Al.—1852) — Garry Owen (Gris—1837)	Saint-Patrick p. Alcaston (Filho da Puta et f. de Windle) — Bittern p. Waxy Pope (Waxy) — Bigottini p. Thunderbolt — f. de Gohanna, etc. Excitement p. Emilius (Orville et Emily p. Stamford)—Bee in a Bonnet p. Blacklock (Whitelock), etc.
		— Rhodante (Alez.—1837)	Velocipede p. Blacklock (Whitelock et f. de Coriander)—f.de Juniper (Whisky)— f. de Sorcerer (Trumpator) — Virgin p. Sir Peter, etc. Roseleaf p. Whisker (Waxy et Penelope p. Trumpator)—Rosalba p. Milo (Sir Peter)—s. de Rubens p. Buzzard (Woodpecker), etc.
		Salembo II, ex Quie. (Alez.—1860) / Qui-Vive (B.—1850) — Royal Oak (Bbr.—1823)	Catton p.Golumpus (Gohanna et Catherine p. Woodpecker)—Lucy Grey p. Timothy — Lucy p.Florizel — Frenzy p. Eclipse — f. d'Engineer, etc. Fille de Smolensko (Sorcerer et Wowski p. Mentor) — Lady Mary p. Beningbro' — f, d'Highflyer — f. de Marske (Squirt), etc.
		— Benediction (Baie—1844)	Physician p. Brutandorf (Blacklock et Mandane p. Pot8os)—Primette p. Prime Minister (Sancho) — Miss Paul p. Sir Paul, etc. Fretillon p. Sylvio (Trance et Hebé p. Rubens) — Emelina p. Emilius (Orville) — Scornful p. Woful — f.d'Haphazard (Sir Peter), etc.

GRANDMASTER

(APPARTIENT A M. ACHILLE FOULD, A TARBES, HAUTES-PYRÉNÉES)

Pendant la saison de monte de 1893, Grandmaster sera en station au haras Fould, à Ibos, près Tarbes, où il saillira un certain nombre de juments (en dehors de celles de son propriétaire), à raison de deux cents francs. S'adresser à M. Achille Fould, au haras. †

GRANDMASTER, par Kingcraft, est né en 1880 au haras de Mereworth, chez lord Falmouth ; sa mère, Queen Bertha, dont il était le onzième produit, avait été également élevée par lord Falmouth pour lequel elle a gagné les Oaks de 1863 ; elle a donné, entre autres, avec Macaroni, Spinaway, et avec Adventurer, Wheel of Fortune, qui toutes deux ont gagné les Mille Guinées et les Oaks. Alezan, de taille moyenne, 1^m 60, Grandmaster est très bien établi sur de bons membres, très vigoureux, et fortement soudé. Il ne courut pas à deux ans. Ses débuts eurent lieu, en 1883, dans le Biennal de Newmarket, où il fut battu par the Prince, mais où il finissait devant Ithuriel et Ossian, le futur vainqueur du Saint-Léger. Il battait de nouveau Ossian dans les Craven Stakes à Newmarket, qu'il enlevait assez facilement ; il ne figurait pas dans les Deux Mille Guinées, gagnées par son camarade d'écurie, Galliard, et n'était pas plus heureux dans les Payne Stakes à Newmarket, derrière Splendeur, Ladislas et Ossian, ni dans les Hardwicke Stakes à Ascot, derrière Tristan et Iroquois. Second à Goodwood, dans les Gratwicke Stakes (2.500^m), gagnés d'une tête par Auburn, il enlevait facilement le Triennal, au premier meeting d'automne à Newmarket, et à la même réunion, il finissait second derrière Ladislas, dans le Newmarket Saint-Léger, (3.300^m). Il était, quinze jours après, battu par Ossian, qui lui rendait sept livres dans les Royal Stakes. Enfin, dans le Newmarket Derby (2.400^m), il prenait de nouveau la seconde place derrière Ladislas. Acheté 550 guinées (14.540 fr.) par M.-C.-J. Lefèvre à la liquidation de l'écurie de lord Falmouth, il était envoyé en France, où il courait à deux reprises au Havre et à Dieppe, sans être placé, notamment dans le prix Charles Laffitte, gagné par Lavaret (3 a., 50 kil. 1/2), où il portait 58 kilos. Retiré de l'entraînement à la fin de la saison, il était envoyé au haras, et acheté en 1886 par son propriétaire actuel. Dès sa première saison, il donnait un produit d'assez bon ordre, Diamant, avec La Déchirée (par un fils de Gladiator, Pharaon), et Prix-Fixe avec Préface (petite-fille de Gladiator, possédant exactement les mêmes courants que La Déchirée). La même remarque s'applique à Mademoiselle-de-Charolais, mère de Cayenne, dont la paternité lui est disputée par Brest. Parmi les autres produits de Grandmaster, nous citerons Odette, Baçon, Myosotis II, et enfin Toinon, dont la mère possède également des courants rapprochés de Gladiator.

PEDIGREE DE GRANDMASTER

GRANDMASTER (Mezan — 1880).	KINGCRAFT (Bai—1867).	King Tom (Bai—1851).	Woodcraft (Baie—1860).	Economist (Bai—1825)	Whisker p. **Waxy** (Pot8os et Maria) — Penelope p. Trumpator (Conductor) — Prunella p. **Highflyer** (Herod) — Promise p. Snap (Snip), etc. Floranthe p. Octavian (Stripling et fille d'Oberon) — Caprice p. Auvil (Herod) — Madcap p. Eclipse — fille de Blank, etc.
				Fanny Dawson (Alez.—1828)	Nabocklish p. Rugantino (Commodore et fille d'**Highflyer**) — Butterfly p. Master Bagot (Bagot) — fille de Bagot (Herod) — Mother Brown, etc. Miss Tooley p. Teddy the Grinder (Asparagus et Stargazer) — Lady Jane p. Sir Peter (**Highflyer**) — Paulina p. Florizel (Herod) — Captive, etc.
		Pocahontas (Baie—1837) Barkaway (Al.—1834		Glencoe (Alez.—1833)	Sultan p. Selim (Buzzard et fille d'Alexander) — Bacchante p. Williamsons' Ditto (**Sir Peter**) — sœur de Calomel p. Mercury (Eclipse), etc. Trampoline p. **Tramp** (Dick Andrews et fille de Gohanna) — Web p. **Waxy** (Pot8os) — Penelope p. Trumpator (Conductor) — Prunella, etc.
				Marpessa (Baie—1830)	Muley p. Orville (Beningbro' et Evelina) — Eleanor p. Whisky (Saltram) — Y. Giantess p. Diomed (Florizel) — Giantess p. Matchem (Cade), etc. Clare p. Marmion (Whisky et Y. Noisette) — Harpalice p. Gohanna — Amazon p. Driver (Trentham) — Fractious p. Mercury (Eclipse), etc.
		Voltigeur (Bb.—1847)	Fille de (B.—1849)	Voltaire (Bai—1826)	Blacklock p. Whitelock (Hambletonian et Rosalind p. Phenomenon) — fille de Coriander (Pot8os) — Wild Goose p. **Highflyer**, etc. Fille de Phantom (Walton p. Si**r** Peter et Julia p. Whisky) — f. d'Overton (King Fergus) — f. de Walnut (**Highflyer**) — f. de Ruler (Y. Marske).
				Martha Lynn (Bbr.—1837)	Mulatto p. Catton (Golumpus et Lucy Grey p. Timothy) — Desdemona p. Orville — Fanny p. Sir Peter — fille de Diomed (Florizel). Leda p. Filho da Puta (Haphazard p. Sir Peter et Mrs. Barnet p. **Waxy**) — Treasure p. Camillus — f. de Hyacinthus — Flora p. King Fergus.
				Venison (Bbr.—1833)	Partisan p. **Walton** (Sir Peter et Arethusa p. Dungannon) — Parasol p. Pot8os — Prunella p. **Highflyer** — Promise p. Snap — Julia p. Blank, etc. Fawn p. Smolensko (Sorcerer et Wowski p. Mentor) — Jerboa p. Gohanna — Camilla p. Trentham (Sweepstakes) — Coquette p. The Compton B.
				WeddingDay (Baie—1842)	Camel p. Whalebone (**Waxy** et Penelope) — fille de Selim — Maiden p. Sir Peter — Matron p. Florizel — Maiden p. Matchem — f. de Squirt. Margellina p. Whisker (**Waxy** et Penelope) — Manuella p. Dick Andrews — Mandane p. Pot8os — Y. Camilla p. Woodpecker — Camilla p. Trentham.
	QUEEN-BERTHA (Baie—1860).	Kingston (Bai—1849).	Venison (B.—1843)	Partisan (Bai—1811)	Walton p. Sir Peter — Arethusa p. Dungannon (Eclipse et Aspasia p. Herod) — fille de Prophet (Regulus) — Virago p. Snap (Snip), etc. Parasol p. Pot8os (Eclipse et Sportsmistress p. Sportsman) — Prunella p. **Highflyer** — Promise p. Snap — Julia p. Blank — Sprightly, etc.
				Fawn (Baie—1823)	Smolensko p. Sorcerer (**Trumpator** et Y. Giantess p. Diomed) — Wowski p. Mentor (Justice) — Maria (mère de **Waxy**) p. Herod — Lisette, etc. Jerboa p. Gohanna (Mercury et fille d'Herod) — Camilla p. Trentham (Sweepstakes p. Godolphin) — Coquette p. The Compton Barb, etc.
		Queen Anne (B.—1843)		Slane (Bai—1833)	Royal Oak p. Catton (Golumpus p. Gohanna et Lucy Grey p. Timothy) — fille de Smolensko (Sorcerer p. **Trumpator**) — Lady Mary, etc. Fille d'**Orville** — Epsom Lass p. Sir Peter — Alexina p. King Fergus (Eclipse) — Lardella p. Y. Marske — f. de Cade (Godolphin).
				Garcia (Baie—1823)	Octavian p. Stripling (**Phenomenon** et Laura) — fille d'Oberon — sœur de Sweepstakes — sœur de Careless, etc. Fille de Shuttle (Young Marske et fille de Vauxhall p. Snap) — Catherine p. Delpini (**Highflyer** et Countess) — fille de Paymaster (Blank), etc.
		Surplice (Baie—1845)		Touchstone (Bbr.—1831)	Camel p. Whalebone (**Waxy** p. Pot8os) — fille de Selim — Maiden p. **Sir Peter** — fille de **Phenomenon** — Matron p. Florizel — Maiden p. Matchem. Banter p. Master Henry (**Orville**) — Boadicea p. Alexander — Brunette p. Amaranthus — Mayfly p. Matchem — fille d'Ancaster Starling.
				Crucifix (Baie—1837)	Priam p. Emilius (**Orville** et Emily p. Stamford) — Cressida p. Whisker — Young Giantess p. Diomed — Giantess p. Matchem, etc. Octaviana p. Octavian (Stripling et fille d'Oberon) — fille de Shuttle — Zarah p. Delpini (**Highflyer**) — Flora p. King Fergus, etc.
		Flax (Baie—1855).	Odessa (Baie—1833)	Sultan (Bai—1816)	Selim p. Buzzard (Woodpecker et Misfortune p. Dux) — fille d'Alexander — f. d'**Highflyer** — fille d'Alfred (frère de Conductor p. Matchem). Bacchante p. Williamsons' Ditto (**Sir Peter** p. **Highflyer** et Arethusa p. Dungannon) — s. de Calomel p. Mercury — fille d'Herod, etc.
				Sœur de Cobweb (Alez.—1820)	Phantom p. **Walton** — Julia p. Whisky (Saltram et Calash) — Y. Giantess p. Diomed — Giantess p. Matchem — Molly Long Legs p. Babraham, etc. Filagree p. Soothsayer (Sorcerer) — Web p. **Waxy** — Penelope p. **Trumpator** — Prunella p. **Highflyer** (Herod) — Promise p. Snap.

GUISE

(APPARTIENT A L'ADMINISTRATION DES HARAS)

Pendant la saison de monte de 1893, Guise sera en station au dépôt de Geloz, près Pau, où il saillira quarante juments de pur sang anglais, à raison de cinquante francs. S'adresser à M. le Directeur du Dépôt d'Étalons, à Geloz (Basses-Pyrénées).

GUISE, par Mourle, est né en 1888 au haras de Menneval, chez M. le comte Dauger; sa mère, Giboulée, dont il est le huitième produit, a été élevée chez M. le baron de Schickler et achetée comme poulinière par M. Jean Prat, qui l'a cédée, en 1885, au comte Dauger, chez lequel elle est morte en 1891 ; elle a donné également Guignol avec Saxifrage, et Gevraise avec Faisan. Bai, avec une petite balzane postérieure montoire, de taille moyenne, 1^m 60, Guise est très symétrique avec de la longueur dessous, une bonne direction d'épaule, très fortement établi dans son arrière-main, mais un peu plat dans sa côte et dans ses quartiers. Acheté par MM. H. Ridgway et de Lastours, il fit ses débuts à trois ans (1891) dans le prix de Vincennes, où il battit assez facilement Zambo, Goguenard II et the Minstrel. Cette victoire était suivie de deux autres remportées à Longchamps sur Gironde dans le prix de Mars, et sur Bérenger, encore en demi-condition, il est vrai, dans le prix Reiset. Il courait ensuite le prix du Jockey-Club, gagné par Ermak, où il finissait cinquième, à côté de Clamart. Amené dans une condition irréprochable à Deauville, il était battu d'une demi-longueur dans le prix Guillaume le Conquérant par Tantale, auquel il rendait deux années, à deux livres près ; il faisait ensuite une course magnifique dans le Grand Prix de Deauville, où il succombait d'une très courte tête derrière Yellow, après une lutte superbe, en partie par suite de la trop grande confiance de son jockey qui s'était laissé surprendre au moment où il croyait avoir course gagnée. Il enlevait ensuite le prix du Sancy à Maisons-Laffitte sur Gosport et Corisandre, et terminait la saison dans le prix de Villebon, à Paris, où il était battu d'une demi-longueur par Floréal, auquel il rendait six livres. En 1892, il se présentait contre Bérenger et Révérend dans le prix du Cadran, où il séparait à l'arrivée ses deux adversaires; très éprouvé par la lutte qu'il avait soutenue avec Bérenger, il devait être bientôt après retiré de l'entraînement. A la fin de l'année, il était acheté 45.000 francs au comte de Lastours, par l'Administration des Haras qui l'attachait au dépôt de Geloz.

PEDIGREE DE GUISE

GUISE (Bai—1888)	MOURLE (Bai-Brun—1875)	Mademoiselle de Couzeix (Baie—1865)	Melbourne (Bbr.—1834)	Humphrey Clinker p. Comus (Sorcerer et Houghton Lass) — Clinkerina p. Clinker (Sir Peter) — Pewet p. Tandem — Termagant p. Tantrum, etc. Fille de Cervantes (Don Quixote et Evelina p Highflyer)—f. de Golumpus (Gohanna)—f. de Paynator— s. de Zodiac p. St-George, etc.
			Mowerina (Baie—1843)	Touchstone p. Camel (Whalebone et f. de Selim)—Banter p. Master Henry (Orville)—Boadicea p. Alexander—Brunette p. Amaranthus, etc. Emma p. Whisker (Waxy et Penelope, p. Trumpator)—Gibside Fairy p. Hermes (Mercury)—Thalestris p. Alexander—Rival p. Sir Peter, etc.
			Gladiator (Alez.—1833)	Partisan p. Walton (Sir Peter et Arethusa p. Dungannon)—Parasol p. Pot8os—Prunella p. Highflyer—Promise p. Snap—Julia p. Blank, etc. Pauline p. Moses (Seymour et f. de Gohanna)—Quadrille p. Selim (Buzzard) —Canary Bird p. Sorcerer—Canary p. Coriander, etc.
			Cingara (Baie—1846)	Isaac p. Camel (Whalebone et f. de Selim)—Arachne p. Filho da Puta —Treasure p. Camillus—f. de Hyacinthus—Flora p. King Fergus, etc. Gipsy Queen p. Tomboy (Jerry et m. de Beeswing p. Ardrossan)—Lady Moore Carew p. Tramp—Kite p. Bustard—Olympia p. Sir Oliver, etc.
		Mlle Désirée (B.—1854)	Malton (Bai—1845)	Sheet Anchor p. Lottery (Trairp et Mandane p. Pot8os)—Morgiana p. Muley (Orville)—Miss Stephenson p. Sorcerer—s. de Petworth. Fair Helen p. Priam (Emilius et Cressida p. Whisky)—Dirce p. Partisan (Walton)—Antiope p. Whalebone—Amazon p. Driver—Fractious.
			Sylvia (Baie—1848)	Commodor Napier p. Royal Oak — Fligthy p. Y. Phantom (Phantom et Emmeline p. Waxy)—Diana p. Kili Devil—f. de Pot8os, etc. Sylvina p. Fra-Diavolo (Filho da Puta et Teneriffe p. Blacklock)—Norma p. Sylvio (Trance)—Verona p. Whitworth—f. d'Hambletonian.
	Rosati (B.—1854) Sylvain (B.—1854)		Caravan (Bbr.—1834)	Camel p. Whalebone (Waxy)—f. de Selim — Maiden p. Sir Peter — f. de Phenomenon—Matron p. Florizel—Maiden p. Matchem. Wings p. the Flyer (Van Dyke Junior et Azalia p. Beningbro')—Oleander p. Sir David (Stamford)—f. de Whisky—Grey Dorimant.
			Beeswing (Baie—1838)	Doctor Syntax p. Paynator (Trumpator et f. de Marc-Antony)—f. de Beningbro (King Fergus)—Jenny Mole p. Carbuncle (Babraham). Destiny p. Centaur (Canopus et f. d'Orville)—Pawn Junior p. Waxy—Pawn p. Trumpator—Prunella p. Highflyer—Promise p. Snap.
	Ruy-Blas (Alez.—1856) West Australian (B.1850)		The Nob (Bai—1838)	Glaucus p. Partisan (Walton et Parasol p. Pot8os) — Nanine p. Selim — Bizarre p Peruvian — Violante p. John Bull—s. de Skyscraper, etc. Octave p. Emilius (Orville et Emily p. Stamford)—Whizgig p. Rubens (Buzzard) — Penelope p Trumpator — Prunella p. Highflyer, etc.
			Hester (Bbr.—1832)	Camel p. Whalebone (Waxy et Penelope) — f. de Selim — Maiden p. Sir Peter — f. de Phenomenon—Matron p. Florizel— Maiden p. Matchem. Monimia p. Muley (Orville et Eleanor p. Whisky) — s. de Petworth p. Precipitate — f. de Woodpecker — s. de Juniper p. Snap (Snip).
GIBOULÉE (Bai-Brune—1874)	Suzerain (Bai-Brun—1865)	Bravery (Bbr.—1853) The Nabob (Bb.—1857)	Gameboy (Bbr.—1842)	Tomboy p. Jerry (Smolensko et Louisa p. Orville)— m. de Beeswing p. Ardrossan (John Bull).— Lady Elisa p. Whitworth (Matchem), etc — Lady Moore Carew p. Tramp (Dick Andrews et f. de Gohanna)—Kite p. Bustard (Castrel)—Olympia p. Sir Oliver (Sir Peter)—Scotilla p. Anvil.
			Ennui (Bbr.—1843)	Bay Middleton p. Sultan (Selim et Bacchante p. Williamson' Ditto) — Cobweb p. Phantom (Walton) — Filagree p. Soothsayer (Sorcerer). Blue Devils p. Velocipede (Blacklock et f. Jupiter) — Care p. Woful (Waxy) .—f. de Rubens—Tippity Witchet p. Waxy—Hare p. Sweetbriar, etc.
		Womersley (B.—1859)	Birdcatcher (Alez.—1833)	Sir Hercules p. Whalebone (Waxy et Penelope)— Peri p. Wanderer (Gohanna et Catherine,— Thalestris p. Alexander — Rival p. Sir Peter. Guiccioli p. Bob Booty (Chanticleer et Ierne) — Flight p. Irish Escape (Commodore) —Y. Heroine p. Bagot (Herod)— Heroine p. Hero, etc.
	Belle-Dupré (Baie—1850) Pulchérie (B.—1846)		Cinizelli (Baie—1842)	Touchstone p. Camel (Whalebone et f. de Selim) — Banter p. Master Henry (Orville)— Boadicea p. Alexander — Brunette p. Amaranthus. Brocade p. Pantaloon (Castrel et Idalia p. Peruvian) — Bombagine p. Thunderbolt (fr. de Smolensko) — Delta p. Alexander — Brunette.
			Y. Emilius (Bai—1827)	Emilius p. Orville (Beningbro' et Evelina) —Emily p. Stamford (Sir Peter p. Highflyer) — fille de Whisky (Saltram et Calash p. Herod). Sal p. Scud (Beningbro' et Eliza p. Highflyer)—Hyale p. Phenomenon—Rally p. Trumpator— Fanny p. Florizel — s. de Juno p. Spectator.
			Minuit (Bbr.—1838)	Terror p. Magistrate (Camillus et Lady Rachel p. Stamford) — Torrelli p. Cerberus (Gohanna) — Miss Cranfield p. Sir Peter — s. de Pugilist Nell p. Don Cossack (Haphazard et Alderney p. Skyscraper) —Crystal p. Triumvir (Volunteer et f. d'Highflyer)—Woodnymph p. Trumpator.

GULLIVER

(APPARTIENT A M. LE VICOMTE D'HARCOURT)

Pendant la saison de monte de 1893, Gulliver sera en station au haras de Saint-Georges, station de Villeneuve sur-Allier, près Moulins (Allier), où il saillira six juments (en dehors de celles de son propriétaire) à raison de douze cent cinquante francs plus 20 fr. pour l'écurie. S'adresser à M. le vicomte d'Harcourt, 9 rue de Constantine à Paris.

GULLIVER, par Gaillard, est né en 1886 chez M. C.-D. Rose ; il est le troisième produit de Distant Shore, née en 1880 au haras de Hampton Court, qui a donné Van Diemens' Land avec Robert the Devil. Bai-brun, de bonne taille, 1^m 63 environ, Gulliver possède la forte charpente osseuse et la puissance d'arrière-main qui caractérisent, avec la lourdeur de la tête et de l'encolure, les descendants de Blacklock. Il fit ses débuts, comme poulain de Distant Shore, dans les Woodcote Stakes, à Epsom (1888), où il prit la troisième place derrière Gold et Freemason ; il enlevait ensuite un Maiden plate, à Ascot, où, dans les New Stakes, il était battu d'une encolure par Donovan, qui lui rendait sept livres ; il devançait Evergreen et Seclusion. Troisième dans les Exeter Stakes, au July-meeting de Newmarket, à une tête de Crinière et à une encolure d'Hortense, auxquelles il rendait trois livres, il ne figurait pas dans les Grand Stakes de 2 ans, à Kempton park, gagnés par Gay Hampton, mais il enlevait facilement les Richmond Stakes à Goodwood, et à la même réunion, il prenait la seconde place dans le Rous Memorial, où il faisait dead-heat avec Gagoul, derrière Laureate, auquel il rendait sept livres; dans le Middle Park plate gagné par Donovan, il enlevait d'une encolure la seconde place à Clover, battant entre autres Gay Hampton, Enthusiast et Gold. En 1889, Gulliver était de nouveau battu par Donovan dans les Newmarket Stakes et dans le Derby. Il gagnait ensuite facilement le Biennal à Ascot sur Ixia et Freemason, avantagés respectivement de neuf et de cinq livres, puis les Hardwicke Stakes, devant Miguel et Enthusiast ; enfin, dans le Midland Derby, à Leicester, il finissait second derrière Pinzon. Ses membres antérieurs étaient devenus très fragiles, et il était bientôt après retiré de l'entraînement ; il avait toujours très honorablement couru en bonne société, et gagné, en quatre courses, 106.300 francs. Après une saison en Angleterre, il était acheté par M. le vicomte d'Harcourt, qui l'importait en 1891.

PEDIGREE DE GULLIVER

GULLIVER (Bai—1886). Importé en 1891.	GALLIARD (Bai-Brun—1880).	Voltigeur (Bbr.—1847)	Voltaire p. **Blacklock** (Whitelock et f. de Coriander)—f. de Phantom (Walton et Julia p. Whisky)—f. d'Overton—m. de Gratitude p. Walnut. Martha Lynn p. Mulatto (Catton et Desdemona p. Orville)—Leda p. Filho da Puta—Treasure p. Camillus—f. d'Hyacinthus—Flora p. King Fergus.
		Mrs Ridgway (Rouan. 1849)	Birdcatcher p. Sir Hercules (**Whalebone** et Peri p. Wanderer)—Guiccioli p. Bob Booty—Flight p. Irish Escape—Y. Heroine p. Bagot, etc. Nan Darrell p. Inheritor (Lottery et Handmaiden p. Walton)—Nell p. Blacklock—Mme Vestris p. Comus—Lisette p. Hambletonian, etc.
		The Flying Dutchman (Bai—1846)	Bay Middleton p. Sultan (Selim et Bacchante p. Willamsons'Ditto)—Cobweb p. Phantom (Walton)—Filagree p. Soothsayer—Goldenlocks, etc. Barbelle p. Sandbeck (Catton et Orvillina p. Beningbro')—Bariolctta p. Amadis—Selima p. Selim—f. de Pot8os—Editha p. Herod, etc.
		Mérope (Baie—1841)	Voltaire p. **Blacklock** (v. plus haut)—f. de Phantom (v. plus haut)—f. d'Overton—f. de Walnut (Highflyer)—f. de Ruler (Y. Marske), etc. M. de Volocipede p. Juniper (Whisky et Jenny Spinner p. Dragon, fils de Regulus)—f. de Sorcerer—Virgin p. Sir Peter—f. de Pot8os—Editha,etc.
		Sweetmeat (Bbr.—1842)	Gladiator p. Partisan (Walton)—Pauline p. Moses (Seymour)—Quadrille p. Selim—Canary Bird p. Sorcerer—Canary p. Coriander, etc. Lollypop p. Voltaire—Belinda p. Blacklock—Wagtail p. Prime Minister—f. d'Orville—Miss Grimstone p. Weasel—f. d'Ancaster.
		Jocose (Baie—1843)	Pantaloon p. Castrel (Buzzard)—Idalia p. Peruvian—Musidora p. Meteor —Maid of all Work p. Highflyer—s. de Tandem p. Syphon, etc. Banter p. Master Henry (Orville)—Boadicea p. Alexander—Brunette p. Amaranthus—Mayfly p. Matchem—f. d'Ancaster Starling, etc.
		The Baron (Alez.—1842)	Birdcatcher p. Sir Hercules (**Whalebone** et Peri p. Wanderer)—Guiccioli p. Bob Booty (Chanticleer et Ierne)—Flight p. Irish Escape, etc. Echidna p. Economist (Whisker et Floranthe p. Octavian)—Miss Pratt p. Blacklock (Whitelock et f. de Coriander)—Gadabout p. Orville, etc.
		Cuckoo (Alez.—1843)	Elis p. Langar (Selim et f. de Walton)—Olympia p. Sir Oliver (Sir Peter)—Scotilla p. Anvil—Scota p. Eclipse—Harmony p. Herod. etc. Reel p. Camel (Whalebone et f. de Selim)—La Danseuse p. Blacklock—Madame Saqui p. Remembrancer—Fadladinida p. Sir Peter, etc.
	DISTANT SHORE (Alezane—1880).	Touchstone (Bbr.—1831)	Camel p. Whalebone (Waxy et Penelope p Trumpator)—f. de Selim—Maiden p. Sir Peter—f. de Phenomenon—Matron p. Florizel, etc. Banter p. Master Henry (Orville et Miss Sophia p. Stamford)—Boadicea p Alexander (Eclipse)—Brunette p. Amaranthus (Old England)—Mayfly.
		Beeswing (Baie—1833)	Dr. Syntax p. Paynator (Trumpator et f. de Marc Antony)—f. de Beningbro' (King Fergus)—Jenny Mole p. Carbuncle (Babraham Blank), etc. Fille d'Ardrossan (John Bull et Miss Whip p. Volunteer)—Lady Eliza p. Whitworth (Agonistes et f. de Jupiter p. Eclipse)—m. d'X.Y.Z., etc.
		Tadmor (Bai—1846)	Ion p. Cain (Paulowitz et f. de Paynator p. Trumpator)—Margaret p. Edmund (Orville)—Medora p. Selim (Buzzard)—f. de Sir Harry, etc. Palmyra p. Selim (Buzzard et f. d'Alexander)—Hester p. Camel—Monimia p. Muley—s. de Petworth p. Precipitate (Mercury), etc.
		Mrs. Sellon (Baie—1851)	Cowl p. **Bay Middleton** (Sultan et Cobweb p. Phantom)—Crucifix p. Priam (Emilius)—Octaviana p. Octavian (Stripling)—f. de Shuttle Y. Marske. Belle-Dame p. Belshazzar (**Blacklock** et Manuella p. Dick Andrews)—Ellen p. Starch (Waxy Pope)—Cuirass. p. Oiseau (Camillus), etc.
		Orlando (Bai—1841)	Touchstone p. Camel (v. plus haut)—Banter p. Master Henry—Boadicea p. Alexander—Brunette p. Amaranthus—Mayfly p. Matchem, etc. Vulture p. Langar (Selim et f. de Walton)—Kite p. Bustard (Castrel)—Olympia p. Sir Oliver (Sir Peter)—Scotilla p. Anvil—Scota, etc.
		Cavatina (Alez.—1845)	Redshank p. Saudbeck (Catton et Orvillina p. Beningbro')—Johanna p. Selim—m. de Comical p. Skyscraper (Highflyer)—f. de Dragon, etc. Oxygen p. Emilius (Orville)—Whizgig p. Rubens (Buzzard et f. d'Alexander)—Penelope p. Trumpator—Prunella p. Highflyer, etc.
		Y. Melbourne (Bbr.—1855)	Melbourne p. Humphrey Clinker (Comus et Clinkerina)—f. de Cervantes (Don Quixote p. Eclipse)—f de Golumpus—f de Paynator, etc. Clarissa p. **Pantaloon** (Castrel et Idalia p. Peruvian)—f. de Glencoe (Sultan) —Froliscome p. Frolic (Hedley)—f. de Stamford—Alexina p. K. Fergus.
		Maid of Masham (Baie—1845)	Don John p. Waverley (**Whalebone**)—f. de Comus—Marciana p. Stamford—Marcia p. Coriander—Faith p. Pacolet—Atalanta, etc. Miss Lydia p. Belshazzar—f. de Comus—m. de Plumper, f. de Stamford—Miss Judy p. Alfred—Manilla p. Goldfinder—f. d'Old England, etc.

HEAUME

(APPARTIENT A M. LE BARON DE ROTHSCHILD)

Pendant la saison de monte de 1893, Heaume sera en station au haras de Meautry, à Touques près Trouville (Calvados), où il saillira quelques juments étrangères au haras, mais appartenant à des amis de son propriétaire. Aucun prix n'a, par suite, été fixé pour cette saison.

Heaume, par Hermit (gagnant du Derby de 1867), est né en 1887 au haras de Meautry, chez M. le baron de Rothschild ; il est le premier produit qu'ait eu en France Bella, qui a été élevée au Cobham Stud et a été importée en 1885 par M. de Rothschild ; elle a eu ensuite Samarcande avec Stracchino. Alezan avec une pelote et une petite lisse en tête, Heaume est un grand cheval de 1^{m}65, avec l'ossature très forte, et l'arrière-main magnifique qui étaient une des principales caractéristiques de son père ; l'épaule est bien inclinée, le dos moins long que chez son père ; il est par contre plus léger que lui sous le genou. Envoyé à Newmarket au moment de son dressage, Heaume passait toute sa seconde année en Angleterre. Il faisait ses débuts au printemps de 1889, dans le Bedford plate à Newmarket, où il battait facilement Bel Demonio et Llewellyn ; il gagnait ensuite à Epsom les Great Surrey Foal Stakes, puis il était battu d'une longueur, à poids égal, par Surefoot dans les New Stakes, à Ascot. Au July meeting de Newmarket, il gagnait facilement les Chesterfield Stakes sur Loup et Memoir, auxquels il rendait sept livres ; il était peu après battu d'une encolure dans les Portland Stakes à Leicester, par Riviera alors dans sa meilleure forme, et il terminait la saison en enlevant facilement sur Caerlaverock les Great Challenge Stakes au second meeting d'octobre à Newmarket. Heaume commençait sa troisième année par une victoire facile sur les 1.600 mètres du Hastings plate ; il était alors envoyé en France, où il battait sans peine Pourpoint, Yellow, Puchero, Mirabeau et Cerbère, dans la Poule d'Essai des Poulains ; mais il avait été, pendant la course, jeté contre un poteau et s'était assez fortement contusionné au-dessus du jarret. Cet accident, sans gravité d'ailleurs, n'interrompait pas d'une manière sérieuse sa préparation en vue du prix du Jockey-Club, qu'il enlevait brillamment d'une longueur et demie devant Mirabeau, Fitz-Roya, Pourpoint, Châlet, Le Glorieux et Puchero. Réservé pour le Saint-Léger, il était amené à Doncaster dans une condition aussi parfaite que possible, un peu trop allégé même ; après être resté au premier rang jusqu'à l'entrée de la ligne droite, il s'arrêtait tout à coup, se laissant dépasser sans lutte par Memoir, Blue Green et Gonsalvo. Il boitait un peu en rentrant au paddock et on devait bientôt renoncer à le conserver à l'entraînement. Il avait paru dix fois en public, deux fois placé, gagnant sept courses et 259.475 francs d'argent public. Heaume a fait à Meautry, en 1891, sa première saison de monte.

PEDIGREE DE HEAUME

HEAUME (Alezan—1887).	HERMIT (Alezan—1864).	Camel (Noir—1822)	Whalebone p. Waxy—Penelope p. **Trumpator**— Prunella p. Highflyer— Promise p. Snap (Snip) — Julia p. Blank — m. de Spectator, etc. Fille de Selim — Maiden p. Sir Peter — fille de Phenomenon (Herod) — Matron p. Florizel — Maiden p. Matchem — fille de Squirt, etc.
	Newminster (Bai—1848)	Banter (Baie—1826)	Master Henry p. **Orville**— Miss Sophia p. Stamford—Sophia p. **Buzzard** — Huncamunca p. Highflyer — Cypher p. Squirrel (Traveller), etc. Boadicea p. Alexander (Eclipse et Grecian Princess) — Brunette p. Amaranthus — Mayfly p. Matchem— fille d'Ancaster Starling, etc.
	Touchstone (Bb. 1831)	Dr. Syntax (Bai—1811)	Paynator p. **Trumpator** — fille de Marc Antony — Signora p. Snap — Miss Windsor p. the Godolphin — s. de Volunteer p. Y. Belgrade. Fille de Beningbro' (King Fergus et fille d'Herod) — Jenny Mole p. Carbuncle (Babraham) — fille de Prince T. Quassa p. Snip (Childers), etc.
	Bees wing (B.—1833)	Fille de (Baie — 1817)	Ardrossan p John Bull (Fortitude et Xantippe p. Eclipse) — Miss Whip p. Volunteer — fille d Herod—Folly p. Blank—sœur de Regulus, etc. Lady Eliza p. Whitworth (Agonistes et fille de Jupiter) — fille de Spadille — Sylvia p. Young Marske — Ferret p. frere de Sylvio, etc.
	Tadmor (Bb.—1846)	Ion (Bai—1835)	Cain p. Paulowitz (Sir Paul et Evelina p. Highflyer) — fille de Paynator (**Trumpator**) — fille de Delpini—fille de Y. Marske—Gentle Kitty, etc. Margaret p. Edmund (**Orville** et Emmeline p. Waxy) — Medora p. Selim — fille de Sir Harry (Sir Peter) — fille de Volunteer — fille d'Herod.
	Seclusion (Baie—1857)	Palmyra (Alez.—1838)	Sultan p. Selin — Bacchante p. Williamson's Ditto — fille de Calomel p Mercury (Eclipse) — fille d'Herod (Tartar) — Folly p. Blank, etc. Hester p. Camel (v. plus haut) — Monimia p. Muley (**Orville** et Eleanor — sœur de Petworth p. Precipitate— fille de Woodpecker—fille de Snap.
	Miss Sellon (B.—1851)	Cowl (Bai—1842)	Bay Middleton p. Sultan—Cobweb p. Phantom — Filagree p.Soothsayer —Web p. Waxy — Penelope p. **Trumpator**—Prunella p. Highflyer. Crucifix p. Priam (Emilius p. **Orville** et Cressida p. Whisky) — Octaviana p. Octavian — fille de Shuttle — Zarah p. Delpini — Flora, etc.
		Belle-Dame (Baie—1839)	Belshazzar p. **Blacklock** — Manuella p. Dick Andrews — Mandane p. Pot8os — Y. Camilla p. Woodpecker — Camilla p. Trentham, etc. Ellen p. Starch — Cuirass p. Oiseau (Camillus) — Castanea p. Gohanna — Grey Skim p. Woodpecker — m. de Silver p. Herod, etc.
BELLA (Alezane—1873).	Armada (Alezane—1865)	The Baron (Alez.—1842)	Birdcatcher p. Sir Hercules — Guiccioli p. Bob Booty (Chanticleer et Ierne) —Flight p. Irish Escape (Commodore) — Young Heroine, etc. Echidna p. Economist (Whisker et Floranthe)—Miss Pratt p. **Blacklock**) — Gadabout p. **Orville** — Minstrel p. Phenomenon, etc.
	Breadalbane (Bai—1862)	Pocahontas (Baie—1837)	Glencoe p. Sultan (Selim et Bacchante) — Trampoline p. **Tramp** (Dick Andrews et fille de **Gohanna**) — Web p. Waxy — Penelope, etc. Marpessa p. Muley (**Orville** et Eleanor) — Clare p. Marmion (Whisky et Y. Noisette) — Harpalice — **Gohanna** — Amazon p. Driver, etc.
	Blink Bonny (Bb.—1854)	Melbourne (Bbr. — 1834)	Humphrey Clinker p. Comus (Sorcerer et Houghton Lass)—Clinkerina p. Clinker (Sir Peter) — Pewet p. Tandem (Syphon) — Termagant, etc. Fille de Cervantes (Don Quixote et Evelina)—fille de Golumpus(**Gohanna** et Catherine p. Woodpecker)—fille de Paynator—sœur de Zodiac, etc.
	Buccaneer (B.—1857)	Queen Mary (Baie—1843)	Gladiator p. Partisan (Walton et Parasol) — Pauline p. Moses (Seymour et Javelin p Eclipse) — Quadrille p. Selim — Canary Bird, etc. Fille de Plenipotentiary (Emilius p. **Orville** et Harriet p. Pericles) — Myrrha p. Whalebone — Gift p. Y. Gohanna (**Gohanna**, etc.)
	Lady Chesterfield (B.1858)	Wild Dayrell (Bai—1852)	Ion p. Cain (Paulowitz et fille de Paynator) — Margaret p. **Edmund** —Medora p. Selim—fille de Sir Harry—fille de Volunteer Eclipse)—fille d'Herod. Ellen Middleton p. Bay Middleton (Sultan et Cobweb p. Phantom)—Myrrha p. Malek (**Blacklock**)—Bessy p. Y. Gouty—Grandiflora, etc.
		Fille de (Alez.—1841)	Little Red Rover p. **Tramp** (Dick Andrews et fille de Gohanna)—Miss Syntax p. Paynator—fille de Beningbro'—Jenny Mole p. Carbuncle. Eclat p. **Edmund** (**Orville** et Emmeline p. Waxy)—Squib p.Soothsayer— Berenice p. Alexander (Eclipse) — Brunette p. Amaranthus, etc.
		Stockwell (Alez.— 1849)	The Baron p. Birdcatcher (Sir Hercules et Guiccioli)—Echidna p.Economist —Miss Pratt p. **Blacklock**—Gadabout p. **Orville**, etc. Pocahontas p. Glencoe (Sultan et Trampoline p. **Tramp**)—Marpessa p. Muley — Clare p Marmion — Harpalice p. **Gohanna**, etc.
		Mecance (Baie—1844)	**Touchstone** p. Camel (Whalebone et f. de Selim) —Banter p. Master Henry (**Orville**)—Boadicea p. Alexander(Eclipse)—Brunette p. Amaranthus,etc. Ghuznee p. Pantaloon (Castrel et Idalia p. Peruvian) — Languish p. Cain (Paulowitz)—Lydia p. Poulton (Sir Peter)—Variety p. Hyacinthus,etc.

HUMEWOOD

(APPARTIENT A L'ADMINISTRATION DES HARAS)

Pendant la saison de monte de 1893, Humewood sera en station au Pin, où il saillira trente-cinq juments de pur sang anglais à raison de cent francs. S'adresser à M. le Directeur du Dépôt d'étalons, au Pin (Orne).

Humewood, par Londesborough, est né en 1884, chez M. E. Farrer; il est le douzième produit d'Alabama, élevée en 1866 chez M. C.-W. Fitzwilliam, qui a donné, avec Crispin, Arbitrator, qu'on ne doit pas confondre avec le fils de Solon. Humewood est un cheval alezan de grande taille, 1^{m}63, régulier, avec la poitrine bien descendue et de bons aplombs. Il fit ses débuts à l'automne de 1886 à Sandown park, sous les couleurs de Tom Cannon, dans le Milbourne plate, où il n'était pas placé; il donnait ensuite à Brighton, dans le Mile Nursery, qu'il gagnait facilement, la preuve de la tenue qui était sa qualité principale; il avait été handicapé à 46 kilos 1/2. En 1887, il commençait par ne pas figurer à Epsom en portant 41 kilos dans les Royal Stakes, sur une distance (1.200^m) beaucoup trop courte pour ses aptitudes; très favorablement traité dans le Jubilee handicap de Sandown park (2.000^m), où il portait 37 kilos 1/2, il y battait facilement Harpenden et Stourhead. Il était alors acheté par lord Rodney pour lequel, portant 54 kilos, il gagnait à Goodwood le Corinthian plate (handicap de 1.600^m); malgré ses deux victoires, il ne lui était donné que 47 kilos dans le Cesarewitch, où il battait d'une longueur et demie le vieux Bendigo (60 kil.), Carlton (3 a., 58 kil.), Exmoor, Gay Hermit, the Baron, etc.; il était d'ailleurs favori au moment du départ. Les 1.600 mètres des Select Stakes qu'il courait ensuite au Houghton meeting de Newmarket ne pouvaient lui convenir et il n'y figurait pas derrière Fullerton. Ce fut sa dernière apparition sur le turf. Humewood a fait plusieurs saisons de monte en Angleterre avant d'être acheté au printemps de 1892 à M. Robinson par l'Administration des Haras, moyennant 50.000 francs, mais nous ne croyons pas qu'aucun de ses produits ait encore couru.

PEDIGREE DE HUMEWOOD

HUMEWOOD (Bai-Brun—1884). Importé en 1892.		
LONDESBOROUGH (Bai-Brun—1867)	Camel (Noir—1822)	Whalebone p. Waxy(Pot8os et Maria p. Herod)—Penelope p. Trumpator—Prunella p. Highflyer—Promise p. Snap—Julia p. Blank, etc. Fille de Selim (Buzzard et f. d'Alexander)—Maiden p Sir Peter—f. de Phenomenon—Matron p. Florizel—Maiden p. Matchem, etc.
	Banter (Bbr.—1826)	Master Henry p. Orville (Beningbro')—Miss Sophia p. Stamford—Sophia p. Buzzard—Huncamunca p. Highflyer—Cypher p. Squirrel, etc. Boadicca p. Alexander (Eclipse et Grecian Princess)—Brunette p. Amaranthus Old England)—Mayfly p. Matchem—f. d'Ancaster Starling.
	Belshazzar (Alez.—1830)	Blacklock p. Whitelock—f. de Coriander (Pot8os)—Wild Goose p. Highflyer (Herod)—Coheiress p. Pot8os—Manilla p. Goldfinder, etc. Manuella p. Dick Andrews (Joe Andrews et f. d'Highflyer)—Mandane p. Pot8os—Y. Camilla p. Woodpecker—Camilla p. Trentham, etc.
	Stays (Baie—1831)	Whalebone p. Waxy—Penelope p. Trumpator (Conductor—Prunella p. Highflyer (Herod)—Promise p. Snap (Snip)—Julia p. Blank, etc. Fille de Frolic, Hedley et Frisky p. Fidget,—m. de Camel p. Selim—Maiden p. Sir Peter—f. de Phenomenon—Matron p. Florizel—Maiden p. Matchem.
ALABAMA (Baie-Brune—1866)	Brutandorff (Bai—1821)	Blacklock p Whitelock Hambletonian p King Fergus et Rosalind p. Phenomenon—f. de Coriander (Pot8os p. Eclipse et Lavender p. Herod), etc. Mandane p Pot8os(Eclipse)—Y. Camilla p. Woodpecker (Herod et Misfortune p. Dux)—Camilla p. Trentham (Sweepstakes), etc.
	Fille de (Baie—1821)	Comus p. Sorcerer(Trumpator et Y. Giantess p. Diomed)—Houghton Lass p. Sir Peter(Highflyer)—Alexina p. King Fergus—Lardella p. Y. Marske, etc. Marciana p. Stamford (Sir Peter et Horatia p. Eclipse)—Marcia p. Coriander (Pot8os)—Faith p. Pacolet—Atalanta p. Matchem—Lass ot the Mill, etc.
	Plenipotentiary (Alez.—1831)	Emilius p. Orville (Beningbro et Evelina p. Highflyer)—Emily p. Stamford (Sir Peter)—f. de Whisky—Grey Dorimant p. Dorimant, etc. Harriet p. Pericles (Evander et f. de Precipitate)—f. de Selim (Buzzard)—Pipylina p. Sir Peter (Highflyer)—Rally p. Trumpator, etc
	Saffi (Baie—1818)	Fils de Dick Andrews (Joe Andrews et f. d'Highflyer)—Lord Lowthers' Barb mare. Fille de Totteridge (Dungannon et Maralla p. Manbrino)—s. de Marianne p. Mufti—Maria p. Telemachus, etc.
	Ion (Bai—1835)	Cain p Paulowitz(Sir Paul et Evelina p. Highflyer)—f. de Paynator(Trumpator)—f. de Delpini (Highflyer)—s. de Mary p. Y. Marske, etc. Margaret p. Edmund (Orville et Emmeline p. Waxy)—Medora p. Selim (Buzzard)—f. de Sir Harry—f. de Volunteer (Eclipse), etc.
	Ellen Middleton (Bbr.—1846)	Bay Middleton p. Sultan (Selim et Bacchante p. Williamsons'Ditto)—Cobweb p. Phantom (Walton)—Filagree p. Soothsayer (Sorcerer), etc. Myrrha p. Malek(Blacklock et f. de Juniper)—Bessy p. Y. Gouty—Grandiflora p. Sir Harry Dimsdale—f. de Pipator—f. de Phenomenon, etc.
	Little Red Rover (Alez.—1827)	Tramp p. Dick Andrews—f. de Gohanna (Mercury)—Fraxinella p. Trentham—s. de Goldfinder p. Woodpecker—Everlasting p. Eclipse. Miss Syntax p. Paynator(Trumpator et Marc Antony,—f. de Pipinbro'—Jenny Mole p. Carbuncle—f. de Prince T. Quassa (Snip), etc.
	Eclat (Bbr.—1830)	Edmund p. Orville (Beningbro')—Emmeline p. Waxy (Pot8os)—Sorcery p Sorcerer Trumpator)—Cobbea p. Soothsayer—f. de Woodpecker, etc. Squib p. Soothsayer(Sorcerer p. Trumpator et Goldenlocks p. Delpini)—Berenice p. Alexander—Brunette p. Amaranthus—Mayfly p. Matchem, etc.
	Iago (Bai—1843)	Don John p. Waverley(Whalebone et Margaretta p Sir Peter)—f. de Comus (Sorcerer)—Marciana p. Stamford—Marcia p. Coriander, etc. Scandal p. Selim (Buzzard et f. d'Alexander)—f. d'Haphazard—f. de Precipitate—Colibri p. Woodpecker (Herod), etc.
	Fille de (Baie—1845)	Bay Middleton p. Sultan(Selim)—Cobweb p. Phantom(Walton)—Filagree p Soothsayer (Sorcerer p. Trumpator)—Web p. Waxy, etc. Malvina p. Oscar (Juniper et f.d'Oscar p. Saltram)—Spotless p. Walton (Sir Peter)—f. de Trumpator—f. d'Highflyer—Otheothea p. Otho, etc.
	Confederate (Bai—1821)	Comus p. Sorcerer Trumpator et Y. Giantess p. Diomed)—Houghton Lass p. Sir Peter (Highflyer)—Alexina p. King Fergus (Eclipse), etc. Maritornes p. Cervantes (Don Quixote et Evelina p. Highflyer)—Sally p. Sir Peter—f. de Diomed (Florizel)—Desdemona p. Marske, etc.
	Ringlet (Baie—1826)	Whisker p. Waxy (Pot8os et Maria p. Herod—Penelope p. Trumpator (Conductor)—Prunella p Highflyer—Promise p. Snap—Julia p. Blank, etc. Clinkerina p. Clinker (Sir Peter et Miss Cleveland p. Regulus)—Hyale p. Phenomenon (Herod)—Rally p. Trumpator—Fancy p. Florizel, etc.

Note: Additional sire lines noted in left margin: Fille de (Bai-Brune—1860), Buccaneer (Bai-Brune—1861), Wild Dayrell (B.—1852), Fille de (Al.—1841), Snowdon Dunhill (B. 1830), Sponze (B.—1840), Berberine (Bb.—1840), Helman Placell (B.—1838), Menmore Sylph (B.1837), Touchstone (B. 1831), Claret (Bai-Brun—1832).

JULIUS CÆSAR

(APPARTIENT A M. LE COMTE LE MAROIS, CH. DE LONRAY, ORNE)

Pendant la saison de monte de 1893, Julius Cæsar sera en station au haras de Lonray, près Alençon (Orne), où il saillira un certain nombre de juments étrangères au haras, à raison de cinq cents francs, plus 20 francs pour l'écurie. S'adresser à M. le comte Le Marois, 119 rue de l'Université, à Paris.

JULIUS CÆSAR, par Saint-Albans, est né en 1873 au haras royal de Hampton Court; il est le huitième produit de Julie, élevée à Hampton Court également, qui a donné, avec Saint-Albans, Julius, grand-père maternel de Jupin. Bai, de taille moyenne, 1^{m}59, Julius Cæsar possède un excellent tempérament, il a l'épaule bien dirigée, l'arrière-main forte, des aplombs réguliers et de bons membres; son caractère est difficile. Il gagna pour ses débuts à deux ans (1875), les Westminster Stakes à Epsom, mais il n'était pas placé le lendemain dans l'Hyde park Plate, qui était alors couru sur 800 mètres. Il courait encore trois fois la même année, mais sans succès, à Epsom, à Stockbridge et à Newmarket. Son entraîneur, R. Peck, le réservait pour les Deux Mille Guinées, où il faisait sa réapparition à trois ans (1876), et où il finissait second à trois longueurs de Petrarch, devant Kaléidoscope, Fetterlock et Camembert. Il était encore placé dans le Derby où il prenait la troisième place derrière Kisber et Forerunner, battant de trois longueurs Petrarch quatrième, Skylark, Braconnier et Wisdom. Petrarch prenait sa revanche dans les Prince of Wales Stakes (2.600^m), à Ascot, où Julius Cæsar finissait encore troisième. Non placé à Goodwood, dans le Stewards Cup et le Corinthian Plate, il était de nouveau troisième dans le Saint-Léger de Doncaster, derrière Petrarch et Wild Tommy, battant Kisber et Skylark. Handicapé à 37 kilos dans le Liverpool Autumn Cup, il n'y figurait pas derrière Footstep. A quatre ans, Julius Cæsar courait trois fois seulement; il gagnait à Epsom le City and Suburban, où, avec 39 kilos, il battait facilement Touchet (3 a., 39 kil.); il prenait ensuite la seconde place dans le Brighton Cup (3.200^m) derrière Charon et dans le Brighton Autumn Cup (1.600^m) derrière Ridorroch. Ce fut dans sa cinquième année que Julius Cæsar put établir son endurance exceptionnelle; il ne courut pas moins de vingt fois gagnant huit courses, dont le Royal Hunt Cup, à Ascot, où, portant 53 kilos 1/2, il battait Belphœbe et Augusta, le Majesty Plate (3.200^m) à Hampton, et le Portholme Cup à Huntington. Il restait sur la brèche depuis la fin d'avril jusqu'au milieu de novembre, courant indifféremment sur toutes les distances en compagnie assez modeste d'ailleurs; il terminait sa carrière de courses à Shrewsbury, dans le Newport Cup, où il était battu par Ambergris. Il avait couru trente-cinq fois, douze fois placé, et gagné dix prix et 113.375 fr. Après avoir fait la monte pendant cinq ans en Angleterre, il était acheté en 1885 par le baron Gérard, qui le cédait la même année au comte Foy; à la fin de 1888, le comte Le Marois l'achetait 3.100 francs à Chantilly, le jour de la vente de Plaisanterie. Drakensbergh, Stourwick, Calpurnia et Queen-Agnès sont les meilleurs produits qu'ait eus Julius Cæsar en Angleterre; il a donné entre autres, en France, Viveur, Sérénade, Augure, Pharsale, Wanderer et Dictator. Anaconda, mère d'Augure, son meilleur produit, est petite-fille de King-Tom.

PEDIGREE DE JULIUS CÆSAR

JULIUS CÆSAR (Bai — 1873). Importé en 1885.	SAINT-ALBANS (Alezan — 1857)	Stockwell (Alezan — 1849) / Pocahontas (B. — 1837) / The Baron (Al. — 1842)	Birdcatcher (Alez. — 1833) — Sir Hercules p.Whalebone (**Waxy**) — Peri p. Wanderer (**Gohanna**) — Thalestris p. Alexander — Rival p. Sir Peter — Hornet p. Drone, etc. Guiccioli p. Bob Booty (Chanticleer et Ierne p. Bagot) — Flight p. Irish Escape(Commodore) — Y Heroine p.Bagot — Heroine p.Hero (Cade), etc.
			Echidna (Bbr. — 1837) — Economist p. Whisker (**Waxy**) — Floranthe p. Octavian (Stripling) — Caprice p. Anvil — Madcap p. Eclipse — f. de Blank, etc. Miss Pratt p. Blacklock (Whitelock et f. de Coriander) — Gadabout p. Orville — Minstrel p. Sir Peter — Matron p. Florizel, etc.
		Bribery (Alezan — 1851) / The Libel (Bb. — 1842)	Glencoe (Alez. — 1833) — Sultan p Selim (**Buzzard** et f. d'Alexander) — Bacchante p. Williamsons' Ditto — s. de Calomel p. Mercury (Eclipse et Old Tartar mare). Trampoline p. Tramp (Dick Andrews et f. de **Gohanna**) — Web p. **Waxy** — Penelope p. Trumpator — Prunella p. Highflyer — Promise p Snap, etc.
			Marpessa (Baie — 1830) — Muley p. Orville (Beningbro) — Eleanor p. Whisky (Saltram) — Y.Giantess p. Diomed — Giantess p. Matchem (Cade), etc. Clare p. Marmion (Whisky et Y. Noisette p. Diomed) — Harpalice p. Gohanna (Mercury) — Amazon p. Driver — Fractious p.Mercury, etc.
		Spilcote (Al. — 1841)	Pantaloon (Alez. — 1824) — Castrel p. **Buzzard** (Woodpecker) — f. d'Alexander (Eclipse) — f. d'Highflyer (Herod) — f. d'Alfred, frère de Conductor — f. d'Engineer, etc. Idalia p. Peruvian — Musidora p. Meteor — Maid et All Work p. Highflyer — s. de Tandem p.Syphon — f. de Regulus — f.de Snip, etc.
			Pasquinade (Bbr. — 1839) — Camel p. Whalebone (**Waxy**) — f.de Selim — Maiden p. Sir Peter — f. de Phenomenon — Matron p. Florizel — Maiden p. Matchem, etc. Banter p. **Master Henry** — Boadicea p. Alexander — Brunette p. Amaranthus — Mayfly p. Matchem — f. d'Ancaster Starling, etc.
			Saint-Luke (Bai — 1833) — Bedlamite p. Welbeck (Soothsayer p. Sorcerer) — Maniac p. Shuttle — Anticipation p. Beningbro. — Expectation p. Herod — f. de Skim. Eliza Leeds p. Comus (Sorcerer) — Helen p. Hambletonian — Suzan p. Overton — Drowsy p. Drone — f. de Old England — f. de Cullen A.
			Electress (Alez. — 1819) — Election p. **Gohanna** — Chesnut Skim p. Woodpecker — m.de Silver p. Herod — Y. Hag p. Skim — Hag p.Crab — f. d'Ebony p. Childers, etc. F. de Stamford (Sir Peter) — Miss Judy p. Alfred — Manilla p. Goldlinder (Snap p. Snip, fils de Childers) — f. de Old England, etc.
	JULIE (Baie — 1856)	Orlando (Bai — 1841) / Touchstone (Bb. — 1831) / Vulture (Al. — 1833)	Camel (Noir — 1822) — Whalebone p.**Waxy** (Pot8os et Maria p.Herod) — Penelope p. Trumpator (Conductor) — Prunella p.Highflyer — Promise p.Snap — Julia p Blank,etc. F. de Selim (**Buzzard** et f.d'Alexander) — Maiden p. Sir Peter — f. de Phenomenon — Matron p. Florizel — Maiden, m. de Walnut, p. Matchem.
			Banter (Bbr. — 1826) — **Master Henry** p.Orville(Beningbro'et Evelina p.Highflyer) — Miss Sophia p.Stamford(SirPeter) — Sophia p. Buzzard — Huncamunca p.Highflyer,etc. Boadicea p. Alexander (Eclipse) — Brunette p. Amaranthus (Old England) — Mayfly p. Matchem — f. d'Ancaster Starling (Starling), etc.
			Langar (Alez. — 1817) — Selim p. **Buzzard** — f. d'Alexander (Eclipse) — f. d'Highflyer (Herod) — f. d'Alfred, frère de Conductor, p. Matchem, etc. F. de Walton (Sir Peter) — Y. Giantess p. Diomed — Giantess p. Matchem — Molly Long Legs p. Babraham — f. de Foxhunter, etc.
			Kite (Baie — 1821) — Bustard p. Castrel (**Buzzard** et f. d'Alexander) — Mishap p. Shuttle (Y. Marske) — s. de Haphazard p. Sir Peter — f. d'Eclipse, etc. Olympia p. Sir Oliver (Sir Peter et Fanny p Diomed) — Scotilla p. Anvil — Scota p. Eclipse — Harmony p. Herod, etc.
		Nun Appleton (Baie — 1843) / Bay Middleton (B. — 1833)	Sultan (Bai — 1816) — Selim p. **Buzzard** — f. d'Alexander (Eclipse et Grecian Princess) — f. d'Highflyer (Herod) — f. d'Alfred, frère de Conductor p. Matchem. Bacchante p. Williamsons'Ditto — s. de Calomel p. Mercury (Eclipse) — f. d'Herod (Highflyer) — Folly p. Marske — f. de Regulus, etc.
			Cobweb (Baie — 1821) — Phantom p.Walton — Julia p. Whisky (Saltram et Calash) — Y.Giantess p. Diomed — Giantess par Matchem — Molly Long Legs p.Babraham, etc. Filagree p. Soothsayer (Sorcerer) — Web p. **Waxy** — Penelope p. Trumpator — Prunella p. Highflyer — Promise p. Snap, etc.
		Miss Milner (Bb. — 1832)	Malek (Alez. — 1824) — Blacklock p. Whitelock (Hambletonian et Rosalind p. Phenomenon) — f. de Coriander (Pot8os et Lavender p. Herod) — Wild Goose, etc. F. de Juniper (Whisky et Jenny Spinner p. Dragon) — f. de Sorcerer — Virgin p. Sir Peter — f. de Pot8os — Editha p. Herod, etc.
			Fille de (Baie — —) — Whisker p. **Waxy** (Pot8os) — Penelope p. Trumpator — Prunella p. Highflyer — Promise p. Snap — Julia p.Blank — m.de Spectator, etc. F. d'Orville(Beningbro'et Evelina p.Highflyer) — m.d'Otterington p.Expectation — Spadille p. Highflyer — Flora p. Squirrel — Angelica p. Snap, etc.

JUPIN

(APPARTIENT A L'ADMINISTRATION DES HARAS)

Pendant la saison de monte de 1893, Jupin sera en station au dépôt de Pompadour, où il saillira un certain nombre de poulinières de pur sang anglais à raison de dix francs. S'adresser à M. le Directeur du Dépôt d'étalons, à Pompadour (Haute-Vienne).

Jupin, par Silvio (gagnant du Derby de 1877), est né en 1883, au haras de Saint-Georges, chez M. le duc de Castries ; il est le premier produit qu'ait eu en France Juliana, poulinière née en Angleterre au haras de Middle Park, chez M. Blenkiron et importée en 1879 par le duc de Castries. Elle a donné depuis avec Silvio également Io et Iza ; elle avait eu avant son importation cinq produits médiocres en Angleterre. Jupin est bai, de taille moyenne, 1m60, très symétrique et très harmonieux, avec une bonne direction d'épaules, le rein très large, la croupe et l'arrière-main très fortes. Il gagna pour ses débuts à deux ans (1885) le Triennal, à Fontainebleau, où il battit facilement Gamin, Fronville, Utrecht et Prytanée ; il ne figurait pas, trois semaines après, dans le Grand Critérium gagné par Alger. A trois ans, Jupin enlevait successivement avec une facilité égale le prix Daru et la Grande Poule des Produits, battant, en dehors de Gamin, Firmament, Sauterelle, Polyeucte et Barbassou entre autres. Favori dans le prix du Jockey-Club, à la suite de ces deux victoires, il devait, dans la grande épreuve de Chantilly, se contenter de la quatrième place, derrière Upas, Sycomore et Fils-d'Artois, mais il finissait encore devant Gamin. Il gagnait ensuite successivement les prix du Cèdre et de Deauville, à Paris, battant Saint-Honoré, Fils-d'Artois et Fétiche ; il s'effaçait devant son camarade d'écurie Viennois, dans le prix d'Ispahan, et faisait une sorte de walk over dans le prix de Seine-et-Marne à Fontainebleau ; tenu en réserve pour le prix Royal Oak, où il devait se retrouver avec son vieil adversaire Gamin, il était cette fois facilement battu d'une longueur par le fils d'Hermit. Sa défaite subséquente par Sauterelle, dans le prix de Villebon, prouve qu'à ce moment il avait perdu sa forme qu'il ne devait plus retrouver d'ailleurs. Retiré de l'entraînement au printemps suivant (il était tombé boiteux à l'exercice), il était, en 1887, acheté 30 000 francs par l'Administration des Haras, qui, en raison de la régularité de sa conformation et de la symétrie de ses lignes, l'a employé de préférence à la production des anglo-arabes. Nadir et Prince ont été jusqu'ici ses meilleurs produits de pur sang anglais.

PEDIGREE DE JUPIN

JUPIN (Bai—1883).	SILVIO (Bai—1874).	The Baron (Alez.—1842)	Birdcatcher p.Sir Hercules (**Whalebone**)— Guiccioli p. Bob Booty — Flight p. Irish Escape — Young Heroine p.Bagot (Herod), etc. Echidna p. Economist—Miss Pratt p. Blacklock — Gadabout p. Orville — Minstrel p. **Sir Peter**—Matron p. Florizel—Maiden p. Matchem, etc.
	Blair Athol (Alezan—1861) Stockwell (Al.1849)	Pocahontas (Baie—1837)	Glencoe p.Sultan(Selim et Bacchante) — Trampoline p. Tramp — Web p. Waxy—Penelope p. Trumpator—Prunella p. Highflyer—Promise, etc. Marpessa p. Muley (Orville et Eleanor) — Clare p. Marmion (Whisky) — Harpalice p. Gohanna—Amazon p. Driver—Fractious p. Mercury, etc.
		Melbourne (Bbr.—1834)	Humphrey Clinker p. Comus (Sorcerer et Houghton Lass) — Clinkerina p. Clinker (**Sir Peter**)—Pewet p.Tandem—Termagant p.Tantrum, etc. Fille de Cervantes (Don Quixote et Evelina) — fille de Golumpus — fille de Paynator—sœur de Zodiac p. St-George—Abigail p. Woodpecker.
		Queen Mary (Baie—1843)	Gladiator p. Partisan (Walton et Parasol)—Pauline p. Moses—Quadrille p. Selim — Canary Bird p. Sorcerer — Canary p. Coriander, etc. Fille de Plenipotentiary—Myrrha p.**Whalebone**—Gift p. Y. Gohanna—sœur de Grazier p. **Sir Peter**— sœur d'Almator p. Trumpator, etc.
	Silverhair (Baie—1858) Kingston (B.—1845) Blink Bonny (Bb.1854)	Venison (Bbr.—1833)	Partisan p. Walton (**Sir Peter** et Arethusa) — Parasol p. Pot8os — Prunella p. Highflyer — Promise p. Snap — Julia p. Blank, etc. Fawn p. Smolensko(Sorcerer et Wowski p. Mentor)—Jerboa p. Gohanna — Camilla p. Trentham — Coquette p. the Compton Barb.
		Queen Anne (Baie—1843)	Slane p. Royal Oak (Catton et f. de Smolensko) — f. d'Orville — Epsom Lass p. **Sir Peter** — Alexina p. King Fergus — Lardella p. Y. Marske. Garcia p. Octavian (Stripling et f. d'Oberon) — f. de Shuttle — Katherine p. Delpini — f. de Paymaster (Blank), etc.
	Englands Beauty (Al. 1850)	Birdcatcher (Alez.—1833)	Sir Hercules p.**Whalebone** — Peri p. Wanderer —Thalestris p. Alexander — Rival p. **Sir Peter** — Hornet p. Drone — Manilla, etc. Guiccioli p. Bob Booty—Flight p. Irish Escape — Y. Heroine p. Bagot — Heroine p. Hero (Cade) — f. de Snap — s. de Regulus, etc.
		Prairie Bird (Baie—1844)	Touchstone p. Camel — Banter p. Master Henry—Boadicea p.Alexander — Brunette p. Amaranthus — Mayfly p. Matchem, etc. Zillah p. Reveller (Comus et Rosette) — Morisca p. Morisco — Waltz p. Election — Penelope p. Trumpator — Prunella p. Highflyer, etc.
	JULIANA (Baie—1870). Contadina (Baie—1857) Julius (Bai—1864) Saint-Albans (Al.—1857)	Stockwell (Alez.— 1849)	The Baron p. Birdcatcher—Echidna p.Economist (Whisker)—Miss Pratt p. Blacklock (Whitelock) — Gadabout p. Orville (Beningbro'), etc. Pocahontas p. Glencoe — Marpessa p. Muley (**Orville**) — Clare p. Marmion — Harpalice p. Gohanna (Mercury) — Amazon, etc.
		Bribery (Alez.—1851)	The Libel p. Pantaloon (Castrel et Idalia) — Pasquinade (s. de **Touchstone**) p. Camel — Banter p. Master Henry, etc. Splitvote p. St Luke (Bedlamite et Eliza Leeds p. Comus) — Electress p. Election — f. de Stamford — Miss Judy p. Alfred, etc.
		Orlando (Bai—1841)	Touchstone p. Camel — Banter p. Master Henry — Boadicea p. Alexander — Brunette p. Amaranthus — Mayfly p. Matchem, etc. Vulture p. Langar (Selim) — Kite p. Bustard — Olympia p. Sir Oliver (**Sir Peter**) — Harmony p. Herod — Rutilia, etc.
		Nun Appleton (Baie—1845)	Bay Middleton p. Sultan (Selim et Bacchante) — Cobweb p. Phantom (Walton) — Filagree p. Soothsayer (Sorcerer) — Web p. Waxy, etc Miss Milner p. Malek(Blacklock et f. de Juniper)—f. de Whisker (Waxy et Penelope)—f. d'Orville — m. d'Otterington p. Expectation, etc.
	Matilde (B.—1845) Newminster (B.—1842)	Touchstone (Bbr.—1831)	Camel p. **Whalebone** — f. de Selim — Maiden p.**Sir Peter**— f. de Phenomenon — Matron p.Florizel — Maiden p. Matchem—f.de August, etc. Banter p. Master Henry (**Orville**)—Boadicea p. Alexander—Brunette p. Amaranthus — Mayfly p. Matchem — f.d'Ancaster Starling, etc.
		Beeswing (Baie—1833)	Dr Syntax p. Paynator (Trumpator) — f. de Beningbro' — Jenny Mole p. Carbuncle — f. de Prince T'Quassa (Snap) — f. de Regulus, etc. Fille d'Ardrossan (John Bull et Miss Whip) — Lady Eliza p. Whitworth —f.de Spadille—Sylvia p.Y. Marske—Ferret p.frère de Silvio(Cade), etc.
		Mango (Bai—1813)	Sorcerer p.Trumpator (Conductor et Brunette p. Squirrel)—s. de Petworth p. Precipitate (Mercury)—f. de Woodpecker—s. de Juniper p. Snap, etc. Hornby Lass p. Buzzard (Woodpecker et Misfortune p. Dux)—Puzzle p. Matchem — Princess p. Herod — f. de Blank — m. de Spectator, etc.
		Zaira (s. de Zeal) (Alez.—1821)	Partisan p. Walton (**Sir Peter** et Arethusa p. Dungannon)—Parasol p. Pot8os (Eclipse)—Prunella p. Highflyer—Promise p. Snap—Julia p. Blank, etc. Zaida p. **Sir Peter** (Highflyer et Papillon p. Snap) — Alexina p. King Fergus (Eclipse) — Lardella p. Y. Marske (Squirt) — f. de Cade, etc.

KING LUD

(APPARTIENT A M. LE COMTE DE BERTEUX, A CHEFFREVILLE, CALVADOS)

Pendant la saison de monte de 1893, King Lud sera en station au haras de Cheffreville, près Lisieux (Calvados), où il sera réservé aux juments de son propriétaire; aucun prix n'a par suite été fixé pour ses saillies.

King Lud, par King Tom, est né en 1869, chez lord Zetland. Il est le septième produit de Qui-Vive, propre sœur de Vedette, qui a été élevée chez M. R. Chilton et a donné avec Rataplan Quick March, mère de Retreat. Bai cerise, de grande taille, 1ᵐ64, King Lud possède une charpente d'une puissance remarquable; le dos et l'arrière-main sont magnifiques, mais l'épaule est un peu chargée, la tête est lourde et l'encolure un peu courte; les membres sont d'excellente qualité. King Lud n'a pas couru à deux ans; il ne fut placé dans aucune des cinq épreuves où il se présenta à trois ans, notamment dans les Deux Mille Guinées gagnées par Prince-Charlie, et dans l'Ascot Derby. Son propriétaire, lord Lonsdale, l'engageait alors dans les handicaps, mais il n'avait pas très bien passé l'hiver de 1873, et il courait pour la première fois à quatre ans le Great Ebor Handicap, à York, où, portant 49 kilos, il n'était pas placé derrière Louise-Victoria (4 a., 43 kil. 1/2). Sa condition était meilleure le jour du Cesarewitch où il avait été handicapé à 36 kilos 1/2 et qu'il enlevait facilement sur trente-trois concurrents. Il battait ensuite dans un match de 200 livres son demi-frère Kingcraft, gagnant du Derby de 1870, qui lui donnait une stone (14 l.) pour deux années. Sur les 1.800 mètres du Cambridgeshire, trop courts pour ses aptitudes, King Lud ne figurait pas derrière Montargis, Walnut et Sterling, puis à Liverpool, dans l'Autumn Cup, il était, avec 39 kilos 1/2, battu par Sterling (5 a., 59 kilos) et Louise-Victoria (37 kilos) qui l'avaient déjà battu l'un et l'autre. A Shrewsbury, recevant trois livres de la même Louise-Victoria, il perdait d'une tête le Severn Cup (3.200ᵐ) et le lendemain, sur le même parcours, il battait Oxonian dans le Nuwport Cup. Il prenait enfin une revanche brillante sur Louise-Victoria dans le Shrewsbury Cup (3.200ᵐ), où, lui rendant trois livres et le sexe, il la battait facilement. Il inaugurait sa cinquième année en gagnant, à Newmarket, le Ditch Mile Handicap sur Andred qui venait de gagner les Great Cheshire Stakes. Il remportait ensuite, dans l'Alexandra Plate à Ascot (4.700ᵐ), la plus belle victoire de sa carrière; il y battait en effet, en dehors de Revigny, Boiard, qui venait de gagner le Gold Cup, et Flageolet, auxquels il rendait une livre pour une année. King Lud, qui avait vaillamment arraché d'une encolure la victoire aux champions français, se ressentait de la lutte qu'il avait eu à soutenir lorsqu'à Carlisle il ne figurait pas dans le Cumberland plate, où il fit sa dernière course. Il avait établi à maintes reprises son endurance exceptionnelle. Envoyé au haras, il donna en Angleterre quelques animaux utiles dont Incendiary et surtout King Monmouth ont été les meilleurs. Il fut ensuite loué, en 1882, par le comte de Berteux, pour la saison de monte et retourna en Angleterre à l'expiration du contrat. La naissance d'Utrecht décida M. de Berteux à le faire revenir en France, mais cette fois à titre définitif. En dehors d'Utrecht, King Lud a donné Widgeon, Wotan, Reyezuelo, Walter Scott, Le Mazarin, Zambo, Zingaro, Zette, Amadis II, Acoli, Basket, etc.

PEDIGREE DE KING LUD

KING LUD (Bai—1869). Importé en 1883.	KING-TOM (Bai—1851).	Harkaway (Alezan—1834).	Economist (B.—1825)	Whisker (Bai—1812)	**Waxy** p. Pot8os (Eclipse et Sportsmistress p. Sportsman)—Maria p. Herod —Lisette p. Snap—Miss Windsor p Godolphin—f. de Y. Belgrade, etc. Penelope p. Trumpator (Conductor et Brunette p. Squirrel) — Prunella p. Highflyer—Promise p. Snap — Julia p. Blank (Godolphin), etc.
			Fanny-Dawson (Al—1823)	Floranthe (Baie — 1818)	Octavian p. Stripling (Phenomenon p. Herod et Laura p. Eclipse)—f. d'Oberon p. Highflyer—s. de Sharper p. Rantltos (Matchem), etc. Caprice p. Anvil (Herod et f. de Feather p. Godolphin)—Madcap p. Eclipse — f. de Blank — f. de Blaze — fille de Y. Greyhound, etc.
		Pocahontas (Baie—1837).	Glencoe (Al—1833)	Nabocklish (Alez.—1811)	Rugantino p. Commodore (Tom Tug p. Herod et Smallhopes p. Scaramouche)— m de Buffer p. Highflyer—Shift p. Sweetbriar, (Syphon), etc. Butterfly p. Master Bagot (Bagot et Harmonia p. Eclipse) — f. de Bagot p. Herod — Mother Brown p. Trunnion (Cade) — f. de Old England, etc.
				Miss Tooley (Baie—1808)	Teddy the Grinder p. Asparagus (Pot8os et fille de Justice p. Herod)—Stargazer p. Highflyer — Miss West p. Matchem — f. de Regulus, etc. Lady Jane p. Sir Peter (Highflyer et Papillon p. Snap) — Paulina p. Florizel (Herod)—Captive p. Matchem — Caliope p. Slouch (Cade), etc.
			Marpessa (B.—1830)	Sultan (Bai—1816)	Selim p. Buzzard (Woodpecker et Misfortune p. Dux) — f. d'Alexander (Eclipse) — f. d'Highflyer (Herod) — f. d'Alfred p. Matchem, etc. Bacchante p Williamsons Ditto (Sir Peter et Arethusa p. Dungannon) — s. de Calomel p. Mercury — f. d'Herod — Folly p. Marske, etc.
				Trampoline (Baie—1825)	**Tramp** p. Dick Andrews (Joe Andrews et f. d'Highflyer)—f. de Gohanna (Mercury) — Fraxinella p. Trentham — f. de Woodpecker, etc. Web p. **Waxy** (Pot8os et Maria p. Herod) — Penelope p. Trumpator — Prunella p. Highflyer — Promise p. Snap, etc.
				Muley (Bai—1810)	**Orville** p. Beningbro' (King Fergus et f. d'Herod) — Evelina p. Highflyer — Termagant p. Tantrum — f. de Regulus (Godolphin), etc. Eleanor p. **Whisky** (Saltram et Calash p. Herod) — Y. Giantess p. Diomed — Giantess p. Matchem — Molly Long Legs, etc.
				Clare (Baie—1824)	Marmion p. **Whisky** — Y. Noisette p. Diomed — Noisette p. Squirrel (Traveller et Grey Bloody Buttocks) — Carina p. Marske, etc. Harpalice p. Gohanna (Mercury et s. de Challenger p. Herod) — Amazon p. Driver (Trentham) — Fractious p. Mercury (Eclipse), etc.
	QUI-VIVE (Baie—1857).	Voltigeur (Bbr.—1847).	Voltaire (Bbr.—1829)	**Blacklock** (Bai—1814)	Whitelock p. Hambletonian (King Fergus p. Eclipse et f. d'Highflyer) — Rosalind p. Phenomenon — Atalanta p. Matchem, etc. F. de Coriander (Pot8os et Lavender p. Herod)—Wild Goose p. Highflyer — Co-Heiress p. Pot8os — Manilla p. Goldfinder, etc.
				Fille de (Baie — 1816)	Phantom p Walton (Sir Peter et f. de Dungannon p. Eclipse) — Julia p. Whisky — m. de Sorcerer p. Diomed — Giantess p. Matchem, etc. Fille d'Overton p. King Fergus (Eclipse) — m. de Gratitude p. Walnut (Highflyer) — f. de Ruler — Pirachanta p. Matchem, etc.
			Martha-Lynn. Bb.—1837)	Mulatto (Bbr.—1823)	Catton p. Golumpus (Gohanna). — Lucy Grey p. Timothy (Delpini et Cora p. Matchem) — Lucy p Florizel (Herod) — Frenzy p. Eclipse, etc. Desdemona p. **Orville** (Beningbro') — Fanny p. Sir Peter (Highflyer) — fille de Diomed (Florizel) — Desdemona p. Marske, etc.
				Leda (Baie—1824)	Filho da Puta p. Haphazard (Sir Peter) — Mrs. Barnet p. Waxy (Pot8os) — fille de Woodpecker (Herod) — Heinel p Squirrel — Principessa, etc. Treasure p. Camillus (Hambletonian) — f. de Hyacinthus (Coriander) — Flora p. King Fergus (Eclipse) — Atalanta p. Matchem, etc.
	Mrs. Ridgway (Rouan—1848).	Birdcatcher (Al—1833)		Sir Hercules (Noir—1826)	Whalebone p. **Waxy** (Pot8os) — Penelope p. Trumpator (Conductor) — Prunella p. Highflyer — Promise p. Snap — Julia p. Blank, etc. Peri p. Wanderer (Gohanna et Catherine p Woodpecker) — Thalestris p. Alexander—Rival p. Sir Peter — Hornet p. Drone—Lilly p. Blank etc.
				Guiccioli (Alez.—1823)	Bob Booty p. Chanticleer (Woodpecker et f. d'Eclipse) — Ierne p. Bagot (Herod) — f de Gamahoe — Patty p. Tim (Squirt), etc. Flight p. Irish Escape (Commodore et m de Buffer p. Highflyer) — Y. Heroine p Bagot — Heroine p. Hero — s. de Regulus, etc.
		Nan Darrell (B.—1844)		Inheritor (Noir—1831)	Lottery p. **Tramp** (Dick Andrews et fille de Gohanna) — Mandane p. Pot8os — Y Camilla p. Woodpecker — Camilla p. Trentham, etc. Handmaiden p. Walton (Sir Peter et Arethusa) — Anticipation p. Beningbro'—fille d'Expectation (Herod) — s. de Telemachus p Herod, etc.
				Nell (Grise—1831)	**Blacklock** p. Whitelock (Hambletonian) — Rosalind p. Phenomenon — Atalanta p. Matchem — Lass of the Mill p. Traveller, etc. Madame Vestris p. Comus (Sorcerer) — Lisette p. Hambletonian — Constantia p. Walnut — Contessina p. Y. Marske, etc.

KRAKATOA

(APPARTIENT A L'ADMINISTRATION DES HARAS)

Pendant la saison de monte de 1893, Krakatoa sera en station au Merlerault (Orne), dans la circonscription du dépôt du Pin, où il saillira trente-cinq juments de pur sang anglais à raison de cent francs. S'adresser à M. le Directeur du Dépôt d'étalons, au Pin (Orne).

KRAKATOA, par Thunderbolt est né en 1884 au haras de Martinvast, chez M. le baron de Schickler; il est le premier produit qu'ait eu, en France, Little Sister, poulinière importée en 1883 par M. de Schickler et née en 1875 chez M. R. Harrison; elle a eu plusieurs produits avant son importation, et a donné depuis, avec Perplexe, La Horta et Le Jorullo, et Fousi-Yama avec Atlantic. Bai, avec un peu de blanc en tête, de grande taille, 1^{m}05, Krakatoa est très fortement établi sur de bons membres, sa charpente osseuse est très développée, son ensemble dénote plus de force que d'élégance. Il a couru deux fois seulement comme two year old, dans le Triennal, à Fontainebleau, où il ne figura pas derrière Arlay, Bavarde et Oviédo, et dans le prix du Blaison à Chantilly, qu'il gagna d'une encolure sur Caustique, Maxico et Cambyse; un poulain de cette importance ne pouvait d'ailleurs être en possession de ses moyens à deux ans. En 1887, il prenait la seconde place dans le Triennal à une tête de Bavarde, devant Monarque, le futur vainqueur du prix du Jockey-Club, qui le battait ensuite d'une longueur dans l'épreuve classique de Chantilly; en dehors de Bavarde, troisième, le champ comprenait entre autres Vanneau, Le Sancy et Frapotel, très favori au départ. Troisième dans le Grand Prix de Paris derrière Ténébreuse et the Baron et devant les chevaux qu'il avait battus à Chantilly, il devançait encore Bavarde dans le prix de Seine-et-Marne à Fontainebleau, et gagnait ensuite très facilement, à Caen, le Grand-Saint-Léger sur Avril, Gournay et Vanneau. Bavarde prenait sa revanche dans le prix Royal Oak où il ne figurait pas ; il terminait la saison en gagnant, à Bordeaux, le prix de première Série sur Gyp et Allée d'Amour. Krakatoa, au commencement de sa quatrième année, battait, dans le prix du Cadran, Hervine, Monarque et sa vieille adversaire, Bavarde, mais il n'était pas placé dans la Coupe, gagnée par Brisolier, et il perdait d'une tête contre Silène la troisième manche du Triennal. Très éprouvé par la lutte qu'il avait soutenue, il ne reparaissait plus en public de la saison, et au printemps de l'année suivante (1889) il tombait boiteux en courant, à Paris, le prix de Barbeville. En 1890, l'Administration des Haras l'achetait 40.000 francs au baron de Schickler et l'attachait au Dépôt du Pin, où il fait la monte depuis 1891.

PEDIGREE DE KRAKATOA

KRAKATOA (Bai—1884).	THUNDERBOLT (Alezan—1867).	Birdcatcher (Alez.—1833)	Sir Hercules p. Whalebone (**Waxy** et Penelope p. **Trumpator**) — Peri p. Wanderer (Gohanna)—Thalestris p. Alexander—Rival p. Sir Peter, etc. Guiccioli p. Bob Booty (Chanticleer et Ierne p. Bagot)—Flight p. Irish Escape (Commodore) — Y. Heroine p. Bagot — Heroine p. Hero, etc.
		Echidna (Bbr.—1837)	Economist p. Whisker (**Waxy** et Penelope) — Floranthe p. Octavian (Stripling) — Caprice p. Anvil (Herod) — f. de Feather — Crazy p. Lath, etc. Miss Pratt p. Blacklock (Whitelock)—Gadabout p. Orville—Minstrel p. Sir Peter—Matron p. Florizel (Herod) — Maiden p. Matchem (Cade), etc.
		Glencoe (Alez.—1833)	Sultan p. Selim (Buzzard et f. d'Alexander)—Bacchante p. Williamsons' Ditto—s. de Calomel p. Mercury (Eclipse et Old Tartar mare)—f. d'Herod, etc Trampoline p. Tramp (Dick Andrews et f. de Gohanna) — Web p. **Waxy** (Pot8os)—Penelope p. **Trumpator** Conductor et Brunette), etc.
		Marpessa (Baie—1830)	Muley p. Orville (Beningbro' et Evelina p. Highflyer)—Eleanor p. Whisky (Saltram et Calash p. Herod) — Y. Giantess p. Diomed, etc. Clare p. Marmion (Whisky et Y. Noisette p. Diomed) — Harpalice p. Gohanna (Mercury) — Amazon p. Driver — Fractious p. Mercury, etc.
		Venison (Bbr.—1833)	Partisan p. Walton (Sir Peter)—Parasol p. Pot8os—Prunella p. Highflyer —Promise p. Snap—Julia p. Blank—m. de Spectator p. Partner (Jigg), etc. Fawn p. Smolensko (Sorcerer)—Jerboa p. Gohanna—Camilla p. Trentham — Coquette p. the Compton Barb — s. de Regulus, etc.
		Soldiers' Daughter (Alez.—1836)	The Colonel p. Whisker (**Waxy** et Penelope)— f. de Delpini (Highflyer) — Tipple Cyder p. King Fergus — Sylvia p. Y. Marske — Ferret, etc. Fille d'Oscar (Saltram et fille d'Highflyer) — m. de Camerine p. Rubens — Tipitywitchet p. **Waxy** — Hare p. Sweetbriar (Syphon), etc.
		Y. Emilius (Bai—1828)	Emilius p. Orville — Emily p. Stamford (Sir Peter et Horatia p. Eclipse) — f. de Whisky—Grey Dorimant p. Dorimant—Dizzy p. Blank, etc. Cobweb p. Phantom (Walton et Julia p. Whisky)—Filagree p. Soothsayer (Sorcerer) — Web p. **Waxy** — Penelope p. **Trumpator**, etc.
		Persian (Baie—1829)	Whisker p. **Waxy** (Pot8os) — Penelope p. **Trumpator** (Conductor) — Prunella p. Highflyer — Promise p. Snap — Julia p. Blank, etc. Variety p. Selim ou Soothsayer (Sorcerer p. **Trumpator** et Goldenlocks p. Delpini) — Sprite p. Bobtail — Catherine p. Woodpecker, etc.
	LITTLE SISTER (Baie—1851).	Touchstone (Bbr.—1831)	Camel p. Whalebone (**Waxy**) — f. de Selim — Maiden p. Sir Peter—f. de Phenomenon — Matron p. Florizel — Maiden p. Matchem, etc. Banter p. Master Henry (Orville) — Boadicea p. Alexander (Eclipse)—Brunette p. Amaranthus (Old England) — Mayfly p. Matchem, etc.
		Beeswing (Baie—1833)	Doctor Syntax p. Paynator (**Trumpator**)— f. de Beningbro' (King Fergus p. Eclipse)—Jenny Mole p. Carbuncle—f. de Prince T. Quassa p. Snip, etc. Fille d'Ardrossan (John Bull et Miss Whip p. Volunteer)—Lady Eliza p. Whitworth (Agonistes et f. de Jupiter p. Eclipse), etc.
		Tadmor (Bai—1846)	Ion p. Cain (Paulowitz et f. de Paynator p. **Trumpator**)—Margaret p Edmund (Orville)— Medora p. Selim — f. de Sir Harry, etc. Palmyra p. Sultan (Selim)—Banter p. Camel—Mouinia p. Muley (Orville et Eleanor p. Whisky) — s. de Petworth p. Precipitate (Mercury), etc.
		Mrs. Sellon (Baie—1851)	Cowl p. **Bay Middleton** (Sultan) — Crucifix p. Priam—Octaviana p. Octavian (Stripling)— f. de Shuttle (Y. Marske) — Zarah p. Delpini, etc. Belle-Dame p. Belshazzar (Blacklock et Manuella p. Dick Andrews) — Ellen p. Starch (Waxy Pope et Miss Staveley p. Shuttle)—Cuirass p. Oiseau, etc
		Melbourne (Bbr.—1834)	Humphrey Clinker p. Comus (Sorcerer p. **Trumpator** et Houghton Lass p. Sir Peter)— Clinkerina p. Clinker (Sir Peter)—Pewet p. Tandem, etc. Fille de Cervantes (Don Quixote p. Eclipse)—f. de Golumpus—f. de Paynator (**Trumpator**) — s. de Zodiac p. St-George (Highflyer) — Abigail, etc.
		Clarissa (Baie — 1846)	Pantaloon p. Castrel (Buzzard) et f. d'Alexander)—Idalia p. Peruvian (Sir Peter) — Musidora p. Meteor — Maid of all Work p. Highflyer, etc. Fille de Glencoe (Sultan — Frolicsome p. Frolic (Hedley et Frisky p. Fidget) —f. de Stamford (Sir Peter)—Alexima p. King Fergus—Lardella, etc.
		Bay Middleton (Bai—1833)	Sultan p. Selim—Bacchante p. Williamsons' Ditto (Sir Peter)— s. de Calomel p. Mercury (Eclipse) — f. d'Herod — Folly p. Marske, etc. Cobweb p. Phantom (Walton)—Filagree p. Soothsayer—Web p. **Waxy**—Penelope p **Trumpator**—Prunella p. Highflyer—Promise p. Snap, etc.
		Baleine (Baie—1825)	Whalebone p. **Waxy** (Pot8os et Maria p. Herod) — Penelope p. **Trumpator** (Conductor)—Prunella p. Highflyer—Promise p. Snap—Julia p. Blank, etc. Vale Royal p. Sorcerer (**Trumpator** et Y. Giantess p. Diomed)—Orange p. Whisky— Orangebud p. Highflyer — Orange Girl p. Matchem, etc.

LAVARET

(APPARTIENT A M. LE BARON DE ROTHSCHILD)

Pendant la saison de monte de 1893, Lavaret sera en station au haras de Meautry, à Touques, près Trouville (Calvados), où il saillira un certain nombre de juments étrangères au haras à raison de cinq cents francs, plus 20 francs pour l'écurie. S'adresser à M. W. Balchin, stud groom du haras de Meautry, à Touques (Calvados).

LAVARET, par Boiard (gagnant du prix du Jockey-Club et du Grand Prix de Paris de 1873), est né en 1881 à Meautry, chez M. le baron de Rothschild; il est le sixième produit de Laversine, qui est née en 1872 à Meautry et n'a guère donné, en dehors de lui, que des animaux d'ordre secondaire. Lavaret est bai-zain, de taille moyenne, 1m60, régulier dans son ensemble, avec l'épaule très oblique et l'attache de rein très forte; il possède un très bon tempérament et d'excellents membres. Il fit ses débuts dans le prix de Deux Ans (1.400m) à Deauville, où il ne fut pas placé derrière Directrice, Kiss et Musard : il n'était guère plus heureux à la Guerche, où il prenait la troisième place dans le prix de Vouzeron, gagné par Lionceau. Il gagnait sa première course à trois ans, dans le prix de Joinville, où il était handicapé à 53 kilos et n'avait pas grand'chose à battre; il courait ensuite indifféremment à quatre reprises, au Bois de Boulogne et à Chantilly, remportait sur les 3.000 mètres du Derby du Pin, après une arrivée bien disputée, une brillante victoire sur Frégate et Escogriffe; puis courait sans succès le prix de la Ville, à Caen. Assez favorablement traité, avec 50 kilos 1/2, dans le prix Charles-Laffite à Dieppe, il y battait Ontario (4 a., 60 kil.) et Clio (4 a., 62 kil. 1/2), mais, le surlendemain, il ne pouvait avoir raison de Cadence dans le prix de la Société d'Encouragement. Il courait ensuite sans succès, le prix d'Octobre, le prix de Villeron, le Handicap Libre, où il portait 57 kilos 1/2, et le prix d'Enghien, toujours sur de longues distances. A quatre ans, Lavaret, après trois défaites successives à Paris et à Chantilly, où il avait montré un caractère difficile, était envoyé en Angleterre; pour ses débuts, il y gagnait le Midsummer Welter handicap, à Manchester, battant de loin, avec 64 kilos, ses deux cadets, Hungarian (58 kil.) et Lady Castlereagh (55 kil.). Il battait ensuite, dans le Goodwoodplate (handicap, 4.000m) Blue Grass à sept livres pour une année, puis gagnait, à Newmarket, le Suffolk plate (handicap, 2.400m). Au mois d'octobre, il revenait en France disputer le prix Gladiateur où, sur un terrain détrempé, il établissait de nouveau son endurance en battant l'Ange-Ingrat, Ninetta, Fra Diavolo et Clio. Il n'avait en rien été éprouvé par cette course sévère, à en juger par la facilité avec laquelle il battait Cosmos quinze jours après sur les 6.600 mètres du Whip, à Newmarket, où il faisait sa dernière apparition sur le turf. Lavaret n'a encore donné qu'un produit de bon ordre, Amandier, qui aurait été un cheval d'excellente classe sans le caractère difficile qui a presque toujours paralysé ses moyens; Aveline, sa mère, est fille de Doncaster.

PEDIGREE DE LAVARET

LAVARET (Bai—1881)	**BOIARD** (Bai—1876)	Vermout (Bai—1861)	The Nob (Bai—1838) — Glaucus p. Partisan (Walton et Parasol p. Pot8os) — Nanine p. Selim — Bizarre p. Peruvian (Sir Peter) — Violante p. John Bull, etc. Octave p.**Emilius** (**Orville** et Emily p. Stamford) — Whizgig p. Rubens (Buzzard) — Penelope p. Trumpator — Prunella p. Highflyer, etc.
			Hester (Bbr.—1832) — Camel p. Whalebone (**Waxy** et Penelope) — f. de Selim — Maiden p. Sir Peter — f. de Phenomenon — Matron p. Florizel — Maiden p. Matchem, etc. Monimia p. Muley (**Orville** et Eleanor p. Whisky) — s. de Petworth p. Precipitate (Mercury) — f. de Woodpecker — s. de Juniper p. Snap (Snip).
		Vermeille (Al.—1853)	The Baron (Alez.—1842) — Birdcatcher p. Sir Hercules (Whalebone et Peri p. Wanderer) — Guiccioli p. Bob Booty — Flight p. Irish Escape — Y. Heroine p. Bagot, etc. Echidna p. Economist (Whisker et Floranthe p. Octavian) — Miss Pratt p. Blacklock — Gadabout p. **Orville** — Minstrel p. Sir Peter — Matron, etc.
			Fair Helen (Baie—1837) — Priam p.**Emilius** (**Orville** et Emily p. Stamford) — Cressida p. Whisky — Y. Giantess p. Diomed — Giantess p. Matchem — Molly Long Legs, etc. Dirce p. Partisan (v. plus haut) — Antiope p. Whalebone (**Waxy** et Penelope) — Amazon p. Driver (Trentham) — Fractions p. Mercury, etc.
		The Nabob (Bbr.—1849)	
	La Bossue (Bbr.—1845)	De Clare (B.—1853)	Touchstone (Bbr.—1831) — Camel p. Whalebone, **Waxy** — f. de Selim — Maiden p. Sir Peter — f. de Phenomenon — Matron p. Florizel — Maiden p. Matchem — f. de Squirt, etc. Banter p. Master Henry (Boadicea p. Alexander (Eclipse) — Brunette p. Amaranthus — Mayfly p. Matchem — f. d'Ancaster Starling, etc.
			Miss Bowe (Baie—1834) — Catton p. Golumpus (Gohanna) — Lucy Grey p. Timothy (Delpini, — Lucy p. Florizel — Frenzy (m. de Phenomenon) p. Eclipse, etc. Mère de Wagtail p. **Orville** — Miss Grimstone p. Weasel (Herod) — f. d'Ancaster — f. de Damascus Arabian — f. de Sampson (Blaze), etc.
		Caurzon (Bbr.—1845)	Melbourne (Bbr.—1834) — Humphrey Clinker p Comus (Sorcerer et Houghton Lass p. Sir Peter) — Clinkerina p. Clinker (Sir Peter) — Pewet p. Tandem (Syphon), etc. Fille de Cervantes (Don Quixote et Evelina p. Highflyer) — f. de Golumpus (Gohanna) — f. de Paynator (Trumpator) — s. de Zodiac p. St-George, etc.
			Mme Pélerine (Baie—1832) — Vélocipède p. Blacklock et f. de Coriander) — f. de Juniper (Whisky et Jenny Spinner) — f. de Sorcerer — Virgin p. Sir Peter — f. de Pot8os, etc. Baleine p. Whalebone — Vale Royal p. Sorcerer — Orange p. Whisky — Orangebud p. Highflyer — Orange Girl p. Matchem — Red Rose, etc.
	LAVERSINE, ex Phryxe (Baie—1872)	Monarque (Bai—1852)	Sting* (Bbr.—1843) — Slane (Bai—1833) Royal Oak p. Catton (Golumpus et Lucy Grey) — f. de Smolensko — Lady Mary p. Beningbro' (King Fergus) — fille d'Highflyer — f. de Marske, etc. Fille d'**Orville** Beningbro et Evelina p. Highflyer) — Epsom Lass p. Sir Peter — Alexina p. King Fergus (Eclipse) — Lardella p. Young Marske, etc.
			Echo (Baie—1828) — **Emilius** p.**Orville** (Beningbro et Evelina p. Highflyer) — Emily p. Stamford (Sir Peter p. Highflyer) — f. de Whisky — Grey Dorimant p. Dorimant, etc. Fille de Scud (Beningbro et Eliza p. Highflyer) — Canary Bird p. Sorcerer — Canary p. Coriander — Miss Green p. Highflyer — Harriet p. Matchem, etc.
		Portete (Bai—1838)	Royal Oak (Bbr.—1823) — Catton p. Golumpus (Gohanna et Catharine p. Woodpecker) — Lucy Grey p. Timothy — Lucy p. Florizel — Frenzy p. Eclipse — f. d'Engineer. Fille de Smolensko (Sorcerer et Wowski p. Mentor) — Lady Mary p. Beningbro' — f. d'Highflyer — f. de Marske (Squirt), etc.
			Ada (Baie—1824) — Whisker p.**Waxy** (Pot8os et Maria p. Herod) — Penelope p. Trumpator (Conductor) — Prunella p. Highflyer — Promise p. Snap — Julia p. Blank, etc. Anna Bella p. Shuttle (Y. Marske et Vauxhall Snap mare) — f. de Drone — Contessina p. Y. Marske — Tuberose p. Herod, etc.
		Stockwell (Al.—1849)	The Baron (Alez.—1842) — Birdcatcher p. Sir Hercules — Guiccioli p. Bob Booty (Chanticleer et Ierne) — Flight p. Irish Escape (Commodore) — Young Heroine, etc. Echidna p. Economist (Whisker et Floranthe) — Miss Pratt p. Blacklock — Gadabout p. **Orville** — Minstrel p. Phenomenon, etc.
			Pocahontas (Baie—1837) — Glencoe p. Sultan (Selim et Bacchante) — Trampoline p. Tramp (Dick Andrews et f. de Gohanna) — Web p. **Waxy** — Penelope, etc. Marpessa p. Muley (**Orville** et Eleanor) — Clare p. Marmion (Whisky et Y. Noisette) — Harpalice p. Gohanna — Amazon p. Driver, etc.
	Voluptas, ex Lady Exeter (Baie—1860)	Exeter (Bbr.—1859)	Touchstone (Bbr.—1831) — Camel p. Whalebone (**Waxy**) — f. de Selim — Maiden p. Sir Peter — f. de Phenomenon — Matron p. Florizel — Maiden p. Matchem, etc. Banter p. Master Henry (**Orville**) — Boadicea p. Alexander (Eclipse) — Brunette p. Amaranthus — Mayfly p. Matchem — f. d'Ancaster Starling.
			Miss Wilfred (Bbr.—1830) — Lottery p. Tramp (Dick Andrews et f. de Gohanna) — Mandane p. Pot8os — Y. Camilla p. Woodpecker (Herod) — Camilla p. Trentham, etc. M. de **Royal Oak** p. Smolensko (Sorcerer et Wowski p. Mentor) — Lady Mary p. Beningbro' (King Fergus) — f. d'Highflyer — f. de Marske, etc.

LE DESTRIER

(APPARTIENT A M. TH. DOUSDEBÈS)

Pendant la saison de monte de 1893, Le Destrier sera en station au haras de Bécheville, les Mureaux (Seine-et-Oise), où il saillira six juments (en dehors de celles de son propriétaire) à raison de deux mille cinq cents francs, plus 20 francs pour l'écurie. S'adresser à M. Th. Dousdebès, 65 Rue d'Anjou, à Paris.

Le Destrier, par Flageolet, est né en 1877 au haras de Lonray, chez M. A. Staub ; il est le sixième produit de La Dheune, née en 1868 chez M. Esdouhard, qui a donné également Le Dard avec Wingrave, et Son-Excellence avec Stracchino. Alezan brûlé avec une petite balzane postérieure gauche, de taille moyenne, 1m59, Le Destrier est un très joli cheval, long de corps et près de terre, il marque beaucoup d'espèce ; l'épaule a une bonne inclinaison, les quartiers sont larges, les jarrets excellents, mais le rein est un peu long, et l'ensemble un peu léger. Le Destrier n'a pas couru à deux ans, son tempérament délicat n'ayant pas permis de l'entraîner. Il fit ses débuts en 1880 dans la Bourse, à Longchamps, qu'il gagna facilement ; dans le prix de Longchamps (aujourd'hui prix Hocquart), qu'il courait ensuite, il n'était pas placé derrière Versigny, mais trois semaines après il battait facilement, dans la Poule d'Essai, Pacific, qui venait de gagner le prix du Nabob. Favori dans le prix Daru, il n'y figurait pas derrière Voilette, tandis que, quelques jours après, il battait, à Chantilly, Bête-à-Chagrins et Castillon dans le prix d'Apremont ; il devait, dans la suite, causer bien d'autres surprises. Dans le Grand Prix de Paris, où il partait à une cote d'outsider, il prenait la seconde place derrière Robert the Devil, battant Beauminet et Versigny qui venaient de gagner les deux grandes épreuves de Chantilly, Poulet et Milan II ; ce dernier le battait à son tour huit jours après à Fontainebleau, dans le prix de Seine-et-Marne. A Deauville, il se laissait enlever le prix Spécial par Poulet, puis il gagnait brillamment le Grand Prix en rendant du poids à tous les chevaux de son âge. Battu par Nature dans le prix de Cheffreville, à Paris, il allait courir à Newmarket un Plate de 7.000 francs qu'il gagnait facilement. A quatre ans (1881), Le Destrier inaugurait la saison en battant, dans le prix de Lutèce, Bariolet et Le Lion ; il enlevait ensuite la Coupe d'une encolure sur Castillon, et faisait enfin dead-heat avec Beauminet dans le Biennal. L'état de ses membres antérieurs étant devenu inquiétant, il était envoyé au repos, puis au haras. La naissance de Joyeuse, Stromboli, Prédestinée, Pulchra et Blondine précédait celle de Stuart, le meilleur cheval de la génération de 1885. Depuis, Le Destrier a donné Jactance, Jonciole, Korrigane, Soliman, Solitude, Kivala, Kairouan et Tournesol. Stockhausen, mère de Stuart, est fille de Stockwell ; Khabara, mère de Kairouan, est petite-fille de Rataplan. Le croisement avec des poulinières de cette famille paraît donc assez nettement indiqué. A la fin de 1891, Le Destrier était acheté 97.000 francs par son propriétaire actuel.

GUIDE PRATIQUE DE L'ÉLEVEUR 145

PEDIGREE DE LE DESTRIER

LE DESTRIER (Alezan—1877).	FLAGEOLET (Alezan—1870).	La Favorite (Baie—1856).	Constance (Al.—1848) Monarque (B.—1853) Fille de (B.—1853) Trumpeter (Al.—1859) Plutus (Bai—1863).	Orlando (Bai—1841)	Touchstone p. Camel (Whalebone) — Banter p. Master Henry (Orville) — Boadicea p. Alexander — Brunette p. Amaranthus — Mayfly, etc. Vulture p. Langar (Selim et f. de Walton) — Kite p. Bustard (Castrel) — Olympia p. Sir Oliver (Sir Peter) — Harmony p. Herod, etc.
				Cavatina (Alez.—1845)	Redshank p. Sandbeck (Catton) — Johanna p. Selim — m. de Comical p. Skyscraper (Highflyer) — f. de Dragon (Regulus) — m. de Fidget. Oxygen p. Emilius (Orville) — Whizgig p. Rubens — Penelope p. Trumpator (Conductor) — Prunella p. Highflyer — Promise p. Snap.
				Planet (Bai—1844)	Bay Middleton p. Sultan (Selim) — Cobweb p. Phantom (Walton et Julia p. Whisky) — Filagree p. Soothsayer — Web p. Waxy, etc. Plenary p. Emilius (Orville) — Harriet p. Pericles (Evander et f. de Precipitate) — f. de Selim - Pipylina p. Sir Peter — Rally p. Trumpator, etc.
				Alice Bray ex Hazy (Baie—1848)	Venison p. Partisan (Walton p. Sir Peter) — Fawn p. Smolensko — Jerboa p. Gohanna — Camilla p. Trentham — Coquette p. The Compton Barb. Darkness p. Glencoe (Sultan et Trampoline p. Tramp) — Fanny p. Whisker (Waxy) — f. de Camillus (Hambletonian) — f. de Precipitate, etc.
				The Baron, the Emperor ou Sting (Bbr.—1843)	Slane p. Royal Oak (Catton) — f. d'Orville — f. de Buzzard — Hornpipe p. Trumpator — Luna p. Herod — s. d'Eclipse p. Marske — Spiletta. Echo p. Emilius (Orville) — f. de Pioneer (Whisky) — Canary Bird p. Sorcerer — Canary p. Coriander — Miss Green p. Highflyer, etc.
				Poetess (Baie—1838)	Royal Oak p. Catton (Golumpus et Lucy Grey) — f. de Smolensko — Lady Mary p. Beningbro' (King Fergus) — f. d'Highflyer, etc. Ada p. Whisker (Waxy) — Anna Bella p. Shuttle — f. de Drone — Contessina p. Young Marske — Tuberose p. Herod — Grey Starling, etc.
				Gladiator (Alez.—1833)	Partisan p. Walton (Sir Peter) — Parasol p. Pot8os (Eclipse) — Prunella p. Highflyer — Promise p. Snap — Julia p. Blank, etc. Pauline p. Moses (Seymour et Grey Skim) — Quadrille p. Selim — Canary Bird p. Sorcerer — Canary p. Coriander — Miss Green p. Highflyer, etc.
				Lanterne (Baie—1841)	Hercule p. Rainbow (Walton et Iris p. Brush) — Aimable p. Election (Gohanna) — Y. Whisky mare — f. de Walnut — f. de Javelin, etc. Elvira p. Eryx (Milo et fille de Buzzard) — Coral p. Orville — Fairing p. Waxy — Rally p. Trumpator — Fancy s. de Diomed, etc.
	LA DIEUNE (Alezan—1868).	Black Eyes (Alezan—1856).	Malton (Bai—1845) Rosabelle (Baie—1812)	Sheet Anchor (Bai—1832)	Lottery p. Tramp (Dick Andrews) — Mandane p. Pot8os — Y. Camilla p. Woodpecker — Camilla p. Trentham — Coquette p. The Compton Barb. Morgiana p. Muley (Orville) — Miss Stephenson p. Sorcerer (Trumpator) — s. de Petworth p. Precipitate (Mercury) — f. de Woodpecker, etc.
				Fair He'en (Baie—1837)	Priam p. Emilius (Orville) — Cressida (sœur d'Eleanor p. Whisky) — Y. Giantess p. Diomed — Giantess p. Matchem (Cade) — Molly Long Legs. Dirce p. Partisan (Walton et Parasol) — Antiope p. Whalebone (Waxy) — Amazon p. Driver (Trentham et Coquette) — Fractious p. Mercury.
				Perror ou Premium (Alez.—1820)	Aladdin p. Giles (Mercury et f. de Trumpator) — f. de Walnut — f. de Javelin — Young Flora, s. de Spadille, p. Highflyer (Herod). Fille de Gohanna (Mercury) — Grey Skim p. Woodpecker — m de Silver p. Herod — Y. Hag p. Skim — Hag p. Crab — Ebony p. Childers, etc.
				Rubena (Alez.—1823)	Waxy Pope p. Waxy — Prunella p. Highflyer — Promise p. Snap — Julia p. Blank — m. de Spectator p. Partner (Jigg) — f. de Bay Bolton, etc. Fille de Rubens (Buzzard et f. d'Alexander) — Penny Trumpet p. Trumpator — Young Camilla p. Woodpecker — Camilla p. Trentham, etc.
		Furie (Alezan—1863).	Fracasse (Bbr.—1856) Fitz Gladiator (Al.—1850)	Gladiator (Alez.—1833)	Partisan p. Walton (Sir Peter) — Parasol p. Pot8os — Prunella p. Highflyer — Promise p. Snap — Julia p. Blank (Godolphin), etc. Pauline p. Moses (Seymour et f. de Gohanna) — Quadrille p. Selim — Canary Bird p. Sorcerer (Trumpator) — Canary p. Coriander (Pot8os).
				Zarah (Baie—1838)	Reveller p. Comus — Rosette p. Beningbro' (King Fergus) — Rosamond p. Tandem — Tuberose p. Herod — Grey Starling p. Starling, etc. Fille de Rubens (Buzzard et fille d'Alexander) — Brightonia p. Gohanna — Nutmeg p. Sir Peter — Nimble p. Florizel — Maiden p. Matchem, etc.
				The Flying Dutchman (Bbr.—1846)	Bay Middleton p. Sultan (Selim) — Cobweb p. Phantom (Walton) — Filagree p. Soothsayer (Sorcerer) — Web p. Waxy — Penelope p. Trumpator. Barbelle p. Sandbeck (Catton et Orvillina) — Barioletta p. Amadis (Don Quixote) — Selima p. Selim — f. de Pot8os — Editha p. Herod, etc.
				Emeute (Baie—1848)	Lanercost p. Liverpool (Tramp et f. de Whisker) — Otis p. Bustard (Buzzard) — m. de Gayhurs. p. Election (Gohanna) — s. de Skyscraper. Bellona p. Beagle (Whalebone et Auburn p. Blacklock) — Bella p. Beningbro' (King Fergus) — Peterea p. Sir Peter — Mary Grey p. Friar.

1893 — I 10

LE HARDY

(APPARTIENT A M. CAMILLE BLANC)

Pendant la saison de monte de 1893, Le Hardy sera en station au haras de Parey, par Chevagnes (Allier), où il saillira dix juments étrangères au haras à raison de mille francs plus 20 francs pour l'écurie. S'adresser à M. Camille Blanc, 56 boulevard Haussmann, à Paris.

Le Hardy, par Saint-Louis, est né en 1888, au haras de Joyenval, chez M. Camille Blanc ; il est le troisième produit d'Albania, poulinière née en Angleterre chez lord Aylesbury en 1876 et importée en 1881 par M. Camille Blanc, après avoir eu quelques produits d'ordre secondaire. Alezan, avec une petite lisse en tête et une balzane postérieure montoire, de petite taille, 1m58, Le Hardy a de la longueur, une bonne arrière-main et est plus compact que ne le sont en général les produits de Saint-Louis. Il fit ses débuts à l'automne de 1890 dans le prix de Saint-Firmin, à Chantilly, où il prit la seconde place derrière Amandier, précédant Clamart et Ermak ; il gagnait ensuite dans un canter le prix de Consolation à Vincennes. Au printemps suivant, il gagnait à Longchamps le prix Dollar sur Xylander ; dans le prix de Lutèce, il était battu par Zélandaise, puis il enlevait brillamment la Poule d'Essai des poulains sur Mardi-Gras et Bérenger. Dans le prix La Rochette (triennal), il était facilement battu par Révérend et Le Capricorne, devant lesquels il finissait dans le prix du Jockey-Club, où il prenait la seconde place derrière Ermak. Enfin, il n'était pas placé derrière Clamart et Révérende dans le Grand Prix de Paris, où il faisait sa dernière course, un accident ayant, quelques semaines après, mis fin prématurément à sa carrière sur le turf. Il venait de prendre un bon galop en vue du Handicap libre d'automne, à Newmarket, quand il échappait à l'homme qui l'avait monté et avait mis pied à terre ; dans ses bonds de gaieté, il se prenait une des jambes de devant dans les rênes de bride ; cette prise de longe d'un genre particulier avait pour conséquence une inflammation très grave des tendons et on devait bientôt renoncer à le garder à l'entraînement.

PEDIGREE DE LE HARDY

LE HARDY (Alezan—1888)	SAINT-LOUIS (Alezan—1878)	Hermit (Alezan—1864) / Newminster (B.—1848) — Touchstone (Bbr—1831)	Camel p. Whalebone (Waxy et Penelope p. Trumpator) — f. de Selim — Maiden p. Sir Peter — f. de Phenomenon — Matron p. Florizel, etc. Banter p. Master Henry (Orville et Miss Sophia p. Stamford)— Boadicea p. Alexander (Eclipse). — Brunette p. Amaranthus (Old England), etc.
		Seclusion : B.—1857 — Beeswing (Baie—1833)	Dr. Syntax p. Paynator (Trumpator et f. de Marc Antony) — f. de Beningbro' (King Fergus) — Jenny Mole p. Carbuncle (Babraham Blank.) F. d'Ardrossan (John Bull et Miss Whip p. Volunteer) — Lady Eliza p. Whitworth (Agonistes) — m. d'X. Y. Z. p. Spadille, etc.
		Macaroni (B.—1860) — Tadmor (Bai—1846)	Ion p. Cain (Paulowitz et f de Paynator) — Margaret p. Edmund (Orville) — Medora p. Selim (Buzzard) — f. de Sir Harry. — f. de Volunteer. Palmyra p. Sultan (Selim et Bacchante p. Williamsons' Ditto) — Hester p. Camel — Monimia p. Muley (Orville) — s. de Petworth p. Precipitate.
		Lady Audley (Bbr.—1867) — Mrs. Sellon (Baie—1851)	Cowl p. Bay Middleton (Sultan et Cobweb p. Phantom) — Crucifix p. Priam (Emilius) — Octaviana p. Octavian (Stripling) — f. de Shuttle, etc. Belle-Dame p. Belshazzar (Blacklock et Manuella p. Dick Andrews) — Ellen p. Starch (Waxy Pope) — Cuirass p. Oiseau. — Castanea p. Gohanna.
		Sweetmeat (Bbr.—1842)	Gladiator p. Partisan (Walton) — Pauline p. Moses (Seymour) — Quadrille p. Selim — Canary Bird p. Sorcerer — Canary p. Coriander, etc. Lollypop p. Voltaire — Belinda p. Blacklock — Wagtail p. Prime Minister — f. d'Orville — Miss Grimstone p. Weasel — f. d'Ancaster, etc.
		Serret (B.—1853) — Jocose (Baie—1843)	Pantaloon p. Castrel (Buzzard) — Idalia p. Peruvian — Musidora p. Meteor — Maid of All Work p. Highflyer — s. de Tandem p. Syphon, etc. Banter p. Master Henry (Orville) — Boadicea p. Alexander — Brunette p. Amaranthus — Mayfly p. Matchem — f. d'Ancaster Starling, etc.
		Melbourne (Bbr.—1834)	Humphrey Clinker p Comus (Sorcerer) — Clinkerina p. Clinker (Sir Peter) — Pewet p. Tandem Syphon) — Termagant p. Tantrum — f. de Regulus. F. de Cervantes (Don Quixote) — f. de Golumpus (Gohanna) — f. de Paynator — s. de Zodiac p. St-George — Abigail p. Woodpecker, etc.
		Mystery (Baie—1842)	Jerry p. Smolensko (Sorcerer et Wowski p. Mentor) — Louisa p. Orville (Beningbro' et Evelina) — Thomasina p. Timothy — Violet p. Spark, etc. Nameless p. Emilius (Orville et Emily p. Stamford) — Problem p. Merlin — Pawn p. Trumpator — Prunella p. Highflyer — Promise p. Snap, etc.
	ALBANIA (Bai-Brune—1876)	Saint-Albans (Alezan—1857) / Stockwell (Al.—1849) — The Baron (Alez—1842)	Birdcatcher p. Sir Hercules — Guiccioli p. Bob Booty (Chanticleer) — Flight p. Irish Escape (Commodore) — Y. Heroine p. Bagot, etc. Echidna p. Economist (Whisker et Floranthe) — Miss Pratt p. Blacklock (Whitelock) — Gadabout p. Orville (Beningbro') etc.
		Pocahontas (Baie—1837)	Glencoe p. Sultan (Selim) — Trampoline p. Tramp (Dick Andrews) — Web p. Waxy (Pot8os) — Penelope p. Trumpator (Conductor), etc. Marpessa p. Muley (Orville et Eleanor) — Clare p. Marmion (Whisky et Y. Noisette). — Harpalice p. Gohanna (Mercury) — Amazon, etc.
		Breberry (Al.—1851) — The Libel (Bbr.—1842)	Pantaloon p. Castrel (Buzzard et f. d'Alexander) — Idalia p. Peruvian (Sir Peter) — Musidora p. Meteor Eclipse) — Maid of All Work, p. Pasquinade (s. de Touchstone) p. Camel — Banter p. Master Henry (Orville) — Boadicea p. Alexander — Brunette p. Amaranthus, etc.
		Splitvote (Alez.—1841)	St-Luke p. Bedlamite (Welbeck et Maniac p. Shuttle) — Eliza Leeds p. Comus — Helen p. Hambletonian — Suzan p. Overton — Drowsy, etc. Electress p. Election (Gohanna et Chesnut Skin p. Woodpecker) — f. de Stamford — Miss Judy p. Alfred (f. de Conductor) — Manilla, etc.
		Lady of the Manor (Bbr.—1861) / Voltigeur (Bb—1847) — Voltaire (Bai—1826)	Blacklock p. Whitelock (Hambletonian et Rosamond p Phenomenon) — f. de Coriander (Pot8os) — Wildgoose p. Highflyer — Co-Heiress, etc. F. de Phantom (Walton et Julia p. Whisky) — f. d'Overton (King Fergus et f. d'Herod) — f. de Walnut — f. de Ruler, etc.
		Martha Lynn (Bbr.—1837)	Mulatto p. Catton (Golumpus et Lucy Grey p. Timothy) — Desdemona p. Orville — Fanny p. Sir Peter — f. de Diomed — Desdemona, etc. Leda p. Filho da Puta (Haphazard et Mrs Barnet p. Waxy) — Treasure p. Camillus (Hambletonian et Faith) — f. de Hyacinthus, etc.
		Horsey (B.—1842) — Glaucus (Bai—1830)	Partisan p. Walton (Sir Peter) — Parasol p. Pot8os — Prunella p. Highflyer — Promise p. Snap — Julia p. Blank, etc. Nanine p. Selim — Bizarre p. Peruvian (Sir Peter) — Violante p. John Bull — s. de Skyscraper p. Highflyer — Everlasting p. Eclipse, etc.
		Hester (Bbr.—1832)	Camel p. Whalebone (Waxy et Penelope p. Trumpator) — f. de Selim — Maiden p. Sir Peter — f de Phenomenon — Matron p. Florizel. Monimia p. Muley (Orville et Eleanor p. Whisky) — s. de Petworth p. Precipitate (Mercury) — f. de Woodpecker, etc.

LE SANCY

(APPARTIENT A M. LE BARON DE SCHICKLER, CH. DE MARTINVAST, MANCHE)

Pendant la saison de monte de 1893, Le Sancy sera en station au haras de Martinvast (station de Martinvast), où il saillira un certain nombre de juments étrangères au haras, à raison de deux mille francs, plus 20 francs pour l'écurie. S'adresser à M. Perren, stud groom à Martinvast (Manche).

Le Sancy, par Atlantic, est né, en 1884, au haras de Martinvast, chez le baron de Schickler; il est le second produit qu'ait eu en France Gem of Gems, que M. de Schickler a importée en 1881 d'Angleterre, où elle est née en 1873, chez M. R. Hewett; elle a donné également, avec Atlantic, Miroir-de-Portugal, avec Doncaster, dont elle était pleine à son arrivée à Martinvast, Escarboucle, et avec King-Lud, Le Mazarin; elle avait eu, avant son importation, trois produits, dont un gris et un rouan. Gris, de grande taille, 1^{m}67 environ, Le Sancy a une très belle épaule, de la longueur dessus, le rein bien attaché, et sur la croupe une bosse qui la fait paraître un peu courte; l'arrière-main est magnifique, le jarret a de la largeur et est très net. Une aussi puissante charpente ne pouvait, surtout avec ce développement des vertèbres dorsales, être complètement soudée à deux ans; à Deauville, Le Sancy était, pour ses débuts (1886), battu par Frapotel et Saint-Luc, dans le prix de Villers, et il n'était pas placé derrière Frapotel, Oviédo et Chérie dans le prix de Deux Ans; il battait, il est vrai, Chérie et Brio avec une extrême facilité dans le Grand Prix de Dieppe, mais, à Longchamps, il succombait de nouveau devant Frapotel dans le Grand Critérium, non toutefois sans lui opposer plus de résistance que lors de leurs précédentes rencontres. Il prenait une brillante revanche, au printemps suivant, sur le fils de Zut, dans la Poule d'Essai des poulains, où il le devançait d'une longueur, mais où il était battu d'une courte encolure par Brio. Il enlevait ensuite le prix Daru sur Volubilis et Vice-Roi, mais il n'était placé ni dans le prix du Jockey-Club, ni dans le Grand Prix de Paris, derrière Monarque et Ténébreuse respectivement; battu par Bavarde, dans le prix d'Octobre, il ne figurait pas à l'arrivée du prix de la Forêt gagné par Achéron. Ces insuccès répétés décidèrent son propriétaire à l'engager, au commencement de 1889, dans le Handicap à Longchamps, où, portant 63 kilos, il n'était pas plus heureux derrière Gin et Firmin. Toutefois, il avait pris du muscle pendant l'hiver, et il enlevait successivement, avec un brio impressionnant, les prix de Courbevoie, d'Apremont et de Lonray, sur la distance moyenne de 2.000 mètres, sur laquelle il devait être désormais imbattable. Il gagnait encore le prix d'Escoville, sur Walter-Scott, et à Fontainebleau, il opposait une magnifique résistance à Bavarde, qui lui enlevait d'une tête seulement le prix de Seine-et-Marne. Après une victoire facile, dans le prix Guillaume-le-Conquérant, à Deauville, il courait contre Galaor, à l'écart normal du poids pour âge, le Grand Prix où il était battu d'une encolure, après avoir donné une nouvelle preuve de son courage dans la lutte finale; Van Diemens' Land et Bavarde étaient derrière lui. Il battait ensuite Avril et Maxico dans le prix de Bois-Roussel à Paris, et allait courir à Manchester le Lancashire plate, où il prenait la troisième place derrière Seabreeze et Ayrshire, battant Mamia, Friars' Balsam et, de nouveau, Bavarde. Il terminait la campagne dans le prix de la Forêt, où il ne figurait pas derrière Catharina. Le Sancy, en pleine possession de ses moyens, courait treize fois en 1889, et gagnait dix courses, ajoutant à sa série de l'année précédente le prix d'Ispahan à Paris, et le prix des Dunes à Deauville; il y préludait sa victoire dans le Grand Prix, où, portant 65 kilos 1/2, il prenait sa revanche sur Galaor (64 kil.), alors sur son déclin, il est vrai. Après un walk-over dans le prix de Bois-Roussel, à Fontainebleau, il battait Achille et Phlégethon dans le prix d'Octobre, et disputait à Ténébreuse et à Sibérie le prix Gladiateur, dont la distance était trop grande pour la force de résistance de son mécanisme. Le Sancy courait encore neuf fois à six ans et remportait neuf victoires, toutes avec une extrême facilité; sur la distance moyenne de 2.000 mètres, il ne connaissait pas de rivaux. Il terminait à Deauville, dans le Grand Prix, où, portant encore 65 kil. 1/2, il battait Malgache, Pré-Catelan et Nativa, une des plus brillantes carrières qu'un cheval eût fournies sur le turf depuis plusieurs années; il avait couru quarante-trois fois, vingt-sept fois gagnant, neuf fois placé, et gagné 358.132 francs. Il commençait, en 1892, à faire la monte à Martinvast.

PEDIGREE DE LE SANCY

LE SANCY (Gris—1884).	ATLANTIC (Alezan—1871).	Thormanby (Alezan—1857).	Windhound (Bb. 1847)	**Pantaloon** (Alez.—1824)	Castrel p. Buzzard (Woodpecker et Misfortune p. Dux) — f. d'Alexander (Eclipse) — f. d'**Highflyer** — f. d'Alfred p. Matchem (Cade), etc. Idalia p. Peruvian (Sir Peter p. **Highflyer** et f. de Boudrow p. Eclipse) — Musidora p. Meteor (Eclipse) — Maid of All Work p. Highflyer, etc.
				Phryne (Bbr.—1840)	**Touchstone** p. Camel—Banter p. Master Henry—Boadicea p. Alexander (Eclipse) — Brunette p. Amaranthus — Mayfly p. Matchem, etc. Decoy p. Filho da Puta (Haphazard) — Finesse p. Peruvian (Sir Peter p. **Highflyer**) — Violante p. John Bull (Fortitude et Xantippe), etc.
			Alice Hawthorn (B. 1838)	**Muley Moloch** (Bbr.—1830)	Muley p. Orville (Beningbro') — Eleanor p. Whisky (Saltram) — Y. Giantess p. Diomed — Giantess p. Matchem — Molly Long Legs, etc. Nancy p. Dick Andrews (Joe Andrews p. Eclipse et f. d'**Highflyer**) — Spitfire p. Beningbro' — f. de Y. Sir Peter (Sir Peter p. **Highflyer**).
				Rebecca (Baie—1831)	Lottery p. Tramp (Dick Andrews) — Mandane p. Pot8os — Y. Camilla p. Woodpecker — Camilla p. Trentham — Coquette p. the Compton B., etc. Fille de Cervantes (Don Quixote, fr. d'Alexander, p. Eclipse) — Anticipation p. Beningbro' — f. d'Expectation — s. de Telemachus — f. de Skim, etc.
		Hurricane (Baie—1859).	Wild Dayrell (B.—1852)	Ion (Bai—1835)	Cain p. Paulowitz (Sir Paul et Evelina p. **Highflyer**) — f. de Paynator (Trumpator) — f. de Delpini (**Highflyer**) — s. de Mary p. Y. Marske. Margaret p. Edmund (Orville) — Medora p. Selim — f. de Sir Harry — f. de Volunteer (Eclipse) — f. d'Herod — Golden Grove p. Blank, etc.
				Ellen Middleton (Bbr.—1846)	Bay Middleton p. Sultan (Selim et Bacchante p. Williamsons' Ditto) — Cobweb p. Phantom — Filagree p. Soothsayer — Web p. Waxy, etc. Myrrha p. Malek (Blacklock et f. de Juniper) — Bessy p. Y. Gouty — Grandiflora p. Sir Harry Dimsdale — f. de Pipator — f. de Phenomenon, etc.
			Midia (Al.—1846)	Scutari (Bai—1837)	Sultan p. Selim (Buzzard) — Bacchante p. Williamsons' Ditto — s. de Calomel p. Mercury (Eclipse) — f. d'Herod — Folly p. Marske, etc. Velvet p. Oiseau (Camillus et f. de Ruler) — Wire p. Waxy — Penelope p. Trumpator — Prunella p. **Highflyer** — Promise p. Snap, etc.
				Marinella (Alez.—1824)	Soothsayer p. Sorcerer (Trumpator et Y. Giantess) — Goldenlocks p. Delpini (**Highflyer**) — Violet p. Shark (Marske) — f. de Syphon (Squirt). Bess p. Waxy (Pot8os et Maria p. Herod) — Vixen p. Pot8os (Eclipse) — Cypher p. Squirrel (Traveller et Grey Bloody Buttocks), etc.
	GEM OF GEMS (Grise—1873).	Strathconan (Bai ou Rouan—1863).	Newminster (B.—1842)	**Touchstone** (Bbr.—1831)	Camel p. Whalebone (Waxy) — f. de Selim — Maidem p. Sir Peter — f. de Phenomenon — Matron p. Florizel — Maidem p. Matchen — f. de Squirt. Banter p. Master Henry (Orville) — Boadicea p. Alexander — Brunette p. Amaranthus — Mayfly p. Matchem — f. d'Ancaster Starling, etc.
				Beeswing (Baie—1833)	Doctor Syntax p. Paynator (Trumpator) — f. de Beningbro' — Jenny Mole p. Carbuncle — f. de Prince T. Quassa — Bloody Buttocks — f. de Regulus. Fille d'Ardrossan (John Bull) — Lady Eliza p. Whitworth (Agonistes) — f. de Spadille — Sylvia p. Y. Marske — Ferret p. frère de Silvio (Cade).
			Souvenir (Grise—1856)	Chanticleer (Gris—1843)	Birdcatcher p. Sir Hercules (Whalebone) — Guiccioli p. Bob Booty (Chanticleer) — Hight p. Irish Escape — Y. Heroine p. Bagot — Heroine, etc. Whim p. Drone — Kiss p. Waxy Pope — f. de Champion (Pot8os) — Brown Fanny p. Maximin — f. d'**Highflyer** — f. de Matchem (Cade), etc.
				Birthday (Bbr.—1850)	Assault p. **Touchstone** — Chuznee p. Pantaloon (Castrel) — Languish p. Cain (Paulowitz) — Lydia p. Poulton (Sir Peter) — Variety p. Hyacinthus. Nitocris, sœur de Memnon p. Whisker (Waxy) — Manuella p. Dick Andrews — Mandane p. Pot8os — Y. Camilla p. Woodpecker — Camilla.
		Poinsettia (Bbr.—1866).	Y. Melbourne (Bb.—1855)	Melbourne (Bbr.—1834)	Humphrey Clinker p. Comus (Sorcerer et Houghton Lass p. Sir Peter) — Clinkerina p. Clinker (Sir Peter) — Pewet p. Tandem (Syphon), etc. Fille de Cervantes (Don Quixote) — f. de Golumpus — f. de Paynator (Trumpator) — s. de Zodiac p. St-George (**Highflyer**) — Abigail, etc.
				Clarissa (Baie—1846)	**Pantaloon** p. Castrel (Buzzard) — Idalia p. Peruvian (Sir Peter) — Musidora p. Meteor — Maid of All Work p. Highflyer, etc. Fille de Glencoe (Sultan) — Frolicsome p. Frolic (Hedley et Frisky p. Fidget) — f. de Stamford (Sir Peter) — Alexina p. King Fergus, etc.
			Lady Hawthorn (B. 1854)	Windhound (Bai—1847)	**Pantaloon** p. Castrel (Buzzard et f. d'Alexander) — Idalia p. Peruvian (Sir Peter) — Musidora p. Meteor (Eclipse) — Maid of all Work, etc. Phryne p. **Touchstone** — Decoy p. Filho da Puta (Haphazard) — Finesse p. Peruvian — Violante p. John Bull (Fortitude) — s. de Skyscraper.
				Alice Hawthorn (Baie—1838)	**Muley Moloch** p. Muley (Orville et Eleanor p. Whisky) — Nancy p. Dick Andrews — Spitfire p. Beningbro' — f. de Y. Sir Peter, etc. Rebecca p. Lottery — f. de Cervantes — Anticipation p. Beningbro' — f. d'Expectation — s. de Telemachus p. Herod (Tartar) — f. de Skim, etc.

LITTLE DUCK

(APPARTIENT A M. LE BARON DE SOUBEYRAN)

Pendant la saison de monte de 1893, Little Duck, sera en station au haras d'Albian, à Jouy-en-Josas, près Versailles, où il saillira un certain nombre de juments étrangères au haras, à raison de deux mille francs, plus 20 francs pour l'écurie. S'adresser à M. le baron de Soubeyran, 49 rue de Monceau, à Paris.

Little Duck, par See Saw, est né en 1881 au haras de Champagné-Saint-Hilaire, chez M. V. Malapert; il est le premier produit qu'a eu en France Light Drum, née en Angleterre en 1870 chez M. J. W. Lee; elle a eu quatre produits avant d'être importée, pleine de See Saw, par M. Malapert en 1880, et a donné depuis Lapin avec Salvator; elle est morte en 1882. Little Duck est un très grand cheval bai-brun, 1^{m}69, avec le rein très solidement attaché, très compact avec des membres très forts, mais un peu court et commun avec sa grosse tête; ses jarrets laissent à désirer; son action était un peu lourde, mais avait une puissance remarquable. Il ne put être entraîné pour courir à deux ans, et fit ses débuts, encore très vert, dans le prix de Guiche (1884), qu'il n'en gagna pas moins, par la force de sa qualité, sur un champ médiocre d'ailleurs; il battait ensuite Richelieu, Escogriffe et Barbery dans le Biennal, mais dans la Poule d'Essai des poulains, il ne pouvait approcher Archiduc. Dans le prix Reiset, où il paraissait imbattable, il était, par la maladresse voulue de son jockey Kellet, battu d'une demi-longueur par Barbery, auquel, normalement, il aurait pu rendre plus d'une stone. Il partait ensuite très délaissé à la cote de 16/1, dans le prix du Jockey-Club, qu'il n'en gagnait pas moins dans un canter; Archiduc, qui ne pouvait guère y être battu, avait à son tour été victime d'une tentative criminelle, et Fra Diavolo pas plus que Barbery n'étaient de sa classe. Enfin, dans le Grand Prix de Paris, Little Duck résistait sans la moindre peine aux assauts de le Lambkin et de Fra-Diavolo et l'emportait de cinq longueurs avec une aisance impressionnante. Sa course, sur un terrain très détrempé, n'en avait pas moins été très dure, l'état de ses jarrets était devenu menaçant, et il était envoyé au repos à Avermes, puis au haras de Saint-Georges, où il commençait à faire, à raison de quinze cents francs, la monte en 1886. Parmi les premiers produits de Little Duck, on peut citer Alaric, Joël, Nessus, Iskender, Soleil, Perdican et Romarin; aux deux derniers surtout il a bien imprimé son cachet. Péroration II, mère de Perdican, est fille de Péro-Gomès; Romarin a pour mère une fille de Rosicrucian; toutes deux appartiennent à la famille de Beadsman.

PEDIGREE DE LITTLE DUCK

LITTLE DUCK (Bai — 1881).	SEE-SAW (Bai — 1865).	Buccaneer (Bbr.—1857).	Ion (Bai—1835)	Cain p. Paulowitz (Sir Paul et Evelina p. Highflyer)—fille de **Paynator** (Trumpator)— f. de Delpini (Highflyer) — f. de Y. Marske, etc. Margaret p. **Edmund** (**Orville** et Emmeline p. **Waxy**) — Medora p. **Selim** (Buzzard et f. d'Alexander) — fille de Sir Harry (Sir Peter).
			Ellen Middleton (Baie — 1846)	Bay Middleton p. Sultan (**Selim** et Bacchante p. Williamsons' Ditto)— Cobweb p. Phantom—Filagree p. Soothsayer—Web p. **Waxy**, etc. Myrrha p. Malek (**Blacklock** et fille de Juniper p. **Whisky**) — Bessy p. Y. Gouty—Grandiflora p. Sir Harry Dinsdale (Sir Peter).
		Fille de (Al.—1841) Wild Dayrell (Bb.—1852)	Little Red Rover (Alez.—1847)	Tramp p. Dick Andrews (Joe Andrews et Amaranda p. Omnium, fils de Snap)— fille de Gohanna (Mercury) — Fraxinella p. Trentham. Miss Syntax p. Paynator (**Trumpator** et fille de Marc Antony) — fille de Beningbro' (King Fergus)— Jenny Mole p. Carbuncle (Babraham).
			Eclat (Bbr. — 1830)	**Edmund** p. **Orville**—Emmeline p. **Waxy** (Pot8os)—Sorcery p. Soothsayer (Trumpator)—Cobbea p. Skyscraper—fille de Woodpecker, etc. Squib p. Soothsayer (**Sorcerer** et Golden Locks p. Delpini) — Berenice p. Alexander —Brunette p. Amaranthus — Mayfly p. Matchem.
	Margery Daw (Baie—1856)	Brocket (Bbr.—1850)	Melbourne (Bbr.—1834)	Humphrey Clinker p. Comus (**Sorcerer** et Houghton Lass p. Sir Peter) —Clinkerina p. Clinker (Sir Peter)—Pewet p. Tandem (Syphon), etc. Fille de Cervantes (Don Quixote et Evelina p. Highflyer)—fille de Golumpus (Gohanna)—fille de Paynator (Trumpator) — s. de Zodiac, etc.
			Miss Slick (Baie—1843)	Muley Moloch p. Muley (**Orville** et Eleanor p. **Whisky**) — Nancy p. Dick Andrews (Joe Andrews)—Spitfire p. Beningbro' (King Fergus), etc. Fille de Whisker (**Waxy** et Penelope p. **Trumpator**) — fille de Sam (Scud p. Beningbro')— Morel p. Sorcerer (Trumpator)—Hornby Lass, etc.
		Protection (B.—1845)	Defence (Bai—1824)	Whalebone p. **Waxy** (Pot8os et Maria p. Herod) — Penelope p. **Trumpator** (Conductor)—Prunel a p. Highflyer — Promise p. Snap. Defiance p. Rubens (Buzzard et f. d'Alexander p. Eclipse) — Little Folly p. Highland Fling (Spadille)—Harriet p. Volunteer, etc.
			Testatrix (Baie—1840)	Touchstone p. Camel (Whalebone p. **Waxy**) — Banter p. Master Henry (**Orville**) — Boadicea p. Alexander (Eclipse) — Brunette, etc. Y. Worry p. Emilius (**Orville** et Highflyer p. Stamford)—Worry p. Woful (**Waxy** et Penelope)— Sal (sœur de Sam) p. Scud — Hyale, etc.
	LIGHT DRUM (Alezane—1870).	Rataplan (Alezan—1850).	Birdcatcher (Alez.—1833)	Sir Hercules p. Whalebone (**Waxy**) — Peri p. Wanderer — Thalestris p. Alexander — Rival p. Sir Peter (**Highflyer**)—Hornet p. Drone, etc. Guiccioli p. Bob Booty (Chanticleer et Ierne p. Bagot) — Flight p. Irish Escape — Y. Heroine p. Bagot — Heroine p. Hero (Cade), etc.
			Echidna (Bbr.—1837)	Economist p. Whisker (**Waxy**) — Floranthe p. Octavian — Caprice p. Anvil Herod) — f. de Feather—Crazy p. Lath—Madcap p. Eclipse. Miss Pratt p. Blacklock — Gadabout p. **Orville**—Minstrel p. Sir Peter (**Highflyer**)— Matron p. Florizel, etc.
		Pocahontas (B.—1837) The Baron (Al.—1842)	Glencoe (Alez.—1833)	Sultan p. Selim — Bacchante p. Williamsons' Ditto p. Sir Peter (**Highflyer**) — sœur de Calomel p. Mercury — f. d'Herod—Folly p. Marske. Trampoline p. Tramp— Web p. **Waxy**— Penelope p. Trumpator — Prunella p. **Highflyer** — Promise p. Snap, etc.
			Marpessa (Baie—1830)	Muley p. **Orville** — Eleanor p. Whisky — Y. Giantess p. Diomed — Giantess p. Matchem (Cade et f. de Partner) — Molly Long Legs, etc. Clare p. Marmion (Whisky et Y. Noisette p. Diomed) — Harpalice p. Gohanna — Amazon p. Driver — Fractious p. Mercury, etc.
Trinket (Baie—1864).		Touchwood (B.—1856)	Touchstone (Bbr.—1831)	Camel p. Whalebone (**Waxy**)—f. de Selim—Maiden p. Sir Peter (**Highflyer**) — f. de Phenomenon — Matron p. Florizel, etc. Banter p. Master Henry (**Orville**) — Boadicea p. Alexander — Brunette p. Amaranthus — Mayfly p. Matchem, etc.
			Bonnie Bee (Baie—1847)	Galanthus p. Langar (Selim et f. de Walton) — Cast Steel p. Whisker (**Waxy**) — The Winkle p. Walton (Sir Peter)—f. d'Orville—Lisette. Beeswing p. Dr. Syntax (Paynator et f. de Beningbro')—f. d'Ardrossan (John Bull)— f. de Whitworth (Agonistes)—f. de Spadille, etc.
	Ziska (Bbr.—1860)		Prime Minister (Bbr.—1848)	Melbourne p. Humphrey Clinker (Comus et Clinkerina p. Clinker) — f. de Cervantes — f. de Golumpus —f. de Paynator—s. de Zodiac, etc. Pantaloonade p. Pantaloon — Festival p. Camel — Michaelmas p. Thunderbolt — Plover p. Sir Peter— f. de Boudrow, etc.
			Plague Royal (Baie—1855)	Mildew p. Slane (Royal Oak et f. d'Orville) — Semiseria p. Voltaire (Blacklock) — Comedy p. Comus — f. de Star — Y. de f. Marske, etc. Gipsy Queen p. Tomboy (Jerry et m. de Beeswing p. Ardrossan)—Lady Moore Carew p. Tramp (Dick Andrews)—Kite p. Bustard—Olympia.

LORD CLIVE

(APPARTIENT A MM. LE BARON ROGER ET LE BARON DE VARENNE)

Pendant la saison de monte de 1893, Lord Clive sera en station au haras de Villeron, par Franconville, près Luzarches (station de Louvres). Ses propriétaires ayant réservé ses services aux juments du haras, aucun prix n'a été fixé pour ses saillies †.

LORD CLIVE, par Lord-Clifden (gagnant du Saint-Léger de 1863), est né en 1875 chez M. Rayner; il est le septième produit de Plunder, née en 1864 chez lord Portsmouth, qui a donné également Warren Hastings avec Citadel. Lord Clive est un cheval alezan, de taille moyenne, 1m60, assez compact, solidement charpenté, avec une bonne direction d'épaule, de la substance et d'excellents membres. Il courait pour la première fois en 1877 dans l'Althorp Park Stakes, à Northampton, où il prenait la seconde place derrière Hudibras; non placé dans le second Nursery de Newmarket, la veille du Cesarewitch, il gagnait, à la même réunion, un Plate de 220 livres. Troisième derrière sa demi-sœur Jannette, dans les Criterion Stakes du Houghton meeting, il gagnait, le lendemain, le Criterion Nursery et faisait un walk-over pour les 65 l. du Houghton Plate. En 1878, Lord Clive, après avoir couru sans y figurer le City and Suburban, à Epsom, où il était battu par Sefton, qui devait, trois, semaines après, gagner le Derby et auquel il rendait dix-huit livres, enlevait facilement un Welter Handicap, puis finissait troisième derrière Hampton et Verneuil, dans l'Epsom Gold Cup. A Ascot, il gagnait le New Biennal, mais il était battu dans le Rous Memorial par Petrarch et Touchet. Cette défaite était suivie de cinq victoires consécutives : dans le Summer Cup (5.200m), à Newmarket, le Goodwood Derby (2.400m), et les Grand Duke Michael Stakes, à Newmarket, où il battait à deux reprises Clémentine, un Majestys Plate (3.200m), à Nottingham, et les Select Stakes à Newmarket, où Phénix ne figurait pas. Handicapé à 50 kilos dans le Cambridgeshire, il n'était pas placé derrière Isonomy (3 a., 45 kil.), Touchet (4 a., 47 kil. 1/2) et La Merveille, Clémentine, Faisan et Écossais. Il gagnait ensuite le Handicap libre du Houghton meeting où, à trois livres, il battait Insulaire, et Clémentine à poids égal; enfin il courait sans succès le Shrewsbury Cup gagné par Sunshade, auquel il rendait deux stones. A quatre ans, Lord Clive courait dix fois pour ne gagner qu'une seule course, les Coffee Room Stakes (1.600m), à Newmarket; il s'était, il est vrai, rencontré à plusieurs reprises avec des chevaux de premier ordre, comme Rayon-d'Or et Insulaire; enfin, à cinq ans (1879), il courait encore six fois et gagnait, pour sa dernière apparition, le Warwick Welter Cup sur 1.600m. A défaut d'une grande qualité, il avait fait preuve d'endurance. En 1881, il était importé en France par ses propriétaires actuels; Cherry Brandy, Padmana, Chipolata, Polenta, Astrologue et surtout Le Cordouan ont été les meilleurs de ses produits, dont plusieurs ont montré un certain caractère. Light House, mère du Cordoan, est fille de Sterling.

PEDIGREE DE LORD CLIVE

LORD CLIVE (Alezan — 1855) Importé en 1881.	LORD CLIFDEN (Bai—1860).	Newminster (Bai—1848).	Camel (Noir—1822)	Whalebone p. **Waxy** (Pot8os et Maria p. Herod) —Penelope p. Trumpator — Prunella p. Highflyer — Promise p. Snap — Julia p. Blank, etc. F. de Selim (Buzzard et f. d Alexander) — Maiden p. **Sir Peter** — f. de Phenomenon (Herod) — Matron p. Florizel — Maiden p. Matchem, etc.
			Banter (Baie—1826)	Master Henry p. **Orville** (Beningbro' et Evelina p. Highflyer) — Miss Sophia p. Stamford — Sophia p. Buzzard (Woodpecker), etc. Boadicea p. Alexander (Eclipse et Grecian Princess p. Williams' Forester) — Brunette p. Amaranthus (Old England) — Mayfly p. Matchem (Cade).
		Beeswing (B.—1833) Touchstone (Bb.—1831)	Dr Syntax (Bbr.—1811)	Paynator p. Trumpator (Conductor et Brunette p. Amaranthus) — f. de Marc Antony (Spectator) — Signora p. Snap (Snip), etc. F. de **Beningbro'** (King Fergus et f. d'Herod)—Jenny Mole p. Carbuncle (Babraham Blank) — f. de Prince T. Quassa (Snip), etc.
			Fille de (Alez.—1817)	Ardrossan p. John Bull (Fortitude et Xautippe p. Eclipse) —Miss White p. Volunteer (Eclipse) — Wimbledon p. Evergreen, etc. Lady Eliza p. Whitworth (Agonistes et f. de Jupiter) — f. de Spadille (Highflyer)—Sylvia p. Y. Marske—Ferret p. frère de Sylvio (Cade), etc.
		The Slave (Baie—1832). Melbourne (B.—1845)	Humphrey Clinker (Bai—1822)	Comus p. **Sorcerer** (Trumpa or et Y.Giantess p.Diomed)—Houghton Lass p. Sir Peter — Alexina p. King Fergus — Lardella p. Y. Marske, etc. Clinkerina p. Clinker (**Sir Peter** et Hyale p. Phenomenon) — Pewet p. Tandem (Syphon) — Termagant p. Tantrum (Cripple), etc.
			Fille de (Baie—1825)	Cervantes p. Don Quixote (Eclipse et Grecian Princess p. Forester) — Evelina p. Highflyer—Termagant p. Tantrum—Cantatrice p. Sampson. F. de Golumpus (Gohanna et Catherine p. Woodpecker) — f. de Paynator (Trumpator) — s. de Zodiac p St-George — Abigail p. Woodpecker, etc.
		Volley (B.—1831)	Voltaire (Bbr.—1826)	Blacklock p. Whitelock (Hambletonian et Rosalind p. Phenomenon) — f. de Coriander (Pot8os) — Wild Goose p. Highflyer, etc. F. de Phantom (Walton et Julia p. Whisky) — f. d'Overton — m. de Gratitude p. Walnut — f. de Ruler — Picarantha p. Matchem, etc.
			Martha Lynn (Bbr.—1837)	Mulatto p. Catton (Golumpus p. Gohanna) — Desdemona p. **Orville** — Fanny p. Sir Peter — f. de Diomed — Desdemona p. Marske, etc. Leda p. Filho da Puta — Treasure p. Camillus (Hambletonian) — f. de Hyacinthus (Coriander) — Flora p King Fergus — Atalanta p. Matchem.
	PLUNDER (Baie—1864).	Buccaneer (Bai—1857). Wild Dayrell (B.—1852)	Ion (Bai—1835)	Cain p. Paulowitz (Sir Paul et Evelina p. Highflyer) — f. de Paynator (Trumpator) — f. de Delpini (Highflyer) — s. de Mary p. Y. Marske. Margaret p. **Edmund** (Orville et Emmeline p. **Waxy**) — Medora p. Selim (Buzzard) — f. de Sir Harry — f. de Volunteer (Eclipse), etc.
			Ellen Middleton (Bbr.—1846)	Bay Middleton p. Sultan (Selim et Bacchante p. Williamsons' Ditto) — Cobweb p. Phantom (Walton) — Filagree p. Soothsayer — Web p. Waxy. Myrrha p. Malek (**Blacklock** et f. de Juniper) — Bessy p. Y. Gouty — Grandiflora p. Sir Harry Dimsdale — f. de Pipator — f. de Phenomenon.
		Fille de (Alez.—1841) Soldiers'Joy (Al.—1836)	Little Red Rover (Alez.—1827)	Tramp p. Dick Andrews (Joe Andrews et f. d'Highflyer, — f. de Gohanna (Mercury. — Fraxinella p Trentham — s. de Goldfinch p. Woodpecker. Miss Syntax p. Paynator (Trumpator et f. de Marc Antony) — f. de Beningbro' — Jenny Mole p. Carbuncle — f. de Prince T. Quassa, etc.
			Eclat (Bbr.—1830)	Edmund p. **Orville** — Emmeline p. **Waxy** — Sorcery p. **Sorcerer** — Cobbea p. Skyscraper — f. de Woodpecker — Heinel p. Squirrel, etc. Squib p. Soothsayer (Sorcerer et Goldenlocks p. Delpini — Berenice p. Alexander—Brunette p. Amaranthus — Mayfly p. Matchem (Cade), etc.
		Fille de (Alezane—1844) Défence (B.—1824)	Whalebone (Bbr.—1807)	**Waxy** p. Pot8os (Eclipse) — Maria p. Herod — Lisette p. Snap — Miss Windsor p. The Godolphin Arabian — s. de Volunteer p.Y. Belgrade. Penelope p. Trumpator (Conductor et Brunette p. Squirrel) — Prunella p. Highflyer—Promise p, Snap—Julia p, Blank (Godolphin Arabian), etc.
			Defiance (Baie—1816)	Rubens p. Buzzard (Woodpecker et Misfortune p. Dux) — f. d'Alexander (Eclipse)—f. d'Highflyer — f.d'Alfred—f.d'Engineer—m. de Bay Malton. Little Folly p. Highland Fling (Spadille et Celia p. Herod) — Harriet p. Volunteer (Eclipse) — f. d'Alfred — Magnolia p. Marske (Cade), etc.
			The Colonel (Alez.—1825)	Whisker p. **Waxy** (v. plus haut) — Penelope p. Trumpator — Prunella p. Highflyer — Promise p. Snap — Julia p. Blank, etc. F. de Delpini (Highflyer et Countess p. Blank) — Tipple Cyder p. King Fergus — Sylvia p. Y. Marske — Ferret f. de Silvio, etc.
			Galatea (Bbr.—1816)	Amadis p. don Quixote (Eclipse)—Fanny p. **Sir Peter** —f. de Diomed (Florizel) — Desdemona p. Marske—Y. Bag p. Skim—Hag p. Crab, etc. Paulina p. **Sir Peter** (Highflyer) — Pewet p. Tandem (Syphon) — Termagant p. Tantrum (Cripple) — Cantatrice p.Sampson—f. de Regulus.

MALGACHE

(APPARTIENT A M. RENÉ PETIT LE ROY)

Pendant la saison de monte de 1893, Malgache sera en station au haras de Fitz-James, près Clermont (Oise), où il saillira un certain nombre de juments, à raison de cent francs. S'adresser à M. Thierry, stud-groom au haras de Fitz-James, près Clermont (Oise).

MALGACHE, par Bariolet, est né en 1886 chez M. Maurice Éphrussi ; il est le sixième produit de Miss Bowstring, née en 1875 chez lord Lonsdale et importée en 1880 par M. Éphrussi ; elle a donné également Mauviette avec Boiard, Malvoisie, avec Bariolet et Martinet avec Martin-Pêcheur II. Malgache est bai, de taille moyenne, 1m62 ; il a un beau dessus, le rein bien attaché, les quartiers larges, mais son devant est mauvais, ses jarrets défectueux : il a par contre fait preuve à maintes reprises d'un courage et d'un tempérament dignes de son père. Avec ses membres tarés, il ne pouvait guère être engagé par son éleveur que dans des prix à réclamer, et il était, en effet, à vendre pour 2.500 francs dans le prix de Début, à Vincennes, où il faisait sa première apparition en public au mois d'août de 1888. Il gagnait ensuite deux courses à Saint-Ouen et à Maisons-Laffitte, où il était réclamé pour 3.555 francs par le comte Le Marois ; il courait six fois encore à deux ans, sous ses nouvelles couleurs, son prix de réclamation variant de 2.500 à 1.500 francs sans que personne fût tenté de l'acheter. Au printemps suivant, la facilité avec laquelle il enlevait, à Vincennes, le prix du Châlet, où il était à réclamer pour 1.500 francs, lui valait d'être acheté pour le double de cette somme par M. J. Ravaut, pour lequel il gagnait en quinze jours deux courses à Maisons-Laffitte. Son prix de réclamation s'élevant en proportion de la résistance inespérée de ses membres tarés, il devenait alors la propriété de T. Wilde qui l'achetait 6.000 francs et le rachetait la semaine suivante 11.000 francs environ après sa victoire dans le prix de Boulogne, à Paris. Battu par Saint-Claude dans le prix de l'Étoile, où il était à réclamer pour 20.000 francs, un nouvel échec à Maisons-Laffitte faisait retomber son prix de réclamation à 5.000 francs, pour remonter à 10.000 dans le prix de Chatou, à Paris, où il finissait second derrière Xanthippe ; cette course marquait pour lui la fin de ces fluctuations continuelles. Il était en effet acheté à l'amiable par M. René Petit qui, se rendant un compte plus exact de sa valeur réelle, l'engageait à Vincennes dans un handicap qu'il gagnait facilement malgré ses 60 kilos. Puis il inaugurait, à Caen, dans le prix du Conseil Général où, portant 49 kilos, il battait Folie (4 a., 62 kil. 1/2), Chlamyde et Rêve, sa campagne de Normandie, dont chaque étape devait être marquée par une victoire ; très bien placé en raison de la modestie de ses débuts, dans les handicaps de Deauville, il enlevait successivement avec une extrême facilité le prix des Tribunes et de Pont-l'Évêque, puis gagnait, à Dieppe, le prix de 1re Série. Un peu éprouvé par son fatigant déplacement, il était battu par Dédette dans le prix de Saint-Cloud, puis par Sérapis dans le Grand Handicap de Maisons-Laffitte, mais il terminait la saison par une victoire dans le prix de Valognes, à Maisons, où portant 58 kilos, il battait Fercoq, Soliman, Dédette et Infernal. Malgache courait encore dix-sept fois à quatre ans (1890), gagnant entre autres, à Paris, le prix de Satory (4.000m), le prix de la Porte-Maillot (1.600m) et le prix Hocquart à Deauville, où, dans le Grand Prix, il enlevait, grâce à son énergie, la seconde place à Pré-Catelan, derrière Le Sancy ; il battait enfin Prix-Fixe dans le prix Jouvence (4.800m), à Longchamps et il faisait sa dernière course dans le prix d'Octobre où il finissait troisième derrière Alicante et Barberousse. Ses membres défectueux ne l'avaient pas empêché de courir quarante-deux fois et de gagner dix-huit courses. Il était alors envoyé au haras de Fitz-James où il a fait en 1891 sa première saison de monte.

PEDIGREE DE MALGACHE

MALGACHE (Bai—1886).	BARIOLET (Alezan—1878).	Trocadéro (Alezan—1864).	Monarque (B.—1852)	The Baron, the Emperor ou Sting* (Bbr.—1843)	Slane p. **Royal Oak** (Catton et f. de Smolensko) — f. d'Orville (Beningbro') — Epsom Lass p Sir Peter — Alexina p King Fergus — Lardella, etc. Echo p. **Emilius** (Orville et Emily p. Stamford) — f. de Scud (Beningbro') — Canary Bird p. Sorcerer — Canary p. Coriander — Miss Green, etc.
				Poetess (Baie—1838)	**Royal Oak** p. Catton (Golumpus et Lucy Grey p. Timothy) — f. de Smolensko (Sorcerer) — Lady Mary p. Beningbro' — f. d'Highflyer, etc. Ada p. Whisker (Waxy et Penelope.—Anna Bella p. Shuttle (Y. Marske) — f. de Drone — Contessina p. Y. Marske — Tuberose p. Herod, etc.
			Antonia (Al.—1851)	Epirus (Alez.—1834)	Langar p. Selim (Buzzard et f. d'Alexander) — f. de Walton (Sir Peter) — Y. Giantess p. Diomed — Giantess p. Matchem, etc. Olympia p. Sir Oliver (Sir Peter et Fanny p. Diomed) — Scotilla p. Anvil (Herod) — Scota p. Eclipse — Harmony p. Herod — Rutilia, etc.
				The Ward of Cheap (Baie—1843)	Colwick p. Filho da Puta (Haphazard et Mrs. Barnet) — Stella p. Sir Oliver — Scotilla p. Anvil — Scota p. Eclipse — f. d'Herod, etc. Maid of Burghley p. **Sultan** (Selim et Bacchante p. Williamsons' Ditto' — Palais-Royal p. Blucher — f. d'Election — m. de Rubens, etc.
		Bariolette (Alezane—1867).	Orphelin (Al.—1852)	Fitz Gladiator (Alez.—1850)	**Gladiator** p. Partisan (Walton et Parasol p. Pot8os) — Pauline p. Moses (Seymour) — Quadrille p. Selim — Canary Bird p. Sorcerer, etc. Zarah p. Reveller (Comus et Rosette p. Beningbro') — f. de Rubens (Buzzard) — Brightonia p. Gohanna — Nutmeg p. Sir Peter, etc.
				Echelle (Baie—1849)	Sting p. Slane (**Royal Oak** et f. d'Orville) — Echo p. **Emilius** (Orville) — fille de Scud (Beningbro') — Canary Bird p Sorcerer, etc. Eusebia p. Emilius (Orville) — Mangel Wurzel p. Merlin (Castrel) — Morel p. Sorcerer — Hornby Lass p. Buzzard — Puzzle p. Matchem, etc.
			Barbette (Al.—1849)	Faugh a Ballagh (Bbr.—1841)	Sir Hercules p. **Whalebone** (Waxy et Penelope p. Trumpator) — Peri p. Wanderer (Gohanna) — Thalestris p. Alexander (Eclipse), etc. Guiccioli p. Bob Booty (Chanticleer et Ierne p. Bagot) — Flight p. Irish Escape (Commodore) — Y. Heroine p. Bagot — Heroine p. Hero, etc.
				Barbarina (Baie—1840)	Plenipotentiary p. **Emilius** (v. plus haut) — Harriet p. Pericles (Evander et f. de Precipitate) — f. de Selim (Buzzard) — Pipylina p. Sir Peter. Saffi p. fils de Dick Andrews et de Lord Lowthers' Barb mare — f. de Totteridge — s. de Marianne, p. Mufti — Maria p. Telemachus, etc.
	MISS BOWSTRING (Baie—1875).	Strafford (Bai-Brun—1861).	Y. Melbourne (B.—1855)	Melbourne (Bbr.—1834)	Humphrey (Clinker p. Comus (Sorcerer) — Clinkerina p. Clinker (Sir Peter) — Pewet p. Tandem (Syphon) — Termagant p. Tantrum, etc. Fille de Cervantes (Don Quixote) — f. de Golumpus — f. de Paynator — s. de Zodiac p. St-George (Highflyer) — Abigail p. Woodpecker, etc.
				Clarissa (Baie—1848)	Pantaloon p. Castrel — Idalia p. Peruvian — Musidora p. Meteor — Maid of All Work p. Highflyer — s. de Tandem p. Syphon — f. de Regulus, etc. Fille de Glencoe (Sultan) — Frolicsome p. Frolic — f. de Stamford — Alexina p King Fergus — Lardella p. Y. Marske — f. de Cade, etc.
			Fille de (Ro.—1853)	Gameboy (Noir—1842)	Tomboy p. Jerry — m. de Beeswing p. Ardrossan — Lady Eliza p. Whitworth — m. de X. Y. Z. p. Spadille — Sylvia p. Young Marske, etc. Lady Moore Carew p. Tramp — Kite p. Bustard — Olympia p. Sir Oliver — Scotilla p. Anvil — Scota p. Eclipse — Harmony p. Herod — Rutilia, etc.
				Physalis (Rouan-1841)	Bay Middleton p **Sultan** (Selim et Bacchante p. Williamsons' Ditto) — Cobweb p Phantom — Filagree p. Soothsayer — Web p. Waxy, etc. Baleine p. **Whalebone** — Vale Royal p. Sorcerer — Orange p. Whisky — Orange Bud p. Highflyer — Orange Girl p. Matchem — Red Rose, etc.
		Miss Bowman (Alezane—1865).	Toxophilite (B.—1855)	Orlando (Bai—1841)	Touchstone p. Camel (**Whalebone** et f. de Selim) — Banter p. Master Henry (Orville et Miss Sophia) — Boadicea p. Alexander, etc. Vulture p. Langar (Selim et f. de Walton) — Kite p. Bustard (Buzzard) — Olympia p. Sir Oliver (Sir Peter) — Scotilla p. Anvil, etc.
				Cavatina (Bbr.—1844)	Redshank p. Sandbeck (Catton et Orvillina p. Beningbro') — Johanna p. Selim (Buzzard) — m. de Comical p. Skyscraper (Highflyer), etc. Oxygen p. **Emilius** (Orville) — Whizgig p. Rubens (Buzzard) — Penelope p. Trumpator — Prunella p. Highflyer — Promise p. Snap, etc.
			Miss Sarah (B.—1850)	Don John (Bai—1835)	Waverley p. **Whalebone** (Waxy) — Margaretta p. Sir Peter — s. de Cracker p. Highflyer — Nutcracker p. Matchem — Miss Starling p. Starling Fille de Comus (Sorcerer et Houghton Lass p. Sir Peter) — Marciana p. Stamford — Marcia p. Coriander — Faith p. Pacolet — Atalanta p. Matchem
				Miss Sarah (Baie—1842)	**Gladiator** p. Partisan (Walton et Parasol p. Pot8os) — Pauline p. Moses (Seymour) — Quadrille p. Selim — Canary Bird p. Sorcerer, etc. Easter p. Brutandorf (Blacklock et Mandane p. Pot8os) — Wagtail p. Prime Minister — f. d'Orville — Miss Grimstone p. Weasel, etc.

MANOEL

(APPARTIENT A M. LE BARON DE SOUBEYRAN)

Pendant la saison de monte de 1893, Manoel sera en station au haras d'Albian, à Jouy-en-Josas, près Versailles (Seine-et-Oise), où il saillira un certain nombre de juments étrangères au haras, à raison de mille francs, plus 20 francs pour l'écurie. S'adresser à M. le baron de Soubeyran, 49 rue de Monceau, à Paris.

MANOEL, par Flageolet, est né en 1886, au haras du Rû-Jacquet, chez M. Polge; il est le quatrième produit de Vestale, née en 1872 chez M. le baron de Rothschild. Manoël est un cheval bai de taille moyenne, 1^{m}60, un peu borné dans ses lignes, mais bien fait et très harmonieux dans son ensemble. Acheté yearling par le duc de Castries, il n'a pas couru à deux ans ; dans le prix Hocquart, où il fit ses débuts au printemps de 1883, il prit la troisième place derrière Archiduc et Bric-à-Brac ; il était troisième également dans la Poule d'Essai des poulains gagnée par Regain. Il courait ensuite, sans y être placé, les prix d'Avril et de Rueil, prenait la seconde place derrière Friandise dans le prix de la Porte-Maillot, et ne figurait pas dans le prix de la Néva, gagné par Florestan ; enfin, dans le prix du duc d'Aoste, il faisait une course honorable derrière Metzu. Il était, bientôt après, retiré de l'entraînement. Acheté par le comte E. de Beauchamps, Manoël, que ses performances recommandaient d'une manière insuffisante, était pendant plusieurs années assez délaissé au haras de Morthemer, où il avait été envoyé ; la naissance d'Espion et de Goguenard II, nés tous deux en 1888, devait le mettre en relief. Les succès remportés par ces deux poulains décidèrent le baron de Soubeyran, qui les avait achetés yearlings à M. Thonnard du Temple, à s'assurer les services de leur père d'une manière définitive ; Manoël, cédé par M. de Beauchamps, était envoyé au haras d'Albian, où il fait la monte depuis 1891. Gem-Royal, mère de Goguenard II, est fille de Knight of the Garter, par Prime Minister ; la mère d'Espion, Eusebia, est fille de Trocadéro.

PEDIGREE DE MANOEL

MANOEL (Bai—1880)	FLAGEOLET (Alezan—1870)	Plutus (Bai—1863)	Trumpeter (Al.—1856)	Orlando (Bai—1841)	Touchstone p. Camel (Whalebone) — Banter p. Master Henry (Orville) —Boadicea p. Alexander— Brunette p. Amaranthus — Mayfly, etc. Vulture p. Langar (Selime. f. de **Walton**)—Kite p. Bustard (Castrel)— Olympia p. Sir Oliver (Sir Peter) — Harmony p Herod, etc.
				Cavatina (Alez.—1845)	Redshank p. Sandbeck (Catton) — Johanna p. **Selim** — m. de Comical p. Skyscraper (Highflyer) — f. de Dragon (Regulus) — m. de Fidget Oxygen p. Emilius (**Orville**)—Whizgig p. Rubens—Penelope p. Trumpator (Conductor)—Prune la p. Highflyer, etc.
			Fille de (B.—1852)	Planet (Bai—1844)	Bay Middleton p. Sultan (**Selim**)—Cobweb p. Phantom (Walton et Julia p. Whisky) — Filagree p. Soothsayer—Web p. Waxy, etc. Plenary p. Emilius (**Orville**)—Harriet p. Pericles (Evander et f. de Precipitate)—f. de **Selim**—Pipylna p. Sir Peter— Rally p. Trumpator, etc.
				Alice Bray ex *Hasty* (Baie—1848)	Venison p. **Partisan** (Walton p. Sir Peter)—Fawn p. Smolensko—Jerboa p. Gohanna—Camilla p. Trentham—Coquette p. The Compton Barb. Darkness p. Glencoe (Sultan et Trampoline p Tramp) — Fanny p. Whisker (Waxy)—f. de Camillus (Jambletonian)—f. de Precipitate, etc.
		La Favorite (Baie—1863)	Monarque (B.—1852)	The Baron the Emperor ou Sting * (Bbr.—1843)	Slane p. **Royal Oak** (Catton)— f. d'**Orville**— f. de Buzzard—Hornpipe p. Trumpator—Luna p. Herod—s. d'Eclipse p. Marske—Spiletta, etc. Echo p. Emilius (**Orville**) — f. de Pioneer (Whisky) — Canary Bird p. Sorcerer—Canary p. Coriander — Miss Green p. Highflyer, etc.
				Poetess (Baie—1838)	**Royal Oak** p. Catton (Golumpus et Lucy Grey) — f. de Smolensko — Lady Mary p. Beningbro' (King Fergus)—f. d'Highflyer, etc. Ada p Whisker (Waxy)—Anna Bella p. Shuttle— f. de Drone—Contessina p. Young Marske — Tuberose p. Herod — Grey Starling, etc.
			Constance (Al.—1848)	Gladiator (Alez.—1833)	**Partisan** p. Walton (Sir Peter)—Parasol p. Pot8os (Eclipse)— Prunella p. Highflyer—Promise p. Snap—Julia p. Blank, etc. Pauline p. Moses (Seymour et Grey Skim)—Quadrille p. **Selim**—Canary Bird p. Sorcerer—Canary p. Coriander—Miss Green p. Highflyer, etc.
				Lanterne (Baie—1841)	Hercule p. Rainbow (Walton et Iris p. Brush) — Aimable p. Election (Gohanna) — f. de Y. Whisky — f. de Walnut— f. de Javelin, etc. Elvira p. Eryx (Milo et fille de Buzzard)—Coral p. Orville — Fairing p. Waxy — Rally p. Trumpator—Fancy, s. de Diomed, etc.
	VESTALE (Baie—1872)	Patricien (Bai—1864)	Monarque (B.—1852)	The Baron, the Emperor ou Sting * (Bbr.—1843)	Slane p **Royal Oak** (Catton et fille de Smolensko)— f. d'**Orville** —Epsom Lass p. Sir Peter—Alexina p. King Fergus—Lardella p. Y. Marske. Echo p. Emilius (**Orville** et Emily)—f. de Scud—(Canary Bird p Sorcerer —Canary p. Coriander (Pot8os)—Miss Green p. Highflyer—Harriet.
				Poetess (Baie—1838)	**Royal Oak** p. Catton (Golumpus et Lucy Grey)—f. de Smolensko—Lady Mary p. Beningbro'(King Fergus)—f. d'Highflyer, etc. Ada p. Whisker (Waxy p. Penelope)—Anna Bella p. Shuttle — f. de Drone (Herod) — Contessina p. Young Marske—Tuberose p. Herod.
			Papillote (B.—1843)	Gladiator (Alez.—1833)	**Partisan** p. **Walton** (Sir Peter et Arethusa p. Dungannon)—Parasol p. Pot8os (Eclipse)—Prunella p. Highflyer —Promise p. Snap — Julia. Pauline p. Moses (Seymour) — Quadrille p. **Selim**— Canary Bird p. Sorcerer —Canary p. Coriander —Miss Green p. Highflyer—Harriet.
				Agar (Alez.—1830)	Sting p. Slane (**Royal Oak** et f. d'**Orville**) — Echo p. Emilius — f. de Scud (Whisky) — Canary Bird p. Sorcerer — Canary p. Coriander. Georgina p. Rainbow (**Walton** et Iris p. Brush)— Leopoldine p. Hedley (Sir Peter)—Gramarie p. Sorcerer — f. de Sir Peter— Deceit, etc.
		Annette (Alezane—1838)	Gladiator (Al.—1833)	**Partisan** (Bai—1811)	**Walton** p. Sir Peter (Highflyer)—Arethusa p. Dungannon (Eclipse) — f. de Prophet (Regulus) — Virago p. Snap — f. de Regulus, etc. Parasol p. Pot8os (Eclipse)—Prunella p. Highflyer (Herod)—Promise p. Snap — p. Blank (Godolphin) — m. de Spectator p. Partner.
				Pauline (Baie—1826)	Moses p. Seymour (Delpini p. Highflyer et Bay Javelin)—f. de Gohanna — Grey Skim p. Woodpecker — m. de Silver p. Herod—Y. Hag, etc. Quadrille p. **Selim** (Buzzard et f. d'Alexander) — Canary Bird p. Sorcerer (Trumpator) — Canary p. Coriander—Miss Green p. Highflyer.
			Annetta (Al.—1828)	Ibrahim (Bai—1832)	Sultan p. **Selim** (Buzzard et f. d'Alexander) — Bacchante p. Williamsons' Ditto Sir Peter p. Highflyer) — s. de Calomel p. Mercury, etc. Fille de Phantom (**Walton** p Sir Peter et Julia p. Whisky) — Filagree p. Soothsayer (Sorcerer)— Web p. Waxy —Penelope p. Trumpator.
				Miss Annette (Baie—1830)	Reveller p. Comus (Sorcerer et Houghton Lass p. Sir Peter)—Rosette p. Beningbro' — Rosamond p. Tandem (Syphon) — Tuberose p. Herod. Ada p. Whisker (Waxy) — Anna Bella p. Shuttle (Y. Marske) — f. de Drone — Contessina p. Y. Marske —Tuberose p. Herod, etc.

MAXICO

(APPARTIENT A M. HENRY HAWES)

Pendant la saison de monte de 1893, Maxico sera en station au haras de Suresnes, près Rueil (Seine-et-Oise), où il saillira vingt juments étrangères au haras à raison de cinq cents francs, plus 20 francs pour l'écurie. S'adresser à M. Henri Hawes, 26 rue François-Ier, à Paris.

MAXICO, par Narcisse, est né en 1884 chez M. le baron Gérard; il est le troisième produit de Mab, née en 1875 chez M. Carew Gibson et importée en 1878 par le baron Gérard, qui a donné Méléagre également avec Narcisse. Alezan, avec une longue lisse, Maxico est un cheval de grande taille, 1^m 64, très vigoureusement charpenté, qui rappelle sous beaucoup de rapports son aïeul Trocadéro. Il fit ses débuts à deux ans, sous les couleurs de M. Henry Hawes, qui l'avait acheté yearling, dans le prix de Meulan à Maisons-Laffitte, où il n'était pas placé derrière Brisolier. Il courait encore à trois reprises, sans plus de succès, aux réunions d'automne, de Paris et de Chantilly, notamment dans le prix de la Salamandre, gagné par La Jarretière; un poulain de cette importance ne pouvait guère, d'ailleurs, donner sa mesure dans sa première saison. Non placé, au printemps suivant, dans le prix de Vincennes, gagné par Bivar, Maxico prenait, dans le prix de Guiche, à Paris, la troisième place derrière Pic et Muffin et devant Monarque. Il marquait un nouveau progrès dans le prix Fould, où il battait facilement Domidio; puis il prenait, dans le prix des Acacias, sa revanche sur Brisolier et Bivar, et il allait courir le Grand Prix de Bruxelles, où il rendait facilement quatre livres à Cambyse et à Saint-Luc ; cette heureuse série de victoires était interrompue dans le prix du Cèdre, à la réunion d'été de Paris, où il était battu d'une courte encolure par Gournay. Il était alors réservé pour l'Omnium, où, malgré ses 54 kilos, il battait d'une encolure Escarboucle (5 a., 56 kil. 1/2), Améthyste (4 a., 57 kil. 1/2), Néro, Arlay, Mademoiselle-Béjart, etc. Troisième dans le prix d'Octobre, derrière Bavarde et Le Sancy, il prenait, dans le prix du Prince d'Orange, la seconde place derrière Ténébreuse, précédant Gournay d'une longueur. Maxico courait trois fois encore l'année suivante; non placé dans les prix de Lutèce et de la Seine, au printemps, il faisait sa dernière apparition dans le prix de Bois-Roussel, à la réunion d'automne de Fontainebleau, où il finissait derrière Le Sancy et Avril. Maxico a commencé à faire la monte au haras de Suresnes, en 1889.

PEDIGREE DE MAXICO

MAXICO (Alezan—1884)	NARCISSE (Bai—1876)	Julia Peel (Baie—1864)	Trocadéro (Alezan—1866)	The Baron, the Emperor ou Sting* (Bbr.—1843)	Slane p. **Royal Oak** (Catton et f. de Smolensko) — f. d'Orville — Epsom Lass p. Sir Peter — Alexina p. King Fergus — Lardella p. Y. Marske. Echo p. **Emilius** (Orville et Emily p. Stamford)—f. de Seud (Beningbro'). — Canary Bird p. Sorcerer — Canary p. Coriander (Pot8os), etc.
				Poetess (Baie—1838)	**Royal Oak** p. Catton (Golumpus et Lucy Grey p. Timothy)—f. de Smolensko (Sorcerer et Wowski p. Mentor)— Lady Mary p. Beningbro'. Ada p. Whisker (Waxy et Penelope p. Trumpator) — Anna Bella p. Shuttle (Y. Marske et Vauxhall Snap mare) — f. de Drone, etc.
			Monarque (B.—1852)	Epirus (Alez.—1834)	**Langar** p. Selim (Buzzard et f. d'Alexander) — f. de Walton (Sir Peter) — Y. Giantess p. Diomed—Giantess p. Matchem—Molly Long Legs, etc. Olympia p. Sir Oliver (Sir Peter et Fanny p. Diomed) — Scotilla p. Anvil (Herod) — Scota p. Eclipse — Harmony p. Herod, etc.
			Antonia (Al.—1851)	The Ward of Cheap (Baie—1843)	Colwick p. Filho da Puta (Haphazard et Mrs. Barnet p. Waxy) — Stella p. Sir Oliver (Sir Peter et Fanny p. Diomed) — Scotilla p. Anvil, etc. Maid of Burghley p. **Sultan** (Selim et Bacchante p. Williamsons' Ditto) — Palais-Royal p. Blucher (Waxy et Pantina p. Buzzard), etc.
		Far Away (B.—1852)	Amsterdam (B.—1854)	The Flying Dutchman (Bbr.—1846)	Bay Middleton p. **Sultan** (v. pl. ts haut) — Cobweb p. Phantom (Walton) — Filagree p. Soothsayer — Web p. Waxy — Penelope p. Trumpator, etc. Barbelle p. Sandbeck (Catton et Orvillina p. Beningbro') — Barioletta p. Amadis (Don Quixote) — Selima p. Selim — f. de Pot8os, etc.
				Sudbury ex *Elei* (Alez.—1843)	Elis p. **Langar** (Selim et fille de Walton) — Olympia p. Sir Oliver (Sir Peter) — Scotilla p. Anvil — Scota p. Eclipse—Harmony p. Herod, etc. Young Sweetpea p. Godolphin (Partisan et Ridicule p. Shuttle)—Sweetpea p. Selim — Pea Blossom p. Don Quixote — f. de Pipator, etc.
			Newminster (B.—1848)	Orlando (Bai—1841)	**Touchstone** p. Camel (Whalebone et f. de Selim)—Banter p. Master Henry (Orville) — Boadicea p. Alexander — Brunette p. Amaranthus, etc. Vulture p. **Langar** (Selim et fille de Walton)—Kite p. Bustard (Castrel) — Olympia p. Sir Oliver — Scotilla p. Anvil — Scota p. Eclipse, etc.
				Boarding School-Miss (Baie—1849)	Plenipotentiary p. **Emilius** (Orville et Emily p. Stamford)— Harriet p. Pericles — f. de Selim (Buzzard) — Pipylina p. Sir Peter (Highflyer). Marpessa p. Muley (Orville et Eleanor p. Whisky) — Clare p. Marmion (Whisky) — Harpalice p. Gohanna — Amazon p. Driver, etc.
	MAB (Grise—1875)	Strathconan (Bai ou Rouan—1863)	Souvenir (Grise—1856)	Touchstone (Bbr.—1831)	Camel p. Whalebone (Waxy, — f. de Selim — Maiden p. Sir Peter — f. de Phenomenon — Matron p. Florizel — Maiden p. Matchem, etc. Banter p. Master Henry (Orville) — Boadicea p. Alexander — Brunette p. Amaranthus, — Mayfly p. Matchem — f. d'Ancaster Starling, etc.
				Beeswing (Baie—1833)	Dr. Syntax p. Paynator (Trumpator) — f. de Beningbro' — Jenny Mole p. Carbuncle — f. de Prince T. Quassa — Bloody Buttocks, etc. Fille d'Ardrossan (John Bull) — Lady Eliza p. Whitworth (Agonistes) — f. de Spadille—Sylvia p. Y. Marske — Ferret p. fr. de Silvio (Cade), etc.
			Stockwell (Al.—1849)	Chanticleer (Gris—1843)	**Birdcatcher** p. Sir Hercules (Whalebone)—Guiccioli p. Bob Booty (Chanticleer)—Flight p. Irish Escape — Y. Heroine p. Bagot, etc. Whim p. Drone — Kiss p. Waxy Pope — f. de Champion (Pot8os) — Brown Fanny p. Maximin — f. de Highflyer — f. de Matchem (Cade).
				Birthday (Bbr.—1850)	Assault p. **Touchstone** — Ghuznee p. Pantaloon (Castrel) — Languish p. Cain (Paulowitz) — Lydia p. Foulton (Sir Peter), etc. Nitocris, s. de Memnon, p. Whisker (Waxy) — Manuella p. Dick Andrews — Mandane p. Pot8os — Y. Camilla p. Woodpecker, etc.
	Post-Haste (Alezane—1864)	Harry Scurry (Al.1848)		The Baron (Alez.—1842)	**Birdcatcher** p. Sir Hercules—Guiccioli p. Bob Booty (Chanticleer et Ierne) — Flight p. Irish Escape (Commodore) — Young Heroine, etc. Echidna p. Economist (Whisker et Floranthe) — Miss Pratt p. Blacklock — Gadabout p. Orville — Minstrel p. Phenomenon, etc.
				Pocahontas (Baie—1837)	Glencoe p. **Sultan** (Selim et Bacchante) — Trampoline p. Tramp (Dick Andrews et f. de Gohanna)— Web p. Waxy — Penelope p. Trumpator. Marpessa p. Muley (Orville et Eleanor) — Clare p. Marmion (Whisky et Y. Noisette) — Harpalice p. Gohanna — Amazon p. Driver, etc.
				Pantaloon (Alez.—1824)	Castrel p. Buzzard (Woodpecker) — f. d'Alexander (Eclipse) — f. d'Highflyer (Herod) — f. d'Alfred (fr. de Conductor p. Matchem), etc. Idalia p. Peruvian (Sir Peter)—Musidora p. Meteor (Eclipse) — Maid of All Work p. Highflyer (Herod) — s. de Tandem p. Syphon, etc.
				Confusionée (Alez.—1836)	**Emilius** p. Orville (Beningbro et Evelina) — Emily p. Stamford (Sir Peter et Horatia p. Eclipse)—f. de Whisky (Saltram et Calash p. Herod.) Y. Maniac p. Tramp (Dick Andrews et f. de Gohanna) — Maniac p. Shuttle — m. d'Offa's Dyke p. Beningbro'— Expectation p. Herod, etc.

MONARQUE

(APPARTIENT A M. PAUL AUMONT, CH. DE VICTOT, CALVADOS)

Pendant la saison de monte de 1893, Monarque sera en station au haras de Victot, près Mézidon (station de Beuvron, Calvados), où il saillira huit juments étrangères au haras, à raison de trois mille francs, plus 20 francs pour l'écurie. S'adresser à M. Paul Aumont, 4 avenue de Messine, à Paris.

MONARQUE, par Saxifrage, est né en 1884 au haras de Victot, chez M. Paul Aumont; sa mère, Destinée, dont il est le quatrième produit, est née en 1876 chez M. Émile Aumont, et a donné Déception, également avec Saxifrage. Monarque est un cheval bai de grande taille, 1^{m}65, très racing-like, très puissamment établi, avec une très belle épaule, de superbes quartiers, et plus de distinction que n'en ont en général les produits de Saxifrage; l'avant-main est un peu légère sous le genou et il porte encore à l'épaule les traces de l'accident qui lui est arrivé à la prairie, après son retrait de l'entraînement; ses jarrets, délicats à l'origine, ont acquis de la netteté; son caractère, qui a toujours été difficile, est loin de s'être amélioré depuis son retour à Victot. Il courait une seule fois en 1886, en demi-condition, le prix de Deux Ans à Deauville, où il n'était pas placé derrière Frapotel, Oviédo et Le Sancy; les muscles lui faisaient encore défaut quand, au printemps suivant, il se présentait dans le prix de Guiche, où il ne figurait pas à l'arrivée, derrière Pic. Il n'était pas plus heureux dans le prix Hocquart gagné par Vanneau, mais quinze jours après, sa course dans la Poule d'Essai des poulains derrière Brio et Le Sancy témoignait de progrès sensibles, et il courait mieux encore dans le Triennal, où il était battu par Bavarde et Krakatoa. Monarque était sujet à une boiterie intermittente, provenant d'une douleur rhumatismale probablement, qui avait retardé son travail, mais n'avait pas de gravité. Il avait boité après son essai, deux jours avant le prix du Jockey-Club, il boitait encore après la course, mais il n'en gagnait pas moins avec une extrême facilité la grande épreuve de Chantilly, battant Krakatoa, Bavarde, Vanneau, Le Sancy et Frapotel. Malheureusement, pendant les quinze jours qui précédaient le Grand Prix de Paris, son travail était interrompu à plusieurs reprises par l'engorgement de son boulet hors montoir, dont l'inflammation s'étendait au membre entier. Il tombait broken-down dans la descente, abandonnant la partie à sa camarade d'écurie Ténébreuse. On réussissait toutefois à guérir suffisamment le membre malade pour conserver Monarque à l'entraînement jusqu'au printemps suivant, où il courait le prix du Cadran; mais, comme dans le Grand Prix de Paris, il tombait boiteux pendant la descente, et ce fut seulement grâce à son courage qu'il put prendre la troisième place à Bavarde, derrière Krakatoa et Hervine. Monarque était alors loué pour la saison suivante à M. Edmond Blanc, chez lequel il fit la monte à Villebon, jusqu'en 1889, avant de retourner à Victot. Les premiers produits de Monarque qui ont couru en 1892 donnent les meilleures espérances en son avenir, Artaban II et Plaisir entre autres.

GUIDE PRATIQUE DE L'ÉLEVEUR 161

PEDIGREE DE MONARQUE

MONARQUE (Bai—1884)	SAXIFRAGE (Alezan—1872)	Vertugadin (Alezan—1862)	Gladiator (Bai—1833) Fils Gladiator (Al.1834)	Partisan p. **Walton** (Sir Peter) — Parasol p. **Pot8os** — Prunella p. Highflyer — Promise p. Snap — Julia p. **Blank** (Godolphin), etc. Pauline p. Moses (Seymour et Bay Javelin) — Quadrille p. **Selim** — Canary Bird p. Sorcerer—Canary p. Coriander (**Pot8os**)—Miss Green.
			Zarah (Baie—1835) Vermeille (Al.—1853)	Reveller p. **Comus** (Sorcerer) — Rosette p. Beningbro' (King Fergus) — Rosamond p. Tandem — Tuberose p. Herod — Grey Starling, etc. Fille de Rubens (Buzzard) — Brightona p. Gohanna (Mercury) — Nutmeg p. Sir Peter — Nimble p. Florizel — Rantipole p. Blank, etc.
		Slapdash (Baie—1855) Annandale (Bbr.—1848)	The Baron (Alez.—1842)	Birdcatcher p. Sir Hercules — Guiccioli p. Bob Booty — Flight p. Irish Escape — Young Heroine p. Bagot — Heroine p. Hero, etc. Echidna p. Economist (Whisker p. Waxy) — Miss Pratt p. Blacklock — Gadabout p. Orville — Minstrel p. Sir Peter, etc.
			Fair Helen (Baie—1837)	Priam p. Emilius (Orville) — Cressida p. Whisky — Y. Giantess p. Diomed — Giantess p. Matchem —Molly Long Legs, etc. Dirce p. **Partisan (Walton)** — Antiope p. **Whalebone** — Amazon p. Driver (Trentham)—Fractious p. Mercury (Eclipse)— Everlasting, etc.
		Messulina (B.—1840)	Touchstone (Bbr.—1831)	Camel p. **Whalebone** (Waxy) — f. de **Selim** — Maiden p. Sir Peter (Highflyer) — f. de Phenomenon — Matron p. Florizel — Maiden, etc. Banter p. Master Henry (Orville) — Boadicea p. Alexander — Brunette p. Amaranthus — Mayfly p. Matchem —f. d'Ancaster Starling, etc.
			Rebecca (Baie—1831)	Lottery p. Tramp (Dick Andrews) — Mandane p. **Pot8os** — Y. Camilla p. Woodpecker — Camilla p. Trentham—Coquette p. The Compton B. Fille de Cervantes (Don Quixote) — Anticipation p. Beningbro' — f. d'Expectation — s. de Telemachus —f. de Skim — f. de Janus, etc.
			Bay Middleton (Bai—1833)	Sultan p. Selim (Buzzard)—Bacchante p. Williamsons' Ditto — s. de Calomel p. Mercury—f. d'Herod — Folly p. Marske. Cobweb p. Phantom (**Walton**) — Filagree p. Soothsayer — Web p. Waxy—Penelope p. Trumpator — Prunella p. Highflyer, etc.
			Myrrha (Baie—1831)	Malek p. Blacklock — f. de Juniper — f. de **Sorcerer** — Virgin p. Sir Peter —f. de Pot8os —Editha p. Herod —Elfrida p. Snap, etc. Bessy p. Y. Gouty (Gouty) — Grandiflora p. Sir Harry Dimsdale — f. de Pipator — f. de Phenomenon — f. de Y. Marske, etc.
	DESTINÉE (Baie—1871)	Ruy-Blas (Bbr.—1864) Rosati (B.—1859) West Australian (Bb. 1850)	Melbourne (Bbr.—1834)	Humphrey Clinker p. **Comus** (Sorcerer)—Clinkerina p. Clinker — Pewet p. Tandem (Syphon)—Termagant p. Tantrum —Cantatrice p. Sampson. Fille de Cervantes (Don Quixote) — f. de Golumpus (Gohanna) —f. de Paynator —s. de Zodiac p. St George—Abigail p. Woodpecker, etc.
			Mowerina (Baie—1843)	Touchstone p. Camel (**Whalebone**)—Banter p. Master Henry (Orville) — Boadicea p. Alexander (Eclipse) — Brunette p. Amaranthus, etc. Emma p. Whisker (Waxy) — Gibside Fairy p. Hermes — Vicissitude p. Pipator (Imperator) — Beatrice p. Sir Peter — Pyrrha, etc.
			Gladiator (Alez.—1833)	Partisan p. **Walton** (Sir Peter) — Parasol p. **Pot8os** — Prunella p. Highflyer — Promise p. Snap — Julia p. Blank — m. de Spectator. Pauline p. Moses — Quadrille p. **Selim** — Canary Bird p. **Sorcerer** — Canary p. Coriander—Miss Green p. Highflyer — Harriet p. Matchem.
			Cingara (Baie—1846)	Isaac p. Camel (**Whalebone** et f. de **Selim**)—Arachne p. Filho da Puta —Treasure p. Camillus—f. de Hyacinthus — Flora p. King Fergus, etc. Gipsy Queen p. Tomboy (Jerry et m. de Beeswing p. Ardrossan et Lady Eliza) — Lady Moore Carew p. Tramp — Kite p. Bustard (Castrel), etc.
	Claudine (Baie—1850)	Don John (B.—1835) Physalis (Bo.—1841)	Waverley (Bbr.—1817)	**Whalebone** p. Waxy (**Pot8os**) — Penelope p. Trumpator (Conductor)— Prunella p. Highflyer — Promise p. Snap — Julia p. Blank, etc. Margaretta p. Sir Peter (Highflyer) — sœur de Cracker p. Highflyer — Nutcracker p. Matchem — sœur d'Ancaster Starling p. Starling, etc.
			Fille de (Baie—1820)	Comus p. Sorcerer — Houghton Lass p. Sir Peter — Alexina p. King Fergus — Lardella p. Young Marske — f. de Cade, etc. Marciana p. Stamford — Marcia p. Coriander — Faith p. Pacolet — Atalanta p. Matchem — Lass of the Mill p. Oroonoko, etc.
			Bay Middleton (Bai—1833)	Sultan p. Selim (Buzzard et f. d'Alexander)—Bacchante p. Williamsons' Ditto — s. de Calomel p. Mercury — f. d'Herod — Folly p. Marske. Cobweb p. Phantom (**Walton** et Julia p. Whisky)—Filagree p. Soothsayer —Web p. Waxy—Penelope p. Trumpator— Prunella p. Highflyer, etc.
			Baleine (Bai—1825)	**Whalebone** p. Waxy—Penelope p. Trumpator—Prunella p. Highflyer — Promise p. Snap — Julia p. Blank, etc. Vale Royal p. Sorcerer—Orange p. Whisky—Orangebud p. Highflyer — Orange Girl p. Matchem — Red Rose p. Babraham — f. de Blaze, etc.

1893 — I

MOURLE

(APPARTIENT A L'ADMINISTRATION DES HARAS)

Pendant la saison de monte de 1893, Mourle sera en station au haras de Colombelles (Calvados), où il saillira trente juments de pur-sang anglais, à raison de cent francs. S'adresser à M. le Directeur du Dépôt d'étalons, au Pin (Orne).

Mourle, par Ruy-Blas, est né en 1875 chez M. Adolphe Fould; il est le quatrième produit de Mademoiselle de Couzeix, née en 1865, chez M. Lapland; bai brun, avec quatre balzanes haut-chaussées, de taille moyenne, 1^{m}61, Mourle est très symétrique, compact, avec une très belle épaule, une arrière-main fortement charpentée; il manque un peu de longueur et est un peu plat dans ses quartiers. Acheté poulain de lait par M. L. André, qui en cédait peu après une moitié à Henry Jennings, Mourle courut pour la première fois dans le Grand Critérium, à Paris (1877), où il prit la troisième place derrière Mantille et Pristina, battant, entre autres, Fitz-Plutus, Clocher, Phénix et Faisan. Il était ensuite envoyé à Newmarket, où il gagnait les Gramby Stakes. Au printemps suivant, il n'était pas placé dans la Poule d'Essai, gagnée par Clémentine, ni dans le prix Daru, derrière Stathouder; second dans le prix de Vineuil, à Chantilly, derrière Le Marquis, il courait sans y figurer le prix du Jockey-Club, gagné par Insulaire, où Clocher prenait sur lui sa revanche du Grand Critérium. Il courait ensuite à Caen le prix Spécial, où il remportait sa première victoire et le Grand Saint-Léger, où il battait facilement Inval et Colifichet. Envoyé au repos jusqu'au printemps suivant, Mourle était, pour sa rentrée, battu de nouveau par Clocher, dans le prix du Cadran. Après un échec dans le prix de la Seine, il allait courir à Bordeaux le prix Principal et le prix Spécial, qu'il enlevait sur Gift, avec une grande facilité; de retour à Paris, il battait de deux longueurs son vieil adversaire Clocher, dans le Biennal, et, après trois essais infructueux, il enlevait d'une encolure sur Augusta le prix de la Moskowa, à la réunion d'été, à Paris. Après une tournée en province, où il gagnait plusieurs prix Nationaux et le prix de Longchamps à Deauville, où il battait notamment Vignemale, Mourle enlevait sur La Jonchère le prix des Haras, à Fontainebleau; non placé derrière Insulaire, dans le prix de Chantilly, à Paris, il finissait troisième dans le Handicap libre de la réunion d'automne, où il portait 62 kilos, rendant une année et deux livres à la gagnante, La Jonchère. Il terminait la campagne par deux victoires, à Marseille et à Bordeaux, dans des prix du Gouvernement. Mourle courait six fois encore à cinq ans, gagnant, à Paris, le prix de Satory et remportant, pour sa dernière apparition en public, une nouvelle victoire à Châlon-sur-Saône, dans un prix National. Il avait couru trente-deux fois et gagné seize courses. Après avoir fait la monte pendant trois années chez M. André, Mourle était, en 1885, acheté 30.000 francs par l'Administration des Haras, qui l'attachait au dépôt du Pin. En dehors d'Alcali II, son premier produit gagnant, il a donné, entre autres : Verveine, Hervine, Saint-Luc, Lugano, Sensitive, Empire, Fleurissant, Cabochon et Guise; à presque tous il a légué son excellent tempérament et sa tenue. Giboulée, mère de Guise, était fille de Suzerain, par the Nabob.

PEDIGREE DE MOURLE

MOURLE (Bai-Brun—1875).	RUY-BLAS (Alezan—1864).	Rosati (Baie—1856).	Humphrey Clinker (Alez.—1822)	Comus p. Sorcerer—Houghton Lass p. Sir Peter—Alexina p. King Fergus — Lardella p. Y. Marske — f. de Cade — m. de Beaufremont, etc. Clinkerina p. Clinker (Sir Peter et Hyale p. Phenomenon)—Pewet p. Tandem (Syphon) — Termagant p. Tantrum (Cripple p. Godolphin), etc.
			Fille de (Baie—1825)	Cervantes p. Don Quixote (Eclipse et f. d'Alexander p. Forester)—Evelina p. Highflyer — Termagant p. Tantrum (Cripple p. Godolphin), etc. Fille de Golumpus (Gohanna et Lucy Grey p. Timothy) — f. de Payuanator — s. de Zodiac p. St-George (Highflyer), etc.
		West-Australian (Bai—1850).	Touchstone (Bbr.—1831)	Camel p. **Whalebone** (Waxy) — f. de Selim (Buzzard) — Maiden p. Sir Peter (Highflyer) — f. de Phenomenon — Matron p. Florizel, etc. Banter p. Master Henry (Orville et Miss Sophia)—Boadicea p. Alexander (Eclipse)—Brunette p. Amarantius (Old England)—Mayfly p. Matchem.
		Mowerina (B.—1843)	Emma (Baie—1824)	**Whisker** p. Waxy (Pot8os)—Penelope p. Trumpator (Conductor) — Prunella p. Highflyer — Promise p. Snap — Julia p. Blank, etc. Gibside Fairy p. Hermes (Mercury et Rosina p. Woodpecker)—Thalestris p. Alexander (Eclipse) — Rival p. Sir Peter — Horace p. Drone, etc.
		Gladiator (Alez.—1833)	Partisan (Bai—1811)	Walton p. Sir Peter (Highflyer et Papillon p. Snap)—Arethusa p. Dungannon (Eclipse) — f. de Proph et (Regulus) — Virago p. Snap, etc. Parasol p. Pot8os (Eclipse et Sportsmistress p. Sportsman)—Prunella p. Highflyer (Herod)—Promise p. Snap—Julia p. Blank (Godolphin), etc.
			Pauline (Baie—1826)	Moses p. Seymour (Delpini et Bay Javelin p. Javelin) — f. de Gohanna (Mercury) — Grey Skim p. Woodpecker — m. de Silver p. Herod, etc. Quadrille p. Selim (Buzzard et f. d'Alexander)—Canary Bird p. Sorcerer—Canary p. Coriander— Miss Green p. Highflyer—Harriet p. Matchem, etc.
		Gingera (B.—1846)	Sir Isaac (Bbr.—1833)	Camel p. **Whalebone** (Waxy et Penelope p. Trumpator—f. de Selim (Buzzard) —Maiden p. Sir Peter — f. de Phenomenon — Matron p. Florizel, etc. Arachne p. Filho da Puta (Haphazard et Mrs. Barnet,—Treasure p. Camillus—f. de Hyacinthus—Flora p. King Fergus—Atalanta p. Matchem, etc.
			Gipsy Queen (Baie—1840)	Tomboy p. Jerry (Smolensko et Louisa p. Orville)—m. de Beeswing p. Ardrossan (John Bull) — Lady Eliza p. Whitworth (Matchem), etc. Lady Moore Carew p. **Tramp** (Dick Andrews et f. de Gohanna) — Kite p. Bustard (Castrel)— Olympia Sir Oliver— Scotilla p. Anvil—Scota, etc.
	MADEMOISELLE DE GOUZEIN (Baie—1865).	Sylvain (Bai—1854).	Sheet Anchor (Bai—1832)	Lottery p. **Tramp** (Dick Andrews et f. de Gohanna)—Mandane p. Pot8os — Young Camilla p. Woodpecker—Camilla p. Trentham (Sweepstakes), etc. Morgiana p. Muley (Orville et Eleanor p. Whisky) — Miss Stephenson p. Sorcerer (Trumpator)—s. de Petworth p. Precipitate — f. de Woodpecker.
		Malton (Bai—1845)	Fair Helen (Baie—1837)	Priam p. Emilius (Orville et Emily p. Stamford) — Cressida p. Whisky — Young Giantess p. Diomed—Giantess p. Matchem—Molly Long Legs, etc. Dirce p. Partisan (Walton et Parasol p. Pot8os) — Antiope p. Whalebone — Amazon p. Driver — Fractious p. Mercury — f. de Woodpecker, etc.
		Sylvio (B.—1848)	Commodor Napier (Bai—1841)	**Royal Oak** p. Catton (Golumpus et Lucy Grey p. Timothy) — f. de Smolensko—Lady Mary p. Beningbro' (King Fergus)—f. d'Highflyer, etc. Flighty p. Young Phantom (Phantom et Emmeline p. Waxy) — Diana p. Kill Devil—f. de Pot8os (Eclipse)—Maid of All Work p. Highflyer, etc.
			Sylvina (Baie—1840)	Fra Diavolo p. Filho da Puta (Haphazard) — Ténériffe p. Blacklock (Whitelock et f. de Coriander)—Moel Famma p. Thunderbolt (Counsellor) Norma p. Sylvio (Trance p. Phantom et Pope Joan p. Waxy et Prunella) — Verona p. Whitworth (ou Ardrossan)— f. d'Hambletonian, etc.
	Mademoiselle Desirée (Baie—1854)	Caravan (Bb.—1834)	Camel (Noir—1822)	**Whalebone** p. Waxy — Penelope p. Trumpator — Prunella p. Highflyer — Promise p. Snap — Julia p. Blank — m. de Spectator p. Partner, etc. Fille de Selim — Maiden p. Sir Peter — fille de Phenomenon — Matron p. Florizel — Maiden p. Matchem — f. de Squirt — f. de Mogul, etc.
			Wings (Alez.—1822)	The Flyer p. Van Dyke Junior (Walton et Dabchick p. Pot8os) — Azalia p. Beningbro' — Gilly Flower p. Highflyer — f. de Goldfinder, etc. Oleander p. Sir David (Stamford et Bit of Tartan p. Sir Charles p. Diomed) — f. de Whisky — Grey Dormant p. Dormant — Dizzy p. Blank, etc.
		Bees-Wing (Baie—1838)	Dr Syntax (Bbr.—1811)	Payuator p. Trumpator (Conductor et Brunette p. Squirrel) — f. de Marc Antony (Spectator) — Sigrora p. Snap — Miss Windsor, etc. Fille de Beningbro' (Highflyer et fille d'Herod) — Jenny Mole p. Carbuncle (Babraham Blank)—f. de Prince T. Quassa (Snip), etc.
			Destiny (Bbr.—1829)	Centaur p. Canopus (Gohanna et Colibri) — f. d'Orville — f. d'Alexander — f. d'Highflyer — f. d'Alfred — f. d'Engineer, etc. Pawn Junior p. Waxy (Pot8os et Maria p. Herod) — Pawn p. Trumpator — Prunella p. Highflyer — Promise p. Snap — Julia p. Blank, etc.

NARCISSE

(APPARTIENT A M. JACQUES LEBAUDY)

Pendant la saison de monte de 1893, Narcisse sera en station au haras de Villebon, près Palaiseau (Seine-et-Oise), où il saillira quinze juments étrangères au haras, à raison de deux mille francs, plus 20 francs pour l'écurie. S'adresser à M. Forget, stud-groom à Villebon, par Palaiseau (Seine-et-Oise).

Narcisse, par Trocadéro, est né en 1876, au haras de Cheffreville, chez M. le comte de Bertaux ; il est le troisième produit qu'a eu, depuis son importation en 1872, Julia Peel, poulinière née en Angleterre en 1864, chez M. Blenkiron, au haras de Middle park, où elle a eu Julius avec Saint-Albans ; elle a donné en France Profiterole avec Mortemer, Statira avec Trocadéro, et Vatel avec Kingcraft. Bai zain, de bonne taille, 1m62, Narcisse est très harmonieux, très bien équilibré malgré sa longueur ; son dessus est irréprochable et il possède la distinction qui caractérisait son aïeul Monarque. Il est resté à l'entraînement jusqu'à six ans, faisant preuve d'une tenue remarquable, sans montrer toutefois une qualité de premier ordre. A trois ans, il gagnait à Caen le prix de la Société d'Encouragement (hors série), qu'il devait gagner trois années plus tard ; à Deauville, il battait Prologue, à Paris, dans le prix du Calvados. En 1880, Narcisse gagnait le prix de la Moskowa, à Paris, et le prix de première Série à Caen. L'année suivante, à cinq ans, il battait Clémentine et San-Stéfano, dans le prix National à Bordeaux, et il gagnait encore trois autres prix Nationaux dans sa sixième année. Il faisait en 1883, sa première saison de monte au haras de Cheffreville et donnait dès ses débuts un poulain de bon ordre, Maxico ; parmi ses autres produits, nous citerons : Vampire, Valenciennes, Waverley, Méléagre, Targette, Yankee, Yolande, Zarine et enfin Chêne-Royal, gagnant du Triennal, du prix du Jockey-Club et du prix Royal Oak en 1892. La mère de Chêne-Royal, Perplexité, est petite-fille de Vermout ; Mab, mère de Maxico, est fille de Strathconan. Vendu à l'amiable en 1888 au comte Le Marois, Narcisse a été acheté 30.000 francs par son propriétaire actuel, au mois de juin 1892.

PEDIGREE DE NARCISSE

NARCISSE (Bai—1876)	TROCADERO (Alezan—1864)	Slane (Bai—1833)	Royal Oak p. Catton (Columpus et Lucy Grey) — fille de Smolensko — Lady Mary p. **Beningbro'** (King Fergus) — fille d'**Highflyer**, etc. Fille d'**Orville** (**Beningbro'** et Evelina p. **Highflyer**) — Epsom Lass p. Sir Peter—Alexina p. King Fergus (Eclipse) — Lardella p. Young Marske, etc.
		Echo (Baie—1828)	Emilius p. **Orville** (**Beningbro'** et Evelina p. **Highflyer**) — Emily p. Stamford (**Sir Peter** p. **Highflyer**) — fille de Whisky, etc. Fille de Scud (**Beningbro'** et Eliza p. **Highflyer**)—Canary Bird p. Sorcerer — Canary p. Coriander — Miss Green p. **Highflyer**, etc.
		Royal Oak (Bbr.—1823)	Catton p. Golumpus (Gohanna et Catherine p. Woodpecker) — Lucy Grey p. Timothy — Lucy p. Florizel — Frenzy p. Eclipse — fille d'Engineer, etc. Fille de Smolensko (Sorcerer et Wowski p. Mentor) — Lady Mary p. **Beningbro'** — fille d'**Highflyer** — fille de Marske (Squirt), etc.
		Ada (Baie—1824)	Whisker p. Waxy (Pot8os et Maria p. Herod) — Penelope p. Trumpator — Prunella p. **Highflyer** — Promise p. Snap — Julia p. Blank, etc. Anna Bella p. Shuttle (Y. Marske et Wauxhall Snap mare)—f. de Drone — Contessina p. Y. Marske — Tuberose p. Herod — Grey Starling p. Starling.
		Langar (Alez.—1817)	Selim p. Buzzard (Woodpecker et Misfortune p. Dux) — fille d'Alexander (Eclipse) — fille d'**Highflyer** — fille d'Alfred (fr. de Conductor) p. Matchem. Fille de Walton (**Sir Peter**) — Y. Giantess p. Diomed — Giantess p. Matchem — Molly Long Legs p. Babraham — Fille de Fox Hunter, etc.
		Olympia (Baie—1815)	Sir Oliver p. Sir Peter (**Highflyer** et Papillon p. Snap) — Fanny p. Diomed — Ambrosia p. Woodpecker — s. de Rachel p. Blank, etc. Scotilla p. Anvil (Herod et fille de Feather p. Godolphin) — Scota p. Eclipse — Harmony p. Herod — Rutilia (s. de Rachel, p. Blank, etc.
		Colwick (Bai—1828)	Filho da Puta p. Haphazard (Sir Peter p. **Highflyer** et Miss Hervey p. Eclipse) — Mrs. Barnet p. Waxy — fille de Woodpecker, etc. Stella p. Sir Oliver (Sir Peter et Fanny p. Diomed) — Scotilla p. Anvil — Scota p. Eclipse (Marske) — Harmony p. Herod, etc.
		Maid of Burghley (Baie—1837)	Sultan p. Selim (Buzzard et fille d'Alexander) — Bacchante p. Williamsons' Ditto — s. de Calomel p. Mercury (Eclipse) — fille d'Herod, etc. Palais Royal p. Blucher (Waxy et Pantina p. Buzzard) — Election p. m. de Rubens (Alexander) — f. d'**Highflyer** — f. d'Alfred (Matchem), etc.
	JULIA PEEL (Baie—1864)	BayMiddleton (Bai—1833)	Sultan p. Selim — Bacchante p. Williamsons' Ditto — sœur de Calomel p. Mercury — fille d'Herod — Folly p. Marske — Vixen p. Regulus, etc. Cobweb p. Phantom (Walton p. Sir Peter) — Filagree p. Soothsayer — Web p. Waxy — Penelope p. Trumpator — Prunella p. **Highflyer**, etc.
		Barbelle (Baie—1836)	Sandbeck p. Catton (Golumpus) — Orvillina p. Beningbro' — Evelina p. **Highflyer** — Termagant p. Tantrum — Cantatrice p. Sampson, etc. Barioletta p. Amadis (don Quixote) — Selima p. Selim — f. de Pot8os — Editha p. Herod — Elfrida p. Snap — Miss Belsea p. Regulus, etc.
		Elis (Alez.—1833)	Langar p. Selim — fille de Walton (Sir Peter) — Y. Giantess p. Diomed — Giantess p. Matchem (Cade) — Molly Long Legs, etc. Olympia p. Sir Oliver (Sir Peter) — Scotilla p. Anvil — Scota p. Eclipse — Harmony p. Herod — Rutilia p. Blank — s. de South, etc.
		Y. Swetpea (Baie—1825)	Godolphin p. Partisan (Walton et Parasol p. Pot8os) — Ridicule p. Shuttle — s. d'Oatlands p. Dungannon — Letitia p. **Highflyer**, etc. Sweet-Pea p. Selim (Buzzard et f. d'Alexander) — Pea Blossom p. Don Quixote (Eclipse) — f. de Pipator — s. de Snow p. Slope, etc.
		Touchstone (Bbr.—1831)	Camel p. Whalebone (**Waxy**) — fille de Selim (Buzzard) — Maiden p. Sir Peter — f. de Phenomenon — Matron p. Florizel — Maiden, etc. Banter p. Master Henry (**Orville**) — Boadicea p. Alexander (Eclipse) — Brunette p. Amaranthus (Old England) — Mayfly p. Matchem.
		Vulture (Alez.—1833)	Langar p. Selim — fille de Walton (Sir Peter) — Y. Giantess p. Diomed — Giantess p. Matchem — Molly Long Legs p. Babraham, etc. Kite p. Bustard (Castrel) — Olympia p. Sir Oliver (Sir Peter) — Scotilla p. Anvil — Scota p. Eclipse — Harmony p. Herod — Rutilia p. Blank, etc.
		Plenipoten- tiary (Alez.—1831)	Emilius p. **Orville** — Emily p. Stamford (Sir Peter) — fille de Whisky — Grey Dorimant p. Dorimant (Otho) — Dissy p. Blank, etc. Harriet p. Pericles (Evander et fille de Precipitate) — fille de Selim (Buzzard) — Pipilyna p. Sir Peter (**Highflyer**) — Rally p. Trumpator, etc.
		Marpessa (Baie—1830)	Muley p. **Orville** — Eleanor p. Whisky (Saltram) — Y. Giantess p. Diomed (Florizel et f. de Spectator) — Giantess p. Matchem, etc. Clare p. Marmion (Whisky et Y. Noisette p. Diomed) — Harpalice p. Gohanna — Amazon p. Driver — Fractious p. Mercury, etc.

Antonia (Alezane—1811). Monarque (Bai—1852). Poetess (B.—1838). Sting (Bb.—1863).
Far Away (Baie—1859). Amsterdam (Bai—1854). Orlando (Al. 1841). The Flying Dutch. (Bb. 1846).
Boarding School Miss (B. 1841). Sudbury (Al. 1841). The Ward of Cheep (B.—1834).

NOUGAT

(APPARTIENT A M. MAURICE ÉPHRUSSI)

Pendant la saison de monte de 1893, Nougat sera en station au haras du Gazon, gare de Montabart (Orne), où il saillira un certain nombre de juments étrangères au haras à raison de mille francs, plus 20 francs pour l'écurie. S'adresser à M. Éphrussi, 19 avenue du Bois-de-Boulogne, à Paris.

NOUGAT, par Consul, est né en 1872 à Montgeroult, chez M. le baron de Bray; sa mère, Nébuleuse, dont il est le sixième produit, était née en 1857 chez M. Moloré de Fresneaux, et a donné également avec Consul, Navarin; elle est morte en 1882. Bai zain, de taille moyenne, 1m62, Nougat a une charpente osseuse très forte et le système musculaire très développé; il est près de terre et très compact. Acheté yearling par M. C.-J. Lefèvre, Nougat fut, à deux ans, engagé en Angleterre, dans plusieurs prix à réclamer et devint ainsi la propriété de Sir John Astley pour lequel il gagna, au Houghton meeting de Newmarket, un Feather plate; il était après cette victoire acheté 700 guinées par Tom Jennings et était peu après cédé au comte de Lagrange. Il faisait ses débuts en France dans le prix de Lutèce à Longchamps (1875), où il prenait la seconde place derrière Dictature; il gagnait ensuite le prix de la Seine et la Coupe où il battait, entre autres, Saltarelle. Dans le prix du Jockey-Club, où il partait favori, il était battu d'une encolure par Salvator et faisait dead-heat avec Saint-Cyr pour la seconde place; il avait perdu une partie de sa forme dans la lutte sévère qu'il avait soutenue, et il courait indifféremment jusqu'à la fin de la saison, gagnant seulement le prix de Longchamps, à Deauville, où il n'avait rien à battre. Il avait toutefois fini troisième dans le Gold Cup à Ascot, derrière Doncaster, et devant Peut-Être et Montargis. A quatre ans, Nougat gagnait successivement le prix de Chevilly, le prix Rainbow et la Coupe; second à tête de Kilt dans le prix du Printemps, il faisait dead heat avec Salvator, dans le prix de Deauville; battu d'une tête par Saxifrage auquel il rendait neuf livres dans le prix des Pavillons, il gagnait, après un dead heat, le prix de Seine-et-Marne sur Mondaine, puis, après avoir été de nouveau battu d'une tête par Saxifrage dans le prix National à Caen, il enlevait brillamment le Grand Prix de Deauville sur Mondaine et Kilt. Enfin, après une défaite des plus honorables dans le prix de Chantilly, à Paris, il couronnait sa carrière en gagnant facilement le prix Gladiateur sur Parthénise, Saxifrage et Almanza. Il avait montré, pendant sa quatrième année, une endurance exceptionnelle et fait preuve d'un courage à toute épreuve. Après avoir fait à Dangu plusieurs saisons de monte et donné, entre autres, Farfadet, Nougat, a été acheté par M. Malapert et envoyé en Poitou, où il est resté six ans; il a ensuite été cédé à M. Maurice Éphrussi. Parmi ses produits, nous citerons : Armoricaine, Gérant-du-Bac, Fétiche, Nautilus, Illusion, Modiste, Modèle, Muffin, Roland, Aérolithe, Double-Six II, Amazon, Toast, Galette, etc. La Farandole, mère de Farfadet, était fille de Joskin, par West Australian; la mère d'Aérolithe, Astrée, est fille de Dollar.

GUIDE PRATIQUE DE L'ÉLEVEUR   167

PEDIGREE DE NOUGAT

NOUGAT (Bai—1872)	CONSUL (Alezan—1856)	Monarque (Bai—1832)	Slane (Bai—1833)	Royal Oak p. **Catton** (Golumpus et Lucy Grey) — fille de Smolensko — Lady Mary p. Beningbro' (King Fergus) — fille d'Highflyer, etc. Fille d'**Orville (Beningbro'** et Evelina p. Highflyer) — Epsom Lass p. Sir Peter—Alexina p. King Fergus (Eclipse)—Lardella p.Y Marske, etc.
			Echo (Baie—1828)	Emilius p. **Orville (Beningbro'** et Evelina p. Highflyer)—Emily p. Stamford (Sir Peter) — fille de Whisky — Grey Dorimant p. Dorimant, etc. Fille de Scud (**Beningbro'** et Elisa p.Highflyer) — Canary Bird p. Sorcerer—Canary p.Coriander—Miss Green p.Highflyer—Harriet p.Matchem.
		Poetess (Baie—1848)	Royal Oak (Bbr.—1823)	Catton p. Golumpus (Gohanna et Catherine p. Woodpecker) — Lucy Grey p. Timothy — Lucy p. Florizel — Frenzy p. Eclipse — f. d'Engineer, etc. Fille de Smolensko (Sorcerer et Wowski p. Mentor) — Lady Mary p. Beningbro' — fille d'Highflyer — f. de Marske, etc.
			Ada (Baie—1824)	Whisker p. **Waxy** (Pot8os e. Maria p. Herod) — Penelope p. Trumpator — Prunella p. Highflyer — Promise p. Snap — Julia p. Blank, etc. Anna Bella p. Shuttle (Y. Marske et Vauxhall Snap mare) — fille de Drone — Contessina p. Y. Marske — Tuberose p. Herod, etc.
	Lady Litt (Baie—1844)	Sir Hercules (N.—1826)	Whalebone (Bbr.—1807)	**Waxy** p. Pot8os — Maria p. Herod (Tartar) — Lisette p. Snap (Snip p. Childers et s. de Sliphy) — Miss Windsor p. Godolphin, etc. Penelope p. Trumpator (Conductor et Brunette p. Squirrel) — Prunella p. Highflyer — Promise p. Snap — Julia p. Blank, etc.
			Peri (Baie—1822)	Wanderer p. Gohanna (Mercury et s. de Challenger p. Herod) — Catherine p. Woodpecker (Herod) — Camilla p. Trentham — Coquette, etc. Thalestris p. Alexander (Eclipse) — Rival p. Sir Peter — Hornet p. Drone (Herod) — Lilly p. Blank — Peggy p. Cade, etc.
		Sylph (B.—1825)	Spectre (Bai—1815)	**Phantom** p. Walton (Sir Peter) — Julia p. Whisky (Saltram) — Y. Giantess p. Diomed (Florizel) — Giantess, etc. Filikins p. Gouty (Sir Peter et Yellow mare p. Tandem) — f. de King Fergus — f. d'Herod — s. de Stork p. Grasshopper, etc.
			Fanny Legh (Alez.—1812)	Castrel p. **Buzzard** (Woodpecker) — f. d'Alexander (Eclipse) — f. d'Highflyer — f. d'Alfred — f. d'Engineer, etc. Miss Hap p. Shuttle (Y. Marske et Vauxhall Snap mare) — s. d'Haphazard p. Sir Peter — Miss Hervey p. Eclipse — Clio p. Y. Cade.
	NEBULEUSE (Baie—1857)	Gladiator (Alez—1833)	Walton (Bai—1799)	Sir Peter p.Highflyer (Herod) — Papillon p. Snap — Miss Cleveland p. Regulus—Midge p. fils de Bay Bolton—m.de Miss Belsea p. B. Childers. Arethusa p. Dungannon (Eclipse) — f. de Prophet (Regulus) — Virago p. Snap — f. de Regulus — f. de Crab — Miss Slamerkin, etc.
			Parasol (Baie—1800)	Pot8os p. Eclipse — Sportsmistress p. Sportsman (Cade) — Golden Locks p. Oroonoko — m. de Valiant p. Crab — f. de Partner, etc. Prunella p. Highflyer (Herod — Promise p. Snap—Julia p.Blank — m.de Spectator p. Partner (Jigg)—f.de Bay Bolton (Grey Hautboy), etc.
		Partisan (B.—1811)	Moses (Alez.—1819)	Seymour p Delpini (Highflyer) — Bay Javelin p. Javelin (Eclipse) — Y. Flora p. Highflyer — Flora p. Squirrel — Angelica p. Snap, etc. Fille de Gohanna (Mercury et f. d'Herod)—Grey Skim p. Woodpecker—m. de Silver p.Herod—Y.H 1g p.Skim—Hag p.Crab—Ebony p.Childers.
			Quadrille (Baie—1815)	Selim p. **Buzzard** (Woodpecker) — fille d'Alexander — f. d'Highflyer — f. d'Alfred — f. d'Engineer — m. de Bay Malton, etc. Canary Bird p.Sorcerer (Trumpator) — Canary p.Coriander—Miss Green p.Highflyer—Harriet p.Matchem—Flora p.Regulus — f.de Childers.
		Pauline (B.—1826)	Emilius (Bai—1820)	**Orville** p. **Beningbro'** (King Fergus) — Evelina p.Highflyer—Termagant p. Tantrum—Cantatrice p. Sampson—f.de Regulus—f.de Blacklegs. Emily p. Stamford (Sir Peter p. Highflyer) — f. de Whisky (Saltram p. Eclipse et Calash) — Grey Dorimant p.Dorimant—Dizzy p.Blank, etc.
			Cobweb (Baie—1821)	**Phantom** p.Walton—Julia p. Whisky (Saltram et Calash) — Y. Giantess p. Diomed—Giantess p. Matchem—Molly Long Legs p.Babraham, etc. Filagree p Soothsayer (Sorcerer) — Web. p. **Waxy** — Penelope p. Trumpator — Prunella p. Highflyer — Promise p. Snap, etc.
	Belle-de-Nuit (Baie—1844)	V. Emilius (B.—1828)	Tigris (Alez.—1812)	Quiz p. **Buzzard** (Woodpecker et Misfortune p. Dux) — Miss West p. Matchem (Cade p. Godolphin) — f. de Regulus (Godolphin), etc. Persepolis p.Alexander (Eclipse et Grecian Princess)—f.d'Alfred—Cœlia p. Herod — Proserpine, sœur d'Eclipse, p. Marske — Spiletta, etc.
		Odine (Baie—1832)	Miss Ann (Baie—1827)	Figaro p.Haphazard (Sir Peter et Miss Hervey p.Eclipse)—f.de Selim—Y. Camilla p. Woodpecker — Camilla p. Trentham, etc. Fille de Tramp (Dick Andrews et f.de Gohanna) — Harpham Lass p.Camillus (Hambletonian)—Statira p. Beningbro'—Stella p.Phenomenon.

OVIÉDO

(APPARTIENT A L'ADMINISTRATION DES HARAS)

Pendant la saison de monte de 1893, Oviédo sera en station au dépôt d'étalons d'Angers, où il saillira un certain nombre de juments de pur sang anglais, à raison de cinquante francs. S'adresser à M. le Directeur du Dépôt d'étalons, à Angers (Maine-et-Loire).

Oviédo, par Consul (gagnant du prix du Jockey-Club de 1869), est né en 1884 au haras de Viroflay, chez M. Auguste Lupin ; sa mère, Almanza, dont il est le quatrième produit, est née en 1872 chez M. Lupin, et a donné également Ortegal avec Plutus, Murcie avec Flageolet et Cadix avec Xaintrailles. Bai, de bonne taille, 1m62, Oviédo, comme son père Consul, rappelle, avec plus de longueur, le type oriental ; l'épaule est bien dirigée, le rein fortement attaché, les quartiers développés, la croupe un peu droite ; les jarrets sont solides et les membres excellents. Oviédo a fait ses débuts, encore très vert, dans le prix de Deux Ans à Deauville, où il prit la seconde place à une longueur et demie de Frapotel, précédant Chérie, Gournay, Le Sancy, Monarque, Brio et Guadiana ; son mauvais départ ne lui permettait pas de figurer, quinze jours après, à l'arrivée du Grand Prix de Dieppe, gagné par Le Sancy, mais à Fontainebleau, dans le Triennal, gagné par Arlay, il finissait troisième à côté de Bavarde. Non placé derrière La Jarretière dans le prix de la Salamandre, il enlevait très facilement sur Gournay et Hervine le prix de Condé dont les 2.000 mètres convenaient bien à ses aptitudes. L'ensemble de ses performances valait à Oviédo de partir favori dans le prix de Vincennes, au printemps de 1887, mais il n'était pas placé derrière Bivar ; après quatre tentatives infructueuses à Longchamps, dans le prix Hocquart et le Triennal, notamment, il battait péniblement d'une tête Rivière, dans le prix du Gros-Chêne (1.000m), à Chantilly ; deux nouvelles défaites, à Paris et à Maisons-Laffitte, le faisaient reléguer dans la classe des chevaux de handicap et il gagnait, sur un champ médiocre d'ailleurs, le prix de Juillet, à Vincennes, où il portait 57 kilos 1/2. Oviédo gagnait encore deux handicaps pendant la saison, le prix de Bellevue (1.600m) à Paris, où à neuf livres il battait Chérie de trois longueurs, et le prix de Fontainebleau à Vincennes. Il courait six fois encore l'année suivante, sans gagner une seule course et sans avoir justifié les espérances que sa carrière de two year old, peut-être trop fatigante pour un poulain en pleine formation, avait pu donner. En 1889, Oviédo était acheté à M. Lupin 10.000 francs par l'Administration des Haras et attaché au Dépôt d'Angers ; Forêt-d'Othe, qu'il a donnée dans sa première saison, permet de bien augurer de son avenir au haras ; elle a pour mère Ortyx, fille de Pero-Gomez, par Beadsman.

GUIDE PRATIQUE DE L'ÉLEVEUR 169

PEDIGREE DE OVIÉDO

OVIEDO (Bai—1884).	CONSUL (Alezan—1866).	Monarque (Bai—1852).	Slane (Bai—1833)	Royal Oak p. **Catton** (Golumpus et Lucy Grey)—fille de Smolensko — Lady Mary p. Beningbro' (King Fergus)— fille d'Highflyer, etc. Fille d'**Orville** (**Beningbro**' et Evelina p. Highflyer) — Epsom Lass p. Sir Peter—Alexina p. King Fergus (Eclipse)— Lardella p. Y Marske, etc.
			Echo (Baie—1828)	Emilius p. **Orville** (**Beningbro**' et Evelina p. Highflyer)—Emily p. Stamford (Sir Peter)—fille de Whisky — Grey Dorimant p. Dorimant, etc. Fille de Scud (**Beningbro**' et Elisa p.Highflyer)--Canary Bird p. Sorcerer—Canary p. Coriander—Miss Green p. Highflyer—Harriet p.Matchem.
		Poetess (Baie—1838)	Royal Oak (Bbr.—1823)	**Catton** p.Golumpus (Gohanna et Catherine p. Woodpecker) — Lucy Grey p. Timothy — Lucy p. Florizel — Frenzy p Eclipse—f.d'Engineer,etc. Fille de Smolensko (Sorcerer et Wowski p. Mentor)—Lady Mary p.Beningbro' — fille d'Highflyer — f. de Marske, etc.
			Ada (Baie—1824)	Whisker p. **Waxy** (Pot8os et Maria p. Herod) — Penelope p. Trumpator — Prunella p.Highflyer— Promise p. Snap—Julia p.Blank, etc. Anna Bella p. Shuttle (Y. Marske et Vauxhall Snap mare) — fille de Drone — Contessina p. Y. Marske — Tuberose p. Herod, etc.
	Lady Lift (Baie—1864).	Sir Hercules (N.—1828).	Whalebone (Bbr.—1807)	**Waxy** p. Pot8os — Maria p. Herod (Tartar) — Lisette p. Snap (Snip p. Childers et s. de Sliphy) — Miss Windsor p. Godolphin, etc. Penelope p. Trumpator (Conductor et Brunette p. Squirrel) — Prunella p. Highflyer — Promise p. Snap — Julia p. Blank, etc.
			Peri (Baie—1822)	Wanderer p. Gohanna (Mercury et s. de Challenger p.Herod) — Catherine p. Woodpecker (Herod) — Camilla p. Trentham — Coquette,etc. Thalestris p. Alexander (Eclipse) — Rival p. Sir Peter — Hornet p. Drone (Herod) — Lilly p. Blank — Peggy p. Cade, etc.
		Sylph (B.—1824)	Spectre (Bai—1815)	Phantom p. Walton (Sir Peter) — Julia p. Whisky (Saltram) — Y. Giantess p. Diomed (Florizel) — Giantess, etc. Filikins p. Gouty (Sir Peter et Yellow mare p. Tandem) — f. de King Fergus — f. d'Herod — s. de Stork p. Grasshopper.
			Fanny Legh (Alez.—1812)	Castrel p. Buzzard (Woodpecker) — f. d'Alexander (Eclipse) — f. d'Highflyer — f. d'Alfred — f. d'Engineer, etc. Miss Hap. p. Shuttle (Y. Marske et Vauxhall Snap mare)—s. d'Haphazard p. Sir Peter — Miss Hervey p. Eclipse — Clio p. Y. Cade.
	ALMANZA (Baie—1872).	Dollar (Bai—1861).	Bay Middleton (Bai—1833)	Sultan p.**Selim**(Buzzard et f. d'Alexander) — Bacchante p. Williamsons' Ditto—s. de Calomel p. Mercury (Eclipse)—f. d'Herod—Folly p. Marske. Cobweb p. Phantom (Walton et Julia p. Whisky) — Filagree p. Soothsayer (Sorcerer) — Web p. **Waxy** — Penelope p. Trumpator, etc.
		Payment (Al.—1848)The Flying Dutch.(Bb.1846)	Barbelle (Baie—1836)	Sandbeck p. **Catton** (Golumpus et Lucy Grey p. Timothy) — **Orvillina** p. **Beningbro**' — Evelina p. Highflyer — Termagant p. Tantrum,etc. Barioletta p. Amadis (Don Quixote et Fanny p. Sir Peter) — Selima p. Selim — f. de Pot8os — Editha p. Herod — Elfrida p. Snap, etc.
			Slane (Bai—1833)	Royal Oak p. **Catton**(V plus haut)— f. de Smolensko (Sorcerer) — Lady Mary p. Beningbro' (King Fergus)—f. d'Highflyer—f. de Marske, etc. Fille d'**Orville**(**Beningbro**' et Evelina p.Highflyer)—Epsom Lass p. Sir Peter (Highflyer)—Alexina p. King Fergus—Lardella p. Young Marske.
			Receipt (Alez.—1836)	Rowton p. Oiseau(Camillus et f. de Ruler)—Katharina p.Woful—Landscape p. Rubens — Irish p. Brush (Eclipse) — f. d'Herod, etc. Fille de Sam (Scud et Hyale p. Phenomenon)—Morel p.Sorcerer (Trumpator et Y. Giantess)— Hornby Lass p. Buzzard—Puzzle p.Matchem.
	Bravade (Alezane—1860).	Lago (B.—1843)	Don John (Bai—1835)	Waverley p. **Whalebone** (**Waxy** et Penelope p.Trumpator)—Margaretta p. Sir Peter—s. de Cracker p. Highflyer —Nutcracker p.Matchem,etc. Fille de Comus (Sorcerer et Houghton Lass p. Sir Peter)— Marciana p. Stamford—Marcia p.Coriander—Faith p.Pacolet—Atalanta p.Matchem.
			Scandal (Baie—1822)	**Selim** p. Buzzard (Woodpecker et Misfortune p. Dux) — f. d'Alexander (Eclipse) — f. d'Highflyer — f. d'Alfred (Matchem), etc. Fille d'Haphazard (Sir Peter et Miss Hervey p.Eclipse)— f. de Precipitate (Mercury)—Colibri p. Woodpecker (Herod)—Camilla p.Trentham.
		Lady Bird (Al.—1841)	Birdcatcher (Alez.—1833)	Sir Hercules p.**Whalebone** — Peri p. Wanderer (Gohanna) — Thalestris p. Alexander (Eclipse et Grecian Princess) — Rival p. Sir Peter, etc. Guiccioli p. Bob Booty — Flight p. Irish Escape (Commodore p. Tug) — Y. Heroine p. Bagot (Herod) — Heroine p. Hero (Cade), etc.
			Lady (Alez.—1833)	Zinganee p.Tramp (Dick Andrews et f.de Gohanna) — Folly p. Young Drone—Regina p. Moorcock—Rally p. Trumpator—Fancy p. Florizel. Octaviana p. Octovian (Stripling p. Phenomenon et f.d'Oberon) — f. de Shuttle (Y. Marske et f. de Vauxhall) — Zarab p. Delpini, etc.

PATRIARCHE

(APPARTIENT A MADAME LA BARONNE DE BRAY, CH. DE MONTGEROULT, SEINE-ET-OISE)

Pendant la saison de monte de 1893, Patriarche sera en station au haras de Montgeroult, (station de Boissy-l'Aillerie), près Pontoise (Seine-et-Oise), où il saillira dix juments en dehors de celles de sa propriétaire, à raison de cent francs. S'adresser à M. Bizet, à Montgeroult, par Boissy-l'Aillerie (Seine-et-Oise).

PATRIARCHE, par Dollar, est né en 1874 chez M. A. Desvignes. Sa mère, Partlet, dont il est le onzième et dernier produit, est née en 1849, en Angleterre, chez M. Jaques, et a été importée en 1859 par M. Desvignes; elle a donné également Partisan avec Launcelot, Jeune-Première avec West Australian, Postérité avec the Flying Dutchman, Perçante avec Dollar, et est morte en 1876. Alezan, de taille moyenne, 1ᵐ60, Patriarche a la silhouette élégante, la finesse de tissus, et la symétrie avec l'arrière-main très fortement établie que possèdent généralement les produits de Dollar, mais il a dans ses lignes moins d'étendue que plusieurs de ses demi-frères. Pour ses débuts à deux ans, sous les couleurs de M. Desvignes, Patriarche ne fut pas placé dans le prix d'Automne, à Paris; il prenait ensuite la seconde place derrière Kilt dans le prix de la Forêt qui était alors couru sur 2.100 mètres, et il faisait une exhibition honorable dans le prix de Condé, gagné par Jongleur. A trois ans (1877), après avoir couru sans succès le Grand Prix de Reims et le prix de Guiche, à Paris, il gagnait le prix de l'Étoile, où il était à réclamer pour 10.000 francs. Il était, après sa victoire, acheté par M. Henry Hawes, qui lui faisait courir une série de handicaps, dont il gagnait une partie, montrant une préférence marquée pour les longs parcours. Son succès dans un prix Principal à Nantes portait à six le nombre de ses victoires comme three year old. A quatre ans, Patriarche commençait par gagner à Longchamps le prix de Suresnes, le prix Rieussec, où il portait 55 kilos, puis un prix Principal et un prix National à Limoges; il était alors mis sur les obstacles et enlevait facilement avec 65 kilos 1/2, la Grande Course de haies d'Auteuil, ce qui ne l'empêchait pas de se présenter, sans succès d'ailleurs, dans deux courses plates à la réunion de Dieppe. Il courait cinq fois encore, en obstacles, l'année suivante, et gagnait un steeple-chase au Vésinet. Envoyé au haras, il ne lui était d'abord donné que peu de juments, mais il ne s'en affirmait pas moins après quelques saisons comme un étalon utile; parmi ses produits, nous citerons, en dehors de Gargouille, son premier gagnant, Fagotin, Old Rascal, Montgeroult, excellent steeple-chaser, Heirloom, Dédette et Naviculaire dont la mère, Navette II, est fille de King O'Scots. Dédette a pour mère Hirondelle, par Macaroni.

PEDIGREE DE PATRIARCHE

PATRIARCHE (Alezan—1874)	PARTLET (Alezane—1846)	Gipsy (Bai—1832)	
	DOLLAR (Bai—1860)	The Flying Dutchman (Bbr.—1846)	Barbelle (Bac—1836) Bay Middleton (B.—1833)

Structured pedigree (reading the generations shown for each ancestor):

DOLLAR (Bai—1860) — The Flying Dutchman (Bbr.—1846) × Barbelle (Bac—1836) / Bay Middleton (B.—1833)

- **Sultan (Bai—1816)** : Selim p. Buzzard — f. d'Alexander (Eclipse et Grecian Princess) — f. d'**Highflyer** (Herod) — f. d'Alfred (fr. de Conductor) p. Matchem. Bacchante p. Williamsons' Ditto — s. de Calomel p. Mercury (Eclipse) — f. d'Herod — Folly p. Marske — fille de Regulus, etc.
- **Cobweb (Baie—1821)** : Phantom p. **Walton** — Julia p. Whisky (Saltram et Calash) — Y. Giantess p. Diomed — Giantess p. Matchem—Molly Long Legs p. Babraham, etc. Filagree p. Soothsayer (Sorcerer) — Web p.**Waxy** — Penelope p. Trumpator — Prunella p. **Highflyer** (Herod) — Promise p. Snap, etc.
- **Sandbeck (Bai—1818)** : Catton p. Golumpus — Lucy Grey p. Timothy (Delpini et Cora p. Matchem) — Lucy p. Florizel (Herod) — Frenzy p. Eclipse, etc. Orvillina p. Beningbro'—Evelina p.**Highflyer** (Herod) — Termagant p. Tantrum—Cantatrice p. Sampson—f. de Regulus—m. de Marske, etc.
- **Barioletta (Bbr.—1822)** : Amadis p. Don Quixote—Fanny p. Sir Peter — f. de Diomed — Desdemona p. Marske — Y. Hag p. Skim—Hag p. Crab—Ebony p. Childers. Selima p. **Selim** — f. de Pot8os — Editha p. Herod—Elfrida p. Snap — Miss Belsea p. Regulus—f. de Bartletts'Childers—f. d'Honeywood A.
- **Royal Oak (Bbr.—1823)** : Catton p. Golumpus (Gohanna) — Lucy Grey p. Timothy (Delpini et Cora p. Matchem) — Lucy p. Florizel (Herod) — Frenzy p. Eclipse. Fille de Smolensko (Sorcerer et Wowski p. Mentor)—Lady Mary p. Beningbro' (King Fergus) — fille d'Highflyer — fille de Marske, etc.
- **Fille de (Baie—1819)** : Orville p. Beningbro' (King Fergus et f. d'Herod) — Evelina p. **Highflyer** — Termagant p. Tantrum—Cantatrice p. Sampson (Blaze). Epsom Lass p. Sir Peter (**Highflyer**) — Alexina p. **King Fergus** — Lardella p. Y. Marske (Squirt)—f. de Cade Godolphin)—f. de Beaufremont.
- **Rowton (Alez.—1826)** : Oiseau p. Camillus (Hambletonian) — fille de Ruler (Y. Marske) — Treecreeper p. Woodpecker — fille de Trentham, etc. Katharina p. Woful (**Waxy** et Penelope) — Landscape p. Rubens (Buzzard) — Iris p. Brush (Eclipse) — fille d'Herod, etc.
- **Fille de (Alez.—1826)** : Sam p. Scud (Beningbro'et Eliza p **Highflyer**)—Hyale p Phenomenon — Rally p. Trumpator — Fancy, s. de Diomed, p. Florizel, etc. Morel p. Sorcerer (Trumpator et Y. Giantess) — Hornby Lass p. Buzzard — Puzzle p. Matchem — Princess p. Herod — Juliap. Blank, etc.

PARTLET (Alezane—1846) — Irish Birdcatcher (Alezan—1833) × Guiccioli (Al.—1823) / Sir Hercules (N.—1826)

- **Whalebone (Bbr.—1807)** : **Waxy** p. Pot8os (Eclipse et Sportsmistress p. Sportsman) — Maria p. Herod (Tartar)—Lisette p. Snap—Miss Windsor p. the Godolphin. etc. Penelope p. Trumpator (Conductor p. Matchem et Brunette p. Squirrel) — — Prunella p.**Highflyer**(Herod)—Promise p. Snap (Snip p.Childers), etc.
- **Peri (Baie—1822)** : Wanderer p Gohanna (Mercury et s. de Challenger) — Catherine p. Woodpecker (Herod)— Camilla p. Trentham (Sweepstakes p. the Gower Stallion). Thalestris p. Alexander (Eclipse et Grecian Princess p. Forester) — Rival p. Sir Peter (**Highflyer**)—Hornet p. Drone (Herod et Lilly p. Blank), etc.
- **Bob Booty (Alez.—1804)** : Chanticleer p. Woodpecker (Herod et Miss Ramsden)—f. d'Eclipse—Rosebud p. Matchem—Miss Belsea p. Regulus — f. de Bartletts' Childers, etc. Ierne p. Bagot (Herod et Marotte p. Matchem)—f.de Gamahoe (Bustard) — Patty p. Tim (Squirt et s.de Bajazet p Godolphin)—Miss Patch, etc.
- **Flight (Alez.—1809)** : Irish Escape p. Commodore (Tom Tug et Small Hopes p. Scaramouche) — m. de Buffer p. Highflyer — Shift p. Sweetbriar (Syphon), etc. Young Heroine p. Bagot (Herod et Marotte p. Matchem) — Heroine p. Hero (Cade Godolphin) — s. de Regulus p. Godolphin, etc.
- **Dick Andrews (Bai—1797)** : Joe Andrews p. Eclipse (Marske et Spiletta p. Regulus) — Amaranda p. Omnium Snap)—Cloudy p.Blank—f.de Crab (Alcock A.et s.de Sorehecls) Fille d'**Highflyer** (Herod et Rachel p. Blank) — f. de Cardinal Puff (Babraham) — f. de Tatler (Blank) — f. de Snip (Flying Childers), etc.
- **Fille de (Baie—1803)** : Gohanna p. Mercury (Eclipse et Old Tartar mare) — s. de Challenger p. Herod (Tartar)— Maiden p. Matchem — f. de Squirt, etc. Fraxinella p. Trentham (Sweepstakes et Miss South) — Woodpecker p. Herod—Everlasting p.Eclipse—Hyæna p. Snap—Miss Belsea p.Regulus.
- **Orville (Bai—1799)** : Beningbro' p. **King Fergus** (Eclipse et Creeping Polly p. Black and All Black)—f.d'Herod(Tartar)—Pyrrha p.Matchem—Dutchess p. Whitenose. Evelina p.**Highflyer**(Herod et Rachel p. Blank) — Termagant p. Tantrum — Cantatrice p.Sampson—f.de Regulus—m.de Marske p Blacklegs, etc.
- **Fille de (Grise—1813)** : Wizard p. Sorcerer (Trumpator et Y. Giantess p. Diomed) — f. de Precipitate — Lady Harriet (s. de George) p. Marc Antony, etc. Lisette p. Hambletonian (**King Fergus** et f.d'Highflyer)—Constantia p. Walnut — Contessina p. Young Marske — Tuberose p. Herod, etc.

PELLEGRINO

(APPARTIENT A M. EDMOND HASTRON, A COUHÉ, VIENNE)

Pendant la saison de monte de 1893, Pellegrino sera en station au haras de Champagné-Saint-Hilaire (station de Couhé-Vérac, Vienne), où il saillira dix juments en dehors de celles de son propriétaire, à raison de cinq cents francs, plus 20 francs pour l'écurie. S'adresser à M. Edmond Hastron, à Couhé-Vérac (Vienne).

Pellegrino, par the Palmer, est né en 1874 chez M. Cookson. Sa mère, Lady Audley, dont il est le troisième produit, est née en 1867 chez M. Cookson, et a donné également Pilgrimage avec the Earl ou the Palmer, et Saint-Louis avec Hermit. Bai-brun, de grande taille, 1m64, Pellegrino a de la longueur, une bonne direction de rayons, les cuisses bien descendues, mais il est un peu léger sous le genou. Pellegrino n'a fait que deux apparitions sur le turf sous les couleurs du duc de Westminster ; à Goodwood (1876), il prit, pour ses débuts, la troisième place dans les Molecomb Stakes, derrière Shillegagh et Hadrian. Il courait ensuite le Middle Park Plate où, après une lutte où il faisait preuve de l'énergie qu'il devait transmettre à sa descendance, il était battu d'une tête par Chamant. Un accident d'entraînement, arrivé peu après, ne lui permettait pas de continuer sa carrière active. Pellegrino a fait, avant d'être importé, en 1886, par M. Malapert, plusieurs saisons de monte en Angleterre, où il a donné, entre autres, Prickly Pear, Everitt et Grenadine. Depuis son arrivée en France, il a produit régulièrement des animaux d'une certaine classe, dont Flammèche II, Tomate, Opaque, Violon, Idalie, Ferocio, etc. La Violette, mère de Violon, est fille du Petit-Caporal (par Marignan).

PEDIGREE DE PELLEGRINO

PELLEGRINO (Bai — 1874). Importé en 1886.	THE PALMER (Bai—1864).	Beadsman (Bbr.—1855)	Sheet Anchor (Bai—1832)	Lottery p. Tramp (Dick Andrews et f. de Gohanna)—Mandane p. Pot8os (Eclipse) — Y Camilla p. Woodpecker—Camilla p. Trentham, etc. Morgiana p. Muley (Orville)—Miss Stephenson p. Sorcerer (Trumpator) — s. de Petworth p. Precipitate —f. de Woodpecker (Herod), etc.
			Miss Letty (Baie—1834)	Priam p. Emilius (Orville) — Cressida p.Whisky — Young Giantess p. Diomed — Giantess p.Matchem — Molly Long Legs p. Babraham, etc. Mère de Miss Fanny p. Orville (Beningbro' et Evelina p. Highflyer) — f. de Buzzard — Hornpipe p. Trumpator — Luna p. Herod, etc.
		Mendicant (Bbr.—1843) Wentheorbit (Bb.—1842)	Touchstone (Bbr.—1831)	Camel p. Whalebone (Waxy) — f. de Selim — Maiden p. Sir Peter (Highflyer) — f. de Phenomenon — Matron p.Florizel —Maiden, etc. Banter p. Master Henry (Orville) — Boadicea p. Alexander (Eclipse) — Brunette p. Amaranthus — Mayfly p. Matchem—f. d'Ancaster Starl.
			Lady More Carew (Baie—1830)	Tramp p. Dick Andrews (Joe Andrews et f. d'Highflyer) — f. de Gohanna —Fraxinella p. Trentham—f.de Woodpecker— Everlasting, etc. Kite p. Bustard (Castrel) — Olympia p. Sir Oliver (Sir Peter) — Scotilla p. Anvil (Herod) — Scota p. Eclipse — Harmony p. Herod, etc.
	Madame Eglentine (Baie—1857)	Cowl (B. — 1842)	Bay Middleton (Bai—1833)	Sultan p. Selim — Bacchante p. Williamsons' Ditto — s. de Calomel p. Mercury — f. d'Herod — Folly p. Marske — Vixen p. Regulus, etc. Cobweb p. Phantom — Flagree p. Soothsayer — Web p. Waxy — Penelope p Trumpator — Prunella p. Highflyer — Promise p. Snap, etc.
			Crucifix (Baie—1837)	Priam p.Emilius (Orville) — Cressida p. Whisky — Y.Giantess p.Diomed — Giantess p. Matchem — Molly Long Legs p. Babraham, etc. Octaviana p. Octavian —f.ce Shuttle — Zarah p. Delpini—Flora p. King Fergus — Atalanta p. Matchem — Lass of the Mill p. Oroonoko, etc.
		Diversion (Al.—1838)	Defence (Bai—1824)	Whalebone p.Waxy— Penelope p.Trumpator — Prunella p. Highflyer — Promise p. Snap —Julia p. Blank—in. de Spectator p.Partner, etc. Defiance p. Rubens — Little Folly p. Highand Fling (Spadille p. Highflyer) — Harriet p. Volunteer — f. d'Alfred (fr. de Conductor), etc.
			Folly (Alez.—1830)	Middleton p. Phantom (Walton) — Web p. Waxy (Pot8os) — Penelope p. Trumpator — Prunella p. Highflyer — Promise p. Snap, etc. Little Folly p. Highland Fling (Spadille p. Highflyer) — Harriet p. Volunteer — f. d'Alfred (fr. de Conductor), etc.
	LADY AUDLEY (Bbr.—1867).	Macaroni (Bai—1860)	Gladiator (Bai—1833)	Partisan p. Walton (Sir Peter p. Highflyer) — Parasol p. Pot8os — Prunella p. Highflyer— Promise p. Snap — Julia p. Blank, etc. Pauline p. Moses (Seymour) — Quadrille p. Selim — Canary Bird p. Sorcerer — Canary p. Coriander — Miss Green p. Highflyer, etc.
			Lollypop (Baie—1836)	Voltaire p. Blacklock— f. de Phantom (Walton p. Sir Peter) — f. d'Overton (King Fergus) — m. de Gratitude p. Walnut (Highflyer), etc. Belinda p. Blacklock — Wagtail p. Prime Minister (Sancho et Miss Hornpipe Teazle p. Sir Peter) — f. d'Orville — Miss Grimstone, etc.
		Jocose (B.—1843) Sweetmeat (Bb.—1842)	Pantaloon (Alez.—1824)	Castrel p. Buzzard (Woodpecker) — f. d'Alexander (Eclipse) — f. de Highflyer (Herod)—f. d'Alfred (frère de Conductor) p. Matchem, etc. Idalia p. Peruvian (Sir Peter) — Musidora p. Meteor (Eclipse) — Maid of All Work p.Highflyer (Herod) — s. de Tandem p. Syphon, etc.
			Banter (Baie—1826)	Master Henry p. Orville—Miss Sophia p. Stamford (Sir Peter) — Sophia p. Buzzard (Woodpecker) — Huncamunca p Highflyer, etc. Boadicea p. Alexander (Eclipse)— Brunette p.Amaranthus (Old England p. Godolphin) — Mayfly p. Matchem — f. d'Ancaster Starling, etc.
		Melbourne (Bb.—1834)	Humphrey Clinker (Bai—1822)	Comus p. Sorcerer (Trumpator et Y. Giantess) — Houghten Lass p. Sir Peter (Highflyer) — Alexina p.King Fergus— Lardella p.Y.Marske, etc. Clinkerina p. Clinker (Sir Peter et Hyale p. Phenomenon) — Pewet p. Tandem — Termagant p. Tantrum — Cantatrice p. Sampson, etc.
	Secret (Baie—1853)		Fille de (Baie—1825)	Cervantes p.don Quixote (Eclipse et Grecian Princess p.Forester) — Evelina p.Highflyer—Termagant p.Tantrum—Cantatrice p. Sampson, etc. Fille de Golumpus p. Gohanna (Mercury p. Eclipse et s. de Challenger p. Herod) — Catherine p. Woodpecker — Camilla p. Trentham, etc.
		Mystery (B.—1842)	Jerry (Bbr.—1821)	Smolensko p.Sorcerer (Trumpator)— Wowski p. Mentor— m. de Waxy p. Herod — Lisette p. Snap (Snip p. Childers) —Miss Windsor, etc. Louisa p. Orville (Beningbro) — Thomasina p. Timothy (Delpini et Cora p. Matchem) — Violet p. Shark (Marske) — f. de Syphon (Squirl), etc.
			Nameless (Alez—1831)	Emilius p. Orville (Beningbro') — Emily p. Stamford (Sir Peter)—f. de Whisky (Saltram) —GreyDorimant p. Dorimant —Dizzy p.Blank, etc. Problem p. Merlin (Castrel et Miss Mentor p.Delpini) — Pawn p. Trumpator — Prunella p. Highflyer—Promise p. Snap—Julia p.Blank, etc.

PEPPER AND SALT

(APPARTIENT A M. RAYMOND HALBRONN)

Pendant la saison de monte de 1893, Pepper and Salt sera en station au haras du Bois-de-Boulogne, Neuilly-Saint-James, où il saillira un certain nombre de juments, à raison de six cents francs. S'adresser à M. Raymond Halbronn, 45 rue de Ponthieu, à Paris.

PEPPER AND SALT, par the Rake (gagnant du premier Middle Park plate), est né en 1882 chez l'entraîneur Alec Taylor, à Manton ; il est le premier produit d'Oxford Mixture, élevée en 1872 au Yardley Stud, par MM. Graham, qui a donné Cayenne-Pepper, également avec the Rake. Gris, de petite taille, 1^{m}59, Pepper and Salt est très harmonieux ; sa charpente est très forte et ses membres excellents. Il courut pour la première fois à Ascot, dans le Triennal (1884), où il ne fut pas placé derrière Dauphin ; battu d'une encolure par Iceberg, dans le Biennal de Stockbridge, il occupait la même place le lendemain, dans les Troy Stakes, gagnés par White-Nun. Il courait encore plusieurs fois à l'automne, presque toujours placé, luttant avec courage à l'arrivée, et montrant une préférence marquée pour les longs parcours ; mais, pas plus dans les épreuves à poids pour âge que dans les nurseries, il ne parvenait à passer le poteau le premier. En 1885, à trois ans par conséquent, Pepper and Salt courut sept fois ; non placé dans le Newmarket Biennal, second derrière Bird of Freedom dans l'Epsom Grand Prize, il remportait sa première victoire dans les Prince of Wales Stakes d'Ascot, où il battait Dandie Dinmont, Royal Hampton et Swillington. Il prenait ensuite la seconde place derrière Child of the Mist dans l'Ascot Biennal, et il gagnait, pour sa dernière apparition sur le turf, le Biennal de Stockbridge. Un accident obligeait son propriétaire M. Edmond Tattersall, à le retirer peu après de l'entraînement. Pepper and Salt a fait plusieurs saisons de monte en Angleterre, avant d'être importé, à la fin de 1892, par M. Raymond Halbronn ; il a donné notamment : Volscian King, et surtout Fair Head, dont la mère, Fair Star, par Parmesan, importée par M. Hastron au commencement de 1889, avait été saillie par lui la saison précédente.

PEDIGREE DE PEPPER AND SALT

PEPPER AND SALT (Gris—1880) Importé en 1892.	THE RAKE (Bai—1864).	Cain (Bai—1822)	Paulowitz p. Sir Paul (Sir Peter et Pewet p. Tandem) — Evelina p. Highflyer — Termagant p. Tautrum — Cantatrice p. Sampson, etc. F. de Paynator — f. de Delpini — Tipple Cyder p. King Fergus — Sylvia p. Young Marske — Ferret p. mère de Silvio (Cade), etc.
		Margaret (Bbr.—1824)	Edmund p. Orville — Emmeline p. Waxy (Pot8os) — Sorcery p. Sorcerer — Cobbea p. Skyscraper — f. de Woodpecker — Herod p. Squirrel, etc. Medora p. Selim — f. de Sir Harry (Sir Peter et Matron p. Alfred) — f. de Volunteer — f. d'Herod — Golden Grove p. Blank, etc.
		Bay Middleton (Bai—1833)	Sultan p. Selim — Bacchante p. Williamsons' Ditto (Sir Peter) — s. de Calomel p. Mercury (Eclipse) — f. d'Herod (Tartar), etc. Cobweb p. Phantom (Walton et Julia p. Whisky) — Filagree p. Soothsayer — Web p. Waxy — Penelope p. Trumpator, etc.
		Myrrha (Baie—1831)	Malek p. Blacklock (Whitelock) — f. de Juniper (Whisky) — f. de Sorcerer — Virgin p. Sir Peter — f. de Pot8os — Editha p. Herod, etc. Bessy p. Y. Gouty — Grandiflora p. Sir Harry Dimsdale (Sir Peter) — f. de Pipator — f. de Phenomenon — f. de Y. Marske — Pyrrha, etc.
		Sir Hercules (Noir—1826)	Whalebone p. Waxy — Penelope p. Trumpator — Prunella p. Highflyer — Promise p. Snap — Julia p. Blank — m. de Spectator p. Partner, etc. Peri p. Wanderer (Gohanna et Catherine p. Woodpecker) — Thalestris p. Alexander (Eclipse) — Rival p. Sir Peter — Hornet p. Drone (Herod), etc.
		Guiccioli (Alez.—1823)	Bob Booty p. Chanticleer — Ierne p. Bagot — f. de Gamahoe — Patty p. Tim — Miss Patch p. Justice — Ringtailed Galloway p. Curwens' Bay B. Flight p. Irish Escape — Y. Heroine p. Bagot (Herod) — Heroine p. Hero — s. de Regulus p. the Godolphin — f. de Grey Robinson, etc.
		Touchstone (Bbr.—1831)	Camel p. Whalebone — f. de Selim — Maiden p. Sir Peter — f. de Phenomenon (Herod) — Matron p. Florizel — Maiden p. Matchem, etc. Banter p. Master Henry (Orville et Miss Sophia p. Stamford) — Boadicea p. Alexander — Brunette p. Amaranthus — Mayfly p. Matchem, etc.
		Zillah (Alez.—1835)	Reveller p. Comus — Rosette p. Beningbro' (King Fergus) — Rosamond p. Tandem — Tuberose p. Herod — Grey Starling p. Starling, etc. Morisca p. Morisco (Muley p. Orville) — Waltz p. Election — Penelope p. Trumpator — Prunella p. Highflyer — Promise p. Snap, etc.
	OXFORD MIXTURE (Grise—1870).	Sir Hercules (Noir—1826)	Whalebone p. Waxy — Penelope p. Trumpator — Prunella p. Highflyer — Promise p. Snap — Julia p. Blank — m. de Spectator, etc. Peri p. Wanderer (Gohanna et Catherine) — Thalestris p. Alexander — Rival p. Sir Peter — Hornet p. Drone — Manilla p. Goldfinder, etc.
		Guiccioli (Alez.—1823)	Bob Booty p. Chanticleer (Woodpecker et f. d'Eclipse) — Ierne p Bagot — f. de Gamahoe — Patty p. Tim — Miss Patch p. Justice, etc. Flight p. Irish Escape — Young Heroine p. Bagot — Heroine p. Hero (Cade) — s. de Regulus p. the Godolphin — Grey Robinson, etc.
		Plenipotentiary (Alez.—1831)	Emilius p. Orville — Emily p. Stamford — f. de Whisky — Grey Dorimant p. Dorimant (Otho) — Dizzy p. Blank — Dizzy p. Driver, etc. Harriet p. Pericles (Evander et f. de Precipitate) — f. de Selim — Pipylina p. Sir Peter — Rally p. Trumpator — Fancy p. Florizel, etc.
		My Dear (Baie—1841)	Bay Middleton p. Sultan — Cobweb p. Phantom — Filagree p. Soothsayer — Web p. Waxy — Penelope p. Trumpator, etc. Miss Letty p. Priam (Emilius p. Orville et Cressida p. Whisky) — f. d'Orville — f. de Buzzard — Hornpipe p. Trumpator — Laura, etc.
		Venison (Bbr.—1833)	Partisan p. Walton — Parasol p. Pot8os — Prunella p. Highflyer — Promise p Snap — Julia p. Blank — m. de Spectator p. Partner, etc. Fawn p. Smolensko — Jerboa p. Gohanna — Camilla p. Trentham — Coquette p. the Compton Barb — s. de Regulus — Grey Robinson, etc.
		Queen Anne (Baie—1843)	Slane p. Royal Oak (Catton et f. de Smolensko) — f. d'Orville (Beningbro') — Epsom Lass p. Sir Peter — Alexina p. King Fergus, etc. Garcia p. Octavian (Stripling) — f. de Shuttle — Katherine p. Delpini — f. de Paymaster — s. d'Amazon p. Le Sang — f. de Rib, etc.
		Rust (Gris—1830)	Master Robert p. Buffer — Spinster p. Shuttle — f. de Sir Peter — Bab p. Bordeaux — Speranza p. Eclipse — Virago p. Snap, etc. Vermillion p. Boabdil (Bobtail et f. de Driver) — Wire p. Waxy — Penelope p. Trumpator — Prunella p. Highflyer — Promise p. Snap, etc.
		Annie (Bbr.—1827)	Wanderer p. Gohanna (Mercury et f. d'Herod) — Catherine p. Woodpecker — Camilla p. Trentham — Coquette p. The Compton Barb, etc. Caroline p. Whalebone (Waxy et Penelope) — Marianne p. Mufti — Maria p. Telemachus (Herod) — La Grecque p. Regulus (Godolphin), etc.

PEREGRINE

(APPARTIENT A L'ADMINISTRATION DES HARAS)

Pendant la saison de monte de 1893, Pérégrine sera en station au dépôt d'étalons de Tarbes, où il saillira quarante juments de pur sang anglais, à raison de soixante francs. S'adresser à M. le Directeur du Dépôt d'étalons, à Tarbes (Hautes-Pyrénées).

PEREGRINE, par Pero Gomez (gagnant du Saint-Léger de 1869), est né en 1878 au Glasgow Stud ; sa mère, Adélaïde, dont il est le sixième produit, est née également chez lord Glasgow en 1866, et a donné Lady Lyons avec Trumpeter, Saint-Hilda et Queen Adélaïde avec Hermit. Bai-brun, avec une lisse en tête et deux balzanes postérieures, Peregrine est un cheval de très grande taille, 1m69, avec un beau dessus, une bonne direction d'épaule, des hanches larges, mais il laisse à désirer dans ses membres antérieurs dont les canons sont trop légers, le genou est défectueux et l'aplomb irrégulier. C'est en raison de la défectuosité de son avant-main, que Peregrine, dont la préparation exigeait de grands ménagements, ne put pas courir à deux ans. Il fit, sous les couleurs du capitaine Richard'Grosvenor, ses débuts dans les Deux Mille Guinées de 1881, qu'il enleva brillamment de trois longueurs, battant Iroquois, don Fulano, Cameliard, Scobell, Maskelyne et Tristan. Cette victoire lui assurait la place de premier favori dans le Derby d'Epsom, mais le parcours accidenté de l'hippodrome du Surrey et surtout la longue descente qui précède le Tattenham Corner constituaient pour lui un désavantage sensible, et il était battu d'une demi-longueur par Iroquois, dont il avait eu si facilement raison trois semaines auparavant ; Town Moor, Geologist, Saint-Louis, Tristan, Don Fulano et Scobell étaient parmi les treize chevaux qui finissaient derrière lui. Peregrine n'avait pu soutenir impunément la lutte courageuse qu'il avait engagée avec Iroquois, et on devait bientôt renoncer à le conserver à l'entraînement. Après avoir fait la monte pendant plusieurs saisons en Angleterre, Peregrine fut importé en 1886 par M. Michel Éphrussi, qui le garda deux ans à Dangu et le céda, en 1888, pour 35.000 francs, à l'Administration des Haras ; il était alors attaché au dépôt de Tarbes. Peregrine a eu plusieurs produits gagnants en Angleterre, Mignon, Norwegian et Barèges, entre autres ; en France, il a donné : Witchery, La Pernelle, Batoum, Gironde, Symphonie, Poitou, etc. La mère de La Pernelle, the Frisky-Matron, est fille de Cremorne (par Parmesan).

GUIDE PRATIQUE DE L'ÉLEVEUR 177

PEDIGREE DE PEREGRINE

PEREGRINE (Bai-Brun — 1878) Importé en 1886.	PERO GOMEZ (Bai — 1866). Beadsman (Bai-Brun — 1855). Mendicant (Bb. — 1843) Wenterbot (B. — 1832) Salamanca (Baie — 1859). Student (Al. — 1851) Bravery (Bb. — 1853)	Sheet Anchor (Bai — 1832)	Lottery p. **Tramp** (Dick Andrews et f. de Gohanna)—Mandane p. Pot8os (Eclipse) — Camilla p. Woodpecker — Camilla p. Trentham, etc. Morgiana p. Muley (Orville et Eleanor p. Whisky) — Miss Stevenson p. **Sorcerer** (Trumpator) — s. de Petworth p. Precipitate (Mercury), etc.
		Miss Letty (Baie — 1834)	Priam p. Emilius (Orville et Emily p. Stamford) — Cressida p. Whisky — Y. Giantess p. Diomed (Florizel) — Giantess p. Matchem, etc. Fille d'Orville (Beningbro' et Evelina p. Highflyer) — f. de Buzzard (Woodpecker) — Horapipe p. Trumpator — Luna p. Herod — s. d'Eclipse, etc.
		Touchstone (Bbr. — 1831)	Camel p. **Whalebone** (Waxy) — fille de Selim — Maiden p. Sir Peter — — f. de Phenomenon — Ma.ron p. Florizel — Maiden p. Matchem, etc. Banter p. Master Henry (Orville) — Boadicea p. Alexander — Brunette p. Amaranthus — Mayfly p. Matchem — fille d'Ancaster Starling, etc.
		Lady Moore Carew Bbr. — 1830)	**Tramp** p. Dick Andrews (Joc Andrews et f. d'Highflyer) — f. de Gohanna (Mercury et f. d'Herod) — Fraxinella p. Trentham, etc. Kite p. Bustard (Castrel et Miss Hap p. Shuttle) — Olympia p. Sir Oliver (Sir Peter et Fanny p. Diomed) — Scotilla p. Anvil (Herod) — Scota.
		Chatham (Alez. — 1839)	The Colonel p. Whisker (Waxy) — fille de Delpini (Highflyer) — Tipple Cyder p. King Fergus — Sylvia p. Young Marske — Ferret, etc. Hester p. Camel (**Whalebone** p. Waxy) — Monimia p. Muley (Orville et Eleanor p. Whisky) — s. de Petworth p. Precipitate (Mercury), etc.
		Fille de (Baie — 1840)	Laurel p. **Blacklock** (Whiteock) — Wagtail p. Prime Minister (Sancho p. don Quixote) — f. d'Orville — Miss Grimstone p. Weasel (Herod), etc. Flight p. Velocipede (**Blacklock** et f. de Juniper) — Miss Wilkes p. Octavian — f. de Remembrancer p. Pipator — Mary p. Y. Marske, etc.
		Gameboy (Bbr. — 1842)	Tomboy p. Jerry (Smolensko et Louisa p. Orville) — m. de Beeswing p. Ardrossan — Lady Eliza p. Whitworth (Matchem et f. d'Old England). Lady Moore Carew p. Tramp — Kite p. Bustard — Olympia p. Sir Oliver (Sir Peter) — Scotilla p. Arvil (Herod) — Scota, etc.
		Ennui Bbr. — 1843)	Bay Middleton p. Sultan (Selim et Bacchante) — Cobweb p. Phantom — Filagree p. Soothsayer — Web p. Waxy — Penelope p. Trumpator, etc. Blue Devils p. Velocipede (Blacklock et fille de Juniper) — Care p. Woful (Waxy et Penelope) — m. de Recovery p. Rubens, etc.
	ADELAIDE (Baie-Brune — 1866). Young Melbourne (Bh. — 1855). Melbourne (Bbr. — 1834) Clarissa (B. — 1846) Teddington (Al. 1848) Maid of Masham (B. 1845) Fille de (Alez. — 1855)	Humphrey Clinker (Alez. — 1822)	Comus p. **Sorcerer** (Trumpator) — Houghton Lass p. Sir Peter (Highflyer) — Alexina p. King Fergus — Lardella p. Y. Marske, etc. Clinkerina p. Clinker (Sir Peter et Hyale p. Phenomenon) — Pewet p. Tandem (Syphon) — Termagant p. Tantrum (Cripple), etc.
		Fille de (Baie — 1825)	Cervantes p. Don Quixote (Eclipse et Grecian Princess) — Evelina p. Highflyer — Termagant p. Tautrum (Cripple p. the Godolphin), etc. Fille de Golumpus — f. de Paynator (Trumpator) — s. de Zodiac p. St-George (Highflyer) — Abigail p. Woodpecker — Firetail, p. Eclipse.
		Pantaloon (Alez. — 1824)	Castrel p. Buzzard (Woodpecker et Misfortune p. Dux) — f. d'Alexander (Eclipse et Grecian Princess) — f. d'Highflyer — f. d'Alfred, etc. Idalia p. Peruvian (Sir Peter et f. de Boudrow) — Musidora p. Meteor (Eclipse) — Maid of All Work p. Highflyer — s. de Tandem, etc.
		Fille de (Bbr. — 1837)	Glencoe p. Sultan (Selim et Bacchante p. Williamsons' Ditto, fils de Sir Peter) — Trampoline p. Tramp — Web p. Waxy — Penelope, etc. Frolicsome p. Frolic (Hedley et Frisky p. Fidget) — f. de Stamford (Sir Peter) — Alexina p. King Fergus — Lardella p. Y. Marske, etc.
		Orlando (Bai — 1841)	**Touchstone** p. Camel (**Whalebone** p. Waxy) — Banter p. Master Henry — Boadicea p. Alexander (Eclipse) — Brunette p. Amaranthus, etc. Vulture p. Langar — Kite p. Bustard — Olympia p. Sir Oliver (Sir Peter) — Scotilla p. Anvil — Scota p. Eclipse — Harmony p. Herod — Rutilia, etc.
		Miss Twickenham (Alez. — 1838)	Rockingham p. **Humphrey Clinker** (Comus et Clinkerina) — Medora p. Swordsman (Buffer p. Prizefighter) — f. de Trumpator — Peppermint. Electress p. Election (Gohanna et Chesnut Skin) — f. de Stamford — Miss Judy p. Alfred — Manilla p. Goldfinder — f. de Old England, etc.
		Don John (Bai — 1835)	Waverley p. **Whalebone**(Waxy) — Margaretta p. Sir Peter — s. de Cracker p. Highflyer — Nutcracker p. Matchem — Miss Starling p. Starling, etc. Fille de Comus (**Sorcerer** et Houghton Lass p. Sir Peter) — Marciana p. Stamford — Marcia p. Coriander — Faith p. Pacolet — Atalanta p. Matchem.
		Miss Lydia (Grise — 1838)	Belshazzar p. **Blacklock** — Manuella p. DickAndrews — Mandane p. Pot8os — Y. Camilla p. Woodpecker — Camilla p. Trentham (Sweepstakes), etc. Fille de Comus (**Sorcerer**) — m. de Plumper p. Delpini — Miss Judy p. Alfred fr. de Conductor — Manilla p. Goldfinder — f. d'Old England.

1893 — I

PERPLEXE

(APPARTIENT A M. LE BARON DE SCHICKLER, CH. DE MARTINVAST, MANCHE)

Pendant la saison de monte de 1893, Perplexe sera en station au haras de Martinvast (Manche) où toutes ses saillies ont été réservées par son propriétaire aux juments du haras. Aucun prix n'a, par suite, été fixé.

Perplexe, par Vermout, est né en 1872 au haras de Lonray ; sa mère, Péripétie, dont il est le second produit, a été élevée, en 1866, par M. Alphonse Staub, et a donné également Problème avec Gitano, P.-D., Pénélope et Porte-Plume avec Caterer, et Prédestinée avec Le Destrier. Perplexe est un très joli cheval bai de taille moyenne, 1m59, bien suivi, très harmonieux avec un très beau dessus ; il est très fortement soudé. Acheté yearling par le baron de Schickler, Perplexe fit ses débuts dans le Grand Critérium qu'il gagna avec une extrême facilité, battant Peusacola, Verte-Allure et Tyrolienne entre autres. Après cette unique exhibition en 1874, il était réservé pour le prix du Jockey-Club, où il ne figurait pas à l'arrivée derrière Salvator, Saint-Cyr, et Nougat ; dans le Grand Prix de Paris, qu'il courait ensuite, il était encore battu par Salvator et Nougat, mais il prenait la troisième place devant Saint Cyr, Almanza et Camballo. Il gagnait ensuite le Grand Saint-Léger de Caen sur Saint-Cyr dont il recevait six livres, mais il était, à trois livres, battu par le fils de Dollar dans le Grand Prix de Deauville. Une collision à l'entrée de la ligne droite lui faisait perdre, à la réunion d'automne de Paris, le prix de Chantilly, gagné par Dictature, sur laquelle il prenait une revanche facile dans le prix Royal Oak. Il allait ensuite à Newmarket courir le Cesarewitch où, handicapé à 48 kilos 1/2, il prit la troisième place derrière Duke of Parma, auquel il rendait vingt-deux livres et deux années, et Pageant (4 a., 49 kil. 1/2). Perplexe courait une seule fois en 1876, dans le prix d'Argenteuil, où, en demi-condition, il était battu d'une tête par Roussillon ; il était alors retiré de l'entraînement après une carrière honorable où, en digne fils de Vermont, il avait montré une prédilection marquée pour les longues distances. Il fit à Martinvast sa première saison de monte en 1877 ; il donnait dès le début une jument de premier ordre, Perplexité, mère de Chêne-Royal (gagnant du prix du Jockey-Club et du prix Royal Oak de 1892), issue d'une fille de King-Tom. Parmi ses autres produits, nous citerons Ninetta, Rêveuse (mère de Révérend et de Rueil), Sycomore, qui a fait dead heat avec Upas dans le prix du Jockey-Club de 1886, La Jarretière, Vanneau, Macouba, La Brume, Puchero, Caballero et, enfin, Fra Angelico et La Rosalba, dont la mère commune, Escarboucle, est fille de Doncaster.

GUIDE PRATIQUE DE L'ÉLEVEUR 179

PEDIGREE DE PERPLEXE

PERPLEXE (Bai—1872).	VERMOUT (Bai—1861).	Vermeille ex Merveille (Alez.—1853).	Glaucus (Bai—1830)	Partisan p. Walton (Sir Peter)—Parasol p. Pot8os—Prunella p. Highflyer —Promise p. Snap — Julia p. Blank—m de Spectator p. Partner, etc Nanine p. Selim—Bizarre p. Peruvian (Sir Peter)— Violante p. John Bull — sœur de Skyscraper p. Highflyer — Everlasting p. Eclipse.
			Octave (Bbr.—1830)	Emilius p. Orville (Beningbro' et Evelina)—Emily p. Stamford (Sir Peter et Horatia p. Eclipse)—f de Whisky (Saltrain et Calash p. Herod). Whizgig p. Rubens (Buzzard et f. d'Alexander) — Penelope p. Trumpator (Conductor) — Prunella p. Highflyer — Promise p. Snap, etc.
		The Nabob (Bai-Brun—1849).	Camel (Noir—1822)	Whalebone p. Waxy—Penelope p. Trumpator— Prunella p. Highflyer —Promise p. Snap — Julia p. Blank—f. de Partner — Bonny Lass, etc. F. de Selim—Maiden p. Sir Peter—f. de Phenomenon — Matron p. Florizel — Maiden p. Matchem — f. de Squirt — f. de Mogul.
			Monimia (Baie—1821)	Muley p. Orville—Eleanor p. Whisky (Saltram)— Y. Giantess p. Diomed (Florizel)—Giantess p. Matchem (Cade et f. de Partner)—Molly Long Legs Sœur de Petworth p. Precipitate (Mercury)—f. de Woodpecker—s. de Juniper p. Snap (Snip par B. Childers)—s. de Sliphy p. Fox—Gipsy p. B Bolton.
		Hester (Bbr.—1832)	Birdcatcher (Alez.—1833)	Sir Hercules p. Whalebone—Peri p. Wanderer—Thalestris p. Alexander— Rival p. Sir Peter — Hornet p. Drone — Manilla p. Goldfinder, etc Guiccioli p. Bob Booty — Flight p. Irish Escape (Commodore) — Y. Heroine p. Bagot (Herod et Marotte) — Heroine p. Hero (Cade), etc.
		The Baron (Al.—1842)	Echidna (Bbr.—1838)	Economist p. Whisker—Floranthe p. Octavian—Caprice p. Anvil—Madcap p. Eclipse — f. de Blank — f. de Blaze — f. de Y. Greyhound. Miss Pratt p. Blacklock — Gadabout p. Orville—Minstrel p. Sir Peter—Matron p Florizel (Herod) — Maiden p. Matchem —f. de Squirt, etc.
		Fair Helen (B.—1845)	Priam (Bai—1827)	Emilius p. Orville—Emily p. Stamford (Sir Peter) — fille de Whisky — Grey Dorimant p. Dorimant — Dizzy p. Blank, etc. Cressida p. Whisky — Y. Giantess p. Diomed (Florizel) — Giantess p. Matchem—Molly Long Legs p. Babraham—f. de Foxhunter, etc.
			Dirce (Baie—1830)	Partisan p. Walton (Sir Peter)—Parasol p Pot8os (Eclipse) — Prunella p. Highflyer — Promise p. Snap — Julia p. Blank (Godolphin), etc. Antiope p. Whalebone (Waxy et Penelope p. Trumpator) — Amazon p. Driver (Trentham et Coquette) — Fractious p. Mercury, etc.
	PERIPETIE (Baie—1866).	Sting (Bbr.—1863).	Royal Oak (Bbr.—1823)	Catton p. Golumpus (Gohanna) — Lucy Grey p. Timothy (Delpini et Cora p. Matchem) — Lucy p. Florizel (Herod) — Frenzy p. Eclipse. F. de Smolensko (Sorcerer et Wowski p. Mentor)—Lady Mary p. Beningbro' (King Fergus)—fille d'Highflyer — f. de Marske, etc.
		Siane (Bai—1833)	Fille de (Baie—1819)	Orville p. Beningbro' (King Fergus et f. d'Herod) — Evelina p. Highflyer — Termagant p. Tantrum — Cantatrice p. Sampson (Blaze), etc. Epsom Lass p. Sir Peter (Highflyer) — Alexina p. King Fergus — Lardella. p. Y. Marske (Squirt) — f. de Cade (Godolphin), etc.
		Echo (B.—1828)	Emilius (Bai—1820)	Orville (v. plus haut) p. Beningbro' — Evelina p. Highflyer — Termagant p. Tantrum — Cantatrice p. Sampson — f. de Regulus, etc. Emily p. Stamford (Sir Peter) — f. de Whisky (Saltram) — Grey Dorimant p. Dorimant — Dizzy p. Blank — Dizzy p. Driver, etc.
			Fille de (Baie—1820)	Scud p. Beningbro' — Eliza p. Highflyer — Augusta p. Eclipse — f. d'Herod—f. de Bajazet (Godolphin) — grand-mère de Goldfinder, etc. Canary Bird p. Whisky (ou Sorcerer) — Canary p. Coriauder (Pot8os) — Miss Green p. Highflyer — Harriet p. Matchem — Flora p. Regulus, etc.
		Elthiron (B.—1846)	Pantaloon (Alez.—1824)	Castrel p. Buzzard (Woodpecker) — fille d'Alexander (Eclipse) — f. d'Highflyer (Herod) — f. d'Alfred (fr. de Conductor) p. Matchem, etc. Idalia p. Peruvian (Sir Peter) — Musidora p. Meteor (Eclipse) — Maid of All Work p. Highflyer (Herod) — s. de Tandem p. Syphon, etc.
	Peronelle (Bbr.—1854).		Phryné (Baie—1840)	Touchstone p. Camel (Whalebone) — Banter p. Master Henry (Orville) — Boadicea p. Alexander (Eclipse) — Brunette p. Amaranthus, etc. Decoy p. Filho da Puta (Haphazard) — Finesse p. Peruvian — Violante p. John Bull (Fortitude)—s. de Skyscraper—Everlasting p. Eclipse, etc.
		Breloque (Al.—1847)	Gladiator (Alez.—1833)	Partisan p. Walton (Sir Peter)—Parasol p. Pot8os (Eclipse)— Prunella p. Highflyer (Herod) — Promise p. Snap (Snip), etc. Pauline p. Moses (Seymour et f. de Gohanna) — Quadrille p. Selim — Canary Bird p. Sorcerer — Canary p. Coriander (Pot8os), etc.
			Rosa Langar (Alez.—1838)	Langar p. Selim — f. de Walton (Sir Peter) — Y. Giantess p. Diomed — Giantess p. Matchem — Molly Long Legs p. Babraham, etc. Wild Rose p. Confederate — Primrose p. Clinker — f. de Justice — Parsley p. Pot8os (Eclipse) — Lady Bolingbroke p. Squirrel, etc.

POURTANT

(APPARTIENT A M. MICHEL ÉPHRUSSI, A DANGU, EURE)

Pendant la saison de monte de 1893, Pourtant sera en station au haras de Dangu, près Gisors (Eure), où il saillira un certain nombre de juments étrangères, à raison de douze cents francs, plus 20 francs pour l'écurie. S'adresser à M. Michel Ephrussi, 203 boulevard Saint-Germain, à Paris.

Pourtant, par Saxifrage, est né en 1886 au haras de Dangu, chez M. Michel Ephrussi; il est le second produit de La Papillonne, née en 1880 chez M. Paul Aumont, qui a donné également Primrose (gagnante du prix de Diane de 1891) avec Peter. Alezan doré, avec une large lisse en tête et une balzane haut-chaussée à la jambe postérieure montoire, de grande taille, 1^{m}65, Pourtant a de la substance, des leviers étendus, une bonne direction d'épaule, les hanches larges; il est un peu léger dans ses membres antérieurs. Il n'a couru que deux fois comme two year old, dans le prix des Chênes, à Paris, et le prix de Condé, à Chantilly, où il ne fut pas placé; il était d'ailleurs à peine formé. Tenu en réserve au printemps suivant pour le prix du Jockey-Club, il n'y figurait pas à l'arrivée derrière Clover et Achille, mais il faisait une très bonne course quelques jours après à Paris, où il prenait la seconde place à une tête de Flatteur dans le prix du Cèdre, précédant Aérolithe de six longueurs; le lendemain, il battait facilement Vasistas dans le prix de Juin, mais, le dimanche suivant, il paraissait maître de la partie dans le Grand Prix de Paris, quand il était rejoint et battu d'une longueur par le cheval de M. Delamarre; Aérolithe, Max-Pole et Phlégethon étaient au nombre des chevaux battus. Dans le prix Royal Oak, Pourtant enlevait la course d'une courte tête sur Aérolithe, Crinière et Tantale; puis il courait sans y figurer le prix de la Forêt, gagné par Alicante, sur une distance ne lui convenant en aucune façon. A quatre ans, Pourtant courait le prix du Cadran, où, après une courageuse résistance, il était battu d'une encolure et d'une tête respectivement par Clover et Aérolithe, mais il prenait brillamment sa revanche, huit jours après, en battant très facilement ses deux vainqueurs dans le prix Rainbow, dont les 5.000 mètres étaient bien dans ses aptitudes. Il gagnait encore sur Prétendant et Tire-Larigot le Biennal, où il faisait sa dernière course. Pourtant a fait sa première saison de monte à Dangu en 1891.

PEDIGREE DE POURTANT

POURTANT (Alezan—1886).	SAXIFRAGE (Alezan—1872).	Vertugadin (Alezan—1862).	Gladiator (Alez.—1833)	Partisan p. **Walton** (Sir Peter) — Parasol p. **Pot8os** — Prunella p. Highflyer — Promise p. Snap — Julia p. Blank (Godolphin), etc. Pauline p. Moses (Seymour et Bay Javelin) — Quadrille p. **Selim** — Canary Bird p. Sorcerer—Canary p. Coriander (**Pot8os**)—Miss Green.
			Zarah (Baie—1835)	Reveller p. **Comus** (Sorcerer) — Rosette p. Beningbro' (King Fergus) — Rosamond p. Tandem — Tuberose p. Herod — Grey Starling, etc. Fille de Rubens (Buzzard) — Brightona p. Gohanna (Mercury) — Nutmeg p. Sir Peter — Nimble p. Florizel — Rantipole p. Blank, etc.
		Fitz Gladiator (Al. 1852) Slapdash (Baie—1855).	The Baron (Alez.—1842)	Birdcatcher p. Sir Hercules — Guiccioli p. Bob Booty — Flight p. Irish Escape — Young Heroine p. Bagot — Heroine p. Hero, etc. Echidna p. Economist (Whisker p. Waxy) — Miss Pratt p. Blacklock — Gadabout p. Orville — Minstrel p. Sir Peter, etc.
			Fair Helen (Baie—1837)	Priam p. Emilius (Orville) — Cressida p. Whisky — Y. Giantess p. Diomed — Giantess p. Matchem — Molly Long Legs, etc. Dirce p. **Partisan** (**Walton**) — Antiope p. **Whalebone** — Amazon p. Driver (Trentham)—Fractions p. Mercury (Eclipse)— Everlasting, etc.
		Vermeille (Al. 1852) Annandale (Bbr.—1842)	Touchstone (Bbr.—1831)	Camel p. **Whalebone** (Waxy)— f. de **Selim** — Maiden p. Sir Peter (Highflyer) — f. de Phenomenon — Matron p. Florizel — Maiden, etc. Banter p. Master Henry (Orville) — Boadicea p. Alexander — Brunette p. Amaranthus — Mayfly p. Matchem — f. d'Ancaster Starling, etc.
			Rebecca (Baie—1831)	Lottery p. Tramp (Dick Andrews) — Mandane p. **Pot8os** — Y. Camilla p. Woodpecker — Camilla p. Trentham—Coquette p. The Compton B. Fille de Cervantes (Don Quixote) — Anticipation p. Beningbro' — f. d'Expectation — s. de Telemachus —f. de Skim — f. de Janus, etc.
		Mes salina (B.—1840)	Bay Middleton (Bai—1833)	Sultan p. **Selim** (Buzzard)—Bacchante p. Williamsons' Ditto — s. de Calomel p. Mercury — f. d'Herod — Folly p. Marske. Cobweb p. Phantom (**Walton**) — Filagree p. Soothsayer — Web p. Waxy — Penelope p. Trumpator — Prunella p. Highflyer, etc.
			Myrrha (Baie—1831)	Malek p. Blacklock — f. de Juniper — f. de Sorcerer — Virgin p. Sir Peter —f. de Pot8os — Editha p. Herod —Elfrida p. Snap, etc. Bessy p. Y. Gouty (Gouty) — Grandiflora p. Sir Harry Dimsdale — f. de Pipator — f. de Phenomenon — f. de Y. Marse, k etc.
	LA PAPILLONNE (Alezan—1880).	Troradero (Alez.—1864). Monarque (B.—1852)	The Baron, the Emperor ou Sting" (Bbr.—1843)	Slane p. Royal Oak — fille d'Orville (Beningbro') — Epsom Lass p. Sir Peter — Alexina p. King Fergus (Eclipse)—Lardella p. Y. Marske, etc. Echo p. Emilius (Orville) — fille de Scud (Beningbro') — Canary Bird p. **Sorcerer** (Trumpator)—Canary p. Coriander—Miss Green p. Highflyer.
			Poetess (Baie—1838)	Royal Oak p. Catton (Golumpus et Lucy Grey)—fille de Smolensko (Sorcerer et Wowski p. Mentor) — Lady Mary p. Beningbro. Ada p. Whisker (Waxy) — Anna Bella p. Shuttle (Y. Marske) — fille de Drone — Contessina p. Y. Marske — Tuberose p. Herod, etc.
		Antonia (Al.—1851)	Epirus (Alez.—1834)	Langar p. **Selim** (Buzzard)—f. de **Walton** (Sir Peter) — Y. Giantess p. Diomed — Giantess p. Matchem — Molly Long Legs p. Babraham, etc. Olympia p. Sir Oliver (Sir Peter) — Scotilla p. Anvil (Herod) — Scota p. Eclipse — Harmony p. Herod — Rutilia (sœur de Rachel), etc.
			The Ward of Cheap (Baie—1843)	Colwick p. Filho da Puta (Haphazard p. Sir Peter) — Stella p. Sir Oliver (Sir Peter) — Scotilla p. Anvil — Scota p. Eclipse — Harmony p. Herod. Maid of Burghley p. Sultan (**Selim**) — Palais Royal p. Blucher (Waxy et Pantina p. Buzzard) — Election p. m. de Rubens p Alexander, etc.
	Dulcinée (Alez.—1858) Oddity (Alez.—1841)	Gladiator (Al.—1833)	Partisan (Bai—1811)	**Walton** p. Sir Peter (Highflyer) — Arethusa p. Dungannon (Eclipse) — f. de Prophet (Regulus)—Virago p. Snap—f de Regulus (Godolphin), etc. Parasol p. Pot8os (Eclipse) — Prunella p. Highflyer — Promise p. Snap (Snip et s. de Slipby) — Julia p. Blank (Godolphin), etc.
			Pauline (Baie—1826)	Moses p. Seymour (Delpini p. Highflyer) — fille de Gohanna — Grey Skim p. Woodpecker — m. de Silver p. Herod—Y. Hag p. Skim—Hag p. Crab, etc. Quadrille p. **Selim** — Canary Bird p. **Sorcerer** — Canary p. Coriander (Pot8os) — Miss Green p. Highflyer — Harriet p. Matchem.
			Bizarre (Bbr.—1820)	Orville p. Beningbro' (King Fergus)—Evelina p. Highflyer (Herod et Rachel)—Termagant p. Tantrum (Cripple) — Cantatrice p. Sampson, etc. Bizarre p. Peruvian (Sir Peter et f. de Boudrow) — Violante p. John Bull (Fortitude) — s. de Skyscraper p. Highflyer—Everlasting p. Eclipse, etc.
			Corysandre (Alez.—1834)	Holbein p. Rubens (Buzzard)—f. d'Alexander—f. d'Highflyer — f. d'Alfred — f. d'Highflyer (Sampson) — m. de Bay Malion, etc. Fille de **Comus** (Sorcerer et Houghton Lass)—fille de Sancho — Ringtail p. Buzzard (Woodpecker)— f. de Trentham—s. de Drone p. Herod, etc.

PRÉ-CATELAN

(APPARTIENT A L'ADMINISTRATION DES HARAS)

Pendant la saison de monte de 1893, Pré-Catelan sera en station au dépôt d'Angers, où il saillira un certain nombre de juments de pur sang anglais à raison de vingt francs. S'adresser à M. le Directeur du Dépôt d'étalons, à Angers (Maine-et-Loire).

Pré-Catelan, par Greenback, est né en 1887 au haras de Lonray, chez M. Pierre Donon; il est le second produit de Prenez-Garde, née en 1880 à Lonray, qui a donné également Pulchra avec Le Destrier, et Programme avec Escogriffe. Bai, avec une balzane postérieure droite, Pré-Catelan a une bonne direction d'épaule, des rayons assez étendus, le rein bien attaché, et une arrière-main très forte; sa taille est de 1^{m}62. Il courut sans succès sous les couleurs de M. Dephieux dans les trois épreuves où il se présenta à deux ans, notamment dans le prix de Brionne, à Maisons-Laffitte, où il était à réclamer pour 10.000 francs. Il faisait de notables progrès pendant l'hiver, et à l'ouverture de la saison de 1890 il enlevait successivement quatre prix, à Saint-Ouen et à Maisons-Laffitte, battant notamment Caméléon, Phocéen et Mandinet dans le prix de Belfort et Malgache dans le prix de Normandie. Il courait ensuite le prix de Sèvres où il était battu de deux longueurs par Châlet; puis après un déplacement à Nantes, où il gagnait le prix de première Série, il enlevait très facilement à Chantilly le prix des Écuries, où il rendait treize livres à Risette et recevait cinq livres pour une année de Reine-des-Prés. Second derrière Liliane dans le prix de la Néva, à la réunion d'été de Longchamps, il battait de nouveau Malgache dans le prix du Conseil Municipal à Rouen. Il allait ensuite à Spa, où il courait à deux reprises sans succès à la réunion internationale, puis était envoyé à Deauville, où il était, dans la même semaine, battu par Malgache et Pourpoint dans le prix des Dunes, par Nativa dans le prix de Longchamps, et enfin par Le Sancy et Malgache dans le Grand Prix. A quatre ans, Pré-Catelan, établissait son endurance et en même temps sa qualité très appréciable en gagnant à Paris le prix de Chevilly et de la Seine, où il battait notamment Master Gillam et Zélandaise et en enlevant avec le top-weight de 62 kilos, sur Blue Boy, Jamais, Dédette et Beaudestin, le Grand Prix d'Amiens; il gagnait cette dernière course pour le compte de M. Camille Blanc, qui l'avait acheté à l'amiable avec une partie des chevaux de l'écurie Dephieux. Il avait été, entre temps, battu par Barberousse et Le Glorieux dans la Coupe, à Paris, et il faisait au mois de juillet, à Vincennes, sa dernière course dans le prix de Luxembourg où il était battu d'une longueur par Pourpoint. A l'automne de 1892, il était acheté 18.000 francs par l'Administration des Haras qui l'attachait au dépôt d'Angers.

GUIDE PRATIQUE DE L'ÉLEVEUR

PEDIGREE DE PRÉ-CATELAN

PRÉ-CATELAN (Bai—1887).	GREENBACK (Bai-Brun—1875).	Music (Baie—1866).	Dollar (Bai—1856).	Bay Middleton (Bai—1833)	Sultan p. Selim (Buzzard et f. d'Alexander) — Bacchante p. Williamsons' Ditto — s. de Calomel p. Mercury (Eclipse)— f. d'Herod, etc. Cobweb p. Phantom (Walton et Julia p. Whisky)—Filagree p.Soothsayer (Sorcerer) — Web p. Waxy—Penelope p. Trumpator, etc.
			The Flying Dutch. (Bb.1846)	Barbelle (Baie — 1836)	Sandbeck p. Catton (Golumpus et Lucy Grey p. Timothy) — Orvillina p. Beningbro' — Evelina p. Highflyer — Termagant p. Tantrum, etc. Barioletta p. Amadis (Don Quixote et Fanny p. Sir Peter) — Selima p. Selim — f. de Pot8os — Editha p. Herod — Elfrida p. Snap, etc.
			Payment (Al.—1843)	Slane (Bai—1833)	Royal Oak p. Catton (v. plus haut) — f. de Smolensko (Sorcerer) — Lady Mary p. Beningbro' (King Fergus)—f.d'Highflyer—f. de Marske. F. d'Orville (Beningbro') et Evelina p. Highflyer)—Epsom Lass p Sir Peter (Highflyer)—Alexina p. King Fergus—Lardella p. Young Marske, etc.
		Stockwell (Al.—1849)		Receipt (Alez.—1836)	Rowton p. Oiseau (Camillus et f de Ruler)—Katharina p. Woful—Landscape p. Rubens — Irish p. Brush (Eclipse) — f. d'Herod, etc. F. de Sam (Scud et Hyale p. Phenomenon) — Morel p. Sorcerer (Trumpator et Y. Giantess)—Hornby Lass p. Buzzard—Puzzle p. Matchem, etc.
				The Baron (Alez.—1842)	Birdcatcher p. Sir Hercules (Whalebone et Peri p. Wanderer)—Guiccioli p. Bob Booty—Flight p Irish Escape—Y. Heroine p.Bagot(Herod), etc. Echidna p.Economist (Whisker et Floranthe p. Octavian) — Miss Pratt p.Blacklock—Gadabout p.Orville—Minstrel p.Sir Peter (Highflyer),etc.
		One Act (Bb.—1853)		Pocahontas (Baie — 1837)	Glencoe p. Sultan (Selim et Bacchante p. Williamsons' Ditto) — Trampoline p. Tramp — Web p. Waxy — Penelope p. Trumpator, etc Marpessa p. Muley (Orville et Eleanor p. Whisky) — Clare p. Marmion (Whisky)—Harpalice p. Johanna — Amazon p. Driver, etc.
			Brunette (Orville)—Boadicea p. Alexander	Annandale (Bbr. — 1842)	Touchstone p. Camel (Whalebone et f. de Selim)— Banter p. Master Henry (Orville)—Boadicea p. Alexander—Brunette p.Amaranthus, etc. Rebecca p. Lottery (Tramp et Mandane p. Pot8os) — f. de Cervantes (Don Quixote) — Anticipation p.Beningbro' — Expectation p.Herod, etc.
				Extra-vaganza (Baie — 1842)	Voltaire p. Blacklock (Whitelock et f. de Coriander) — f. de Phantom (Walton)—f. d'Overton (King Fergus) — f. de Walnut, etc. Burletta p. Actæon (Scud et Diana p. Stamford) — Comedy p. Comus (Sorcerer) — f. de Star — f. de Young Marske, etc.
	PRENEZ-GARDE (Baie—1880).	Flageolet (Alezan—1870).	Plutus (B.—1863)	Trumpeter (Alez.—1856)	Orlando p. Touchstone (Camel) — Vulture p. Langar (Selim) — Kite p. Bustard (Castrel) — Olympia p. Sir Oliver — Harmony p.Herod, etc. Cavatina p. Redshank (Sandbeck et Ardrossan p. Selim) — Oxygen p. Emilius — Whizgig p. Rubens — Penelope p. Trumpator, etc.
				Fille de l'Air (Baie — 1853)	Planet p. Bay Middleton (Sultan et Cobweb) — Plenary p. Emilius (Orville) — Harriet p. Pericles (Evander) — f. de Selim, etc. Alice Bray p. Venison (Partisan et Fawn p. Smolensko) — Darkness p. Glencoe (Sultan)—Fanny p. Whisker (Waxy)—f. de Camillus, etc.
		La Favorite (B.—1868)	Sting* (Bb.—1863)	Monarque (Bai—1852)	The Baron, the Emperor ou Sting* p.Slane (Royal Oak et f. d'Orville)— — Echo p. Emilius — f. de Scud (Beningbro') — Canary Bird, etc. Poetess p. Royal Oak (Catton) — Ada p. Whisker (Waxy) — Anna Bella p. Shuttle — f. de Drone — Contessina p. Y. Marske, etc.
				Constance (Alez.—1848)	Gladiator p. Partisan (Walton) — Pauline p. Moses (Seymour et Grey Skim) — Quadrille p. Selim —Canary Bird p. Sorcerer, etc. Lanterne p. Hercule (Rainbow p. Walton et Aimable p. Election)—Elvira p. Eryx (Milo) — Coral p. Orville — Fairing p. Waxy, etc.
		Péripétie (B.—1854)	Péronelle (B.—1854)	Slane (Bai—1833)	Royal Oak p. Catton (Golumpus et Lucy Grey p. Timothy) — f. de Smolensko—Lady Mary p. Beningbro' (King Fergus)—f.d'Highflyer. Fille d'Orville (Beningbro' et Evelina p. Highflyer) — Epsom Lass p. Sir Peter — Alexina p. King Fergus — Lardella p. Eclipse, etc.
				Echo (Baie — 1828)	Emilius p. Orville (Beningbro') — Emily p. Stamford (Sir Peter) — f. de Whisky — Grey Dorimant p. Dorimant — Dizzy p. Blauk, etc. F. de Scud (Beningbro' et Evelina p. Highflyer) — Canary Bird, p.Sorcerer — Canary p.Coriander — Miss Green p. Highflyer, etc.
				Elthiron (Bai—1846)	Pantaloon p. Castrel (Buzzard p. Woodpecker et f. d'Alexander)—Idalia p. Peruvian (Sir Peter)—Musidora p. Meteor (Eclipse), etc. Phryne p. Touchstone (Camel et Banter)—Decoy p. Filho da Puta (Haphazard) — Finesse p. Peruvian—Violante p. John Bull (Fortitude), etc.
				Breloque (Alez.—1849)	Gladiator p. Partisan (Walton et Parasol p. Pot8os) — Pauline p. Moses (Seymour) — Quadrille p. Selim — Canary Bird p. Sorcerer, etc. Rosa Langar p. Langar (Selim et f. de Walton) — Wild Rose p. Confederate (Comus) — Primrose p. Clinker (Sir Peter), etc.

PROLOGUE

(APPARTIENT A M. LE MARQUIS MAISON)

Pendant la saison de monte de 1893, Prologue sera en station au haras de Maysel (à six kilomètres de Chantilly), où il saillira vingt juments étrangères à raison de cinq cents francs, plus 20 francs pour l'écurie. S'adresser à M. le marquis Maison, 152 boulevard Haussmann, à Paris, ou à M. Th. Carter, Daisy Cottage, à Chantilly.

P ROLOGUE, par Dollar, est né en 1876 chez M. le comte A. de Gouy d'Arsy; il est le second produit de Planète (par Gladiateur), née en 1870 à Dangu, chez le comte de Lagrange, qui a donné également Porcelaine avec Cymbal et Pro-Patria avec Border-Minstrel. Alezan, de taille moyenne, 1m61, Prologue est un peu léger, un peu plat, mais très harmonieux dans son ensemble, avec des membres excellents. Acheté poulain de lait par le comte de Lagrange, Prologue était, en 1877, envoyé à l'entraînement à Newmarket, où il gagnait à deux ans un Plate de 4.500 francs et n'était pas placé avec 48 kilos dans le New Nursery, gagné par Japonica. Il faisait sa première course à trois ans, dans les Craven Stakes, à Newmarket, où il prenait la seconde place derrière Discord; non placé dans un Post Sweepstakes gagné par Ringleader, ni dans les Newmarket Stakes de 1.600 mètres, il gagnait, portant un poids léger, le Newmarket Spring handicap, où il battait Pauls-Cray, Hydromel et Broad Corrie; il venait ensuite en France courir le prix du Jockey-Club où il prenait la quatrième place derrière Zut, Commandant et Flavio II, battant Saltéador et Basque, puis, trois jours après, il se présentait dans le Derby d'Epsom, où il ne figurait pas derrière Sir Bevys. Non placé dans les Prince of Wales Stakes, à Ascot, derrière Wheel of Fortune, il revenait en France où il gagnait le Derby du Pin sur Commandant et le prix Spécial à Deauville; il prenait la seconde place derrière Narcisse dans le prix du Calvados et courait enfin le prix Royal Oak où il finissait troisième derrière Zut et Saltéador. Il était alors renvoyé en Angleterre, où il courait sans succès à deux reprises le printemps suivant (1880); non placé, avec 49 kilos, dans le Great Metropolitan gagné par Chippendale, il prenait la troisième place dans le Newmarket Spring handicap qu'il avait gagné l'année précédente, et où il portait 51 kilos 1/2. Il courait trois fois encore sans gagner, à Epsom et à Ascot, et revenait en France où il enlevait plusieurs prix Principaux ou Nationaux, à Marseille notamment, où il faisait sa dernière course de l'année et battait Clocher. Prologue courait neuf fois encore l'année suivante, presque toujours sur de longues distances. Après avoir très facilement battu Isménie et Fitz-Plutus dans le prix de Chevilly (3.000m), à Paris, il finissait troisième dans le prix Rainbow derrière Milan et Clocher qu'il rencontrait encore à Chantilly dans le prix de Dangu (4.000m), avec un résultat analogue. Il gagnait ensuite un prix National à Caen, et terminait sa carrière dans le prix Jouvence où il était facilement battu par Bariolet. Il avait couru trente-neuf fois, souvent sacrifié à un camarade d'écurie, et montré une remarquable endurance. Acheté par M. Henri Delamarre après son retrait de l'entraînement, Prologue était vendu au mois de décembre 1890 au marquis Maison; il a donné un certain nombre de produits de bon ordre, entre autres : Vestibule, Exploit, Firmin, Viaduc, Vin-Sec, Wœnix, Brocatelle. La mère de Firmin, Fidélité, était fille de Monarque; Vinaigrette, mère de Vin-Sec, est fille de Patricien (par Monarque).

PEDIGREE DE PROLOGUE

PROLOGUE (Alezan—1876)	DOLLAR (Bai—1860)	The Flying Dutchman (Bbr.—1846)	Barbelle (Baie—1836)	Sultan (Bai—1816)	Selim p. Buzzard — f. d'Alexander (Eclipse et Grecian Princess) — f. d'Highflyer (Herod) — f. d'Alfred (fr. de Conductor) p. Matchem. Bacchante p. Williamsons' Ditto — s. de Calomel p. Mercury (Eclipse) — f. d'Herod — Folly p. Marske — fille de Regulus, etc.
				Cobweb (Baie—1821)	Phantom p. Walton — Julia p. Whisky (Saltram et Calash) — Y. Giantess p. Diomed — Giantess p. Matchem — Molly Long Legs p. Babraham, etc. Filagree p. Soothsayer (Sorcerer) — Web p. Waxy — Penelope p. Trumpator — Prunella p. Highflyer (Herod) — Promise p. Snap, etc.
		Bay Middleton (B.—1833)	Sandbeck (Bai—1818)		Catton p. Golumpus — Lucy Grey p. Timothy (Delpini et Cora p. Matchem) — Lucy p. Florizel (Herod) — Frenzy p. Eclipse, etc. Orvillina p. Beningbro' — Evelina p. Highflyer (Herod) — Termagant p. Tantrum — Cantatrice p. Sampson — f. de Regulus — m. de Marske, etc.
			Barioletta (Bbr.—1822)		Amadis p. Don Quixote — Fanny p. Sir Peter — f. de Diomed — Desdemona p. Marske — Y. Hag p. Skim — Hag p. Crab — Ebony p. Childers. Selima p. Selim — f. de Pot8os — Editha p. Herod — Elfrida p. Snap — Miss Belsea p. Regulus — f. de Bartletts' Childers — f. d'Honeywood A.
		Payment (Alez.—1848)	Slane (Bai—1833)	Royal Oak (Bbr.—1823)	Catton p. Golumpus (Gohanna) — Lucy Grey p. Timothy (Delpini et Cora p. Matchem) — Lucy p. Florizel (Herod) — Frenzy p. Eclipse. Fille de Smolensko (Sorcerer et Wowski p. Mentor) — Lady Mary p. Beningbro' (King Fergus) — fille d'Highflyer — fille de Marske, etc.
				Fille de (Baie—1819)	Orville p. Beningbro' (King Fergus et f. d'Herod) — Evelina p. Highflyer — Termagant p. Tantrum — Cantatrice p. Sampson (Blaze). Epsom Lass p. Sir Peter (Highflyer) — Alexina p. King Fergus — Lardella p. Y. Marske (Squirt) — f. de Cade (Godolphin) — f. de Beaufremont.
			Receipt (Al.—1836)	Bowton (Alez.—1826)	Oiseau p. Camillus (Hambletonian) — fille de Ruler (Y. Marske) — Treecreeper p. Woodpecker — fille de Trentham, etc. Katharina p. Woful (Waxy et Penelope) — Landscape p. Rubens (Buzzard) — Iris p. Brush (Eclipse) — fille d'Herod, etc.
				Fille de (Alez.—1826)	Sam p. Scud (Beningbro' et Eliza p. Highflyer) — Hyale p Phenomenon — Rally p. Trumpator — Fancy, s. de Diomed, p. Florizel, etc. Morel p. Sorcerer (Trumpator et Y. Giantess) — Hornby Lass p. Buzzard — Puzzle p. Matchem — Princess p. Herod — Julia p. Blank, etc.
	PLANÈTE (Alezane—1850)	Gladiateur (Bai—1862)	Miss Gladiator (B.—1854) Monarque (B.—1852)	The Baron, the Emperor ou Sting* (Bbr.—1843)	Slane p. Royal Oak (Catton et fille de Smolensko) — fille d'Orville (Beningbro') — Epsom Lass p. Sir Peter — Alexina p. King Fergus (Eclipse), etc. Echo p. Emilius (Orville) — fille de Scud (Beningbro') — Canary Bird p. Sorcerer — Canary p. Coriander — Miss Green p. Highflyer — Harriet, etc.
				Poetess (Baie—1838)	Royal Oak p. Catton (Golumpus) — fille de Smolensko (Sorcerer et Wowski par Mentor) — Lady Mary p. Beningbro' — fille d'Highflyer, etc. Ada p. Whisker (Waxy et Penelope) — Anna Bella p. Shuttle (Y. Marske) — fille de Drone — Contessina p. Y. Marske — Tuberose p. Herod, etc.
				Gladiator (Alez.—1833)	Partisan p. Walton (Sir Peter p. Highflyer) — Parasol p. Pot8os — Prunella p. Highflyer — Promise p. Snap. — Julia p. Blank (Godolphin), etc. Pauline p. Moses (Seymour et Bay Javelin) — Quadrille p. Selim — Canary p. Sorcerer — Canary p. Coriander (Pot8os) — Miss Green, etc.
				Taffrail (Noire—1845)	Sheet Anchor p. Lottery (Tramp et Mandane p. Pot8os) — Morgiana p. Muley — Miss Stephenson p. Sorcerer (Trumpator), etc. The Warwick mare p. Merman (Whalebone et Mermaid) — fille d'Ardrossan (John Bull. p. Fortitude Herod) — Miss Whip p. Volunteer, etc.
		La Reine Berthe (Alez.—1860)	The Baron (Al.—1842) Creeping Jenny (Bb. 1847)	Birdcatcher (Alez.—1833)	Sir Hercules p. Whalebone (Waxy) — Peri p. Wanderer (Gohanna) — Thalestris p. Alexander — Rival p. Sir Peter — Hornet p. Drone, etc. Guiccioli p. Bob. Booty (Chanticleer et Ierne) — Flight p. Irish Escape — Y. Heroine p. Bagot — Heroine p. Hero — s. de Regulus p. Godolphin, etc.
				Echidna (Bbr.—1837)	Economist p. Whisker (Waxy) — Floranthe p. Octavian (Stripling) — Caprice p. Anvil — Madcap p. Eclipse — f. de Blank — f. de Blaze, etc. Miss Pratt p. Blacklock — Gadabout p. Orville — Minstrel p. Sir Peter — Matron p. Florizel (Herod) — Ma den p. Matchem (Cade), etc.
				Inheritor (Bai—1834)	Lottery p. Tramp (Dick Andrews et fille de Gohanna) — Mandane p. Pot8os — Y. Camilla p. Woodpecker — Camilla p. Trentham, etc. Handmaiden p. Walton (Sir Peter et Arethusa) — Anticipation p. Beningbro' — fille d'Expectation (Herod et f. de Skim), etc.
				Maid of Erin (Alez.—1841)	Ishmael p. Sultan (Selim) — f. de Phantom (Walton) — Filagree p. Soothsayer — Web p. Waxy — Penelope p. Trumpator — Prunella, etc. Puss p. Teniers (Rubens et Snowdrop p. Highland Fling) — Cora p. Peruvian et f. d'Alexander — Berrington p. Sweet William — f. d'Herod, etc.

PUCHERO

(APPARTIENT A Mme LA COMTESSE PAUL LE MAROIS)

Pendant la saison de monte de 1893, Puchero sera en station au haras de Pépinvast (Manche), où il saillira un certain nombre de juments étrangères au haras, à raison de mille francs, plus 20 francs pour l'écurie. S'adresser à Mme la comtesse P. Le Marois, 9 avenue d'Antin, à Paris.

Puchero, par Perplexe, est né en 1887 au haras de Martinvast, chez M. le baron de Schickler; il est le quatrième produit de Japonica, née en 1876 chez l'entraîneur Th. Jennings, qui a donné également, avec Perplexe, Olla-Podrida et Risotto. Puchero est un cheval alezan de bonne taille, 1^{m}61, très fortement charpenté, avec la croupe un peu avalée, le rein très fort, près de terre, avec d'excellents membres. Il courut pour la première fois, au printemps de sa troisième année, dans le prix de Mars à Longchamps, où il battit facilement Kaschmir et Par-Ci-Par-Là; second à une encolure de Yellow et devant Le Glorieux, Athos et Cour-d'Amour, dans le prix Hocquart, Puchero était incapable de s'étendre le jour du prix Greffulhe que gagnait Cerbère; le terrain très dur ce jour-là ne convenait pas à ses pieds délicats, pas plus que le jour de la Poule d'Essai des poulains, où il ne figurait pas derrière Heaume, Pourtant et Yellow. Sur une piste moins consistante, ou plus exactement très lourde, il enlevait facilement la Grande Poule des Produits, mais à Chantilly, le terrain étant redevenu plus dur, il ne prenait pas part à la lutte finale dans le prix du Jockey-Club, où il était suppléé par son compagnon d'écurie Fitz-Roya, troisième derrière Heaume et Mirabeau; il en était de même dans le Grand Prix de Paris, gagné par le fils d'Atlantic. Puchero prenait sa revanche, à Caen, dans le Grand Saint-Léger, sur Mirabeau et Pourpoint, mais dans le prix Royal Oak il était facilement battu par Alicante, Le Glorieux et enfin par Mirabeau. Puchero courait trois fois seulement à quatre ans: le prix de Vincueil à Vincennes, où il faisait un walk-over; le prix de la Loire à Maisons-Laffitte, où il était battu d'une tête par War Dance, et enfin le prix de la Table, à la réunion d'automne de Chantilly, où il battait Liliane d'une longueur, pas très régulièrement, on doit l'ajouter. Le montant des quatre courses qu'il avait gagnées pendant les deux années de sa carrière sur le turf, s'élevait à 112.000 francs environ. Mis au repos à la fin de la saison, Puchero était acheté en 1892 par Mme la comtesse Le Marois; il fait sa première saison de monte en 1893 à Pépinvast.

PEDIGREE DE PUCHERO

PUCHERO (Bai—1887).	PERPLEXE (Bai—1872).	Vermout (Bai—1861).	The Nob (Bai—1838) [The Nabob (Bb.—1842)] — Glaucus p. Partisan (Walton et Parasol p. Pot8os) — Nanine p. Selim — Bizarre p. Peruvian — Vio ante p. John Bull — s. de Skyscraper, etc. Octave p. **Emilius** (Orville et Emily p. Stamford) —Whizgig p. Rubens (Buzzard) — Penelope p. **Trumpator** — Prunella p. Highflyer, etc.
			Hester (Bbr.—1832) [Vermeille (Al.—1853)] — Camel p. Whalebone (**Waxy** et Penelope) — f. de Selim — Maiden p. Sir Peter — f. de Phenomenon — Matron p. Florizel — Maiden, etc. Monimia p. Muley (Orville et Eleanor p. Whisky) — s. de Petworth p. Precipitate — f. de Woodpecker — s. de Juniper p. Snap, etc.
			The Baron (Alez.—1842) — Birdcatcher p. Sir Hercules (Whalebone et Peri p. Wanderer) — Guiccioli p. Bob Booty — Flight p. Irish Escape (Commodore), etc. Echidna p. Economist (Whisker et Floranthe p. Octavian) — Miss Pratt p. Blacklock — Gadabout p. Orville — Minstrel p. Sir Peter, etc.
		Peripetie (Baie—1865). [Sting (Bbr.—1843)]	Fair Helen (Baie—1837) — Priam p. **Emilius** (Orville et Emily p. Stamford) — Cressida p. Whisky — Y. Giantess p. Diomed — Giantess p. Matchem, etc. Dirce p. Partisan (Walton et Parasol p. Pot8os) — Antiope p. Whalebone (Waxy) — Amazon p. Driver (Trentham) — Fractious p. Mercury, etc.
			Slane (Bai—1833) — **Royal Oak** p. Catton (Golumpus et Lucy Grey p. Timothy) — fille de Smolensko — Lady Mary p. Beningbro' (King Fergus) — fille d'Highflyer, etc. Fille d'Orville (Beningbro' et Evelina p. Highflyer) — Epsom Lass p. Sir Peter — Alexina p. King Fergus (Eclipse) — Lardella p. Y. Marske, etc.
		Peronelle (Bbr.—1851) [Alez.—1849]	Echo (Baie—1828) — **Emilius** p. Orville (Beningbro' et Evelina p. Highflyer) — Emily p. Stamford (Sir Peter p. Highflyer) — fille de Whisky — Grey Dorimant, etc. Fille de Scud (Beningbro' et Eliza p. Highflyer) — Canary Bird p. Sorcerer — Canary p. Coriander — Miss Green p. Highflyer, etc.
			Elthiron (Bai—1846) — Pantaloon p. Castrel (Buzzard et f. d'Alexander) — Idalia p. Peruvian (Sir Peter p. Highflyer) — Musidora p. Meteor (Eclipse), etc. Phryne p. Touchstone (Camel et Banter p. Master Henry) — Decoy p. Filho da Puta (Haphazard) — Finesse p. Peruvian, etc.
			Breloque (Alez.—1849) — **Gladiator** p. Partisan (Walton et Parasol) — Pauline p. Moses (Seymour) — Quadrille p. Selim — Canary Bird p. Sorcerer — Canary, etc. Rosa Langar p. Langar (Selim et f. de Walton) — Wild Rose p. Confederate — Primrose p. Clinker — f. de Justice — Parsley p. Pot8os, etc.
	JAPONICA (Baie-Brune—1876).	See-Saw (Bai—1865). [Margery Daw (B.—1862) / Buccaneer (Bb.—1857)]	Wild Dayrell (Bbr.—1852) — Ion p. Cain (Paulowitz et f. de Paynator) — Margaret p. Edmund (Orville) — Medora p. Selim (Buzzard) — f. de Sir Harry (Sir Peter), etc. Ellen Middleton p. Bay Middleton (Sultan et Cobweb p. Phantom) — Myrrha p. Malek (Blacklock) — Bessy p. Y. Gouty — Grandiflora, etc.
			Fille de (Alez.—1841) — Little Red Rover p. **Tramp** (Dick Andrews et f. de Gohanna) — Miss Syntax p. Paynator (Trumpator) — f. de Beningbro', etc. Eclat p. Edmund (Orville et Emmeline p. **Waxy**) — Squib p. Soothsayer (Sorcerer) — Berenice p. Alexander — Brunette p. Amaranthus, etc.
			Brocket (Bbr.—1850) — Melbourne p. Humphrey Clinker (Comus et Clinkerina p. Clinker) — f. de Cervantes (Don Quixote) — f. de Golumpus — f. de Paynator, etc. Miss Slick p. Muley Moloch (Muley et Nancy p. Dick Andrews) — f. de Whisker (**Waxy**) — f. de Sam (Scud) — Morel p. Sorcerer, etc.
			Protection (Baie—1845) — Defence p. Whalebone (**Waxy**) — Defiance p. Rubens (Buzzard) — Little Folly p. Highland Fling (Spadille) — Harriet p. Volunteer, etc. Testatrix p. Touchstone (Camel et Banter) — Y. Worry p. Emilius (Orville) — Worry p. Woful (**Waxy**) — Sal p. Scud — Hyale, etc.
		Jeannette (Noire—1870). [Gladiateur (B.—1862) / Stradella (N.—1859)]	Monarque (Bai—1852) — The Baron, the Emperor ou Sting p. Slane (**Royal Oak** et f. d'Orville) — Echo p. **Emilius** (Orville) — f. de Scud — Canary Bird p. Sorcerer, etc. Poetess p. **Royal Oak** (Catton et f. de Smolensko) — Ada p. Whisker (**Waxy**) — Anna Bella p. Shuttle — f. de Drone (Herod) — Contessina, etc.
			Miss Gladiator (Baie—1854) — **Gladiator** p. Partisan (Walton et Parasol p. Pot8os) — Pauline p. Moses (Seymour p. Delpini) — Quadrille p. Selim — Canary Bird, etc. Taffrail p. Sheet Anchor (**Lottery** p. **Tramp**) — The Warwick Mare p. Merman (Whalebone et Mermaid) — f. d'Ardrossan (John Bull), etc.
			The Cossack ou Father Thames* (Alez.—1849) — Faugh a Ballagh p. Sir Hercules (Whalebone et Peri p. Wanderer) — Guiccioli p. Bob Booty (Chanticleer) — Flight p. Irish Escape, etc. F. de Bran (Humphrey Clinker et Velvet p. Oiseau) — Active p. Partisan — Eleanor p. Whisky — Y. Giantess p. Diomed — Giantess p. Matchem, etc.
			Creeping Jenny (Bbr.—1847) — Inheritor p. **Lottery** (**Tramp** et Mandane p. Pot8os) — Handmaiden p. Walton (Sir Peter) — Anticipation p. Beningbro' — Expectation. Maid of Erin p. Ishmael (Sultan et f. de Phantom) — Potteen p. Irish Blacklock — Brandy Bet p. Canteen Waxy Pope) — Bigottini p. Thunderbolt.

PYTHAGORAS

(APPARTIENT A LA SOCIÉTÉ DU HARAS DE SAN SALVA, ITALIE)

Pendant la saison de monte de 1893, Pythagoras sera en station au haras de Lastours, près Castres (Tarn), où il saillira un certain nombre de juments étrangères au haras, à raison de mille francs, plus 20 francs pour l'écurie. S'adresser à M. le comte de Lastours, à Lastours (Tarn).

PYTHAGORAS, par Kingcraft, est né en Angleterre en 1884, chez lord Glasgow ; il est le quatrième produit de Migration, née en 1873 au Glasgow Stud, où elle a eu plusieurs autres produits d'ordre secondaire. Alezan doré, de grande taille, 1ᵐ 65, Pythagoras est très fortement charpenté avec une belle direction d'épaule, une poitrine très descendue, une arrière-main puissante, de bons membres, peut-être un peu légers, les canons courts, et, malgré des points de force très accusés, élégant, et marquant beaucoup d'espèce. Pythagoras n'a pas couru moins de onze fois à deux ans, en Angleterre; pas encore formé, il gagnait une course secondaire, le Bradford plate, à Leicester, et l'ensemble de ses performances était assez médiocre pour qu'au printemps suivant il fût vendu par son propriétaire, Th. Jennings junior, 600 guinées, au comte Canevaro, pour la Société du haras de San Salva, dont il était le représentant. Il faisait ses débuts en Italie, à Naples, courait ensuite à Rome, à Florence et à Turin, sur des distances de 2.000 à 2.400 mètres, gagnant sept courses sur dix. Il était ensuite envoyé à Aix-les-Bains, où, portant 61 kilos, il était battu d'une demi-longueur par Argot, au baron de Soubeyran, auquel il rendait dix-sept livres, dans le prix du Bourget. Pour ses débuts en Normandie, il gagnait, quinze jours après, le prix de la Ville à Caen, battant de trois longueurs, avec 53 kilos, Richelieu (6 a., 62 kilos), Sauterelle (4 a., 61 kil.), Hervine, Muffin et Ermengarde, entre autres. Il remportait peu après, dans le Grand Prix de Deauville, où il portait 53 kilos, la plus brillante victoire de sa carrière, sur un champ assez ordinaire, il est vrai ; il gagnait le surlendemain le prix des Villas, qui lui était abandonné sans opposition sérieuse ; puis il battait facilement à Dieppe, dans le prix Charles-Laffitte, Arlay, auquel il rendait quatorze livres. Il était moins heureux en Angleterre, où il courait quatre fois sans succès, et ne gagnait qu'un Majestys' Plate, à Lichfield, où il n'avait rien à battre. De retour en Italie, Pythagoras courait trois fois en 1888, gagnant les prix du Jockey-Club à Naples et à Turin; il tombait boiteux dans cette dernière course, et était retiré de l'entraînement. Pythagoras a fait la monte pendant deux ans, en Italie, au haras de San Salva, avant d'être loué pour deux années (1892-93) au comte de Lastours; les succès obtenus par ses premiers produits, Greco et Fragoletta, qui sont à la tête de la production italienne de 1890, permettent de bien augurer de son avenir comme étalon.

PEDIGREE DE PYTHAGORAS

PYTHAGORAS (Alezan—1884).	KINGCRAFT (Bai—1867).	Economist (Bai—1825)	Whisker p. Waxy (Pot8os et Maria) — Penelope p. Trumpator (Conductor). — Prunella p. Highflyer (Herod) — Promise p. Snap (Snip), etc. Florantlie p. Octavian (Stripling et f. d'Oberon) — Caprice p. Anvil (Herod) — Madcap p. Eclipse (Marske) — f. de Blank, etc.
		Fanny Dawson (Alez.—1823)	Nabocklish p. Rugantino (Commodore et f. d'Highflyer) — Butterfly p. Master Bagot (Bagot) — f. de Bagot (Herod) — Mother Brown, etc. Miss Tooley p. Teddy the Grinder (Asparagus et Stargazer) — Lady Jane p. Sir Peter (Highflyer) — Paulina p. Florizel (Herod) — Captive, etc.
		Glencoe (Alez.—1833)	Sultan p. **Selim** (Buzzard et f. d'Alexander) — Bacchante p. Williamsons' Ditto (Sir Peter) — s. de Calomel p. Mercury (Eclipse), etc. Trampoline p. Tramp (Dick Andrews et f. de Gohanna) — Web p. Waxy (Pot8os) — Penelope p. Trumpator (Conductor) — Prunella, etc.
		Marpessa (Baie—1830)	Muley p. **Orville** (Beningbro') — Eleanor p. Whisky (Saltram) — Y. Giantess p. Diomed (Florizel) — Giantess p. Matchem (Cade), etc. Clare p. Marmion (Whisky et Y. Noisette) — Harpalice p. Gohanna — Amazon p. Driver (Trentham) — Fractious p. Mercury (Eclipse), etc.
	Woolcraft (Baie—1861).	Voltaire (Bbr.—1826)	Blacklock p. Whitelock — f. de Coriander (Pot8os) — Wild Goose p. Highflyer (Herod) — Coheires p. Pot8os — Manilla p. Goldfinder, etc. Fille de Phantom (Walton et Julia p. Whisky) — f. d'Overton — m. de Gratitude p. Walnut — f. de Ruler — Picarantha p. Matchem, etc.
		Martha Lynn (Bbr.—1837)	Mulatto p. Catton (Golumpus p Gohanna) — Desdemona p. **Orville** — Fanny p. Sir Peter — f. de Diomed — Desdemona p. Marske, etc. Leda p. Filho da Puta — Treasure p. Camillus (Hambletonian) — f. de Hyacinthus (Coriander) — Flora p. King Fergus — Atalanta p. Matchem, etc.
		Venison (Bbr.—1833)	Partisan p. Walton (Sir Peter et Arethusa p. Dungannon) — Parasol p. Pot8os — Prunella p. Highflyer — Promise p. Snap — Julia p. Blank, etc. Fawn p. Smolensko (Sorcerer et Wowski p. Mentor) — Jerboa p. Gohanna (Mercury et m. de Precipitate) — Camilla p. Trentham (Sweepstakes).
		Wedding Day (Baie—1842)	Camel p. **Whalebone** (Waxy) — f. de Selim — Maiden p. Sir Peter — f. de Phenomenon (Herod) — Matron p. Florizel — Maiden p. Matchem, etc. Margellina p. Whisker (Waxy et Penelope) — Manuella p. Dick Andrews — Mandane p. Pot8os — Y. Camilla — p. de Colibri p. Woodpecker, etc.
	MIGRATION (Alezane—1873).	Touchstone (Bbr.—1831)	Camel p. Whalebone (Waxy) — f. de Selim (Buzzard) — Maiden p. Sir Peter — f. de Phenomenon — Matron p. Florizel — Maiden, etc. Banter p. Master Henry (**Orville**) — Boadicea p. Alexander (Eclipse) — Brunette p. Amaranthus (Old England) — Mayfly p. Matchem, etc.
		Vulture (Alez.—1833)	Langar p. Selim (Buzzard) — f. de Walton (Sir Peter) — Y. Giantess p. Diomed — Giantess p. Matchem — Molly Long Legs p Babraham, etc. Kite p. Bustard (Castrel) — Olympia p. Sir Oliver (Sir Peter) — Scotilla p. Anvil — Scota p. Eclipse — Harmony p. Herod — Rutilia, s de Rachel, etc.
		Redshank (Alez.—1838)	Sandbeck p. Catton (Golumpus p. Gohanna et Lucy Grey) — **Orvillina** p. Beningbro' (King Fergus) — Evelina p. Highflyer — Termagant, etc. Johanna p. Selim (Buzzard) — m. de Comical p. Skyscraper (Highflyer) — f. de Dragon (Regulus) — m. de Fidget p. Matchem, etc.
		Oxygen (Alez.—1828)	Emilius p. Orville (Beningbro') — Emily p. Stamford (Sir Peter et Horatia p. Eclipse) — f. de Whisky (Saltram et Calash p. Herod), etc. Whizgig p. Rubens (Buzzard et d'Alexander) — Penelope p. Trumpator (Conductor) — Prunella p. Highflyer — Promise p. Snap, etc.
		Melbourne (Bbr.—1834)	Humphrey Clinker p. Comus (Sorcerer et Houghton Lass p. Sir Peter) — Clinkerina p. Clinker (Sir Peter) — Pewet p. Tandem (Syphon), etc. F. de Cervantes p. Don Quixote (Eclipse et Grecian Princess) — f. de Golumpus — f. de Paynator — s. de Zodiac p. St. George (Highflyer), etc.
		Clarissa (Baie—1846)	Pantaloon p. Castrel (Buzzard et f d'Alexander) — Idalia p. Peruvian (Sir Peter) — Musidora p. Meteor (Eclipse) — Maid of All Work, etc. Fille de Glencoe (Sultan et Trampoline p. Tramp) — Frolicsome p. Frolic (Hedley) — f. de Stamford (Sir Peter) — Alexina p. King Fergus, etc.
		Teddington (Alez.—1848)	Orlando p. **Touchstone** (Camel) — Vulture p. Langar — Kite p. Bustard — Olympia p Sir Oliver (Sir Peter) — Scotilla p. Anvil — Scota p. Eclipse, etc. Miss Twickenham p. Rockingham (Humphrey Clinker et Medora p. Swordsman) — Electress p. Election (Gohanna) — f. de Stamford, etc.
		Maid of Masham (Baie—1845)	Don John p. Waverley (**Whalebone** et Margaretta p. Sir Peter) — f. de Comus (Sorcerer) — Marciana p. Stamford (Sir Peter) — Marcia, etc. Miss Lydia p. Belshazzar (**Blacklock** et Manuella p. Dick Andrews) — f. de Comus — m. de Plumper p. Stamford — Miss Judy p Alfred, etc.

RELUISANT

(APPARTIENT A M. LE COMTE R. DE NICOLAY, CH. DE MONTFORT, SARTHE).

Pendant la saison de monte de 1893, Reluisant sera en station au haras de Montfort (Sarthe), où il sera réservé aux juments de son propriétaire. Aucun prix n'a, par suite, été fixé pour ses saillies †.

RELUISANT, par Bagdad, est né en 1882 chez M. le vicomte de Trédern ; il est le quatrième produit de Kleptomania, née en Angleterre en 1869, chez M. J.-G. Simpson; elle a eu trois produits avant d'être importée, en 1876, par le comte de Berteux, et a donné, en France, Directrice avec Stracchino, et Pic avec Fil-en-Quatre. Reluisant est un cheval alezan, de grande taille, 1^m 64, dont la charpente est très puissante, l'épaule très belle, le rein bien soudé, la hanche large, les joints très forts ; il pèche un peu dans ses aplombs, et ses jarrets n'ont pas toute la netteté désirable. Reluisant, pour ses débuts, à deux ans, courut le Grand Critérium, où, très vert encore, il ne fut pas placé derrière The Condor et Plaisanterie ; dans le prix de la Salamandre, il prenait la troisième place, derrière Barberine et Méphistophélès, et devant Escarboucle. Au printemps suivant (1885), Reluisant prenait, dans le prix de Guiche, à Longchamps, sa revanche sur The Condor ; il enlevait ensuite très facilement le Biennal sur Extra. Dans la Poule d'Essai des poulains, il était battu par Xaintrailles, qui, heureusement pour lui, était réservé pour le Derby d'Epsom ; l'absence de ce redoutable adversaire, lui permettait de gagner très facilement le prix du Jockey-Club, où il battait encore The Condor et Extra. Dans le Grand Prix de Paris, où il devait se contenter de la seconde place derrière Paradox, il confirmait l'exactitude de sa victoire de Chantilly, en battant de nouveau tous les adversaires qui lui étaient opposés. Un peu éprouvé par cette épreuve sévère, il était battu, à Lyon, par Sourire, dans le Grand Prix, mais il retrouvait sa forme à Caen, où il gagnait le Grand Saint-Léger. Après un walk-over, dans le prix Principal à Deauville, il courait, sans y figurer, le Grand Prix, où il rendait neuf livres au gagnant, Althorp ; enfin, dans le prix de Villebon, à la réunion d'automne de Longchamps, il finissait troisième derrière Plaisanterie et The Condor. A quatre ans, Reluisant courait le prix du Cadran, où il était battu par Lapin et The Condor ; un mois après, Lapin le battait de nouveau dans le Biennal. Il quittait le turf sur cette dernière course, après avoir gagné, par ses cinq victoires, 181.637 francs ; acheté par le comte R. de Nicolay, il a fait la monte à Montfort, depuis 1888, et a donné, entre autres, Reluisante, Antinoüs, Madame-Boniface, GravureVerluisant, et Barbillon.

PEDIGREE DE RELUISANT

RELUISANT (Alezan—1882).	BAGDAD (Bai—1862). West-Australian (Bai—1850). Young Lady (Bbr.—1849).	Humphrey Clinker (Alez.—1822) Moverina (B.—1844). Melbourne (Bb.—1834).	Comus p.Sorcerer—Houghton Lass p.Sir Peter—Alexina p.King Fergus — Lardella p. Y. Marske — f. de Cade — m. de Beaufremont, etc. Clinkerina p.Clinker (Sir Peter et Hyale p.Phenomenon)—Pewet p.Tandem (Syphon) — Termagant p. Tautrum (Cripple p. Godolphin), etc.
		Fille de (Baie — 1825)	Cervantes p.Don Quixote (Eclipse et f.d'Alexander p.Forester)—Evelina p. Highflyer — Termagant p.Tantrum (Cripple p. Godolphin), etc. Fille de Golumpus (Gohanna et Lucy Grey p. Timothy) — f. de Paynanator — s. de Zodiac p. St-George (Highflyer), etc.
		Touchstone (Bbr — 1831)	Camel p. Whalebone (Waxy) — f. de Selim (Buzzard) — Maiden p. Sir Peter (Highflyer) — f. de Phenomenon — Matron p. Florizel, etc. Banter p.Master Henry (Orville et Miss Sophia)—Boadicea p Alexander (Eclipse)—Brunette p.Amaranthus (Old England)—Mafly p.Matchem.
		Emma (Baie — 1824)	Whisker p. Waxy (Pot8os)—Penelope p.Trumpator (Conductor) — Prunella p. Highflyer — Promise p. Snap -- Julia p.Blank, etc. Gibside Fairy p.Hermes (Mercury et Rosina p.Woodpecker)—Thalestris p. Alexander (Eclipse) — Rival p. Sir Peter — Hornet p. Drone, etc.
		Ion (Bbr. — 1835) Ionian (B. — 1811). Prétendante (B. — 1841).	Cain p. Paulowitz (Sir Paul et Evelina p. Highflyer) — f. de Paynator (Trumpator et f. de Marc Antony) — f. de Delpini (Highflyer), etc. Margaret p. Edmund (Orville et Emmeline p.Waxy)—Medora p. Selim (Buzzard)—f. de Sir Harry—f de Volunteer (Eclipse)—f.d'Herod, etc.
		Malibran (Baie — 1830)	Whisker p.Waxy (Pot8os et Maria)—Penelope p.Trumpator— Prunella p. Highflyer — Promise p. Snap — Julia p.Blank — m. de Spectator, etc. Garcia p. Octavian (Stripling et f. d'Oberon) — f. de Shuttle (Vauxhall Snap) — Katherine p. Delpini (Highflyer) — f. de Paymaster, etc.
		Fra Diavolo (Bai—1830)	Filho da Puta p.Haphazard (Sir Peter et Miss Hervey p.Eclipse)—Mrs. Barnet p. Waxy (Pot8os) — f. de Woodpecker, etc. Ténériffe p. Blacklock (Whitelock et f.de Coriander) — Moel Famma p. Thunderbolt (Stockwell) — De ta p. Alexander — Isis p.Sir Peter, etc.
		Lady (Bbr. — 1818)	Seymour p. Delpini (Highflyer et Countess p. Blank)—Bay Javelin p. Javelin (Eclipse) — Y. Flora p Highflyer — Flora p. Squirrel, etc. Lady of The Lake p. Sorcerer (Trumpator et Y. Giantess p. Diomed) — f. de Saltram (Eclipse et V rago p. Snap) — f. d'Herod, etc.
	KLEPTOMANIA (Baie—1859). Adventurer (Bai—1859). Palma (Bb.—1840). Newminster (B.—1848).	Touchstone (Bbr. — 1831)	Camel p. Whalebone (Waxy)— f. de Selim — Maiden p. Sir Peter—f. de Phenomenon (Herod) — Matron p. Florizel—Maiden p.Matchem, etc. Banter p. Master Henry — Boadicea p. Alexander (Eclipse)—Brunette p. Amaranthus (Old England et f. de Second)—Mayfly p. Matchem, etc.
		Beeswing (Baie — 1833)	Dr Syntax p. Paynator (Trumpator et f. de Marc Antony) — f. de Beningbro'— Jenny Mole p. Carbuncle (Babraham Blank), etc. Fille d'Ardrossan (John Bull et Xantippe p. Eclipse) — Miss Whip p. Volunteer (Eclipse et f. de Tartar) — Wimbledon p. Evergreen, etc.
		Emilius (Bai—1820)	Orville p. Beningbro' — Evelina p. Highflyer — Termagant p. Tautrum (Cripple p. the Godolphin) — Cantatrice p. Sampson, etc. Emily p. Stamford (Sir Peter et Horatia p.Eclipse) — f. de Whisky — Grey Dorimant p. Dorimant (Otho)—Dizzy p. Blank—Dizzy p. Driver.
		Francesca (Bbr. — 1829)	Partisan p. Walton (Sir Peter et Arethusa p. Dungannon) — Parasol p. Pot8os — Prunella p. Highflyer—Promise p.Snap — Julia p. Blank, etc. Fille d'Orville — f. de Buzzard—Hornpipe p. Trumpator — Luna p.Herod — Proserpine, s. d'Eclipse, p. Marske— Spiletta p. Regulus, etc.
	Gertrude (Alezane—1850). Middle (B.—1841). Hautboy (Al.—1837).	Muley (Bai—1810)	Orville p. Beningbro' (King Fergus et f. d'Herod)—Evelina p. Highflyer (Herod) — Termagant p. Tautrum (Cripple)—f.de Regulus(Godolphin). Eleanor p. Whisky (Saltram et Calash p. Herod)—Y.Giantess p. Diomed (Florizel) — Giantess p. Matchem (Cade et f. de Partner), etc.
		Dulcamara (Alez.— 1818)	Waxy p. Pot8os (Eclipse et Sportsmistress p. Sportsman) — Maria p. Herod—Lisette p.Snap—Miss Windsor p. Godolphin — s.de Volunteer. Witchery, s. de Sorcery, p. Sorcerer (Trumpator et Y. Giantess p. Diomed) — Cobbea p. Skyscraper— f. de Woodpecker (Herod), etc.
		BayMiddleton (Bai—1833)	Sultan p. Selim (Buzzard et f. d'Alexander) — Bacchante p. Williamsons' Ditto—s.de Calomel p. Mercury— f. d'Herod — Folly p. Marske. Cobweb p. Phantom (Walton)—Filagree p. Soothsayer (Sorcerer)—Web p. Waxy—Penelope p. Trumpator — Prunella p. Highflyer, etc.
		Phantasima (Baie — 1821)	Phantom p. Walton — Julia p. Whisky (Saltram et Calash)—Y. Giantess p. Diomed — Giantess p. Matchem—Molly Long Legs p.Babraham, etc. Maid of the Mill p. Zodiac (St-George et Abigail p. Woodpecker—Tobosa p. Don Quixote—f. de Dungannon — Lady Teazle (s. de Sir Peter), etc.

RÉVÉREND

(APPARTIENT A M. EDMOND BLANC A LA CELLE-SAINT-CLOUD, SEINE-ET-OISE)

Pendant la saison de monte de 1893, Révérend sera en station au haras de la Celle-Saint-Cloud, où il sera réservé aux juments de son propriétaire. Aucun prix n'a, par suite, été fixé pour ses saillies.

Révérend, par Energy, est né en 1888 au haras de la Celle-Saint-Cloud, chez M. Edmond Blanc ; sa mère, Rêveuse, dont il est le quatrième produit, est née en 1880 chez M. le vicomte Raoul de Chemellier et a donné, avec Energy également, Rueil, gagnant du Grand Prix de Paris de 1892. Bai, avec une étoile en tête, et une balzane postérieure montoire, de bonne taille, 1^{m}61, Révérend possède la magnifique arrière-main et le rein fortement soudé de son père, dont il a la belle direction d'épaule, qui est moins chargée toutefois ; il est très harmonieux, a beaucoup de substance, la côte ronde, et d'excellents aplombs. Envoyé yearling en Angleterre pour son dressage, Révérend a fait ses débuts au mois d'avril 1890 dans un Maiden plate à Newmarket, qu'il gagnait facilement ; il enlevait ensuite d'une encolure, après une lutte brillante avec Orviéto auquel il rendait deux livres, le Whitsuntide plate à Manchester. Troisième derrière Bumptious et Conifer dans les Fern Hill Stakes à Ascot, puis dans les Portland Stakes derrière Orviéto et Peter Flower à Leicester. Révérend venait courir à Caen le prix du Premier Pas qu'il enlevait avec une extrême facilité, malgré sa surcharge de huit livres, sur Romp, Primerose, Hallebardier et La-Do-Ré. Battu par Clairon dans le Triennal, à Fontainebleau, course absolument fausse, d'ailleurs, il enlevait ensuite péniblement sur Laurier le Critérium de Vincennes, dont la montée lui était défavorable, puis il battait le même Laurier avec une extrême facilité dans le Grand Critérium. De retour à Newmarket, après une très mauvaise traversée, il faisait une course fort honorable dans le Dewhurst plate, où il finissait troisième derrière Corstorphine et Siphonia et devant Mimi. Dans ces diverses courses, il avait montré à la fois de la vitesse et de l'endurance et un excellent tempérament, qualités qu'il devait confirmer à trois ans. Après avoir enlevé avec une extrême facilité le prix Greffulhe sur Zambo et le prix la Rochette (Triennal) sur Le Capricorne et Le Hardy, Révérend s'effaçait devant son camarade d'écurie, Gouverneur, dans la Grande Poule des Produits. Battu par Ermak, dans le prix du Jockey-Club, il faisait une course superbe dans le Grand Prix de Paris où, menant de bout en bout, il mettait hors de combat, par sa vitesse et la régularité de son action, tous ses adversaires, Ermak et Béranger entre autres, et n'était battu, sur la fin, que par son camarade d'écurie, Clamart. Il avait, entre temps, eu facilement raison d'Alicante, sur son déclin il est vrai, dans le prix de Deauville. De retour en Angleterre, Révérend battait nettement the Deemster, Orviéto et Mimi, sur les 1.600 mètres des Prince of Wales Stakes à Leicester, puis sur les 2.900 mètres du Saint-Léger de Doncaster, il menaçait très sérieusement Common, qu'il eût peut-être battu si son jockey avait pris moins de libertés avec lui. Il courait enfin le Leicestershire Royal-handicap (1.600^m), où il n'était pas placé avec 56 kilos, et les Lowther Stakes (1.700^m), à Newmarket, où il finissait troisième derrière Blue-Green, auquel il rendait treize livres et une année, et Chatterton. Pendant l'hiver suivant, Révérend prenait beaucoup de gros et à quatre ans il courait, en demi-condition, le prix des Sablons et le prix du Cadran à Paris, où il était battu par Béranger, et le prix Boïard, à Maisons-Laffitte, où il finissait à trois quarts de longueur de Courlis. Un accident d'entraînement mettait peu après fin à sa carrière de courses ; il avait, en neuf victoires, gagné 377.675 francs. Révérend fera en 1893 sa première saison au haras, où il est appelé à prendre la place de son père, Energy, dont il possédait la vitesse et auquel il était de beaucoup supérieur comme endurance.

RÉVÉREND. — PAR ENERGY ET RÊVEUSE
Appartient à M. Edmond Blanc

PEDIGREE DE RÉVÉREND

RÉVÉREND (Bai—1888)	ENERGY (Alezan—1880)	Sterling (Bai—1868)	Birdcatcher (Alez.—1833)	**Sir Hercules** p. Whalebone (Waxy) — Peri p. Wanderer (Gohanna) — Thalestris p. Alexander — Rival p. Sir Peter — Hornet p. Drone, etc. Guiccioli p. Bob Booty (Chanticleer et Ierne) — Flight p. Irish Escape (Commodore) — Y. Heroire p Bagot — Heroine p Hero (Cade), etc.
		Whisper (B.—1857) Oxford (Al.—1857)	Honey Dear (Baie—1844)	**Plenipotentiary** p. Emilius (Orville et Emily p. Stamford)—Harriet p. Pericles (Evander et f. de Precipitate) — f. de Selim (Buzzard), etc. My Dear p. Bay Middleton (Sultan et Cobweb p. Phantom) — Miss Letty p. Priam (**Emilius**) — f. d'Orville — f. de Buzzard, etc.
		Cherry-Duchess (Baie—1871) The Duke (B.—1862)	Flatcatcher (Bai—1845)	**Touchstone** p. Camel (Whalebone et f. de Selim) — Banter p. Master Henry—Boadicea p Alexander — Brunette p. Amaranthus — Mayfly, etc. Decoy p. Filho da Puta (Haphazard et Mrs. Barnet p. Waxy) - Finesse p. Peruvian (Sir Peter) — Violaute p. John Bull (Fortitude), etc.
			Silence (Baie—1848)	**Melbourne** p. Humphrey Clinker (Comus et Clinkerina p. Clinker)—fille de Cervantes (Don Quixote) — f. de Golumpus — f. de Paynator, etc. Secret p. Hornsea (Velocipede et f. de Cerberus) — Solace p. Long Waist (Whalebone et Nancy p. Dick Andrews) — Dulcemara p. Waxy, etc.
		Mirella (Bb.—1863)	Stockwell (Alez—1849)	The Baron p. Birdcatcher (**Sir Hercules**)—Echidna p. Economist (Whisky) —Miss Pratt p. Blacklock (Whitelock) — Gadabout p. Orville, etc. Pocahontas p. Glencoe (Sultan et Trampoline p. Tramp) — Marpessa p. Muley (Orville) — Clare p. Marmion — Harpalice p. Gohanna, etc.
			Bay Celia (Baie—1851)	Orlando p. **Touchstone** (Camel)—Vulture p. Langar (Selim et f. de Walton) — Kite p. Bustard — Olympia p. Sir Oliver — Scotilla p. Anvil, etc. Hersey p. Glaucus (Partisan et Nanine p. Selim) — Hester p. Camel — Monimia p. Muley — f. de Precipitate, sœur de Petworth, etc.
			Gemma di Vergy (Bbr.—1854)	**Sir Hercules** p. Whalebone (Waxy) — Peri p. Wanderer — Thalestris p. Alexander (Eclipse et Grecian Princess p. Forester), etc. Snowdrop p. Heron (Bustard et f. d'Orville) — Fairy p. Filho da Puta (Haphazard)—Britannia p. Orville— m. de Rovedino p. Coriander, etc.
			Lady Roden (Bbr.—1856)	West Australian p. **Melbourne** (Humphrey Clinker et f. de Cervantes)— Mowerina p. Touchstone — Emma p. Whisker — Gibside Fairy, etc. Ennui p. Bay Middleton (Sultan et Cobweb p. Phantom) — Blue Devils p. Velocipede (Blacklock) — Care p. Woful — m. de Recoverer, etc.
	REVEUSE (Baie—1880)	Perplexe (Bai—1872) Vermout (B.—1861)	The Nabob (Bbr.—1849)	The Nob p. Glaucus (Partisan et Nanine p. Selim)— Octave p. **Emilius** (Orville) — Whizgig p. Rubens (Buzzard)—Penelope p. Trumpator, etc. Hester p. Camel (Whalebone et fille de Selim) — Monimia p. Muley (Orville)—s. de Petworth p Precipitate (Mercury) — f. de Woodpecker.
			Vermeille ex Merveille (Alez.—1853)	The Baron p. Birdcatcher (**Sir Hercules** et Guiccioli p. Bob Booty)— Echidna p. Economist — Miss Pratt p. Blacklock — Gadabout p. Orville Fair Helen p. Priam (**Emilius** et Cressida p. Orville)—Dirce p. Partisan (Walton) — Antiope p. Whalebone — Amazon p. Driver, etc.
		Reverie (Baie—1873) Perruque (B.—1866)	Sting (Bbr.—1843)	Slane p. Royal Oak (Catton et f. de Smolensko)— f. d'Orville (Beningbro) — Epsom Lass p. Sir Peter — Alexina p. King Fergus, etc. Echo p. **Emilius** (Orville et Emily p. Stamford)—Penelope p. f. de Scud (Beningbro) — Canary Bird p. Whisky ou Sorcerer — Canary p. Coriander, etc.
			Péronnelle (Bbr.—1854)	Elthiron p. Pantaloon (Castrel et Idalia p. Peruvian) — Phryne p. **Touchstone** — Decoy p. Filho da Puta (Haphazard) — Finesse, etc. Breloque p. Gladiator (Partisan et Pauline p. Moses)— Rosa Langar p. Langar — Wild Rose p. Confederate — Primrose p. Clinker, etc.
		Praxis (B.—1861) Marigran (B.—1859)	Womersley (Bai—1849)	Birdcatcher p. **Sir Hercules** (Whalebone)—Guiccioli p. Bob Booty — Flight p. Irish Escape — Y. Heroine p. Bagot— Heroine p. Hero, etc. Cinizelli p. **Touchstone** (Camel et Banter)—Brocade p. Pantaloon — Bombasine p. Thunderbolt — Delta p. Alexander— Isis p. Sir Peter, etc.
			Margaret (Baie—1845)	Drayton p. Muley (Orville et Eleanor p. Whisker) — Prima Donna p. Soothsayer — Tippitywitchet p. Waxy — Hare p. Sweetbriar, etc. Switch p. Cain (Paulowitz et f. de Paynator) — f. de Manfred —Sunflower p. Castrel (Buzzard) — f. d'Alexander (Eclipse), etc.
			Pedagogue (Bai—1851)	Nuncio p. **Plenipotentiary** (Emilius et Harriet p. Pericles)—Ally p. Partisan — Jest p. Waxy —Scotia p. Delpini — f. de King Fergus, etc. Eoline p. Muley Moloch (Muley et Nancy p. Dick Andrews) — Dryad p. Whalebone (Waxy) — Harpalice p. Gohanna (Mercury), etc.
			Hopeless (Baie—1851)	**Melbourne** p. Humphrey Clinker (Comus et Clinkerina)—fille de Cervantes — f. de Golumpus (Gohanna)— f. de Paynator (Trumpator), etc. Hope p. Sheet Anchor (Lottery et Morgiana p. Muley) — Fille de Cerberus — Diana p. Kill Devil — f. de Potsos — Maid of all Work, etc.

RICHELIEU

(APPARTIENT A M. MICHEL EPHRUSSI)

Pendant la saison de monte de 1893, Richelieu sera en station au haras de Dangu, près Gisors (Eure), où il saillira un certain nombre de juments étrangères au haras, à raison de deux mille cinq cents francs, plus 20 francs pour l'écurie. S'adresser à M. Michel Ephrussi, 203 boulevard Saint-Germain, à Paris.

RICHELIEU, par Trocadéro, est né en 1881, chez M. L. André ; sa mère, Reine-de-Saba, dont il est le septième produit, est née en 1870 chez M. L. André, et a donné également avec Trocadéro, Réséda, Satory et Rigoletto, Reine-des-Prés et Surcouf avec Saxifrage. Richelieu est un cheval alezan brûlé avec une lisse prolongée en tête, de grande taille, 1m65, qui porte bien le cachet de sa famille, et dont l'arrière-main a une puissance remarquable ; il est porté par d'excellents membres et possède un tempérament de premier ordre, ainsi que l'établissent les cinquante-deux courses qu'il a fournies. Acheté par M. Paul Aumont qui le cédait yearling à M. Michel Ephrussi. Richelieu a couru une seule fois à deux ans, le prix du Blaison à Chantilly, où il battait de quatre longueurs Le Nôtre et Café-Procope. Il paraissait pour la première fois comme three year old dans le Biennal, à Longchamps, où il finissait second entre Little Duck et Escogriffe ; non placé dans la Poule d'Essai des poulains, gagnée par Archiduc, et le prix de Bois-Rouaud, derrière Gravier, Richelieu gagnait très facilement le prix du Gros-Chêne, à Chantilly ; puis après trois tentatives infructueuses à la réunion d'été de Longchamps, il allait courir en province les prix de Série et les prix Spéciaux ; il y remportait deux victoires à Caen et à Dieppe. Second derrière Sorgho dans le prix de Glatigny, à Paris, puis derrière Escogriffe dans le prix de Villebon, il était battu à deux reprises, par Azur dans le prix du prince d'Orange, puis à Chantilly dans le prix de la Faisanderie, où, portant 52 kilos, il finissait derrière Fiasco et Frontignan auxquels il rendait treize et vingt-et-une livres respectivement. Richelieu ne courait pas moins de quatorze fois à quatre ans, presque toujours placé, entre autres dans le prix d'Octobre derrière Plaisanterie et Georgina ; il remportait à Lyon, dans le prix de première Série, sa seule victoire de la saison. Il courait encore quatorze fois l'année suivante (1886) où il gagnait le prix de la Seine sur Néro et Aïda II, et le prix de Bagatelle à Paris ; à Deauville, il enlevait facilement le prix de Clôture. Enfin, à six ans, il battait Firmament et Prédestinée dans le prix de Lutèce et il terminait sa carrière de courses à Deauville, dans le prix de Clôture, où il n'était pas placé. Envoyé au haras l'année suivante, Richelieu donnait, pour sa première saison, Bartavelle et Junon entre autres. Les succès remportés en 1892 par Boissière permettent d'espérer qu'il sera au haras un des meilleurs représentants de son père, Trocadéro, Bartavelle et Boissière, ont pour mère commune Bigamy, fille de Wild Oats (par Wild Dayrell).

GUIDE PRATIQUE DE L'ÉLEVEUR

PEDIGREE DE RICHELIEU

RICHELIEU (Alezan—1881).	TROCADERO (Alezan—1864).	Monarque (Bai—1852).	Sting* (Bb—1843)	Slane (Bai—1833)	Royal Oak p. Catton (Golumpus et Lucy Grey) — fille de Smolensko — Lady Mary p. Beningbro' (King Fergus) — fille d'Highflyer, etc. Fille d'Orville (Beningbro' et Evelina p. Highflyer) — Epsom Lass p. Sir Peter—Alexina p. King Fergus (Eclipse)—Lardella p. Young Marske, etc.
				Echo (Baie—1828)	Emilius p. Orville (Beningbro' et Evelina p. Highflyer) — Emily p. Stamford (Sir Peter p. Highflyer) — fille de Whisky, etc. Fille de Scud (Beningbro' et Eliza p. Highflyer)—Canary Bird p. Sorcerer — Canary p. Coriander — Miss Green p. Highflyer, etc.
		Poetess (B.—1838)	Royal Oak (Bbr.—1823)		Catton p. Golumpus (Gohanna et Catherine p. Woodpecker) — Lucy Grey p. Timothy — Lucy p. Florizel — Frenzy p. Eclipse — fille d'Engineer, etc. Fille de Smolensko (Sorcerer et Wowski p. Mentor) — Lady Mary p. Beningbro' — fille d'Highflyer — fille de Marske (Squirt), etc.
			Ada (Baie—1824)		Whisker p. Waxy (Pot8os et Maria p. Herod) — Penelope p., Trumpator — Prunella p. Highflyer — Promise p. Snap — Julia p. Blank, etc. Anna Bella p. Shuttle (Y. Marske et Wauxhall Snap mare) — f. de Drone — Contessina p. Y. Marske — Tuberose p. Herod — Grey Starling p. Starling.
		Epirus (Al.—1834)	Langar (Alez.—1817)		Selim p. Buzzard (Woodpecker et Misfortune p. Dux) — fille d'Alexander (Eclipse) — fille d'Highflyer — fille d'Alfred (fr. de Conductor) p. Matchem. Fille de Walton (Sir Peter) — Y. Giautess p. Diomed — Giautess p. Matchem — Molly Long Legs p. Babraham — Fille de Fox Hunter, etc.
		Antonia (Alez.—1851).		Olympia (Baie—1815)	Sir Oliver p. Sir Peter (Highflyer et Papillon p. Snap) — Fanny p. Diomed — Ambrosia p. Woodpecker — s. de Rachel p. Blank, etc. Scotilla p. Anvil (Herod et fille de Feather p. Godolphin) — Scota p. Eclipse — Harmony p. Herod — Rutilia (s. de Rachel) p. Blank, etc.
			The Ward of Cheep (B.1843)	Colwick (Bai—1828)	Filho da Puta p. Haphazard (Sir Peter p. Highflyer et Miss Hervey p. Eclipse) — Mrs. Barnet p. Waxy — fille de Woodpecker, etc. Stella p. Sir Oliver (Sir Peter et Fanny p. Diomed) — Scotilla p. Anvil — Scota p. Eclipse (Marske) — Harmony p. Herod, etc.
				Maid of Burghley (Baie—1837)	Sultan p. Selim (Buzzard et fille d'Alexander) — Bacchante p. Williamsons Ditto — s. de Calomel p. Mercury (Eclipse) — fille d'Herod, etc. Palais-Royal p. Blucher (Waxy et Pantina p. Buzzard) — Election, m. de Rubens, p. Alexander — f. d'Highflyer — f. d'Alfred (Matchem), etc.
	REINE-DE-SABA (Bbr.—1870).	Orphelin (Alezan—1859).	Fitz Gladiator (Al.—1830)	Gladiator (Alez.—1833)	Partisan p. Walton (Sir Peter p. Highflyer) — Parasol p. Pot8os — Prunella p. Highflyer — Promise p. Snap — Julia p. Blank (Godolphin), etc. Pauline p. Moses (Seymour et Bay Javelin) — Quadrille p. Selim — Canary Bird p. Sorcerer — Canary p. Coriander (Pot8os), etc.
				Zarah (Baie—1835)	Reveller p. Comus (Sorcerer et Houghton Lass p. Sir Peter) — Rosette p. Beningbro' — Rosamond p. Tandem — Tuberose p. Herod, etc. Fille de Rubens (Buzzard et f. d'Alexander) — Brightonia p. Gohanna (Mercury) — Nutmeg p. Sir Peter — Nimble p. Florizel, etc.
		Echelle (B.—1845)	Sting (Bbr.—1843)		Slane p. Royal Oak (Catton et f. de Highflyer) — f. d'Orville (Beningbro') — Epsom Lass p. Sir Peter — Alexina p. King Fergus (Eclipse), etc. Echo p. Emilius (Orville) — fille de Scud (Beningbro') — Canary Bird p. Sorcerer — Canary p. Coriander (Pot8os) — Miss Green p. Highflyer, etc.
			Eusebia (Alez.—1839)		Emilius p. Orville (Beningbro') — Emily p. Stamford (Sir Peter et Horatia p. Eclipse) — f. de Whisky (Saltram et Calash p. Herod), etc. Mangel Wurzel p. Merlin (Castrel et Miss Newton p. Delpini) — Morel p. Sorcerer — Hornby Lass p. Buzzard — Puzzle p. Matchem, etc.
		Rubrique (Bbr.—1862).	West Australian (Bb—1850)	Melbourne (Bbr.—1834)	Humphrey Clinker p. Comus (Sorcerer) — Clinkerina p. Clinker — Pewet p. Tandem (Syphon) — Termagant p. Tantrum — Cantatrice p. Sampson. Fille de Cervantes (Don Quixote) — f. de Golumpus (Gohanna) — f. de Paynator — s. de Zodiac p. St-George — Abigail p. Woodpecker, etc.
				Mowerina (Baie—1843)	Touchstone p. Camel (Whalebone) — Banter p. Master Henry (Orville) — Boadicea p. Alexander (Eclipse) — Brunette p. Amaranthus, etc. Emma p. Whisker (Waxy) — Gibside Fairy p. Hermes — Vicissitude p. Pipator (Imperator) — Beatrice p. Sir Peter — Pyrrha, etc.
			Rosati (Baie—1856)	Gladiator (Alez.—1833)	Partisan p. Walton (Sir Peter) — Parasol p. Pot8os — Prunella p. Highflyer — Promise p. Snap — Julia p. Blank — m. de Spectator p. Partner, etc. Pauline p. Moses — Quadrille p. Selim — Canary Bird p. Sorcerer — Canary p. Coriander — Miss Green p. Highflyer — Harriet p. Matchem, etc.
				Cingara (Baie—1846)	Isaac p. Camel (Whalebone et fille de Selim) — Arachne p. Filho da Puta — Treasure p. Camillus — f. de Hyacinthus — Flora p. King Fergus, etc. Gipsy Queen p. Tomboy (Jerry et m. de Beeswing p. Ardrossan et Lady Eliza) — Lady Moore Carew p. Tramp — Kite p. Bustard (Castrel), etc.

RUEIL

(APPARTIENT A M. EDMOND BLANC, A LA CELLE-SAINT-CLOUD, SEINE ET-OISE)

Pendant la saison de monte de 1893, Rueil sera en station au haras de Pouzac, près Bagnères-de-Bigorre, où il saillira gratuitement un certain nombre de juments, son propriétaire se réservant un droit d'option sur les produits. S'adresser à M. Edmond Blanc, château de la Châtaigneraie, la Celle-Saint-Cloud, par Bougival (Seine-et-Oise).

Rueil, par Energy, est né en 1889 au haras de la Celle-Saint-Cloud, chez M. Edmond Blanc ; il est le cinquième produit de Rêveuse, née en 1880 chez M. le vicomte Raoul de Chemellier, qui a donné Révérend, avec Energy également. Alezan avec une lisse en tête, deux balzanes postérieures et une balzane antérieure hors montoire, de bonne taille, 1^{m}63, Rueil est un cheval très harmonieux, avec des avant-bras, des quartiers et des cuisses d'une force remarquable et un très beau dessus ; il est un peu pauvre dans son flanc. Rueil a couru pour la première fois à Leicester (1891), dans les Portland Stakes, où il n'était pas placé derrière Flyaway et Katherine II. Il courait ensuite le Whitsuntide Plate, à Manchester, qu'il gagnait facilement sur Dunure, puis dans les July Stakes, à Newmarket, il était placé troisième à deux longueurs de Flyaway et de Goldfinch, et devant El Diablo. Rueil venait alors en France, où, sur la piste sablonneuse de Fontainebleau, il ne figurait pas, derrière Chêne-Royal, dans le Triennal, mais il enlevait très brillamment le Grand Critérium, après une belle lutte avec Fra Angelico, et prenait dans le prix Éclipse, à Maisons-Laffitte, sa revanche sur Chêne-Royal qu'il battait de quatre longueurs. Très éprouvé par sa croissance, il était encore en demi-condition lorsqu'il se présentait, au printemps de 1892, dans le Triennal, où il était de nouveau facilement battu par Chêne-Royal ; très nerveux le jour du Derby, à Epsom, où il avait été envoyé, il ne s'employait à aucun moment, se contentant de chercher à mordre les chevaux placés près de lui. Dans le Grand Prix de Paris, qu'il courait douze jours après, il retrouvait la forme brillante de sa première saison, et il l'emportait nettement, à la fin, sur Courlis, tombé boiteux à l'entrée de la ligne droite, Chêne-Royal et Fra Angelico. Au mois de juillet, Rueil courait le prix de Beauvais à Maisons-Laffitte où à dix livres, Perdican le battait d'une demi-longueur. Très nerveux encore à Deauville, dans le prix Guillaume-le-Conquérant, il ne figurait pas, à l'arrivée, derrière Livie II ; il courait enfin le prix Ango, à Dieppe, où il n'avait rien à battre. La dureté du terrain provoquait une inflammation du tendon suspenseur du boulet, il rentrait boiteux, et était peu après retiré de l'entraînement ; en cinq courses, il avait gagné 372.550 francs.

PEDIGREE DE RUEIL

RUEIL (Alezan—1889).	ENERGY (Alezan—1880).	Sterling (Bai—1871).	Oxford (Al.—1857)	Birdcatcher (Alez.—1833)	Sir Hercules p.Whalebone (Waxy)— Peri p. Wanderer (Gohanna) — Thalestris p. Alexander — Rival p.Sir Peter — Hornet p. Drone, etc. Guiccioli p Bob Booty (Chanticleer et Ierne) — Flight p. Irish Escape (Commodore) — Y. Heroine p. Bagot — Heroine p. Hero (Cade), etc.	
				Honey Dear (Baie—1844)	Plenipotentiary p.Emilius (Orville et Emily p.Stamford)—Harriet p. Pericles (Evander et f. de Precipitate) — f. de Selim (Buzzard), etc. My Dear p. Bay Middleton (Sultan et Cobweb p. Phantom) — Miss Letty p. Priam (Emilius)—f. d'Orville — f. de Buzzard, etc.	
			Whisper (B.—1857)	Birdcatcher (Bai—1845)	Touchstone p. Camel (Whalebone et f. de Selim)— Banter p. Master Henry—Boadicea p. Alexander—Brunette p. Amaranthus— Mayfly, etc. Decoy p.Filho da Puta (Haphazard et Mrs. Barnet p.Waxy)—Finesse p. Peruvian (Sir Peter) — Violant p. John Bull (Fortitude), etc.	
				Silence (Baie—1848)	Melbourne p. Humphrey Clinker (Comus et Clinkerina p.Clinker)—fille de Cervantes (Don Quixote) — f. de Golumpus — f. de Paynator, etc. Secret p. Hornsea (Velocipede et f.de Cerberus) — Solace p. Long Waist (Whalebone et Nancy p. Dick Andrews) — Dulcemara p. Waxy, etc.	
		Cherry-Duchess (Baie—1871).	The Duke (B.—1863)	Stokwell (Alez.—1849)	The Baron p.Birdcatcher (Sir Hercules)—Echidna p.Economist(Whisky) — Miss Pratt p.Blacklock (Whitelock) — Gadabout p. Orville, etc. Pocahontas p. Glencoe (Sultan et Trampoline p. Tramp) — Marpessa p. Muley (Orville) — Clare p. Marmion — Harpalice p. Gohanna, etc.	
				Bay Celia (Baie—1851)	Orlando p.Touchstone (Camel)—Vulture p. Langar (Selim et f.de Walton) — Kite p. Bustard — Olympia p. Sir Oliver — Scotilla p. Anvil, etc. Hersey p. Glaucus (Partisan et Nanine p.Selim) — Hester p. Camel — Monimia p. Muley — f. de Precipitate, sœur de Petworth, etc.]	
			Mirella (Bb.—1863)	Gemma di Vergy (Bbr.—1854)	SirHercules p.Whalebone (Waxy) — Peri p. Wanderer — Thalestris p. Alexander (Eclipse et Grecian Princess p. Forester), etc. Snowdrop p. Heron (Bustard et f. d'Orville) — Fairy p. Filho da Puta (Haphazard)—Britannia p.Orville—m.de Rovedino p.Coriander, etc.	
				Lady Roden (Bbr.—1856)	West Australian p.Melbourne (Humphrey Clinker et f. de Cervantes)— Mowerina p.Touchstone — Emma p. Whisker — Gibside Fairy, etc. Ennui p. Bay Middleton (Sultan et Cobweb p. Phantom) — Blue Devils p. Velocipede (Blacklock) — Care p. Woful — m. de Rocoverer, etc.	
	REVEUSE (Baie—1880).	Perplexe (Bai—1872).	Péripétie (B.—1846)	The Nabob (Bbr.—1849)	The Nob p. Glaucus (Partisan et Nanine p. Selim) — Octave p. Emilius (Orville)—Whizgig p. Rubens (Buzzard)—Penelope p. Trumpator, etc. Hester p. Camel (Whalebone et fille de Selim) — Monimia p. Muley (Orville)—s. de Petworth p. Precipitate(Mercury)—f.de Woodpecker.	
				Vermeille ex *Merveille* (Alez.—1853)	The Baron p. Birdcatcher (Sir Hercules et Guiccioli p Bob Booty)— Echidna p. Economist—Miss Pratt p. Blacklock—Gadabout p.Orville. Fair Helen p Priam (Emilius et Cressida p. Orville)—Dirce p. Partisan (Walton) — Antiope p. Walebone — Amazon p. Driver, etc.	
			Vermout (B.—1861)	Sting (Bbr.—1843)	Slane p. Royal Oak (Catton et f.de Smolensko),—f. d'Orville (Beningbro') — Epsom Lass p. Sir Peter — Alexina p. King Fergus, etc. Echo p.Emilius (Orville et Emily p. Stamford)— f. de Scud (Beningbro') — Canary Bird p. Whisky ou Sorcerer — Canary p. Coriander, etc.	
				Péronnelle (Bbr.—1884)	Elthiron p. Pantaloon (Castrel et Idalia p. Peruvian) — Phryne p. Touchstone — Decoy p. Filho da Puta (Haphazard) — Finesse, etc. Breloque p. Gladiator (Partisan et Pauline p. Moses) — Rosa Langar p. Langar — Wild Rose p. Confederate — Primrose p. Clinker, etc.
		Rêverie (Baie—1873).	Marigana (B.—1852)	Womersley (Bai—1845)	Birdcatcher p. Sir Hercules (Whalebone) — Guiccioli p. Bob Booty — Flight p. Irish Escape—Y. Heroine p. Bagot—p.' Herod, etc. Cinizelli p. Touchstone (Camel et Banter) — Brocade p. Pantaloon — Bombasine p. Thunderbolt—Delta p. Alexander—Isis p.Sir Peter, etc.	
				Margaret (Baie—1845)	Drayton p. Muley (Orville et Eleanor p. Whisker) — Prima Donna p. Soothsayer — Thippitywitchet p. Waxy — Hare p. Sweetbriar, etc. Switch p. Cain (Paulowitz et f. de Paynator) — f. de Manfred — Sunflowel p.Castrel (Buzzard) — f. d'Alexander (Eclipse), etc.	
			Praxis (B.—1851)	Pedagogue (Bai—1851)	Nuncio p.Plenipotentiary (Emilius et Harriet p.Pericles)—Ally p.Partisan — Jest p. Waxy—Scotia p. Delpini — f. de King Fergus, etc. Eoline p. Muley Moloch (Muley et Nancy p. Dick Andrews) — Dryad p. Whalebone (Waxy)—Harpalice p. Gohanna (Mercury), etc.	
				Hopeless (Baie—1851)	Melbourne p.Humphrey Clinker (Comus et Clinkerina) — fille de Cervantes—f. de Golumpus (Gohanna)—f.de Paynator (Trumpator), etc. Hope p. Sheet Anchor (Lottery et Morgiana p. Muley) — fille de Cerberus — Diana p. Kill Devill — f. de Pot8os—Maid of all Work, etc.	

SANSONNET

(APPARTIENT A M. LE COMTE FOY, A BARBEVILLE, CALVADOS)

Pendant la saison de monte de 1893, Sansonnet sera en station au haras de Barbeville, près Bayeux (Calvados), où il saillira un certain nombre de juments étrangères au haras, à raison de mille francs, plus 20 fr. pour l'écurie. S'adresser à M. E. Pawels, 85 faubourg Saint-Honoré, à Paris.

SANSONNET, par Dollar, est né en 1881 au haras de Cheffreville chez M. le comte de Berteux ; il est le second produit qu'a eu en France Ortolan, poulinière née en 1868 chez lord Falmouth, et importée par M. de Berteux en 1879 ; elle a donné également Tourterelle et Vanneau avec Perplexe, Utrecht et Widgeon avec King-Lud. Bai, de bonne taille, 1m61, Sansonnet est très élégant, avec une arrière-main très forte ; on peut lui reprocher d'être un peu léger. Pour ses débuts à deux ans, il gagnait à Fontainebleau le premier Critérium sur Saint-Waast et Rameur ; second entre Sourire et Perpétuité dans le prix de Villiers, à Longchamps, il occupait la même place derrière Carmélite dans le prix des Chênes et derrière Escogriffe dans le prix de Condé. A trois ans, Sansonnet commençait par gagner très facilement le Derby de l'Est, à Reims; il battait ensuite de trois longueurs Ontario dans le prix de Lutèce, à Paris, puis dans le prix de la Seine. Second dans la Coupe derrière Formalité, Sansonnet courait sans y figurer la Poule d'Essai des poulains gagnée par Archiduc, et il était encore second dans le prix du Cèdre derrière Barbery. Non placé dans le Grand Prix de Paris, il allait à Boulogne-sur-mer courir le prix de la Ville et le prix du Gouvernement qu'il enlevait très facilement ; il gagnait encore le prix du Chemin de fer, mais, entre temps, il avait été battu à Caen par Richelieu, dans le prix de deuxième Série, et il était peu après battu par Escogriffe dans le prix de Longchamps, à Deauville, puis par Sorgho dans le prix de Glatigny, à Paris. Il terminait la campagne dans le prix de la Forêt, où il finissait derrière Azur et Richelieu, battant Clio, Yvrande et The Condor. Sansonnet courait encore quatre fois à quatre ans, figurant toujours à l'arrivée, mais sans réussir à remporter une victoire ; il faisait sa dernière apparition à Vincennes, où il était battu par Pas-Bégueule et Madrid dans le prix de la Tourelle. Acheté par M. le comte Foy, Sansonnet a donné dans ses premières années quelques produits gagnants, Étourneau, Zaïm et Arcanette entre autres, avant que la naissance de Courlis ait définitivement établi sa qualité. La mère de Courlis, Citronelle, est fille de Mars et de Bijou par Trumpeter.

PEDIGREE DE SANSONNET

SANSONNET (Bai—1881).	DOLLAR (Bai—1860).	Sultan (Bai—1816)	Selim p. Buzzard — f. d'Alexander (Eclipse et Grecian Princess) — f. d'**Highflyer** (Herod) — f. d'Alfred (fr. de Conductor) p. Matchem. Bacchante p. Williamsons' Ditto — s. de Calomel p. Mercury (Eclipse) — f. d'Herod — Folly p. Marske — fille de Regulus, etc.
	The Flying Dutchman (Bir. —1846).	Cobweb (Baie—1831)	Phantom p. **Walton** — Julia p. Whisky (Saltram et Calash) — Y. Giantess p. Diomed — Giantess p. Matchem — Molly Long Legs p. Babraham, etc. Filagree p. Soothsayer (Sorcerer) — Web p. **Waxy** — Penelope p. Trumpator — Prunella p. **Highflyer** (Herod) — Promise p. Snap, etc.
	Barbelle (Baie—1836) Bay Middleton (B.—1833)	Sandbeck (Bai—1818)	Catton p. Golumpus — Lucy Grey p. Timothy (Delpini et Cora p. Matchem) — Lucy p. Florizel (Herod) — Frenzy p. Eclipse, etc. Orvillina p. **Beningbro'** — Evelina p. **Highflyer** (Herod) — Termagant p. Tantrum — Cantatrice p. Sampson — f. de Regulus — m. de Marske, etc.
		Barioletta (Bbr. —1822)	Amadis p. Don Quixote — Fanny p. Sir Peter — f. de Diomed — Desdemona p. Marske — Y. Hag p. Skim — Hag p. Crab — Ebony p. Childers. Selima p. **Selim** — f. de Pot8os — Editha p. Herod — Elfrida p. Snap — Miss Belsea p. Regulus — f. de Bartletts' Childers — f. d'Honeywood A.
	Payment (Alez. —1848).	Royal Oak (Bbr.—1823)	Catton p. Golumpus (Gohanna) — Lucy Grey p. Timothy (Delpini et Cora p. Matchem) — Lucy p. Florizel (Herod) — Frenzy p. Eclipse. Fille de Smolensko (Sorcerer et Wowski p. Mentor) — Lady Mary p. **Beningbro'** (King Fergus) — fille d'Highflyer — fille de Marske, etc.
	Slane (Bai—1833)	Fille de (Baie—1819)	Orville p. **Beningbro'** (King Fergus et f. d'Herod) — Evelina p. **Highflyer** — Termagant p. Tantrum — Cantatrice p. Sampson (Blaze). Epsom Lass p. Sir Peter (**Highflyer**) — Alexina p. King Fergus — Lardella p. Y. Marske (Squirt) — f. de Cade (Godolphin) — f. de Beaufremont.
	Receipt (M. —1836).	Rowton (Alez—1826)	Oiseau p. Camillus (Hambletonian) — fille de Ruler (Y. Marske) — Treecreeper p. Woodpecker — fille de Trentham, etc. Katharina p. Woful (**Waxy** et Penelope) — Landscape p. Rubens (Buzzard) — Iris p. Brush (Eclipse) — fille d'Herod, etc.
		Fille de (Alez.—1826)	Sam p. Scud (**Beningbro'** et Eliza p. **Highflyer**) — Hyale p. Phenomenon — Rally p. Trumpator — Fancy, s. de Diomed, p. Florizel, etc. Morel p. Sorcerer (Trumpator et Y. Giantess) — Hornby Lass p. Buzzard — Puzzle p. Matchem — Princess p. Herod — Julia p. Blank, etc.
	ORTOLAN (Alezane—1868).	Sir Hercules (Noir—1826)	Whalebone p. **Waxy** (Pot8os et Maria p. Herod) — Penelope p. Trumpator (Conductor) — Prunella p. **Highflyer** — Camil a p. Trentham, etc. Peri p. Wanderer (Gohanna et Catherine p. Woodpecker) — Thalestris p. Alexander — Rival p. Sir Peter (**Highflyer**) — Hornet p. Drone, etc.
	Saunterer (Noir—1854).	Guiccioli (Alez.—1823)	Bob Booty p. Chanticleer (Woodpecker et fille d'Eclipse) — Ierne p. Bagot (Herod) — fille de Gamahue (Bustard) — Patty p. Tim, etc. Flight p. Irish Escape (Commodore et fille d'**Highflyer**) — Y. Heroine p. Bagot — Heroine p. Hero (Cade) — sœur de Regulus p. Godolphin, etc.
	Birdcatcher (Al.—1833)	Bay Middleton (Bai—1833)	Sultan p. Selim — Bacchante p. Williamsons' Ditto (Sir Peter p. **Highflyer**) — s. de Calomel p. Mercury (Eclipse) — f. d'Herod, etc. Cobweb p Phantom (Walton) — Filagree p. Soothsayer (Sorcerer) — Web p. **Waxy** — Penelope p. Trumpator — Prunella, etc.
	Fothersone (Bai—1855).	Blue Devils (Alez.—1837)	Velocipede p. Blacklock — f. de Juniper (Whisky) — f. de Sorcerer — Virgin p. Sir Peter (**Highflyer**) — f. de Pot8os — Editha, etc. Care p. Woful (**Waxy**) — f. de Rubens (frère de Selim) — Tippity Witchet p. **Waxy** (Pot8os) — Hare p. Sweetbriar — f. de Justice, etc.
	Emma (Baie—1824)	Touchstone (Bbr.—1831)	Camel p. Whalebone (**Waxy** et Penelope p. **Trumpator**) — f. de Selim — Maiden p. Sir Peter — f. de Phenomenon — Matron p. Florizel, etc. Banter p. Master Henry — Boadicea p. Alexander — Brunette p. Amaranthus — Mayfly p. Matchem — f. d'Ancaster Starling, etc.
	Ennui (Bb —1853)	Emma (Baie—1824)	Whisker p. **Waxy** — Penelope p. Trumpator — Prunella p. **Highflyer** — Promise p. Snap — Julia p. Blank — m. de Spectator, etc. Gibside Fairy p. Hermes (Mercury p. Eclipse et Rosina p. Woodpecker) — Vicissitude p. Pipator (Imperator) — Beatrice p. Sir Peter, etc.
	Swallow (Baie—1842)	Slane (Bai—1833)	Royal Oak p. Catton (Golumpus p. Gohanna et Lucy Grey p. Timothy) — f. de Smolensko (Sorcerer p. **Trumpator**) — f. d'Herod, etc. Fille d'Orville — fille de Buzzard — Hornpipe p. **Trumpator** — Luna p. Herod — s. d'Eclipse p. Marske — Spiletta p. Regulus (Godolphin), etc.
	The Wryneck (B.—1842)	Gitana (Baie—1828)	Tramp p. Dick Andrews (Joe Andrews p. Eclipse et Amaranda p. Omnium) — f. de Gohanna (Mercury et f. d'Herod), etc. Mrs. Fry p. Walton (Sir Peter p. **Highflyer**) — Vourneen p. Sorcerer (**Trumpator**) — Tooce p. Buzzard — Violet (m. de Goldenlocks), etc.

SAN STEFANO

(APPARTIENT A L'ADMINISTRATION DES HARAS)

Pendant la saison de monte de 1893, San Stefano sera en station au dépôt de Geloz, près Pau, où il saillira quarante juments de pur sang anglais, à raison de quarante francs. S'adresser à M. le Directeur du Dépôt d'étalons, à Geloz, près Pau (Basses-Pyrénées).

San Stefano, par Faublas, est né en 1877 chez M. A. Desvignes ; il est le troisième produit de Dauphine, née en 1868 chez M. Desvignes. Alezan, de bonne taille, San Stefano est symétrique, bien équilibré et porté par des membres d'une solidité à toute épreuve. Acheté poulain de lait par M. le comte G. de Juigné, il n'a pas couru à deux ans, et il a fait sa première apparition dans le prix de Bagatelle, à Paris, où il ne fut pas placé derrière Orphéon et Palatin ; il n'était pas plus heureux sur les 3.000 mètres du prix de l'Espérance. A Nantes, handicapé à 48 kilos dans le prix du Petit-Fort, il y battait facilement un champ assez médiocre. Il courait ensuite, avec des chances diverses, un certain nombre de prix de Série et de handicaps en province, gagnant, au Mans, le prix de la Société d'Encouragement, et, à Vichy, avec 54 kilos, le prix du Chemin de fer. Handicapé à 47 kilos 1/2 dans l'Omnium, il y battait d'une tête Milan II (3 a., 51 kil. 1/2), Sheridan troisième, à trois quarts de longueur, et Australie (3 a., 44 kil.), quatrième à une encolure ; non placé avec 50 kilos dans le Handicap libre de l'automne, il allait courir à Marseille le prix du Cercle Puget, qu'il enlevait facilement, et terminait la saison à la Chapelle en Serval, où il n'était pas placé dans le prix de Châlis, gagné par Le Lion. San Stefano courait dix-neuf fois à quatre ans, gagnant plusieurs prix Principaux ou Nationaux à Tarbes, Nantes, Limoges et Périgueux ; à Amiens, portant 58 kilos, il enlevait facilement le prix de la Ville. Enfin, à cinq ans, il prenait la seconde place entre Royaumont et Versainville, dans le Grand Prix de Beauvais. A défaut de grande qualité, il avait fait preuve d'une endurance très appréciable, courant trente-sept fois, et défendant toujours sa chance avec un rare courage. Avant d'être acheté 15.000 francs, en 1887, au comte de Juigné, par l'Administration des Haras, San Stéfano a fait, pendant plusieurs saisons, la monte au haras de Bois-Rouaud : il a donné, entre autres, Verdelet, Manolo, Perce-Neige, Heurteloup, Tantale, Pergame, Rose-d'Or, etc. Tartane, mère de Tantale, est fille de Dollar.

GUIDE PRATIQUE DE L'ÉLEVEUR

PEDIGREE DE SAN STEFANO

SAN STEFANO (Alezan—1877)	FAUBLAS (Alezan—1869)	Gladiator (Alez.—1833)	Partisan p. Walton (Sir Peter et Arethusa p. Dungannon) — Parasol p. Pot8os—Prunella p. Highflyer—Promise p. Snap—Julia p. Blank. Pauline p. Moses (Seymour et f. de Gohanna) — Quadrille p. Selim — Canary Bird p. Sorcerer—Canary p. Coriander (Pot8os)—Miss Green.
		Zarah (Baie—1835)	Reveller p. Comus (Sorcerer et Houghton Lass)— Rosette p. Beningbro' — Rosamond p. Tandem — Tuberose p. Herod —Grey Starling, etc. Fille de Rubens (Buzzard et f. d'Alexander) — Brightonia p. Gohanna. — Nutmeg p. Sir Peter —Nimble p. Florizel —Rantipole p. Blank.
		Sting (Bbr. —1843)	Slane p. Royal Oak (Catton et f. de Smolensko) — f. d'Orville — Epsom Lass p. Sir Peter — Alexina p. King Fergus — Lardella, etc. Echo p. Emilius (Orville et Emily) — f. de Scud — Canary Bird p. Sorcerer— Canaray p. Coriander (Pot8os)—Miss Green p. Highflyer, etc.
		Eusebia (Alez.—1839)	Emilius p. Orville (Beningbro' et Evelina p. Highflyer)—Emily p. Stamford (Sir Peter) — f. de Whisky (Saltram et Calash p Herod), etc. Mangel Wurzel p. Merlin (Castrel et Miss Newton p. Delpini) — Morel p. Sorcerer — Hornby Lass p. Buzzard — Puzzle p. Matchem, etc.
		Touchstone (Bbr. —1831)	Camel p. Whalebone (Waxy et Penelope) — f. de Selim (Buzzard et f. d'Alexander) — Maiden p. Sir Peter (Highflyer), etc. Banter p. Master Henry (Orville)— Boadicea p. Alexander (Eclipse) — Brunette p. Amaranthus (Old England) — Mayfly p. Matchem, etc.
		Vulture (Alez.—1833)	Langar p. Selim (Buzzard) — f. de Walton (Sir Peter) — Y. Giantess p. Diomed — Giantess p. Matchem — Molly Long Legs p. Babraham. Kite p. Buzzard (Castrel) — Olympia p. Sir Oliver (Sir Peter) — Harmony p. Herod—Rutilia (sœur de Rachel, m. d'Highflyer) p. Blank.
		Hornsea (Alez.—1832)	Velocipede p. Blacklock (Whitelock et s. de Coriander) — f. de Juniper (Whisker) — f. de Sorcerer — Virgin p. Sir Peter —f. de Pot8os. Fille de Gohanna et f. d'Herod)— Miss Cranfield p. Sir Peter — s. de Pugilist p. Pegasus (Eclipse)—f. de Paymaster (Blank), etc.
		Hinda (Baie—1838)	Sultan p. Selim (Buzzard)— Bacchante p. Williamsons' Ditto (Sir Peter) — s. de Calomel p. Mercury (Eclipse) — f. d'Herod—Folly, etc. Catharina p. Woful (Waxy et Penelope p. Trumpator) — Landscape p. Rubens (Buzzard) — Iris p Brush — f. d'Herod, etc.
	DAUPHINE (Baie—1868)	Slane (Bai—1833)	Royal Oak p. Catton (Golumpus et Lucy Grey) — fille de Smolensko — Lady Mary p. Beningbro' (King Fergus) — f. d'Highflyer, etc. Fille d'Orville (Beningbro' et Evelina p. Highflyer) — Epsom Lass p. Sir Peter—Alexina p. King Fergus (Eclipse)—Lardella p Y. Marske, etc.
		Echo (Baie—1828)	Emilius p. Orville (v. plus haut) — Emily p. Stamford (Sir Peter p. Highflyer) — f. de Whisky (Saltram et Calash) — Grey Dorimant, etc. Fille de Scud (Beningbro' et Eliza p. Highflyer) — Canary Bird p. Sorcerer — Canary p. Coriander — Miss Green p. Highflyer, etc.
		Royal Oak (Bbr. —1823)	Catton p. Golumpus (Gohanna et Catherine p. Woodpecker)—Lucy Grey p. Timothy—Lucy p Florize —Frenzy p Eclipse—fille d'Engineer, etc. Fille de Smolensko (Sorcerer et Wowski p. Mentor) — Lady Mary p. Beningbro' — fille d'Highflyer — f. de Marske, etc.
		Ada (Baie—1824)	Whisker p. Waxy (Pot8os et Maria p. Herod) — Penelope p. Trumpator — Prunella p. Highflyer — Promise p. Snap — Julia p. Blank, etc. Anna Bella p. Shuttle (Y. Marske et Vauxhall Snap mare) — f. de Drone — Contessina p. Young Marske — Tuberose p. Herod — Grey Starling.
		Gladiator (Alez.—1833)	Partisan p. Walton (Sir Peter et Arethusa p. Dungannon) — Parasol p. Pot8os—Prunella p. Highflyer — Promise p. Snap — Julia p. Blank. Pauline p. Moses (Seymour et f. de Gohanna) — Quadrille p. Selim — Canary Bird p. Sorcerer — Canary p. Coriander (Pot8os), etc.
		Zarah (Baie — 1835)	Reveller p. Comus (Sorcerer et Houghton Lass) — Rosette p. Beningbro' — Rosamond p. Tandem — Tuberose p. Herod — Grey Starling, etc. Fille de Rubens (Buzzard et fille d'Alexander) — Brightonia p. Gohanna — Nutmeg p. Sir Peter — Nimble p. Florizel — Rantipole p. Blank, etc.
		Bizarre (Bbr. —1820)	Orville p. Beningbro' (King Fergus) — Evelina p. Highflyer (Herod et Rachel) — Termagant p. Tantrum — Contessina p. Sampson, etc. Bizarre p. Peruvian (Sir Peter et f. de Boudrow)—Violante p. John Bull (Fortitude)—s. de Skyscraper p. Highflyer—Everlasting p. Eclipse, etc.
		Corysandre (Alez.—1834)	Holbein p. Rubens (Buzzard) — f. d'Alexander (Eclipse)— f. d'Highflyer (Herod) — f. d'Alfred — f. d'Engineer (Sampson) — m. de Malton, etc. Fille de Comus (Sorcerer et Houghton Lass) — f. de Sancho — Ringtail p. Buzzard (Woodpecker) — f. de Trentham—s. de Drone p. Herod, etc.

SAXIFRAGE

(APPARTIENT A M. PAUL AUMONT, CH. DE VICTOT, CALVADOS)

Pendant la saison de monte de 1893, Saxifrage sera en station au haras de Victot, près Mézidon (station de Beuvron, Calvados), où il saillira six juments étrangères au haras, à raison de deux mille cinq cents francs, plus 20 francs pour l'écurie. S'adresser à M. Paul Aumont, 4 avenue de Messine, à Paris.

SAXIFRAGE, par Vertugadin, est né en 1872 au haras de la Flandrie, chez M. Édouard Fould; il est le neuvième produit de Slapdash, née en 1855 en Angleterre chez M. A. Johnstone, et importée, après avoir eu trois produits, en 1864 par M. de Montgomery; elle a donné également Fervacques (gagnant du Grand Prix de Paris de 1867), avec Underhand, Saltarelle (gagnant du prix du Jockey-Club de 1784), Saltéador et La Flandrie avec Vertugadin et est morte en 1881. Alezan avec une lisse en tête et une balzane postérieure hors montoir, Saxifrage est un cheval de très grande taille, très fortement charpenté avec une bonne inclinaison d'épaule, le rein bien attaché, les quartiers très larges, des membres très forts, et résistants malgré le jardon qui dépare son jarret montoir; à défaut de distinction, avec sa substance, son ensemble donne une impression de puissance peu ordinaire. Saxifrage a couru deux fois seulement à deux ans (1874) : le prix de Villers et le prix de Deux Ans à Deauville, où il n'était pas placé. Ses débuts à trois ans n'étaient guère plus heureux; il n'était placé ni dans le prix de Bois-Roussel ni dans le prix du Trocadéro, à Paris, mais il remportait dans sa tournée de province quatre victoires successives à Avranches, Blanzy et Nancy. A Deauville, il enlevait deux prix de Série, puis gagnait au Mans un prix Principal sur Blaviette. Mauvais troisième dans le prix Jouvence, à Paris, derrière Figaro II et Faublas, puis dans le prix Royal Oak derrière Perplexe et Dictature. Saxifrage était ensuite battu dans deux handicaps, le prix des Tribunes à Paris et le prix d'Enghien à Chantilly, où il faisait sa dernière course à trois ans. Battu par Clovis dans le prix de Suresnes, à Paris, au commencement de sa quatrième saison, Saxifrage gagnait ensuite le Handicap avec le poids moyen de 54 kilos 1/2. Il courait alors sans y figurer les prix du Printemps et d'Ispahan, puis allait gagner un prix National à Limoges. Il se présentait ensuite dans les deux handicaps à longue distance de la réunion d'été à Paris, le prix de Satory et le prix de la Moskowa, qu'il gagnait facilement ; il battait également, à six livres, Nougat dans le prix des Pavillons, puis recommençait, dans une tournée de province, sa moisson de prix Nationaux, à Angers, Lyon, Mont-de-Marsan et Châlon-sur-Saône. A Caen, il battait Nougat, en lui rendant six livres dans le prix National, gagnait une épreuve analogue à Deauville et il établissait enfin la résistance particulière de son mécanisme en figurant honorablement derrière Nougat sur les 6.200 mètres du prix Gladiateur. Il courait deux fois encore à cinq ans; le prix de Dangu, à Chantilly, où il s'effaçait devant sa camarade d'écurie, Mondaine, et le prix National à Angers qu'il gagnait très facilement et où on le voyait pour la dernière fois en public. Acheté par M. Paul Aumont, Saxifrage s'est affirmé à Victot comme un des plus remarquables étalons qu'il y ait en France ; il a régulièrement légué à ses produits l'endurance dont il avait donné tant de preuves. Il a donné, entre autres, Ganimède, Frégate (gagnante du prix de Diane de 1884), Alger, Artois, Sauterelle, Monarque (gagnant du prix du Jockey-Club de 1887), Ténébreuse (gagnante du Grand Prix de Paris de 1887 et du Cesarewitch de l'année suivante), Sibérie, Nativa, Pourtant, Sans-Peur, Mirabeau, etc., dont la plupart ont pour mères des petites-filles de Gladiator. Saxifrage a, en outre, produit un grand nombre d'excellents steeple-chasers.

SAXIFRAGE. — PAR VERTUGADIN ET SLAPDASH
Appartient à M. Paul Aumont

PEDIGREE DE SAXIFRAGE

SAXIFRAGE (Alezan — 1872)	VERTUGADIN (Alezan — 1862)	Partisan (Bai — 1811) Fitz-Gladiator (Alezan — 1850)	Walton p. Sir Peter (Highflyer et Papillon p. Snap)—Arethusa p. Dungannon (Eclipse) — f. de Prophet (Regulus, —Virago p. Snap, etc. Parasol p. Pot8os (Eclipse et Sportsmistress p. Sportsman) — Prunella p. Highflyer — Promise p. Snap — Julia p. Blank (Godolphin).
		Pauline (Baie — 1826) Gladiator (Al. — 1833)	Moses p. Seymour (Delpini et Bay Javelin p.Javelin)—f.de Gohanna (Mercury) —Grey Skim p. Woodpecker— m. de Silver p. Herod, etc. Quadrille p. Selim (Buzzard et f. d'Alexander p. Eclipse) — Canary Bird p. Sorcerer — Canary p. Coriander (Pot8os p Eclipse), etc.
		Reveller (Bai — 1815) Verneille ex. Merveille (Alez. — 1843) Zarah (B. — 1835)	Comus p. Sorcerer (Trumpator et Y. Giantess p. Diomed) — Houghton Lass p. Sir Peter (Highflyer) — Alexina p King Fergus (Eclipse). Rosette p. Beningbro' (King Fergus p. Eclipse et f. d'Herod)—Rosamond p. Tandem — Tuberose p. Herod — Grey Starling p. Starling.
		Fille de (Alez. — 1814)	Rubens p. Buzzard (Woodpecker et Misfortune) — f. d'Alexander (Eclipse) — f. d'Highflyer — f. d'Alfred — f. d'Engineer, etc. Brightonia p. Gohanna (Mercury) — Nutmeg p. Sir Peter (Highflyer)— Nimble p. Florizel — Aantipole p. Blank — s. de Careless p. Regulus.
		Birdcatcher (Alez. — 1833) Fair-Helen (B. — 1837)	Sir Hercules p. Whalebone Waxy p. Pot8os (Eclipse) et Penelope p. Trumpator) — Peri p. Wanderer — Thalestris p. Alexander (Eclipse). Guiccioli p. Bob Booty (Chanticleer p. Woodpecker et f. d'Eclipse) — Flight p. Irish Escape — Y. Heroine p. Bagot — Heroine p. Hero (Cade).
		Echidna (Bbr. — 1837) The Baron (Alez. — 1842)	Economist p. Whisker (Waxy p. Pot8os (Eclipse) et Penelope p. Trumpator) — Floranthe p. Octavian — Caprice p. Anvil — Madcap p. Eclipse. Miss Pratt p. Blacklock (Whitelock et f. de Coriander p Pot8os) —Gadabout p. Orville — Minstrel p. Sir Peter (Highflyer) — Matron p. Florizel.
		Priam (Bai — 1827)	Emilius p. Orville (Beningbro') — Emily p. Stamford (Sir Peter) — fille de Whisky — Grey Dorimant p. Dorimant — Dizzy p. Blank, etc. Cressida, s. d'Eleanor, p. Whisky — Young Giantess p. Diomed (Florizel) — Giantess p. Matchem — Molly Long Legs p. Babraham, etc.
		Dirce (Baie — 1830)	Partisan p. Walton (Sir Peter)—Parasol p. Pot8os (Eclipse et Sportsmistress p. Sportsman) — Prunella p. Highflyer — Promise p. Snap. Antiope p. Whalebone (Waxy) — My Lady p. Comus (Sorcerer) — f. de Delpini — Tipple Cyder p. King Fergus — Sylvia p. Y. Marske, etc.
	SLAPDASH (Baie — 1855) Annandale (Bbr. — 1842) Rebecca (Baie — 1831)	Camel (Noir — 1822) Touchstone (Bbr. 1831)	Whalebone p. Waxy (Po:8os (Eclipse) et Maria p. Herod) — Penelope p. Trumpator — Prunella p. Highflyer — Promise p. Snap — Julia. Fille de Selim p. Buzzard (Woodpecker et Misfortune p. Dux) — Maiden p. Sir Peter (Highflyer)—f.de Phenomenon—Matron p. Florizel.
		Banter (Bbr. — 1826)	Master Henry p. Orville (Beningbro' et Evelina p. Highflyer) — Miss Sophia p. Stamford—Sophia p. Buzzard—Huncamunca p Highflyer. Boadicea p. Alexander (Eclipse et Grecian Princess)—Brunette p.Amaranthus — Mayfly p. Matchem — fille d'Ancaster Starling, etc.
		Lottery (Bbr. — 1820)	Tramp p. Dick Andrews (Joe Andrews (Eclipse) et f. d'Highflyer) — f. de Gohanna—Fraxinella p. Trentham—s' de Goldfinch p. Woodpecker. Mandane p. Pot8os (Eclipse) — Y. Camilla p. Woodpecker — Camilla p. Trentham —Coquette p. The Compton Barb.
		Fille de (Baie — 1818)	Cervantes p. Don Quixote (Eclipse et Grecian Princess) — Evelina p. Highflyer — Termagant p. Tantrum — Cantatrice p Sampson. Anticipation p. Beningbro' — f. d'Expectation (Herod et f. de Skim) — s' de Telemachus. Herod — f. de Skim — f. de Janus, etc.
	Messalina (Baie — 1840) Myrrha (Baie — 1834, Bay Middleton (B. — 1833)	Sultan (Bai — 1816)	Selim p. Buzzard (Woodpecker (Eclipse)— f. d'Highflyer (Herod) —fille d'Alfred (frère de Conductor) p. Matchem, etc. Bacchante p Williamsons' Ditto—sœur de Calomel p.Mercury (Eclipse) —fille d'Herod — Folly p. Marske — f. de Regulus, etc.
		Cobweb (Baie — 1821)	Phantom p. Walton —Julia p. Whisky (Saltram et Calash)— Y. Giantess p. Diomed — Giantess p. Matchem — Molly Long Legs, etc. Filagree p. Soothsayer (Sorcerer)—Web p. Waxy—Penelope p. Trumpator — Prunella p. Highflyer (Herod) — Promise p. Snap, etc.
		Malek (frère de Vélocipède) (Alez. — 1824)	Blacklock p. Whitelock —fille de Coriander—Wildgoose p. Highflyer —Coheiress p. Pot8os (Eclipse) — Manilla p. Goldfinder, etc. Fille de Juniper —f. de Sorcerer — Virgin p. Sir Peter (Highflyer) — f. de Pot8os (Eclipse) — Editho p. Herod —Elfrida p. Snap, etc.
		Bessy (Baie — 1815)	Y. Gouty p. Gouty —f. de Dungannon (Eclipse)—Letitia p. Highflyer (Herod) — f. de Matchem —f. de Blank — f. de Babraham, etc. Grandiflora p. Sir Harry Dimsdale — f. de Pipator — f. de Phenomenon (Herod) — f. de Y. Marske — Pyrrha p. Matchem, etc.

SILVER

(APPARTIENT A M. P. DE SAINT-JAYME, SAINT-PALAIS, BASSES-PYRÉNÉES)

Pendant la saison de monte de 1893, Silver sera en station à Pau (Basses-Pyrénées), où il saillira trente juments, à raison de deux cents francs. S'adresser à M. de Saint-Jayme, conseiller général des Basses-Pyrénées, à Saint-Palais (Basses-Pyrénées).

SILVER, par Sterling, est né en 1883 aux Kremlin Paddocks, à Newmarket, chez e prince Soltykoff; il est le troisième produit de Lucetta, qui est née en 1876 chez le prince Soltykoff, et a donné Gold, également avec Sterling. Silver est un cheval noir avec une balzane postérieure droite et une trace de balzane postérieure gauche, de bonne taille, 1^{m}03, un peu rond de partout, avec l'épaule bien dirigée, le rein fortement attaché, des quartiers larges, de bons aplombs et un excellent tempérament. Silver, qui a couru quatre fois sans succès, à deux ans, a fait ses débuts comme three year old dans l'Epsom Grand Prise, où il ne fut pas placé derrière Candlemas, Sir Hamo et Saint-Mirin; quatrième dans l'Ascot Derby, il prenait, à distance respectueuse, la troisième place derrière Ormonde et Melton dans les Hardwicke Stakes. Il remportait, trois mois après, sa première victoire dans les Doncaster Stakes (2.400^m), où il recevait sept livres de son runner up, Candlemas; non placé, avec 45 kilos 1/2, dans le Cesarewitch gagné par Stone Clink (4 a., 47 kil. 1/2), ni dans le Cambridgeshire, où il portait 48 kilos et que gagnait d'une tête The Sailor Prince (6 a., 41 kilos 1/2), après une lutte superbe avec Saint-Mirin (3 a., 54 kilos), Silver courait sans succès le Select Handicap à Newmarket et terminait la saison dans le Manchester Cup, où il figurait à l'arrivée en tête des chevaux battus. A quatre ans, il ne faisait que deux apparitions en public, dans les Trial Stakes et le Biennal, à Newmarket, où il était battu par The Tykeet Button Park respectivement. Envoyé aux Kremlin Paddocks, Silver était acheté, dans le courant de 1892, par M. R. Halbronn, qui le cédait peu après à son propriétaire actuel.

PEDIGREE DE SILVER

SILVER (Bai—1883)	STERLING (Bai—1868)	Sir Hercules (Noir—1826)	**Whalebone** p. Waxy (Pot8os et Maria p. Herod) — Penelope p. Trumpator (Conductor) — Prunella p. Highflyer — Promise p. Snap, etc. Peri p. Wanderer (Gohanna et Catherine p. Woodpecker) — Thalestris p. Alexander — Rival p. Sir Peter — Hornet p. Drone — Manilla.
		Guiccioli (Alez.—1823)	Bob Booty p. Chanticleer (Woodpecker et f. d'Eclipse) — Ierne p. Bagot (Herod) — f. de Gamahoe (Bustard) — Patty p. Tim, etc. Flight p. Irish Escape (Commodore et f. d'Highflyer) — Y. Heroine p. Bagot — Heroine p. Hero (Cade) — s. de Regulus p. Godolphin A.
		Plenipotentiary (Alez.—1831)	Emilius p. Orville — Emily p. Stamford (Sir Peter) — f. de Whisky (Saltram) — Grey Dorimant p. Dorimant (Otho) — Dizzy p. Blank, etc. Harriet p. Pericles (Evander et f. de Precipitate) — f. de **Selim** (Buzzard) — Pipylina p. Sir Peter — Rally p. Trumpator — Fancy, etc.
		My-Dear (Baie—1841)	Bay Middleton p. Sulta1 (Selim et Bacchante p. Williamsons' Ditto) — Cobweb p. Phantom (Walton) — Filagree p. Soothsayer (Sorcerer), etc. Miss Letty p. Priam (Emilius et Cressida p. Whisky) — f. d'Orville — f. de Buzzard — Hornpipe p. Trumpator — Laura p. Herod, etc.
		Touchstone (Bbr.—1831)	Camel p. **Whalebone** (v. plus haut) — f. de Selim — Maiden p. Sir Peter — f. de Phenomenon (Herod) — Matron p. Florizel — Maiden, etc. Banter p. Master Henry — Boadicea p. Alexander (Eclipse) — Brunette p. Amaranthus (Old England p. The Godolphin) — Mayfly, etc.
		Decoy (Bai—1830)	**Filho da Puta** p. Haphazard (Sir Peter et Miss Hervey p. Eclipse) — Mrs. Barnet p. Waxy — f. de Woodpecker — Heinel p. Squirrel, etc. Finesse p. Peruvian (Sir Peter et f. de Boudrow) — Violante p. John Bull (Fortitude) — s. de Skyscraper p. Highflyer — Everlasting p. Eclipse.
		Melbourne (Bbr.—1834)	Humphrey Clinker p. Comus (Sorcerer et Houghton Lass) — Clinkerina p. Clinker (Sir Peter) — Pewet p. Tandem (Syphon) — Termagant, etc. F. de Cervantes (Don Quixote et Evelina) — f. de Golumpus (Gohanna) — f. de Paynator — s. de Zodiac p. St-George — Abigail, etc.
		Secret (Baie—1841)	Hornsea p. Velocipede (**Blacklock** et f. de Juniper) — f. de Cerberus (Gohanna) — Miss Cranfield p. Sir Peter — f. de Pegasus, etc. Solace p. Longwaist (**Whalebone** et Nancy p. Dick Andrews) — Dulcemara p. Waxy — Witchery p. Sorcerer — Cobbea p. Skyscraper, etc.
	LUCETTA (Baie—1870)	Voltaire (Bbr.—1826)	**Blacklock** p. Whitelock (Hambletonian et Rosalind p. Phenomenon) — f. de Coriander (Pot8os) — Wildgoose p. Highflyer (Herod), etc. Fille de Phantom (Walton et Julia p. Whisky) — f. d'Overton (King Fergus) — f. de Walnut (Highflyer) — f. de Ruler (Y. Marske), etc.
		Martha Lynn (Bbr.—1837)	Mulatto p. Catton (Golumpus et Lucy Grey p. Timothy) — Desdemona p. Orville — Fanny p. Sir Peter (Highflyer) — f. de Diomed (Florizel). Leda p. **Filho da Puta** (v. plus haut) — Treasure p. Camillus (Hambletonian) — f. d'Hyacinthus (Coriander) — Flora p. King Fergus, etc.
		The Cure (Bai—1841)	Physician p. Brutandorf (**Blacklock** et Mandane p. Sir Peter) — Primette p. Prime Minister (Sancho) — Miss Paul p. Sir Paul (Sir Peter), etc. Morsel p. Mulatto (Catton et Desdemona p. Orville) — Linda p. Waterloo (Walton) — Cressida p. Whisky (Saltram), etc.
		Miss Agnes (Bbr.—1850)	Birdcatcher p. Sir Hercules (v. plus haut) — Guiccioli p. Bob Booty (Chanticleer) — Flight p. Irish Escape (Commodore), etc. Agnes p. Clarion (Sultan et Clara p. **Filho da Puta**) — Annette p. Priam (Emilius) — m. de Potentate p. don Juan (Sorcerer) — Moll in the Wind.
		Touchstone (Bai—1831)	Camel p. **Whalebone** (Waxy) — f. de Selim (Buzzard) — Maiden p. Sir Peter — f. de Phenomenon — Matron p. Florizel, etc. Banter p. Master Henry (Orville) — Boadicea p. Alexander (Eclipse) — Brunette p. Amaranthus (Old England) — Mayfly p. Matchem, etc.
		Vulture (Alez.—1833)	Langar p. **Selim** — f. de Walton (Sir Peter) — Y. Giantess p. Diomed — Giantess p. Matchem — Molly Long Legs p. Babraham, etc. Kite p. Bustard (Castrel) — Olympia p. Sir Oliver (Sir Peter) — Scotilla p. Anvil — Scota p. Eclipse — Harmony p. Herod — Rutilia, etc.
		Ion (Bai—1835)	Cain p. Paulowitz (Sir Paul et Evelina p. Highflyer) — f. de Paynator (Trumpator) — f. de Delpini (Highflyer) — s. de Mary p. Y. Marske. Margaret p. Edmund (Orville et Emmeline p. Waxy) — Medora p. **Selim** — f. de Sir Harry — f. de Volunteer (Eclipse) — f. d'Herod, etc.
		Fille de (Alez.—1839)	Sir Hercules p. **Whalebone** — Peri p. Wanderer — Thalestris p. Alexander — Rival p. Sir Peter — Hornet p. Drone — Manilla p. Goldfinder. Electress p. Election (Gohanna) — f. de Stamford (Sir Peter) — Miss Judy p. Alfred (Matchem) — Manilla p. Goldfinder (Snap), etc.

SORRENTO

(APPARTIENT A Mme LA BARONNE DE BRAY)

Pendant la saison de monte de 1893, Sorrento sera en station au haras de Montgeroult, station de Boissy-l'Aillerie, près Pontoise (Seine-et-Oise), où il saillira vingt juments étrangères au haras, à raison de cinquante francs. Il sera accordé quelques saillies gratuites aux juments ayant gagné 10.000 francs. S'adresser à M. Bizet, à Montgeroult, par Boissy-l'Aillerie (Seine-et-Oise).

SORRENTO, par Springfield, est né en 1884 en Angleterre chez M. J. W. Houldsworth ; il est le second produit de Napoli, née chez M. Houlsdworth en 1878, qui a donné Ponza, également avec Springfield et Orvieto avec Bend' Or. Bai-clair, avec une lisse en tête et deux balzanes postérieures, Sorrento est un cheval de taille moyenne, 1^{m}60, un peu borné dans ses lignes, mais régulier dans son ensemble. Pendant les quatre années qu'il est resté à l'entraînement il a couru quarante et une fois, dont huit fois en obstacles souvent en bonne société, montrant à défaut d'une qualité bien remarquable un excellent tempérament, et luttant toujours avec courage à l'arrivée. Pour ses débuts, il gagnait à deux ans les Great Midland Foal Stakes, à Stockbridge, où il battait, entre autres, Pythagoras ; il faisait ensuite un walk over dans un welter plate à Manchester et courait encore deux fois, sans succès, aux réunions d'automne de Newmarket. Sur les dix-sept courses qu'il disputait à trois ans, pour le compte de M. Gardner auquel il avait été vendu, Sorrento gagnait le Chesterfield handicap à Doncaster, où il portait 41 kilos, et le Jubilee handicap (2.200^m), à Ayr, où il battait d'une tête Candlemas qui lui donnait vingt-cinq livres pour une année ; presque toujours placé, notamment dans le Manchester Cup, où portant 41 kilos, il était battu d'une courte tête par Carlton (4 a., 62 kilos 1/2). A cinq ans, Sorrento courait indifféremment à douze reprises, restant sur la brèche du mois d'avril à la fin de novembre. Acheté par M. Fairie, il était dressé sur les obstacles et gagnait l'Easter handicap, steeple-chase, à Manchester ; sa dernière exhibition avait lieu dans une course plate, à Carlisle, le Lowther handicap, qu'il gagnait facilement ; il était alors vendu pour l'Italie. En 1891 il était envoyé en France et acheté en vente publique 5.300 francs par Mme la baronne de Bray.

PEDIGREE DE SORRENTO

SORRENTO (Bai—1884). Importé en 1891.	SPRINGFIELD (Bai—1873).	The Baron (Alez.— 1842)	Birdcatcher p. Sir Hercules (Whalebone et Peri p. Wanderer)—Guiccioli p. Bob Booty — Flight p. Irish Escape (Commodore), etc. Echidna p. Economist (Whisker et Floranthe p. Octavian)—Miss Pratt p. Blacklock—Gadabout p. Orville—Minstrel p. Sir Peter—Matron, etc.
		Pocahontas (Baie — 1837)	Glencoe p. Sultan (Selim et Bacchante p. Williamsons' Ditto) — Trampoline p. Tramp — Web p. Waxy — Penelope p. Trumpator, etc. Marpessa p. Muley (Orville et Eleanor p. Whisky) — Clare p. Marmion —Harpalice p. Gohanna—Amazon p. Driver—Fractious p. Mercury, etc.
		The Libel (Bbr.— 1842)	Pantaloon p. Castrel (Buzzard et f. d'Alexander) — Idalia p. Peruvian — Musidora p. Meteor—Maid of All Work p. Highflyer—s. de Tandem, etc. Pasquinade p. Camel (Whalebone et f. de Selim) — Banter p. Master Henry — Boadicea p. Alexander — Brunette p. Amaranthus, etc.
		Splitvote (Alez.— 1841)	St-Luke p. Bedlamite (Welbeck et Maniac p. Shuttle)—Eliza Leeds p. Comus—Helen p. Hambletonian—Suzan p. Overton—Drowsy p. Drone. Electress p. Election (Gohanna et Chesnut Skim p. Woodpecker)— f. de Stamford—Miss Judy p. Alfred—Manilla p. Goldfinder (Snap), etc.
	VIRIDIS (Baie — 1864).	Orlando (Bai — 1841)	Touchstone p. Camel (Whalebone et f. de Selim) — Banter p. Master Henry — Boadicea p. Alexander — Brunette p. Amaranthus, etc. Vulture p. Langar (Selim et f. de Walton) — Julia p. Bustard —Olympia p. Sir Oliver — Scotilla p. Anvil—Scota p. Eclipse—Harmony p. Herod.
		Malibran (Alez.— 1830)	Whisker p. Waxy (Pot8os et Maria p. Herod):—Penelope p. Trumpator — Prunella p. Highflyer — Promise p. Snap — Julia p. Blank, etc. Garcia p Octavian (Stripling et f. d'Oberon) — f. de Shuttle (Y. Marske) — Katherine p. Delpini (Highflyer) — f. de Paymaster (Blank), etc.
		Pyrrhus the First (Alez.— 1843)	Epirus p. Langar (Selim et f. de Walton) — Olympia p. Sir Oliver — Scotilla p. Anvil — Scota p. Eclipse — Harmony p. Herod, etc. Fortress p. Defence (Whalebone et Defiance p. Rubens) — Jewess p. Moses (Seymour) —Calenduloe p. Camerton (Hambletonian), etc.
		Palmyra (Bbr.—1838)	Sultan p Selim (Buzzard et f. d'Alexander)—Bacchante p. Williamsons' Ditto— s. de Calomel p. Mercury—f d'Herod—Folly p. Marske, etc. Hester p. Camel (Whalebone et f. de Selim) — Moninia p. Muley (Orville)—s de Petworth p Precipitate (Mercury)— f. de Woodpecker.
	NAPOLI (Baie—1878).	Gladiator (Alez.—1833)	Partisan p. Walton (Sir Peter et Arethusa p. Dungannon) — Parasol p. Pot8os—Prunella p. Highflyer—Promise p. Snap — Julia p. Blank, etc. Pauline p. Moses (Seymour et f. de Gohanna) — Quadrille p. Selim — Canary Bird p. Sorcerer — Canary p. Coriander — Miss Green, etc.
		Lollypop (Baie—1836)	Voltaire p. Blacklock (Whitelock et f. de Coriander) — f. de Phantom (Walton) — f. d'Overton — m. de Gratitude p. Walnut (Highflyer), etc. Belinda p. Blacklock—Wagtail p. Prime Minister (Sancho)—f. d'Orville —Miss Grimstone p. Weasel—f. d'Ancaster—f. de Damascus Arabian.
		Pantaloon (Alez.—1824)	Castrel p. Buzzard (Woodpecker) — f. d'Alexander (Eclipse) — f. d'Highflyer (Herod) — f. d'Alfred (frère de Conductor p. Matchem). Idalia p. Peruvian (Sir Peter) — Musidora p. Meteor (Eclipse) — Maid of All Work p. Highflyer (Herod) — s. de Tandem p. Syphon, etc.
		Banter (Baie—1836)	Master Henry p. Orville (Beningbro') — Miss Sophia p. Stamford (Sir Peter)—Sophia p. Buzzard (Woodpecker) — Huncamunca p. Highflyer. Boadicea p. Alexander (Eclipse)—Brunette p. Amaranthus (Old England) — Mayfly p. Matchem (Cade) — f. d'Ancaster Starling, etc.
	SUNSHINE (Baie—1867).	Windhound (Bbr.— 1847)	Pantaloon p. Castrel (Buzzard p. Woodpecker)—Idalia p. Peruvian — Musidora p. Meteor (Eclipse et f. de Merlin) — Maid et All Work, etc. Phryne p. Touchstone (Camel) — Decoy p. Filho da Puta (Haphazard)— Finesse p. Peruvian (Sir Peter) — Violante p. John Bull (Fortitude).
		Alice Hawthorn (Baie— 1838)	Muley Moloch p. Muley (Orville et Eleanor p. Whisky) — Nancy p. Dick Andrews (Joe Andrews) — Spitfire p. Beningbro' — f. de Y. Sir Peter. Rebecca p. Lottery (Tramp et Mandane p. Pot8os)—f. de Cervantes (Don Quixote) — Anticipation p. Beningbro' — f. d'Expectation (Herod).
		Chanticleer (Gris— 1843)	Birdcatcher p. Sir Hercules (Whalebone) — Guiccioli p. Bob Booty (Chanticleer p. Woodpecker) — Flight p. Irish Escape, etc. Whim p. Drone — Kiss p. Waxy Pope — f. de Champion (Pot8os) — Brown Fanny p. Maximin—f. d'Highflyer—f. de Matchem (Cade), etc.
		Sunflower (Baie—1847)	Bay Middleton p. Sultan (Selim et Bacchante) — Cobweb p. Phantom — Filagree p. Soothsayer — Web p. Waxy — Penelope p. Trumpator. Io p. Taurus (Morisco et Katherine p. Soothsayer) — Problem p. Merlin—Pawn p. Trumpator—Prunella p. Highflyer—Promise p. Snap.

STRACCHINO

(APPARTIENT A M. LE PARGNEUX, CH. DE BEAUREGARD, CALVADOS)

Pendant la saison de monte de 1893, Stracchino sera en station à Beauregard, près Caen (Calvados), où il saillira un certain nombre de juments, à raison de cinq cents francs, plus 20 francs pour l'écurie. S'adresser à M. Le Pargneux, 4 rue d'Anjou, à Paris. †

Stracchino, par Parmesan, est né en 1874 chez M. le baron de Rothschild ; il est le premier produit qu'a eu en France Old Maid, née en 1863 chez M. Gratwicke, en Angleterre, et importée pleine de Parmesan en 1873 par M. de Rothschild ; elle est morte en 1883 sans avoir rien donné depuis, qui soit à citer tout au moins. Bai-brun, avec quatre petites balzanes, de bonne taille, 1m62, Stracchino est très séduisant dans son ensemble, la poitrine est bien descendue, la croupe arrondie est large, le dos est un peu long, l'attache du rein un peu infléchie, les membres un peu légers, mais les tendons sont d'excellente qualité. Stracchino n'a pas couru à deux ans ; il fit ses débuts dans le prix de la Seine (1877) à Lonchamps, qu'il gagna facilement, et huit jours après, dans la Coupe, il battait Mondaine et Saint-Christophe. Envoyé à Newmarket pour courir les Deux Mille Guinées, il fut pris, après son dernier galop avant la course, d'un accès de rage qu'on eut de grandes difficultés à calmer et dont il se ressentait encore au moment du départ. Au signal du starter, il échappa à son jockey, se retourna et perdit cinquante longueurs ; cette incartade ne lui permettait pas de figurer à l'arrivée derrière Chamant, Brown Prince et Silvio. Plus docile le jour du prix du Jockey-Club, il s'employa avec une grande énergie contre Jongleur, et finit bon troisième derrière le cheval du comte de Juigné et Verneuil, mieux ménagé que lui. Il était de nouveau battu par Verneuil dans le prix du Cèdre, enfin, dans le Grand Prix de Paris, il prenait encore la troisième place derrière Saint-Christophe et Jongleur, battant cette fois Verneuil d'une encolure. Il gagnait ensuite facilement le prix de Seine-et-Marne à Fontainebleau, battait très facilement Nouméa et Verneuil dans le Grand Saint-Léger de Caen, puis retournait en Angleterre pour y courir le Saint-Léger de Doncaster ; bousculé pendant la course par Silvio, que montait Archer, il réussit à force de courage à réparer en partie ce désavantage, et put prendre la quatrième place derrière Silvio, Lady Golightly et Manœuvre. A quatre ans, Stracchino était battu par Jongleur dans le Biennal, à Longchamps ; il courait ensuite sans y figurer le prix du Prince de Galles gagné par Fitz-Plutus. L'engorgement d'un de ses boulets avait rendu sa préparation très difficile, et il fut, bientôt après, retiré de l'entraînement. A Meautry, où il commença à faire la monte le printemps suivant, il a donné entre autres Directrice, Beauregard, Écusson, Barberine (gagnante du prix de Diane de 1885), Speranza, Blue-Silk, Chopine, Cléodore, Cour-d'Amour, Blue Boy, Mayenne, Congrès, etc. La mère de Barberine, son meilleur produit, Baretta, est fille de Consul. A la fin de 1891, Stracchino fut acheté 19.500 francs par son propriétaire actuel.

PEDIGREE DE STRACCHINO

STRACCHINO (Bai-Brun—1874).	PARMESAN (Bai-Brun—1857).	Gruyère (Baie—1851).	Sweetment (Bbr.—1842).	Lollypop (B.—1836).	Partisan (Bai—18:1)	Walton p. Sir Peter (**Highflyer** et Papillon p. Snap)—Arethusa p. Dungannon (Eclipse)—f. de Prophet (Regulus)—Virago (m. de Saltram). Parasol p. Pot8os (Eclipse)—Prunel'a p. **Highflyer** (Herod et Rachel p. Blank)—Promise p. Snap—Julia p. Blank—m. de Spectator.
				Gladiator (Al.—1833).	Pauline (Baie—1826)	Moses p. Seymour (Delpini p. Highflyer et Bay Javelin)—f. de Gohanna—Grey Skin p. Woodpecker—m. de Silver p. Herod. Quadrille p. Selim (Buzzard)—Canary Bird p. Sorcerer (Trumpator)—Canary p. Coriander—Miss Green p. **Highflyer**—Harriet p. Matchem.
			Verulam (B.—1833).		Voltaire (Bai—1826)	**Blacklock** p. Whitelock (Hambletonian et Rosalind p. Phenomenon)—f. de Coriander (Pot8os et Lavender)—Wild Goose. Fille de Phantom (Walton et Julia)—f. d'Overton (King Fergus)—m. de Gratitude p. Walnut—f. de Ruler—Piracantha, etc.
					Belinda (Bbr.—1825)	**Blacklock** p. Whitelock—f. de Coriander—Wild Goose p. Highflyer—Co-Heiress p. Pot8os—Manilla p. Goldfinder—f. d'Old England, etc. Wagtail p. Prime Minister (Sancho et Miss Hornpipe Teazle p. Sir Peter)—f. d'Orville—Miss Grimstone p. Weazel, etc.
		Jennain (B.—1844).			Lottery (Bbr.—1820)	Tramp p. Dick Andrews (Joe Andrews et f. d'Highflyer)—f. de Gohanna (Mercury)—Fraxinella p. Trentham—s. de Goldfinch. Mandane p. Pot8os (Eclipse)—Y. Camilla p. Woodpecker—Camilla p. Trentham—Coquette p. The Compton Barb—s. de Regulus, etc.
					Wire (Bbr.—1811)	**Waxy** p. Pot8os (Eclipse)—Maria p. Herod—Lisette p. Snap (Snip p. Flying Childers)—Miss Windsor p. Godolphin—s. de Volunteer. Penelope p. Trumpator (Conductor et Brunette p. Squirrel)—Prunella p. Highflyer (Herod)—Promise p. Snap—Julia p. Blank (Godolphin), etc.
					Touchstone (Bbr.—1831)	Camel p. **Whalebone** (Waxy et Penelope)—f. de Selim (Buzzard)—Maiden p. Sir Peter—f. de Phenomenon—Matron p. Florizel, etc. Banter p. Master Henry (Orville et Miss Sophia p. Stamford)—Boadicea p. Alexander—Brunette p. Amaranthus—Mayfly p. Matchem, etc.
					Emma (Baie—1824)	Whisker p. **Waxy** (Pot8os)—Penelope p. Trumpator—Prunella p. **Highflyer**—Promise p. Snap—Julia p. Blank—m. de Spectator, etc. Gibside Fairy p. Hermes (Mercury et Rosina p. Woodpecker)—Vicissitude p. Pipator (Imperator p. Conductor, fils de Matchem)—Beatrice.
	OLD MAID (Alezane—1863).	Robert de Gorham (Bbr.—1839).	Duvernay (B.—1834) Sir Hercules (N.—1826)		Whalebone (Bbr.—1807)	**Waxy** p. Pot8os (Eclipse et Sportsmistressp. Sportsman)—Maria p. Herod—Lisette p. Snap (Snip p. Childers)—Miss Windsor p. Godolphin. Penelope p. Trumpator (Conductor et Brunette p. Squirrel)—Prunella p. Highflyer—Promise p. Snap—Julia p. Blank—m. de Spectator.
					Peri (Baie—1822)	Wanderer p. Gohanna (Mercury et s. de Challenger p. Herod)—Catherine p. Woodpecker—Camilla p. Trentham (Sweepstakes)—Coquette. Thalestris p. Alexander (Eclipse et Grecian Princess p. Forester)—Rival p. Sir Peter (Highflyer)—Hornet p. Drone (Herod)—Manilla.
					Emilius (Bai—1820)	Orville p. Beningbro' (King Fergus et Evelina p. Highflyer)—Emily p. Stamford (Sir Peter)—f. de Whisky (Saltram)—Grey Dorimant. Emily p. Stamford (Sir Peter et Horatia p. Eclipse)—f. de Whisky (Saltram) p. Eclipse)—Grey Dorimant p. Dorimant—Dizzy p. Blank.
					Varennes s. de Quadrille (Baie—1818)	Selim p. Buzzard (Woodpecker et Misfortune p. Dux)—f. d'Alexander (Eclipse)—f. d'Highflyer (Herod)—f. d'Alfred—f. d'Engineer, etc. Canary Bird p. Sorcerer (Trumpator et Y. Giantess p. Diomed)—Canary p. Coriander (Pot8os)—Miss Green p. Highflyer—Harriet p. Matchem.
		Governess (Alezane—1855).	Fille de (B.—1840) Chatham (Al.—1839)		The Colonel (Alez.—1825)	Whisker p. **Waxy** (Pot8os et Maria p. Herod—Penelope p. Trumpator (Conductor)—Prunella p. **Highflyer** (Herod)—Promise p. Snap (Snip). Mere de My Lady p. Delpini (Highflyer et Countess p. Blank)—Tipple Cyder p. King Fergus (Eclipse)—Silvia p. Y. Marske—Ferret, etc.
					Hester (Bbr.—1832)	Camel p. **Whalebone**—f. de Selim—Maiden p. Sir Peter—f. de Phenomenon—Matron p. Florizel—Maiden p. Matchem—f. de Squirt, etc. Moinia p. Muley (Orville)—s. de Petworth p. Precipitate (Mercury)—f. de Woodpecker—s. de Juniper p. Snap (Snip p. Childers), etc.
					Laurel (Bbr.—1824)	**Blacklock** p. Whitelock (Hambletonian et Rosalind p. Phenomenon)—f. de Coriander (Pot8os)—Wild Goose p. **Highflyer**—Co-Heiress. Wagtail p. Prime Minister (Sancho et Miss Hornpipe Teazle p. Sir Peter) f. d'Orville—Miss Grimstone p. Weasel (Herod)—f. d'Ancaster, etc.
					Flight (Bbr.—1831)	Velocipede p. **Blacklock** (v. plus haut)—f. de Juniper (Whisky et Jenny Spinner)—f. de Sorcerer (Trumpator)—Virgin p. Sir Peter—f. de Pot8os. Miss Wilkes p. Octavian (Stripling et f. d'Oberon)—f. de Remembrancer (Pipator)—Mary p. Young Marske—Gentle Kitty p. Silvio, etc.

1893 — 1

STUART

(APPARTIENT A M. CAMILLE BLANC)

Pendant la saison de monte de 1893, Stuart sera en station au haras de la Boulie, près Versailles, où il saillira dix juments étrangères au haras, à raison de cinq mille francs, plus 20 francs pour l'écurie. S'adresser à M. Camille Blanc, 56 boulevard Haussmann, à Paris.

STUART, par Le Destrier, est né en 1885 chez M. Pierre Donon, au haras de Lonray ; il est le sixième produit qu'a eu en France Stockhausen, que M. A. Staub a importée en 1879, et qui est née en 1867, chez M. Cookson en Angleterre, où elle a eu sept produits d'ordre secondaire ; elle a donné également Stockholm avec Cadet, Sapristi avec Trocadéro, Stromboli, Sirop et Soliman avec Le Destrier. Alezan, avec une lisse en tête et deux balzanes postérieures haut-chaussées, Stuart est un animal très robuste, très fortement bâti, très fort dans ses quartiers, les côtes rondes, d'excellents tissus ; il est, par contre un peu écrasé sur ses jarrets, qui sont larges et très sains ; il est aussi un peu léger au-dessous du genou et pas très bien emmanché dans ses boulets. Stuart a fait sa première apparition en public dans le prix de Villers, à Deauville, où dérouté par la rapidité du déboulé, il prenait seulement la troisième place derrière Saint-Gall et Chérif ; le lendemain, sur les 1.200 mètres du prix de Deux Ans, il dominait tous ses adversaires, mais son jockey, Rawlinson, se trompait de poteau, l'arrêtait trop tôt, et se laissait rejoindre et dépasser par Widgeon, qui l'emportait d'une demi-longueur. Stuart enlevait ensuite, avec une égale facilité, le Triennal à Fontainebleau, et le Grand Critérium, victoires qui établissaient d'une façon péremptoire l'irrégularité de ses défaites précédentes. Au printemps suivant, il commençait par enlever la seconde manche du Triennal sur Wolf et Empire ; il battait ensuite Saint-Gall dans le prix Daru, puis Wotan dans la Grande Poule des Produits. La sécheresse du terrain rendait très difficile sa préparation pour le prix du Jockey-Club qu'il n'en gagnait pas moins sur un terrain glissant à l'excès, après une lutte un instant indécise avec Saint-Gall et Galaor ; il enlevait enfin, avec une extrême facilité, le Grand Prix de Paris, sur Crowberry, Saint-Gall, Galaor, Chérif et Saint-Léon. Il ne pouvait toutefois supporter impunément les suites du travail qui lui avait été donné pour l'amener en condition et lui conserver sa forme, entre ces deux dernières épreuves, et il fallait bientôt renoncer à le conserver à l'entraînement. Il avait couru neuf fois seulement, gagnant sept courses et 415.075 francs. Stuart a fait la monte pendant deux ans à Lonray avant d'être acheté par M. Camille Blanc, lors de la liquidation de l'établissement d'élevage de M. Pierre Donon.

GUIDE PRATIQUE DE L'ÉLEVEUR

PEDIGREE DE STUART

STUART (Alezan—1885).	LE DESTRIER (Alezan—1877).	Flageolet (Alezan—1870).	Trumpeter (Alez.—1850)	Orlando p. **Touchstone** (Camel)— Vulture p. Langar (Selim)—Kite p. Bustard (Castrel)— Olympia p. Sir Oliver — Harmony p. Herod, etc. Cavatina p. Redshank (Sandbeck et Johanna p. Selim)—Oxygen p. Emilius — Whizgig p. Rubens — Penelope p. Trumpator — Prunella, etc.
			Fille de (Baie — 1853)	Planet p.BayMiddleton (Sultan et Cobweb)—Plenary p.Emilius Orville) —Harriet p.Pericles (Evander)—f.de Selim — Pipilyna p.Sir Peter,etc. Alice Bray p. Venison (Partisan et Fawn p. Smolensko) — Darkness p. Glencoe (Sultan) — Fanny p. Whisker (**Waxy**) — f. de Camillus, etc.
		Plutus (B.—1863)	Monarque (Bai—1852)	The Baron, The Emperor ou Sting * p. Slane (Royal Oak et f. d'Orville) — Echo p.Emilius (Or ville)—f.de Scud—Canary Bird p. Sorcerer, etc. Poetess p.Royal Oak (Catton)— Ada p.Whisker (**Waxy**) — Anna Bella p. Shuttle — f. de Drone — Contessina p. Y. Marske, etc.
		La Favorite (B.—1853)	Constance (Alez.— 1848)	**Gladiator** p. Partisan (Walton) — Pauline p. Moses (Seymour et Grey Skim) — Quadrille p. Selim — Canary Bird p. Sorcerer, etc. Lanterne p. Hercule (Rainbow p. Walton et Aimable p. Election) — Elvira p. Eryx (Milo) — Coral p. Orville — Fairing p. **Waxy**, etc.
		La Dheune (Alezanc—1868).	Malton (Bai—1845)	Sheet Anchor p.Lottery (Tramp et Mandane p. Pot80s) — Morgiana p. Muley — Miss Stephenson p.Sorcerer (Trumpator) — s.de Petworth. Fair Helen p.Priam (Emilius et Cressida p. Whisky)—Dirce p. Partisan (Walton p. Sir Peter) — Antiope p. Whalebone (**Waxy**), etc.
		Furie (Alez.—1863) Black-Eyes (Al.—1856)	Rosabelle (Baie—1842)	Perror ou Premium* p.Aladdin (Giles)—f.de Gohanna (Mercury)—Grey Skim p. Woodpecker — m. de Silver p. Herod — Y. Hag p. Skim, etc. Rubena p. Waxy Pope (**Waxy**)—fille de Rubens (Buzzard) — Penny Trumpet p Trumpator — Y. Camilla p. Woodpecker — Camilla, etc.
			Fitz Gladiator (Alez.— 1850)	**Gladiator** p.Partisan (Walton)—Pauline p. Moses(Seymour)—Quadrille p.Selim—Canary Bird p.Sorcerer (Trumpator)—Canary p. Coriander. Zarah p.Reveller (Comus et Rosette)—f. de Rubens (Buzzard) — Brightonia p. Gohanna — Nutmeg p. Sir Peter — Nimble p. Florizel, etc.
			Fracas (Bbr.—1856)	The Flying Dutchman p. Bay Middleton (Sultan et Cobweb p.Phantome —Barbelle p.Sandbeck (Catton)—Barioletta p. Amadis (Don Quixote). Emeute p. Lanercost (Liverpool et Otis p. Bastard) — Bellona p. Beagle (Whalebone) — Bella p. Beningbro' (King Fergus) — Peterea, etc.
	STOCKHAUSEN (Baie—1867).	Stockwell (Alez.—1849).	Birdcatcher (Alez — 1833)	Sir Hercules p. Whalebone (**Waxy** et Penelope p. Trumpator) — Peri p. Wanderer(Gohanna)—Thalestris p.Alexander—Rival p. Sir Peter,etc. Guiccioli p. Bob Booty (Chanticleer et Ierne p. Bagot) — Flight p. Irish Escape (Commodore) — Y. Heroine p. Bagot — Heroine p. Hero, etc.
		Pocahontas (B.—1837) The Baron (Al.—1842)	Echidna (Bbr.— 1837)	Economist p. Whisker (**Waxy** et Penelope)—Floranthe p.Octavian (Stripling p. Phenomenon) — Caprice p. Anvil (Herod) — Madcap, etc. Miss Pratt p. Blacklock (Whitelock) — Gadabout p. Orville — Minstrel p. Sir Peter — Matron p. Florizel — Maiden p. Matchem, etc.
			Glencoe (Alez.—1833)	Sultan p. Selim (Buzzard et f.d'Alexander)— Bacchante p. Williamsons' Ditto (Sir Peter) — s. de Calomel p. Mercury — f. d'Herod, etc. Trampoline p. Tramp (Dick Andrews et f.de Gohanna) — Web p. Waxy — Penelope p. Trumpator — Prunella p. Highflyer, etc.
			Marpessa (Baie — 1830)	Muley p. Orville (Beningbro') — Eleanor p. Whisky (Saltram) — Y. Giantess(m de Sorcerer) p. Diomed (Florizel et f.de Spectator)—Giantess,etc. Clare p. Marmion (Whisky et Y. Noisette p. Diomed) — Harpalice p. Gohanna — Amazon p. Driver — Fractious p. Mercury, etc.
		Ernestine (Baie—1830) Touchstone (Bb.1830)	Camel (Noir—1822)	Whalebone p. **Waxy** (Pot80s) — Penelope p. Trumpator — Prunella p.Highflyer—Promise p. Snap—Julia p. Blank — m. de Spectator,etc. Fille de Camel (Buzzard) — Maiden p. Sir Peter (Highflyer) — f. de Phenomenon (Herod) — Matron p. Florizel — Maiden p. Matchem, etc.
		Lady Geraldine (Bb.1836) Pocahontas (B.1831)	Banter (Baie — 1826)	Master Henry p. Orville (Beningbro' et Evelina p. Highflyer) — Miss Sophia p. Stamford (Sir Peter p.Highflyer) — Sophia p. Buzzard,etc. Boadicea p. Alexander (Eclipse) — Brunette p.Amaranthus— Mayfly p. Matchem — f. d'Aucaster Starling — f. de Grasshopper, etc.
			The Colonel (Alez.—1825)	Whisker p. **Waxy** — Penelope p. Trumpator — Prunella p. Highflyer — Promise p. Snap (Snip) — Julia p. Blank — m. de Spectator, etc. Fille de Delpini (Highflyer) — Tipple Cyder p. King Fergus (Eclipse) — Sylvia p. Young Marske — Ferret p.fr. de Silvio — f. de Regulus,etc.
			Nurse ex *Tyro* (Baie—1831)	Neptune p. Tiresias (Soothsayer et Pledge p. Waxy) — Rivulet p. Rubens — s. de Champion p. Pot80s — f. d'Highflyer — Cypher, etc. Otis p. Bustard (Buzzard et Gipsy p. Trumpator) — f. d'Election (Gohanna) — s. de Skyscraper p. Highflyer — f. d'Eclipse, etc.

SYCOMORE

(APPARTIENT A L'ADMINISTRATION DES HARAS)

Pendant la saison de monte de 1893, Sycomore sera en station dans la circonscription du dépôt de Tarbes, où il saillira trente juments de pur sang anglais, à raison de cinquante francs. S'adresser à M. le Directeur du Dépôt d'étalons, à Tarbes (Hautes-Pyrénées).

Sycomore, par Perplexe, est né en 1883 à Martinvast, chez M. le baron de Schickler; sa mère, Mimosa, dont il est le septième produit, est née en 1868, en Angleterre, chez M. le baron de Rothschild, et a été importée par M. de Schickler en 1874; elle a donné également Althéa avec Perplexe. Bai, de taille moyenne, 1^{m}60, Sycomore est un peu commun, comme certains produits de Perplexe, mais très bien fait dans son dos et son arrière-main; il a un petit jardon, sans aucune importance d'ailleurs. Second pour ses débuts à deux ans, derrière Furet, dans le prix de la Ville, à Bernay, il enlevait, dix jours après, le prix Yacowlef, à Deauville, sur Héron, Primauté et Indécis; il était ensuite envoyé au repos jusqu'au printemps suivant. Il faisait sa rentrée dans le prix Hocquart, où il était battu d'une tête par Upas, et devançait Clodoald et Polyeucte. Il prenait encore la seconde place derrière Gamin, dans la Poule d'Essai des poulains, où il battait, entre autres, Fils-d'Artois, Fétiche et Utrecht. Il courait ensuite le prix du Jockey-Club, où il faisait un dead-heat avec Upas, battant Fils-d'Artois, Jupin, Fétiche, Gamin et Prytanée, résultat qu'il convient de n'accepter qu'avec les plus extrêmes réserves, en raison de la manière dont la course a été menée; le prix fut partagé entre les deux dead-heaters. Dans le Grand Prix de Paris, Sycomore prenait la troisième place derrière Minting et Polyeucte, battant nettement Upas, Gamin et Sauterelle. Second à une tête dans le Derby du Pin, gagné par Utrecht, il n'était pas placé dans le prix Royal Oak, où Gamin et Jupin prenaient sur lui leur revanche du prix du Jockey-Club; troisième derrière Fricandeau et Alger dans le prix du Prince d'Orange, il courait enfin le prix de la Faisanderie à Chantilly, où il n'était pas placé, avec 63 kilos, derrière Luc (3 a., 47 kilos) et Alger (3 a., 62 kilos). Sycomore courait encore deux fois l'année suivante, dans le prix du Cadran et la Coupe, où il n'était pas placé. Il était alors retiré de l'entraînement, et acheté, à l'automne suivant, au baron de Schickler, 18.000 francs par l'Administration des Haras, qui l'envoyait à Tarbes. Son premier produit gagnant Ariane, est fille d'Armure par Le Sarrazin (par Monarque).

PEDIGREE DE SYCOMORE

SYCOMORE (Bai—1883)	PERPLEXE (Bai—1872)	Vermout (Bai—1861), The Nabob (Bbr.—1849)	**The Nob** (Bai—1838) — Glaucus p. **Partisan** (Walton et Parasol p. Pot8os)—Nanine p. Selim—Bizarre p. Peruvian —Violante p. John Bull —s. de Skyscraper, etc. Octave p. **Emilius** (Orville et Emily p. Stamford) —Whizgig p. Rubens (Buzzard) — Penelope p. **Trumpator** — Prunella p. Highflyer, etc.
		Hester (Bbr.—1832)	Camel p. Whalebone (Waxy et Penelope) — f. de Selim — Maiden p. Sir Peter—f. de Phenomenon—Matron p. Florizel—Maiden p Matchem. Monimia p. Muley (Orville et Eleanor p. Whisky) —s. de Petworth p. Precipitate—f. de Woodpecker—s. de Juniper p. Snap (Snip p. Childers).
	Vermeille (Al.—1853)	**The Baron** (Alez.—1842)	Birdcatcher p. Sir Hercules (Whalebone et Peri p). Wanderer) —Guiccioli p. Bob Booty —Flight p. Irish Escape (Commodore) —Y. Heroine. Echidna p Economist (Whisker et Floranthe p. Octavian)— Miss Pratt p. Blacklock — Gadabout p. Orville —Minstrel p. Sir Peter—Matron.
		Fair Helen (Baie—1837)	Priam p. **Emilius** (Orville et Emily p. Stamford) —Cressida p. Whisky — Y. Giantess p. Diomed—Giantess p. Matchem— Molly Long Legs. Dircé p. **Partisan** (Walton et Parasol p. Pot8os) — Antiope p Whalebone (Waxy,—Amazon p Driver (Trentham)—Fractious p. Mercury.
	Péripétie (Baie—1806), Péronelle (Bbr.—1854)	Slane (Bai—1833)	Royal Oak p. Catton (Golumpus et Lucy Grey p Timothy) —f. de Smolensko — Lady Mary p. Beningbro' (King Fergus) —f. d'Highflyer. Fille d'Orville (Beningbro' et Evelina p. Highflyer)—Epsom Lass p. Sir Peter—Alexina p. King Fergus (Eclipse,—Lardella p. Y. Marske, etc.
		Echo (Baie—1828)	**Emilius** p. Orville (Beningbro' et Evelina p. Highflyer)—Emily p. Stamford (Sir Peter p. Highflyer) —f. de Whisky —Grey Dorimant, etc. Fille de Scud (Beningbro' et Eliza p. Highflyer) — Canary Bird p. Sorcerer — Canary p. Coriander—Miss Green p. Highflyer—Harriet, etc.
	Sting (Bbr.—1813)	Elthiron (Bai—1846)	Pantaloon p. Castrel (Buzzard et f. d'Alexander)—Idalia p Peruvian (Sir Peter p. Highflyer) - Musidora p. Meteor (Eclipse)—Maid of All Work. Phryne p. Touchstone (Camel et Banter p. Master Henry) —Decoy p Filho da Puta (Haphazard) —Finesse p. Peruvian —Violante p. John Bull.
		Breloque (Alez.—1849)	Gladiator p. **Partisan** (Walton et Parasol)— Pauline p. Moses (Seymour) —Quadrille p. Selim —Canary Bird p. Sorcerer —Canary p. Coriander. Rosa Langar (Selim et f. de Walton) — Wild Rose p. Confederate — Primrose p. Clinker — f. de Justice — Parsley p. Pot8os, etc.
	MINOSA (Baie—1868), King-Tom (Bai—1851), Harkaway (Al.—1835)	Economist (Bai—1825)	Whisker p. Waxy (Pot8os et Maria) — Penelope p. Trumpator (Conductor) — Prunella p. Highflyer (Herod) — Promise p. Snap (Snip), etc. Floranthe p. Octavian (Stripling 'et f. d'Oberon) — Caprice p. Anvil (Herod) — Madcap p. Eclipse (Marske) — f. de Blank, etc.
		Fanny Dawson (Alez.—1823)	Nabocklish p. Rugantino (Commodore et f. d'Highflyer) — Butterfly p. Master Bagot (Bagot) — f. de Bagot (Herod) — Mother Brown, etc. Miss Tooley p. Teddy the Grinder (Asparagus et Stargazer)—Lady Jane p. Sir Peter (Highflyer) — Paulina p. Florizel (Herod) — Captive, etc.
	Pocahontas (B.—1837), Melbourne (Bb.—1834)	Glencoe (Alez.—1833)	Sultan p. **Selim** (Buzzard et f. d'Alexander) — Bacchante p. Williamsons' Ditto (Sir Peter) — s. de Calomel p. Mercury (Eclipse), etc. Trampoline p. Tramp (Dick Andrews et f. de Gohanna) — Web p. Waxy (Pot8os) — Penelope p. Trumpator (Conductor) — Prunella, etc.
		Marpessa (Baie—1830)	Muley p. Orville (Beningbro') — Eleanor p. Whisky (Saltram) — Y. Giantess p. Diomed (Florizel) — Giantess p. Matchem (Cade , etc. Clare p. Marmion (Whisky et Young Noisette)—Harpalice p. Gohanna — Amazon p. Driver (Trentham)—Fractious p. Mercury (Eclipse), etc.
	Giraffe (Baie—1832), Molly (Al.—1847)	Humphrey Clinker (Bai—1822)	Comus p. Sorcerer (Trumpator et Y. Giantess p. Diomed)—Houghton Lass p. Sir Peter (Highflyer) — Alexina p. King Fergus Eclipse) — Lardella. Clinkerina p. Clinker (Sir Peter et Hyale p Phenomenon) — Pewet p. Tandem — Termagant p. Tantrum (Cripple p. Godolphin) — Cantatrice, etc.
		Fille de (Baie—1825)	Cervantes p. don Quixote (Eclipse et Grecian Princess p. Forester) — Evelina p. Highflyer — Termagant p. Tantrum — Cantatrice p. Sampson. Fille de Golumpus (Gohanna et Catherine p. Woodpecker) — f. de Paynator (Trumpator) —s de Zodiac p. St-George — Abigail p. Woodpecker.
		Pantaloon (Alez.—1824)	Castrel p. Buzzard (Woodpecker) —f d'Alexander Eclipse) —f d'Highflyer (Herod) — f. d'Alfred (frère de Conductor p. Matchem), etc. Idalia p. Peruvian (Sir Peter) — Musidora p. Meteor (Eclipse) —'Maid of All Work p. Highflyer (Herod) — s. de Tandem p. Syphon, etc.
		Industry (Bbr.—1835)	Priam p. **Emilius** Orville et Emily p. Stamford)—Cressida p. Whisky — Young Giantess p. Diomed (Florizel) — Giantess p. Matchem, etc. Arachne p. Filho da Puta (Haphazard et Mrs. Barnet p. Waxy) — Treasure p. Camillus— f. d'Hyacinthus, — Flora p. King Fergus — Atalanta.

THE BARD

(APPARTIENT A M. HENRI SAY, CH. DE LORMOY, PAR SAINT-MICHEL, SEINE-ET-OISE).

Pendant la saison de monte de 1893, the Bard sera en station au haras de Lormoy ; son propriétaire ayant réservé pour ses poulinières toutes ses saillies, aucun prix n'a été fixé. Les années précédentes, un certain nombre d'inscriptions avaient été accordées à des juments étrangères au haras à raison de quatre mille francs.

The Bard, par Petrarch (gagnant des Deux Mille Guinées et du Saint-Léger), est né en 1883 chez le major Stapylton ; il est le second produit de Magdalene (par Syrian), née en 1877 chez M. Stapylton, qui a donné deux autres poulains sans valeur et fut abattue en 1885 à la suite d'un accident. Sa robe, d'un alezan très rubicané, est parsemée de taches charbonneuses ; en dehors d'un peu de blanc à la tête, il a une balzane postérieure montoire, haut-chaussée ; sa taille est de 1^m 59 ; fort harmonieux, il est très fortement charpenté avec une très belle épaule, un avant-bras très fort, le dessus court, le rein bien attaché, une arrière-main très large, de bons jarrets, et des tendons d'une trempe excellente ; la croupe est un peu ronde et il est un peu léger sous le genou. Il montra à deux ans une endurance remarquable, courant seize fois du 24 mars, jour où il gagnait les Brocklesby Stakes, au 16 septembre, où il enlevait les Tattersall Stakes à Doncaster. Il serait trop long d'énumérer ses seize victoires, dont les principales furent l'Hyde Park plate à Epsom, les prix de deux Ans à Sandown Park et à Newmarket, le John O'Gaunt plate, où il battait Bread Knife, le Biennal d'Ascot et les Mersey Stakes à Liverpool ; il avait à plusieurs reprises porté 60 et 61 kilos, rendant sans peine près d'une stone à ses adversaires. A trois ans il paraissait huit fois en public ; d'abord dans le Derby d'Epsom, où il eut l'honneur de faire galoper pour la première fois Ormonde, puis dans le Manchester Cup, où Riversdale le battit d'une tête après une lutte acharnée. Si l'on tient compte de la très réelle qualité de Riversdale et des trente-quatre livres que lui rendait the Bard, on doit reconnaître que cette défaite est aussi glorieuse qu'une victoire. Il gagnait ensuite six courses consécutives, dont le Goodwood Cup, où personne n'osait entrer en lutte contre lui, le Singleton plate, qu'il courait le même jour, et le Doncaster Cup, où, sur 4.200 mètres, il rendait vingt livres à ses rivaux. Il avait disputé vingt-quatre courses, vingt-deux fois premier et deux fois second ; le total de ses gains s'élevait à 315.000 francs. Un tel ensemble de performances dénotait une endurance extraordinaire jointe à une classe très supérieure. Sur les courtes distances, the Bard avait fait preuve d'une vitesse de premier ordre, et sur les longues distances d'une tenue absolument remarquable. En outre son courage, son aptitude à porter le poids ne pouvaient être contestés. Aussi, lorsque M. Henri Say alla chercher en Angleterre un étalon pour son haras de Lormoy, il n'hésita pas à le payer 10.000 guinées, le plus haut prix qu'un éleveur français ait donné pour un étalon. The Bard, dont les jambes de devant avaient donné quelques inquiétudes après sa dernière course à Doncaster, était aussi sain et aussi net que lors de ses débuts. Il commença à faire la monte en 1887, et, dès sa première saison, il donna, en dehors de The Minstrel et d'Hallebardier, Bérenger, le meilleur poulain de sa génération. L'année suivante, Madcap, Jupon, Cambrian, Saint-Michel et Annita (gagnante du prix de Diane) confirmèrent l'excellente impression produite par ce brillant début. Boutade, mère de Bérenger, est fille de Trocadéro ; la mère d'Annita, Lina, est fille de Monarque.

THE BARD. — PAR PETRARCH ET MAGDALENE
Appartient à M. HENRI SAY

GUIDE PRATIQUE DE L'ÉLEVEUR

PEDIGREE DE THE BARD

THE BARD (Alczan — 1883)	PETRARCH (Bai—1873)	Lord Clifden (Bai—1860)	Newminster (B.—1848)	Touchstone (Bbr. — 1831)	Camel p. **Whalebone** (Waxy et Penelope) — fille de Selim — Maiden p. Sir Peter — fille de **Phenomenon** — Matron par Florizel. Banter p. **Master Henry** (Orville et Miss Sophia) — Boadicea p. **Alexander** (Eclipse et Grecian Princess) — Brunette p. Amaranthus.
				Beeswing (Baie — 1833)	Dr Syntax p. **Paynator** (Trumpator et fille de Marc-Anton.) — fille de Beningbro' (King Fergus et fille d'Herod). Fille d'Ardrossan p. John Bull (Fortitude et Xantippe p. Eclipse) — Lady Eliza p. Whitworth (Agonistes et fille de Jupiter) — fille de Spadille.
			The Slave (B.—1852)	Melbourne (Bbr. — 1834)	Humphrey Clinker p. Comus (Sorcerer et Houghton Lass) — Clinkerina p. Clinker (Sir Peter et Hyale p. **Phenomenon**) — Pewet p. Tandem. Fille de Cervantes p. Don Quixote (Alexander et Evelina) — fille de Golumpus (Gohanna) — fille de Paynator — sœur de Zodiac p. St-George.
				Volley (Baie — 1845)	Voltaire p. **Blacklock** (Whitelock et fille de Coriander) — fille de Phantom (Walton) — fille d'Overton (King Fergus) — f. de Walnut (Herod). Martha Lynn p. Mulatto (Catton et Desdemona p. Orville) — Leda p. Filho-da-Puta (**Haphazard**) — Treasure p. Camillus (Hambletonian).
		Laura (Baie—1860)	Orlando (B.—1841)	Touchstone (Bbr.—1831)	Camel p. **Whalebone** (Waxy et Penelope) — fille de Selim — Maiden, p. Sir Peter — fille de **Phenomenon** — Matron p. Florizel, etc. Banter p. **Master Henry** (Orville et Miss Sophia) — Boadicea p. **Alexander** (Eclipse et Grecian Princess) — Brunette p. Amaranthus.
				Vulture (Alcz.—1833)	Langar p. **Selim** (Buzzard et fille d'Alexander) — fille de Walton — Young Giantess p. Matchem — Molly Long Legs p. Babraham, etc. Kite p. Bustard (Castrel et Miss Hap) — Olympia p. Sir Oliver (Sir Peter et Fanny p. Diomed) — Scotilla p. Anvil (Herod) — Scota p. Eclipse.
			Torment (Bb.—1850)	Alarm (Bai — 1842)	Venisen p. Partisan (Walton et Parasol p. Pot8os) — Fawn p. Smolensko — Jerboa p. Gohanna — Camilla p. Trentham, etc. Southdown p. Defence (Whalebone et Defiance p. Rubens) — Feltona p. X. Y. Z. (**Haphazard**) — Janetta p. Beningbro' — fille de Drone.
				Fille de (Bbr. — 1837)	Glencoe p. Sultan (**Selim** et Bacchante) — Trampoline p. Tramp — Web p. Waxy — Penelope p. Trumpator — Prunella p. Highflyer. Alea p. **Whalebone** (Waxy et Penelope) — Hazardess p. **Haphazard** — fille d'Orville — Spinetta p. Trumpator — Peggy p. Herod — fille de Snap.
	MAGDALENE (Al.—1877)	My Mary (Al.—1867)	Syrian (Al.—1855)	Melbourne (Bbr.—1834)	Humphrey Clinker p. Comus (Sorcerer et Houghton Lass) — Clinkerina p. Clinker (Sir Peter et Hyale p. **Phenomenon**) — Pewet p. Tandem. Fille de Cervantes (Don Quixote et Evelina) — fille de Golumpus (Gohanna) — fille de Paynator — sœur de Zodiac p. St-George, etc.
				Emerald (Baie — 1841)	Defence p. **Whalebone** (Waxy et Penelope) — Defiance p. Rubens (Buzzard) — fille d'Alexander — Little Folly p. Highland Fling, etc. Emiliana p. **Emilius** (Orville et Emily) — fille de Whisker (Waxy) — Castrella p. Castrel (Buzzard) — Madrigal p. Sir Peter (Highflyer).
			Montmore (B.—1855)	Autocrat (Bai—1851)	Bay Middleton p. Sultan (**Selim** et Bacchante) — Cobweb p. Phantom — Filagree p. Soothsayer (Sorcerer) — Web p. Waxy, etc. Empress p. **Emilius** (Orville et Emily p. Stamford) — Mangel Wurzel. p. Merlin (Castrel) — Morel p. Sorcerer — Hornby Lass p. Buzzard.
				Practice (Alcz.—1845)	Euclid p. **Emilius** (Orville et Emily) — Maria p. **Whisker** — Gibside Fairy p. Hermes — Vicissitude p. Pipator — Beatrice p. Sir Peter. Parade p. the Colonel (**Whisker** et f. de Delpini) — Frederica p. Moses — sœur de Romana p. Gohanna — f. de Sir Peter, etc.
		Idle Boy (Al.—1862)	Princess (Al.—1855)	Harkaway (Alcz.—1834)	Economist p. **Whisker** (Waxy et Penelope) — Floranthe p. Octavian (Stripling p. **Phenomenon**) — Caprice p. Anvil — Madcap p. Eclipse. Fanny Dawson p. Nabocklish (Ruggantino et Butterfly) — Miss Tooley p. Teddy the Grinder et Lady Jane p. Sir Peter, etc.
				Iole (Alcz.—1839)	Sir Hercules p. **Whalebone** (Waxy et Penelope) — Peri p. Wanderer — Thalestris p. Alexander — Rival p. Sir Peter — Hornet p. Drone. Cardinal Cape p. Sultan (**Selim** et Bacchante) — Dulcinea p. Cervantes (Don Quixote) — Regina p. Moorcock — Rally p. Trumpator, etc.
		Alexian (B.—1843)		Hetman Platoff (Bai—1836)	Brutandorf p. **Blacklock** (Whitelock et fille de Coriander) — Maudane p. Pot8os — Young Camilla p. Woodpecker — Camilla p. Trentham. Fille de Comus (Sorcerer et Houghton Lass) — Marciana p. Stamford (Sir Peter) — Marcia p. Coriander (Pot8os), etc.
				Y. Medora (Baie — 1832)	Prince p. Holyoock (Master Bagot et fille de North Star) (Matchem) — fille de Dorimant — fille de Trunnion — f. de Ribton — f. de Sharper, etc. Fib p. Boabdil (Rubens et fille de Skyscraper) — Medora p. Swordsman (Prizefighter et Zarah) — fille de Trumpator (Conductor) — Peppermint.

THE CONDOR

(APPARTIENT A L'ADMINISTRATION DES HARAS)

Pendant la saison de monte de 1893, The Condor sera en station à Ecouché (Orne), circonscription du dépôt du Pin, où il saillira un certain nombre de juments de pur-sang anglais, à raison de cinquante francs. S'adresser à M. le Directeur du Dépôt d'étalons, au Pin (Orne).

THE CONDOR, par Dollar, est né en 1882 au haras de Viroflay, où il a été élevé pour le compte de M. J.-L. de Francisco Martin ; il est le huitième produit de Charmille, née en 1868 chez M. le baron de Rothschild, qui a donné également Encantadora, Louis-d'Or et Corolla avec Dollar, Concordia et Fontanas avec Fontainebleau, Mariscal et Banderola avec Xaintrailles. The Condor est un cheval bai, de grande taille, 1m64, très fort, avec une grande puissance d'arrière-main et d'excellents membres. Après avoir couru, sans y figurer, le prix de Deux Ans à Deauville, et le Triennal à Fontainebleau, il parvenait, à force de courage, à battre d'une tête Plaisanterie dans le Grand Critérium, par surprise il est vrai ; il courait ensuite le prix de la Forêt, où il n'était pas placé derrière Azur. The Condor, pour ses débuts à trois ans, finissait second dans le prix de Guiche, gagné par Reluisant ; il occupait la même place derrière Xaintrailles dans le Triennal, et il finissait troisième dans la Grande Poule des Produits que gagnait encore Xaintrailles, et où Extra le devançait de plusieurs longueurs. Amené à l'apogée de sa condition pour le prix du Jockey-Club, The Condor y prenait la seconde place derrière Reluisant, qui le battait encore, quinze jours après, dans le Grand Prix de Paris, gagné par Parodox ; dans le Grand Prix de Bade, où il rencontrait pour la première fois Plaisanterie, depuis son heureuse victoire dans le Grand Critérium, il était facilement battu par la fille de Wellingtonia, contre laquelle il devait inutilement s'employer jusqu'à la fin de la saison. En effet, après avoir couru le prix de Glatigny, à Paris, où il était battu par Georgina et par Richelieu, il se rencontrait à quatre reprises avec sa glorieuse rivale qui, quatre fois, le battait facilement : dans le prix de Villebon, où il prenait toutefois sa revanche sur Reluisant ; dans le prix du Prince d'Orange ; puis à Newmarket, dans le Cezarewitch, où, handicapé à 46 kilos, il recevait quatre livres et le sexe de la pouliche ; enfin dans le Cambridgeshire où, à vingt-deux livres, il ne figurait pas derrière elle. En 1886, délivré de cette redoutable adversaire, The Condor gagnait successivement, à Longchamps, le prix du Cadran sur Lapin et Reluisant, le prix Rainbow, sur Fra Diavolo, et enfin la Coupe ; troisième derrière Firmament et Yvrande dans le prix d'Apremont, à Chantilly, il battait facilement Barberine dans le Triennal ; moins heureux dans le prix de Dangu, que lui enlevait Fra Diavolo, grâce, en grande partie, à l'énergie et au tact de Fred Archer, The Condor, très éprouvé par cette série d'épreuves sévères, se laissait enlever le prix de Meudon, à Paris, par Sigurd, et il ne figurait pas derrière Héro dans le Grand Prix de Bade, où il courait pour la dernière fois. Il avait fait preuve d'un excellent tempérament, d'une très réelle qualité et d'une grande endurance, se montrant digne à la fois de son Dollar et de son aïeul maternel, The Nabob. A l'automne de 1886, The Condor était acheté à M. de Francisco Martin, 30.000 francs par l'Administration des Haras ; il a peu produit jusqu'ici ; il doit mieux faire, en tous cas, que Bouffey, Occagnes ou Régal.

PEDIGREE DE THE CONDOR

THE CONDOR (Bai—1882)	DOLLAR (Bai—1860)	Sultan (Bai—1816) *Bbr—1833 / Bay Middleton (B.—1833) / The Flying Dutchman (Bbr.—1846)*	**Selim** p. Buzzard — f. d'Alexander (Eclipse et Grecian Princess) — f. d'**Highflyer** (Herod) — f. d'Alfred (fr. de Conductor) p. Matchem. Bacchante p. Williamsons' Ditto — s. de Calomel p. Mercury (Eclipse) — f. d'Herod — Folly p. Marske — fille de Regulus, etc.
		Cobweb (Baie—1821)	Phantom p. **Walton** — Julia p. Whisky (Saltram et Calash) — Y. Giantess p. Diomed — Giantess p. Matchem — Molly Long Legs p. Babraham, etc. Filagree p. Soothsayer (Sorcerer) — Web p. **Waxy** — Penelope p. Trumpator — Prunella p. **Highflyer** (Herod) — Promise p. Snap, etc.
		Sandbeck (Bai—1818)	Catton p. Golumpus — Lucy Grey p. Timothy (Delpini et Cora p. Matchem) — Lucy p. Florizel (Herod) — Frenzy p. Eclipse, etc. Orvillina p. Beningbro' — Evelina p. **Highflyer** (Herod) — Termagant p. Tantrum — Cantatrice p. Sampson — f. de Regulus — m. de Marske, etc.
		Barioletta (Bbr.—1822)	Amadis p. Don Quixote — Fanny p. Sir Peter — f. de Diomed — Desdemona p. Marske — Y. Hag p. Skim — Hag p. Crab — Ebony p. Childers. Selima p. **Selim** — f. de Pot8os — Editha p. Herod — Elfrida p. Snap — Miss Belsea p. Regulus — f. de Bartletts' Childers — f. d'Honeywood A.
		Royal Oak (Bbr.—1823) *Stone (Bai—1818) / Payment (Alez.—1818)*	Catton p. Golumpus (Gohanna) — Lucy Grey p. Timothy (Delpini et Cora p. Matchem) — Lucy p. Florizel (Herod) — Frenzy p. Eclipse. Fille de Smolensko (Sorcerer et Wowski p. Mentor) — Lady Mary p. **Beningbro'** (King Fergus) — fille d'Highflyer — fille de Marske, etc.
		Fille de (Baie—1819)	Orville p. Beningbro' (King Fergus et f. d'Herod) — Evelina p. **Highflyer** — Termagant p. Tantrum — Cantatrice p. Sampson (Blaze). Epsom Lass p. Sir Peter (**Highflyer**) — Alexina p. King Fergus — Lardella p. Y. Marske (Squirt) — f. de Cade (Godolphin) — f. de Beaufremont.
		Rowton (Alez.—1826) *Receipt (Al.—1836)*	Oiseau p. Camillus (Hambletonian) — fille de Ruler (Y. Marske) — Treecreeper p. Woodpecker — fille de Trentham, etc. Katharina p. Woful (**Waxy** et Penelope) — Landscape p. Rubens (Buzzard) — Iris p. Brush (Eclipse) — fille d'Herod, etc.
		Fille de (Alez—1826)	Sam p. Scud (Beningbro' et Eliza p. **Highflyer**) — Hyale p. Phenomenon — Rally p. Trumpator — Fancy, s. de Diomed, p. Florizel, etc. Morel p. Sorcerer (Trumpator et Y. Giantess) — Hornby Lass p. Buzzard — Puzzle p. Matchem — Princess p. Herod — Julia p. Blank, etc.
	CHARMILLE (Baie—1868)	Glaucus (Bai—1830) *The Nob (B.—1838) / The Nabob (Bai-Brun—1819)*	Partisan p. **Walton** (Sir Peter) — Parasol p. Pot8os — Prunella p. **Highflyer** — Promise p. Snap — Julia p. Blank — m. de Spectator, etc. Nanine p. **Selim** — Bizarre p. Peruvian (Sir Peter) — Violante p. John Bull — s. de Skyscraper p. **Highflyer** — Everlasting p. Eclipse, etc.
		Octave (Bbr.—1830)	Emilius p. **Orville** (Beningbro' et Evelina) — Emily p. Stamford (Sir Peter et Horatia p. Eclipse) — f. de Whisky (Saltram), etc. Whizgig p. Rubens (Buzzard et f. d'Alexander) — Penelope p. Trumpator (Conductor) — Prunella p. **Highflyer** — Promise p. Snap, etc.
		Camel (Noir—1822) *Hester (Rb.—1822) / Chanticleer (G.—1843) / Chantress ex Interdiction (Baie—1855)*	Whalebone p. **Waxy** — Penelope p. Trumpator — Prunella p. **Highflyer** — Promise p. Snap — Julia p. Blank — f. de Partner, etc. F. de **Selim** — Maiden p. Sir Peter — f. de Phenomenon — Matron p. Florizel — Maiden p. Matchem — f. de Squirt — f. de Mogul, etc.
		Monimia (Baie—1821)	Muley p. **Orville** — Eleanor p. Whisky (Saltram) — Y. Giantess p. Diomed (Florizel) — Giantess p. Matchem (Cade et f. de Partner), etc. S. de Petworth p. Precipitate (Mercury) — f. de Woodpecker — s. de Juniper p. Snap (Snip p. B. Childers) — s. de Sliphy p. Fox, etc.
		Birdcatcher (Alez.—1833)	Sir Hercules p. Whalebone (**Waxy**) — Peri p. Wanderer — Thalestris p. Alexander (Eclipse) — Rival p. Sir Peter — Hornet p. Drone — Manilla. Guiccioli p. Bob Booty (Chanticleer et Ierne p. Bagot) — Flight p. Irish Escape (Commodore) — Y. Heroine p. Bagot — Heroine p. Hero, etc.
		Whim (Grise—1832)	Drone p. Master Robert (Buffer p. Prizefighter et Spinster p. Shuttle) — f. de Sir Walter (**Waxy**) — Miss Tooley p. Teddy the Grinder, etc. Kiss p. Waxy Pope (**Waxy**) — Prunella p. **Highflyer** — f. de Champion (Pot8os) et Huncamunca p. Highflyer — Brown Fanny p. Maximin. etc.
		Pantaloon (Alez.—1824) *Ino (B.—1843)*	Castrel p. Buzzard (Woodpecker) — f. d'Alexander (Eclipse) — f. de Highflyer (Herod) — f. d'Alfred (frère de Conductor p. Matchem), etc. Idalia p. Peruvian (Sir Peter) — Musidora p. Meteor (Eclipse) — Maid of All Work p. **Highflyer** (Herod) — s. de Tandem p. Syphon, etc.
		Ina (Baie—1821)	Smolensko p. Sorcerer (Trumpator et Y. Giantess p. Diomed) — Wowski p. Mentor — Maria (m. de **Waxy**) p. Herod — Lisette p. Snap, etc. Morgiana p. Coriander (Pot8os et Lavender p. Herod) — Fairy p. **Highflyer** — Fairy Queen p. Y. Cade — Routh's Black Eyes p. Crab, etc.

UPAS

(APPARTIENT A M. LE COMTE DE BERTEUX, A CHEFFREVILLE, CALVADOS)

Pendant la saison de monte de 1893, Upas sera en station au haras de Cheffreville, près Lisieux (Calvados), où il fera la monte à raison de mille francs, plus 20 francs pour l'écurie. S'adresser à M. le comte de Berteux, 3 rue du Cirque, à Paris.

UPAS, par Dollar, est né en 1883 à Cheffreville, chez M. le comte de Berteux ; il est le troisième produit qu'a eu, en France, Rosemary, née en 1870 chez M. H. Savile et importée en 1877 par M. de Berteux ; elle a donné également Quolibet avec Plutus, Rosa, Sorgho et Volubilis avec Guy Dayrell, et Zibeline avec Hampton. Alezan un peu lavé, avec une longue lisse en tête et deux balzanes, antérieure droite et postérieure gauche, de bonne taille, 1^{m}62, Upas possède des membres d'une solidité à toute épreuve, mais il est un peu léger de corps, étant donné surtout le poids qu'il pourrait porter. Il a couru quatre fois sans succès à deux ans, à Fontainebleau, Paris et Chantilly, dans des épreuves secondaires ; il inaugurait sa troisième année en gagnant le prix Hocquart, après une lutte courageuse avec Sycomore, qu'il battait d'une tête ; grâce à la faute commise par les jockeys de Jupin, Ganin et Saint-Honoré, qui faisaient une course d'attente prolongée, Upas se trouvait en tête à l'arrivée du prix du Jockey-Club, où il faisait dead-heat avec Sycomore qui le battait quinze jours après de trois longueurs pour la troisième place dans le Grand Prix de Paris, gagné par Minting. Il allait ensuite courir à Amiens le prix Principal, où, en raison des tournants trop courts et trop rapprochés qui ne lui permettaient pas de s'étendre, il était battu par Kabyle, auquel il aurait pu rendre facilement deux stones sur une piste moins heurtée. On le retrouvait, à l'automne, dans le prix de Chantilly à Longchamps, où il battait très facilement Firmament et Héro ; il avait, entre temps, gagné un prix Principal, au Pin. Dans le prix de Villebon, il était battu par Sauterelle, qui le surprenait par la rapidité de son déboulé ; il courait trois fois encore à Paris et Chantilly, sans figurer à l'arrivée, notamment dans le prix de la Faisanderie, où il était handicapé à 62 kilos. A quatre ans, Upas gagnait successivement, et avec une égale facilité, le prix Rainbow, le prix de Dangu et le prix de Satory, mais il ne figurait pas à Goodwood, dans le Cup, derrière Savile et Saint-Michaël. A la réunion d'automne de Longchamps, il battait Sauterelle dans un canter, dans le prix Jouvence, et il terminait la campagne en enlevant facilement le prix Gladiateur sur Ninetta, Polyeucte et Sauterelle. A cinq ans (1888), Upas faisait une course très honorable dans le prix Rainbow, où il luttait avec un courage admirable, contre Ténébreuse, et il était battu, par surprise, par Parbleu, à Maisons-Laffitte, où on le voyait pour la dernière fois sur le turf. La qualité très réelle, l'endurance et l'énergie dont il a fait preuve à maintes reprises le désignent comme un des étalons les plus aptes à prendre au haras la succession de son père, Dollar.

PEDIGREE DE UPAS

UPAS (Alezan—1883)	DOLLAR (Bai—1860) — The Flying Dutchman (Bbr.—1846) — Bay-Middleton (B.—1833)	Sultan (Bai—1816)	Selim p. Buzzard — f. d'Alexander (Eclipse et Grecian Princess) — f. d'Highflyer (Herod). — f. d'Alfred (fr. de Conductor) p. Matchem. Bacchante p. Williamsons' Ditto — s. de Calomel p. Mercury (Eclipse) — f. d'Herod — Folly p. Marske — fille de Regulus, etc.
		Cobweb (Baie—1821)	Phantom p. Walton — Julia p. Whisky (Saltram et Calash) — Y. Giantess p. Diomed — Giantess p. Matchem — Molly Long Legs p. Babraham, etc. Filagree p. Soothsayer (Sorcerer) — Web p. Waxy — Penelope p. Trumpator — Prunella p. Highflyer (Herod) — Promise p. Snap, etc.
	Barbelle (Bate—1836) — Sandbeck (Bai—1818)	Sandbeck (Bai—1818)	Catton p. Golumpus — Lucy Grey p. Timothy (Delpini et Cora p. Matchem) — Lucy p. Florizel (Herod) — Frenzy p. Eclipse, etc. Orvillina p. Beningbro' — Evelina p. Highflyer (Herod) — Termagant p. Tantrum — Cantatrice p. Sampson — f. de Regulus — m. de Marske, etc.
		Barioletta (Bbr.—1822)	Amadis p. Don Quixote — Fanny p. Sir Peter — f. de Diomed — Desdemona p. Marske — Y. Hag p. Skim — Hag p. Crab! — Ebony p. Childers. Selima — f. de Pot8os — Editha p. Herod — Elfrida p. Snap — Miss Belsea p. Regulus — f. de Bartletts Childers — f. d'Honeywood A.
	Payment (Alez.—1848) — Slane (Bai—1833)	Royal Oak (Bbr.—1823)	Catton p. Golumpus (Gohanna) — Lucy Grey p. Timothy (Delpini et Cora p. Matchem) — Lucy p. Florizel (Herod) — Frenzy p. Eclipse. Fille de Smolensko (Sorcerer et Wowski p. Mentor) — Lady Mary p. Beningbro' (King Fergus) — fille d'Highflyer — fille de Marske, etc.
		Fille de Highflyer (Baie—1819)	Orville p. Beningbro' (King Fergus et f. d'Herod) — Evelina p. Highflyer. — Termagant p. Tantrum — Cantatrice p. Sampson (Blaze'). Epsom Lass p. Sir Peter (Highflyer) — Alexina p. King Fergus — Lardella p. Y. Marske (Squirt) — f. de Cade (Godolphin) — f. de Beaufremont.
	Recepit (Al.—1848)	Rowton (Alez.—1826)	Oiseau p. Camillus (Hambletonian) — fille de Ruler (Y. Marske) — Treecreeper p. Woodpecker — fille de Trentham, etc. Katharina p. Woful (Waxy et Penelope) — Landscape p. Rubens (Buzzard) — Iris p. Brush (Eclipse) — fille d'Herod, etc.
		Fille de (Alez.—1826)	Sam p. Scud (Beningbro' et Eliza p. Highflyer) — Hyale p. Phenomenon — Rally p. Trumpator — Fancy, s. de Diomed, p. Florizel, etc. Morel p. Sorcerer (Trumpator et Y. Giantess) — Hornby Lass p. Buzzard — Puzzle p. Matchem — Princess p. Herod — Julia p. Blank, etc.
	ROSEMARY (Baie—1876) — Skirmisher (Bai—1854) — Voltigeur (Bbr.—1847)	Voltaire (Bbr.—1826)	Blacklock p. Whitelock (Hambletonian et Rosalind p. Phenomenon) — fille de Coriander — Wild Goose p. Highflyer — Coheiress p. Pot8os, etc. Fille de Phantom (Walton et Julia p. Whisky) — f. d'Overton (King Fergus) — f. de Walnut (Highflyer) — fille de Ruler (Y. Marske), etc.
		Martha Lynn (Bbr.—1837)	Mulatto p. Catton (Golumpus et Lucy Grey p. Timothy) — Desdemona p. Orville — Fanny p. Sir Peter — f. de Diomed, etc. Leda p. Filho da Puta (Haphazard et Mrs. Barnet p. Waxy) — Treasure p. Camillus — f. de Hyacinthus — Flora p. King Fergus, etc.
	Fille de (Baie—1843) — Stockwell (Al.—1849)	Gardham (Bai—1834)	Falcon p. Bustard (Castrel et Miss Hap p. Shuttle) — Miss Newton p. Delpini (Highflyer) — Tipple Cyder p. King Fergus — Sylvia p. Y. Marske. Muta, sœur de Lottery, p. Tramp (Dick Andrews et fille de Gohanna) — Mandane p. Pot8os — Y. Cam lla p. Woodpecker — Camilla p. Trentham.
		Fille de (Bbr.—1837)	Langar p. Selim (Buzzard) — fille de Walton — Y. Giantess p. Diomed — Giantess p. Matchem — Molly Long Legs p. Babraham, etc. Sœur de Busto p. Clinker (Sir Peter et Hyale de Phenomenon) — Bronze, s. de Rubens, p. Buzzard — fille d'Alexander (Eclipse), etc.
	Vertumna (Alezane—1857) — Garland (B.—1835)	The Baron (Alez.—1842)	Birdcatcher p. Sir Hercules — Guiccioli p. Bob Booty — Flight p. Irish Escape — Y. Heroine p. Bagot — Heroine p. Hero — s. de Regulus, etc. Echidna p. Economist — Miss Pratt p. Blacklock — Gadabout p. Orville — Minstrel p. Sir Peter — Matron p. Florizel — Maiden p. Matchem, etc.
		Pocahontas (Baie—1837)	Glencoe p. Sultan — Trampoline p. Tramp — Web p. Waxy — Penelope p. Trumpator — Prunella p. Highflyer — Promise p. Snap, etc. Marpessa p. Muley (Orville et Eleanor p. Whisky) — Clare p. Marmion — Harpalice p. Gohanna — Amazon p. Driver — Fractious p. Mercury, etc.
		Langar (Alez.—1817)	Selim p. Buzzard (Woodpecker et Misfortune p. Dux) — Fille d'Alexander (Eclipse et Grecian Princess) — fille de Highflyer — fille d'Alfred, etc. Fille de Walton Sir Peter — Young Giantess p. Diomed (Florizel) — Giantess p. Matchem (Cade) — Molly Long Legs p. Babraham, etc.
		Cast Steel (Baie—1828)	Whisker p. Waxy (Pot8os et Maria) — Penelope p. Trumpator (Conductor) — Prunella p. Highflyer (Herod) — Promise p. Snap — Julia p. Blank. Twinkle p. Walton (Sir Peter) — fille d'Orville — Lisette p. Hambletonian — Constantia p. Walnut — Contessina p. Y. Marske — Tuberose, etc.

VIGILANT

(APPARTIENT A M. HENRI DELAMARRE)

Pendant la saison de monte de 1893, Vigilant sera en station au haras de Bois-Roussel, près Séez (Orne), où il saillira six juments étrangères au haras à raison de mille francs, plus 20 francs pour l'écurie. Toutes les inscriptions ont été prises dès l'automne précédent.

VIGILANT, par Vermout, est né en 1879 au haras de Bois-Roussel ; sa mère, Virgule, dont il est le huitième produit, est née chez M. Henri Delamarre en 1865, et a donné également Vinaigrette avec Patricien, Vizir avec Vermout, et est morte en 1885. Bai-clair, de bonne taille, 1m62, Vigilant marque beaucoup d'espèce et est très harmonieux ; il a une très belle épaule, le rein fortement attaché, des quartiers larges, mais il manque un peu de substance dans son arrière-main. Il fit ses débuts dans le prix de Deux Ans à Deauville, où il ne fut pas placé derrière Favorite et Bras-de-Fer ; il prenait une brillante revanche à Paris, dans le grand Critérium, qu'il enlevait de trois longueurs sur les deux poulains qui l'avaient battu le mois précédent. Il était alors envoyé au repos et faisait sa rentrée au printemps suivant dans la Poule d'Essai, où il prenait la troisième place derrière Barbe-Bleue et Comte-Alfred ; il gagnait ensuite très facilement la grande Poule des Produits, victoire qui lui valait d'être un des favoris du prix du Jockey-Club ; il tombait boiteux pendant la course et ne figurait pas à l'arrivée derrière les deux dead-heaters Dandin et Saint-James. Appelé à prendre à Bois-Roussel la succession de son père, Vermout, Vigilant a, dès ses débuts, donné des poulains de bon ordre, auxquels il lègue généralement de la tenue et l'harmonie de ses lignes ; parmi eux nous citerons : Chlamyde, Sérapis, Faune, Primerose, Clément, Fable, Chorège, Cléanthe, Diarbek et Preux, etc. Diana, mère de Diarbek, est fille de Lord Difden (par Newminster).

PEDIGREE DE VIGILANT

VIGILANT (Bai—1879)	VERMOUT (Bai—1861)	Vermeille ex Merveille (Alez.—1853)	The Nabob (Bai-Brun—1849)	Glaucus (Bai—1830)	Partisan p. Walton (Sir Peter)—Parasol p. Pot8os—Prunella p. Highflyer —Promise p. Snap — Julia p. Blank—m. de Spectator p. Partner, etc. Nanine p. Selim—Bizarre p. Peruvian (Sir Peter) — Violante p. John Bull — sœur de Skyscraper p. Highflyer — Everlasting p. Eclipse.
				Octave (Bbr.—1830)	Emilius p. Orville (Beningbro' et Evelina)—Emily p. Stamford (Sir Peter et Horatia p. Eclipse)—f. de Whisky (Saltram et Calash p. Herod). Whizgig p. Rubens (Buzzard et f. d'Alexander) — Penelope p. Trumpator (Conductor) — Prunella p. Highflyer — Promise p. Snap, etc.
			Hester (Bkr.—1839)	Camel (Noir—1822)	Whalebone p. Waxy—Penelope p. Trumpator— Prunella p. Highflyer —Promise p. Snap — Julia p. Blank—f de Partner — Bonny Lass, etc. F. de Selim—Maiden p. Sir Peter—f. de Phenomenon — Matron p. Florizel — Maiden p. Matchem — f. de Squirt — f. de Mogul, etc.
				Monimia (Baie—1821)	Muley p. Orville—Eleanor p. Whisky (Saltram)—Y. Giantess p. Diomed (Florizel)—Giantess p. Matchem (Cade et f. de Partner)—Molly Long Legs Sœur de Petworth p. Precipitate (Mercury)—f. de Woodpecker—s. de Juniper p. Snap (Snip par B. Childers)—s. de Sliphy p. Fox—Gipsy p. B Bolton.
		Fair Helen (B.—1837)	The Baron (Al.—1842)	Birdcatcher (Alez.—1833)	Sir Hercules p. Whalebone—Peri p. Wanderer—Thalestris p. Alexander— Rival p. Sir Peter — Hornet p. Drone — Manilla p. Goldfinder, etc. Guiccioli p. Bob Booty — Flight p. Irish Escape (Commodore) — Y. Heroine p. Bagot (Herod et Marotte) — Heroine p. Hero (Cade), etc.
				Echidna (Brb.—1838)	Economist p. Whisker—Floranthe p. Octavian—Caprice p. Anvil—Madcap p. Eclipse — f. de Blank — f. de Blaze — f. de Y. Greyhound, etc. Miss Pratt p. Blacklock — Gadabout p. Orville—Minstrel p. Sir Peter—Matron p. Florizel (Herod) — Maiden p. Matchem — f. de Squirt, etc.
				Priam (Bai—1827)	Emilius p. Orville—Emily p. Stamford (Sir Peter)—fille de Whisky — Grey Dorimant p. Dorimant — Dizzy p. Blank, etc. Cressida p. Whisky — Y. Giantess p. Diomed (Florizel) — Giantess p. Matchem—Molly Long Legs p. Babraham—f. de Foxhunter, etc.
				Dircé Baie — 1830)	Partisan p. Walton (Sir Peter)—Parasol p. Pot8os (Eclipse) — Prunella p. Highflyer — Promise p. Snap — Julia p. Blank (Godolphin), etc. Antiope p. Whalebone (Waxy et Penelope p. Trumpator) — Amazon p. Driver Trentham et Coquette) — Fractious p. Mercury, etc.
	VIRGULE (Baie—1865)	Saunterer (Noir—1854)	Birdcatcher (Al.—1833)	Sir Hercules (Noir—1826)	Whalebone p. Waxy (Pot8os et Maria p. Herod) — Penelope p. Trumpator (Conductor) — Prunella p. Highflyer — Camilla p. Trentham, etc. Peri p. Wanderer (Gohanna et Catherine p. Woodpecker) — Thalestris p. Alexander —Rival p. Sir Peter (Highflyer) — Hornet p. Drone, etc.
				Guiccioli (Alez.—1823)	Bob Booty p. Chanticleer (Woodpecker et f. d'Eclipse) — Ierne p. Bagot (Herod) — fille de Gamahoe (Bustard) — Patty p. Tim, etc. Flight p. Irish Escape (Commodore et fille d'Highflyer) — Y. Heroine p. Bagot — Heroine p. Hero (Cade) — sœur de Regulus p. Godolphin, etc.
			Ennui (Bbr —1833)	Bay Middleton (Bai—1833)	Sultan p. Selim — Bacchante p. Williamsons' Ditto (Sir Peter p. Highflyer) — sœur de Calomel p. Mercury (Eclipse) — fille d'Herod, etc. Cobweb p. Phantom (Walton) — Filagree p. Soothsayer (Sorcerer) — Web p. Waxy (Pot8os) — Penelope p. Trumpator — Prunella, etc.
				Blue Devils (Alez.—1837)	Velocipede p. Blacklock— fille de Juniper (Whisky) —fille de Sorcerer— Virgin p. Sir Peter (Highflyer) — fille de Pot8os — Editha, etc. Care p. Woful (Waxy) — fille de Rubens (fr. de Selim) — Tippity Witchet p. Waxy (Pot8os) — Hare p. Sweetbriar — fille de Justice, etc.
		Violet (Baie—1851)	Melbourne (B.—1834)	Humphrey Clinker (Bai—1822)	Comus p. Sorcerer (Trumpator) — Houghton Lass p. Sir Peter — Alexina p. King Fergus — Lardella p. Y. Marske — f. de Cade, etc. Clinkerina p. Clinker (Sir Peter et Hyale p. Phenomenon) — Pewet p. Tandem (Syphon et fille de Regulus) — Termagant p. Tantrum, etc.
				Fille de (Baie—1820)	Cervantes p. Don Quixote (Eclipse et Grecian Princess) — Evelina p. Highflyer (Herod et Rachel) — Termagant p. Tantrum — Cantatrice, etc. Fille de Golumpus (Gohanna et Catherine p. Woodpecker)—f. de Paynator (Trumpator) — sœur de Zodiac p. St-George (Highflyer), etc.
			Snowdrop (B.—1838)	D' Syntax (Bbr.—1811)	Paynator p. Trumpator (Conductor p. Matchem) — fille de Marc Anthony (Spectator)—Signora p. Snap — Miss Windsor p. Godolphin, etc. Fille de Beningbro' (King Fergus p. Eclipse)—Jenny Mole p. Carbuncle (Babraham Blank)— f. de Prince T. Quassa (Snip), etc.
				Princess Victoria (Baie—1827)	Middleton p. Phantom (Walton et Julia p. Whisky) — Web p. Waxy (Pot8os) — Penelope p. Trumpator — Prunella p. Highflyer, etc. Adeline p. Soothsayer (Sorcerer et Goldenlocks p. Delpini) —Elizabeth p. Orville (Beningbro') — Penny Trumpet p. Trumpator, etc.

VIGNEMALE

(APPARTIENT A L'ADMINISTRATION DES HARAS)

Pendant la saison de monte de 1893, Vignemale sera en station au Dépôt de Tarbes, où il saillira quarante juments de pur sang anglais à raison de cent francs. S'adresser à M. le Directeur du Dépôt d'étalons, à Tarbes (Hautes-Pyrénées).

Vignemale, par Dollar, est né en 1876 au haras de Viroflay, chez M. Auguste Lupin. Sa mère, La Maladetta, dont il est le douzième produit, est née en 1855, chez M. A. Lupin également, et a donné Tourmalet avec The Flying Dutchman, Cerdagne avec Newminster, Nethou et Satania avec Dollar ; elle est morte en 1876. Bai, de grande taille, 1ᵐ 63, Vignemale est harmonieux, bien équilibré avec une bonne direction d'épaule, des aplombs réguliers, une forte structure ; mais ses membres laissent à désirer et il est un peu léger dans sa côte et son arrière-main, comme beaucoup de produits de Dollar. Il n'a pas couru à deux ans ; il fit ses débuts au printemps de 1871, dans la Poule d'Essai, où il ne fut pas placé derrière Zut et Ismaël ; il gagnait ensuite le prix de Bois-Rouaud sur Narcisse et Courtois, mais dans la Grande Poule des Produits, il était de nouveau battu par Zut. Après une victoire facile sur Fils-de-l'Air dans le prix de Juin, à la réunion d'été de Longchamps, il n'était pas placé derrière Nubienne dans le Grand Prix de Paris; à Caen, dans le Grand-Saint-Léger, il prenait la troisième place derrière Commandant et Ismael, et il courait sans succès le prix de Longchamps à Deauville. Battu une troisième fois par Zut dans le prix Royal Oak, Vignemale était envoyé à Nancy, où il enlevait de deux longueurs le prix des Tribunes ; il courait ensuite, à la réunion d'automne d'Amiens, le prix des Haras, où il finissait bon troisième derrière Avermes et Shéridan. A quatre ans (1886), Vignemale débutait par une victoire facile sur Narcisse dans le prix de Chevilly, à Paris, et il remportait un nouveau succès dans le Biennal, où il battait Sphynx et Ismael ; il n'était pas placé derrière Castillon dans le prix du Printemps; mais, quelques jours après, il battait, après une lutte courageuse, Bête-à-Chagrins, dans le prix Principal, à Nantes ; le lendemain il finissait bon second entre Routier et Avermes dans le prix National; il courait enfin sans succès le prix de la Celle-Saint-Cloud, à la réunion d'automne de Paris, où il faisait sa dernière apparition sur le turf. Acheté, à la fin de la saison, 20.000 francs par l'Administration des Haras, il fut envoyé au dépôt de Tarbes, où il a régulièrement produit des animaux de classe moyenne, entre autres : Étoilé, Grand-Duc, Van Dick II, Épieu, Lumière, Bigorre, Ibos, Douro, Océan, Gil-Pérès, etc. Gipsy, mère de Gil-Pérès, le meilleur de beaucoup de ses produits, est fille de Vespasian (par Newminster) ; la mère de Bigorre, Bergère, est fille du Petit-Caporal (par Marignan, petit-fils du Birdcatcher).

PEDIGREE DE VIGNEMALE

VIGNEMALE (Bai—1876).	DOLLAR (Bai—1860).	The Flying Dutchman (Bbr.—1846).	Barbelle (Baie—1836) Bay-Middleton (B.—1833)	Sultan (Bai—1816)	Selim p. Buzzard —f. d'Alexander (Eclipse et Grecian Princess) — f. d'**Highflyer** (Herod) — f. d'Alfred (fr. de Conductor) p. Matchem, etc. Bacchante p. Williamsons' Ditto — s. de Calomel p. Mercury (Eclipse) — f. d'Herod — Folly p. Marske — fille de Regulus, etc.
				Cobweb (Baie—1821)	Phantom p. **Walton**—Julia p. Whisky (Saltram et Calash)—Y.Giantess p. Diomed— Giantess p. Matchem—Molly Longs Legs p. Babraham. Filagree p. Soothsayer (Sorcerer)—Web p. **Waxy**—Penelope p. Trumpator —Prunella p. **Highflyer** (Herod) — Promise p. Snap, etc.
		Payment (Alez.—1848).	Slane (Bai—1833)	Sandbeck (Bai—1818)	Catton p. Golumpus—Lucy Grey p. Timothy (Delpini et Cora p. Matchem) — Lucy p. Florizel (Herod) — Frenzy p. Eclipse, etc. Orvillina p. Beningbro' — Evelina p. Highflyer (Herod)—Termagant p. Tantrum—Cantatrice p. Sampson—f. de Regulus—m. de Marske, etc.
				Barioletta (Bbr.—1822)	Amadis p. Don Quixote —Faun" p. Sir Peter—f. de Diomed — Desdemona p. Marske —Y. Hag p. Skim—Hag p. Crab—Ebony p. Childers. Selima p. Selim — f. de Pot8os — Editha p. Herod—Elfrida p. Snap —Miss Belsea p. Regulus—f. de Barletts' Childers—f.d'Honeywood A.
		Receipt (Al.—1839).		Royal Oak (Bbr.—1823)	Catton p. Golumpus (Gohanna) — Lucy Grey p. Timothy (Delpini et Cora p. Matchem) —Lucy p. Florizel (Herod) — Frenzy p. Eclipse. Fille de Smolensko (Sorcerer et Wowski p. Mentor)— Lady Mary p. Beningbro' (King Fergus) — fil e d'Highflyer —fille de Marske, etc.
				Fille de (Baie—1819)	Orville p. Beningbro' (King Fergus et f. d'Herod) —Evelina p. Highflyer—Termagnant p. Tantrum — Cantatrice p. Sampson (Blaze). Epsom Lass p Sir Peter (**Highflyer**) — Alexina p. King Fergus — Lardella p. Y. Marske (Squirt)—f. de Cade (Godolphin)—f.de Beaufremont.
				Rowton (Alez.—1826)	Oiseau p. Camillus (Hambletonian) —fille de Ruler (Y. Marske)— Treecreeper p. Woodpecker—fille de Trentham, etc. Katharina p. Woful (**Waxy** et Penelope) — Landscape p. Rubens (Buzzard) —Iris p. Brush (Eclipse) — fille d'Herod, etc.
				Fille de (Alez.— 1826)	Sam p. Scud (**Beningbro'** et Eliza p. **Highflyer**) — Hyale p. Phenomenon—Rally p. Trumpator—Fancy, s. de Diomed, p. Florizel, etc. Morel p. Sorcerer (Trumpator et Y. Giantess)—Hornby Lass p. Buzzard —Puzzle p. Matchem—Princess p. **Blank**, etc.
	LA MALADETTA (Baie—1855).	The Baron (Alez.—1842).	Birdcatcher (Al.—1833)	Sir Hercules (Noir—1826)	Whalebone p. Waxy (Pot8os)—Penelope p. Trumpator (Conductor)— Prunella p. **Highflyer** (Herod et Rachel) — Promise p. Snap, etc. Peri p. Wanderer (Gohanna et Catherine p. **Woodpecker**)—Thalestris p. Alexander (Eclipse) —Rival p. Sir Peter (**Highflyer**) —Hornet, etc.
				Guiccioli (Alez.—1823)	Bob Booty p Chanticleer (**Woodpecker**) — Ierne p. Bagot (Herod) — f. de Gamahoe (Bustard) — Patty p. Tim, etc. Flight p.Irish Escape (Commodore p. Tug (Herod) et f. d'**Highflyer**) — Y. Heroine p. Bagot — Heroine p. Hero (Cade), etc.
		Echidna (B.—1838)		Economist (Bai—1826)	Whisker p. Waxy (**Pot8os**)—Perelope p. Trumpator—Prunella p. **Highflyer** — Promise p. Snap — Julia p. Blank, etc. Floranthe p. Octavian (Stripling et f.d Oberon (**Highflyer**)—Caprice p. Anvil (Herod) — Madcap p. Eclipse — f. de Blank, etc.
				Miss Pratt (Baie—1825)	Blacklock p. Whitelock (Hambletonian) — f. de Coriander (**Pot8os**) — — Wild Goose p. **Highflyer** — Co-heiress p. **Pot8os**, etc. Gadabout p. Orville (**Beningbro'**) — Minstrel p. Sir Peter (**Highflyer**)— Matron p. Florizel — Maiden p. Matchem — f. de Squirt, etc.
	Refraction (Baie—1842)	Glaucus (Bai—1846)		Partisan (Bai—1811)	Walton p.Sir Peter (**Highflyer** et Papillon p. Snap)—Arethusa p. Dungannon (Eclipse)—f. de Prophet—Virago p.Snap—f. de Regulus, etc. Parasol p. **Pot8os** (Eclipse et Sportsmistress p. Sportsman) — Prunell a p.**Highflyer**—Promise p. Snap—Julia p.Blank — m. de Spectator, etc.
				Nanine (Alez.—1823)	Selim p. Buzzard (Woodpecker et Misfortune p. Dux) — f. d'Alexander (Eclipse) — f. d'**Highflyer** — f. d'Alfred — f. d'Engineer, etc. Bizarre p. Peruvian (Sir Peter) — Violante p. John Bull — s. de Skyscraper p. **Highflyer** — Everlasting p. Eclipse.
		Prison (Bbr.—1836)		Camel (Noir—1822)	Whalebone p Waxy (Pot8os et Maria p. Herod)— Penelope p. Trumpator (Conductor)— Prunella p. **Highflyer** — Promise p. Snap, etc. Fille de Selim — Maiden p. Sir Peter (**Highflyer**) — Matron p. Florizel — Maiden p. Matchem — f. de Squirt — m. de Lot p. Mogul, etc.
				Elisabeth (Alez.—1823)	Rainbow p. **Walton** (Sir Peter et Arethusa)— Irish p.Brush (Eclipse) — f. d'Herod — sœur de Doctor p. Goldfinder, etc. Belvoirine p. Stamford (Sir Peter et Horatia p.Eclipse)—sœur de Silver p. Mercury (Eclipse) — fille d'Herod — Y. Hag p. Skim, etc.

XAINTRAILLES

(APPARTIENT A M. AUGUSTE LUPIN)

Pendant la saison de monte de 1893, Xaintrailles sera en station au haras de Viroflay (Seine-et-Oise), où il saillira un certain nombre de juments étrangères au haras, à raison de deux mille cinq cents francs, plus 20 francs pour l'écurie. S'adresser à M. Fanor, au haras de Viroflay (Seine-et-Oise).

XAINTRAILLES, par Flageolet, est né en 1882 au haras de Viroflay, chez M. Auguste Lupin; il est le douzième produit de Deliane, née en 1862, chez M. Lupin également, qui a donné Raoul avec Stentor, Nixette avec Gladiateur, Enguerrande (gagnante des Oaks de 1876), La Jonchère (gagnante du prix de Diane de 1877), Lusignan et Florestan avec Vermout, et est morte en 1887. Alezan, avec une étoile allongée en tête, de bonne taille, 1m62 environ, Xaintrailles dénote une rare puissance dans son ensemble, dans son arrière-main surtout; les quartiers sont très descendus et le levier très long, il a comme beaucoup de chevaux de sa famille le dos un peu plongé, mais cette conformation de son dessus est rendue plus sensible par une sorte de gibbosité musculaire à l'attache du rein; l'avant-main serait irréprochable, sans le genou de veau qui la dépare. Xaintrailles courut pour ses débuts le Middle Park plate, où il prit la seconde place à une demi-longueur de Melton, qui lui rendait sept livres, battant Paradox, Royal Hampton et Lonely, la future gagnante des Oaks; il gagnait le surlendemain les Prendergast Stakes, mais au Houghton meeting, il était battu d'assez loin par Paradox et Cora, dans le Dewhurst Plate. Il passait l'hiver à Newmarket, où on le préparait en vue des Poules du printemps à Paris, où il enlevait successivement la Poule d'Essai des poulains, le Triennal et la Grande Poule des Produits, battant avec une égale facilité Reluisant, the Condor et Extra; ces victoires laissaient à sa merci le prix du Jockey-Club, mais son propriétaire, cédant aux instances de son entraîneur, Tom Jennings, renonçait à un succès certain pour lui faire courir le Derby d'Epsom, où il possédait une chance incontestable. Très nerveux au moment de la course, il n'y figurait pas moins fort honorablement, mais il devait se contenter d'assister en spectateur au duel de Melton et de Paradox, et il ne persistait pas pour la troisième place qu'il abandonnait à Royal Hampton. L'état de ses jarrets, dont il souffrait sans aucun doute à Epsom, était devenu inquiétant, et obligeait bientôt son entraîneur à le renvoyer en France, où il commençait à faire la monte en 1886. Il avait, en quatre victoires, gagné 174.350 francs. A Viroflay, où il occupe la place d'honneur depuis la mort de Dollar, Xaintrailles a donné entre autres: Jet-d'Eau, Philadelphie, Bergami, Fanfare, Perle-Fine, Velum, Adelante, Lapis, Arrosage, Banderola, etc. Perla, mère de Lapis et de Perle-Fine, est fille de Dollar; la mère d'Arrosage, Verdoyante, est fille de Ventre-Saint-Gris (petit-fils de Gladiator).

GUIDE PRATIQUE DE L'ÉLEVEUR

PEDIGREE DE XAINTRAILLES

XAINTRAILLES (Alezan—1882)	FLAGEOLET (Alezan—1870)	La Favorite (Baie—1865)	Orlando (Bai—1841)	Touchstone p. Camel (Whalebone) — Banter p. Master Henry (Orville) — Boadicea p. Alexander — Brunette p. Amaranthus — Mayfly, etc. Vulture p. Langar (**Selim** et f. de **Walton**) — Kite p. Bustard (Castrel) — Olympia p. Sir Oliver (Sir Peter) — Harmony p. Herod, etc.
			Cavatina (Alez.—1845)	Redshank p. Sandbeck (Catton) — Johanna p. **Selim** — m. de Comical p. Skyscraper (Highflyer) — f. de Dragon (Regulus) — m. de Fidget. Oxygen p. Emilius (**Orville**) — Whizgig p. Rubens — Penelope p. Trumpator (Conductor) — Prunella p. Highflyer — Promise p. Snap.
		Plutus (Bai—1863)	Planet (Bai—1844)	Bay Middleton p. Sultan (**Selim**) — Cobweb p. Phantom (**Walton** et Julia p. Whisky) — Filagree p. Soothsayer — Web p. Waxy, etc. Plenary p. Emilius (**Orville**) — Harriet p. Pericles (Evander et f. de Precipitate) — f. de **Selim** — Pipylira p. **Sir Peter** — Rally p. Trumpator, etc.
		Fille de (B.—1853) Trumpeter (Al.—1856)	Alice Bray ex Huzy (Baie—1848)	Venison p. Partisan (**Walton** p. **Sir Peter**) — Fawn p. Smolensko — Jerboa p. Gohanna — Camilla p. Trentham — Coquette p. The Compton Barb. Darkness p. Glencoe (Sultan et Trampo'ine p. Tramp) — Fanny p. Whisker (Waxy) — f. de Camillus (Hambletonian) — f. de Precipitate. etc.
		Monarque (B.—1852)	The Baron, the Emperor ou Sting (Bbr.—1843)	Slane p. **Royal Oak** (Catton) — f. d'**Orville** — f. de Buzzard — Hornpipe p. Trumpator—Luna p. Herod — s. d'Eclipse p. Marske — Spiletta, etc. Echo p. Emilius (**Orville**) — f. de Pioneer (Whisky) — Canary Bird p. Sorcerer — Canary p. Ccriander — Miss Green p. Highflyer, etc.
		Consanuce (Al.—1848)	Poetess (Baie—1838)	**Royal Oak** p. Catton (Golumpus et Lucy Grey)—f. de Smolensko—Lady Mary p. Beningbro' (King Fergus) — f. d'Highflyer, etc. Ada p. Whisker (Waxy) — Anna Bella p. Shuttle — f. de Drone — Contessina p. Young Marske — Tuberose p. Herod — Grey Starling, etc.
			Gladiator (Alez.—1833)	Partisan p. **Walton** (**Sir Peter**) — Parasol p. Pot8os (Eclipse) — Prunella p. Highflyer — Promise p. Snap — Julia p. Blank, etc. Pauline p. Moses (Seymour et Grey Skim) — Quadrille p. **Selim** — Canary Bird p. Sorcerer — Canary p. Coriander — Miss Green p. Highflyer, etc.
			Lanterne (Baie—1841)	Hercule p. Rainbow (**Walton** et Iris p. Brush) — Aimable p. Election Gohanna) — Y. Whisky mare — f. de Walnut — f. de Javelin, etc. Elvira p. Eryx (Milo et fille de Buzzard) — Coral p. Orville — Fairing p. Waxy — Rally p. Trumpator — Fancy s. de Diomed, etc.
	DELIANE (Baie—1862)	The Flying Dutchman (Bbr.—1846)	Sultan (Bai—1816)	**Selim** p. Buzzard — fille d'Alexander — fille d'Highflyer — fille d'Alfred (fr. de Conductor) p. Matchem — f. de Snap — f. de Cullen Arabian. Bacchante p. Williamsons' Ditto — s. de Calomel p. Mercury — f. d'Herod — Folly p Marske — Vixen p. Regulus — f. d'Hutton Spots', etc.
		Barbelle (B.—1836) Bay-Middleton (B.—1833)	Cobweb (Baie—1821)	Phantom p. **Walton** — Julia p. Whisky (Saltram) — Young Giantess p. Diomed — Giantess p. Matchem — Molly Long Legs p. Babraham, etc. Filagree p. Soothsayer (Sorcerer) — Web p. Waxy — Penelope p. Trumpator — Prunella p. Highflyer — Promise p. Snap — Julia p. Blank, etc.
		Impérieuse (Baie—1851) Orlando (B.—1841)	Sandbeck (Bai—1818)	Catton p. Golumpus — Catherine p. Woodpecker — Camilla p. Trentham (Sweepstakes) p. the Gower Stallion) — Lucy Grey p. Timothy, etc. Orvillina p. Beningbro' — Evelina p. Highflyer (Herod) — Termagant p. Tantrum — Cantatrice p. Sampson — f. de Regulus — m. de Marske.
			Barioletta (Bbr.—1822)	Amadis p. Don Quixote — Fanny).**Sir Peter**—f. de Diomed — Desdemona p Marske—Y. Hag p. Skim—Hag p. Crab — Ebony p. Childers. **Selim** p. **Selim** — f. de Pot8os — Eridia p. Herod — Elfrida p. Snap — Miss Belsea p. Regulus — f. de Bartlett's Childers — f. de Honeywood A.
		Eulogy (B.—1834)	Touchstone (Bai—1831)	Camel p. Whalebone (Waxy) — fille de **Selim** (Buzzard) — Maiden p. **Sir Peter** — f. de Phenomenon — Matron p. Florizel — Maiden, etc. Banter p. Master Henry (**Orville**)—Boadicea p. Alexander Eclipse) — Brunette p. Amaranthus (Old England) — Mayfly p. Matchem, etc.
			Vulture (Alez.—1833)	Langar p. **Selim** (Buzzard) — f. de **Walton** (**Sir Peter**) — Y. Giantess p. Diomed — Giantess p. Matchem — Molly Long Legs p. Babraham, etc. Kite p. Bustard (Castrel) — Olympia p. Sir Oliver (**Sir Peter**) — Harmony p. Herod — Rutilia (s. de Rachel et m. d'Highflyer) p. Blank, etc.
			Euclid (Alez.—1836)	Emilius p. **Orville** (Beningbro et Evelina) — Emily p. Stamford (**Sir Peter** et Horatia p. Eclipse) — f. de Whisky (Saltram et Calash p. Herod), etc. Maria s. d'Emma, p. Whisker (Waxy et Penelope p. Trumpator) — Gibside Fairy p. Hermes (Mercury) — Vicissitude p. Pipator (Trumpator), etc.
			Martha Lynn (Bbr.—1837)	Mulatto p. Catton (Golumpus) — Desdemona p. **Orville** — Fanny p. **Sir Peter** (Highflyer) — f. de Diomed — Desdemona p. Marske, etc. Leda p. Filho da Puta (Haphazard p. **Sir Peter**) — Treasure p. Camillus — f. de Hyacinthus (Coriander) — Flora p. King Fergus, etc.

WAR DANCE

(APPARTIENT A M. MAURICE ÉPHRUSSI)

Pendant la saison de monte de 1893 War Dance sera en station au haras du Gazon (station de Montabart, Orne), où il saillira un certain nombre de juments étrangères au haras, à raison de douze cents francs, plus 20 francs pour l'écurie. S'adresser à M. Ephrussi, 19 avenue du Bois de Boulogne, à Paris.

War Dance, par Galliard, est né en 1887 chez M. F. Robinson; il est le premier produit qu'à eu en France War Paint, née en 1878 en Angleterre chez M. J.-R. Slater, et importée, pleine de Galliard, par M. F. Robinson, en 1886. Bai, de grande taille, 1m 63, War Dance est très bien équilibré, très harmonieux, avec la croupe très développée pour son volume, et d'excellents aplombs; il marque beaucoup d'espèce. Acheté yearling 1.150 francs par M. Ephrussi, à la liquidation de l'écurie de M. F. Robinson, War Dance a fait ses débuts dans le prix de Sablonville, à Longchamps, où il fut placé troisième derrière Disque et Solitude ; il courait ensuite le prix de Versailles à Maisons, où il était battu d'une courte tête par Paradisia; sa victoire dans le prix du Poitou, à Saint-Ouen, où il n'avait rien à battre, était suivie de deux défaites dans le prix des Chênes, à Paris, gagné par Master Gillam, et dans le prix du Petit Couvert à Chantilly, mais il terminait la saison par deux victoires à Maisons et à Vincennes, sans grande signification, il est vrai. War Dance courait dix-neuf fois l'année suivante et gagnait douze courses, notamment le prix des Acacias où il battait Sucre-d'Orge et Dacis, le Grand Prix de Bruxelles sur Moineau et Livie II, le prix de Fay, à Paris, sur Réveillé, et le prix de Meautry à Deauville, où il battait de deux longueurs la gagnante du prix de Diane, Wandora; dans la Grande Poule des Produits, il avait fini troisième derrière Puchero et Yellow, et il occupait la même place dans le prix de la Forêt, à deux longueurs de Châlet et de Laurier; il avait, en somme, fait preuve d'une bonne qualité sur des distances moyennes et d'un excellent tempérament. A quatre ans (1891), War Dance gagnait les trois courses où il se présentait, battant May Pole, Sledge, et en dernier lieu Puchero, sur son déclin, dans le prix de la Loire, à Maisons-Laffitte, où il faisait sa dernière apparition. War Dance a fait, en 1892, sa première saison de monte; il est, en France, l'un des rares représentants mâles de la famille de Blacklock.

PEDIGREE DE WAR DANCE

WAR DANCE (Bai-1887)	GAILLARD (Bai-Brun—1880)	Voltigeur (Bbr.—1847)	Voltaire p. **Blacklock** (Whitelock et f. de Coriander) — f. de Phantom (Walton) — f. d'Overton — m. de Gratitude p. Walnut, etc. Martha Lynn p. Mulatto (Catton et Desdemona p. Orville)—Leda p. Filho da Puta — Treasure p. Camillus — f. d'Hyacinthus (Coriander), etc.
	Galopin (Bai—1872)	Mrs Ridgway (Baie.—1849)	**Birdcatcher** p. Sir Hercules (Whalebone) — Guiccioli p. Bob Booty (Chanticleer) — Ierne p. Bagot — Flight p. Irish Escape, etc. Nan Darrell p. Inheritor (Lottery)—Nell p.**Blacklock** — Madame Vestris p.Comus — Lisette p. Hambletonian — Constantia p. Walnut, etc.
	Flying Duchess (B.—1858)	The Flying Dutchman (Bbr.—1846)	Bay Middleton p. Sultan (Selim) — Cobweb p. Phantom — Filagree p. Soothsayer — Goldenlocks p. Delpini — Violet p. Shark, etc. Barbelle p. Sandbeck (Catton et Orvillina p. Beningbro')— Barioletta p. Amadis — Selima p. Selim — f. de Pot8os — Editha p. Herod, etc.
	Vedette (B.—1854)	Merope (Baie—1841)	Voltaire p. **Blacklock** —f. de Phantom (Walton et Julia p. Whisky)— f. d'Overton — f. de Walnut (Highflyer) — f. de Ruler, etc. M. de Velocipede p. Juniper (Whisky et Jenny Spinner p. Dragon) — f. de Sorcerer—Virgin p. Sir Peter — f. de Pot8os — Editha, etc.
	Macaroni (B—1860)	Sweetmeat (Bbr.—1842)	Gladiator p Partisan (Walton)—Pauline p. Moses (Seymour)—Quadrille p. Selim — Canary Bird p. Sorcerer — Canary p. Coriander, etc. Lollypop p. **Voltaire**—Belinda p. **Blacklock**—Wagtail p. Prime Minister — f. d'Orville — Miss Grimstone p. Weasel — f. d'Ancaster, etc.
	Mavis (Baie—1874)	Jocose (Baie—1843)	Pantaloon p. Castrel (Buzzard)—Idalia p. Peruvian—Musidora p.Meteor — Maid of All Work p. Highflyer — s. de Tandem p. Syphon, etc. Banter p. Master Henry (Orville)—Boadicea p. Alexander— Brunette p. Amaranthus — Mayfly p. Matchem — f. d'Ancaster Starling, etc.
	Merlette (Al.—1858)	The Baron (Alez.—1842)	**Birdcatcher** p. Sir Hercules (Whalebone et Peri p. Wanderer)—Guiccioli p. Bob Booty—Flight p. Irish Escape—Young Heroine p. Bagot, Echidna p Economist (Whisker et Floranthe p. Octavian) — Miss Pratt p. **Blacklock** — Gadabout p. Orville — Minstrel p. Sir Peter, etc.
		Cuckoo (Alez.—1843)	Elis p. Langar (Selim et f. de Walton)—Olympia p. Sir Oliver (Sir Peter) —Scotilla p. Anvil—Scota p. Eclipse—Harmony p. Herod—Rutilia, etc. Reel p. Camel (Whalebone et f. de Selim) — La Danseuse p. **Blacklock** — Madame Saqui p. Remembrancer — Fadladinida p. Sir Peter, etc.
	WAR PAINT (Bai-Brune—1878)	The Baron (Alez.—1842)	Birdcatcher p. Sir Hercules (Whalebone) — Guiccioli p. Bob Booty (Chanticleer) — Flight p. Irish Escape (Commodore)—Y. Heroine,etc. Echidna p. Economist (Whisker) — Miss Pratt p. **Blacklock** — Gadabout p. Orville — Minstrel p. Phenomenon, etc.
	Uncas (Bai—1855)	Pocahontas (Baie—1837)	Glencoe p. Sultan (Selim) — Trampoline p. Tramp (Dick Andrews) — Web p. Waxy — Penelope p. Trumpator — Prunella p. Highflyer, etc. Marpessa p. Muley (Orville) — Clare p. Marmion (Whisky) — Harpalice p. Gohanna — Amazon p. Driver (Trentham p. Sweepstakes), etc.
	Stockwell (Al.—1849)	Mountain Deer (Bai—1848)	**Touchstone** p. Camel (Whalebone)— Banter p. Master Henry (Orville) — Boadicea p. Alexander—Brunette p. Amaranthus (Old England), etc. Mountain Sylph p. Belshazzar (**Blacklock**) — f. de Whalebone — f. de Frolic (Hedley) — m. de Camel p. Selim — Maiden, etc.
	Nightingale (N.—1857)	Clarinda (Noire—1834)	Sir Hercules p. Whalebone (Waxy) — Peri p. Wanderer (Gohanna et Catherine p. Woodpecker) — Thalestris p. Alexander, etc. Mustard p. Philip I (Langar et f. de Queensbury p. Remembrancer) — — Vinegar p. Picton (Smolensko) — Wire p. Waxy, etc.
	Piracy (Baie-brune—1878)	Wild Dayrell (Bbr.—1852)	Ion p. Cain (Paulowitz et f. de Paynator) — Margaret p. Edmund (Orville) — Medora p. Selim — f. de Sir Harry — f. de Volunteer, etc. Ellen Middleton p. **Bay Middleton** (Sultan) — Myrrha p.Malek (**Blacklock**) — f. de Juniper — Bessy p. Y. Gouty — Grandiflora, etc.
	Buccaneer (B.—1866)	Fille de (Baie—1841)	Little Red Rover p. Tramp (Dick Andrews et f. de Gohanna) — Miss Syntax p. Paynator — f. de Beningbro'(King Fergus), etc. Eclat p. Edmund (Orville et Emmeline p. Waxy) — Squib p. Soothsayer — Berenice p. Alexander — Brunette p. Amaranthus — Mayfly, etc.
	Fille de (B—1867)	Newminster (Bai—1848)	**Touchstone** p. Camel (Whalebone et f. de Selim) — Banter p. Master Henry — Boadicea p. Alexander (Eclipse)—Brunette p. Amaranthus. etc. Beeswing p. Doctor Syntax (Paynator et f. de Beningbro') — f. d'Ardrossan (John Bull) — Lady Eliza p. Whitworth — f. de Spadille, etc.
		Fille de (Baie—1848)	Lanercost p. Liverpool (Tramp et f. de Whisker) — Otis p. Bastard (Buzzard)—m. de Gayhurst p. Election (Gohanna) — de Skyscraper,etc. Fille de Humphrey Clinker(Comus et Clinkerina)— Loo p. Waxy (Pot8os). — Piquet p. Sorcerer — Prunella p. Highflyer — Promise p. Snap,etc.

YELLOW

(APPARTIENT A M. LE COMTE G. DE JUIGNÉ, CH. DE BOIS-ROUAUD, LOIRE-INFÉRIEURE)

Pendant la saison de monte de 1893, Yellow sera en station au haras de Bois-Rouaud (station de Saint-Hilaire de Chaléons, Loire-Inférieure), où il saillira gratuitement huit juments étrangères au haras, ayant gagné un prix de 10.000 francs ou produit le gagnant d'un prix de 10.000 francs. S'adresser à M. le comte G. de Juigné, 91 rue de l'Université, à Paris.

Yellow, par Dutch-Skater, est né en 1887 au haras de Cheffreville, chez M. le comte de Berteux; il est le premier produit qu'a eu en France Miss Hannah, née en Angleterre en 1875 chez Madame la baronne de Rothschild et importée en 1886 par M. de Berteux, pleine de Dutch Skater; elle a donné également Aquarium avec Narcisse. Alezan brûlé avec deux balzanes postérieures, de grande taille, 1m64, Yellow est très fortement charpenté, très compact, avec des joints solidement soudés, un peu borné dans ses lignes, mais bien établi. Acheté yearling 8.300 francs par le comte G. de Juigné à la liquidation partielle de l'établissement de M. de Berteux, Yellow fit ses débuts à deux ans dans le Grand Prix de Spa, où il ne fut pas placé derrière Alicante et Maggie; il était ensuite envoyé à Bade, où il battait Dalberg, d'une tête, dans le prix de l'Avenir; il courait enfin le Grand Critérium, à Paris, où il n'était pas placé derrière Cromatella, La Horta et Disque. A trois ans (1892), Yellow commençait par gagner le prix de Fontainebleau à Paris, sur Cerbère et Disque; battu par Pourpoint dans le prix de Guiche, défaite d'une régularité discutable d'ailleurs, il enlevait d'une encolure le prix Hocquart, sur Puchero et Le Glorieux, et prenait sa revanche sur Pourpoint dans le Biennal qu'il enlevait facilement de deux longueurs. Troisième derrière Heaume et Pourpoint dans la Poule d'Essai des poulains, sur une distance un peu courte pour ses aptitudes, il prenait, dans la Grande Poule des Produits, la seconde place derrière Puchero auquel le terrain, très lourd ce jour-là, convenait beaucoup mieux que lors de leur première rencontre. Dans le prix Seymour, qu'il courait ensuite à la réunion d'été de Paris, il était battu d'une tête par Cerbère qu'une encolure séparait du vainqueur, Pourpoint, puis il enlevait dans un canter le prix d'Ispahan, sur War Dance et Liliane. A Spa, dans le Grand Prix du Sart, gagné par Alicante, il battait de trois longueurs le champion belge, Moineau; il prenait un galop d'exercice dans le prix de Consolation et allait courir, à Bade, le prix du Jubilé qu'il gagnait facilement. Il courait trois fois encore à la réunion d'automne de Paris, mais il avait alors perdu sa forme, et il était battu par Soliman, Mirabeau et Châlet. A quatre ans, Yellow établissait de nouveau son endurance en courant treize fois, presque toujours sur de longues distances; troisième dans le prix du Cadran, derrière Mirabeau et Le Glorieux, il gagnait le prix d'Inval à Maisons-Laffitte, les prix d'Escoville et de Seine-et-Marne à Paris, le prix du Conseil Municipal à Rouen, le prix de Beauvais à Maisons-Laffitte, et consacrait brillamment sa réputation en enlevant, après une lutte passionnante avec Guise, le Grand prix de Deauville, où il portait 64 kilos et laissait loin derrière lui le vainqueur du Grand Prix de Paris, Clamart (3 a., 57 kil. 1/2); il gagnait encore, pour compléter cette série de victoires, le prix de Bois-Rouaud à Fontainebleau, et le prix de Chantilly. Second entre Espion et Le Capricorne, dans le prix du Prince d'Orange, il terminait sa carrière sur le turf dans le prix Gladiateur, où il finissait troisième derrière Mirabeau et Le Glorieux. Il avait couru trente fois, quinze fois vainqueur et gagné 276.487 francs. Sa place était toute désignée au haras de Bois-Rouaud, où il paraît appelé à être le représentant de son père, Dutch Skater.

PEDIGREE DE YELLOW

YELLOW (Alezan—1887)	DUTCH-SKATER (Bai—1866)	The Flying Dutchman (Bbr.—1846)	Barbelle (B.1836) Bay Middleton (B.1833)	Sultan (Bai—1816)	Selim p. Buzzard — f. d'Alexander — f. d'Highflyer — f. d'Alfred (frère de Conductor) p. Matchem — f. de Snap — fille de Cullen Arabian. Bacchante p. Williamsons' Ditto — s. de Calomel p. Mercury— f. d'Herod — Folly p. Marske — Vixen p. Regulus — f. de Hattons' Spot, etc.
				Cobweb (Baie — 1821)	Phantom p. Walton — Julia p. Whisky (Saltram) — Young Giantess p. Diomed—Giantess p. Matchem—Molly Long Legs p. Babraham, etc. Filagree p. Soothsayer (Sorcerer) — Web p. Waxy— Penelope p. Trumpator — Prunella p Highflyer — Promise p. Snap —Julia p. Blank, etc.
		Fulvie (Alez.—1856)		Sandbeck (Bai — 1818)	Catton p. Golumpus — Catherine p. Woodpecker — Camilla p. Trentham (Sweepstakes p the Gower Stallion) — Lucy Grey p. Timothy, etc. Orvillina p. Beningbbro' — Evelina p Highflyer (Herod)—Termagant p. Tantrum — Cantatrice p. Sampson — f. de Regulus — m. de Marske, etc.
				Barioletta (Bbr.—1823)	Amadis p. Don Quixote—Fanny p. Sir Peter—f. de Diomed—Desdemona p. Marske — Y. Hag p Skim — Hag p. Crab — Ebony p. Childers, etc. Selima p. Selim—f. de Pot8os — Editha p. Herod — Elfrida p. Snap—Miss Belsea p. Regulus — f. de Bartlett Childers — f. d'Honeywood A., etc.
		Boutique (B.—1848)	Gladiator (B.—1833)	Partisan (Bai—1811)	Walton p. Sir Peter (Highflyer) — Arethusa p. Dungannon (Eclipse)— f. de Prophet — Virago p. Snap — f. de Regulus, etc. Parasol p. Pot8os (Eclipse) — Prunella p. Highflyer (Herod) — Promise p. Snap — Julia p. Blank — m. de Spectator p. Partner, etc.
				Pauline (Baie — 1826)	Moses p. Seymour (Delpini p. Highflyer) — f. de Gohanna — Grey Skim p. Woodpecker—m. de Silver p. Herod—Y. Hag p. Skim—Hag p. Crab. Quadrille p. Selim (Buzzard) — Canary Bird p. Sorcerer (Trumpator) — Canary p. Coriander — Miss Green p. Highflyer — Harriet p. Matchem.
				Y. Emilius ou Giges * (Bai — 1837)	Priam p. Emilius (Orville) — Cressida p. Whisky — Y. Giantess p Diomed — Giantess p. Matchem — Molly Long Legs p. Babraham, etc. Eva p. Sultan (Selim et Bacchante p. Williamsons' Ditto) — Eliza Leeds par Comus—Helen p. Hambletonian (King Fergus)—Susan p. Overton.
				Belvedere (Baie—1836)	Actæon p. Scud (Beningbro' et El za p. Highflyer) — Diana p. Stamford (Sir Peter et Horatia p Eclipse) — f. de Whisky—Grey Dorimant, etc. Belvoirina p. Stamford (Sir Peter et Horatia p. Eclipse) — sœur de Silver par Mercury (Eclipse et Old Tartar mare) — fille d'Herod, etc.
	MISS HANNAH (Baie—1878)	King-Tom ou Favonius* (Alezan—1868)	Parmesan (B.—1857)	Sweetmeat (Bbr.— 1842)	Gladiator p. Partisan (Walton)—Pauline p. Moses — Quadrille p. Selim — Canary Bird p. Sorcerer — Canary p. Coriander, etc. Lollypop p. Voltaire (Blacklock) — Belinda p Blacklock — Wagtail p. Prime Minister (Sancho et Miss Hornpipe Teazle)—f. d'Orville, etc.
				Gruyère (Baie—1851)	Verulam p. Lottery (Tramp)—Wire p. Waxy (Pot8os) — Penelope p. Trumpator — Prunella p. Highflyer — Promise p. Snap, etc. Jennala p. Touchstone (Camel) — Emma p. Whisker (Waxy) — Gibside Fairy p. Hermes — Vicissitude p. Pipator — Beatrice, etc.
			Zephyr (B.—1862)	King-Tom (Bai—1851)	Harkaway p. Economist (Whisker p. Waxy et Floranthe p. Octavian) —Fanny Dawson p. Nabocklish (Rugantino et Butterfly), etc. Pocahontas p. Glencoe (Sultan) —Marpessa p. Muley (Orville'—Clare p. Marmion (Whisky)—Harpalice p. Gohanna—Amazon p. Driver, etc.
				Mentmore Lass (Baie — 1850)	Melbourne p. Humphrey Clinker (Comus)—f. de Cervantes (Don Quixote) —f. de Golumpus (Gohanna) —s. de Paynator —s. de Zodiac, etc. Emerald p. Defence (Whalebone) — Emiliana p. Emilius (Orville) — f. de Whisker (Waxy) —Castrella p. Castrel — Madrigal p. Sir Peter.
		North-Lincoln (Bb.1856)	Chopette (Baie—1864)	Pylades (Baie—1852)	Surplice p. Touchstone (Camel p. Whalebone) — Crucifix p. Priam — Octaviana p. Octavian —f. de Shuttle—Zarah p. Delpini—Flora, etc. Fille de Bay Middleton (Sultan e. Cobweb)—Virula p. Voltaire (Blacklock)—f. de Lottery (Tramp)—Wagtail p. Prime Minister (Sancho).
				Cherokee (Bbr.— 1843)	Redsbank p. Sandbeck (Catton)—Johanna p. Selim — m. de Comical p. Skyscraper —f. de Dragon — m de Fidget p. Matchem, etc. Fille de Bay Middleton (Sultan et Cobweb) —f. de Smolensko (Sorcerer et Wowski)—Zoraida p. Don Quixote (Eclipse)—Grecian Princess, etc.
			Malaia (B.—1852)	Rataplan (Alez.—1850)	The Baron p. Birdcatcher — Echidna p. Economist — Miss Pratt p. Blacklock —Gadabout p. Orville —Minstrel p. Sir Peter—Matron, etc. Pocahontas p. Glencoe (Sultan et Trampoline p. Tramp)—Marpessa p. Muley—Clare p. Marmion—Harpalice p. Gohanna—Amazon p. Driver.
				Ferina (Baie—1844)	Venison p. Partisan (Walton) — Fawn p. Smolensko —Jerboa p. Gohanna (Mercury) —Camilla p. Trentham—Coquette p. the Compton B. Partiality p. Bay Middleton(Sultan —Favourite p Blucher (Waxy et Paulina p. Buzzard) —Scheherazade p. Selim —Gipsy p. Trumpator, etc.

ZUT

(APPARTIENT A L'ADMINISTRATION DES HARAS)

Pendant la saison de monte de 1893, Zut sera en station au haras du Pin (Orne), où il saillira trente-cinq juments de pur-sang anglais, à raison de cent francs. S'adresser à M. le Directeur du Dépôt d'étalons, au Pin (Orne).

Zut, par Flageolet, est né en 1876 chez M. C.-J. Lefèvre ; il est le cinquième produit de Regalia, par Stockwell, née en Angleterre en 1862 chez M. J. Cookson, et importée en 1871, par M. C.-J. Lefèvre ; elle a donné également Verneuil et Clémentine avec Mortemer. Alezan avec trois balzanes, dont une antérieure gauche, de bonne taille, 1m62, Zut est bâti en athlète, son ensemble est par suite un peu commun, mais il dénote une rare puissance ; l'épaule et l'avant-bras sont très forts, le dos en voûte ; la croupe, un peu avalée, est large et très musclée, les membres sont excellents, les jarrets admirablement soudés. Zut, qui appartenait par traité, comme une partie des produits élevés par M. Lefèvre, au comte de Lagrange, fut envoyé au dressage en Angleterre, mais il ne fit ses débuts qu'à la fin de sa deuxième année, dans un Post Sweepstakes, à Newmarket, où il fit un dead-heat avec Lancastrian. De retour en France au printemps de 1879, il commençait sa carrière de three year old en battant Venise et Saltéador dans le prix du Nabob, il gagnait ensuite la Poule d'Essai sur Ismaël, Avermes, Vignemale et Swift, préludant à sa victoire dans le prix du Jockey-Club, où il battait facilement Commandant, Flavio, Prologue, Saltéador et Basque. Dans le Grand Prix de Paris, qu'il courait ensuite, il devait se contenter de la quatrième place derrière Nubienne, Saltéador et Flavio ; il était alors envoyé en Angleterre, où il gagnait un Post Sweepstakes de 6.000 francs à Newmarket et un Racing Stakes de 11.000 francs à Goodwood. Il terminait la campagne en enlevant facilement à Longchamps le prix Royal Oak sur Saltéador, Prologue et Vignemale. A quatre ans (1880), Zut prenait la seconde place derrière Rayon-d'Or, dans le prix du Cadran et le prix Rainbow, et il faisait sa dernière course dans le prix de Seine-et-Marne à Fontainebleau, où il était battu par Milan II et Le Destrier. Il avait couru onze fois, gagnant sept courses et 247.525 francs. Acheté, à la fin de 1880, 50.000 francs au comte de Lagrange par l'Administration des Haras, Zut était attaché au dépôt du Pin, qu'il n'a pas quitté depuis et où il s'est affirmé comme l'un des meilleurs étalons du Gouvernement, aussi bien comme reproducteur de race pure que dans les croisements avec les juments de demi-sang. Parmi ses produits de pur-sang nous citerons : Clarion, Bulgarie, Palamède, Frapotel, Athos, Bois-Robert, La Huppe, Frondeuse, Modestie, Alain Chartier, Fligny, Istrie, Perle Rose, Vide-Gousset, Deauville, Lord Euvre, Avoir, Labrador, etc. La mère d'Avoir, Thrift, est fille de Stockwell ; Modestie est fille de Miss Capucine par the Ranger (par Voltigeur).

PEDIGREE DE ZUT

ZUT (Alezan—1876).	FLAGEOLET (Alezan—1870).	La Favorite (Baie—1863).	Plutus (Bai—1863).	Orlando (Bai—1841)	Touchstone p. Camel (Whalebone) — Banter p. Master Henry (Orville) —Boadicea p. Alexander— Brunette p. Amaranthus — Mayfly, etc. Vulture p. Langar (**Selim** et f. de **Walton**)—Kite p. Bustard (Castrel)— Olympia p. Sir Oliver (Sir Peter) — Harmony p. Herod, etc.
				Cavatina (Alez.—1845)	Redshank p. Sandbeck (Catton) — Johanna p. **Selim** — m. de Comical p. Skyscraper (Highflyer) — f. de Dragon (Regulus) — m. de Fidget. Oxygen p. Emilius (**Orville**)—Whizgig p. Rubens—Penelope p. Trumpator (Conductor)—Prunella p. Highflyer, etc.
			Fille de (B.—1852) Monarque (B.—1853).	Planet (Bai—1834)	Bay Middleton p. Sultan (**Selim**)—Cobweb p. Phantom (Walton et Julia p. Whisky) — Filagree p. Soothsayer—Web p. Waxy, etc. Plenary p. Emilius (**Orville**)—Harriet p. Pericles (Evander et f. de Precipitate)—f. de **Selim**—Pipylina p. Sir Peter—Rally p. Trumpator, etc.
				Alice Bray ex *Hazy* (Baie — 1848)	Venison p. **Partisan** (Walton p. Sir Peter)—Fawn p. Smolensko—Jerboa p. Gohanna—Camilla p. Trentham—Coquette p. The Compton Barb. Darkness p. Glencoe (Sultan et Trampoline p. Tramp)—Fanny p. Whisker (Waxy)—f. de Camillus (Hambletoniam)—f. de Precipitate, etc.
		Monarque (B.—1853). Constance (Al.—1848)		The Baron (lbs Emperor ou Sting * (Bbr.—1843)	Slane p. **Royal Oak** (Catton) — f. d'Orville—f. de Buzzard—Hornpipe p. Trumpator —Luna p. Herod—s. d'Eclipse p. Marske—Spiletta,etc. Echo p. Emilius (**Orville**) — f. de Pioneer (Whisky) — Canary Bird p. Sorcerer—Canary p. Coriander— Miss Green p. Highflyer, etc.
				Poetess (Baie—1838)	**Royal Oak** p. Catton (Golumpus et Lucy Grey) — f. de Smolensko — Lady Mary p. Beningbro' (King Fergus)—f. d'Highflyer, etc. Ada p. Whisker (Waxy)—Anna Bella p. Shuttle—f. de Drone—Contessina p. Young Marske — Tuberose p. Herod — Grey Starling, etc.
				Gladiator (Alez.—1833)	**Partisan** p. Walton (Sir Peter)—Parasol p. Pot8os (Eclipse)— Prunella p. Highflyer—Promise p. Snap—Julia p. Blank, etc. Pauline p. Moses (Seymour et Grey Skim)—Quadrille p. **Selim**—Canary Bird p. Sorcerer—Canary p. Coriander—Miss Green p. Highflyer, etc.
				Lanterne (Baie—1841)	Hercule p. Rainbow (Walton et Iris p. Brush) — Aimable p. Election (Gohanna) — f. de Y. Whisky — f. de Walnut— f. de Javelin, etc. Elvira p. Eryx (Milo et fille de Buzzard)—Coral p. Orville — Fairing p. Waxy —Rally p. Trumpator—Fancy, s. de Dinned, etc.
	REGALIA (Alezan—1865).	Stockwell (Alezan—1849).	The Baron (Al.—1843)	Birdcatcher (Alez.—1833)	Sir Hercules p. Whalebone (**Waxy**) — Peri p. Wanderer (Gohanna) — Thalestris p. Alexander—Rival p. Sir Peter — Hornet p. Drone, etc. Guiccioli p. Bob Booty (Chanticleer et Ierne p. Bagot) — Flight p. Irish Escape — Y. Heroine p. Bagot —Heroine p. Hero — f. de Regulus, etc.
				Echidna (Bbr.—1837)	Economist p. Whisker (**Waxy**) — Floranthe p. Octavian — Caprice p. Anvil (Herod et f. de Feather) — Crazy p. Lath —Madcap p. Eclipse, etc. Miss Pratt p. Blacklock — Gadabout p. Orville — Minstrel p. Sir Peter — Matron p. Florizel — Maiden p. Matchem — f. de Squirt, etc.
			Pocahontas (B.—1837).	Glencoe (Alez.—1833)	Sultan p. Selim (Buzzard)—Bacchante p. Williamsons' Ditto (**Sir Peter**) — s. de Colomel p. Mercury — f. d'Herod — Folly p. Marske, etc. Trampoline p. Tramp (Dick Andrews et f. de Gohanna)— Web p. **Waxy** — Penelope p. Trumpator — Prunella p. Highflyer — Promise, etc.
				Marpessa (Baie—1830)	Muley p. **Orville** (Beningbro' et Evelina p. Highflyer)—Eleanor p. Whisky (Saltram) — Y. Giantess p. Diomed(Florizel)—Giantess p. Matchem, etc. Clare p. Marmion (Whisky et Y. Noisette p. Diomed)— Harpalice p. Gohanna — Amazon p. Driver — Fractious p. Mercury, etc.
		The Gem (Noire—1851).	Touchstone (Bbr.—1831)	Camel (Noir—1822)	Whalebone p. **Waxy** (Pot8os) — Penelope p. Trumpator — Prunella p. Highflyer—Promise p. Snap — Julia p. Blank, etc. Fille de Selim — Maiden p. **Sir Peter** — f. de Pheuomenon (Herod) — Matron — f. Florizel (Herod) — Maiden p. Matchem, etc.
				Banter (Bbr.—1826)	Master Henry p. **Orville** — Miss Sophia p. Stamford (**Sir Peter**) — Sophia p. Buzzard—Huncamunca p. Highflyer—Cypher p. Squirrel. Boadicea p. Alexander (Eclipse)—Brunette p. Amaranthus—Mayfly p. Matchem — f. d'Ancaster Starling — f. de Grasshopper, etc.
			Riddy (Alez.—1839)	Bran (Alez.—1831)	Humphrey Clinker p. Comus (Sorcerer et Houghton Lass p. Sir Peter) — Clinkerina p. Clinker (Sir Peter) — Pewet p. Tandem (Syphon), etc. Velvet p. Oiseau (Camillus et f. de Ruler) — Wire p. Waxy (Pot8os) — Penelope p. Trumpator — Prunella p. Highflyer—Promise p. Snap, etc.
				Idalia (Bbr.—1815)	Peruvian p. Sir Peter (Highflyer et Papillon p. Snap) — f. de Boudrow — m. d'Escape p. Squirrel — s. de Lowthers' Babraham p. Babraham, etc. Musidora p. Meteor—Maid of All Work p. Highflyer—s. de Tandem p. Syphon — f. de Regulus — f. de Snip—f. de Gottingham, etc.

ÉTALONS FAISANT LA MONTE

EN FRANCE EN 1893, NON DÉCRITS DANS L'OUVRAGE

	Propriétaires.	Stations.	Prix de Saillie.
Alhambra (B., 1879 — *Consul* et *the Abbess*)...	Vte DE RAINNEVILLE.	Allonville, près Amiens.	»
Au Petit Bonheur (Al., 1886—*Paladin* et *Blanche*).	M. D. DE GERNON..	Capeyron, Gironde.	100 fr.
Balzan (B.,1883 *Wellingtonia* et *Queen of the Valley*)	Marquis MAISON...	Epône, S.-et-O.	100 fr.
Baudres (B.,1880—*Robert-Houdin* et *Bréviande*)..	Baron FINOT......	Langé, Indre.........	»
Beaurepaire (B., 1874—*Mortemer* et *Beauty*)....	ADM. DES HARAS...	La Roche-sur-Yon.....	20 fr.
Bégonia (B., 1885 — *Plutus* et *Belle-Etoile*)....	M. P. DESCLOS....	Moulins-la-Marche, Orne	»
Bérenger (Al., 1888—*The Bard* et *Boutade*)....	M. HENRI SAY....	Lormoy, S.-et-O.	1500 fr.
Boissy (B., 1883 — *Verdun* et *Belle-Etoile*).....	ADM. DES HARAS...	Pont-l'Evêque........	50 fr.
Brest (B., 1881 — *Ethus* et *Baroness*)..........	M. J. LEBAUDY...	Campagne-St-B., Vienne	100 fr.
Caid (Al., 1888 — *Saxifrage* et *Eva*)..........	M. CAMILLE BLANC.	La Boulie, p. Versailles.	500 fr.
Carrousel (Al., 1888 — *Escogriffe* et *Clémentine*).	M. AD. ABEILLE..	St-Nicolas, près Senlis.	Gratuit
Charvet (B., 1884—*Balagny* et *Chemise*).......	M. AD. ABEILLE..	St-Nicolas, près Senlis.	Gratuit
Clairon (B., 1888 — *Wellingtonia* et *Aida*)......	Comte DAUGER....	La Chapelle-sur-Orne..	100 fr.
Claymore (B., 1884 — *Camballo* et *Setapore*)....	M. ALBERT MÉNIER	Le Mandinet, S.-et-M...	»
Compagnon II (Al., 1888—*Energy* et *Coronation*)	M. EDMOND BLANC.	Pouzac, Haut.-Pyr....	Gratuit
Courtois (B., 1876 — *Parnasse* et *Courtoisie*)...	ADM. DES HARAS...	Gelos, près Pau.......	20 fr.
Don Fulano (A.,1878 *King Alfonso* et *Canary Bird*)	ADM. DES HARAS...	Combiers, Charente.....	10 fr.
Dourak (Al.,1887 *Victor Emanuel* et *Dulce Domum*)	M. MICHEL EPHRUSSI	Dangu, Eure..........	»
Fétiche (B., 1883 — *Nougat* et *Fleurines*).....	M. MAUR. EPHRUSSI	Gouvieux, Oise........	200 fr.
Forest-Dancer (B. 1886—*Rosicrucian* et *Katinka*)	M. FASQUEL.......	Senlis, Oise..........	»
Joel (Al., 1887 — *Little-Duck* et *Jocosa*)........	B^{on} DE SOUBEYRAN..	Albian, S.-et-O......	100 fr.
Le Chesnay (B., 1889 — *Energy* et *La None*)...	M. EDMOND BLANC.	Pouzac, Haut.-Pyr....	Gratuit
Le Glorieux (Al., 1887 — *Frontin* et *The Garry*).	M. ALBERT MÉNIER	Le Mandinet, S.-et-M..	1500 fr.
Lœffler (B., 1885 — *Westminster* et *Coquette*)..	M. P. DESCLOS....	Moulins-la-Marche, Orne	»
Martin-Pêcheur II (B., 1881—*Dollar* et *Schooner*)	M. A. CARTIER....	Grisy-l-Patres, S.-et-O.	500 fr.
Mirabeau (Al., 1887 — *Saxifrage* et *Marianette*)	M. ALBERT MÉNIER	Le Mandinet, S.-et-M..	1500 fr.
Orchid (B., 1880 — *Hampton* et *Lady Lavender*).	ADM. DES HARAS...	Rambouillet..........	50 fr.
Phlegethon (B., 1886—*Fontainebleau* et *Isménie*)	ADM. DES HARAS...	La Roche-sur-Yon....	60 fr.
Prétendant II (Al., 1888— *Energy* et *Porcelaine*)	M. TH. DOUSDEBÈS.	Bécheville, S.-et-O.....	300 fr.
Raffaello (Al., 1881 — *Hermit* et *Faraway*).....	M. H. DELAMARRE.	Gouvieux, Oise........	50 fr.
Rânes (B., 1889 — *Bruce* et *Rigodon*)...........	ADM. DES HARAS...	Alençon..............	100 fr.
Sacramento (Bb., 1887—*Sterling* et *America*)...	ADM. DES HARAS...	Nexon, Haute-Vienne.	50 fr.
Saint-Cyr (Bb., 1872 — *Dollar* et *Finlande*)....	ADM. DES HARAS...	Saillabouze, P.-O.....	20 fr.
Saint-Léon (Al., 1885— *Frontin* et *Fair-Lyonese*)	Vte D'HARCOURT...	St-Georges, Allier.....	200 fr.
Saint-Luc (B., 1884 — *Mourle* et *Bariolette*)...	ADM. DES HARAS...	Victot, Calvados......	100 fr.
Satory (Al., 1880 — *Trocadéro* et *Reine-de-Saba*)	MM. ANDRÉ ET AUMONT	Cesny, Calvados.	»
Soliman (Al., 1886 — *Le Destrier* et *Stackhausen*)	Baron FINOT......	Langé, Indre.........	»
Souci (B., 1883 — *Dollar* et *Saltarelle*)........	M. THÉOD. DU TEMPLE	Beuxes, Vienne.......	40 fr.
Strathpeffer (G.,1887. *Barcaldine* et *Strathearron*)	M. R. HALBRONN...	Neuilly-Saint-James...	100 fr.
Sucre-d'Orge (B., 1888 — *Plutus* et *Virginie*)..	ADM. DES HARAS...	Rouen...............	50 fr.
Tantale (B., 1886 — *San-Stefano* et *Tartane*)...	ADM. DES HARAS...	Toulon-s-Arroux, S.-et-L	20 fr.
Trajan (B., 1889 — *Julius Cæsar* et *Teacher*)...	M. TH. DOUSDEBÈS.	Bécheville, S.-et-Oise.	300 fr.
Transatlantic (A,1878.*Atlantic* et *G^{de} Mademoiselle*)	M. ALBERT MÉNIER.	Le Mandinet, S.-et-M..	»
Val (Al., 1885 — *Salteador* et *Virginie*)........	Baron FINOT......	Langé, Indre.........	»
Vanneau (B., 1884 — *Perplexe* et *Ortolan*).....	Vte DE RAINNEVILLE.	Allonville, près Amiens.	»
Vernet (Al., 1880 — *Kingcraft* et *Verona*).....	ADM. DES HARAS...	Tarbes, Haut.-Pyr. ...	50 fr.
Zambo (Bb., 1888 — *King-Lud* et *Optimia*).....	ADM. DES HARAS...	La Roche-sur-Yon....	60 fr.
Zingaro (B., 1888 — *King-Lud* et *Dalmaine*)..	Comte DE BERTEUX.	Cheffreville, Calvados.	200 fr.

GRANDMASTER, page 124. — Le prix de saillie est de trois cents et non deux cents francs. S'adresser à M. Cabanous, villa Fould, à Tarbes.

PEPPER AND SALT, page 174, est en station au haras de Fitz-James (Oise), et non à Neuilly-Saint-James.

ÉTAT RECTIFICATIF DES ÉTALONS
APPARTENANT A L'ADMINISTRATION DES HARAS
DÉCRITS DANS CE VOLUME [1]

Noms des Étalons.	Stations en 1893.	Prix de Saillie	Nombre de Juments de pur sang anglais
Alger	Castres	50 fr.	40
Barberousse	Tarbes	100	40
Bariolet	Beuxes	40	30
Bay-Archer	Tarbes	100	40
Border Minstrel	Menneval	100	35
Bruce	Le Pin	100	35
Castillon	Tarbes	60	45
Chitré	Hyères	20	25
Dauphin	Tarbes	50	50
Fil-en-Quatre	Bagnères	30	50
Firmament	Lectoure	30	50
Floréal	Ludon	100	35
Gilbert	Villeneuve-sur-Lot	10	50
Guise	Gelos	50	30
Humewood	Le Pin	100	35
Jupin	Pompadour	10	50
Krakatoa	Le Merlerault	100	35
Mourle	Colombelles	100	35
Oviédo	Angers	50	50
Peregrine	Tarbes	60	40
Pré-Catelan	Angers	20	45
San-Stefano	Gelos	50	40
Sycomore	Tarbes	50	50
The-Condor	Écouché	50	40
Vignemale	Tarbes	100	40
Zut	Le Pin	100	35

1. — Pour les étalons auxquels il sera donné cinquante juments, on a mentionné le nombre de cartes accordées sans distinction de races, celui des saillies réservées aux juments de pur-sang anglais n'ayant pas été fixé.

CLASSIFICATION PAR GRANDES FAMILLES

DES 90 ÉTALONS DÉCRITS DANS CE VOLUME

FAMILLE DE BEADSMAN.

  a. — Lignée de **Pero Gomez**.
      Peregrine (*Pero Gomez* et *Adélaïde* par *Young Melbourne*).
  b. — Lignée de **the Palmer**.
      Pellegrino (*the Palmer* et *lady Audley* par *Macaroni*).

FAMILLE DU BIRDCATCHER

  a. — Lignée d'**Oxford**.
    Descendance de STERLING.
      Révérend (*Energy* et *Rêveuse* par *Perplexe*).
      Rueil (*Energy* et *Rêveuse* par *Perplexe*).
      Silver (*Sterling* et *Lucetta* par *Tibthorpe*).
  b. — Lignée de **Stockwell**.
      Escogriffe (*Caterer* et *Ella* par *Ely*).
      Firmament (*Silvio* et *Astrée* par *Dollar*).
      Julius Cæsar (*Saint-Albans* et *Julie* par *Orlando*).
      Jupin (*Silvio* et *Juliana* par *Julius*).
      Krakatoa (*Thunderbolt* et *Little Sister* par *Hermit*).
      Sorrento (*Springfield* et *Napoli* par *Macaroni*).
  c. — Lignée de **Warlock**.
      Border Minstrel (*Tynedale* et *Glee* par *Adventurer*).
      — Floréal (*Border Minstrel* et *Fleur-de-Mai* par *Saxifrage*).

FAMILLE DE BLACKLOCK

  Lignée de **Voltigeur**.
      Aquilin (*Uhlan* et *Attraction* par *Argonaut*).
      Gulliver (*Galliard* et *Distant Shore* par *Hermit*).
      War Dance (*Galliard* et *War Paint* par *Uncas*).

FAMILLE DU FLYING DUTCHMAN

  a. — Lignée de **Dollar**.
      Bocage (*Dollar* et *Printanière* par *Chattanooga*).
      Cambyse (*Androclès* et *Cambuse* par *Plutus*).
      Clamart (*Saumur* et *Princess Catherine* par *Prince Charlie*).
      Dauphin (*Dollar* et *Schooner* par *Father Thames*).

Fontainebleau (*Dollar* et *Finlande* par *Ion*).
Patriarche (*Dollar* et *Partlet* par *Birdcatcher*).
Pré-Catelan (*Greenback* et *Prenez-Garde* par *Flageolet*).
Prologue (*Dollar* et *Planète* par *Gladiateur*).
Sansonnet (*Dollar* et *Ortolan* par *Saunterer*).
— Courlis (*Sansonnet* et *Citronelle* par *Mars*).
Upas (*Dollar* et *Rosemary* par *Skirmisker*).
The Condor (*Dollar* et *Charmille* par *The Nabob*).
Vignemale (*Dollar* et *la Maladetta* par *the Baron*).

b. — Lignée de **Dutch Skater**.

Yellow (*Dutch Skater* et *Miss Hannah* par *Favonius*).

Famille d'**HARKAWAY**

Lignée de **King Tom**.

Grandmaster (*Kingcraft* et *Queen Berthe* par *Kingston*).
King Lud (*King Tom* et *Qui Vive* par *Voltigeur*).
Pythagoras (*Kingcraft* et *Migration* par *Trumpeter*).

Famille d'**IDLE BOY**.

Lignée de **Pretty Boy**.

Castillon (*Gabier* et *Chimène* par *Monarque*).

Famille de **MELBOURNE**.

Lignée de **West Australian**.

Mourle (*Ruy Blas* et *Mademoiselle de Couzeix* par *Sylvain*).
Guise (*Mourle* et *Giboulée* par *Suzerain*).
Reluisant (*Badgad* et *Kleptomania* par *Adventurer*).

Famille de **MONARQUE**.

a. — Lignée de **Consul**.

Albion (*Consul* et *the Abbess* par *Atherstone*).
Archiduc (*Consul* et *the Abbess* par *Atherstone*).
Flavio (*Consul* et *Fille-de-l'Air* par *Faugh a Ballagh*).
Nougat (*Consul* et *Nébuleuse* par *Gladiator*).
— Ermak (*Farfadet* et *Energetie* par *Lord Lyon*).
Oviédo (*Consul* et *Almanza* par *Dollar*).

b. — Lignée de **don Carlos**.

Barberousse (*Don Carlos* et *Mademoiselle de Saint-Igny* par *Beauvais*).

c. — Lignée de **Monitor II**.

Faisan (*Monitor II* et *Fluke* par *Turnus*).

d. — Lignée de **Trocadéro**.

Bariolet (*Trocadéro* et *Bariolette* par *Orphelin*).
— Malgache (*Bariolet* et *Miss Bowstring* par *Strafford*).
Chitré (*Trocadéro* et *Sée* par *Orphelin*).
Fra Diavolo (*Trocadéro* et *Orpheline* par *Orphelin*).

Narcisse (*Trocadéro* et *Julia Peel* par *Amsterdam*).
— Maxico (*Narcisse* et *Mab* par *Strathconan*).
Richelieu (*Trocadéro* et *Reine de Saba* par *Orphelin*).

FAMILLE DE PANTALOON.

Lignée de **Thormanby**.

Atlantic (*Thormanby* et *Hurricane* par *Wild Dayrell*).
— Le Saucy (*Atlantic* et *Gem of Gems* par *Strathconan*).

FAMILLE DE PARTISAN.

a. — Lignée de **Gladiator**.

Descendance de FITZ GLADIATOR.
San Stefano (*Faublas* et *Dauphine* par *Monarque*).
Saxifrage (*Vertugadin* et *Slapdash* par *Annandale*).
— Alger (*Saxifrage* et *Australie* par *Trocadéro*).
— Monarque (*Saxifrage* et *Destinée* par *Ruy Blas*).
— Pourtant (*Saxifrage* et *la Papillonne* par *Trocadéro*).

Descendance de PARMESAN.
Stracchino (*Parmesan* et *Old Maid* par *Robert de Gorham*).

b. — Lignée de **Glaucus**.

Descendance de VERMOUT.
Florestan (*Vermout* et *Deliane* par *the Flying Dutchman*).
Lavaret (*Boiard* et *Laversine* par *Monarque*).
Perplexe (*Vermout* et *Péripétie* par *Sting*).
— Puchero (*Perplexe* et *Japonica* par *See-Saw*).
— Sycomore (*Perplexe* et *Mimosa* par *King Tom*).
Vigilant (*Vermout* et *Virgule* par *Saunterer*),

FAMILLE DE TOUCHSTONE

a. — Lignée de **Newminster**.

Descendance d'HERMIT.
Achille (*Tristan* et *Aurore* par *Plutus*).
Gamin (*Hermit* et *Grace* par *the Scottish Chief*).
Heaume (*Hermit* et *Bella* par *Breadalbane*).
Le Hardy (*Saint-Louis* et *Albania* par *Saint-Albans*).

Descendance de LORD CLIFDEN.
Gilbert (*Lord Clifden* et *fille de Toxophilite*).
Lord Clive (*Lord Clifden* et *Plunder* par *Buccaneer*).
The Bard (*Petrarch* et *Magdelene* par *Syrian*).

Autre descendance.
Clocher (*Cathedral* et *Convent* par *Voltigeur*).

b. — Lignée d'**Orlando**

Descendance de MARSYAS.
Frontin (*George-Frederick* et *Frolicsome* par *Wentherbit*).

Descendance de PLUTUS.
Clover (*Wellingonia* et *Princess Catherine* par *Prince Charlie*.)
Fil-en-Quatre (*Plutus* et *Fidélité* par *Monarque*).
Fricandeau (*Plutus* et *la Fromentinière* par *Pretty Boy*).
Gournay (*Plutus* et *Grenade* par *Trocadéro*).

Les fils de Flageolet.

— Châlet (*Beauminet* et *the Frisky Matron* par *Cremorne*).
— Le Destrier (*Flageolet* et *la Dheune* par *Black Eyes*).
    — Stuart (*Le Destrier* et *Stockhausen* par *Stockwell*).
— Manoel (*Flageolet* et *Vestale* par *Patricien*).
— Xaintrailles (*Flageolet* et *Deliane* par *the Flying Dutchman*).
— Zut (*Flageolet* et *Regalia* par *Stockwell*).

c. — Autres descendances.

Bay Archer (*Toxophilite* et *Flurry* par *Young Melbourne*.)
Humewood (*Londesborough* et *Alabama* par *Buccaneer*).

Famille de WILD DAYRELL

a. — Lignée de **Buccaneer**.

Bruce (*See Saw* et *Carine* par *Stockwell*).
Little Duck (*See Saw* et *Light Dram* par *Rataplan*.

b. — Lignée de **The Rake**.

Pepper and Salt (*the Rake* et *Oxford Mixture* par *Oxford*).

LES GRANDS ÉTABLISSEMENTS D'ÉLEVAGE DE PUR SANG

EN FRANCE ET A L'ÉTRANGER

FRANCE

Nom des Haras.	Propriétaires.	Situation.
Albian	Baron de Soubeyran	Jouy-en-Josas (S.-et-O.).
Allonville	Vte de Rainneville	Près Amiens (Somme).
Bécheville	M. Th. Dousdebès	Les Mureaux (S.-et-Oise)
Bel Sito	M. D. Guestier	Gironde.
Bois-Roussel	M H. Delamarre et Cte Roederer	Près Séez (Orne).
Bois-Rouaud	Comte G. de Juigné	Loire-Inférieure.
Celle-St-Cloud (La)	M. Edmond Blanc	Seine-et-Oise.
Chamant	M. Albert Ménier	Près Senlis (Oise).
Champagné-St-Hilaire	M. Hastron-Lamorlière	Vienne.
Capeyron (du)	M. Dick de Gernon	Gironde.
Cheffreville	Comte de Berteux	Près Lisieux (Calvados).
Dangu	M. Michel Ephrussi	Près Gisors (Eure).
Fercoq	Duc de Feltre	Près Lamballe (Côtes-du-Nord).
Fould	M. Achille Fould	Tarbes (Hautes-Pyrénées).
Gazon (du)	M. Maurice Ephrussi	Près Montabart (Orne).
Joyenval	M. Camille Blanc	Seine-et-Oise.
La Chapelle	Vicomte de Chénelette	Près Séez (Orne).
Langé	Baron J. Finot	Indre.
Lastours	Comte de Lastours	Près Castres (Tarn).
Lormoy	M. Henri Say	Seine-et-Oise.
Lonray	Comte Le Marois	Près Alençon (Orne).
Malibor	Comte de Talhouet-Roy	Sarthe.
Malleret	M. P. Clossmann	Gironde.
Mandinet (Le)	M. Albert Ménier	Seine-et-Marne.
Martinvast	Baron de Schickler	Manche.
Meautry	Baron de Rothschild	Touques (Calvados).
Menneval	Vicomte Dauger	Eure.
Montfort	Comte R. de Nicolay	Sarthe.
Montgeroult	Baronne de Bray	Près Pontoise (Seine-et-Oise).
Moulins-la-Marche	M. P. Desclos	Orne.
Nexon	Baron de Nexon	Haute-Vienne.
Paray	Marquis de Tracy	Allier.
Pas (du)	M. Thonnard du Temple	Vienne.
Pepinvast	Comtesse P. Le Marois	Manche.
Rô (du)	Gén. de Rivera	Saillagouse (Pyr.-Orientales).
Sainte-Eulalie	Cte de David-Beauregard	Hyères (Var).
Saint-Georges	Vicomte d'Harcourt	Allier.
Senailly	M. Teissier	Montbard (Côte-d'Or).
Senlis	M. Fasquel	Oise.
Vaucresson	M. A. Lupin	Seine-et-Oise.
Victot	M. P. Aumont	Près Mézidon (Calvados).
Villebon	M. J. Lebaudy	Près Palaiseau (Seine-et-Oise).
Villechétive	M. J. Arnaud	Oise.
Villeron	B^{ons} Roger et de Varenne	Seine-et-Oise.
Viroflay	M. A. Lupin	Seine-et-Oise.

ANGLETERRE

Badminton	Duc de Beaufort	Chippenham, Wilts.
Baumber Park	M. Taylor Sharpe	Horncastle, Lincolns.
Beenham	M. Waring	Reading.
Berrington Hall	Lord Rodney	Hertford.
Blankney	M. H. Chaplin	Sleaford, Lincolns.
Blink Bonny	M. C. Perkins	Malton, Yorks.
Bushey Paddocks	Haras Royal	Hampton Court.
Childwickbury	Sir J. Blundell Maple	Saint-Albans, Hertford.
Compton	M. W. G. Stevens	Newbury, Berks.
Corby	Comte Mokronowski	Kettering, Northampton.
Croft	M. Winteringham	Darlington, Durham.
Ecchinswell House	M. Brodrick Cloete	Newbury, Berks.
Easton Park	Duc de Hamilton	Wickham Market, Suffolk.
Eaton	Duc de Westminster	Chester.
Fairfield	M. R. C. Vyner	Yorks.
Falmouth Paddocks	M. D. Baird	Newmarket.
Glasgow	M. H. Arnold	Enfield, Hertford.
Heather Farm	Dr. Freeman	Bath.
Heath-House	M. Blake	Maryborough, Irlande.
High Lodge	M. Wright	Richmond, Easby, Yorks.
High-Wycombe	M. T. Robinson	Buckinghamshire.
Knockany	M. Gubbins	Limerick
Kremlin Paddocks	Prince Soltykoff	Newmarket.
Lanwades	Lord Calthorpe	Kennet Station, Newmarket.
Leybourne Grange	M. Phillips	West-Malling.
Loughton	M. B. Trench	Moneygall, Kings Co, Irlande.
Ludwick Hall	M. Horman	Hatfield, Hertford.
Manor House	M. D. Peacock	Middleham, Yorks.
Melton	Lord Hastings	Swaffham, Norfolk.
Mentmore	Lord Rosebery	Bucks.
Merry Hampton	M. Simons Harrison	Cottingham, Hull, Yorks.
Moldron	Lord Zetland	Aske, Richmond, Yorks.
Oberstown House	M. C. Murphy	Naas, Kildare Co, Irlande.
Sefton	Duchesse de Montrose	Newmarket.
Sledmere	M. L. de Rothschild	Leighton, Buzzard.
Southcourt	Sir Tatton Sykes	Malton, Yorkshire.
Tathwell Hall	M. Botterill	Louth, Lincolns.
Tickhill	Lord Scarborough	Rotherham, Yorks.
Warren	M. Ellam	Epsom.
Welbeck	Duc de Portland	Worksop, Nottinghams.
Whimple	M. Smith	Exeter.
Worsley	Lord Ellesmere	Stetchworth, Newmarket.
Yardley	MM. Graham	Birmingham.

AUTRICHE-HONGRIE

Czaslau	M. Fred-Wagner	Autriche.
Napageld	M. Aristide Baltazzi	Autriche.
Bucsany	Baron G. Springer	Hongrie.
Calburg	Comte H. Henckel	Hongrie.
Kengyel	M. Nicolas de Blascovics	Hongrie.
Keszthely	Comte Tassilo Festetics	Hongrie.
Kisber	Haras Royal	Hongrie.
Papa	Comte Nicolas Esterhazy	Hongrie.
Szent-Marton	M. de Blascovicz	Hongrie.
Tordas	M. Dreher	Hongrie.
Totis	Comte Nicolas Esterhazy	Hongrie.

ALLEMAGNE

Basedow	Comte de Holm-Hahn	Mecklembourg.
Bererbeok	Haras Royal	Hofgeismar, pr. Cassel
Bielau	Baron Falkenhausen	Silésie.
Bockstadt	Baron Von Münchhausen	Près Cobourg.
Georgenburg	M. von Simpson	Silésie.
Goerlsdorf	Comte W. Redern	Magdebourg.
Graditz	Haras Royal	Près Torgau.
Gross-Strehlitz	Cte Tschirschki-Renard	Silésie.
Harzburg	Haras Royal	Brunswick.
Nordkirchen	Comte Nicolas Esterhazy	Westphalie.
Olschowa	Cte Tschirschky-Renard	Gr. Strelitz.
Puchhof	M. J. Jæger	Bavière.
Romolkwitz	Cte Henckel von Donnersmark	Silésie.
Schlenderhan	Baron Oppenheim	Près Cologne.
Steinort	Comte Lehndorff	Prusse Orientale.
Trakehnen	Haras Royal	Prusse Orientale.
Welsleben	M. F. Bothe	Près Magdebourg

ITALIE

Barbericina	Duc de Marino	Près Pise.
Biscigljeto	Baron del Sordo	Abruzzes.
Castellazzo	Sir Rholand	Près Milan.
Cazalecchio	Comte Denis Talon	Près Bologne.
Cologna-Ferrarese	M. Ch. Calderoni	Près Ferrare.
Maltraverso	Comte Turati	Près Milan.
Paprivano	Marquis Fossati	Près Brescia.
Poggio Mentone	Chev. Cesare Bertone	Près Orviéto.
San Salva	Comte de Sambuy et Associés	Près Turin.

RUSSIE

	Province
Haras de M. Dalmatow	Kiew.
— de M. Glazer	Grodno.
— du Prince Khilkow	Toula et Podolie.
— Impérial de Khrenovoï	Véronège.
— de M. Molostwov	Kazan.
— de M. Mossolow	Toula.
— du Comte Nyrodt	Esthonie.
— de M. O'Brien de Lassy	Grodno.
— M. Oursine Nemtsewtich	Grodno.
— du Comte Potocki	Vologda.
— du Prince Sangouchko	Vologda.
— du Comte Strogonow	Pskow.
— du Comte Vollovitch	Grodno.
— de M. Zybine	Toula.

BELGIQUE

Nom des Haras.	Propriétaires.	Province.
Casteau	Vte Henri de Buisseret	Hainaut.
Coolkerke	M. J. Verstraet	Flandre Occident.
Lungerbrugge	Baron F. Van-Loo	Flandre Orientale.
Mariemont	M. George Warocqué	Hainaut.
Mons	M. Fernand Coppée	Hainaut.
Perck	Comte de Ribeaucourt	Brabant.
Regelsbrugge	M. Ch. Liénart	Flandre Orientale.
Seneffe	Vte Louis de Buisseret	Hainaut.

ÉTATS-UNIS

Nom des Haras.	Propriétaires.	État
Beaumont	M. H. P. Headley	Kentucky.
Belle Meade	M. P. Lorillard	Nashville, Tennessee.
Bowling-Brook	M. Waldon	Maryland.
Brookdale	M. J. J. Moran (manager)	New-Jersey.
Elmendorf	M. C. J. Enright (manager)	Kentucky.
Hartland	M. J. N. Camden	Kentucky.
Iroquois	M. James B. Clay	Kentucky.
Kingston	M. J. B. Ferguson	Kentucky.
La Belle	M. E. Leigh	Kentucky.
Longstreet Farm	MM. Gideon et Daly	New-Jersey.
Macgrahiana	M. Milton Young	Kentucky.
Nursery	M. T. W. Shreve	Kentucky.
Rancho del Paso	M. J. B. Haggin	Californie.

RÉPUBLIQUE ARGENTINE

Nom des Haras.	Propriétaires.	Province.
Curumalan	M. Ed. Casey	Buenos-Ayres.
La Quinua	M. S. Luro	Buenos-Ayres.
Las Rosas	M. G. Kemmis	Santa-Fé.
Nacional	Société Privée	Buenos-Ayres.

TABLE ALPHABÉTIQUE

DES PRINCIPAUX CHEFS DE FAMILLE

DÉCRITS DANS L'OUVRAGE

Noms des Étalons	Date de la Naissance	Noms des Propriétaires	Pages
BLACKLOCK	1814	M. R. WATT	34
DOLLAR	1860	M. AUGUSTE LUPIN	46
ECLIPSE	1764	COLONEL O'KELLY	22
GLADIATOR	1833	ADMINISTRATION DES HARAS	38
HEROD	1758	SIR JOHN MOORE	20
MATCHEM	1748	M. W. FENWICK	18
MELBOURNE	1834	M. JOHN KIRBY	40
MONARQUE	1852	Comte FRÉDÉRIC DE LAGRANGE	44
ORVILLE	1799	S. A. R. le Prince DE GALLES	28
SELIM	1802	S. A. R. le Prince DE GALLES	30
SIR PETER	1784	Comte DE DERBY	26
STOCKWELL	1849	Marquis D'EXETER	42
TOUCHSTONE	1831	Marquis DE WESTMINSTER	36
TRUMPATOR	1782	LORD CLERMONT	24
VERMOUT	1861	M. HENRI DELAMARRE	48
WHALEBONE	1807	DUC DE GRAFTON	32

TABLE ALPHABÉTIQUE DES ÉTALONS

FAISANT LA MONTE EN FRANCE EN 1893

DÉCRITS DANS CE VOLUME

NOMS DE LEURS PROPRIÉTAIRES ET STATIONS DE MONTE

Noms des Étalons	Date de la Naissance	Noms des Propriétaires	Stations en 1893	Pages
Achille	1886	Duc de Feltre	Fercoq (Côtes-du-Nord)	52
Albion	1878	Baron de Nexon	Nexon (Haute-Vienne)	54
Alger	1883	Adm. des Haras	Castres (Tarn)	56
Aquilin	1878	Cte E. de Beauchamps	Morthemer (Vienne)	58
Archiduc	1881	M. Jacques Lebaudy	Villebon (Seine-et-Oise)	60
Atlantic	1871	Baron de Schickler	Martinvast (Manche)	62
Barberousse	1886	Adm. des Haras	Tarbes (Htes-Pyrénées)	64
Bariolet	1878	Adm. des Haras	Beuxes (Vienne)	66
Bay Archer	1876	Adm. des Haras	Tarbes (Htes-Pyrénées)	68
Bocage	1885	M. Auguste Lupin	Capeyron (Gironde)	70
Border Minstrel	1880	Adm. des Haras	Menneval (Eure)	72
Bruce	1879	Adm. des Haras	Le Pin (Orne)	74
Cambyse	1884	Comte Foy	Barbeville (Calvados)	76
Castillon	1877	Adm. des Haras	Tarbes (Htes-Pyrénées)	78
Chalet	1887	Comte Le Marois	Lonray (Orne)	80
Chitré	1880	Adm. des Haras	Hyères (Var)	82
Clamart	1888	M. Edmond Blanc	La Celle-St-Cloud (S.-O.)	84
Clocher	1875	Comte Cornudet	Crocq (Creuse)	86
Clover	1886	M. Edmond Blanc	La Celle-St-Cloud (S.-O.)	88
Courlis	1889	Comte de Lastours	Saint-Georges (Allier)	90
Dauphin	1881	Adm. des Haras	Tarbes (Htes-Pyrénées)	92
Ermak	1888	M. R. de Monbel	Paray (Allier)	94
Escogriffe	1881	M. Camille Blanc	La Boulie (Seine-et-Oise)	96
Faisan	1875	M. Jean Prat	Pessard-Le-Chêne (Calv.)	98
Fil-en-Quatre	1877	Adm. des Haras	Bagnères (Htes-Pyrénées)	100
Firmament	1883	Adm. des Haras	Lectoure (Gers)	102
Flavio	1876	M. Achille Fould	Tarbes (Htes-Pyrénées)	104
Floréal	1888	Adm. des Haras	Ludon (Gironde)	106
Florestan	1880	Cte Jean de Ganay	Rabey (Manche)	108
Fontainebleau	1874	Duc de Feltre	Fercoq (Côtes-du-Nord)	110
Fra Diavolo	1881	M. Paul Aumont	Victot (Calvados)	112
Fricandeau	1883	Cte R. de Nicolay	Montfort (Sarthe)	114
Frontin	1880	M. Albert Ménier	Le Mandinet (S.-et-M.)	116
Gamin	1883	M. Michel Ephrussi	Dangu (Eure)	118
Gilbert	1872	Adm. des Haras	Villeneuve-s.-Lot (L.-et G.)	120
Gournay	1884	Cte R. de Nicolay	Montfort (Sarthe)	122
Grandmaster	1880	M. Achille Fould	Tarbes (Htes-Pyrénées)	124
Guise	1888	Adm. des Haras	Gelos (Bses-Pyrénées)	126

Noms des Étalons	Date de la Naissance	Noms des Propriétaires	Stations en 1893	Pages
GULLIVER	1886	Vicomte d'Harcourt	Saint-Georges (Allier)	128
HEAUME	1887	Baron de Rothschild	Meautry (Calvados)	130
HUMEWOOD	1884	Adm. des Haras	Le Pin (Orne)	132
JULIUS CÆSAR	1873	Comte Le Marois	Lonray (Orne)	134
JUPIN	1883	Adm. des Haras	Pompadour (Hte-Vienne)	136
KING LUD	1869	Comte de Berteux	Cheffreville (Calvados)	138
KRAKATOA	1884	Adm. des Haras	Le Merlerault (Orne)	140
LAVARET	1881	Baron de Rothschild	Meautry (Calvados)	142
LE DESTRIER	1877	M. Th. Dousdebès	Bécheville (S.-et-O.)	144
LE HARDY	1888	M. Camille Blanc	Parey (Allier)	146
LE SANCY	1884	Baron de Schickler	Martinvast (Manche)	148
LITTLE DUCK	1881	Baron de Soubeyran	Albian (S.-et-O.)	150
LORD CLIVE	1875	Bons Roger et de Varenne	Villeron (S.-et-O.)	152
MALGACHE	1886	M. R. Petit le Roy	Fitz-James (Oise)	154
MANOEL	1880	Baron de Soubeyran	Albian (S.-et-O.)	156
MAXICO	1884	M. Henry Hawes	Suresnes (S.-et-O.)	158
MONARQUE	1884	M. Paul Aumont	Victot (Calvados)	160
MOURLE	1875	Adm. des Haras	Colombelles (Calvados)	162
NARCISSE	1876	M. Jacques Lebaudy	Villebon (S.-et-O.)	164
NOUGAT	1872	M. Maurice Ephrussi	Le Gazon (Orne)	166
OVIÉDO	1884	Adm. des Haras	Angers (Maine-et-Loire)	168
PATRIARCHE	1874	Baronne de Bray	Montgeroult (S.-et-O.)	170
PELLEGRINO	1874	M. Edmond Hastron	Champagné-St-Hil.(Vienne)	172
PEPPER AND SALT	1882	M. R. Halbronn	Fitz-James (Oise)	174
PEREGRINE	1878	Adm. des Haras	Tarbes (Htes-Pyrénées)	176
PERPLEXE	1872	Baron de Schickler	Martinvast (Manche)	178
POURTANT	1886	M. Michel Ephrussi	Dangu (Eure)	180
PRÉ-CATELAN	1887	Adm. des Haras	Angers (Maine-et-Loire)	182
PROLOGUE	1876	Marquis Maison	Maysel, près Chantilly	184
PUCHERO	1887	Ctesse P. Le Marois	Pépinvast (Manche)	186
PYTHAGORAS	1884	Sté du H. de San-Salva	Lastours (Tarn)	188
RELUISANT	1882	Cte R. de Nicolay	Montfort (Sarthe)	190
RÉVÉREND	1888	M. Edmond Blanc	La Celle-St-Cloud (S.-O)	192
RICHELIEU	1881	M. Michel Ephrussi	Dangu (Eure)	194
RUEIL	1889	M. Edmond Blanc	Pouzac (Htes-Pyrénées)	196
SANSONNET	1831	Comte Foy	Barbeville (Calvados)	198
SAN STEFANO	1877	Adm. des Haras	Gelos (B.-Pyrénées)	200
SAXIFRAGE	1872	M. Paul Aumont	Victot (Calvados)	202
SILVER	1883	M. de Saint-Jayme	Pau (B.-Pyrénées)	204
SORRENTO	1884	Baronne de Bray	Montgeroult (S.-et-O.)	206
STRACCHINO	1874	M. le Pargneux	Beauregard (Calvados)	208
STUART	1885	M. Camille Blanc	La Boulie (S.-et-O.)	210
SYCOMORE	1883	Adm. des Haras	Tarbes (H.-Pyrénées)	212
THE BARD	1883	M. Henri Say	Lormoy (S.-et-Oise.)	214
THE CONDOR	1882	Adm. des Haras	Ecouché (Orne)	216
UPAS	1883	Comte de Berteux	Cheffreville (Calvados)	218
VIGILANT	1879	M. H. Delamarre	Bois-Roussel (Orne)	220
VIGNEMALE	1876	Adm. des Haras	Tarbes (Hautes-Pyrénées)	222
XAINTRAILLES	1882	M. Auguste Lupin	Viroflay (S.-et-Oise)	224
WAR DANCE	1887	M. Maurice Ephrussi	Le Gazon (Orne)	226
YELLOW	1887	Comte G. de Juigné	Bois-Rouaud (Loire-Infre)	228
ZUT	1876	Adm. des Haras	Le Pin (Orne)	230

TABLE GÉNÉRALE ALPHABÉTIQUE
DES ÉTALONS ET DES POULINIÈRES

DONT LE PEDIGREE EST DONNÉ DANS L'OUVRAGE [1]

Nom	Pages	Nom	Pages	Nom	Pages	Nom	Pages
Abigail	41	Annandale	203	Basto	27	Bijou	91
ACHILLE	52	Annetta	89	Bataclan	107	Birdcatcher	43
Actæon	115	Annette	157	Bathilde	113	Birthday	149
Active	93	Annie	175	BAGIOLET	67	Bizarre, p Overton	181
Ada	45	Anticipation	63	Barioletta	47	Bizarre, p. Peruvian	181
Adelaïde	177	Antiope	49	Bariolette	66	Black and All Black	29
Adeline	221	Antonia	67	Barnton	81	Black Bird	93
Admiralty	93	Anvil	67	Bartletts' Childers	25	Black Eyes	145
Adventurer	191	Aphrodite	59	Bassinoire	107	Blacklegs	23
Ætna	95	AQUILIN	58	Batwing	79	BLACKLOCK	34
Agar	77	Aquilina	99	BAY ARCHER	68	Blair Athol	103
Agnès, p. Clarion	205	Arachne	213	Bay-Bolton	23	Blank	27
Agnes Wickfield	91	Araucaria	87	Bay Celia	193	Blaze	21
Aimable	99	ARCHIDUC	60	Bay Javelin	39	Blink Bonny	103
Akaster Turk	19	Ardrossan	119	Bay Middleton	173	Bloody Buttocks	25
Alabama	133	Arethusa	39	Bay Peg	21	Blucher	69
Aladdin	145	Argonaut	59	Beadsman	171	Blue Devils	109
Alarm	215	Armada	131	Beauminet	8	Boadicea	37
Albania	147	Aspasia	39	Beauty	81	Boarding School Miss	165
ALBION	54	Assault	119	Beauvais	65		
Alcaston	83	Astrée	103	Bedlamite	135	Bob Booty	43
Aléa	215	Atalanta	35	Beeswing	87	Bocage	70
Alexander	31	Atherstone	55	Bees Wing	163	Boiard	143
Alexina	215	ATLANTIC	69	Bella	131	Bonnie Bee	151
Alfred	31	Attraction	59	Belle-Dame	119	BORDER MINSTREL	72
ALGER	56	Aurore	53	Belle-de-Nuit	167	Boston	91
Alice-Bray	101	Australie	57	Belle-Dupré	127	Boutique	222
Alice Carneal	91	Autocrat	215	Belinda	209	Bran	93
Alice Hawthorn	207	Ayacanora	89	Bellona	145	Bravade	169
Allez-y-Gaiment	77			Belshazzar	121	Bravery	127
Almanzor	25	Babette	67	Belvedere	229	Braxey	97
Almauza	169	Bacchante	43	Belvoirina	223	Breadalbane	131
Amadis	47	Bagdad	191	Benediction	83	Breloque	179
Amaranthus	37	Bagot	43	Bengbro'	29	Bribery	135
Amazon, p. Driver	43	Bald Galloway	19	Berezina	133	Brights' Roan	31
Ambrose	89	Baleine	141	Berenice	75	Brightonia	203
Amsterdam	165	Banter	37	Bess	63	Brimmer	19
Ancaster Starling	25	Barbarina	133	Bessy	203	Brocade	81
Androclès	77	Barbelle	47	Bethells' Arabian	21	Brocket	75
Anna, p. Godolphin	77	BARBEROUSSE	64	Betty Leedes	23	Brown Bess	81
Anna-Bella	45	Bargain	81	Biddy	231	Brownlow Turk	21

1. — Les noms composés en petites capitales sont ceux des étalons décrits dans l'ouvrage.

248   L'ELEVAGE DU PUR SANG EN FRANCE

	Pages		Pages		Pages		Pages
Bruce	74	Cherry Duchess	193	Creeping Polly	35	Echidna	43
Brunette	37	Chimène	79	Cressida	49	Echo	45
Brutandorff	133	Chitré	28	Cripple	29	Eclat	75
Buccaneer	75	Chopette	229	Crucifix	87	Eclipse	22
Burletta	183	Cingara	163	Cuckoo	129	Economist	139
Bustard	73	Cinizelli	81	Cullen Arabian	25	Edmund	111
Butterfly	139	Citronelle, p. Mars.	91	Curiosity	31	Eleanor	43
Buzzard, p. Woodpecker	31	Clamart	84	Curwens B. Barb.	21	Election	135
Byerly Turk	17	Clara	99	Cypron	21	Electress	135
		Clare	43			Ellen	191
Cade	19	Claret	133	Dacia	65	Ellen Horne	95
Cain	111	Clarinda	227	Dame-Blanche	201	Ellen Middleton	63
Cambuse	77	Clarissa	99	Darkness	101	Elf	59
Cambyse	76	Claudine	161	Darley Arabian	21	Elis	165
Camel	37	Clinker	41	Dauphin	92	Eliza	45
Camilla	41	Clinkerina	41	Dauphine	201	Elisabeth	223
Camillus	47	Clocher	86	Deceitful	111	Eliza Leeds	135
Campêche	77	Clover	88	De Clare	143	Ella	97
Canary	39	Clumsy	21	Decoy	69	Ellerdale	71
Canary Bird	30	Coalition Colt	31	Defence	153	Elphine	73
Canezou	143	Cobweb	47	Defiance	153	Elthiron	179
Cantatrice	29	Co-Heiress	35	Deliane	109	Elvira	99
Cantonade	77	Colleen Dhas	175	Delhi	95	Ely	97
Caprice	43	Collingwood	93	Delpini	39	Emerald	215
Caravan	163	Colwick	67	Desdemona	87	Emeute	145
Cardinal Cape	215	Comedy	77	Destinée	161	Emilia	141
Care	199	Commodore	43	Destiny	163	Emiliana	215
Careless	21	Commodor Napier	163	Diana	79	Emilius	45
Carine	75	Comus	41	Dick Andrews	171	Emily	45
Caroline	175	Conductor	25	Diomed	49	Emma	99
Castillon	78	Coneyskins	23	Dirce	49	Emmeline	111
Castrel	159	Confederate	133	Distant Shore	129	Empress	215
Castrellina	117	Confederate filly	21	Diversion	173	Energetic	95
Cast Steel	219	Constance	99	Dr. Syntax	163	Energy	193
Caterer	97	Consul	55	Dollar	46	Engineer	31
Catharina	201	Contadina	137	Don Carlos	65	Englands'Beauty	175
Cathedral	87	Contessina	45	Don Cossack	127	Ennui	221
Catherine	85	Convent	87	Don John	161	Eoline	193
Catton	45	Coquette, p. Master Wags	107	Don Quixote	41	Epirus	67
Cavatina	101	Coral	99	Dove	25	Epsom Lass	45
Centaur	163	Cordelia	141	Drayton	193	Ermak	94
Cervantes	41	Coriander	35	Driver	49	Ernestine	211
Cestus	55	Corysandre	181	Drone	45	Eryx	99
Chalet	80	Countess	39	Duchess	29	Escogriffe	96
Champion	21	Courlis	90	Dulcamara	191	Estelle	75
Championnette	79	Cotherstone	199	Dulcinee	181	Etoile-Filante	103
Chanticleer	217	Cowl	173	Dungannon	39	Euclid	109
Charmille	217	Crab	29	Dutch Skater	229	Eulogy	109
Chatham	209	Cremorne	81	Duverney	209	Eusebia	113
Chantress	217	Creeping Folly	29	Dux	31	Eva	65
Chattanooga	71	Creeping Jenny	185	Eastern Princess	85	Evelina	29
Cherokee	229			Echelle	67	Excitement	83

TABLE ALPHABÉTIQUE DES ÉTALONS ET POULINIÈRES

Nom	Pages	Nom	Pages	Nom	Pages	Nom	Pages
Extasy	143	Flying Dutchman	47	Gitana	199	Hermit	119
Extravaganza	183	Flying Whig	27	Gladiateur	185	Herod	20
		Folly	173	GLADIATOR	38	Hersey	147
Fair Helen	119	FONTAINEBLEAU	110	Glance	95	Hester	49
FAISAN	98	Forester	31	Glee	73	Hetman Platoff	133
Falcon	219	Fortress	207	Glencoe	43	Highflyer	27
Fanny, p. Sir Peter	47	Fox	21	Glaucus	223	Hinda	201
Fanny, p. Tartar	29	Fox Cub	23	Godolphin Arabian (the)	19	Hœmus	103
Fanny, p Whisker	101	Fracas	145			Hope	193
Fanny Dawson	139	Fra Diavolo, par Filho da Puta	191	Godolphin, par Partisan	165	Hopeless	193
Fanny Legh	55			Goelette	103	Holbein	181
Far-Away	165	FRA DIAVOLO, par Trocadéro	112	Gohanna	39	Honey Dear	205
Farfadet	95			Goldenlocks	33	Honoria	59
Father Thames	93	Francesca	73	Goldfinder	35	Horatia	37
Faublas	201	Fraudulent	111	Golumpus	41	Hornby Lass	137
Faugh a Ballagh	105	Fraxinella	171	GOURNAY	122	Hornsea	201
Favonius	229	Frenzy	35	Gouty	55	Houghton Lass	41
Fawn	111	Frétillon	123	Governess	209	Hoyden	95
Fernande	59	FRICANDEAU	114	Grace	119	HUMEWOOD	132
Ferina	229	Frolic	117	Grandiflora	203	Humphrey Clinker	41
Fib	215	Frolicsome	117	GRANDMASTER	124	Huncamunca	37
Fidélité	101	FRONTIN	116	Grasshopper	25	Hurricane	63
Figaro	167	Fulvie	229	Grecian Princess	31	Hurry Scurry	159
Filagree	47	Furie	145	Grenade	123	Huttons'Bay Barb	23
FIL-EN-QUATRE	100			Greenback	183	Hyale	41
Filho da Puta	69	Gabier	79	Green Mantle	81	Hybla	73
Filikins	55	Gadabout	43	Grey Bloody Buttocks	25		
Fille de l'Air	105	Galanthus	151			Iago	169
Finesse	69	Galatea	153	Grey Grantham	21	Ibrahim	157
Finlande	111	Galena	79	Grey Hautboy	23	Idalia	231
FIRMAMENT	102	Galliard	129	Greyhound	25	Idle Boy	215
Fitz Gladiator	203	Galopin	192	Grey Robinson	23	Ierne	43
Flageolet	145	Gameboy	177	Grey Skim	39	Impérieuse	109
Flatcatcher	95	GAMIN	118	Grey Wilkes	23	Ina	217
FLAVIO	104	Garcia	125	Grisewoods Lady Thigh	25	Ino	217
Flax	125	Gardham	59			Industry	213
Fleur-de-Lin	107	Garland	219	Gruyère	209	Inheritor	185
Fleur-de-Mai	107	Garry Owen	123	Guiccioli	43	Io	207
Flight, par Irish Escape	43	Gemma di Vergy	193	GUISE	126	Iodine	205
		Gem of Gems	149	GULLIVER	128	Iole	215
Flight, p. Velocipède	209	Georgette	103			Ion	111
		George Frederick	117	Hambletonian	35	Ionian	191
Flighty	163	Georgina	157	Hampton Court Childers	29	Irish Belle	175
Flora	39	Gertrude	191			Irish Escape	43
Floranthe	139	Ghuznee	119	Handmaiden	139	Ishmael	185
FLORÉAL	106	Giantess	41	Haphazard	69	Ithuriel	69
FLORESTAN	108	Giboulée	127	Harkaway	139		
Florida	65	Gibside Fairy	97	Harpalice	43	Japonica	187
Florizel	45	Giges	229	Harpur Arabian	21	Javelin	39
Fluke	99	GILBERT	120	Harriet	101	Jeannette	187
Flurry	69	Gipsy	171	Hautboy	191	Jeannettan	91
Flying Childers	21	Gipsy Queen	163	HEAUME	130	Jennala	209
Flying Duchess	129	Giraffe	213	Hercule	99	Jerboa	125

Jerry	73	Lady Stumps	111	Lord Clifden	121	Maria, par Herod	35
Jigg	21	La Farandole	95	Lord Lyon	95	Maria, par Whisker	109
Jocose	173	La Favorite	145	Lord of the Isles	119	Maria Monk	91
Joe Andrews	171	La Fromentinière	115	Lottery	63	Marignan	193
Johanna	101	La Maladetta	223	Louisa	173	Marinella	163
Johanna Southcote	73	La Méchante	59	Lucetta	205	Maritornes	133
John Bull	73	Landscape	47	Lucy	45	Marmion	43
Joskin	95	Lauds' End	129	Lucy Grey	45	Marpessa	43
Julia, par Blank	33	Lanercost	87	Lustre	103	Mars	91
Julia, p. Whisky	47	Langar	67			Marske	23
Julia Peel	165	Lanterne	99	Mab	159	Martha Lynn	87
Juliana	137	La Papillonne	181	Macaroni	173	Marsyas	117
Julie	135	Lardella	41	Mme Delorme	143	MATCHEM	18
Julius	137	La Reine Berthe	185	Mme Eglentine	173	Matchless	25
JULIUS CÆSAR	134	Lass of the Mill, p. Oroonoko	35	Mme Vestris	139	Mathilde	137
JUPIN	136	Lass of the Mill, p. Traveller	35	Mlle de Couzeix	163	Matron	37
Kalmia	93	Launcelot	79	Mlle Désirée	163	Master Henry	37
Katherina	47	Laura	215	Mlle de Saint-Igny	65	Master Robert	175
Katherine	99	Laurel	209	Magdalene	215	Master Wags	107
Kernel	81	LAVARET	142	Magistrate	127	Mavis	129
Kingcraft	189	Lavender	35	Mahala	229	MAXICO	158
King Fergus	29	Laversine	143	Margaretta	161	May Bell	81
KING-LUD	138	Leda	139	Maiden, par Sir Peter	37	May Fair	81
Kingston	125	LE DESTRIER	144	Maid of Burghley	67	Mayfly	57
King Tom	139	Leedes Arabian (the)	21	Maid of Erin	185	Mayonaise	75
Kiss	217	Legerdemain	121	Maid of Masham	121	May Queen	81
Kite	135	LE HARDY	146	Maid of Palmyra	207	Medora	111
Kleptomania	191	Lena	115	Maid of the Mill	191	Mecance	131
Knowsley	81	Léopoldine	77	Maid of the Oaks	77	MELBOURNE	40
KRAKATOA	140	LE SANCY	148	Makeless	69	Meliora	21
		Leviathan	91	Makeshift	69	Mendicant	173
La Bossue	143	Lexington	91	Malek	203	Mentmore	215
Lacerta	119	Light Drum	151	MALGACHE	154	Mentmore Lass	229
La Dheune	145	Lisette	33	Malibran	117	Mentmore Sylph	133
Lady	53	Lister Turk (the)	23	Malton	163	Mentor	45
Lady Audley	173	Little Agnes	205	Malvina	133	Mercury	39
Lady Bird	169	LITTLE DUCK	150	Mundane	73	Mère de Bay Malton	31
Lady Chesterfield	131	Little Fawn	79	Mangel Wurzel	99	Mère de Bran	63
Lady Eden	69	Little Finch	201	Mango	137	Mère de Beeswing	73
Lady Eliza	87	Little Folly	173	Manilla	35	Mère de Miss Fanny	117
Lady Elisabeth	87	Little Hartley mare	27	MANOEL	156	Mère de Plumper	121
Lady Geraldine	211	Little Known		Mansfield Lass	105	Mère de Silver	39
Lady Harriet	55	Little Red Rover	133	Manuella	133	Mère de Wagtail	69
Lady Hawthorn	149	Little Sister	141	Marciana	161	Merlette	129
Lady Jane	139	Liverpool	97	Margaret, par Drayton	198	Merlin	23
Lady Lift	55	Lollypop	209	Margaret, par Edmund	175	Mérope	129
Lady Moore Carew	173	Londesborough	133	Margaretta	121	Merry Monarch	55
Lady of the Lake	191	Longbow	69	Margellina	125	Messalina	203
Lady of the Manor	147	LORD CLIVE	152	Margery Daw	75	Middle	119
Lady Roden	193			Margrave	65		
Lady Sarah	97						

TABLE ALPHABÉTIQUE DES ÉTALONS ET POULINIÈRES

	Pages		Pages		Pages		Pages
Middleton	173	Monitor II	99	Octave	49	Patricien	157
Midge	27	Morel	47	Octavian	117	Patty Primrose	65
Midia	63	Morgiana	117	Octaviana	125	Paulina	153
Migration	189	Morisca	79	Odessa	125	Pauline, p. Moses	39
Mildew	151	Morisco	99	Odine	113	Pauline, p. Volcano	105
Milkmaid	21	Morsel	205	Oddity	57	Paulowitz	111
Milo	69	Moses	39	Oglethorpe Arabian	19	Paulus	77
Mimosa	213	Moss Trooper	97	Oiseau	47	Pawn Junior	163
Minstrel	43	Mother Western	23	Old Club foot mare (the)	23	Payment	47
Minuit	127	Moutain Deer	227			Paynator	41
Miranda	107	Moutain Sylph	227	Olé England	37	Peasant Girl	95
Mirella	193	Mourle	162	Old Maid	209	Pedagogue	193
Miss Agnes	205	Mowerina	163	Old Montague mare	23	Peggy Sands	79
Miss Ann	119	Mrs. Barnet	69	Oleander	163	Pellegrino	172
Miss Annette	157	Mrs. Ridgway	139	Olympia	67	Penelope	33
Miss Bowman	155	Mrs. Sellon	119	Optimist	91	Pepper and Salt	174
Miss Bowe	69	Mulatto	139	Orlando	135	Peregrine	176
Miss Bowstring	155	Muley	43	Oroonoko	33	Peri	43
Miss Chantrey	69	Muley Moloch	63	Orphelin	195	Péripétie	179
Miss Cleveland	27	Music	183	Orpheline	113	Pero Gomez	177
Miss d'Arcys' Pet mare	21	Musidora	231	Ortolan	199	Péronelle	179
Miss Finch	201	Muta	219	Orville	28	Perplexe	178
Misfortune	131	Mustard	227	Orvilliva	47	Persepolis	167
Miss Fry	199	My Dear	175	Otis	87	Persévérance	95
Miss Gladiator	185	My Mary	215	Otisima	73	Persian	141
Miss Green	39	Myrrha	203	Oviedo	168	Peruvian	63
Miss Grimstone	69	Mystery	173	Oxford	205	Petrarch	215
Miss Hannah	229			Oxford Mixture	175	Pewet	41
Miss Hap	55	Nabocklish	139	Oxygen	101	Phantasima	191
Miss Letty	117	Nameless	173			Phantom	47
Miss Lydia	121	Nancy	63	Palais Royal	67	Phenomenon	35
Miss Milner	135	Nan Darrell	139	Palma	73	Physalis	141
Miss Pratt	43	Nanine	223	Palmyra	119	Physician	83
Miss Ramsden	31	Napoli	207	Pantaloon	63	Phryne	63
Miss Roan	35	Narcisse	164	Papillon	7	Picnic	75
Miss Sarah	155	Nativity	59	Papillotte	157	Pyracy	227
Miss Slamerkin	29	Nébuleuse	167	Parade	215	Places' White' Turk	19
Miss Slick	75	Nell	139	Paradigm	95	Planet	115
Miss Sophia	37	Neptune	211	Paragone	95	Planète	185
Miss Stephenson	117	Newminster	119	Parasol	39	Plenary	101
Miss Syntax	133	Newton Lass	119	Parmesan	209	Plenipotentiary	205
Miss Tooley	139	Nightingale	227	Partisan, p. Launcelot	79	Plunder	153
Miss Twickenham	75	Nitocris	149			Plutus	101
Miss Wilfred	143	Noélie	65	Partisan, p. Walton	39	Pocahontas	43
Miss Wilkes	209	Noisette	139	Partiality	229	Poetess	45
Miss Windsor	33	North Lincoln	229	Partlet	171	Poinsettia	149
Molly	213	Nougat	166	Partner	21	Polyxena	6
Monarque (1852)	44	Nun Appleton	135	Pasquinade	135	Pomme de Terre	99
Monarque, par Saxifrage	160	Nuncio	193	Patience	119	Post Haste	159
Monimia	49	Nurse	211	Patriarche	170	Pot8os	33
		Nutwith	81			Pourtant	189

252 L'ÉLEVAGE DU PUR SANG EN FRANCE

	Pages		Pages		Pages		Pages
Practice	215	Receipt	47	Saint-Patrick	83	Snail	21
Prairie Bird	175	Red Deer	141	St-Victors'Barb.	19	Snake	23
Praxis	139	Redshank	91	Sal	127	Snap	27
PRÉ-CATELAN	182	Reel	129	Salamanca	177	Snip	25
Precipitate	49	Refraction	223	Salambo II	123	Snowden Dunhill	131
Premium	145	Regalia	231	Saltram	49	Snowdrop	223
Prenez-Garde	183	Regatta	103	Sam	47	Sœur de Bonny Lass	31
Prétendante	191	Regulus	23	Sampson	29	Sœur de Blossom	
Pretty Boy	79	Reine-de-Saba	195	Sandbeck	47	Sœur de Busto	219
Priam	49	RELUISANT	190	SANSONNET	168	Sœur de Clomel	47
Prime Minister, p. Melbourne	151	Rémus	83	SAN STEFANO	200	Sœur de Challenger	41
Prime Minister, p. Sancho	209	Retort	79	Sarpedon	91	Sœur de Chanter	19
Prince	215	Reveller	203	Saumur	85	Sœur de Cobweb	125
Prince Charlie	85	RÉVÉREND	192	Saunterer	221	Sœur de Leedes	23
Princess	215	Rêverie	193	SAXIFRAGE	202	Sœur de Mixbury	21
Princess Catherine	85	Rêveuse	193	Scandal	169	Sœur de Old Country Wench	23
Princess of Wales	117	Revolution	91	Schooner	93	Sœur de Petworth	49
Princess Victoria	221	Radamanthus	79	Scotilla	67	Sœur de Ruffler	23
Printanière	71	Rhodante	123	Scud	45	Sœur de Slip	31
Prism	223	RICHELIEU	194	Scutari	63	Sœur de Sliphy	27
Problem	173	Rigolboche	81	Seclusion	119	Sœur de Soreheels	25
PROLOGUE	184	Ringbone	25	Secret	173	Sœur de Volunteer	33
Promise	33	Ringlet	133	See	83	Sœur de Zodiac	41
Prophet	39	Robert de Gorham	209	See Saw	75	Solace	205
Proserpine	115	Rockingham	75	SELIM	30	Soldiers Daughter	141
Protection	75	Ronzi	65	Selina	97	Soldiers' Joy	153
Prunella	33	Rosabelle	145	Semiseria	77	Soothsayer	63
PUCHERO	186	Rosa Langar	179	Serious	77	Sophia	37
Pulchérie	127	Rosalba	69	Sésostris	85	Sorcerer	41
Puss	105	Rosalind	35	Seymour	39	Soreheels	25
Pylades	229	Rosati	163	Shakspeare	59	SORRENTO	206
Pyrrha	29	Roseleaf	83	Sheet Anchor	117	Sounise	53
Pyrrhus the First	207	Rosemary	219	Shields Galloway	21	Southdown	215
PYTHAGORAS	188	Rowton	47	Shuttle	45	Souvenir	149
		Roxana	19	SILVER	204	Spanker	21
Quadrille	39	Royal Oak	45	Silverhair	103	Spectre	55
Queen Anne	125	Rubens	145	Silvertail	33	Spiletta	23
Queen Bertha	125	Rubrique	195	Silvio	103	Spinster	95
Queen Mary	97	RUEIL	196	Sir David	163	Spitfire	63
Queen of Tyne	73	Ruler	47	Sir Isaac	163	Splitvote	135
Qui Vive, par Royal Oak	123	Rugantino	139	Sir Hercules	43	Sponso	133
Qui Vive, par Voltigeur	139	Rust	175	Sir Oliver	67	Spot	19
Quiz	167	Rutland Black Barb (the)	21	SIR PETER	26	Sport	21
		Ruy Blas	163	Sir Paul	111	Sportsman	33
Rachel	27	Saffi	67	Sir Tatton Sykes	65	Sportsmistress	33
Ravières	107	Saint-Albans	135	Skirmisher	219	Springfield	207
Rally	41	Saint-George	41	Slane	45		
Rataplan	151	Saint-Louis	147	Slapdash	203		
Rebecca	63	Saint-Luke	135	Sleight of Hand	87		
		Saint-Martin	79	Smiths' Son of Snake	23		
				Smolensko	45		

TABLE ALPHABÉTIQUE DES ÉTALONS ET POULINIÈRES

	Pages		Pages		Pages		Pages
Squib	133	Tesane	71	Trampoline	43	Voluptas	143
Squirrel	25	Testatrix	75	Traveller	33	Vulcan	105
Squirt	23	Thalestris	43	Traviata	59	Vulture	135
Stamford	37	The Abbess	55	Treasure	87		
Stays	117	The Bard	214	Trinket	151	Wagtail	209
Starling	25	The Baron	43	Tristan	53	Walton	39
Stella	67	The Bloomer	117	Trocadéro	67	Wanderer	175
Sterling	205	The Colonel	209	Trumpator	24	War Dance	226
Sting	45	The Condor	216	Trumpeter	189	Warlock	73
Stockhausen	211	The Cure	255	Turnus	99	War Paint	227
Stockwell	42	The Duke	193	Twinkle	219	Waverley	161
Stolen Moments	87	The Emperor	77	Tynedale	73	Waxy	33
Stracchino	208	The Flyer	163			Weatherbit	117
Stradella	187	The Frisky Matron	31	Uhlan	59	Weasel	69
Strafford	155	The Gem	231	Uncas	227	Web	43
Strathconan	149	The Ladye of Silver Keld Well	97	Upas	218	Wedding Day	125
Stripling	43			Ursula	111	Weeper	65
Stuart	210	The Libel	135			Wellingtonia	89
Student	177	The Major	95	Vale Royal	161	West Australian	163
Sudbury	165	The Marquis	81	Varennes	209	Whalebone	32
Sultan	47	The Nabob	49	Variation	73	Whim	217
Summerside	71	The Nob	49	Variety	105	Whisker	45
Sunbeam	207	The Nun	87	Vauxhall Snap mare	45	Whisky	49
Sunflower	207	The Palmer	173			Whisper	205
Sunshine	207	The Provost	73	Vedette	129	Whitelock	35
Surplice	125	The Rake	175	Velvet	231	Whitenose	31
Surprise	97	The Ranger	59	Velocipede	97	Whitworth	73
Suzerain	127	Thereza Panza	65	Venison	11	Whizgig	49
Swallow	199	The Saddler	117	Venus	59	Wild Dayrell	63
Sweetmeat	209	The Scottish Chief	119	Verbena	69	Wild Goose	35
Sweetpea	165			Vermeille	49	Wild Rose	179
Sweet Sound	73	The Slave	121	Vermout	48	Williamsons' Ditto	43
Switch	193	The Ward of Cheap	67	Verona	205	Windhound	63
Sycomore	212			Vertugadin	203	Wings	163
Sylph	55	The Warwick Mare	185	Vertumna	219	Wire	209
Sylvain	163			Verulam	209	Wirthschaft	65
Sylvia	163	The Wryneck	199	Vestale	157	Witchery	191
Sylvina	163	Thormanby	63	Vésuvienne	95	Wizard	171
Sylvio	83	Thrift	53	Vigilant	220	Woful	47
Syphon	41	Thunderbolt	141	Vignemale	222	Woman in Red	91
Syrian	215	Tibthorpe	205	Violante	69	Womersley	127
		Tigris	167	Violet	221	Woodcock	23
Tadmor	119	Timoléon	91	Virago	39	Woodcraft	189
Taffrail	185	Timothy	69	Virgule	227	Woodpecker	31
Tandem	41	Tomboy	73	Viridis	207	Worry	75
Tantrum	29	Tomyris	85	Virtue	119	Wowski	45
Tartar	21	Torment	215	Vixen	63		
Taurus	99	Tory	77	Volage	93		
Teddington	177	Touchstone	36	Volcano	105	Xaintrailles	224
Teddy the Grinder	139	Touchwood	151	Volley	121		
Termagant	41	Toxophilite	69	Voltaire	139	Yellow	228
Terror	127	Tramp	171	Voltigeur	87	Y. Bald Peg	21

	Pages		Pages		Pages		Pages
Y. Emilius	167	Y. Lady	191	Y. Sweetpea	165	Zephyr	229
Y. Flora	39	Y. Maniac	159	Y. Worry	75	Zephyrina	93
Y. Giantess	39	Y. Marske	45			Zillah	175
Y. Gladiator	103	Y. Medora	215	Zaïda	137	Zingance	169
Y. Gouty	63	Y. Melbourne	69	Zaïra	137	Ziska	151
Y. Heroine	43	Y. Noisette	43	Zarah, par Re-		Zut	230
Y. Camilla	73	Y. Phantom	163	veller	203		

FIN DE LA TABLE GÉNÉRALE

3532. — Poitiers, Imp. BLAIS, ROY et Cie, 7, rue Victor-Hugo.